教育部高等学校轻工与食品学科教学指导委员会推荐教材

中国轻工业"十三五"规划教材

天然产物提取工艺学

（第二版）

徐怀德　罗安伟　主编

U0220104

中国轻工业出版社

图书在版编目（CIP）数据

天然产物提取工艺学/徐怀德，罗安伟主编. —2版 .—北京：中国
轻工业出版社，2024.2
教育部高等学校轻工与食品学科教学指导委员会推荐教材
中国轻工业"十三五"规划教材
ISBN 978-7-5184-2963-9

Ⅰ.①天… Ⅱ.①徐… ②罗… Ⅲ.①天然有机化合物—提取—工
艺学—高等学校—教材 Ⅳ.①TQ28

中国版本图书馆 CIP 数据核字（2020）第 060824 号

责任编辑：马　妍

策划编辑：马　妍　　责任终审：张乃东　　封面设计：锋尚设计
版式设计：锋尚设计　　责任校对：吴大朋　　责任监印：张　可

出版发行：中国轻工业出版社（北京鲁谷东街 5 号，邮编：100040）
印　　刷：河北鑫兆源印刷有限公司
经　　销：各地新华书店
版　　次：2024 年 2 月第 2 版第 4 次印刷
开　　本：787×1092　1/16　印张：28.25
字　　数：630 千字
书　　号：ISBN 978-7-5184-2963-9　　定价：58.00 元
邮购电话：010-85119873
发行电话：010-85119832　010-85119912
网　　址：http：//www.chlip.com.cn
Email：club@ chlip.com.cn
版权所有　侵权必究
如发现图书残缺请与我社邮购联系调换
240109J1C204ZBW

本书编写人员

主　　编　徐怀德（西北农林科技大学）

　　　　　罗安伟（西北农林科技大学）

副 主 编　李　梅（西北农林科技大学）

　　　　　盛文军（甘肃农业大学）

　　　　　罗毅皓（青海大学）

参编人员　（以姓氏笔画为序）

　　　　　王丽梅（武汉轻工大学）

　　　　　王建国（西北农林科技大学）

　　　　　孙万成（青海大学）

　　　　　刘连亮（宁波大学）

　　　　　任海伟（兰州理工大学）

　　　　　肖亚庆（西北农林科技大学）

　　　　　杨续金（内蒙古农业大学）

　　　　　邵红军（陕西师范大学）

　　　　　吴彩娥（南京林业大学）

　　　　　徐化能（江南大学）

　　　　　高志明（湖北工业大学）

　　　　　舒国伟（陕西科技大学）

第二版前言 | Preface

　　生物体中化学物质的研究和深加工利用具有重要的社会经济价值。天然产物提取工艺就是运用化学工程原理和方法对生物组成的化学物质进行提取、分离纯化与加工利用的过程。《天然产物提取工艺学》自 2006 年出版以来，国内多所院校的食品科学与工程、制药工程、药学、生物工程、生物化工等专业使用了该教材。使用者对教材的水平和质量给予了充分肯定，同时也指出教材的不足和存在的问题，并提出中肯的修改建议。尤其是编者根据近十年来本学科的发展和教学实践，认为有必要对教材进行修订。

　　教材修订的指导思想是理论联系实际、应用和学术并重，去陈纳新、紧跟科技和学科发展趋势。本教材主要遵循以下修订原则：内容主要介绍各类天然产物基本特性和提取工艺特性，特别是重点分析说明生物特性、天然产物的结构特性与提取工艺方法、技术的相关性和指导性，突出各类天然产物提取加工的关键技术；在阐述原理的基础上，以工业化生产典型案例加强实践性；注重天然产物生产新技术及其应用；突出环保、绿色和综合加工理念；弘扬我国生物、天然产物研究利用、传统中医药特色，突出我国科技人员的研究成果与贡献；力争保持教材的国内先进和领先地位。

　　根据教材修订的指导思想和原则要求，本版教材修订的主要内容：全书每章增加学习目标。第二章丰富了天然活性成分筛选的一些案例及原理，补充外场强化天然产物提取分离过程相关的原理（例如超声强化过程的空化效应）及最新研究进展，进一步阐述与天然产物提取有关单元操作的特点。第三章对树脂吸附、高效逆流色谱、凝胶层析、亲和层析及疏水层析技术的应用进行补充。第四章主要对糖类的溶解性质、纤维素酶法提取、凝胶渗透色谱法检验多糖纯度、凝胶渗透色谱–多角度激光光散射联用分析多糖样品的具体分子参数等进行补充。第五章对蛋白质和氨基酸的结构与分类进行调整，补充蛋白质与氨基酸的生理功能。第六章增加提取精油的种类、萃取方法，增加了超临界、分子蒸馏、超声波辅助及酶法萃取精油实例。第七章在生物碱提取实例中补充新的研究成果与方法。第八章增补黄酮的生理作用与加工特性，提取方法中增加微波辅助、超声波辅助、超临界萃取、亚临界萃取等新的提取方法。第九章增加甘遂烷型、楝烷型和木栓烷型皂苷，增补了穿山龙皂苷、薯蓣皂素、西洋参皂苷、毛花洋地黄总强心苷的提取工艺。第十章增加萃取脂肪酸的种类以及萃取方法，并增加功能性支链脂肪酸的 GC/MS 谱图、来源、合成路径及理化特性的介绍，增加反胶束萃取、超声波萃取、酶法萃取及膜分离、有机溶剂无机盐复合沉淀法。第十一章增加银杏叶黄酮化合物的组成、测定方法、提取工艺与应用，补充紫杉醇提取分离的工艺方法。通过对相关内容、文字、图表的补充、修正和完善，使内容更加合理，提取工艺、技术和方法更加先进。

本次教材修订，编者变动较大，参与本教材编写的人员均是各高校从事天然产物提取或从事化学、药学、化工教学和科研的高校教师，具有一线教学和科研经验，他们熟悉教材内容，了解存在的问题和不足，掌握修订的切入点，使教材更臻完善。本教材由徐怀德、罗安伟主编，罗安伟、李梅负责统稿。徐怀德、李梅编写第一章；徐化能编写第二章；王建国编写第三章第一节；任海伟编写第三章第二节；吴彩娥编写第三章第三、四节；王丽梅编写第三章第五节；高志明、杨续金编写第四章；刘连亮编写第五章；罗毅皓编写第六章；罗安伟、肖亚庆编写第七章、第三章第六节；盛文军编写第八章；舒国伟编写第九章；孙万成编写第十章；邵红军编写第十一章。

本教材在查阅大量文献资料的基础上，结合生产实践，系统地阐述了天然产物提取分离方法的原理、特点及应用，以及各类天然产物的提取分离工艺特性。教材内容丰富并有新意，理论联系实际且实用性强，既可作为高等院校食品科学与工程、食品质量与安全、制药工程、药学、生物工程、生物技术、生物化工、林产化工等专业的教材及研究生的教学参考书，同时对在植物提取、中药、生物工程等相关领域从事科技、生产、管理的人员也具有很强的参考应用价值。

在教材修订过程中，承蒙中国轻工业出版社和西北农林科技大学教务处的大力支持，在此表示衷心感谢！

本教材在修订过程中参阅了大量同行专家的科研成果和资料，并给予标注，每章后附有参考文献，但疏漏或误解之处仍恐难免，在此表示衷心感谢，还敬请批评指正。本教材编写的结构体系和案例选用仍有不完善之处，加上编者水平有限，错误和不足在所难免，诚望广大读者和同行专家提出宝贵意见，力求使本教材更加完善。

徐怀德　罗安伟

于西北农林科技大学食品科学与工程学院

2020 年 4 月

第一版前言 | Preface

资源、环境与可持续发展战略问题已成为人类社会所面临的全球性热点问题，要求精细、高效利用生物资源。我国农产品和生物资源丰富，每种生物又由成千上万种物质组成，它们都属于动物、植物、昆虫、海洋生物及微生物主代谢和次生代谢的化学物质，又称天然产物，这就构成了丰富多样的天然产物资源。

世界是由物质组成的，物质的存在是有其功能性的，随着科学技术的进步，人类能够认识这些物质，利用这些物质。天然产物结构新颖，疗效高，副作用小，长期以来，寻找活性天然产物成为各国生命科学、药学、食品科学、化学等科学工作者的共同愿望，一批又一批科学家从植物、动物、微生物、海洋生物中提取活性天然产物，还可以通过改变化学成分的结构以提高其活性。

保健食品也是以天然产物为物质基础，不仅需要经过人体及动物试验证明该产品具有某种保健功能，而且需要知道保健功能的功能因子以及该因子的结构、含量、作用机制和在食品中的稳定性和安全性，以开发不同形态和功能的保健食品。农产品的加工也进入了以天然产物的物质分离、结构修饰及再加工的发展方向。近20年来，天然产物的开发利用被高度重视，加大了科研力度。

随着科学的发展，新技术的应用促使科学家们发明了许多精密、准确的分离方法，各种层析分离方法先后应用于天然产物的分离研究，由常规的柱层析发展到应用低压的快速层析、逆流液滴分配层析、高效液相层析、离心层析、色谱-质谱联用仪等，应用的载体有氧化铝，正相与反相层析用的各种硅胶，用于分离大分子的各种凝胶，用于分离水溶性成分的各种离子交换树脂、大孔树脂吸附等，以及各种膜分离、超临界提取技术等，使研究人员可以分离含量极微的成分，如美登木中的高活性抗癌成分美登素类化合物含量在千万分之二以下。对昆虫和许多信息物质的研究使人们揭示了许多生命奥秘，人们开始了解到使蚂蚁群居与集体行动的信息物质与它们的化学结构，昆虫雌雄相引的性信息素，从而可以用于虫情预测和诱杀昆虫。而对动物与人体内源性化学物质的研究导致发现各种甾体激素、前列腺素以及各种多肽等。现代天然产物产品很多，发展潜力很大，是方兴未艾的高技术产业。

生物体中化学物质的研究和深加工利用具有重要的社会经济价值。天然产物提取工艺学就是运用化学工程原理和方法对生物组成的化学物质进行提取、分离纯化的过程。

本书在查阅大量文献资料的基础上，结合生产实践系统地阐述了天然产物提取分离方法的原理、特点及应用，以及各类天然产物的提取分离工艺特性。本书编写的结构体系和选材也不很完善，加上作者水平有限，因此错误和不足在所难免，恳请广大读者和同行专家提出宝贵意见，在此表示感谢。

本书在编写过程中参阅了大量同行专家新的科研成果和资料，并给予标注，每章后附录了参考文献，但疏漏或误解之处仍恐难免，在此除表示衷心感谢，还敬请批评指正。

本书可供从事食品科学与工程、制药工程、药学、生物工程、生物技术、生物化工、林产化工领域的科技人员、生产管理人员参考；也可供相关专业大专院校教师、本科生、研究生参考。

徐怀德

于西北农林科技大学食品科学与工程学院

2006 年 6 月 18 日

目录 | Contents |

CHAPTER

1

第一章

绪论

学习目标

　　了解天然产物提取工艺学的特点，熟悉天然产物开发利用现状；了解天然产物提取分离工艺设计基本原则与要求，树立天然产物提取分离的可持续发展理念。

一、 天然产物提取工艺学的特点

　　资源、环境与可持续发展战略问题已成为人类社会所面临的全球性热点问题，生物资源的利用要求精细、高效、环保与可持续。我国生物资源丰富，每种生物又由成千上万种物质组成，包括动物、植物、昆虫、海洋生物及微生物主代谢和次生代谢的化学物质，又称天然产物，它们构成了天然产物资源的多样性。

　　天然产物提取工艺是运用化学工程与生物工程的原理和方法对生物组成的化学物质进行提取、分离纯化的过程，它具有以下特点。

　　1. 多学科性

　　天然产物提取涉及的学科：生物化学、分子生物学、植物学、动物学、细胞学、微生物学等生物学科；有机化学、植物化学、天然药物化学、天然产物化学等化学学科；化学工程、机械工程、化工原理等工程学科；以及其他工艺工程应用学科。

　　2. 多层次、多方位性

　　天然产物提取包括以发展优质高产原料为主要目标的一级开发、以发展原料加工为目的的二级开发、以深度开发原料的单体化学成分及其应用为目的的三级开发。生物和天然产物的多层次研究开发是相辅相成的。天然产物提取产业是生物技术与化学化工技术相互交错而成的一个产业，它包括以动物、植物、微生物为加工原料，用化学化工技术及手段，通过提取、分离纯化、合成、半合成得到天然产物，还包括用现代生物技术如微生物发酵、酶工程、细胞工程、基因工程等对传统化学化工技术进行创新改造，获得天然等同物的天然产物生产。

　　3. 复杂性

　　（1）生物材料组成复杂　生物材料种类繁多，一个生物材料常包括数百种甚至数千种化合物，各种化合物的形状、大小、相对分子质量和理化性质都不同，其中有不少化合物迄今还是未知物质，而且这些化合物提取分离时仍不断发生化学结构和功能活性的变化。且多数天然产物的含量很低甚至极微，需要大量原料才能提取到少量有效成分。

（2）天然产物的不稳定性　许多具有生理活性的化合物一旦离开机体，极易变性、破坏，因此，为了保护所提取物质的生理活性及结构的完整，多采用温和的"多阶式"生产方法，分离制备常常少至几个步骤，多至十几个步骤，并需变换多种分离方法，才能达到纯化目的。因此，操作时间长，分离纯化烦琐。由于生物体中存在的天然产物含量较低，且结构与活性易变化，故必须使用现代高新技术与传统提取分离方法有机结合，才能获得理想的提取效果。相关方法包括：

①物理方法：研磨、高压匀浆、超声波破壁、过滤、离心、干燥等。

②物理化学方法：冻溶（用于细胞破碎）、透析、絮凝、萃取、吸附、层析、蒸馏、电泳、等电点沉淀、盐析、结晶等。

③化学方法：离子交换、化学沉淀、化学亲和、结构修饰与化学合成等。

④生物方法：生物亲和层析、免疫层析等。

⑤近年发展的新技术：微波、超声波萃取、树脂吸附分离、微滤、超滤、纳滤、亲和膜分离、泡沫分离、超临界流体萃取、分子蒸馏、双水相分离、反胶束萃取等，以及酶工程技术、基因工程技术等。

二、　天然产物开发利用概况

传统的天然产物提取行业主要是指抗生素（如青霉素等）、制药、食品（如酒精、味精等）等行业。现代的天然产物提取与利用已渗透到人们生活的各个方面，如医药、保健品、化妆品、农业、环境、能源、材料、食品添加剂等。同时，天然产物提取产品也得到了极大的拓展：医药方面有各种新型抗生素、干扰素、胰岛素、生长激素、各种生长因子、疫苗等；氨基酸和多肽方面有赖氨酸、天冬氨酸、丙氨酸、苏氨酸、脯氨酸等以及各种多肽；酶制剂有糖化酶、淀粉酶、蛋白酶、脂肪酶、纤维素酶等160多种酶；生物农药有苦皮藤、苦生素等；有机酸有柠檬酸、乳酸、苹果酸、衣康酸、延胡索酸、亚麻酸等。

天然产物提取涉及的行业多、效益好，从事天然产物提取的企业较多。据不完全统计，美国天然产物提取企业有1000多家，西欧有580多家，日本有300多家。知名企业有安进（Amgen）、吉利德（Gilead Science）、夏尔（Shire）、再生元（Regeneron Pharmaceuticals）、诺维信（Novozymes）等从事生命科学的世界前20强大公司，及拜尔（Bayer）、杜邦（DuPont）、罗门哈斯（ROhmhaas）、陶氏化学（Dow）、阿克苏·诺贝尔（Akzo Nobel）、诺和诺德（Novo Nordisk）等大型的精细化工公司等。

目前，全球天然产物提取行业年销售额在1640亿美元左右，每年约以10%的速率增长。2017年植物提取行业销售额中，美国占23%，德国占21%，日本占20%，法国占14%，中国占10%，其他地区为12%。从产品结构来看，天然产物提取领域生产规模范围极广，市场年需求量仅为千克级的干扰素、促红细胞生长素等昂贵产品（价格可达数万美元/g）与年需求量逾万吨的抗生素、酶、食品与饲料添加剂、日用与农业生化制品等低价位产品几乎平分秋色。高价位的产品市场份额在50%~60%，低价位的产品市场份额在40%~50%。而且，根据近年来天然产物提取的发展趋势及人们对医药卫生的重视来看，高价位产品的发展速率高于低价位产品。

1. 天然产物在医药行业的开发利用概况

天然产物化学的研究成果已广泛应用于医药行业，为保障人类健康提供了许多天然药物。

由于天然产物化学研究所提供的活性物质结构新颖、疗效高、副作用小，故其始终是制药工业中新药研究的主要源泉之一，它们的结构是新药设计的主要模型。早在 20 世纪 50 年代末，我国科学家就完成了莲子芯碱与南瓜子氨基酸的化学结构的研究，并经全合成证明。以后又完成了一叶萩碱、清风藤碱、山莨菪碱、樟柳碱、秦艽甲乙素、补骨脂甲乙素与使君子氨酸等一批新化合物的结构研究。随着新技术的应用，近年更是以每年发现近 200 个新化合物的速度增长，我国天然产物化学研究已达到世界先进水平。

目前国际上常用的分离难度较大的一些植物药，如治高血压的利血平，抗癌药长春新碱，子宫收缩药麦角新碱，治小儿麻痹后遗症和面神经麻痹的加兰他敏、一叶萩碱，强心药西地兰与狄戈辛，抗癌药羟基喜树碱，抗白血病药高三尖杉酯碱等均已批量生产，抗癌新药——紫杉醇，我国也有产品生产。我国科学家通过对中草药的研究阐明了许多中草药的有效成分，创制了一批我国特有的新药，如黄连中的黄连素用于治疗胃肠道炎症，延胡索中的延胡索乙素（即四氢巴马汀）已成为止疼镇静药物，栝楼根中的结晶天花粉蛋白已用于中期孕妇引产，与前列腺素等合用可用于抗早孕。新型抗疟疾药青蒿素及其类似物则已在全球治疗疟疾中发挥了重要作用，我国科学家屠呦呦因在青蒿素上的突出贡献而获得 2015 年诺贝尔奖。中药丹参的有效成分为丹参酮，已制成针剂用于治疗心绞痛。垂盆草苷、五味子素用于治疗慢性迁延性肝炎等。我国从动物体中提取的天然产物产品也较多，如各种蛋白酶类药品和一些激素药品等。

天然产物是有效治疗药的一个重要来源，在 2000 年销路最好的 20 个非蛋白质药物中，有 9 个来自天然产物或其衍生产物。天然产物还被广泛地用作药物开发的分子骨架。例如，1995 年的发现的 244 个原形化学结构中，有 83% 来自动物、植物、微生物和矿物，仅 17% 来自化学合成。

2. 天然产物在食品行业的开发应用概况

农产品的加工是以天然产物为物质基础的加工，如玉米加工产品已有 3500 多个品种，仅糖醇就包括山梨醇、木糖醇、甘露糖醇和麦芽糖醇等，还有氨基酸、环糊精、抗性淀粉、膳食纤维、玉米油、乙醇等系列天然产物产品。保健食品也是以农产品中的天然产物为物质基础，以具有不同保健功能的功能因子开发不同形态和功能的保健食品。

近年来，我国食品天然产物提取产品的生产得到了大力发展，有机酸中柠檬酸的产量居世界前列，工艺和技术都位于世界先进水平，乳酸、苹果酸的新工艺也已开发成功；氨基酸中赖氨酸和谷氨酸的生产工艺和产品在世界上都有一定优势；微生物法生产丙烯酰胺已成功地实现了工业化生产，已建成了万吨级的工业化生产装置，且总体水平达到国际领先水平；黄原胶生产在发酵设备、分离及成本等产业化方面也取得了突破性的进展；酶制剂、单细胞蛋白、纤维素酶、胡萝卜素等产品的生产开发已十分成熟，取得了突破性的成果。化学致癌因素的发现使食品工业转向应用天然色素与香料，甜叶菊中的甜菊苷及其他天然甜味剂已大量替代糖精，并逐渐部分代替蔗糖，以减少肥胖及相关疾病。

据预测，到 2020 年我国食品工业产值将突破 20 万亿元，成为名副其实的全国第一大产业。食品工业的特异性必然拉动天然产物的发展。为适应食品工业和大健康产业发展的需求，我国天然产物的生产将向改善膳食结构、实现营养均衡、突出保健功能与口感、食用方便方向发展。

3. 天然产物提取的技术发展

随着生物工程技术的进步以及化学工业结构和产品结构的调整，越来越多的生物技术产品极大地依赖天然产物提取技术才能实现规模化生产，而且许多化学品的生产工艺由生物法取代，并显示了很大的优势。传统的低价位产品受到冷落，而高价位产品如生化药物、保健品、生物催化剂等备受青睐。

首先，发酵工程技术已见成效。2016 年，全球发酵产品市场约 1610 亿美元，其中抗生素 642.7 亿美元，占 39.9%；氨基酸 256 亿美元，占 15.9%；有机酸 233 亿美元，占 14.5%；酶制剂 61 亿美元，占 3.8%；其他占 14.5%。发酵产品市场的增大与发酵技术的进步密不可分，发酵工业的收率和产品纯度都有了极大的提高。

其次，工业化分离与纯化技术突飞猛进。分离与纯化过程通常占生产成本的 50%~70%，有的甚至高达 90%。分离步骤多、耗时长，往往成为制约生产的"瓶颈"。寻求经济适用的分离纯化技术，已成为天然产物提取领域的热点，如超临界 CO_2 萃取、亚临界萃取、双水相萃取、层析分离、大规模制备色谱分离、膜分离、微胶束萃取等。

上游技术和下游生产的结合。利用基因工程技术，不但成倍地提高了酶的活力，而且还可以将生物酶基因克隆到微生物中，构建基因菌产生酶。利用基因工程使淀粉酶、蛋白酶、纤维素酶、氨基酸合成途径的关键酶得到改造、克隆，使酶的催化活性、稳定性得到提高，氨基酸合成的代谢流得以拓宽，产量提高。随着基因重组技术的发展，被称为第二代基因工程的蛋白质工程发展迅速，显示出巨大潜力和光辉前景。利用蛋白质工程，将可以生产具有特定氨基酸顺序、高级结构、理化性质和生理功能的新型蛋白质，可以定向改造酶的性能，从而生产出新型生化产品。

动植物细胞的大规模培养、细胞与酶的固定化和提取分离技术结合。在生化反应器方面利用计算机技术对整个生化反应过程进行数字化处理，从而优化反应过程。在天然产物提取过程的在线检测和控制方面利用生物传感器和计算机监控。

不断提高菌株活力、发酵水平、生化反应过程、分离纯化水平，依然是天然产物提取面临的课题。

4. 部分天然产物成分及功能

部分天然产物成分及功能如表 1-1 所示。

表 1-1　　　　　　　　　　　部分天然产物成分及功能

天然产物化学成分	功　能	来　源
氨基酸类		
L-半胱氨酸	解毒、防止肝坏死、升高白血球	毛发
胱氨酸	精细生化产品、作试剂、制药中间体、培养基	毛发、角蹄
盐酸赖氨酸	补充营养、食品添加剂、代血浆、抗休克药物	毛发、水解酪蛋白等
蛋白质类		
人丙种球蛋白	预防麻疹、病毒肝炎、丙种球蛋白缺乏症	健康人血浆
人血白蛋白	治疗失血性休克、肾炎、肝硬化、流产	健康人血浆
人胎盘血丙种球蛋白	同人血丙种球蛋白	健康人胎盘血
人胎盘白蛋白	同人血白蛋白	健康人胎盘血
鱼精蛋白	用于因注射肝素过量而引起的出血、抗菌	鱼类新鲜精子

续表

天然产物化学成分	功　能	来　源
角蛋白	液体化妆品	动物角、蹄
细胞色素 C	组织缺氧急救药、皮肤营养剂	牛、猪心
胰岛素	糖尿病药物	牛、羊、猪胰脏
胃膜素	胃、十二指肠溃疡药物	猪胃黏膜
酶类		
胃蛋白酶	助消化药物	猪胃黏膜
胰酶	消化药物	猪、牛、羊胰脏
凝血酶	局部止血	牛血浆
透明质酸酶	脑积水、去肿、药物扩散剂、减肥剂	牛、羊睾丸
碱性磷酸酶	促进皮肤再生和新陈代谢	动物、微生物
胰蛋白酶	溃疡、创伤性损伤、血肿、蛇伤、支气管炎	牛、羊胰脏
α-糜蛋白酶	创伤或术后愈合，抗炎，治疗中耳炎、咽喉炎等	牛胰
弹性蛋白酶	使血液凝固、扩张毛细血管、降压等	胰脏
激肽释放酶	舒展毛细血管和小动脉血管作用	尿、胰腺
尿激酶	抗凝血作用	尿
溶菌酶	抗炎作用	唾液、泪、蛋清
淀粉酶	发酵、食品、纺织工业用、化妆品添加剂	大麦、细菌
木瓜蛋白酶	饮料澄清、化妆品添加剂	木瓜
过氧化氢酶	化妆品原料、化学试剂	牛血
多糖类		
几丁质	人造皮肤、防龋齿、防上呼吸道感染	蟹、贝壳
肝素	抗凝血、血栓、动脉硬化、防冷疮	猪小肠黏膜
硫酸软骨素	预防和治疗因链霉素引起的听觉障碍、偏头痛、神经痛、风湿痛、肝炎	猪喉软骨
冠心舒	消除心绞痛、心悸、胸闷、气短	猪十二指肠
激素类		
绒毛膜促性腺激素	促性腺作用，用于性功能障碍、习惯性流产等	孕妇尿
胰高血糖素	治疗低血糖症、心源性休克	猪胰
促肾上腺皮质激素	治疗风湿性关节炎、气喘药物	猪、牛、羊脑
催产素	催产或引产	猪垂体后叶
加压素	治疗尿崩症	猪垂体后叶
促皮质素	治疗风湿性关节炎、哮喘	猪垂体后叶

续表

天然产物化学成分	功　能	来　源
苷类		
人参皂苷	补元气、强身健体	人参
薯蓣皂苷元	合成甾体激素	薯蓣
黄酮		
葛根异黄酮	抗衰老、抗氧化、治疗心血管疾病	葛根
银杏黄酮	预防老年性痴呆病、保健食品	银杏
芦丁	治疗高血压、抗氧化、保健食品	槐花
萜类		
类胡萝卜素	阻止癌细胞生长的抗氧化剂，减轻动脉硬化	胡萝卜、南瓜、红薯
类柠檬苦素	促进保护性酶	柑橘类水果
番茄红素	有助于抗癌的抗氧化剂、治疗前列腺	番茄、红葡萄柚
单萜	防癌的抗氧化剂、阻止胆固醇的生成	胡萝卜、黄瓜、南瓜、薄荷、柑橘类水果
植物固醇	抑制胆固醇的吸收	山药、南瓜、番茄、茄子、大豆、全谷
三萜类化合物	防龋齿、抗溃疡、通过抑制酶活力来防癌	柑橘类水果、甘草根提取物、大豆产品
硫醇		
烯丙基硫化物	促进保护性酶、抑制胆固醇合成、抗炎症	大蒜、洋葱
γ-谷氨酰基烯丙基半胱氨酸	可能有降血压和提高免疫系统的功能	大蒜
异硫氰酸盐	诱导产生保护性酶	芥菜、辣根、萝卜
酚类化合物		
儿茶素	与降低胃肠癌发病率有关，可能有助于免疫系统、降低胆固醇水平	绿茶、浆果
香豆素	阻止血凝块，可能有抗癌功效	欧芹、胡萝卜、橘橘类水果
酚酸	可能通过抑制亚硝胺和影响酶活力有助于机体的抗癌	水果、全谷、浆果

续表

天然产物化学成分	功　能	来　源
其他类型		
纤维素	稀释结肠中的致癌物，加速其通过消化系统，抑制有害菌，促进有益菌	全谷及许多蔬菜
吲哚	促进使雌激素失活的保护性酶	白菜、包菜、甘蓝
亚麻酸	抗炎症、防心血管硬化	许多叶菜蔬菜、种子，尤其是亚麻籽
苯甲醛	香料	苦杏仁
紫杉醇	对卵巢癌、非小细胞肺癌、乳腺癌等有良好的疗效	豆杉属

三、 天然产物分离工艺设计策略

1. 生物原料生产和天然产物提取技术结合

生物原料的生产是天然产物提取生产的第一工厂。利用植物细胞培养可以生产某些珍贵的植物次生代谢产物，如生物碱、甾体化合物等，并能够培养高含量的天然产物原料。微生物菌种选育和工程菌构建是天然产物提取上游工程的主要工作之一，一般以开发新物种和提高目的产物含量为目标。对原料的生产应从整体出发，除了达到上述目标外，还应设法赋予生物催化剂增加产物的产量，减少非目的产物的分泌（如色素、毒素、降解酶及其他干扰性杂质等），以及赋予菌种或产物某种有益的性质以改善产物的分离特性，从而简化下游加工过程。培养基和发酵条件直接决定着输送给下游的发酵液质量，如采用液体培养基，不用酵母膏、玉米浆等有色物质和杂蛋白为原料，使下游加工过程更加方便、经济，从而提高总的回收率。

选择适宜的提取分离技术。材料的破碎方法和程度、选择合适的溶剂和提取参数，可以减少工艺操作的次数，产物可被直接转移至气相、液相或固相。如挥发性成分的回收（产物转移至气相）；萃取至液相的如乳化液膜提取酶、有机酸和抗生素等；吸附至固相，如吸附剂、离子交换树脂吸附生物碱、氨基酸、蛋白质，工业大孔树脂吸附剂直接选择性吸附酶和皂苷。搅拌吸附槽吸附易放大但分辨率低，而柱层析难度大，但分辨率高。传统的发酵工业已由基因重组菌种取代或改良，如柠檬酸、青霉素等都已开始采用基因工程手段，大大地提高了产量。

2. 根据生物微观结构设计提取工艺

在天然产物提取中可利用细胞的结构组成设计天然产物提取的工艺方法。生物化学成分也决定提取工艺的方法和参数。生物是一个统一的整体，组成的物质各成分之间互相影响。生物体中分子结构及分子间相互联系的作用力十分复杂，分子骨架各原子与基因都是共价结合，分子间的连接主要是通过非共价键，如氢键、盐键、金属键、范德华力、疏水力、碱基堆积力等，键能较弱，性质差别较大，提取工艺设计时要采用不同的方法使之隔离。

3. 根据天然产物的结构设计提取工艺

天然产物的空间结构、官能团的种类、位置、数量、存在形式决定提取工艺所选用的方法，其中官能团的种类、位置、数量、存在形式是决定提取工艺的主要因素，天然产物分子是一个有机整体，各组成部分之间互相制约和影响，决定提取工艺、方法、步骤。涉及与提取工艺有关的性质主要有相对分子质量、溶解性、等电点、稳定性、相对密度、黏度、粒度、溶点、沸点等，还有官能团的解离性和化学反应的可能性。

4. 根据不同分离技术耦合设计天然产物提取工艺

近年来，生物化学、免疫学、化学的发展已促进了天然产物分离技术与生物特性的结合，天然产物加工过程发展的一个主要倾向是多种分离、纯化技术相结合，也包括新、老技术的相互交叉、渗透与融合，形成所谓融合技术或称子代技术。特别是亲和相互作用与其他分离技术的耦合，出现了亲和膜分离、亲和沉淀、亲和双水相萃取、亲和选择性絮凝沉淀及亲和吸附与亲和层析等，例如亲和错流过滤或连续亲和循环提取系统，是在混合物（匀浆液）中加入大配体或吸附剂借微滤膜截留与大分子杂质分离，随后洗脱并微滤分离出大分子产物，配体再循环。这种耦合技术克服了传统亲和柱层析间歇操作、进料需预纯化、难放大之缺点，也克服了现有切向流微滤分辨率不高的不足，不仅纯化倍数较高，可连续化，还适于处理含细胞、碎片及大分子杂质的材料。亲和沉淀是在待提取液中加入双功能大配体，与活性蛋白质键合形成配体-产物沉淀，除去清液后洗脱产物，配体再循环。

萃取已与多种分离技术耦合衍生出新型的分离技术，如溶剂浸渍树脂、萃淋树脂、膜基萃取、微胶囊萃取、凝胶萃取、乳化液膜萃取、双水相分配层析、胶团液相层析等。类似的耦合分离技术还有：离子交换过滤、离子吸附沉淀、膜包裹吸附剂、离心膜分离及多功能设备如萃取倾析器、碟片式离心萃取机、过滤干燥器、离心薄膜蒸发器、结晶-过滤-干燥处理机、中空纤维细胞培养装置、转子膜反应器等。

耦合技术具有选择性好、分离效率高、下游加工过程步骤简化、能耗低、加工过程水平高等优点，是今后的主要发展方向，近年来研究较多，并且有实用价值。

5. 提取过程前后阶段纵向统一

在天然产物提取分离中应选择不同分离机理单元组成一套工艺，应将含量多的杂质先分离除去，尽早采用高效分离手段，将最昂贵且费时的分离单元放在最后阶段。有些杂质引起的分离纯化困难可通过前后协调而巧妙解决。如萃取时常产生乳化现象，本质上这是因表面活性剂引起，而提取液中蛋白质最可能导致乳化，故可在萃取前，通过加热、絮凝、金属离子沉淀、水解酶等预先除去杂蛋白。分离操作如絮凝、沉淀、萃取、双水相萃取等，既要考虑分离剂的回收，又要考虑对后续操作及产品质量的影响，如反复通过匀浆或长时间破碎虽可提高胞内物释放率，但产生很细的碎片粒子不利于碎片分离。在纵向工艺过程中要考虑不同操作单元所用方法和操作条件的耦合，如在提取液中为了除去不同的杂蛋白，可以采用不同的 pH 作为工艺参数处理提取液，以除去酸性蛋白或碱性蛋白，也可以采用冷热处理构成一套工艺，还可以选用阳离子和阴离子交换树脂构成一套工艺除去杂蛋白，提高产品的纯度。

6. 从天然产物提取分离体系改性和流体流动特性来设计提取工艺

天然产物产生的反应液是复杂流体，具有高黏度和依赖于生物流体的剪切力等流体力学行为，给传热和两相间的接触过程都带来了特殊的问题；天然产物加工产品的工业化需要将实验室技术进行放大，而某些专一性、高附加值的产品又需要进行过程缩小，这就需要借助化学工程中的有关"放大效应"，结合天然产物分离过程的特点，研究大型天然产物分离装置中的流变学特性、热量和质量传递规律，探明在设备中的浓度、酸度、含量、温度等条件的分布情况，制定合理的操作规范，改善设备结构，掌握放大方法，达到增强分离因子、减小放大效应、提高分离效果的目的。例如，依据固-液两相规律的研究来改善大型离子交换柱的分离效率；用流体力学的基本原理来探讨超滤装置、电渗析过程中的浓差极化现象和预防措施；从大型搅拌釜中流体流动和传热规律的模拟来判断盐析、pH 调节、连续结晶和等电点沉淀等过程中有关组分的浓度和温度分布及其对过程结果的影响等。

天然产物提取的每步操作主要目的：①减少产品体积；②提高产品纯度；③增加后续操作效率；原料的选择和处理是为了固液分离、初步纯化等服务的（如萃取），初步纯化是为高度纯化（如亲和层析）提供合适的材料，减少提取分离步骤和增大单步效率是减少后期工艺难度乃至降低生产成本的关键，通过对提取工艺过程不同阶段的各种参数进行密切的相互作用和协调、耦合来纯化天然产物，使天然产物的提取形成一套系统工艺，增加天然产物的纯度。

从天然产物提取的大系统角度探讨工艺的整体统一性，这是天然产物提取技术的基本出发点，也是最优设计、最优控制和操作、最优规划和管理的出发点。若能将这些基本的方法应用到天然产物的提取中，选择适当的提取分离方法和工艺控制因素和参数，顾及不同参数和操作单元的相互作用，以动态优化和静态优化相结合，根据具体原料，能够方便地提取纯化天然产物。

四、　天然产物提取过程的选择

1. 天然产物加工的主要过程

（1）细胞破碎　包括珠磨破碎、压力释放破碎（也称高压匀浆）、冷冻加压释放破碎、化学破碎、机械粉碎等，细胞破碎技术的成熟使得大规模生产胞内产物成为可能。

（2）初步纯化　各种沉淀法如盐析法、有机溶剂沉淀、化学沉淀法，大孔树脂吸附法，膜分离法（特别是超滤技术的出现）解决了对热、pH、金属离子、有机溶剂敏感的大分子物质的分离、浓缩和脱盐等难题。

（3）高度纯化　开发了各类层析技术，如亲和层析、疏水层析等，而用于工业化生产的主要是离子交换层析和凝胶层析。

（4）成品加工　主要是干燥与结晶。对于生物活性物质，可根据其热稳定性的不同分别采用喷雾干燥、气流干燥、沸腾床干燥、冷冻干燥等技术。其中冷冻干燥技术在蛋白质产品的干燥上广为应用，但其能耗高、设备复杂、操作时间长，有待完善和改进。

正是借助各种先进技术和设备，才使现代天然产物提取技术的发展取得重大突破，使胰岛素、生长激素、干扰素、乙肝疫苗、促红细胞生长素（EPO）等一批基因工程和细胞工程产品陆续进入工业化生产阶段。

2. 设计天然产物产品加工过程选择的原则

（1）采用步骤数最少　对于天然产物的分离纯化流程，都是多步骤组合完成的，但应尽可能采用最少步骤。几个步骤组合的策略，不仅影响产品的回收率，而且会影响投资大小与操作成本。假设每一步的回收率为 0.95，则 n 个步骤的总回收率的期望值为 0.95^n，如果现用 10 个步骤进行分离纯化，那么总回收率是 $0.95^{10}=0.6$，即为 60% 被回收。因此，为了改善总回收率，必须提高各个步骤的回收率或减少回收流程所需的步骤。若某种产品原来的纯化路线为吸附加上三步结晶和重结晶，现在改用高效液相色谱（HPLC）和结晶来替代，假定两条路线的各步回收率均为 0.9，则总回收率就能提高 37%。虽然，高效液相色谱比它所替代的单元操作步骤的成本要高，但由于其提高了产品的回收率而得到的效益，将大大抵消并超过其增加的成本。所以对于一个下游加工过程，不应将每一步骤割裂开来考虑，而应从步骤数变化后带来的影响进行综合考虑。

（2）采用步骤的次序要相对合理　在天然产物加工过程的步骤中，固液分离、高度纯化和成品加工选用技术的范围窄，所以次序不是问题，而在初步纯化时，对于不同特性的产品，具有不同的纯化步骤，表面上看没有明显的单元操作次序，实际上却还是存在一些确定的次序被生产和科研上广泛采用。

Bonnerjea 等对已发表的有关蛋白质和酶的分离纯化方法以及它们的多步特征进行了分析，发现它们的出现频率为：离子交换 75%、亲和过程 60%、沉淀 57%、凝胶过滤 50%、其他 < 33%。从中可看出些次序上的问题。也可以通过每种方法在纯化阶段中所起的作用来确定其次序的先后，如下顺序：匀质化（或细胞破裂）、沉淀、离子交换、亲和吸附、凝胶过滤。关于这个顺序（匀质化后）的说明为：沉淀能处理大量的物质，并且它受干扰物质影响的程度比吸附或色层分离小；离子交换用来除去对后续分离产生影响的化合物；亲和技术常在流程的后阶段使用，以避免因非专一性作用而引起亲和系统性能降低；凝胶过滤用于蛋白质聚集体的分离和脱盐，由于凝胶过滤介质的容量比较小，故过程的处理量小，一般常在纯化过程的最后一道处理中被使用。

（3）产品的规格　产品的规格（或称技术规范）是用成品中各类杂质的最低存在量来表示的，它是确定纯化要求的程度以及由此而生的加工过程方案选择的主要依据。如果只要求对产物低度纯化，即杂质的含量较高，则一个简单的分离流程就足以达到纯化的目的，但是对于注射类药物产品，产品的纯度要求很高，而在原料液中杂质的量及类型却很多。例如，存在于微生物细胞壁中的组分能够引起抗原反应，从这点来说，热原是一组不定化合物如蛋白质、脂质、脂多糖等的总称。在纯化步骤中必须将它们尽量除去，以满足注射药品规格的要求，生产上一般选用凝胶渗透层析法，利用分子大小的差别，实现去除热原的目的，并且常放在纯化过程的最后一步。

小分子产物纯化的共同特征是存在具有与目标产物结构相类似的代谢产物，但是缺少活性的功能团，像这种有若干功能团的变化分子，虽然在化合物活性上有显著的差异，但仅靠在分离过程上做小小的改变来达到有效的纯化是困难的。这种分离过程必须能区别物料的活性形式和非活性形式以及部分降解形式。物料的物理形式也是产品技术规格要求的重要组成部分，它包括干燥物料的粒子大小和结晶产品的晶形，这些可能对产品的有效使用是必需的，但与最佳分离过程却可能是相矛盾的。

产品的规格还包括最终产品的微生物污染问题，所以对于医药产品，在冷冻干燥之前，都要预先进行无菌过滤。

（4）生产规模　天然产物提取的生产规模在某种程度上决定着被采用的过程。在下游加工过程的第一步骤中，使用的离心、过滤等方法，能够适应很宽的规模范围，因此在该步骤中，技术方法的选择依据是独立的，与规模无关。但是在后续步骤中，技术方法的选择与生产规模有关，例如，细胞破碎的机械方法——珠磨机或匀浆器，就比前面所说的固液分离方法在生产能力上小几个数量级，如果某一生产规模，超过了细胞破碎机械设备的生产能力，则要同时使用多台设备，或另选其他方法解决，如用热处理诱导细胞溶胞或酶法处理，但这些方法都有自身的缺陷，热溶胞要求目标产物在加热-冷却循环过程中具有热稳定性；酶法细胞破碎时，如果酶比较昂贵或者必须大量使用时，则可能成本过高。

此外，可能影响天然产物加工过程在规模上变化的其他因素还表现在层析和吸附过程中。用于生物分离过程中的层析载体是由柔软的多糖类凝胶制成的，例如琼脂糖。用这类凝胶组成的系统，只能按比例放大到一定的规模，超过这个规模，凝胶的自重将会压塌凝胶的结构，来自液流的压降也会使凝胶颗粒破碎。这种情况在吸附过程中也会发生，克服这一缺陷的方法是提高凝胶的交联程度或用无机载体替代多糖类载体。

另外一种情况是在工艺过程的最后阶段。当产品需要干燥时，采用冷冻干燥不适合大的生产量，因为冷冻干燥过程是分批进行的并且需要较长的干燥周期。故大规模生产需要采用其他方法，如真空干燥或喷雾干燥，但是它们不适用于热敏性物质。

如上所述，生产规模对一些单元操作的影响是相当重要的，故在具体产品生产时，要综合考虑规模效应。

（5）进料组成 除了产品的规格以外，进料组成也是影响分离过程的主要原因之一。产物的定位（胞内或胞外）以及在进料中存在的产品是可溶性物质还是不溶性物质都是影响工艺条件的重要因素。在进料流中，一个高浓度的目标产物，意味着分离过程可能很简单，在进料中，若存在某些化合物与目标产物非常类似，则表明需要一个非常专一性的分离过程，才能制得符合规格的产品。进料流中可能含有的某些组分必须在分离过程的早期就全部除去或者在最终产品中小于它的最低允许限度。

（6）产品的形式 最终产品的外形特征是一个重要的指标，必须与实际应用要求或规范相一致。对于固体产品，为了能有足够的保存期，需要达到一定的湿度范围；为了避免装卸困难或者在最后使用时，容易重新分散，需要达到一定的粒子大小分布。如果生产的是结晶产品，那么必须具备特有的晶体形态和特定的晶体大小。对于下游加工过程自身，晶体形态是重要的，因为某种晶体形态比其他形态易于过滤和洗涤，例如针状晶体过滤和洗涤都很困难。在产品大量生产时，结晶产品的容积密度很重要，容积密度低意味着体积大，这将对贮藏和运输产生影响。如果所需的是液体产品，则必须在下游加工过程的最后一步进行浓缩，还可能需要过滤操作。

（7）产品的稳定性 通常用调节操作条件的办法，使由于热、pH 或氧化所造成的产品降解减少到最低程度。工艺过程中可采用低温、隔氧、除去金属离子等适宜的工艺条件，确保产品的稳定性。

（8）产品的物性 表征产物的物理性质主要包括：①溶解度：如溶解度如何受 pH 的影响，对分离过程的设计是必需的；②分子电荷：分子电荷随 pH 而变化，可以指示如何有效地进行离子交换和选择用阳离子交换树脂还是阴离子交换树脂；③分子大小：分子大小可以指示凝胶过滤操作与膜过滤操作哪种可行；④功能团：功能团为稳定条件、提取剂及吸附剂的选择提供依据；⑤稳定性：适宜的 pH 范围、温度范围、半衰期；⑥挥发性：小分子物质选择分离过程的重要依据。

（9）危害性 产品本身、工艺条件、处理用化学品存在着潜在的危害。产品本身可能发生的危害必须加以控制，例如，类固醇抗生素，治疗药品可能需要封闭式操作；如果使用离心操作，则有可能产生气溶胶；如果使用重组 DNA 工程菌生产系统，则必须控制发酵产生的生物体的排放；干燥过程需控制粉尘及粒子的排放；固定化过程中剧毒化学品如 CNBr 的控制等。总体来说，在常温和常压条件下，出现在生物物质加工过程中的危害是较低的。

（10）"三废"处理 提取分离过程中，废水、废气、废渣的处理和排放必须按照国家相关要求与标准进行处理，达标排放，杜绝对环境的污染，保护绿水青山，做到天然产物的可持续发展与利用。

（11）分批或连续过程 发酵或生物反应过程可以用分批或连续的方式操作。由于要与这个条件相适应，所以天然产物加工过程的选择受到它们的限制。在现代天然产物提取分离中，应尽可能实现连续化生产，以提高生产效率。

五、 天然产物提取利用建议

1. 要注意生物资源多样性和用途多功能性，进行综合利用

同科、属的生物常具有相同的化学成分，注意在同科、属生物中寻找欲开发的天然产物，同时要考虑到同一种生物体由成百上千种化学物质组成，这些不同的物质功能不同，即使同一化合物，也常具有不同的用途。在天然产物的开发利用上要注意生物资源的多样性和物质功能的多样性，从量大的前体化合物半合成活性天然产物。

2. 充分利用先进科学技术，生产高技术天然产物产品

（1）注重天然产物提取工艺理论研究 研究非理想溶液中溶质与添加物料之间的选择性反应机理，以及系统外各物理因子对选择性的影响效应，从而研制高选择性的分离剂，改善对溶质的选择性。研究界面区的结构、控制界面现象和探求界面现象对传质机理的影响，从而指导改善具体单元操作及过程速度，如改善萃取或膜分离操作和结晶速度等。对于天然产物分离工程上下游加工过程中数学模型的建立，则需要发展和完善，获得合适的过程模拟软件，以对下游加工过程进行分析、设计和技术经济评估等。

（2）利用生物技术对生物进行细胞培养，以有效成分为目标，进行工厂化生产。利用基因工程技术改造生物，培育出目标物含量高的新品种，也可以采用转基因技术进行微生物培养生产。

如采用传统化学法生产乙醛酸时反应条件苛刻、乙醛酸转化率低、环境污染严重。而采用双酶法或基因工程菌方法生产乙醛酸时，乙醛酸的转化率达100%，且环境污染小。

采用传统化学法由丙烯腈合成的丙烯酰胺，转化率仅为97%~98%。而采用生物法即采用丙烯腈水合酶催化合成，丙烯酰胺转化率达99.99%以上，且产品纯度高，成本比化学法低10%以上。

（3）充分利用现代分离工程技术如膜分离技术、亲和分离技术等进行天然产物的提取分离。

（4）利用先进工程设备提取天然产物。

3. 处理好利用与资源保护、环境保护的矛盾，使其处于良性循环状态

天然产物加工过程必须向清洁生产工艺转变，减少对环境的污染，确保工厂排污更符合环保要求，保证原材料、能源的高效利用，并尽可能确保未反应的原材料和水的循环利用。在产品的开发过程中要注意保护生物资源的多样性。

4. 面向市场生产适销对路产品

调整产品结构要发展高档产品，如高档医药生化产品、功能性食品及添加剂（主要有低热值、低胆固醇、低脂肪、提高免疫功能、抗炎、抗癌等产品）、生物催化剂等。另外，也应发展众多精细化工产品及用化学法无法生产或很难生产的产品，如微生物多糖、色素、工业酶制

剂、甜味剂、表面活性剂、高分子材料等。

本章小结

　　世界是由物质组成的，物质的存在是有其功能性的，随着科学技术的进步，人类能够认识并利用这些物质。天然产物化学是研究动物、植物、昆虫、海洋生物及微生物代谢产物化学成分的学科，甚至包括人体许多内源性成分的化学研究，它是在分子水平上揭示生命奥秘的重要科学。天然产物提取工艺是运用化学工程及生物工程的原理和方法对生物组成的化学物质进行提取、分离纯化的过程。

　　天然产物的开发利用已经取得很大的成绩，新技术在天然产物化学研究领域广泛应用，使天然产物研究与利用的领域可涉及各种生物的微量成分化学；充分利用先进科学技术，生产高技术天然产物产品；利用生物技术，对生物进行细胞培养，以有效成分为目标，进行工厂化生产；利用基因工程技术改造生物，培育出目标物含量高的新品种，也可以采用转基因技术进行生物体细胞培养生产；充分利用现代分离工程技术进行天然产物的提取分离；同时要注意生物资源多样性和用途多功能性，进行综合利用；处理好利用与资源保护和环境保护的矛盾，使其处于良性循环状态。

思考题

　　1. 根据日常生活中所见的天然产物加工物品，分析其加工利用的过程和产品的市场。

　　2. 谈谈我国利用天然产物取得的成绩和最新进展。

　　3. 选择一种富含重要利用价值的天然产物的生物，设计其产业化开发利用的思路和策略。

参考文献

1. 谭仁祥主编. 植物成分分析. 北京：科学出版社，2002
2. 刘湘，汪秋安主编. 天然产物化学. 北京：化学工业出版社，2010
3. 吴立军主编. 天然药物化学（第五版）. 北京：人民卫生出版社，2007
4. 谭仁祥主编. 甾体化学. 北京：化学工业出版社，2009
5. 高锦明主编. 植物化学（第三版）. 北京：科学出版社，2017
6. 吴剑锋，明延波主编. 天然药物化学（第二版）. 北京：高等教育出版社，2012
7. 刘成梅，游海. 天然产物有效成分的分离与应用. 北京：化学工业出版社，2003
8. 俞俊棠，唐孝宣，邬行彦，李友荣，金青萍. 新编生物工艺学（上、下册）. 北京：化学工业出版社，2011
9. 毛忠贵主编. 生物工程下游技术. 北京：科学出版社，2013
10. 欧阳平凯，胡永红，姚忠. 生物分离原理及技术（第二版）. 北京：化学工业出版社，2010
11. 元英进，刘明言. 董岸杰主编. 中药现代化生产关键技术. 北京：化学工业出版社，2002
12. 顾觉奋主编. 分离纯化工艺原理. 北京：中国医药科技出版社，2002

第二章

天然产物提取方法和技术

学习目标

掌握天然产物开发利用方案的基础知识，了解天然产物资源的原料特点和活性成分筛选的方法；掌握天然产物的提取试验设计、工艺流程选择和中试放大原则；熟练掌握天然产物传统分离纯化方法的基础理论，并了解新型强化提取分离方法的原理和研究进展；掌握天然产物提取分离过程中操作单元的概念和特点，物理量单位换算，物料衡算和能量衡算的概念，单元操作的平衡关系。

第一节　天然产物开发利用方案确定

天然产物的化学成分种类繁多，概括起来可分为四类：①有效成分：指那些有着很强的生物活性，具有重要的药理作用的化学成分，如黄酮类化合物、生物碱、挥发油；②辅助成分：指本身没有特殊疗效，但能增强或缓和有效成分作用的物质，如洋地黄中的皂苷可帮助洋地黄苷溶解或促进其吸收；③无效成分：指本身无效甚至有害的成分，它们往往影响提取效果、制剂的稳定性、外观，以致药效；④组织物：是构成药材细胞或其他不溶性物质，如纤维素、栓皮等。对于有效成分和无效成分的划分是相对的。随着科学技术的发展，某些过去被认为无效的成分，现在已经发现了它们的生理活性。

天然产物的提取是指采用适当的方法和步骤，将原料中有效化学成分提取出来的过程。提取一个或多个有效成分时，需掌握以下原则：

（1）首先查阅国内外文献资料，掌握被提取原料中所含的化学成分、目标成分的稳定性、共存杂质的类型。了解被提取原料的基源、产地、提取部位、质量优劣，进行基源和质量鉴定。

（2）根据提取原料的质地选择粉碎条件；依据被提取成分的极性大小、共存杂质的理化特性选择适宜的提取溶剂和确定溶剂的用量。

（3）根据被提取成分的稳定性和溶剂的溶解性设定提取温度、提取时间、提取次数、除杂方法、溶剂回收的要求以及注意事项。

（4）制定提取标准操作规程、检测标准以及提取物验收标准。

（5）根据目标成分的要求，设计分离方案，达到预期目标。

天然产物提取程序依研究目的不同有所差异。大致分为选定研究对象、生物材料采集和品种鉴定、文献资料调研、化学成分预试验、活性提取部位和活性化合物跟踪分离与结构鉴定、活性成分结构改造和构效关系、药理、毒理、药物代谢动力学、制剂工艺（处方及工艺、质量分析与控制、稳定性试验、生物利用度）、临床试验、中试、正式生产等步骤。

一、　研究对象的确定

天然产物成分研究选题应与社会发展和需求密切相关，围绕天然产物研究的趋势和方向来确定所研究的天然产物对象。可以根据古代医学典籍、民族医学实践提供的资料或民间经验和临床观察确定研究对象；可以根据当地植物样品随机选取研究对象；可以根据天然产物成分信息确定研究对象；在已有的天然产物、医药学及相关科学研究成果的基础上，通过大量的文献检索，主要通过计算机网络信息库等现代化检索工具确定研究对象，也可以根据市场商品要求确定研究对象。

根据古今记载的临床有效处方，收集整理处方中的单味药或复方药进行研究，是筛选活性天然产物的一种有效途径。传统中医药有其丰富的医药学和文化内涵。例如，冬凌草是河南济源县一带民间治疗食道癌、贲门癌的草药，经研究发现其对 HeLa 细胞和人体食管瘤细胞有明显的毒杀作用，对肉瘤 180、艾氏腹水癌等动物瘤株有明显的抑制作用；而且经过临床治疗食管癌、贲门癌 100 例，其有效率分别为 35% 和 40%，同时对抑制食管上皮细胞重度增生有效率为 91%。经进一步研究，从冬凌草中分离纯化出一种二萜类抗肿瘤成分——冬凌草素（rubescesin）（图 2-1）。又如，当归芦荟丸临床具有泻肝作用。中国医学科学院等单位用其治疗白血病，收到良好的效果，进而对其进行拆方研究，寻找其活性成分。具体研究过程包括：先从处方中除去麝香后，疗效依然，但去掉青黛及芦荟，则无一例有效；后用青黛、芦荟合剂治疗 7 例，均有良好效果；再用小鼠进行筛选，证明青黛是抗白血病的活性植物；临床用单味青黛治疗慢性粒细胞白血病效果显著，研究发现青黛的有效成分为靛玉红，从而研制出这一抗慢性粒细胞白血病的有效新药。

图 2-1　从冬凌草中分离纯化冬凌草素

根据生物分类学知识，依生物亲缘关系以及可能存在的近似化学成分进行筛选，是发现活性成分的重要途径。例如，对苦木苦味素类成分的分离正是基于这一原理。1975 年，Kupchan 首次从苦木科鸦胆子属（*Brucea*）植物抗痢鸦胆子（*B. antidysenterica Mill*）中分离得到苦木苦味素类成分鸦胆丁（bruceantin），并发现此种化合物具有显著的抗肿瘤活性。根据亲缘关系相近的植物具有相似的化学成分的理论，后来又从苦木科16属35种植物中得到了约140个苦木苦味素（quassinods，simaroubolides 或 amarolids）类成分（图2-2）。其中有30个化合物具有不同程度的抗肿瘤活性。

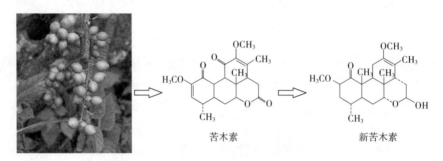

图 2-2　根据生物亲缘关系从鸦胆子分离苦木素

筛选活性天然产物还应重视特殊环境（海拔、气候、阳光等）下生存植物的开发。例如通过对南极洲的部分植物研究发现，其黄酮类化合物的含量与其他产地有明显不同。

二、 查阅相关文献资料

天然产物提取分离有关的期刊、数据库主要有：

（1）Natural Product Report　1984年开始出版（英国皇家化学会），刊登天然产物研究方面的热点研究领域综述性文章。

（2）Journal of Natural Product　美国化学会与美国生药学会合办，刊登药用活性天然产物研究的原始研究论文。

（3）Phytochemistry　国际植物生物化学与天然有机化学的专业期刊，刊登天然产物、植物分子生物学等研究的原始论文。

（4）Journal of Asian Natural Product Research　中国和日本合办，发表亚洲国家天然产物分离、结构鉴定、合成、生物转化、生药学和药理评价方面的原始研究论文。

（5）Archives of Pharmacal Research　韩国药学会主办，发表药物化学、天然产物、药理、毒理、药品和基础生物医学方面的原始研究论文。

（6）Journal of Natural Remedies　印度主办，发表药用植物生物活性、临床、天然产物、质量控制、农学等研究的综述和论文。

（7）Journal of Essential Oil Research　美国主办，主要发表挥发油方面的研究论文。

（8）Phytochemical Analysis　英国主办，发表天然产物成分分析方面的论文。

（9）Phytochemical Reviews　英国主办，欧洲天然产物学会会刊，发表天然产物、功能、生物合成、生理和病理学方面的综述。

（10）Phytomedicine　国际植物疗法和植物药理学杂志，德国主办，刊登植物药标准化、植物药品、植物药理学、分子生物学、植物毒理学、临床方面的研究论文。

（11）药学学报（Acta Pharmaceutica Sinica）　中国药学会主办。发表药理学、合成药物化学、天然药物化学、药物分析学、生药学、药剂学与抗生素学等方面的研究论文、研究简报、综述、学术动态与述评等。

（12）化学文摘（CA） CA 数据库收录了 1967 年以后的内容，每两周更新一次，比在图书馆检索印刷版要快得多。CA 在线检索可分为 CA 文件和 Registry 文件两部分内容，其中 Registry 文件不仅可以提供详细的摘要信息，而且还允许使用者建立化合物的结构。

（13）美国化学会 美国化学会收录了几十种该会主办的化学类刊物，包括 *Journal Natural Products*，可免费检索会内刊物发表的文章，查阅到文章的题目、刊物、作者、出版时间等信息。

（14）英国皇家化学会 收录了英国皇家化学会的期刊，包括 *Natural Product Report*，可免费检索会内刊物发表的文章，查阅到文章的题目、刊物、作者、出版时间等信息。

收集的信息可包括：①天然产物生产工艺资料；②收集生物资源、组织特性、地理分布、化学成分和质量标准等资料；③收集有效成分生化代谢变化的资料；④收集有效成分的结构、性质以及生物活性等方面的资料；⑤收集同科、属生物、同类化学成分的各种资料；⑥收集结构相似化学成分的各种研究资料。

三、 天然产物提取试验设计和工艺流程的选择

天然产物提取试验设计中的观察项目要具有可比性。在试验设计中，必须非常严格控制各种试验条件，否则将影响试验结果的可靠性。同样一个试验要进行多次重复，以观察它的精确度、重现性和可靠性。如果每次试验差别较大时，还要对数据进行统计学处理，以计算它们的试验误差和可信性。

天然产物的工业化提取分离应重视成本核算，提高经济效益和社会效益。做天然产物提取生产工艺的试验研究时，一定要从工业生产的要求和试验情况出发，要设法使生产工艺流程简单、经济和可行，还要使提取收率高、产品质量高和成本低。这种经济观点必需贯穿于每一个试验项目，只有这样通过试验研究所制订的天然产物提取生产工艺，才能适合于工业生产。目前，在生物有效成分的提取生产方面，有很多将试验室规模的植物化学分离方法或流程直接搬到工业化提取生产的尝试，但均不成功，有的甚至不能生产，即使勉强生产也没有较好的经济效益。主要原因是试验室提取和工业化生产提取具有完全不同的目的性。植物化学中的提取是为了分离新化合物、鉴定其结构和发现新成分，其不计算收率、成本，更不考虑经济效益；但是天然产物提取生产首先就要考虑收率、成本和经济效益等问题。因此，在生产天然产物提取物时使用植物化学或中草药化学中的有效成分提取分离方法在技术经济上往往是不可行的。

然而，在进行天然产物提取生产工艺流程的试验研究时，必须大量参考有关的植物化学提取流程和被提取有效成分的结构及其物理化学性质。必要时以这些资料作为科学依据进行试验设计。在制定天然产物的提取生产工艺路线时，要从各种已有的植物化学提取分离流程和生产工艺流程出发，按照大生产的要求进行研究，按生产的可行性、经济性和科学性进行选择、提高和改进，最后要找到一个比较经济、合理和满意的结果。而绝不能不加研究和考察，机械地搬用已有的植物化学的提取分离流程。

在进行天然产物提取生产工艺流程的试验研究时，还要参考原料的生物学、生物化学、化学成分和组织学特性等方面的资料。例如，在什么生长发育时期采收试验用原料有效成分最高，必须参考生物学和生物化学方面的知识。又如，采用什么溶剂进行浸出时，不仅要参考有效成分

的性质，还要考虑原料中其他成分与浸出溶剂的关系，然后才能决定浸出溶剂选择。例如含淀粉和黏液质较高的原料不能用水加热浸出，如果用水加热浸出，浸出液过滤很困难；又如含皂苷较高的中药材也最好不用水浸出，如用水浸出，在一系列操作中会出现较难处理的泡沫问题。

　　天然产物分离方法的选择主要基于物质的分配系数、相对分子质量大小、离子电荷性质及数量和外加环境条件的差别等因素，而每一种方法又都在特定条件下发挥作用。因此，在相同或相似条件下连续使用同一种分离方法就不太适宜。例如纯化某一两性物质时，前一步已利用该物质的阴离子性质，使用了阴离子交换色谱法，下一步提纯时再应用其阳离子性质做色谱层析或电泳分离便会取得较好的分离效果。

　　天然产物分离方法的选择需要考虑分离方法的分辨能力和负荷量，才能达到预期目的。分离纯化的早期，由于提取液中的成分复杂，目的物浓度较稀，大批理化性质相近的分子在相同分离条件下，彼此在力场或电场中竞争占据同一位置。这样，被目的物占据的机会就很少，或者分散在一个很长区域中而无法集中于一点，故不宜选择分辨能力较高的纯化方法。因此，早期分离纯化采用萃取、沉淀、吸附等一些分辨力低的方法较为有利，这些方法负荷能力大，分离量多且兼有分离提纯和浓缩作用，为进一步分离纯化创造良好的基础。总的来说，早期分离方法的选择原则是从低分辨能力到高分辨能力，而且负荷量较大者为合适。随着科技的不断进步，一些分辨力高、负载量较大的特异性方法正受到越来越多的重视。

　　各种分离方法的交叉使用对于除去理化性质相近的杂质较为有效。如有些杂质的带电荷性质可能与目的物相似，但其分子形状、大小与目的物相差较大；而另一些杂质的分子形状、大小可能与目的物相似，但在某些条件下与目的物的电荷性质差异明显，在这种情况下，可先用分子筛、离心或膜过滤法除去相对分子质量相差较大的杂质，然后在一定 pH 和离子强度范围下，使目的物变成有利的离子状态，便能有效地进行色谱分离。当然，这两种步骤的先后顺序反过来应用也会得到同样效果。在安排纯化方法的顺序时，还要考虑到有利于减少工序，提高效率，如在盐析后采取吸附法，必然会因离子过多而影响吸附效果，如增加透析除盐，则使操作大大复杂化。如倒过来进行，先吸附而后盐析就比较合理。

　　各种分离方法的重复使用还有助于进一步了解目的物的性质。不论是已知物或未知物，当条件改变时，连续使用一种分离方法是允许的，如分级盐析和分级有机溶剂沉淀等。分离纯化中期，由于某种原因，如含盐太多、样品量过大等，一种方法一次分离效果不理想，可以连续使用二次，这种情况常见于凝胶过滤、沉淀、结晶。在分离纯化后期，杂质已除去大部分，目的物已十分集中，重复应用先前几步所应用的方法，对进一步确定所制备的物质在分离过程中其理化性质有无变化和验证所得的制备物具有新的意义。

　　分离方法或步骤的优劣，除了从其分辨能力和重现性两方面考虑外，还要注意方法本身的回收率，特别是制备某些含量很少的物质时，回收率的高低十分重要。因此，在分离操作的后期必须注意避免产品的损失，主要损失途径包括器皿的吸附、操作过程样品液体的残留、空气的氧化和某些事先无法了解的因素。为了取得足够量的样品，常常需要加大原材料的用量，并在后期纯化工序中注意保持样品溶液有较高的浓度，以防止制备物在稀溶液中的变性，有时常加入一些电解质以保护天然产物的活性，减少样品溶液在器皿中的残留量。

　　一个制备物是否纯净，常以"均一性"表示。均一性是指所获得的制备物只具有一种完全相同的成分。均一性的评价常须经过数种方法才能验证。如果某物质所具有的物理、化学各方面性质经过几种高灵敏度方法的鉴定都是均一的，那么大致可以认为它是均一的。当然，随着鉴定方法的不断发展，制备物的均一性受到挑战。绝对的标准只有把制备物的全部结构搞清楚，并经过人工合成证明具有相同生理活性时，才能肯定制备物是绝对纯净的。生物分子纯度的鉴定方法很多，常用的有溶解度法、结晶法、熔点法、化学组成分析法、电泳法、免疫学方法、离心沉降分析法、各种色谱法、生物功能测定法以及质谱法等。

当天然产物提取工艺流程和生产工艺条件选择工作告一段落后，要进入一个新试验研究阶段，即小型或放大生产试验阶段。这个阶段的主要任务是检查生产工艺流程的可行性和存在问题，并为中间生产试验或正式工业生产提供科学依据。做放大试验的目的是为了用较小数量的投料解决正式生产问题。如果放大生产试验得到了较好的试验结果，可以不再做中间生产试验，从而节约大量成本和缩短试验周期。如果放大试验结果不理想，也可为中间生产试验提供大量试验数据和创造试验条件，可以少走弯路缩短试验周期，并可节约试验成本和人力。

在小型试验中要对所有工序的物料进行化学分析，并计算每个工序中被提取物质的收率和损失，各种物料的变化，废水、废液和废渣的数量。每次试验都要总结经验、分析数据、找出问题、提出解决问题的办法；然后再做试验设计，进行改进，提高试验质量，直到收率高、成本低和试验结果完全满意为止。当在小型试验中发现前一阶段的工作有问题需要补充或改进时，要交叉地进行生产工艺路线或工艺条件的补充试验。

做放大生产试验在设备和生产方式方面都要模拟工业生产的真实情况。例如在浸出工序要使用逆流浸出法，要严格控制浸出液的浓度和出液系数。又如在蒸发浓缩工序应该采用多效薄膜蒸发法，严格控制蒸发温度和能源消耗；在放大试验中要根据小型试验的经验和数据，结合放大试验条件的研究，设法在每一步工序、每一个操作上提高收率，缩短操作时间，降低成本。

当试验全面结束后，要立即进行从小型试验到放大试验的工作总结和撰写研究工作报告，为工业生产和工厂或车间设计提供数据和资料。试验总结或报告要详细提供各方面、各工序和各种操作的试验数据，还要提供各种方法和设备的试验结果，要为生产提供尽量全面的资料，以供生产和设计的需要。同时，试验总结或报告要客观、详尽地反映试验方法、条件和结果，不要混有试验者的个人见解，以防影响结果的客观性和真实性。试验结论要有充分的试验数据和科学理论依据，试验研究者的见解可在报告的讨论中提出。

四、 天然产物提取中试设计

天然产物提取中试放大是由小试转入工业化生产的过渡性研究工作，对小试工艺能否成功地进入规模生产至关重要。这些研究工作都是围绕着如何提高收率、改进操作、提高质量、形成生产等方面进行。一个工艺研究项目的最终目的是能在生产上采用。因此，当试验室研究工作进行到一定阶段，就应考虑中试放大，以验证试验室工艺路线的可行性。

在小试进行到什么阶段方能进入中试，很难制定一个统一的标准，但除了人为因素外，至少在进入中试前应该满足以下条件：①产率要达到一定稳定程度，质量要可靠；②建立和确定了工艺路线、操作步骤，及产品、中间体与原料的分析方法；③明确和鉴定了产品的生物材料的资源；④进行了物料的衡算，而且建立了"三废"的处理方法；⑤确定了中试规模及原材料的规格和数量；⑥建立了安全生产措施和方法。

1. 原辅材料规格的过渡试验

在小试时，一般采用的原辅材料（如原料、试剂、溶剂、纯化载体）规格较高，目的是为了排除原料中所含杂质的不良影响，从而保证试验结果的准确性。但是当工艺路线确定之后，在进一步考察工艺条件时，应尽量改用大规模生产时容易得到的原辅材料进行过渡试验。

2. 设备选型与材料质量试验

在小试阶段，大部分试验是在小型玻璃仪器中进行；但在工业生产中，物料要接触到各种设备材料，如微生物发酵罐、细胞培养罐、固定化生物反应器、多种层析材料以及产品后处理的过滤浓缩、结晶、干燥设备等。有时某种材质对某一反应有极大影响，甚至使整个反应无法进行。故在中试时，要对设备材料的质量及设备的选型进行试验，为工业化生产提供数据。如应用固定化细胞工艺生产 L–苹果酸时，因产品具有巨大腐蚀性，因此在浓缩、结晶、干燥工段都需选用钛质设备。

3. 反应条件限度试验

反应条件限度试验可以找到最适宜的工艺条件（如培养基种类、反应温度、压力、pH 等），其一般均有一定许可范围。有些反应对工艺条件要求很严，超过一定限度后，就会使生物活性物质失活；或超过设备的负载能力，造成安全事故。在这种情况下，应进行工艺条件的限度试验，以全面掌握反应规律。

4. 原辅材料、中间体及产品质量分析方法研究

在天然产物提取工艺研究中，有许多原辅材料，尤其是中间体和新产品均无现成分析方法，因此，必须研究它们的鉴定方法，以便制定简便易行、准确可靠的检验方法。

5. 下游工艺的研究

在天然产物提取工艺中，以生物材料资源生产为核心的研究内容属上游工艺，以产品的后处理为研究内容的操作为下游工艺。上游工艺固然十分重要，如基因克隆、细胞融合、微生物培养等，是天然产物提取生产的源泉，但下游工艺包括产品的提取、分离、纯化、母液处理、溶剂回收等生化工程操作也必须认真对待。因为这是产品的收率、质量及经济效益好坏的关键所在。因此必须研究尽量简化的下游工艺操作，采用新工艺、新技术和新设备，以提高劳动生产率，降低成本。

中试放大的方法有经验放大法、相似放大法和数学模型放大法。经验放大法主要是凭借经验通过逐级放大（试验装置、中间装置、中型装置和大型装置）来摸索反应器的特征。中试放大程序可采取"步步为营"法或"一竿子到底"法。"步步为营"法可以集中精力，对每步反应的收率、质量进行考核，在得到结论后，再进行下一步反应。"一竿子到底法"可先看到产品质量是否符合要求，并让一些问题先暴露出来，然后制定对策，重点解决。不论哪种方法，首先应弄清楚中试放大过程中出现的一些问题，是属于原料问题、工艺问题、操作问题，还是设备问题。常用的方法是同时进行小试与中试，做对照试验，逐一排除各种变动因素。进行小试的人员参加中试研究对发现与解决中试出现的问题是至关重要的。

中试放大的研究主要内容：①工艺路线与各步反应方法的最后确定；②设备材质与型号的选择；③反应器的规模选择及反应搅拌器型式与搅拌速度的考查；④生产反应条件的研究；⑤工艺流程与操作方法的确定；⑥物料衡算；⑦安全生产与"三废"防治措施；⑧原辅材料、中间体的物理性质和化工常数的测定；⑨原辅材料、中间体质量标准的研究制定；⑩消耗定额、原料成本、操作工时与生产周期等的计算。

中试放大完成后，根据中试总结报告与生产任务等可进行基建设计，制定定型设备选型，非标设备的设计制造；然后按照施工图进行车间的厂房建筑和设备安装。在生产设备和辅助设备安装完成后，如试车合格、生产稳定即可制定生产工艺规程，交付生产。

第二节 原料细胞结构与提取工艺特性

一、原料与天然产物提取工艺特性

（一）植物材料与天然产物提取工艺特性

根是植物重要的贮藏组织之一，除贮藏植物的大量营养外，还有许多有药用价值的活性成分。例如，根类中药材中的甘草、粉防己、人参、丹参、玄参、三七、大黄、黄芪、黄连等。在这类原料中还可以分为根皮类原料（如五加皮、白鲜皮）和根类原料。根皮是根的次生组织，在这类原料的次生韧皮部中主要由薄壁细胞组成，所含有机物质比较丰富，如生物碱。由于其中薄壁组织较多，较易于加工如粉碎、破坏细胞膜和细胞壁等。

根类原料中有许多含有较多的淀粉，如何首乌（约57%）、赤芍（约56%）、栝楼（约64%）、乌头、关白附等。在这类原料中薄壁细胞组织较多，细胞壁和细胞膜较易破坏，原料的粉碎也比较容易。但是在用热水浸提时因淀粉糊化而使过滤困难；用冷水浸提又不能破坏细胞膜和细胞壁，浸提效果差；最好用乙醇等有机溶剂浸提。块根类原料所含淀粉较一般根类原料更高，如葛根、白药子、山药、乌药、白首乌、首乌、粉防己和百部等。它们薄壁组织较多，贮有大量淀粉和有效活性物质。其加工特性与上述含淀粉多的原料相似。

茎由表皮层、皮层、内皮层、中柱鞘和中柱组成，中柱又由维管束、木质部、髓部和髓射线组成。根据原料的来源可以把茎类原料分成木质茎、根状茎、块茎、鳞茎和球茎类五类。木质原料中有木材类、树皮类和树枝类三种。

木质茎类常见的有苏木、沉香、降香、功劳木、樟等品种。木材类利用的不多，可能与木材中纤维素、半纤维素、木质素含量高而生物活性物质较少有关。这类原料又因死细胞、木质化组织比较多，质地比较坚硬；细胞壁多是由纤维素、半纤维素组成，细胞组织的渗透性比较好，加以适当粉碎后即可浸出其有效成分。

树皮或茎皮类是由植物茎的次生组织所构成，由表皮层、皮层、内皮层组成，富含生物活性物质。这类原料较木材类多，常见的如黄柏、合欢皮、肉桂、杜仲和秦皮等。这类原料的表皮具有较厚的角质，角质中的蜡浸细胞组织具有疏水性，在表皮层的下面有木栓层。这些组织在一般情况下不含有生物活性物质，应该在加工前除去，保留其韧皮部。有个别品种含有树胶类物质，如黄柏皮含有大量胶质，用水加热浸出时较为困难，而应用乙醇浸出。

树枝类和藤茎类原料也较常见，如钩藤、桂枝、关木通和桑枝等。这类原料具有植物茎的各种组织结构。有些品种质地比较坚硬，具有广泛的木质结构特点。木质茎类原料除树皮外，质地都比较坚硬。虽然在原料组织中具有许多输导组织，原料中的有效成分在原料不粉碎的情况下，不易被浸出，必须通过粉碎扩大其表面积。

根茎类原料是指植物的变态茎，因长在地下形状似根故称根茎或根状茎。这类原料包括根茎和块茎。一般细长的是根茎，短粗而肥大的是块茎。

根茎类有甘草、大黄、川芎、黄精、白术、白茅根、玉竹和升麻等，但这类原料多数都含有淀粉、果胶，来源于菊科、桔梗科和百合科的根茎类原料含有菊淀粉，除少数品种外含量均不太高，因此在加热用水浸出时不产生糊化问题。

块茎类原料实质上是植物的贮藏器官，薄壁组织比较多，与根块类原料相似，含有大量淀粉，如白芨、白附子、半夏、天南星、元胡、知母和天麻等，品种较多。这类原料的加工方法和块根类原料相似，不宜于用热水浸出。

鳞茎的茎异常短小，呈扁圆盘状，其外包有多层肥厚的、贮藏着丰富养料的鳞叶，茎的顶端也有顶芽，叶腋有腋芽。药用的百合科植物贝母、百合、大蒜、海葱都是鳞茎类原料。

球茎是肥而大的另外一种地下茎的形式。完全埋藏在地下，连它的叶腋所生成的枝也不出地面。这种茎和鳞状茎不同，它的芽多生于顶端，并且鳞叶稀少且不肥厚而呈膜质状，如荸荠、慈姑、唐菖蒲和番红花等。

鳞茎类和球茎类药材含水分高达90%以上，果胶质含量也较高。药材干燥后细胞膜受到破坏，但有的药材用热水浸出时因果胶的存在而使过滤较难进行。

干果类中药材入药时通常不粉碎，直接用于煎煮或浸出；有些不开裂的果实，如瘦果、小坚果、翅果和双悬果等，种子还紧紧地包在果实中，有的种子和果实的表皮有特殊的角质结构或蜡浸细胞壁或果胶质结构，需要进行适当的粉碎后加热、加酶、发酵或用化学物质进行处理。如从月见草种子中分离含有亚麻酸的油，月见草种子必须先进行加热处理，破坏其细胞组织，然后用压榨法才能得到药用的月见草油。

肉果的皮类药材如陈皮、青皮、丝瓜皮、冬瓜皮和西瓜皮等，这类原料的特点是在果内或细胞内含有较多的果胶质，如果用水提取其有效成分，这种果胶类物质对浸出有影响。如果非要用水浸出，应先以果胶酶水解果胶再进行浸出。如果用有机溶剂浸出，果胶的影响不大。

花的细胞主要是由薄壁细胞组成的，组成成分比较复杂。在中药中常用的花类药材有红花、金银花、洋金花、菊花、藏红花、槐花米等，约有数十种。花类药材的薄壁细胞比较多，其细胞壁和细胞膜的结构在干燥时会自动被破坏，故用水浸出其有效成分并不困难。但是花粉细胞壁上有坚固的角质层，它是由果胶类物质组成的，需要用酶或发酵的方法处理后才能提取其有效成分。

叶的表皮组织都有角质层或蜡质层，一般需要先用轻汽油、苯或氯仿等非极性有机溶剂处理，除去角质层中的蜡，然后才能用水或乙醇浸出。

地上草类中药材比较多，常见的如麻黄、益母草、马齿苋、青蒿、香薷和薄荷等；全草类中药材种类也比较多，常见的如细辛、金钱草、车前草、蒲公英和仙鹤草等。这类原料都是草本植物，质地比较松软，容易粉碎、浸出，除适当粉碎外多数都不需要特殊处理。

（二）动物材料与天然产物提取工艺特性

动物材料组织是由动物细胞所构成的，其结构与有效成分都和植物材料有很大区别，如动物细胞没有细胞壁，其细胞膜的成分主要是蛋白质，而植物细胞壁的主要成分是碳水化合物；植物药材的主要有效成分是生物碱类、苷类和萜类等，动物药材的主要有效成分是酶类、激素类、蛋白质类、氨基酸类和固醇类。这些区别决定了动物原料与植物原料的提取特性有所不同。常见的动物原料有角类、皮类、脏器类、昆虫类、贝壳类、甲类、骨类、蛇类和其代谢产物等。

角类和骨类：角类原料常用的有犀牛角、羚羊角、水牛角、鹿茸等。骨类原料有虎骨、豹骨等。动物角类和骨类都是由结缔组织所构成的，角类实质上是动物裸露在外的骨，结构上没有太大的区别。骨和角的组织很致密、很坚硬，这种坚硬的组织是由胶原蛋白所组成的胶原纤维所构成，它的基质是由磷酸钙和碳酸钙所组成。这类原料在加工前需要粉碎得细一些，才能较顺利地把有效成分提取出来。

皮类原料：常用的有驴皮、黄牛皮和猪皮等。这类原料的组织是由胶质蛋白所组成，多用于制备阿胶、黄明胶和新阿胶。这类原料应用新鲜皮类，在加工时应先破碎，再用匀浆机类的设备制成浆状物后进行加热煮制，这样可以缩短煎煮时间，提高质量。

（三）海洋生物材料与天然产物提取工艺特性

海藻类有 10000 多种，从中发现和提取了一些抗肿瘤、防止心血管疾病、治疗慢性气管炎、驱虫、抗放射性物质及血浆代用品等生物活性物质，如烟酸甘露醇酯、六硝基甘露醇、褐藻酸、海人草酸等。

腔肠动物如海葵可从其中提取分离海葵毒素。

节肢动物有虾、蟹等，可从虾皮、蟹壳中提取分离甲壳素。

软体动物有 80000 多种，包括螺、贝、乌贼等，从中分离的具有抗病毒、抗肿瘤、抗菌、降血脂、止血和平喘等生理功能的活性物质有多糖、多肽、糖肽、毒素等。

棘皮动物有 6000 多种，包括海星、海胆、海参等。海星的毒素大多数类似溶血性的皂素型化合物；海胆含有丰富的二十碳五烯酸，它是冠心病的有效防治剂；而海参素有抗癌作用。

鱼类有 20000 多种，可制造多种药物，如用鱼精制取鱼精蛋白，用鱼软骨制取软骨素，用鱼类肝脏制取鱼肝油，还可从鱼类中提取细胞色素 C、卵磷脂、脑磷脂，从鱼磷提取鸟嘌呤等。

爬行动物多数为陆生动物，海生的有海龟、海蛇等。海蛇毒液含有蛋白酶、转氨酶、胆碱酯酶、核糖核酸酶等；海龟、玳瑁对中枢神经、胃肠道系统有活性作用。

海洋哺乳动物类鲸鱼和海豚的脏器和腺体已制成多种药物，如鲸肝抗贫血剂，维生素 A 和维生素 D 制剂、鲸油和江豚油抗癌剂及垂体激素等。

（四）微生物与天然产物的提取工艺特性

细菌是单细胞原核生物，其基本结构包括细胞壁、细胞质膜、拟核、细胞质。细胞壁主要由肽聚糖构成，有固定外形和保护细胞等多种功能。细胞质膜紧贴在细胞壁内侧，是包围细胞质的一层柔软且富有弹性的半透性薄膜，是重要的代谢活动中心，对于细菌的呼吸、能量的产生、运动、生物合成、内外物质的交换运送等均有重要的作用。

酵母菌是单细胞真核生物，细胞结构包括细胞壁、细胞膜、细胞核、细胞质、液泡、线粒体等，有的还具有微体。酵母菌细胞的形态通常有球形、卵圆形、腊肠形、椭圆形、柠檬形或藕节形等，比细菌的单细胞个体要大得多，一般为（1~5）×（5~30）μm。

霉菌营养体的基本单位是菌丝，它是一种管状的细丝，在显微镜下很像一根透明胶管，它的直径一般为 3~10μm，比细菌和放线菌的细胞粗约几倍到几十倍。菌丝可伸长并产生分枝，许多分枝的菌丝相互交织在一起，就称菌丝体。

二、　生物细胞的结构与天然产物成分的浸出

植物细胞有细胞壁和细胞膜，细胞膜类似于半透膜（图 2-3），具有选择透过性，即对细胞外物质的透过具有分子筛作用，小分子物质容易透过，较大的分子不容易透过。植物活性成分主要存在于细胞质中，因有细胞膜的保护不能轻易渗透到细胞外。多数细胞壁主要是由纤维素、半纤维素和果胶质组成，其上有许多小孔称为孔壁，这种细胞壁不影响水溶性物质的出入。因此，对外界物质的进入或细胞内物质的浸出有决定作用的结构是细胞膜。

在植物原料叶、果皮、茎皮等器官的外表面上有蜡浸细胞壁，蜡层由蜡醇和脂肪酸组成，

它使细胞壁有很强的疏水性。经常可以看到一些革质的植物叶、果和茎的表面不沾水，就是由于在这些植物的表面有蜡浸细胞构成的表面组织。根据光学和显微化学的观察（图2-4），角质在最接近表面的部分形成相当厚的角质层。角质具有极性基（—OH、—COOH）和非极性基（—CH₃），在表面角质的非极性基朝外，极性基朝着下面的纤维层排列；在第一纤维素层下面的角化层，极性基朝着纤维素层排列，非极性基朝着角质浸润的蜡胶束群排列。

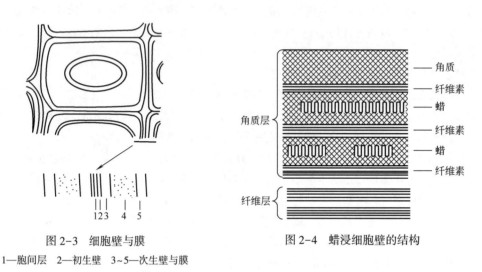

图 2-3　细胞壁与膜

1—胞间层　2—初生壁　3~5—次生壁与膜

图 2-4　蜡浸细胞壁的结构

要把有效成分提取出来，对一般细胞要设法破坏细胞膜，改变其通透性，使浸出溶剂能畅通无阻地进入细胞内并能把有效成分浸提出来。对于某些有蜡浸细胞壁组织表面的原料，要破坏其蜡浸细胞壁，改变其细胞壁的通透性。

细菌的细胞壁都是由坚固的骨架-肽聚糖（peptidoglycan）组成，它是聚糖链（glycan chain）借助短肽交联而成，具有网状结构，包围在细胞周围，使细胞具有一定的形状和强度。革兰氏阳性菌的细胞壁较厚（15~50nm），肽聚糖占40%~90%，其余是多糖和磷壁酸，而革兰氏阴性菌的肽聚糖层较薄（1.5~2.0nm），最外面还有一较厚的外壁层（8~10nm），外壁层主要由脂蛋白、脂多糖组成。由此可见，破碎细菌的主要阻力来自于肽聚糖的网状结构，其网状结构的致密程度和强度取决于聚糖链上所存在的肽键的数量和其交联的程度，如果交联程度大，则网状结构就致密。

与细菌不同，酵母细胞壁的主要成分为葡聚糖与甘露聚糖以及蛋白质等，比革兰氏阳性菌稍厚；酵母细胞的细胞壁的最里层是由葡聚糖的细纤维组成，它构成了细胞壁的刚性骨架，使细胞具有一定的形状，覆盖在细纤维上面的是一层糖蛋白，再外面是由1,6-磷酸二酯键共价连接而成网状结构的甘露聚糖。在其内部有甘露聚糖-酶的复合物，它可以共价连接到网状结构上，也可以不连接。与细菌细胞壁一样，破碎酵母细胞壁的阻力主要决定于壁结构交联的紧密程度和它的厚度。

大多数真菌的细胞壁主要由多糖组成，其次还含有较少量的蛋白质和脂类。如常见的霉菌，其细胞壁较厚，为100~250nm。不同的真菌，细胞壁的组成有很大的不同，其中大多数真菌的多糖壁是由几丁质和葡聚糖构成。与酵母和细菌的细胞壁一样，真菌细胞壁的强度和聚合物的网状结构有关。不仅如此，它还含有几丁质或纤维素的纤维状结构，所以强度有所提高。

三、 破坏细胞壁和细胞膜的方法

（一）风干法

原料采收后为了保护有效成分不受破坏，常采用风干法，在干燥过程中原料的一部分组织细胞将被破坏。在通风良好、不见直射阳光的条件下，风干开始时由于外界空气的蒸汽压较低，细胞壁先失水，随后细胞质的液泡也逐渐失水，细胞液的浓度不断增高，并使膨压降低而逐渐萎蔫，终致细胞受到破坏而死亡。这种变化与高渗溶液中的质壁分离相似，细胞失水而收缩，但不产生质壁分离。这时细胞质附着于细胞壁一起进行收缩而形成褶皱。由于受到内外两个不同方向牵引力的作用，细胞膜和细胞壁受到机械破坏，细胞膜的渗透性增大，因此细胞内的物质易于被溶剂浸出。

风干方法可以使叶类、全草和某些根皮类原料的细胞组织受到不同程度的破坏，但对某些具有肉质特性的根类和果类原料的破坏能力并不大，风干后再加水可以复水，使原料的细胞吸水后恢复膨压。因此在这类原料细胞中果胶质含量比较高，风干时温度比较低，蛋白质和细胞质没有发生变性，细胞膜和细胞壁所受到的破坏较少。另外，该方法对有效成分的破坏也较小。

（二）加热干燥法

风干法由于干燥温度低，细胞内原生质和蛋白质没有变性，因此不太适合用于某些原料组织如肉质性根类、果类原料。对风干法破坏细胞组织不太适合的原料可用加热干燥法。在加热对有效成分没有重大影响，或对热比较稳定的物质可用加热法破坏原料的细胞组织。加热方法有两种：一种是在浸出有效成分时用加热浸出的方法，即可使细胞质和蛋白质凝聚、变性、收缩，致使细胞膜和细胞壁被破坏，提高它们的渗透性，使细胞内物质迅速向外扩散；另外一种方法是将新鲜原料切片后加热干燥，在干燥时水分急剧蒸发，细胞内原生质和蛋白质凝固、变性、细胞萎缩，使细胞膜和细胞壁破坏，改变细胞组织的渗透性。加热法不适合热敏性物质的干燥。

（三）机械法

机械法处理量大，破碎速度较快。但对产热量较大的处理应采取冷却措施，防止生化物质破坏。

1. 球磨法

研磨是常用的一种方法，它将细胞组织悬浮液与玻璃小珠、石英砂或氧化铝一起快速搅拌或研磨，使细胞达到破碎。Mickle 高速组织捣碎机和 Braun 匀浆器是试验室规模的细胞破碎设备，利用玻璃小球撞击组织而达到破碎的目的。在工业规模的破碎中，可以采用高速球磨机或胶体磨处理。在这种设备中，由于圆盘的高速旋转，使细胞悬浮液和玻璃球相互搅动，细胞的破碎是由剪切力层之间的碰撞和磨料的滚动而引起的。破碎作用是相对于时间的一级反应速度过程，符合式（2-1）：

$$\ln[1/(1-R)] = Kt \tag{2-1}$$

式中 K——级反应速度常数

t——时间

R——破碎率

一级反应速度常数 K 与许多操作参数有关，例如球体的直径、进入球磨机的细胞浓度和负荷、料液的流速、搅拌器的转速和构型以及温度等。这些参数不仅影响破碎程度，也影响所需能量。球体的大小应根据细胞大小和浓度等来选择，球体在磨室中的装量影响破碎程度和所需能量。搅拌转速应适当，增加搅拌速度能提高破碎效率，但过高的速度反而会使破碎率降低。操作温度在5~40℃范围内对破碎物影响较小，但是在操作过程中，磨室的温度很容易升高，较小的设备可考虑采用冷水冷却来调节磨室温度，大型设备中热量的去除是必须考虑的一个主要问题。

2. 高压匀浆

高压匀浆是大规模破碎细胞的常用方法。利用高压迫使细胞悬浮液通过针形阀，由于突然减压和高速撞击而造成细胞破裂。影响破碎的主要因素是压力、温度和通过匀浆阀的次数。升高压力有利于破碎，在工业生产中通常采用的压力为55~70MPa。

3. X-press 法

作为另一种改进的高压方法，X-press 法是将浓缩的菌体悬浮液冷却至-30~-25℃形成冰晶体，再利用500MPa以上的高压冲击，将冷冻细胞从高压阀小孔中挤出。细胞破碎是由于冰晶体的磨损，包埋在冰中的微生物的变形所引起的。此法又称 Hughes press 法，主要用于试验室中。高浓度细胞、低温和高平均压力均能促进破碎。该法的优点是适用的范围广，破碎率高，细胞碎片的粉碎程度低以及活性的保留率高，但是，该法对冷冻-融解敏感的系列化学物质不适用。

4. 超声波法

常用的超声波破碎仪在工作频率15~25kHz下，通过空化作用引起细胞破碎。这种空穴泡由于受到超声波的迅速冲击而闭合，从而产生一个极为强烈的冲击波压力，由它引起的黏滞性旋涡在介质中的悬浮细胞上造成了剪切应力，促使细胞内液体发生流动，从而使细胞破碎。超声波振荡容易引起温度的剧烈上升，操作时可以在细胞悬浮液中投入冰或在夹套中通入冷却剂进行冷却。对于不同菌种的发酵液，超声波处理的效果不同：杆菌比球菌易破碎，革兰氏阴性菌比革兰氏阳性菌细胞容易破碎，对酵母菌的效果较差。该法不适于大规模操作，因为放大后，要输入很高的能量来提供必要的冷却。

（四）非机械方法

许多种非机械方法都适用于微生物细胞的破碎，包括酶解、渗透压冲击、冻结和融化、热处理、化学法溶胞等。

酶解法是利用酶的反应分解破坏细胞壁上特殊的键，从而达到破壁目的。酶解需要选择适宜的酶和酶系统，并要具备特定的反应条件，同时附加其他的处理，如辐照、加高浓度盐及EDTA，或者利用生物因素等促使微生物对酶解作用敏感，以获得强化酶解的效果。酶解的优点是专一性强，发生酶解的条件温和。溶菌酶是应用最多的酶，它能专一地分解细胞壁上糖蛋白分子的 β-1,4 糖苷键，使脂多糖解离，经溶菌酶处理后的细胞移至低渗溶液中使细胞破裂。

自溶作用是酶解的另一种方法，所需溶胞的酶是由微生物本身产生的。微生物代谢过程中，大多数都能产生一种能水解细胞壁上聚合结构的酶，以促使生长过程进行下去。可是，改变微生物的环境，可以诱发产生过剩的这种酶或激发产生其他的自溶酶，以达到自溶目的。影响自溶过程的因素有温度、时间、pH、缓冲液浓度、细胞代谢途径等。微生物细胞的自溶常采用加热法或干燥法。例如，对谷氨酸产生菌，可加入 0.02mol/L Na_2CO_3、0.018mol/L $NaHCO_3$、pH 10 的缓冲液，使成为3%的悬浮液，加热至70℃，保温搅拌20min，菌体即自溶。又如酵母自溶温度需在 45~50℃下保持 12~24h。自溶法在一定程度上能用于工业生产，但对不稳定的微生物容易引起所需蛋白质的变性，自溶后的细胞培养液过滤速度也会降低。

采用抑制细胞壁合成的方法能导致类似于酶解的结果。某些抗生素如青霉素或环丝氨酸，能阻止新细胞壁物质的合成。抑制剂应在发酵过程细胞生长期的后期加入。当抑制剂加入后，生物合成和再生还在继续进行，但溶胞的条件已形成。这样在细胞分裂阶段存在的细胞壁就有缺陷，故能达到溶胞作用。但此法费用很高。

渗透压冲击是较温和的一种破碎方法，将细胞放在高渗透压的介质中（如一定浓度的甘油或蔗糖溶液），达到平衡后，介质被突然稀释，或者将细胞转入水或缓冲液中，由于渗透压的突然变化，水迅速进入细胞内，引起细胞壁的破裂。例如，从大肠杆菌中制备亲水性酶，首先将细胞在 30mmol/L Tris-HCl（三羟甲基氨基甲烷）、pH7 缓冲液中洗涤，然后将菌体置于 30mmol/L Tris-HCl、0.1mmol/L EDTA、pH7.2 的 20% 蔗糖溶液中搅动，待菌体内外平衡后离心，菌体在 4℃ 冷却后，迅速投入冷水中，剧烈搅拌 10min，即有水溶性酶（如磷脂酶、天门冬酰胺酶Ⅱ、核糖核酸酶Ⅰ）被释放出来。渗透压冲击的方法仅对细胞壁较脆弱的菌，或者细胞壁预先用酶处理，或合成受抑制而强度减弱时才适用。

物理法处理如反复冻结-融化，可用于某些细胞的破碎，或释放某些细胞组分。冻结-融化法系将细胞放在低温下突然冷冻和室温下融化，反复多次而达到破壁作用。由于冷冻，一方面能使细胞膜的疏水键结构破坏，从而增加了细胞的亲水性能；另一方面胞内水结晶，使细胞内外溶液浓度变化，引起细胞突然膨胀而破裂。对于细胞壁较脆弱的胞体，可采用此法。但通常破碎率很低，即使反复循环多次也不能提高收率。另外，还可能引起对冻融敏感的某些蛋白质的变性。

此外，还可以采用化学法来溶解细胞或提取细胞组分。例如酸碱及表面活性剂处理，可以使蛋白质水解、细胞溶解或使某些组分从细胞内提取出来。如对于胞内的异淀粉酶，可加入 0.1% 十二烷基磺酸钠或 0.4% Triton X-100 于酶液中作为表面活性剂，30℃振荡 30h，异淀粉酶就能较完全地被抽提出来，所得活性较机械破碎高。某些脂溶性溶剂也能用于化学处理，如丁醇、丙酮、氯仿及尿素等。但是，这些试剂常易引起生化物质破坏，还会带来化学物质的分离和回收问题。

选择合适的破碎方法需要考虑下列因素：细胞的数量、所需要的产物对破碎条件（温度、化学试剂、酶等）的敏感性、要达到的破碎程度及破碎所需的速度等，希望尽可能采用最温和的方法。具有大规模应用潜力的生化产品还应选择适合于放大的破碎技术。

值得一提的是，除了研究破碎细胞的方法外，还应研究在生物合成过程中减低细胞牢固程度的方法。例如，已发现发酵过程中改变条件（温度、培养基或加入抗生素等）使某些细菌缺少合成细胞壁的某种组分，它就会从杆状细胞变为丝状细胞，这样就便于用离心分离法收集细胞和进行破碎。

四、 原料的质量控制

我国地域辽阔，同一原料来源多样，不同产地其有效成分种类和含量均有差异，使得原料来源和品种控制显得更加重要。如金银花有 20 多种植物来源，均为忍冬科忍冬属植物。石斛的植物来源有几十种，大多是兰科石斛属的植物，少量是兰科金石斛属、毛兰属、石豆兰属、石仙桃属等植物。这些植物中的药物活性成分的种类及含量都有一定的差异。因此，为了保证植物药的有效性和安全性，必须对同名异物的植物进行全面的调查研究，加以科学的鉴定，确定其学名，记录其来源、产地、药用部位，并留样备查。

植物中有效成分的含量，因植物器官不同有较大的差异。如槐花、黄柏皮、川芎根茎、马钱子种子等是含有效成分较多的部位。同类植物有效成分的含量与植物生长的环境条件（海拔高度、气温、土质、雨量、光照等）、生长季节、年龄也有较大的关系。如曼陀罗叶中的生物碱含量，可因日光的照射而提高，而毛地黄叶片被日光照射后，其强心苷的含量反而下降。麻黄在雨季生物碱含量急剧下降，在干燥季节则上升到最高值。含挥发油的植物，在充足的阳光和气温较高的地带生长时，挥发油含量增高，雨季含油量下降。但芫荽的挥发油，则随降雨量增加而增加。薄荷在干燥的秋季叶片开始变黄时，挥发油中薄荷脑含量最高。

氮肥可提高植物中生物碱的含量，钾肥可使植物中的挥发油含油量增高，但有些植物如芫荽则因钾肥而使挥发油含量减低。氮、磷、钾对植物成分的影响无一定规律。间种也会影响某些植物的有效成分。颠茄与芥菜间种时，颠茄的生长受到抑制。苦艾与颠茄间种时，能促使颠茄生长，生物碱产量增高。

海拔高度对植物中有效成分含量有很大影响。乌头属植物中的有毒成分含量，在云南证实随海拔高度升高而增加。有些植物海拔只差 100m 的高度，其有效成分的含量却有较大的差异。

一般来说，在植物邻近花期前，有效成分的累积量达到一年中的最高值，花期中即急剧下降。但在一个生长的过程中，有的植物所含成分的各组分在其细胞中的变化很复杂。比较特殊的例子是百合科一些含甾醇皂苷的植物，有的在幼嫩植物中含某一种皂苷，在花期前却含多种皂苷，果期后所含皂苷的种类和含量也有较大差异。

在一天中，植物中有效成分也会有明显的变化。如唐古特东莨菪叶中的生物碱在中午 12 时含量最高，在 24 时含量最低，莨菪碱在一昼夜间的含量变化最大。

在生长过程中，一般来说，成分含量随生长时间而增高。但不一定成直线关系，即生长到一定时间，其有效成分的增长速度，对植物本身的增长速度会相对减低。如喜马拉雅东莨菪，在生长 7 年的植株中，生物碱的含量达到最高值，此后其含量即逐渐下降。川产黄连中小檗碱的含量也是如此，生长 50 年的峨眉野黄连中小檗碱的含量与几年生的同种植物相差不多。

生长在同一地区的同种三颗针，它们地上部分的大小与其根中小檗碱的含量没有相应的增长关系。即茎部大的和小的同种三颗针，所含有小檗碱的量没有明显变化。

采收、干燥和贮存方法，也会影响植物中有效成分的含量，甚至会导致有效成分结构上的变化。一般快速低温干燥方法较好。但某些含挥发油的植物如薄荷，则需要以新鲜植物进行适当发酵，来促使挥发油产生。

因此，在天然产物提取生产时，必须选择好适当的原料并进行初步的质量鉴定，再投料生产。天然产物提取原料质量控制的主要方法有：

（一）形态与性状相结合的鉴别方法

按生物分类学形态鉴定的方法，依其各部分的形态，确定其所属分类学的科、属、种，再按其利用部位进行形态学与性状鉴定相结合的方法，做出鉴定结论。

（二）显微粉末鉴定

有些原料的粉末，在显微镜下观察其组织或细微的形态，做出鉴定结论。

（三）化学鉴别法

可以根据被鉴定原料化学成分，用薄板层析法或传统的化学方法进行化学成分的鉴定，这种鉴定的结果对天然产物提取生产具有重要的意义。

（四）紫外光谱法

原料可用甲醇或乙醇浸出液在紫外光谱仪上，测定其紫外光谱，做出鉴定结论。该方法简单、可靠且有效。

（五）有效成分的含量测定

控制原料的质量，更重要的是考虑其化学成分和有效成分的含量是否符合提取生产和质量标准的要求，如果由于原料采收时间、干燥方法、初加工方法、贮藏时间过长、贮藏方法或条件不当，有效成分发生了改变或含量严重下降，不管原料的外观性状和形态鉴定结果如何，都不能投入生产使用。

有效成分定性、定量分析方法的研究已经有了很大的发展。大部分有效成分都有了较可靠的测定方法。如常用的薄板层析扫描测定法、气相色谱法和高效液相色谱法等，这些方法分析速度快、可靠性高，可用于测定原料、天然产物提取中间产物、废渣、废水和产品中有效成分含量，为控制原料、生产和产品质量提供重要的科学依据。

五、原料的前处理

原料在投料前必须进行处理，如除杂、干燥、粉碎、发酵、脱脂、水解等，以确保原料的质量和产品的收率。原料的处理要根据原料组织的化学成分、有效成分的性质和生物化学的性质，以及原料的组织和细胞结构进行处理。

1. 原料的除杂、洗涤与切割

原料处理要按生产工艺的要求，选择原料采收时间，制定除杂方法。原料粉碎后投入生产的可不必切片。用粉碎机粉碎坚硬的原料可在干燥后，但是洗涤必须在干燥前。原料在采收后，需要在新鲜状态进行除杂和洗涤，因为在新鲜状态材料组织完好，在除杂和洗涤时成分无损失。某些木质性根类原料干燥后比较坚硬，传统的处理方法是水浸软后切片；而对草本类材料，水浸时有效成分要损失，可在干燥后切割。

2. 原料的干燥

原料干燥的目的是为了便于贮藏和运输。但是在客观上有破坏细胞膜和细胞壁的作用，有利于浸出的顺利进行。不同的原料应该采取不同的干燥方法。例如含热敏性有效成分的原料，应采取风干法。

现在中药材采集后多用晒干法。晒干法具有干燥速度快、药材的细胞膜破坏较强的优点。但该法对含光敏性有效成分的药材不适宜。如中药材粉防己、木防己、小檗根、千金藤、唐松草和金线吊乌龟等，其含有双苄基异喹啉生物碱，日光照射会使其化学结构发生改变。故该类药材常用风干法干燥。

有些含有苷类的原料细胞组织中还含有能水解苷的酶，采用风热干燥法时由于酶的作用使苷水解而降低疗效。如苦杏仁中含苦杏仁苷和其水解酶，因此须灭酶后再干燥。在中药炮制中规定苦杏仁"在沸水中浸泡片刻"，实际上就起着灭酶的作用。

3. 原料的粉碎

粉碎的目的是为了增加原料的表面积，提高浸出速度。原料的粉碎程度要根据原料的种类和性质而定。草类原料可以粉碎得粗一些，因为这类原料没有坚硬的木质结构，而且水分含量比较高，组织比较松软，在干燥过程中因失水细胞组织破坏比较严重，浸出时溶剂比较容易渗透。木质类原料因组织坚硬，溶剂较难渗透，所以要粉碎得细一些。某些较硬、较粗的根类、根茎类、块根类以及果实和种子类原料也要粉碎得细一些。

4. 发酵和水解处理法

在天然产物提取时有三种情况需要采用发酵处理法。①有效成分存在于细胞内，细胞膜不能用一般方法使其破坏，可用发酵法使难于破坏的细胞膜或细胞壁被破坏，使有效成分易于被浸出。如从花粉中浸出有效成分制备花粉浸膏时，必须先用发酵法处理花粉细胞壁。又如从肉果类或浆果类原料中提取有效成分，因其常与果胶质包裹在一起，使浸出和过滤很难进行，需要加入果胶酶使果胶水解后，才能使浸出正常进行。又如从玉米种子中提取药用淀粉需要先用发酵法破坏其细胞壁，并使玉米淀粉与蛋白质分离，才有可能把淀粉从玉米种子中提取出来。②含强心苷的药材，多数情况下含有多种苷，其中的多糖苷效价较低，为了提得较多的单糖苷，常常使用发酵法，使药材中的多糖苷转化为单糖苷，再进行提取。例如，从紫花洋地黄叶中提取洋地黄毒苷，先在紫花洋地黄叶片粉末中加水，因粉中含有洋地黄强心苷水解酶，产生自然发酵，将紫花洋地黄苷 A 和 B 转化为洋地黄毒苷。③需要从某些原料中提取某种苷的苷元时，也用发酵法把皂苷转化为皂苷元，然后再提取皂苷元。如从番麻和剑麻废水中提取海可皂苷元；从穿山龙的根中提取薯蓣皂苷元。

酸水解处理法是从原料中提取苷元的重要方法，例如从甘草中加酸水解后提取甘草次酸，又如从穿山龙根中先用硫酸水解后提取薯蓣皂苷元等。

5. 脱脂处理

某些具有革质的叶类药材的表皮细胞壁中有蜡浸层，能阻止浸出溶剂的渗入，使浸出较难进行，需要进行脱蜡处理；还有一些油脂较多的材料，如使君子、马钱子、女贞子、补骨脂等种子，应在浸出前进行脱脂处理；大多数动物器官中提取水溶性成分时，必须先进行脱脂处理，然后再用极性溶剂提取。

6. 含挥发油类原料的处理

宜在新鲜状态进行粉碎、蒸馏及浸出加工，以免成分改变。

7. 以酶和蛋白质为主要成分的原料处理

以酶为主要成分的有麦芽、地龙、木瓜等，以蛋白质为主要成分的有天花粉、胎盘和许多动物材料，酶和蛋白质都是易变性而非常不稳定的化合物，应该在新鲜状态，以匀浆机打破细胞壁，将其分离出来。如在新鲜状态不能及时处理，可经过适当方法干燥后存放，但会影响原料的质量和产品质量。

六、 天然生物活性物质的保护措施

对活性物质的提取，除了考虑所选用的溶剂对被提取物有较大的溶解度，而对杂质的溶解度较小外，还应综合考虑提取溶剂对活性物质稳定性的影响。对生物大分子如蛋白质、酶和核酸来说，主要的保护措施：

（1）采用缓冲系统　缓冲系统可防止提取过程中某些酸碱基团的解离，造成溶液中 pH 变化幅度过大，导致某些活性物质的变性，或由于 pH 影响提取的效果。常用的缓冲系统有磷酸盐缓冲液、柠檬酸盐缓冲液、Tris 缓冲液、醋酸盐缓冲液、碳酸盐缓冲液和巴比妥缓冲液等。缓冲液所使用的浓度均比较低，以利于增加溶质的溶解性能。

（2）加入保护剂防止某些生理活性物质基团及酶的活性中心受到破坏　如最常见的巯基，

是许多活性物质和酶催化的活性基团，它极易被氧化，故提取时常加一些还原剂如半胱氨酸、α-巯基乙醇、二巯基乙醇、二巯基赤藓糖醇、还原型谷胱甘肽等，以防止它的氧化；提取某些酶时常加入一些底物；一些易受重金属离子抑制生理活性的物质，加入金属螯合剂可保持被提取的活性。

（3）抑制水解酶的破坏　可根据不同水解酶的性质采用不同方法，如需要金属离子激活的水解酶（如 DNase），常加入 EDTA 或用柠檬酸缓冲液除去溶液中某些金属离子，使酶的活动受到抑制。对热不稳定的水解酶，可用热提取法使之失去作用；或根据水解酶的溶解性质的不同，采用不同 pH 提取，以减少水解酶释放到提取液中的机会；或选用 pH 范围使酶活力最低。但最有效的方法还是针对性地加入某些抑制剂，以抑制水解酶的活性。

（4）其他一些特殊要求的保护措施除　前面已提及过的引起生物大分子变性的种种因素，如紫外光、强烈搅拌、过酸过碱、高温、冻结等均应避免外，某些生物大分子提取时的特殊要求，如提取分离固氮酶钼-铁蛋白时，严格要求在无氧条件下进行；某些对冷或热敏感的蛋白要求在适宜的温度下操作等，均应根据不同具体对象予以不同处理。

第三节　天然产物传统分离纯化方法

一、提取法

（一）提取原理

提取又称浸出、固液萃取，是应用有机或无机溶剂将固体原料中的可溶性组分溶解，使其进入液相，再将不溶性固体和溶液分开的操作。提取原料的可溶性组分称为溶质，固体原料中的不溶性组分称为载体，用于溶解溶质的液体称为溶剂或提取剂，提取所得的含有溶质的溶液称为溢流液、浸出液或上清液，提取后的载体和残余的少量溶液称为残渣或提取渣。

溶剂提取法根据原料中各种有效成分在溶剂中的溶解性，选用对有效成分溶解度大、对无效成分溶解度小的溶剂，将有效成分从植物组织内提取出来。提取是通过溶剂与原料接触，互相渗透、溶解以及扩散等一系列复杂过程而完成。由于原料组织结构非常复杂，提取的物质又是多组分混合物，因此统一的提取理论难以确定。一般分为渗透、溶解、分配以及扩散等，其原理如下：

（1）渗透　提取开始时，渗透随原料组织的情况不同而异。对干原料，首先要湿润，一般鲜的植物材料中水分含量多达 80%，鲜叶中 60% 左右，当这种植物原料与疏水性石油醚溶剂接触时，溶剂向植物原料内部的渗透比亲水性溶剂更为困难，为了加快渗透，可在疏水性非极性溶剂中添加少量极性溶剂，如乙醇、丙酮等。

（2）溶解　溶剂渗入细胞后，可溶解的成分便按溶解度先后溶解到溶剂中去，这不单纯是溶解过程，还有分配的问题。精油成分存在于水溶性原生质中，无论极性或非极性溶剂与水溶性原生质之间都发生精油成分的分配问题，溶解于溶剂中的溶质是根据分配和扩散过程完成的。对于干原料，以溶解过程为主。

（3）分配　在细胞原生质中，溶剂与细胞液是分层的，精油在两相中都能溶解，若在两相中溶质浓度不平衡，则在相互接触时，将在相与相之间进行分配，即有效成分从细胞液的液相转入溶剂相中，直到有效成分在细胞原生质液和溶剂两个液相内达到完全平衡，随着条件的变化，平衡关系也发生变化。在一定条件下，分配系数是一个常数，可以写作式（2-2）：

$$K = C_1/C_2 \tag{2-2}$$

式中　K——分配系数

　　　C_1——两相平衡时有效成分在提取液中的浓度

　　　C_2——两相平衡时有效成分在被提取混合物中的浓度

溶剂的量要显著高于细胞原生质中液体的量，因此提取会比较完全。但是，这种分配现象，对某些粉碎原料的提取，可能就不是主要因素，而以溶解占主导作用。

（4）扩散　从原料中提取精油时，溶剂经渗透浸入含有精油的原料内，在细胞内生成一种溶液，根据分配原则，精油溶解到与之接触的溶剂中后，引起溶剂中溶质浓度的上升，另一方面，溶剂本身将透入含高浓度溶质的细胞质溶液，浓度差成为扩散的动力，扩散作用一直进行到细胞内溶液的浓度和细胞外浸提液中的浓度达到相等时为止，也就是扩散的浓度差等于零时为止。这时浸提只能更换新溶剂才能重新开始，一直到新的浓度平衡时停止。

从原料中提取有效成分的过程比较复杂。假定粉碎的或未经粉碎的原料在提取中的扩散自始至终不断进行，设在单位距离 X 中下降浓度为 C，则用微分表示为 $\dfrac{\partial C}{\partial X}$，但实际两点间的浓度差为：

$$-\frac{\partial C}{\partial X} \tag{2-3}$$

式（2-3）所代表的就是两点间距离为 X 的扩散作用的动力。而所谓扩散速度由单位面积所扩散的物质量来决定，即：

$$V = \frac{G}{Fdt} \tag{2-4}$$

式中　V——扩散速度

　　　G——扩散物质的量

　　　F——扩散表面

　　　dt——时间的微分

由于扩散速度和浓度梯度成正比，由此可得方程式（2-5）：

$$\frac{G}{Fdt} = -D\frac{\partial C}{\partial X} \tag{2-5}$$

式中　D——扩散系数

　　　$\dfrac{\partial C}{\partial X}$——浓度梯度

改写成微分方程式（2-6）为：

$$dG = -DdF\frac{\partial C}{\partial X}dt \tag{2-6}$$

爱因斯坦对于扩散系数提出了公式（2-7）：

$$D = \frac{RT}{N} \times \frac{1}{6\pi\eta\gamma} \tag{2-7}$$

式中　R——气体常数，8.314J/（mol·K）

T——绝对温度（K）

γ——扩散粒子的半径

η——扩散液内部的摩擦因数，即介质的黏度

N——阿佛伽德罗常数

如将式（2-7）代入式（2-6），则得费克-爱因斯坦公式（2-8）：

$$\mathrm{d}G = -\frac{RT}{N} \cdot \frac{1}{6\pi\eta\gamma} \cdot \mathrm{d}f \cdot \frac{\partial C}{\partial X} \cdot \mathrm{d}t \tag{2-8}$$

从式（2-8）可以看出：单位时间内物质的扩散量，也就是提取的速率和绝对温度 T、扩散面积 F、浓度差 $\frac{\partial C}{\partial X}$ 成正比，和扩散微粒的半径 γ 和介质内部的摩擦因数 η 成反比，可以根据这一公式来考虑提高提取效率的因素。

（二）影响提取的因素

溶剂浸提成功与否，关键在选择合适的溶剂和提取方法，但在提取的过程中，原料的粉碎度、提取温度、提取时间、设备条件等因素也影响提取效率，必须加以考虑。

（1）粉碎度　由于提取过程包括渗透、溶解、扩散等，因此样品粉碎越细，表面积就越大，浸出过程就越快；但粉碎度过高，样品颗粒表面积过大，吸附作用增强，反而影响过滤速度。另外，含蛋白质、多糖类成分较多的样品用水为溶剂提取时，粉碎过细，这些成分溶出过多，使提取液黏度增大，甚至变为胶体，反而影响其他成分的溶出。原料的粉碎与选用的提取溶剂和植物的部位有关。一般来说，用水提取时，可采用粗粉（20目）或薄片，用有机溶剂提取时粒度可略细点，以过60目为宜。根与茎类可切成薄片或粗粉，全草、叶类、花类、果实类以过20~40目为宜。

（2）提取温度　一般来说，冷提杂质少，效率低；热提杂质多，效率高。因温度升高，分子运动速度加快，渗透、溶解、扩散速度加快，所以提取效果好，但温度不宜过高，过高有些成分易破坏，同时杂质含量也增多，给后续分离精制带来困难，一般加热在60℃左右为宜，最高不超过100℃。

（3）浓度差　溶剂进入细胞内，溶解成分后因细胞内外产生浓度差，成分就向外扩散。当内外达到一定浓度时，扩散停止，即到了动态平衡，成分不再浸出。如果更换溶剂，就开始了新的扩散，反复多次，即可提取完全，所以回流提取法最好，浸渍法最差。

（4）提取时间　各种有效成分随提取时间的延长，其浸出物量也增大；但时间过长，杂质成分也随着浸出来，如果用热水提取，一般以 0.5~1h 为宜，最多不超过 3h；用乙醇加热回流提取，每次 1~2h 为宜，其他有机溶剂可适当延长一点时间。

（三）浸出溶剂的选择

天然产物在溶剂中的溶解度与溶剂性质直接相关。溶剂分为水、亲水性有机溶剂及亲脂性有机溶剂，溶剂的性质与其分子结构相关。天然产物的结构决定了其在水、亲水性或亲脂性溶剂中的溶解度。

常见溶剂的亲水性或亲脂性强弱顺序表示如下：

亲脂性强弱顺序：石油醚>苯>氯仿>乙醚>乙酸乙酯>丙酮>乙醇>甲醇>水

亲水性强弱顺序：石油醚<苯<氯仿<乙醚<乙酸乙酯<丙酮<乙醇<甲醇<水

物质的极性是用偶极矩 μ 来表示，而表示溶剂的极性却常用介电常数 ε 来表示，这是因为

μ 与 ε 之间是正比例关系，可以用 ε 的大小表示溶剂极性的大小。ε 大的溶剂极性强，ε 小的溶剂极性弱。常见溶剂的性质见表 2–1。

表 2–1　　　　　　　　　　某些溶剂的物理性质及介电常数

溶媒	沸点/℃	相对密度/ ($d_{4℃}^{20℃}$)	介电常数/ (15~20℃)	溶媒	沸点/℃	相对密度/ ($d_{4℃}^{20℃}$)	介电常数/ (15~20℃)
甲醛	211	1.134	84	溴乙烷	38	1.430	9.5
水	100	0.998	81	喹啉	238	1.095	9.0
甲酸	101	1.221	58	碘乙烷	72	1.933	7.4
甘油	290	1.260	56	苯胺	184	1.022	7.3
乙二醇	197	1.115	41	碘甲烷	42	2.279	7.1
乙腈	82	0.783	39	醋酸	118	1.049	7.1
硝基苯	211	1.203	36	醋酸乙酯	77	0.901	6.1
甲醇	65	0.793	31	溴代烷	156	1.490	5.2
乙醇	78	0.789	26	氯仿	61	1.486	5.2
乙丙醇	82	0.789	26	醋酸戊脂	148	0.877	4.8
腈	191	1.005	26	溴仿	149	2.890	4.5
正丙醇	97	0.804	22	乙醚	35	0.713	4.3
丙酮	57	0.792	21	丙酸	141	0.992	3.2
醋酐	140	1.082	20	二硫化碳	46	1.263	2.63
正丁醇	118	0.810	19	间二甲苯	139	0864	2.38
甲乙酮	80	0.805	18	甲苯	111	0.866	2.37
苯乙酮	202	1.026	18	苯	80	0.879	2.29
苯甲醇	205	1.042	13	四氯化碳	77	0.594	2.24
吡啶	115	0.982	12	乙烷	69	0.660	1.87
氯代苯	132	1.107	11	石油醚	40~60	0.60~0.63	1.80
二氯乙烷	84	1.252	10.4				

可以根据有效成分的结构分析，估计其溶解性质和选用的溶剂。例如，葡萄糖、蔗糖分子含有多羟基，具有强亲水性，极易溶于水，但在亲水性比较强的乙醇中也难以溶解。淀粉虽然羟基数比较多，但分子太大，所以难溶解于水。蛋白质和氨基酸都是酸碱两性化合物，有一定程度的极性，所以能溶于水，不溶或难溶于有机溶剂。苷类都比其苷元的亲水性强，特别是皂苷的分子中往往结合有多糖分子，羟基数目多，能表现出较强的亲水性，而皂苷元则属于亲脂性强的化合物。多数游离的生物碱是亲脂性化合物，与酸结合成盐后则能离子化，极性加强，就变为亲水性的物质；所以生物碱的盐类易溶于水，不溶或难溶于有机溶剂。而多数游离的生物碱不溶或难溶于水，易溶于亲脂性的溶剂，一般在氯仿中溶解度最大。鞣质是多羟基物质，为亲水性化合物。油脂、挥发油、蜡、脂溶性色素都是强亲脂性的成分。

　　浸出溶剂的选择原则有以下三项：浸出速度快；浸出物的纯度高、杂质少、质量好；成本低。要同时做到这三项是非常困难的。衡量或评价某一浸出溶剂的优劣时不能单纯从某一工序考虑，而要从整个提取工艺流程考虑和评价。例如，从铃兰（*Convallaria keiskei Miq.*）草中提取铃兰毒苷，以水和稀乙醇浸出强心苷的速度较快，特别是以水作浸出溶剂生产成本也低，但它的浸出物的纯度低，后处理工序长，要用大量的活性炭，导致最终生产成本较高。以9:1或8:2的苯-乙醇浸出，单纯从浸出这一个工序来看成本也较高，但是所得浸出物纯度高、质量好，后续操作工序少、工艺简单，最终反而降低了成本，所以我国采用了以9:1苯-乙醇混合溶剂浸出强心苷的工艺，而没有采用以水为浸出溶剂。

有效成分的浸出对整个生产工艺有决定性的影响，浸出溶剂选择工作往往要付出极大的代价和时间才能得到较好的结果。有时需要把浸出溶剂的选择和生产工艺路线的选择交叉起来进行；有时需要用不同的工艺路线进行比较，反复多次才能做出正确结论。

1. 极性与浸出溶剂的选择

化合物有极性和非极性之分，绝大部分有机化合物和天然产物都是非极性化合物。极性化合物（电解质）的溶液是导电的，非极性化合物（非电解质）的溶液是不导电的。

溶剂也有极性与非极性之分。其中以有机溶剂种类为最多，水是唯一最常用的无机溶剂，它也是常用的溶剂中极性最大的。溶剂的极性大小决定于溶剂的分子结构，含有极性基团的极性强，不含极性基团的极性弱。有机溶剂的极性强弱还与其碳链长短有关，碳链越长，相对分子质量越大，其极性也越弱。

在选择浸出溶剂时，要首先根据有效成分的结构、理化性质和溶剂的分子结构、理化性质进行比较。如果有效成分的极性和分子结构中的功能基团与某一种溶剂的分子结构的功能团、极性或介电常数有相似之处时，这种溶剂就有可能作为该种有效成分的浸出溶剂。例如碳氢化合物一般易溶于碳氢化合物中，羟基化合物易溶于乙醇中，羰基化合物易溶解于丙酮中等。

然而这个规律也不是一成不变的，有效成分种类多、结构复杂，其溶解性还受功能团的数量、相对分子质量的大小和原料性质等因素的影响。

2. 水、一元醇和各种直链碳氢化合物的关系

水和甲醇、乙醇、丙醇都具有羟基（—OH），由于它们之间的这种相似性，它们可以任何比例互相混溶。但是丁醇以上的醇，则不能与水按任意比例互溶。羧酸类化合物如甲酸、醋酸等一些低级羧酸也可以和水、甲醇、乙醇以较大的比例互溶，而与高级的饱和或不饱和脂肪酸，则不能互溶，这主要是由于极性的强弱和碳链长短不同。

水、甲醇、乙醇、丙醇、甲酸、醋酸、丙酸等，它们可以互溶是由于它们之间有相似的结构和极性。它们和丙酮结构不同，但它们的极性相似，所以它们也可以和丙酮互溶。从与烷烃类化合物的关系来看，低级一元醇和酸都有与烷烃相似的烷基结构，但是它们与烷烃（包括低级的在内）不能互溶，主要是由于它们的极性与烷烃类（包括卤化烷烃，如氯仿等）不同。所以不能用水、乙醇等极性较大的溶剂提取长碳链的高级一元醇、脂肪酸和蜡等。但是可以用低碳链的烷烃类或卤化烷烃类有机溶剂，如己烷、氯仿和四氯化碳等浸出上述物质，因为它们的极性相似。用芳香族碳氢化合物中的苯、甲苯作溶剂，也可以从植物体中浸出高级醇、脂肪酸和蜡等低极性化合物，虽然两者之间的结构差别很大，但它们的极性相似。这就是说只要浸出溶剂和被浸出物的极性相似，用这种溶剂就可以把被浸出物浸提出来，即相似相溶原理。

3. 原料中的糖和水、乙醇的关系

水、低级一元醇有结构与极性的相似性，它们也与低级多元醇和糖有极性和结构上的相似性。例如，甘油（三元醇）、赤藓糖醇（四元醇）和广泛存在于植物界的五碳糖和六碳糖都有相似的结构羟基（—OH），这是一个极性功能团，这个基团的存在决定了这类化合物的极性较

大，所以它们都能溶于水和低级醇类溶剂。

4. 原料中的苷类化合物与水、醇的关系

在原料中苷的种类很多，有黄酮苷、皂苷、强心苷、香豆素苷、蒽醌苷和苦味素苷等。由于这些苷类化合物都是由糖和非糖两个部分组成的。在它们非糖部分的化学结构中，极性功能基团比较少，所以它的非糖部分极性很小，但是它的糖元组成部分，由于糖分子中的—OH基很多，因此它们具有一定的极性，在水和低级一元醇中具有一定的溶解度。

苷由于苷元分子结构小，有的在苷元上还有极性基团酚羟基、羧基等，极性较大。例如水杨苷可溶于水（1∶23）、易溶于沸水（1∶3），难溶于乙醇（1∶90）；苦杏仁苷可溶于水，难溶于乙醇。这些苷类由于它们的极性较大，在水中的溶解度大于醇。所以这些苷类可用水做溶剂浸出。而其苷元可溶于低级一元醇，如甲醇和乙醇等，还可溶于或微溶于水和苯，则是由它们的结构决定的。

总体而言，只要天然产物的亲水性和亲脂性与溶剂的极性相当，就会有较大的溶解度，即"相似相溶"原理，这是选择适当溶剂的依据之一。

溶剂提取法的关键是选择适当的溶剂。溶剂选择适当，就可以顺利地将需要的成分提取出来。选择的溶剂要对有效成分溶解度大，对杂质溶解度小；溶剂不能与有效成分起化学变化；溶剂要经济、易得、沸点适中、浓缩方便和使用安全。

常用的提取溶剂有水、亲水性有机溶剂和亲脂性有机溶剂三类。其中水是一种强的极性溶剂。植物中亲水性的成分，如无机盐、糖类、分子不太大的多糖类、鞣质、氨基酸、蛋白质、有机酸盐、生物碱盐及苷类等都能被水溶出。为了增加某些成分的溶解度，也常采用酸水及碱水作为提取溶剂。酸水提取可使生物碱与酸生成盐类而溶出，碱水提取可使有机酸、黄酮、蒽醌、内酯、香豆素以及酚类成分溶出。

亲水性有机溶剂，即一般所说的与水能混溶的有机溶剂，如乙醇、甲醇和丙酮等，以乙醇最常用。乙醇的溶解性能较好，对植物细胞的穿透能力较强。亲水性的成分除蛋白质、黏液质、果胶、淀粉和部分多糖等外，大多能在乙醇中溶解。难溶于水的亲脂性成分，在乙醇中的溶解度也较大。还可以根据被提取物质的性质，采用不同浓度的乙醇进行提取。和水相比，用乙醇提取用量少，提取时间短，溶解出的水溶性杂质也少。乙醇为有机溶剂，虽易燃，但毒性小，价格便宜，来源方便，有一定设备即可回收反复使用，而且乙醇的提取液不易发霉变质。由于这些原因，用乙醇提取是历来最常用的方法之一。甲醇的性质和乙醇相似，沸点较低（64℃），但有毒性，使用时应注意。

亲脂性有机溶剂，即一般所说的与水不能混溶的有机溶剂，如石油醚、苯、氯仿、乙醚、乙酸乙酯、二氯乙烷等。这些溶剂的选择性强，不能或不容易提出亲水性杂质。但这类溶剂挥发性大，易燃（氯仿除外），一般有毒，价格较贵，设备要求较高，且它们透入原料组织的能力较弱，往往需要长时间反复提取才能提取完全。如果原料中含有较多的水分，用这类溶剂就很难浸出其有效成分，因此，大量提取原料时，直接应用这类溶剂有一定的局限性。

提取活性成分时，可选择单一溶剂或几种不同极性的溶剂进行分步提取，使各成分依次提取出来。在不同极性溶剂中，由于溶解度的差异而得到分离。一般先采用极性低的亲脂性溶剂进行提取，往往先将原料加适量水湿润，晾干后提取；再用能与水相溶的有机溶剂如丙酮、甲醇和乙醇等，最后用水提取。

（四）提取设备

固液提取设备按其操作方式可分为间歇式、半连续式和连续式；按固体原料的处理方法，可分为固定床、移动床和分散接触式；按溶剂和固体原料接触的方式，可分为多级接触型和微分接触型。在选择设备时，要根据所处理的固体原料的形状、颗粒大小、物理性质、处理难易及其所需费用等因素来考虑。处理量大时，一般考虑连续化提取。在提取中，为了避免固体原料的移动，可采用几个固定床，使提取液连续取出。也可采用半连续式或间歇式。

溶剂的用量是由提取条件及溶剂回收与否等因素决定的。根据处理固体和液体量的比例，采用不同的操作过程和设备来解决固液分离。粗大颗粒固体可由固定床或移动床设备的渗滤器进行提取。应用具有加底的开口槽或密封槽，将需要提取的固体装入容器中至一定的高度，然后用溶剂进行渗滤、浸渍和间歇排泄的方法来处理。槽内应该尽可能装入大小均匀的颗粒，这样才有最大的空隙率，使溶剂流动通过床层时的压降低和沟流少。

动态循环阶段连续逆流提取是针对中药常规提取方法溶剂用量大、提取温度高、生产效率低的不足，将多个提取单元科学组合，单元之间的浓度梯度（物料和溶剂）合理排列并进行相应的流程配置。提取装置由提取单元、热水机组和通风装置等组成（图2-5）。A、B、C、D、E五个相同的动态循环提取单元通过总管K连接组成提取装置。提取单元A由提取罐2，贮液罐3，循环泵6，阀门4、5、8（阀门4、5为一通二双向阀），管道1、7等组成。循环泵6的进口通过进液管道7与贮液罐3的底连接，循环泵6的出口通过阀门4、5分别与提取罐2的下封头和总管K连接，提取罐2的上封口通过管道1与贮液罐3连接，贮液罐3通过阀门8与总管K连接。热水机组为加热提取提供热源，通风装置用于电器的防爆，热水机组和通风机组应置于安全区，并与提取单元和提取溶剂隔离。以5个单元为例，阶段连续逆流提取"过程一"至"过程五"，各提取单元溶剂迁移路线、进料和排渣、加入新鲜溶剂和提取液导出等操作规律（系经过多个过程后建立的）见图2-5。"过程六"及以后的四个提取过程为"过程一"至"过程五"的重复。

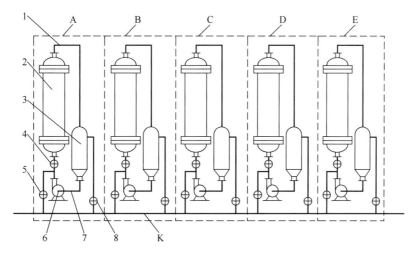

图2-5　动态循环阶段连续逆流提取设备工作原理图

A、B、C、D、E五个动态循环提取单元装置

K—连接总管　1，7—管道　2—提取罐　3—贮液罐　4，5，8—阀门　6—循环泵

移动床式连续提取器（图2-6）是包含一连串的带孔的料斗，其安排的方式犹如斗式提升机，这些料斗安装在一个不漏气的设备中。这种提取器广泛用来处理那些在提取时不会崩裂的籽实。由图可见，固体物加到顶部的料斗中，而从向上移动的那一边的顶部的斗子中排出。溶剂喷洒在那些行将排出的固体物上，并经过料斗的向下流动，以达到逆向的流动，然后，又使溶剂以并流方式向下流经其余的料斗。

连续分散提取器（图2-7）是一个垂直的板式提取器。在一个长圆柱塔内等距离装置有水平圆板，水平圆板以一定的速度旋转。在板上有刮刀，使固体在板上移动。相邻两板上开孔互相错开180°，固体物从提取塔的顶部加入，并依次通过各板，直到固体物落到这个设备的底部为止，然后由螺旋输送器将其排出。提取用的液体从底部进入而向上流动，以达到连续的逆流，但当溶液由于浓度的增加而密度增高时，则会与溶剂发生一定程度的轴向混合。该种设备已广泛应用于油脂工业。

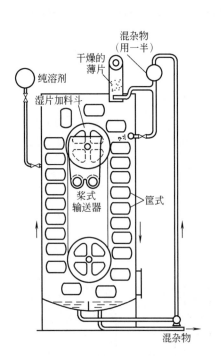

图2-6　移动床式连续提取器

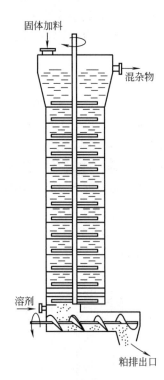

图2-7　连续分散提取器

二、萃取法

（一）萃取原理

两相溶剂提取又称萃取法，是利用混合物中各成分在两种互不相溶的溶剂中分配系数的不同而达到分离的方法。萃取时，如果各成分在两相溶剂中分配系数相差越大，则分离效率越高，可用于从溶液中提取、分离、浓缩有效成分或除去杂质。液-液萃取法由于其操作温度低，特别适宜于对热不稳定成分的分离，如果是水浓缩液，可在分液漏斗中依次选择几种与水不相溶的有机溶剂，如石油醚、苯、乙醚、氯仿、醋酸乙酯、正丁醇或戊醇进行液-液萃取。

在定温定压下，如果一个溶质溶解在两个同时存在的互不相溶的液体里，达到平衡后，设溶质在两相中浓度的比等于常数。这一常数称为分配系数。如果以 A、B 代表两种溶质（样品组分），1 相代表萃余相，2 相代表萃取相，分配系数为 K_D，则溶质的分配系数可分别表示如下：

组分 A 可以表示为：

$$(K_D)A = \frac{(C_A)_1}{(C_A)_2} = \frac{\text{A 在萃余相中的浓度}}{\text{A 在萃取相中的浓度}} \tag{2-9}$$

组分 B 可以表示为：

$$(K_D)B = \frac{(C_B)_1}{(C_B)_2} \tag{2-10}$$

式中　C——摩尔浓度

根据基本定义，分配系数可分成两项，即

$$(K_D)_A = \frac{[A]_1}{[A]_2} = \frac{(W_A)_1/M_A}{V_1} \div \frac{(W_A)_2/M_A}{V_2} \tag{2-11}$$

式中　W_A——A 的质量，g

　　　M_A——A 的相对分子质量

　　　V——各项的体积

在液-液萃取的分配系数公式中，萃余相一般为水相，萃取相一般为有机相。

式（2-11）中消去 A 的相对分子质量，得

$$(K_D)_A = \frac{(W_A)_1}{(W_A)_2} \cdot \frac{V_2}{V_1} \tag{2-12}$$

$(W_A)_1/(W_A)_2$ 项为 A 在 1 相中的总质量对其在 2 相中的总质量之比，称为分配比或容量比，以 K' 表示，同时它也是摩尔数之比：

$$K' = \frac{(W_A)_1}{(W_A)_2} = \frac{(X_A)_1}{(X_A)_2} \tag{2-13}$$

式（2-12）中两相的体积比为相比，以符号 β 表示：

$$\beta = \frac{V_2}{V_1} \tag{2-14}$$

因而：

$$K_D = K'\beta \tag{2-15}$$

假设 Q 为单个溶质被萃取的分数，而未被萃取的分数为 $1-Q$。则未被萃取的分数对萃取分数之比 $(1-Q)/Q$ 就是分配比 K'：

$$\frac{1-Q}{Q} = \frac{(W)_1}{(W)_2} = \frac{W\text{萃余相}}{W\text{萃取相}} = K' \tag{2-16}$$

将式（2-14）及式（2-16）代入式（2-15）有：

$$K_D = \frac{Q-1}{Q} \cdot \frac{V_2}{V_1} \tag{2-17}$$

整理式（2-17）得：

$$Q = \frac{V_2}{V_2 + K_D V_1} = \frac{1}{1 + K_D/\beta} = \frac{1}{1 + K'} \tag{2-18}$$

对于未被萃取的分数：

$$1 - Q = 1 - \frac{1}{1 + K'} = \frac{K'}{1 + K'} \tag{2-19}$$

若两相的体积相等（$\beta=1$），则式（2-18）和式（2-19）分别变为：

$$Q = \frac{1}{1 + K_D} \tag{2-20}$$

$$1 - Q = \frac{K_D}{1 + K_D} \tag{2-21}$$

萃取效率称为萃取百分率，为某成分在萃取相 1 中的含量与该成分在两项中总含量的比值，用 E 表示。它表示萃取剂从植物溶液（萃取相 2）中分离出来某成分的能力，E 和 K' 关系如下：

$$E = \frac{\text{A 在萃余相中的含量}}{\text{A 在两相中的总含量}} \times 100\% = \frac{K'}{K' + \beta} \times 100\% \tag{2-22}$$

从式（2-22）看出，萃取效率的大小决定于分配比 K' 和相比 β。

天然产物提取液不是单一组分溶液，需说明液-液萃取分离多种成分的能力，则要分离系数做比较。分离系数为两组分的分配比的比值，以 d 表示分离系数，则

$$d = \frac{K'_A}{K'_B} = \frac{[A]_2 / [A]_1}{[B]_2 / [B]_2} = \frac{[A]_2}{[B]_2} \cdot \frac{[B]_1}{[A]_1} = \frac{[A]_2 / [B]_2}{[A]_1 / [B]_1} \tag{2-23}$$

根据式（2-23），分离系数 d 表明 A、B 两溶质在萃取相中的平衡浓度之比，与它们在萃余相中的平衡浓度之比相差多少倍，它表示两溶质的分离效率。一般来说，两溶质的分配比或分配系数相差越大，分离系数 d 就越大，两溶质的分离效率就越高，如果 $K'_A \gg K'_B$ 则可用液-液萃取法将 A、B 两溶质定量地分离。如果 K'_A 与 K'_B 分离系数 d 接近于 1，则 A、B 两溶质很难用一般的液-液萃取法达到完全分离。

萃取时各成分在两相溶剂中分配系数相差越大，分离效率越高。如果在水提取液中的有效成分是亲脂性物质，一般多用亲脂性有机溶剂，如苯、氯仿或乙醚进行两相萃取；如果有效成分是偏于亲水性的物质，在亲脂性溶剂中难溶解，就需要改用弱亲脂性的溶剂，例如乙酸乙酯、丁醇等，还可以在氯仿、乙醚中加入适量乙醇或甲醇以增大其亲水性。提取黄酮类成分时，多用乙酸乙酯和水的两相进行萃取。提取亲水性强的皂苷则多选用正丁醇、异戊醇和水做两相萃取。有机溶剂亲水性越大，与水做两相萃取的效果就越不好，因为能使较多的亲水性杂质伴随而出，对有效成分进一步精制影响很大。

萃取时常用系统溶剂分离法。选用 3~4 种不同极性的溶剂如石油醚、氯仿、乙酸乙酯，由低极性到高极性将植物水提取液分步进行萃取，得到极性不同的各部分。

生物碱一般不溶于水，遇酸生成生物碱盐而溶于水，再加碱碱化，又重新生成游离生物碱。这些化合物可以利用与水不相混溶的有机溶剂进行萃取分离。

（二）萃取技术

溶液中各组分的分配系数相差较大时，分次萃取能达到充分分离的效果，实际萃取中，都是将一定量的萃取剂分为等量多次萃取，而不用一次全量萃取。这是因为多次萃取比一次萃取效率高。

用液-液萃取法提取植物有效成分，常用有效成分和共存杂质的性质差异，用一些方法使某一种或某一类成分的分配系数发生很大改变。例如，纯化生物碱时，改变溶液的 pH，使生物碱在碱性条件下游离，在有机溶剂中有高的分配系数，可以用有机溶剂萃取与亲水性杂质分离；

或以酸水处理含生物碱的有机溶剂，使生物碱成盐，改变分配系数而转入水层，与亲脂性杂质分离。这样反复处理，可使亲水性和亲脂性杂质除去，提高总碱的纯度。pH 梯度萃取也是依据不同酸性的成分在不同的 pH 时可成盐或游离，具有不同的分配系数而进行分离，这些操作都可用分次萃取来完成。另外，可以用水"洗涤"亲脂性溶剂提取液，以除去混入的极性杂质，也可以用亲脂性溶剂"洗涤"水提取液中的亲脂性杂质。

液-液萃取中常遇到乳化问题而影响提取分离操作的进行，需通过加热、离心、变性、反应等方法破坏乳状液的膜和双电层，才能获得良好的萃取效果。

（三）萃取设备

微分萃取设备主要是一个萃取塔，图 2-8 所示为常见的三种典型设备结构示意图。此外，文丘里混合器、螺旋输送混合器也常用于萃取操作。

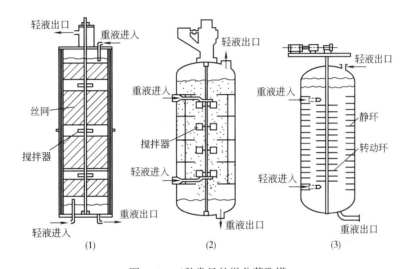

图 2-8 三种常见的微分萃取塔

（1）多层填料萃取塔 （2）多级搅拌萃取塔 （3）转盘萃取塔

（引自：卢晓江主编. 中药提取工艺与设备. 2004）

对于填料萃取塔，宜选用不易被分散相润湿的填料，以使分散相更好地分散成液滴，有利于和连续相接触，增大两相接触的表面积。

液-液萃取设备按接触方式的不同，可分为逐级接触式和微分接触式两类。常用的液-液萃取设备如图 2-9 所示。由于各种萃取设备具有不同的特点，而且萃取过程及萃取物质体系中各种因素的影响也是较为复杂的，因此，对于某一种新的液-液萃取过程，选择适当的萃取设备是十分重要的。萃取设备的选择，可参考以下原则：①稳定性和停留时间，②溶剂物质体系的澄清特性，③所需的理论级数，④设备投资费和维修费，⑤设备所占的场地面积和建筑高度，⑥处理量和通量，⑦各种萃取设备的特性。

系统的物理性质，对设备的选择比较重要。在无外能输入的萃取设备中，液滴的大小及其运动情况和界面张力 θ 与两相密度差 $\Delta\rho$ 的比值（$\theta/\Delta\rho$）有关。若 $\theta/\Delta\rho$ 大，液滴较大，两相接触界面减少，降低了传质系数。因此，无外能输入的设备只适用于 $\theta/\Delta\rho$ 较小，即界面张力小，密度差较大的系统。当 $\theta/\Delta\rho$ 较大时，应选用有外能输入的设备，使液滴尺寸变小，提高传质系数。对密度差很小的系统，离心萃取设备比较适用。对于强腐蚀性的物系，宜选取结构简单

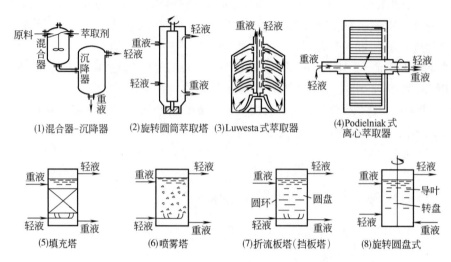

图 2-9　常用的液-液萃取装置

（引自：卢晓江主编．中药提取工艺与设备．2004）

的填料塔或采用内衬或内涂耐腐蚀金属或非金属材料（如塑料、玻璃钢）的萃取设备。如果物系有固体悬浮物存在，为避免设备堵塞，一般可选用转盘塔或混合澄清器。

对某一液-液萃取过程，当所需的理论级数为 2~3 级时，各种萃取设备均可选用。当所需的理论级数为 4~5 级时，一般可选择转盘塔、往复振动筛板塔和脉冲塔。当需要的理论级数更多时，一般只能采用混合澄清设备。在选择设备时，物系的稳定性和停留时间也要考虑，例如，在抗菌素生产中，由于稳定性的要求，物料在萃取设备中要求停留时间短，这时离心萃取设备是合适的；若萃取物系中伴随有缓慢的化学反应、要求有足够的停留时间时，选用混合澄清设备较为有利。

三、 微波提取

微波提取具有诸多优点，在生物活性成分提取中已广泛应用于挥发油、苷类、多糖、萜类、生物碱、黄酮、单宁、甾体及有机酸等。

（一）微波提取的原理和特点

微波是频率介于 300MHz ~ 30GHz 的电磁波。用于加热的微波波长一般固定在 12.2cm（2.45GHz）或 33.3cm（900MHz）。商业生产的微波炉一般采用 12.2cm 作为固定波长。由于物质分子偶极振动同微波振动具有相似的频率，在快速振动的微波磁场中，被辐射的极性物质分子吸收电磁能，以每秒数十亿次的高速振动而产生热能。物质的介电常数 ε 越大，分子中的净分子偶极矩越大，产热越大。物质的介电常数 $\varepsilon<28$ 时，物质在微波场中产热很少，$\varepsilon=0$ 时，自热现象完全消失。

在微波提取过程中，微波加热导致原料细胞内的极性物质，尤其是水分子吸收微波能，产生大量热量，使细胞内温度迅速上升，液态水汽化产生的压力将细胞膜和细胞壁冲破，形成微小的孔洞。进一步加热，导致细胞内部和细胞壁水分减少，细胞收缩，表面出现裂纹。孔洞和裂纹的存在使胞外溶剂容易进入细胞内，溶解并释放出细胞内产物。当样品与溶剂混合，并被微波辐射时，溶剂短时间内即被加热至沸点，由于沸腾在密闭容器中发生，温度高于溶剂常压沸点，而且溶剂内外层都达到这一温度，促使成分很快被提取。

由于能对提取体系中的不同组分进行选择性加热，微波提取可使目标组分直接从基体分离，具有较好的选择性。而传统提取过程中能量累积和渗透过程以无规则的方式发生，提取的选择性很差。有限的选择性只能通过改变溶剂的性质或延长溶剂提取的时间来获得。同时，微波提取由于受溶剂亲和力的限制较小，可供选择的溶剂较多。而且，微波利用分子极化或离子导电效应直接对物质进行加热，由于空气及容器对微波基本不吸收和不反射，保证了能量的快速传递和充分利用；因此热效率高、升温快速均匀，大大缩短了提取时间，提高了提取效率。而热传导、热辐射造成的热量损失使得一般加热过程的热效率较低。

微波提取的特点为投资少、设备简单、适用范围广、重现性好、选择性高、操作时间短、溶剂耗量少、有效成分得率高、不产生噪声、不产生污染、适于热不稳定物质。与传统煎煮法相比，克服了药材细粉易凝聚、易焦化的弊端。

（二）微波提取的装置和条件

用于微波提取的装置分为微波炉装置和提取容器两部分。目前，绝大部分利用微波技术进行的提取都是在改造后的家用微波炉内完成的。家用微波炉的改造，系在其侧面或顶部打孔，插入玻璃管同反应器连接，在反应器上插上冷凝管（外露），用水冷却。为了防止微波泄漏，一般要在炉外打孔处连接一定直径和长度的金属管进行保护。

在反应物料小的情况下，微波显著促进有机化学反应，而反应物料大，则效果明显降低，所以又设计出连续微波反应器，进行微波提取。目前专门用于微波试样制备的商品化设备已问世，有功率选择、控温、控压和控时装置。一般由聚四氟乙烯（PTFE）材料制成专用密闭容器作为萃取罐，萃取罐能允许微波自由透过，耐高温高压，且不与溶剂反应。由于每个系统可容纳 9~12 个萃取罐，因此试样的批量处理量大大提高。

微波提取的最优化条件包括提取溶剂、功率和提取时间的选择，其中，溶剂的选择至关重要。微波提取要求被提取的成分是微波自热物质，有一定的极性。微波提取所选用的溶剂必须对微波透明或半透明，介电常数在 8~28。物料中的含水量对微波能的吸收关系很大。若物料是经过干燥，不含水分的，那么选用部分吸收微波能的萃取介质浸渍物料，置于微波场进行辐射加热的同时发生提取作用。当然也可采取物料再湿的方法，使其具有足够的水分，便于有效地吸收所需要的微波能。提取物料中不稳定的或挥发性的成分，宜选用对微波射线高度透明的萃取剂作为提取介质，如正己烷。药材浸没于溶剂后置于微波场中，其中的挥发性成分因显著自热而急速汽化，胀破细胞壁，冲破植物组织，逸出药材，包围于药材四周的溶剂因没有自热，可捕获、冷却并溶解逸出的挥发性成分。由于非极性溶剂不能吸收微波能，为了快速进行加热提取，用非极性溶剂时要加入一定比例的极性溶剂。若不需要这类挥发性或不稳定的成分，则选用对微波部分透明的萃取剂。由于这种萃取剂吸收一部分微波能后转化为热能，从而挥发驱除不需要的成分。对水溶性成分和极性大的成分，可用含水溶剂进行提取。微波提取极性化合物在用含水的溶剂萃取时比索氏提取效果更好。而用非极性溶剂萃取非极性化合物，微波提取的效率稍低于索氏提取。如果用水作溶剂，细胞内外同时加热，破壁不会太理想，而且大部分微波能被溶剂消耗。可以先用微波处理经浸润后的干药材，然后再加水或有机溶剂浸提有效成分，这样既可节省能源，又可进行连续工业化生产，而且可使微波提取装置简化，能在敞开体系中进行。

萃取剂的用量可在较大范围内变动，以充分有效地提取所希望的物质为度，提取剂与物料之比（L/kg）在 1：1~20：1 范围内选择。

微波提取频率、功率和时间对提取效率具有明显的影响。当时间一定时，功率越高，提取效率越高，提取越完全。但如果超过一定限度，则会使提取体系压力升高到开容器安全阀的程度，溶液溅出，导致误差。微波剂量的确定，以最有效地提取出所需有效成分而定。选用微波功率在 200~1000W 时，提取时间的变化较小。微波提取时间与被测物样品量、物料中含水量、溶剂体积和加热功率有关。由于水可有效地吸收微波能，较干的物料需要较长的辐照时间。

物料在提取前最好经粉碎等预处理，以增大提取溶剂与物料的接触面积，提高微波提取效率。为了减少高温的影响，可分次进行微波辐射，冷却至室温后再进行第二次微波，以便最高得率地提取出所需活性化合物。经过提取的物料，可用另一种提取剂，在微波辐照下进行第二次提取，从而取得第二种提取物，即在天然物中存在两种以上的有效成分，可用多次微波提取法分别抽提出来。

四、 超声波提取

超声波提取是利用超声波具有的机械效应、空化效应及热效应，通过增大介质分子的运动速度，增大介质的穿透力以提取有效成分的方法。影响超声提取效果的因素有：①超声作用参数，包括超声发射器形式、超声频率、声强、作用次数和作用时间等；②所处理材料种类、部位、湿度、形状及粒度分布等；③浸取剂种类、物性以及用量等；④操作条件，包括浸取温度、压力及搅拌程度等。准确评价上述各因素对超声提取效果的影响，是超声提取研究的重要内容和组成部分。超声提取研究的目标就是在探求超声强化提取过程的机理和确定最佳工艺参数的基础上，实现超声提取过程的产业化。

（一）超声波提取原理

（1）机械效应 超声波在介质中的传播可以使介质质点在其传播空间内产生振动，从而强化介质的扩散、传质，这就是超声波的机械效应。超声波在传播过程中产生一种辐射压强，沿声波方向传播，对物料有很强的破坏作用，可使细胞组织变形，植物蛋白质变性；同时，它还可给予介质和悬浮体以不同的加速度，且介质分子的运动速度远大于悬浮体分子的运动速度，从而在两者之间产生摩擦，这种摩擦力可使生物分子解聚，使细胞壁上的有效成分更快地溶解于溶剂之中。

（2）空化效应 超声空化是指液体中微小泡核在超声波作用下被激活，表现为泡核的震荡、产生、收缩至崩溃等一系列动力学过程。根据空化动力学理论，将空化过程分为两种类型，即稳态空化和瞬态空化。稳态空化是寿命较长的气泡核在声场的膨胀阶段慢慢膨胀而在压缩阶段体积慢慢缩小，体积变化呈周期性振荡，同时可绕平衡点做振动；瞬态空化则指在超声场膨胀阶段气泡急剧膨胀而在压缩阶段急剧缩小，膨胀和压缩均可视为绝热过程。含气型气泡被绝热压缩后急剧升温，直至崩溃，崩溃时气泡周围形成局部高温高压。真空型气泡（即空穴）压缩阶段则急剧闭合，闭合时在液体中产生强烈的冲击波和微射流。在超声处理装置中，电能需要经历一系列过程最终转化成空化能，空化过程如图 2-10 所示。首先，电能转化为压电晶体振动的机械能，机械能再转化为超声波形式的声能，最后声能经过空化气泡的径向运动转化为空化能。

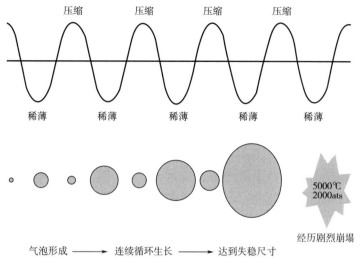

图 2-10　超声空化示意图

（3）热效应　和其他物理波一样，超声波在介质中的传播过程也是一个能量的传播和扩散过程，即超声波在介质的传播过程中，其声能可以不断被介质的质点吸收，介质将所吸收能量的全部或大部分转变成热能，从而导致介质本身和药材组织温度的升高，增大了药物有效成分的溶解度，加快了有效成分的溶解速度。由于这种吸收声能引起的药物组织内部温度的升高是瞬时的，因此可以使被提取的成分的结构和生物活性保持不变。

此外，超声波还可以产生许多次级效应，如乳化、扩散、击碎、化学效应等，这些作用也促进了植物体中有效成分的溶解，促使药物有效成分进入介质，并与介质充分混合，加快了提取过程的进行，并提高了有效成分的提取率。

（二）超声波提取的特点

（1）超声提取时不需加热，避免了中药常规煎煮法、回流法长时间加热对有效成分的不良影响，适用于对热敏物质的提取；同时由于其不需加热，因而也节省了能源。

（2）超声提取提高了药物有效成分的提取率，节省了原料药材，有利于中药资源的充分利用，提高经济效益。

（3）溶剂用量少，节约溶剂。

（4）超声提取是一个物理过程，在整个浸提过程中无化学反应发生，不影响大多数药物有效成分的生理活性。

（5）提取物有效成分含量高，有利于进一步精制。

（三）超声技术在天然产物提取方面的应用

以水煎煮法作对比，采用超声法对黄芩的提取结果表明，超声法提取时间明显缩短，黄芩苷的提取率升高；在同一提取时间下，超声频率不同，黄芩苷的提取率也不同，10~100min 内，超声提取均比煎煮法提取 3h 的提取率高。

应用超声法对槐米中芦丁的提取结果表明，20kHz 的超声处理 30min 内，芦丁的提取率随提取时间的延长而提高，再延长时间，提取率基本相同，当超声处理 1h 时，提取率再无增加。

槐米超声处理 30min 所得芦丁的提取率比热碱法提取率高 47.56%。超声提取 40min，芦丁得率为 22.53%，而浸泡 48h 得率只有 12.23%，超声提取可节省原料的 30%~40%。

从萝芙木属植物的根中提取生物碱，用常规浸渍法需 48h，而用超声波法提取只需 15min，就可将生物碱全部提出。用常规方法从金鸡纳树皮中提取生物碱需 5h，采用超声波提取至多 30min 就可完成。从曼陀罗叶中提取曼陀罗碱，超声提取 30min 比常规法提取 3h，其生物碱含量高 9%。试验研究表明，从黄连中提取黄连素，超声方法优于浸泡法，而且在 30min 时的提取率可达 8.12%。以乙醇为溶剂，采用回流法和超声法提取益母草中的生物碱，结果超声提取优于回流法，超声处理 40min 时生物碱提取率为 0.25%，比回流提取 2h 的高 41%。以上研究结果表明超声提取具有省时、节能、效率高的特点。

（四）影响超声波提取效果的因素

（1）超声时间　超声提取通常比常规提取的时间短。超声提取的时间一般在 10~100min 即可得到较好的提取效果。而药材不同，提取率随超声时间的变化亦不同，如绞股蓝中绞股蓝总皂苷和黄连中黄连素的提取，提取率随着超声时间的增加而增大；而在益母草总生物碱和黄芩苷的提取中，分别在 40min 和 60min 时提取率出现高峰值。

（2）超声频率　超声频率是影响有效成分提取率的主要因素之一。在对大黄中蒽醌类、黄连中黄连素和黄芩中黄芩苷的超声提取研究表明：以 20kHz、800kHz、1100kHz 对药材处理相同的时间，提取率结果见表 2-2，表明 20kHz 时，提取效果最好。

表 2-2　　　　　　　　超声频率对有效成分提取率的影响结果

超声频率/kHz	总蒽醌/%	游离蒽醌/%	黄连素/%	黄芩苷/%
20	0.95	0.41	8.12	3.49
800	0.67	0.36	7.39	3.04
1100	0.64	0.33	6.79	2.50

（3）温度　超声提取时一般不需加热，但其本身有较强的热作用，因此在提取过程中对温度进行控制也具有一定意义。应用超声提取杜仲叶时，在超声波频率、提取时间一定的情况下，随着温度的升高得率增大，达 60℃ 后，温度如继续升高，得率则呈下降趋势。这与超声的空化作用原理一致，当以水为介质时，温度升高，水中的小气泡（空化核）增多，对产生空化作用有利，但温度过高时，气泡中蒸汽压太高，从而使得气泡在闭合时增强了缓冲作用而空化作用减弱。

（4）超声波的凝聚作用　超声波的凝聚作用是超声波具有使悬浮于气体或液体中的微粒聚集成较大的颗粒而沉淀的作用。从槐米中提取芦丁时，与芦丁共存于槐米中的黏液质类杂质，是影响提取液过滤以及芦丁自滤液中沉淀析出快慢的主要因素。对传统和超声提取法制得的提取液在静置沉淀阶段进行超声处理，结果表明：在静置沉淀阶段进行超声处理，可提高提取率和缩短提取时间。

（5）超声提取对有效成分性质的影响　以浸泡提取 24h 和以石灰水为溶剂超声（20kHz）处理 30min 对黄柏中小檗碱的提取进行比较，经过滤、盐析、干燥、酸沉等处理得小檗碱。将两种方法所得小檗碱用核磁共振波谱仪测定其氢谱，用红外光谱仪测其吸收图谱，结果两种方法所提取的小檗碱的红外光谱和核磁共振图谱一致，说明超声提取不改变小檗碱的分子结构。

另对黄芩苷、芦丁的研究也证明超声提取不会改变其结构。但在生物大分子如蛋白质、多肽或酶的提取中，超声提取则可能破坏其结构，进而影响其生物活性。

五、过滤

（一）基本原理

过滤是利用多空性介质阻留固体而让液体通过，是固体与液体分离的方法。过滤的目的一是除去不溶性杂质，二是收集固体中间产物或结晶成品。

过滤速度一般是以单位时间内单位过滤面积流出的滤液体积计算。常用式（2-24）表示：

$$U = n\pi d^4 \Delta p_0 / 128 \mu L \tag{2-24}$$

式中　U——过滤速度

　　　d——管道内径，m

　　　n——过滤面积上的滤饼毛细孔道数

　　　Δp_0——毛细管孔道两端的压强降，kg/m^2

　　　μ——溶液的黏度，$(kg \cdot s)/m^2$

　　　L——毛细管孔道直径，m

从式（2-24）可以看出，影响滤速的因素有：①液体黏度越大，滤速越慢；黏度随温度升高而下降，故升温可增加滤速；②滤材的毛细管越长，管径越小或数目越少，则滤速越慢；③压力越大，滤速越快；滤渣层越厚，滤速越慢；④沉淀中有胶状物或其他可压缩的物质，易堵塞滤孔，使滤速减慢。

（二）过滤设备

1. 加压叶滤机

加压叶滤机是工业中应用较为广泛的过滤机，图2-11所示为常见的垂直滤叶型加压叶滤机。

（1）主要结构　叶滤机的主要构件是矩形或圆形的滤叶。滤叶为内有金属网的扁平框架，内部由若干块平行排列的滤叶组装成一体，滤叶外部覆以滤布且插入盛滤浆的密封槽内，以便进行加压过滤。滤叶可以垂直放置，也可以水平放置。

（2）叶滤机的操作　叶滤机为间歇操作。过滤时，滤浆由泵压入或用真空泵吸入，在机壳中将滤叶浸没，在压力差的作用下穿过滤布进入滤叶内部，成为滤液；然后汇集到下部总管而排出机外，颗粒沉积在滤布上形成滤饼。当滤饼积到一定厚度时，停止过滤。通常滤饼厚5～35mm，视滤浆性质及操作情况而定。

过滤完毕后，机壳内改充洗涤液，洗涤时洗涤水走的途径与过滤时滤液的途径

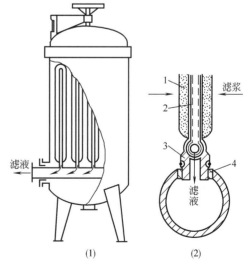

图2-11　加压叶滤机

1—滤饼　2—滤布　3—拨出装置　4—橡胶圈

（1）加压叶滤机剖面图　（2）加压叶滤机过滤面放大图

相同，这种洗涤方法称为置换洗涤法。洗涤后，滤饼可用振动器或压缩空气反吹法使其脱落。

（3）加压叶滤机的特点　加压叶滤机的优点是设备紧凑，密封操作，劳动条件较好，槽体容易保温或加热，较省劳动力。其缺点是结构比较复杂，造价较高。

2. 真空过滤机

转筒真空过滤机是工业上应用最广的一种连续操作的过滤设备，它是依靠真空系统造成的转筒内外的压差进行过滤的，这种过滤机把过滤、洗饼、吸干和卸饼等操作在转鼓的一个周期内依次完成（图2-12）。

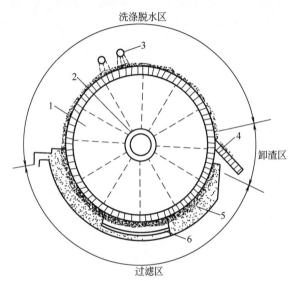

图2-12　回转真空过滤机操作简图
1—转筒　2—分配头　3—洗涤水喷嘴
4—刮刀　5—悬浮液槽　6—搅拌器

（1）主要结构和工作原理　过滤机的主要元件是转鼓，其内维持一定的真空度，与外界大气压的压差即为过滤推动力。在过滤操作时，转鼓下部浸没于待处理的料液中。转鼓以低速旋转时（一般为1~2.6r/min），滤液就穿过过滤介质被吸入转鼓内腔，而滤渣则被过滤介质阻截，形成滤饼。当转鼓继续转动时，生成的滤饼依次被洗涤、吸干、刮刀卸饼。若滤布上预涂硅藻土层，则刮刀与滤布的距离以基本上不伤及硅藻土层为宜。最后压缩空气通过分配阀进入再生区，吹落堵在滤布上的微粒，使滤布再生。对于预涂硅藻土层或刮刀卸渣时要保留滤饼预涂层的场合，则不必再生区。

（2）转筒真空过滤机的特点　突出优点是连续自动化操作，适用于处理含颗粒的悬浮液。用于过滤细和黏性物料时，采用预涂助滤剂的方法也比较方便，只要调整刮刀的切削深度，就能使助滤层在长时间内发挥作用。转筒真空干燥机的缺点是系统设备结构复杂、投资大，依靠真空过滤推动力受限制，滤饼难以充分洗涤。

六、蒸发浓缩

蒸发是溶液表面的水或溶剂分子获得的动能超过溶液内分子间的吸引力之后，脱离表面进入空间的过程。溶液在任何温度下都能蒸发。当溶液受热，液体中溶剂分子动能增加，蒸发过程加快。因此蒸发的快慢首先和温度有关；其次和蒸发面积有关，液体表面越大，单位时间内汽化的分子数越多，蒸发越快；还和液面上的蒸汽分子密度，即蒸气压大小有关。

（一）蒸发的操作条件

被浓缩的溶液和被排出的蒸汽的理化性质对采用的蒸发器类型、操作压力和温度都有很大的影响。现对其中影响操作过程的一些性质讨论如下：

（1）溶液的浓度　通常蒸发器里的料液比较稀，所以黏度比较低，接近于水，因此传热系数比较高。由于蒸发的进行，溶液变浓，黏度增大，因而引起传热系数显著下降。为了避免传热系数下降太快，就必须使溶液适当循环和增加湍流流动。

（2）溶解度　由于溶液被加热蒸发，溶质的浓度增加，可能超过溶质的溶解度，因而形成结晶，这就限定了通过蒸发所能得到溶液的最大浓度。多数情况下盐的溶解度随温度升高而增加。因此由蒸发器出来的热浓缩液被冷却至室温时就可能出现结晶。

（3）物料的热敏性　很多产品特别是食品和一些生物物料可能是热敏性物料，在高温下或长时加热时可能变质。例如药物制品和牛奶、橘汁、蔬菜汁等食品以及精细有机化学品都属于这类产品，其变质程度是温度和时间的函数。为了使热敏性物料能保持低温，常需在低于一个大气压下操作，也就是在一定的真空度下操作。

（4）泡沫的形成　有些情况下物料是碱性溶液、脱脂乳这样的食品溶液以及脂肪酸溶液等，它们在沸腾时能够形成泡沫。另外，汽-液混合物从加热管口喷出时，速度较快，由于蒸发室的空间限制，二次蒸汽在蒸发室内没有足够的停留时间，也会形成泡沫。这种泡沫会随同蒸汽一起流出蒸发器，因而出现夹带损失，并污染二次蒸汽及其冷凝液，还会使管道结垢堵塞。

（5）压力和温度　溶液的沸点与系统的压力有关。蒸发器的压力越高，沸点也就越高。此外，在溶液蒸发时溶质的浓度增加，沸点也可能升高。

（6）结垢和设备材料　有些溶液在加热面上沉结出固体物质，称作结垢。这主要是由产品的分解或溶解度下降引起的。结果使总传热系数降低，以致必须清洗蒸发器。垢层常用化学药品清洗或用机械方法剥除。因此，对于易产生结垢层的料液，应选用强制循环型或升膜式浓缩设备。

（二）蒸发的基本流程

蒸发过程的两个必要组成部分是加热溶液使水沸腾汽化和不断除去汽化的水蒸气。典型的蒸发器是一个适合于进行蒸发操作的列管式换热器，它由加热室和分离室两部分组成。加热室中通常用饱和水蒸气加热，从溶液中蒸发出来的水蒸气在分离室中与溶液分离后从蒸发器引出。为了防止液滴随蒸汽带出，一般在蒸发器的顶部设有气液分离用的除沫装置。从蒸发器蒸出的蒸汽称为二次蒸汽，以便与加热用的蒸汽相区别。二次蒸汽进入冷凝器直接冷凝。冷却水从冷凝器顶加入，与上升的水蒸气直接接触，将它冷凝成水从下部排出。二次蒸汽中含有的不凝气从冷凝器顶部排出。不凝气的来源有以下两方面：料液中溶解的空气和当系统减压操作时从周围环境中漏入的空气，以及某些成分受热分解产生的气体。料液在蒸发器中蒸发浓缩到要求的浓度后，称为完成液，从蒸发器底部放出的是最终生产的产品。

（三）蒸发的操作方法

根据各种物料的特性和工艺要求，蒸发可采用不同的操作条件和方法。根据操作压强不同，蒸发分为常压蒸发和减压蒸发（真空蒸发）。常压蒸发是指冷凝器和蒸发器溶液的操作压强为大气压或略高于大气压，此时系统中的不凝气依靠本身的压强从冷凝器排出。真空蒸发时冷凝气和蒸发器溶液的操作压强低于大气压，此时系统中的不凝气必须用真空泵抽出，采用真空蒸发的目的是降低溶液的沸点。真空蒸发有以下优点：溶液沸点低，可以用温度较低的低压蒸汽或废热蒸汽作为加热蒸汽；溶液沸点低，采用同样的加热蒸汽，蒸发器传热的平均温差大，所需的传热面积小；沸点低，有利于处理热敏性物料；蒸发器的操作温度低。真空蒸发的缺点是：溶液温度低，黏度大，蒸发器的传热系数小，系统的热损失小，沸腾的传热系数小；蒸发器和冷凝器内的压强低于大气压，完成液和冷凝水需用泵或气压管（又称大气腿）排出；需要用真空泵抽出不凝气以保持一定的真空度，因而需多消耗一定的能量。

（四）工业蒸发器

（1）中央循环管式蒸发器　也称标准式蒸发，是目前应用比较广泛的一种蒸发器，其结构如图2-13所示。它下部的加热室实质上是一个直立的加热管（称沸腾管）束组成的列管式换热器，与一般列管式换热器不同的是管束中心是一根直径较大的管子，称为中央循环管，它的截面积一般为所有沸腾管总截面积的25%~40%。由于在管束上单位体积溶液所具有的传热面积大，使管束的管内液体发生沸腾蒸发，自管顶逸出的气液混合物进入蒸发室，分离出的蒸汽经除沫后自蒸发室顶部逸出，液体从中央循环管回流至加热室。因为中央循环管的截面积大，其中单位体积溶液的传热面积比沸腾管中的小，溶液的相对气化率小，所以中央循环管中沸腾液（气、液混合液）的密度比沸腾管中大，因而产生液体由中央循环管下降、由沸腾管上升的循环流动。循环流动的推动力为 $(\rho_1 hg - \rho_2 hg)$，其中 ρ_1、ρ_2 分别为中央循环管和沸腾管中沸腾液的密度，h 为管子的高度。中央循环管和沸腾管中沸腾液的密度差愈大，

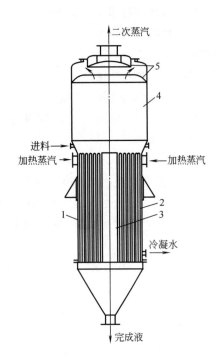

图2-13　中央循环管式蒸发器

1—加热室　2—加热管　3—中央循环管

4—蒸发室　5—除沫器

（引自：王沛主编. 中药制药工程原理与设备 . 2016）

管子愈长，推动力愈大，真空蒸发的操作压强（真空度）取决于冷凝器中水的冷凝温度和真空泵的能力。冷凝器操作压强的最低极限是冷凝水的饱和蒸汽压，所以它取决于冷凝器的温度。真空泵的作用是抽走系统中的不凝气，真空泵的能力愈大，冷凝器内的操作压强愈接近冷凝水的饱和蒸汽压。

（2）外热式蒸发器　外热式蒸发器的结构如图2-14所示。其特点是加热室与分离室分开，因此便于清洗和更换。同时，这种结构有利于降低蒸发器的总高度，所以可以采用较长的加热管。由于这种蒸发器的加热管较长（管长与管径比为50~1130），循环管又没有受到蒸汽的加热，循环的推动力大，溶液的循环速度较大，可达1.5m/s，所以传热膜系数较小；循环速度大，溶液通过加热管的汽化率低，溶液在加热面附近的局部浓度增高较小，有利于减轻结垢。

（3）列文式蒸发器　图2-15是列文式蒸发器的结构示意图，这种蒸发器的特点是加热室在液层深处，其上部增设盲管段作为沸腾室。加热管中的溶液由于受到附加液柱的作用，沸点升高，使溶液不在加热管中沸腾。当溶液上升到沸腾室时，压强降低，开始沸腾。沸腾室内装有隔板以防止气泡增大，因而可达到较大的流速。另外，因循环管不加热，使溶液的循环推动力较大。循环管的高度较大，一般为7~8m，其截面积为加热管总面积的200%~350%，使循环系统阻力较小，因此溶液的循环速度可高达2~3m/s。

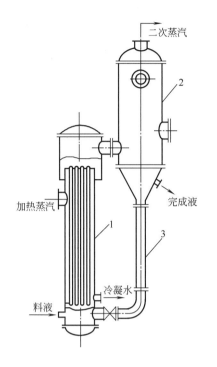

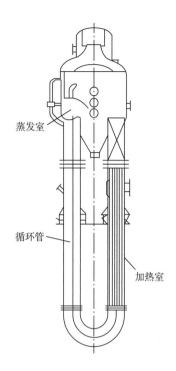

图 2-14　外加热式蒸发器　　　　图 2-15　列文式蒸发器
1—加热室　2—蒸发室　3—循环管

（引自：王沛主编．中药制药工程原理与设备．2016）

　　列文式蒸发器的优点是溶液在加热管中不沸腾，可以避免在加热管中析出晶体，且能减轻加热管表面上污垢的形成；传热效果较好，适用于处理有结晶析出的溶液；缺点是设备庞大，消耗的金属材料多，需要高大的厂房。此外，由于液层静压强引起的温差损失较大，要求加热蒸汽的压强较高。

　　（4）强制循环蒸发器　　上述几种蒸发器都属于自然循环蒸发器，即依靠容器中沸腾液的温差产生的热虹吸作用使溶液循环，溶液的循环速度一般都较低，不宜于处理高黏度、易于结垢以及有结晶析出的溶液。对于黏度较大的溶液蒸发时，如利用自然循环，流速和传热系数会变得较小，且易于结垢。这时可用泵来驱动液体循环，其循环速度可由泵的压头调节。这种蒸发器称为强制循环蒸发器。这种蒸发器实质上是在外热式蒸发器的循环管上设置循环泵。

七、沉淀法

（一）盐析沉淀法

　　固体溶质都可以在溶液中加入中性盐而沉淀析出，这一过程称为盐析。它是利用不同物质在高浓度的盐溶液中溶解度不同来达到分离、提纯的目的。盐析作用的主要原因是由于大量盐的溶入，使高分子物质失去水化层，分子之间相互聚集而沉淀。蛋白质、多肽、多糖、核酸等都可以用盐析法进行分离沉淀。盐析法成本低，不需特别昂贵的设备；操作简便、安全；对许多生物活性物质具有稳定作用。

1. 影响盐析的因素

（1）离子强度 盐对蛋白质溶解度的影响，不但和盐离子在溶液中的摩尔浓度（C_i）有关，而且和离子所带电荷（Z_i）有关，理论和实践都证明，这两个因素以离子强度 $I = \frac{1}{2}\sum C_i Z_i^2$ 的关系影响蛋白质的溶解度，离子强度越大，蛋白质的溶解度越小。

（2）蛋白质的性质 各种蛋白质的结构和性质不同，盐析沉淀要求的离子强度也不同。例如血浆中的蛋白质，纤维蛋白原最易析出，硫酸铵的饱和度达 20% 即可；饱和度增加至 28% ~ 33% 时，球蛋白先析出；饱和度再增加至 33% ~ 50% 时，拟球蛋白析出；饱和度大于 50% 时，白蛋白析出。

（3）pH 溶液的 pH 距蛋白质的等电点越近，蛋白质沉淀析出所需的盐浓度越小。此性质适合于大部分蛋白质，但因蛋白质的等电点与介质中盐的种类和浓度有关，尤其在盐析的情况下，盐的浓度一般较大，会对等电点产生较大的影响。在生产中，还要考虑 pH 对不同蛋白质共沉的影响，找出 pH 与溶解度的实际关系，选择合适的 pH 来进行盐析。

（4）温度 温度升高一般可使蛋白质较易盐析出来，但也有相反的情况。蛋白质可从逐渐升高温度的硫酸铵溶液中结晶出来，就是根据溶解度降低的原理。在一般情况下，蛋白质的盐析温度要求不严格，可以在室温下进行。只有某些对温度比较敏感的酶，要求在 0~4℃ 下操作，以免酶失活。

2. 盐析方法

盐析操作中常用的中性盐有硫酸铵、硫酸钠、硫酸镁、磷酸钠、磷酸钾、氯化钠、氯化钾、醋酸钠和硫氰化钾等。其中用于蛋白质盐析的以硫酸铵、硫酸钠最为广泛。

（1）硫酸铵使用前的预处理 一般生化工业制备用的硫酸铵，选择三级纯度即可，但对于试验室沉淀或用于酶盐析的硫酸铵，则需要较高的纯度或进行重结晶后才能使用。高浓度的硫酸铵溶液一般呈酸性（pH 4.5~5.5），使用前需用氨水调 pH 至所需值。

（2）硫酸铵的饱和度及调整方法 盐析时硫酸铵的浓度常用饱和度表示，达到饱和状态时的硫酸铵饱和度为 100%。当盐析要求不同的硫酸铵饱和度时可用下面三种方法调整：①加入固体盐法：操作时先将硫酸铵磨碎成均匀细粒，在搅拌下缓慢分批加入。②加入饱和溶液法：配制饱和硫酸铵溶液，按式（2-25）计算盐析时要求的饱和度和所需加入饱和硫酸铵溶液的体积：

$$V = V_0(S_2 - S_1)/(1 - S_2) \qquad (2-25)$$

式中 V——所需加入饱和硫酸铵溶液的体积

V_0——原来待盐析溶液的体积

S_1——原来溶液的硫酸铵饱和度

S_2——所需达到的硫酸铵的饱和度。

此法适用于要求硫酸铵饱和度不高，而且原来溶液体积不大时使用。

③透析平衡法：先将待盐析的样品装入透析袋，然后浸入饱和硫酸铵溶液中进行透析，外部的硫酸铵由于扩散作用不断进入透析袋内，逐步达到所需要的盐析饱和度，蛋白质便产生沉淀，此时即停止透析。该法一般适合结晶时用。

3. 盐析工艺的制定

生产中的盐析工艺，除查阅有关文献资料参照设计外，还可经过试验，找出合适的工艺路线和操作方法。除前面所述的有关问题外，还应注意盐析时的适宜溶液浓度、离子强度与盐的浓度、多级盐析与盐析时间等。根据反复试验结果，制定适宜的盐析生产工艺。

（二）有机溶剂沉淀法

有机溶剂对许多能溶于水的小分子天然产物以及核酸、多糖、蛋白质等生物大分子都能发生沉淀作用。有机溶剂的沉淀作用主要是降低水溶液的介电常数，如20℃时水的介电常数为80，而82%乙醇溶液的介电常数为40。溶液的介电常数减少就意味着溶质分子异性电荷库仑引力的增加，从而使溶解度降低。对于具有表面水层的生物大分子来说，有机溶剂与水的作用不断使这些分子表面水层厚度压缩，最后使这些大分子脱水而相互凝集析出。沉淀不同，溶质要求用不同浓度的有机溶剂，这是有机溶剂分步沉淀的理论基础。

有机溶剂沉淀法的优点是：①分辨能力比盐析法高，即一种蛋白质或其他溶质只有在一个比较窄的有机溶剂浓度范围内沉淀；②沉淀不用脱盐，过滤比较容易；③在生化制品生产中应用比较广泛。其缺点是对某些具有生物活性的分子（如酶）容易引起变性失活，操作常需在低温下进行。

1. 操作方法

（1）有机溶剂的选择　用于生化制品沉淀的有机溶剂的选择首先是能和水混溶。使用较多的有机溶剂是乙醇、甲醇、丙酮，还有二甲基甲酰胺、二甲基亚砜、2-甲基-2,4-戊二醇等。作为核酸、糖类、氨基酸和核苷酸等物质的沉淀剂，最常用的是乙醇；对于蛋白质和酶的沉淀，乙醇、甲醇和丙酮都可以使用，但甲醇和丙酮对人体有一定毒性。核酸的有机溶剂沉淀，除乙醇外，异丙醇和 α-二氧基乙醇也常被采用。其他一些有机溶剂如二甲基亚砜、氯仿、乙醚等，作为沉淀剂，其应用的对象及条件则必须视具体情况而定。

（2）有机溶剂浓度和体积的计算　进行有机溶剂沉淀时，欲使原溶液达到一定的有机溶剂浓度，需加入的有机溶剂的浓度及体积可按式（2-26）计算：

$$V = V_0(S_2 - S_1)/(100 - S_2) \qquad (2-26)$$

式中　V——需加入100%浓度有机溶剂的体积

V_0——原溶液的体积

S_1——原溶液中有机溶剂的浓度

S_2——所要求达到有机溶剂的浓度

100——加入的有机溶剂浓度为100%，如所加入的有机溶剂的浓度为95%，上式（100-S_2）项则应改为（95-S_2）

此法对于有机溶剂浓度要求不太精确时可用。

2. 有机溶剂沉淀的影响因素

（1）温度　有机溶剂沉淀的操作过程宜在低温进行，而且最好在同一温度下进行，才能保证工艺的稳定性。如果沉淀放置与分离时温度改变，会引起已沉淀的物质溶解或另一些物质沉淀。这对分离要求高的产品提纯是不利的。加入的有机溶剂温度要预冷到比操作温度更低，因乙醇等有机溶剂与水混溶时要放热。

（2）样品浓度　样品浓度对有机溶剂的影响与盐析情况相似，低浓度样品使用有机溶剂的量大但共沉作用小，利于提高分离的效果；降低样品浓度，样品损失较大（即回收率小），具有生理活性的样品易产生稀释变性。反之，高浓度样品可以节省有机溶剂，减少变性危险，但有共沉作用，分离效果差。一般变性蛋白质最初浓度为5~20mg/mL，黏多糖1%~2%较为合适，再加上选择适当的 pH，进行分段沉淀，即可获得较好的结果。

（3）pH 在样品结构稳定范围下选择溶解度最低处的 pH，有利于提高沉淀效果。另外，适宜的 pH 也可大大提高分离的分辨能力。

（4）金属离子 金属离子以特殊的方式与许多蛋白质结合，其结果常使蛋白质的溶解度变低。例如使用 0.005~0.02mol/L 的 Zn 时，可使原来沉淀蛋白质的有机溶剂用量减少 1/3~1/2，这在工业生产上很有实用价值。

（5）离子强度 离子强度是影响溶质在有机溶剂与水混合液中溶解度的一个重要因素，盐的浓度太小或太大都对分离有不利影响。对蛋白质和多糖，在有机溶剂中盐的浓度以不超过 5% 比较合适，使用的乙醇量也以不超过二倍体积为宜。

有机溶剂沉淀所应用的对象是比较广泛的，许多种类的天然产物，只有选用合适的有机溶剂，注意调整样品浓度、温度、pH 和离子强度，使这些因子综合地发挥作用，才能获得较好的沉淀结果。有机溶剂沉淀所得的固态样品，如果不是立即溶解进行第二步分离，则尽可能抽干，减少沉淀中有机溶剂的含量，以免影响样品的生物活性。

（三）铅盐沉淀法

铅盐沉淀法是分离某些植物成分的经典方法之一。由于醋酸铅及碱式醋酸铅在水及醇溶剂中，能与多种植物成分生成难溶的铅盐沉淀，故可利用这种性质使有效成分与杂质分离。

中性醋酸铅可以与酸性或酚性物质结合成不溶性铅盐，以此分离有机酸、蛋白质、氨基酸、黏液质、鞣质、树脂、酸性皂苷或部分黄酮类化合物等。碱式醋酸铅沉淀范围更广，除了上述能被中性醋酸铅沉淀的成分外，还可以沉淀某些苷类、糖类及一些生物碱等碱性成分。因此，铅盐除能分离有效成分外，也可以沉淀杂质。

铅盐沉淀的具体方法是将提取液（水或醇溶液）加过量的饱和醋酸铅溶液至沉淀完全（为了保证沉淀完全，常常多加 50% 醋酸铅），过滤，沉淀用水洗，洗液与滤液合并，加碱式醋酸铅溶液至沉淀完全，过滤，沉淀用水洗净，合并两次滤液，即得到三部分分离物。

脱铅方法有以下几种：

（1）通硫化氢气体，使铅变成黑色硫化铅沉淀出来，至滤液再通入硫化氢气体不产生沉淀为止，过滤，沉淀用水洗净，洗液与滤液合并，置蒸发皿内，在水浴上加热，驱除过量的硫化氢。

（2）加硫化钠或磷酸钠饱和水溶液，铅变成硫酸铅或磷酸铅沉淀，至沉淀完全，过滤即可。

（3）加强酸性阳离子交换剂，在烧杯中搅拌也可脱去铅离子。

（4）加磷酸或稀硫酸，调节 pH 至 3，生成难溶性硫酸铅或磷酸铅，过滤即可。

（1）、（3）、（4）法脱铅后滤液为酸性，对酸敏感的化合物不能采用，这时可以选用（2）法，但（2）法的产物中有无机盐。（1）、（3）脱铅最完全，但（1）法在除去硫化氢时，常伴有极细的硫磺析出，难以过滤，此时可使用二硫化碳使之溶解除去。在采用（3）法时，要注意溶液中某些成分会同时被交换上去而使树脂再生困难。用（1）法脱铅时生成的硫化铅会有吸附性，应予以注意。各种脱铅方法各有优缺点，采用时应根据被分离的化学成分的性质和条件因地制宜地选用。

（四）酸碱沉淀法

此法是利用某些成分在酸（或碱）中溶解，在碱（或酸）中沉淀的性质达到分离的方法。如橙皮苷、芦丁、甘草皂苷，均易溶于碱性溶液，当加入酸后，可使之沉淀析出。生物碱一般不溶于水，但遇酸可生成盐类而溶于水中，再加碱碱化会重新生成游离的生物碱，从溶液中析出。

八、 结晶

结晶是物质从液态或气态形成晶体的过程，生成结晶的过程叫结晶生长。物质在固态时可分为晶形和无晶形两种，晶形的固体就是结晶（或称晶体）。晶体具有一定的几何外形，离子、原子或分子在组成晶体时都形成有规则的排列。无定形物质没有一定外形，质点的排列也没有规律。一般能结晶的大部分是比较纯的化合物，但并不一定是一种化合物，有时晶体也是混合物。即使这样，也还是可以与不结晶部分分开。另外有些物质即使达到了很纯的程度，还不能结晶，只成无定形粉末。遇到这种情况，就往往需要制备结晶性盐等（如胰岛素锌盐）。由于初析出的结晶多少总会带一些杂质，因此需反复结晶才能得到纯的产品。从比较不纯的结晶，再通过结晶作用精制得到较纯的结晶这一过程称为再结晶。

（一）结晶的方法

在工业上，结晶的方法在原理上有两大类，一是除去一部分溶剂，如蒸发浓缩使溶液达到过饱和状态而析出结晶；二是直接加入沉淀剂或降低温度等，使溶液达到饱和状态而析出结晶。结晶方法主要有盐析法、有机溶剂结晶法、等电点结晶法、温差结晶法等。

1. 盐析法

（1）加固体盐法 以细胞色素 C 的结晶为例。从树脂上洗脱获得已浓缩的细胞色素 C 溶液，加一滴正辛醇，再按每克溶液加入 0.43g 硫酸铵，待硫酸铵全部溶解，称量溶液重量，按每克溶液加入 5mg 抗坏血酸及几滴 36% 氨水。溶液降温至 10℃，把少量粉末硫酸铵加入已还原的细胞色素 C 溶液中，每加一次用玻璃棒搅拌，使硫酸铵全部溶解后再加入第二次硫酸铵，直至溶液成微混浊为止。此溶液用塞子塞紧，在 15~25℃ 放置 1~2d 后，细胞色素 C 成细针状结晶析出，每毫升悬浮液再加入约 0.02g 硫酸铵，再放置数天，便可结晶完全。

（2）加饱和盐溶液方法 ①以牛胰凝乳蛋白酶重结晶为例。取 5g 粗结晶溶于 7.5mL 0.01mol/L（$\frac{1}{2}H_2SO_4$）中，缓缓地加入饱和硫酸铵溶液约 5mL，结晶开始出现，并很快生成。20℃ 时放置 1h，结晶完全。②把溶菌酶溶解在 5mL 0.04mol/L，pH 4.7 的醋酸缓冲液中，缓慢搅拌 5min 使之完全溶解。然后缓慢加入 5mL 10%（质量浓度）氯化钠溶液，边加边搅拌，5min 内加完，过滤。滤液转到一个塑料容器中，室温下放置 2d 后结晶析出。

（3）透析法 以羊胰蛋白酶结晶为例。盐析法获得羊胰蛋白酶粗品，溶于 0.4mol/L、pH 9.0 硼酸缓冲液中，过滤。滤液加入等量结晶透析液（0.4mol/L 硼酸缓冲液与等体积饱和硫酸镁混合，以饱和碳酸钾调 pH 8.0），装入透析袋内，温度 0~5℃ 对上述结晶透析液透析，每天换结晶透析液一次，3~4d 出现结晶，7d 内结晶完全。

2. 有机溶剂法

①丙氨酸的结晶 从层析柱上收集已达低层析纯的丙氨酸溶液，合并后减压浓缩至 1/10 体积，趁热缓慢地加入两倍体积的热的 95% 乙醇，结晶逐渐析出，冷却放置过夜，使结晶完全。②麦芽糖的结晶。饴糖用 80% 乙醇搅拌抽提，上清液浓缩除去大部分乙醇，后用水稀释，依次上阳离子和阴离子交换树脂柱。从交换柱上下来的糖液浓缩至相对密度 1.35 左右。趁热倒入缸内，稍冷后加入等体积的浓乙醇，边加边搅拌，并加入少量晶种。放置半个月以上，结晶完全。

③赤霉素的结晶。5g 粗的赤霉素加 500mL 乙酸乙酯加热回流 0.5h，大部分溶解后，脱色、过滤。滤液慢慢加入 1250mL 石油醚，即生成赤霉素结晶。

3. 等电点结晶法

例如：乙酰-DL-色氨酸的重结晶。2.5kg 粗乙酰-DL-色氨酸加 1.2~1.3L 5mol/L 氢氧化钠溶解，40g 活性炭脱色后过滤。滤液在 10℃ 以下用冰醋酸调 pH 至 3.0，缓缓搅拌即析出大量结晶。

4. 利用温差结晶法

例如：葡萄糖-1-磷酸钡盐的重结晶。葡萄糖-1-磷酸钡盐的粗结晶溶于 20 倍体积的 0.05mol/L 盐酸中，过滤除去不溶物。清液加热至 80℃ 用 1mol/L 氢氧化钠调 pH 7.0，趁热过滤除去无机盐沉淀。清液在 4℃ 冰箱中放置 24h，得葡萄糖-1-磷酸钡盐片状结晶。

（二）结晶的条件

（1）有效成分的含量　各种物质在溶液中结晶析出均需达到一定纯度才能发生。一般来说，有效成分含量愈高，愈容易结晶，有些化合物要比较纯才能结晶。但究竟纯化到什么程度才能结晶，依各种物质而异，没有一定标准。蛋白质和酶结晶时，纯度一般不应低于 50%。大多数生物大分子结晶后仍可以进行多次的重结晶，每次结晶纯度均有一定提高，直至恒定为止。

（2）有效成分在溶液中的浓度　一般来说，有效成分在溶液中浓度越高，越有利于溶液中溶质分子间的相互碰撞聚合，容易结晶。但浓度过高时，相应杂质的浓度以及溶液的黏度也增大，有时反而不利结晶的析出，且晶形也不好。因此，浓度的确定应根据工艺和具体情况进行调整。

（3）合适的溶剂　溶剂应不与要纯化的物质发生化学反应；对要纯化的物质在高温时具有较大的溶解能力，而在低温时，溶解能力大大降低；对可能存在的杂质溶解度应大，能把杂质留在母液中，不随或少随结晶一同析出，或对杂质溶解度应小，很少溶解于溶剂中。溶剂的沸点不宜太高，以免该溶剂附着于结晶表面不易除尽。常用的溶剂有：水、甲醇、乙醇、异丙醇、丙酮、醋酸乙脂、氯仿、冰醋酸、四氯化碳、苯和石油醚等。

（4）合适的时间和温度　结晶的形成和生长常需较长时间，因此经常需要放置。有时要放置几天或者更久才能结晶。有时在室温中长久不析出结晶，放置低温处即可析出结晶。但温度过低时，有时由于黏度大会使结晶生成变慢，所以当在低温使结晶析出后也可适当升温。此外，pH、盐浓度、个别金属离子也将影响结晶作用。

重结晶和分步结晶：在制备结晶时，最好在形成一批结晶后，立即倾出上层溶液，然后再放置以得到第二批结晶。晶态物质可以用溶剂溶解再次结晶精制。这种方法称为重结晶法。结晶经重结晶后所得各部分母液，再经处理又可分别得到第二批、第三批结晶。这种方法则称为分步结晶法或分级结晶法。晶态物质再结晶过程中，结晶的析出总是越来越快，纯度也越来越高。分步结晶法各部分所得结晶，其纯度往往有较大的差异，但常可获得一种以上的结晶成分，在未加检查前不要贸然混在一起。

化合物的结晶都有一定的结晶形状、色泽、熔点和熔距，可以作为鉴定的初步依据。这是非结晶物质所没有的物理性质。化合物结晶的开头形状和熔点往往因所用溶剂不同而有差异。原托品碱在氯仿中形成棱柱状结晶，熔点 207℃；在丙酮中则形成半球状结晶，熔点 203℃；在氯仿和丙酮混合溶剂中则形成以上两种晶形的结晶。又如 N-氧化苦参碱，在无水丙酮中得到的结晶熔点 208℃，在稀丙酮（含水）析出的结晶为 77~80℃。所以文献中常在化合物的晶形、熔点之后注明所用溶剂。一般单体纯化合物结晶的熔距较窄，有时要求在 0.5℃ 左右，如果熔距较长则表示化合物不纯。因此，判定结晶纯度时，要依据具体情况加以分析，此外，高压液相、气相层析、紫外光谱等，均有助于检识结晶样品的纯度。

（三）工业结晶方法和设备

实践中常把在溶液中产生过饱和度的方式作为结晶方法与结晶设备分类的依据。按此法分类，可将结晶方法和结晶设备分为以下三类：

（1）直接冷却法　是指用单纯的冷却方式使溶液过饱和的结晶方法，这类结晶法无明显蒸发作用，是一种不除去溶剂的方法。所用的设备称为冷却式结晶器。

（2）蒸发浓缩法　是指以单纯蒸发的方式而不伴随冷却的方法获得溶液过饱和。所用的设备称为蒸发式结晶器。

（3）绝热蒸发法　也称真空结晶法，它使溶剂在真空下闪蒸而绝热冷却，其实质是同时结合蒸发和冷却两种作用使溶液过饱和。所用的设备称为真空式结晶器。

除上述分类与结晶方法外，还有分批式和连续式、搅拌式和无搅拌式分类法，以及盐析法、反应结晶法、喷雾法以及成球法等结晶方法。进行结晶操作时，还应考虑以下几方面的问题：①冷却或蒸发速度不宜过快，溶液的过饱和度不宜过高，以便形成少而大的晶体；②适当搅拌以使晶体大小均匀；③连续蒸发结晶时，采用内部水力分级或控制晶体成长时间的措施，控制晶体大小均匀；④冷却结晶时应力求冷却均匀，尽可能保持过饱和度不变，保持晶体大小均匀。

工业结晶设备有以下几种：

（1）Krystal-Oslo 型结晶器　该结晶器在无机盐工业应用广泛。其主要特点是产生过饱和度的区域和晶体生长区域分别位于设备的两处，晶体在母液中流化悬浮，处于好的生长条件中，能长成大而均匀的晶体。设备的结构如图 2-16（1）所示，由气化室和结晶室两部分组成。母液与热浓料液混合后，用循环泵送到高位的汽化室，在其中汽化、冷却产生过饱和度。然后通过中央循环管流到结晶室的底部，转而向上运动。晶体悬浮于此液中，成为粒度分级的流化床。在流动过程中晶体逐渐长大，过饱和度逐渐降低，到达结晶顶部时已不再含晶粒。最后通过溢流管进入循环管。

在这种设备中，晶体粒子在结晶室内从下到上排列，大粒子位于底部。晶浆浓度也是从下到上逐步下降。而取出管插在底部。因此产品是均匀的大粒子。但是这种设备也有缺点：一是过饱和度较大，而安全的过饱和介稳区一般是很狭窄的，设备的操作弹性就很小；二是设备的生产能力较小。

为克服上述缺点，如图 2-16（2）采用晶浆循环。与清液循环相比，加大了循环液量，由生长段经过循环管到蒸发室再回到晶床中是处在同一个晶浆浓度，得到的是大小晶体混合的产品，外部安放有分级设备进行分级。

（2）DTB 型结晶器　针对 Krystal-Oslo 型结晶器存在的问题，开发出一种更为有效的真空结晶器，称为导流筒折流板式真空结晶器（DTB 结晶器），如图 2-17 所示。这种结晶器内部装有搅拌器导筒以及为除去细晶粒而设置的折流板。导筒内安装旋桨式搅拌器，强制料液在筒内做自下而上运动，而在筒外折成自上而下循环的可控制运动。除了内循环系统外，还有外循环系统。内外循环系统均可单独调节。导筒折流板式结晶器器底部的淘洗器，用于对晶体大小进行分级。

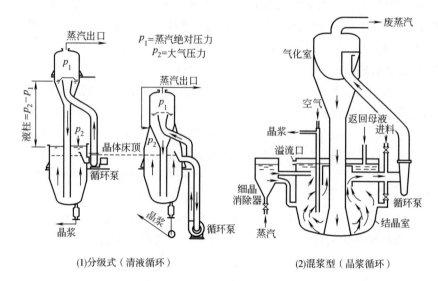

图 2-16 Krystal-Oslo 结晶器

(1)分级式（清液循环）　　　　(2)混浆型（晶浆循环）

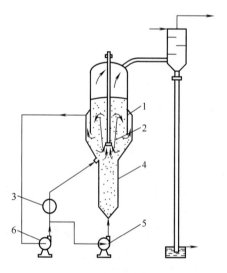

图 2-17 DTB 结晶器

1—折流板　2—导筒　3—加热器
4—淘析器　5—淘洗泵　6—循环泵

（引自：高福成主编. 食品工程全书. 2004）

结晶器上部的细粒沉降区的工作原理与淘洗器的原理相似。由锥形器底的扩大部分和圆筒形器身的延长部分（挡板）构成沉降区环隙。在此区内，同样由于母液向上流动，细粒与粗粒将随流随分，细粒从沉降区顶部带出，排出的液流虽含有数目众多的细晶核，但固体量仍不多，整个结晶器内，由于除去了大量的清液，晶糊密度大为增加，晶体所占的体积可达 30%～50%。

（3）蒸发式连续结晶器　如同冷却式连续结晶器一样，蒸发式结晶器也可以设计成具有特殊的建立和解除溶液过饱和度以及晶体分级的系统。它是由结晶罐、外部管式加热器、气化器以及循环泵几部分组成。

结晶罐上装有加料管，锥形罐底有出料管以排除成长完全的晶体和母液。料管直接与循环泵的吸入管相连。循环泵吸入罐内部分溶液并与加料液混合。混合液则被送经管式加热器加热后，从气化器内液面下方附近进入。外部（壳管式）加热器用水蒸气加热，气化器直接置于结晶罐上方，其锥底有排料管伸入结晶罐内部而与器底靠近。

（4）蒸发冷却式结晶器　亦称真空结晶器，设备中溶液过饱和的建立是由绝热闪蒸完成的。图 2-18 所示为一种连续式真空结晶器，带有晶糊分离系统。设备的真空由蒸汽喷射器和冷凝器维持。晶糊循环采用低扬程循环泵，从结晶锥形器底的下降管流出，而后向上流经竖管加热器并返回结晶器。被加热的液流进入位于结晶液面下方附近的切向入口管，使晶糊获得旋流，加速闪蒸，使晶糊与二次蒸汽保持平衡。

真空结晶器的主要优点：由于器内所进行的是绝热蒸发，故内部不需设置传热面，所以也就不存在传热面结垢和腐蚀等问题，而且结晶器本身构造简单。局限性是必须增加适当搅拌措施，以维持饱和溶液浓度和温度的均匀性，使结晶良好并悬浮，以获得良好的操作效果。

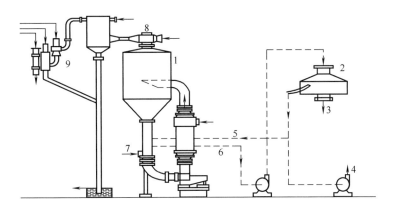

图 2-18　真空结晶器

1—闪蒸室　2—离心机　3—结晶制品出口　4—母液排出　5—母液循环

6—晶糊　7—料液入口　8—升压泵　9—真空循环

（引自：高福成主编. 食品工程原理. 2004）

九、干燥

干燥通常是天然产物生产过程中的最后工序。干燥的主要目的：一是使产品便于包装、贮存及运输；二是许多生物制品在水分含量较低的状态下更稳定，保质期更长。

干燥方法和设备的选择应根据产品的特点、产量、经济性等综合考虑。目前广泛采用空气干燥法。空气干燥设备按工作原理有气流干燥、沸腾干燥和喷雾干燥。气流干燥分直管式、脉冲管式和旋风式等；沸腾干燥分单层多室卧式和沸腾造粒干燥；喷雾干燥又分气流式、压力式和离心式。

（一）气流干燥

气流干燥技术已在发酵、食品、制药工业中广泛使用。气流干燥器包括长管气流干燥器，其长度为 10~20m；短管气流干燥器，其长度为 4m 左右，总称为管式干燥器。此外还有旋风气流干燥器等，其构造原理和流程是相似的。

1. 气流干燥原理、特点及型号

对于潮湿状态时仍能在气体中自由流动的颗粒物料，如味精、柠檬酸和葡萄糖等，可采用气流干燥。它的工作原理是利用热空气与粉状或颗粒状湿物料在流动过程中充分接触，气体与固体物料之间进行传热与传质，从而使湿物料达到干燥的目的。干燥时间极短，一般为 1~5s。以味精为例，用箱式干燥需 2h 以上，如用气流干燥，从加料至卸料整个过程 5~7s。气流干燥具有干燥强度大、干燥时间短、适于热敏性物质、工艺紧凑连贯、产品质量高等优点；缺点是干燥原料适用于颗粒状物料，不适用于黏性物料，且热利用率低。

尽管气流干燥器有多种，但其构造原理和流程大同小异，现以长管式气流干燥味精的流程介绍如下（图2-19）。离心分离后含水分约4%的味精经料斗5和加料器（螺旋分配器）4，均匀地进入气流干燥管6的底部，空气被鼓风机3抽吸，经过过滤器1，空气加热器2加热至80~90℃，进入气流干燥管道的底部与物料汇合，经过约10m高的干燥管和缓冲管7干燥完毕，味精晶粒由一级旋风分离器8收集，经振动筛9分为粗味精、味精产品和粉末，部分随空气带走的细粉经二级旋风分离器10再次收集，不能收集的部分再通过湿式收集器11回收，废气由排风机12排至大气中，与味精接触的设备用不锈钢或陶瓷作材料，以保证产品的质量。

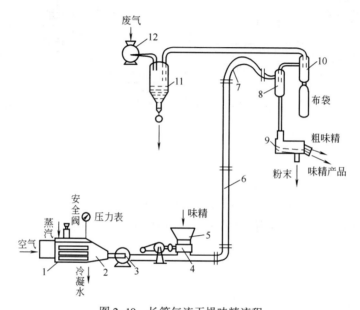

图 2-19　长管气流干燥味精流程

1—空气过滤器　2—空气加热器　3—鼓风机　4—加料器　5—料斗　6—干燥管　7—缓冲管

8—分离器　9—振动筛　10—二次分离器　11—湿式收集器　12—排风管

2. 常用空气过滤器介绍

过滤介质为铁丝网，中间夹上用豆油煮过的丝瓜瓤或铁丝等，使尘埃容易粘在上面。空气加热器：可采用螺旋翅片式，也可采用列管式的换热器作为空气加热器，加热蒸汽压力一般为0.2~0.3MPa，加热后空气温度80~90℃。干燥管：一般多采用圆形，其次有方形和不同直径交替的所谓脉冲管。干燥管材料根据物料不同，可选用碳钢、铝管、不锈钢、陶瓷等，干燥管必须有良好的保温层，常用石棉泥保温，一般厚度为50mm，干燥管与下降管的夹角应小于休止角45°，以避免物料在下降管上停留引起结垢。

（二）沸腾干燥

沸腾干燥是利用流态化技术，即利用热的空气使孔板上的粒状物料呈流化沸腾状态，使水分迅速汽化达到干燥目的。在干燥时，使气流速度与颗粒的沉降速度相等，当压力降与流动层单位面积的质量达到平衡时（此时压力损失变成恒定），粒子就在气体中呈悬浮状态，并在流动层中自由地转动，流动层犹如正在沸腾，这种状态是比较稳定的流态化。沸腾造粒干燥是利用流化介质（空气）与料液间很高的相对气流速度，使溶液带进流化床就迅速雾化，这时液滴与原来在沸腾床内的晶体结合，就进行沸腾干燥，故也可看作是喷雾干燥与沸腾干燥的结合。

沸腾干燥的特点是传热传质速率高、干燥与冷却可连续化自动化、设备紧凑而占地面积小、生产能力高且能耗小。

沸腾干燥器有单层和多层两种。单层的沸腾干燥器又分单室、多室和有干燥室冷却室的二段沸腾干燥，其次还有沸腾造粒干燥等。现着重介绍单层卧式多室的沸腾干燥器和沸腾造粒干燥器。

1. 单层卧式多室的沸腾干燥设备构造和操作

单层卧式多室与单层卧式单室的沸腾干燥器的构造相似，其不同点是前者将沸腾床分为若干部分，并单独设有风门，可根据干燥的要求调节风量，而后者只有一个沸腾床。这种设备广泛应用于颗粒状物料的干燥，在发酵工业中可用于柠檬酸晶体的干燥和活性干酵母的干燥。构造如图 2-20 所示。

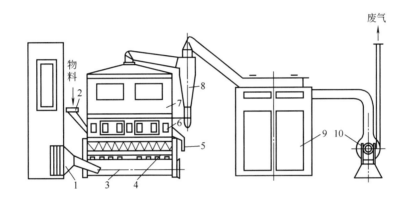

图 2-20　单层卧式多室的沸腾干燥器

1—空气加热器　2—料斗　3—风道　4—风门　5—成品出口　6—视镜

7—干燥室　8—旋风分离器　9—细粉回收器　10—离心通风机

(引自：郑裕国，薛亚平，金利群等编著. 生物加工过程与设备 . 2004)

干燥箱内平放有一块多孔金属网板，开孔率一般在 4%～13%，在板上面的加料口不断加入待干燥的物料，金属网板下方有热空气通道，不断送入热空气，每个通道均有阀门控制，送入的热空气通过网板上的小孔使固体颗粒悬浮起来，并激烈地形成均匀的混合状态，犹如沸腾一样。控制的干燥温度一般比室温高 3～4℃，热空气与固体颗粒均匀地接触，进行传热，使固体颗粒所含的水分得到蒸发，吸湿后的废气从干燥箱上部经旋风分离器排出，废气中所夹带的微小颗粒在旋风分离器底部收集，被干燥的物料在箱内沿水平方向移动。在金属网板上垂直地安装数块分隔板，使干燥箱分为多室，使物料在箱内平均停留时间延长；同时借助物料与分隔板的撞击作用，使它获得在垂直方向的运动，从而改善物料与热空气的混合效果；热空气是通过散热器用蒸汽加热的。为了便于控制卸料速度以及避免卸料不均匀而产生的结垢现象，在沸腾床上装有往复运动的推料机构。

2. 沸腾造粒干燥设备的原理、流程和设备构造

由压缩空气通过喷嘴，将液体雾化并同时喷入沸腾床进行干燥。在沸腾床中由于高速的气流与颗粒的湍动，使悬浮在床中的液滴与颗粒具有很大的蒸发表面积，增加了水分由物料表面

扩散到气流中的速度，并增加物料内部水分由中央扩散到表面的速度。因此当液滴喷入沸腾床后，在接触种子前，水分已完全蒸发，自己形成一个较小的固体颗粒，即"自我成粒"。或者附在种子的表面，然后水分才完全蒸发，在种子表面形成一层薄膜，而使种子颗粒长大，犹如滚雪球一样，即"涂布成粒"。如果雾滴附着在种子表面，还未完全干燥，即与其他种子碰撞时，有一部分可能与其他种子黏在一起而成为大颗粒，即"黏结成粒"。生产上要求第二种情况占主要组分为宜。

（三）喷雾干燥

1. 喷雾干燥原理及方法

喷雾干燥是利用不同的喷雾器，将悬浮液和黏滞的液体喷成雾状，形成具有较大表面积的分散微粒同热空气发生强烈的热交换，迅速排除本身的水分，在几秒至几十秒内获得干燥。成品以粉末状态沉降于干燥室底部，连续或间断地从卸料器排出。

（1）压力喷雾法（又称机械喷雾法）　此法是利用往复运动的高压泵，以 $5\sim20$ MPa 的压力将液体从 $\Phi 0.5\sim3.5$ mm 喷孔喷出。分散成 $50\sim150\mu$ m 的液滴。发酵工厂有用于酵母粉的喷雾干燥。但因高压泵的加工精度及材料强度都要求比较高，喷嘴易磨损、堵塞，对粒度大的悬浮液不适用。

（2）气流喷雾法　此法是依靠压力为 $0.25\sim0.6$ MPa 的压缩空气通过喷嘴时产生的高速度，将液体吸出并被雾化。由于此种喷嘴孔径较大，一般在 $1\sim4$ mm，故能够处理悬浮液和黏性较大的液体。在制药工业中广泛使用，有的工厂用于核苷酸、农用杀虫剂和蛋白酶的干燥。

（3）离心喷雾法　此法是利用在水平方向做高速旋转的圆盘给予溶液以离心力，使其高速甩出，形成薄膜、细丝或液滴，同时又受到周围空气的摩擦、阻碍与撕裂等作用形成细雾。目前酶制剂的大型生产大多采用此法，也用于酵母粉的干燥。

2. 气流喷雾干燥设备

气流喷雾干燥流量、特点　气流喷雾干燥设备除了喷雾干燥塔、喷嘴外，还有空气加热器、压缩空气系统和空气过滤器等。空气加热可用电热或蒸汽加热，流程如图 2-21 所示。

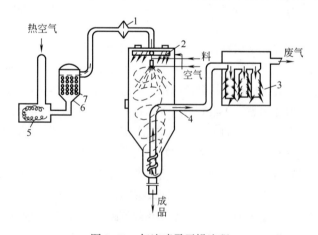

图 2-21　气流喷雾干燥流程

1，6—过滤器　2—空气分配盘　3—袋滤器　4—回风管　5—电加热器　7—瓷杯　8—棉兰

（引自：郑裕国，薛亚平，金利群等编著. 生物加工过程与设备. 2004）

压缩空气从切线方向进入喷雾器外面的套管，由于喷头处有螺旋线，因此形成高速度旋转的圆锥状空气涡流，并在喷嘴处形成低压区，吸引液体在内部或外部混合后，使之微粒化。

由空气加热器加热的热风，经过滤器从干燥塔的上部经空气分配盘进入，与喷雾后的液体微粒相遇，使其干燥，干燥后的物料由塔底部排出，废气沿回风管导入袋滤器或旋风分离器，收集随废气带走的粉末状产品，然后经排风机排入大气中。这种设备的特点是结构简单，操作方便可靠，产品质量好。

3. 离心喷雾干燥设备

间歇卸料的酶制剂生产的离心喷雾干燥流程见图2-22。含有8%～10%固形物的发酵液进入干燥塔前先用塔顶上的小罐加温至50℃，加热后的发酵液经高速旋转的离心喷雾盘喷嘴甩成雾状，与从顶部进风口以旋转方式进入至喷雾盘四周的热空气进行充分接触（热空气进塔的温度，对淀粉酶的干燥为150℃，对蛋白酶的干燥为140℃左右），造成强烈的传热和水分蒸发，空气温度随之降低，微粒在气流和自身重力作用下旋转而下，当达到出口时已干燥完毕，间歇通过双闸门的卸料阀，定期卸料。空气经过滤器与离心通风机进入空气加热器，加热后从塔顶分内外两圈进入干燥室；从干燥室内排出的废气（排风温度在85℃左右）经锥部中央管通过旋风分离器由离心通风机排至大气中，旋风分离器收集随废气带走的粉末状产品。排风机的排风量比进风机的进风量要求要大，以便塔内形成负压（110～160Pa），利于物料内水分的蒸发，防止设备渗漏跑粉，提高收率。

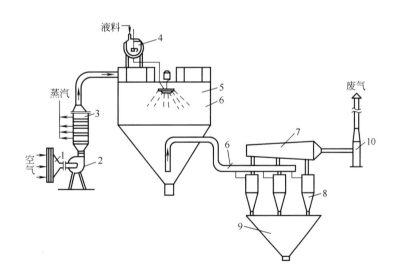

图 2-22　离心式喷雾干燥流程

1—空气过滤器　2—离心通风机　3—空气加热器　4—保温罐　5—干燥塔

6—温度计　7—粉尘回收器　8—旋风分离器　9—料斗　10—离心通风机

（引自：郑裕国，薛亚平，金利群等编著．生物加工过程与设备．2004）

本章小结

　　天然产物开发利用包括确定研究对象、调研文献资料、生物材料采集与品种鉴定、化学成分预试验、活性提取部位和活性化合物跟踪分离与结构鉴定、活性成分结构改造和构效关系、药理、毒理、药代动力学研究、制剂工艺、试生产、正式生产等步骤。

　　天然产物原料细胞组织结构与提取工艺特性之间有一定的相关性。天然产物的提取分离方法有提取法、萃取法等传统提取方法，近年采用微波提取、超声波提取等提取新技术的越来越多，过滤、蒸发、沉淀等工艺可除去固体杂质和液体溶剂，通过结晶提高产品的纯度，干燥除去水分后包装商品化。

思考题

　　1. 天然产物提取原料质量控制的主要方法有哪些？
　　2. 天然产物提取分离的选题、试验设计和中试的研究中应该注意什么问题？
　　3. 生物材料的结构、化学组成与天然产物工艺特性的关系是什么？
　　4. 天然产物的传统提取分离方法有哪些？其基本原理是什么？
　　5. 任选某一天然产物，采用传统的分离方法设计一套提取工艺流程。

参考文献

1. 徐任生主编. 天然产物化学导论（第二版）. 北京：科学出版社，2007
2. 孙彦主编. 生物分离工程（第二版）. 北京：化学工业出版社，2010
3. 邓修，吴俊生主编. 化工分离工程（第二版）. 北京：科学出版社，2013
4. 卢晓江主编. 中药提取工艺与设备. 北京：化学工业出版社，2004
5. 高福成主编. 食品工程全书. 北京：中国轻工业出版社，2004
6. 郑裕国，薛亚平，金利群编著. 生物加工过程与设备. 北京：化学工业出版社，2004
7. 汪茂田主编. 天然有机化合物提取分离与结构鉴定. 北京：化学工业出版社，2004
8. 谭天伟. 生物分离技术. 北京：化学工业出版社，2007
9. 徐化能. 葛藤异黄酮的浸取与分离过程研究［学位论文］. 杭州：浙江大学，2007
10. 胡永红，刘凤珠. 生物分离工程. 武汉：华中科技大学出版社，2015
11. 张文清. 分离分析化学. 上海：华东理工大学出版社，2016
12. 王沛主编. 中药制药工程原理与设备. 北京：中国中医药出版社，2016
13. 刘伟民，赵杰文主编. 食品工程原理. 北京：中国轻工业出版社，2011

第三章
新型分离技术在天然产物提取中的应用

了解天然产物提取中新型分离技术的种类及其应用；理解并掌握树脂吸附分离技术、膜分离技术、分子蒸馏技术、超临界流体萃取技术、色谱分离技术等现代分离技术的原理和技术关键。了解现代分离技术在天然产物样品分离中的应用实例。

第一节　树脂吸附分离技术

一、　基本原理

吸附是一种界面现象，是指在固相-气相、固相-液相、固相-固相、液相-气相、液相-液相等体系当中，某个相的密度或溶于该相中溶质的浓度在界面上发生改变的现象。几乎所有的吸附现象都是界面浓度高于本体相，称为正吸附。但也有些电解质水溶液除外，其液相表面的电解质浓度低于本体相，称为负吸附。被吸附的物质称之为吸附物，具有吸附作用的物质称为吸附剂。吸附物一般是比吸附剂小很多的粒子，如：分子和离子，但也有和吸附剂差不多大小的物质，如高分子。在固体吸附过程中，气体或液体中的分子、原子或离子传递到吸附剂表面，依靠键或微弱的分子间作用力吸着于固体吸附剂上。而解吸附则是吸附的逆过程。

固体可分为多孔和非多孔性物质两类。非多孔性固体只具有很小的比表面（单位体积的物质所具有的表面积），用粉碎的方法可以增加固体的比表面。多孔性固体由于颗粒内微孔的存在，比表面很大，更加有利于吸附作用。具有良好吸附能力的固体都可称为吸附剂，包括活性炭、硅胶、活性氧化铝、活性白土和分子筛等。

多孔性固体物质具有吸附能力，是因为固体内部分子或原子之间的力是对称的，作用力总和为零，故彼此处于平衡状态。但在界面上的分子同时受到不相等的两相分子的作用力，因此界面分子的力场是不饱和、不对称的，作用力总和不等于零，合力方向指向固体内部（图 3-1），处于表面层的固相分子始终受到一种力的作用，即表面分子（或原子）所处的状态与固体内部分子或原子所处的状态不同。正是因为存在一种固体的表面力，所以微粒能从外界吸附分

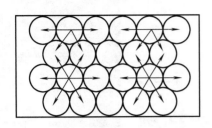

图 3-1 界面分子和内部分子所受的力
（引自：顾觉奋：分离纯化工艺原理．2002）

子、原子或离子，并在吸附剂表面附近形成多分子层或单分子层。相反，若将固体内部分子拉到界面上就必须做功（相当于将固体粉碎），此功以自由能形式存在于小微粒的表面。当物质从流体相（气体或液体）浓缩到固体表面从而达到分离的过程称为吸附作用。

根据吸附剂和吸附物之间吸附力的不同，吸附操作分为以下三种类型。

（1）物理吸附 吸附剂和吸附物之间的作用力是分子间引力（范德华力），这类吸附称为物理吸附。由于分子间引力普遍存在于吸附剂与吸附物之间，所以整个自由界面都起吸附作用，故物理吸附无选择性。但吸附剂与吸附物的种类不同，分子间引力大小各异，因此吸附量差异很大。物理吸附所放的热与气体的液化热相近，数值较小。物理吸附在低温下也可进行，不需要较高的活化能。在物理吸附中，吸附物在固体表面上可以是单分子层也可以是多分子层。此外，物理吸附类似于凝聚现象，因此吸附速度和解吸速度都较快，易达到吸附平衡状态。

（2）化学吸附 由于固体表面原子的价电子未完全被相邻原子所饱和，还有剩余的成键能力，在吸附剂与吸附物之间有电子转移，生成化学键。因此化学吸附需要较高的活化能，需要在较高温度下进行。化学吸附放出热量很大，与化学反应相近。由于化学吸附生成化学键，因而只能是单分子层吸附，且不易吸附和解吸，平衡慢。化学吸附的选择性较强，即一种吸附剂只对某种或特定几种物质有吸附作用。

（3）交换吸附 吸附剂表面如为极性分子或离子所组成，则它会吸引溶液中带相反电荷的离子而形成双电层，这种吸附称为极性吸附。同时在吸附剂与溶液间发生离子交换，即吸附剂吸附离子后，同时要放出等当量的离子于溶液中。离子的电荷是交换吸附的决定因素，离子所带电荷越多，它在吸附剂表面的相反电荷点上的吸附力就越强。

必须指出，各种吸附类型之间不可能有明确的界线，有时很难区别，有时几种吸附同时发生。

吸附分离就是利用适当的吸附剂，在一定的 pH 条件下，使提取液中的有效成分被吸附剂吸附，然后再用适当的洗脱剂将被吸附的成分从吸附剂上解吸下来，达到浓缩和提纯的目的。目前，工业生产中吸附过程主要有以下三种。

（1）变温吸附 在一定压力下吸附的自由能变化：

$$\Delta G = \Delta H - T\Delta S \tag{3-1}$$

式中 ΔH——焓变

ΔS——熵变

当吸附达到平衡时，系统的自由能、熵值都降低。故式（3-1）中焓变 ΔH 为负值，表明吸附过程为放热过程。因此，在工业生产中若采用降温操作，可增加吸附量；反之，提高温度，则会降低吸附量，有利于解吸操作。通常情况下，吸附操作是在低温下进行的，然后提高操作温度，进行解吸。可采用水蒸气直接加热吸附剂使其升温解吸，解吸物与水蒸气冷凝后分离。吸附剂经过间接加热、升温、干燥和冷却阶段组成变温吸附过程，可循环使用。

（2）变压吸附 也称为无热源吸附。具体操作是在恒温下提高系统的压力，进行吸附操作，然后降低压力使吸附剂解吸、再生，继而循环使用，该过程称为变压吸附。根据系统操作变化不同，变压吸附循环可以是常压吸附、真空解吸、加压吸附、常压解吸，加压吸附、真空解吸等几种方法。对一定的吸附剂而言，压力变化越大，吸附物脱除的越多。

（3）溶剂置换　指在恒温恒压下，用洗脱剂将已吸附饱和的吸附剂中的吸附物洗脱出来，同时使吸附剂解吸再生。常用的洗脱剂有水、有机溶剂等各种极性或非极性物质。

将具有热塑性、多孔结构，并具有显著吸附能力的高分子化合物统称为吸附树脂。吸附树脂有化学合成的，也有天然纤维经改性、交联制成的。吸附树脂类型多样，对各种植物原料成分有很好的适应性和吸附选择性，吸附分离工艺简单，生产成本较低，易于工业化。树脂吸附技术的核心一是吸附树脂的性能，二是相关的应用工艺，两者对分离效果均有重要影响。因此在使用吸附树脂进行天然产物提取分离时，首先应了解吸附树脂的性能以及树脂的使用方法。

二、　吸附树脂

（一）吸附树脂的种类

吸附树脂因种类不同，其吸附能力和所吸附物质的种类也不同。但其共同之处是具有多孔性，且比表面积较大（主要是孔内的表面积）。吸附树脂按其化学结构有以下几类。

（1）非极性吸附树脂　一般是指电荷分布均匀、在分子水平上不存在正负电荷相对集中的极性基团的树脂。如由二乙烯苯（DVB）聚合而成的吸附树脂 Amberlite XAD-4（美国）、XAD-2、Daion HP-20、ADS-5（中国）等。

（2）中极性吸附树脂　此类树脂内存在酯基一类的极性基团—COOR，具有一定的极性。

（3）极性吸附树脂　此类吸附树脂具有酰胺、亚砜、腈等基团，这些基团的极性大于酯基。

（4）强极性吸附树脂　此类吸附树脂含有极性最强的极性基团，如吡啶基、胺基等。

不同类型的代表性吸附树脂的性能指标见表3-1。

表3-1　　　　　　　　　　　　　部分代表性的吸附树脂

	牌号	生产厂	结构	比表面积/（m²/g）	孔径/nm
非极性	Amberlite XAD-2	罗姆-哈斯（美）	PS	330	9
	Amberlite XAD-3	罗姆-哈斯（美）	PS	526	4.4
	Amberlite XAD-4	罗姆-哈斯（美）	PS	759	5
	ADS-5	南开和成	PS	550	30
	H-103	南开和成	PS	1000	9
中极性	Amberlite XAD-6	罗姆-哈斯（美）	—COOR	498	6.3
	Amberlite XAD-7	罗姆-哈斯（美）	—COOR	450	8
	ADS-17	南开和成	—COOR	140	25
极性	Amberlite XAD-9	罗姆-哈斯（美）	亚砜基	250	8
	Amberlite XAD-10	罗姆-哈斯（美）	酰胺基	69	35.2
	ADS-16	南开和成	—NHCONH	50	
	ADS-21	南开和成	酰胺	80	

续表

	牌号	生产厂	结构	比表面积/（m²/g）	孔径/nm
强极性	Amberlite XAD-11	罗姆-哈斯（美）	氧化氮类	170	21
	Amberlite XAD-12	罗姆-哈斯（美）	氧化氮类	25	130
	ADS—7	南开和成	—NR$_n$	120	20

（引自：史作清主编．吸附分离树脂在医药工业中的应用．2008）

（二）吸附树脂的结构

吸附树脂一般为 0.3~1.0 mm 的微球，外观有多种颜色，颜色的差异反映出吸附树脂在物理、化学结构方面的差异，如图 3-2 所示。吸附树脂的特点主要是其多孔性，孔的结构、孔径、孔体积及孔的表面积等是影响其性能的关键因素。与其他吸附剂不同的是，吸附树脂的孔结构及各项指标可在很大的范围内进行调整，其化学结构也有很大的变化余地。因而吸附树脂有很多性能不同的品种规格，可以满足多种应用领域的要求。

1. 孔的形态结构

多数吸附树脂是由悬浮聚合法制得的，在聚合物形成的微胶核与微球孔隙中间充满了致孔剂，聚合完成后除去致孔剂，留下的空间便是孔。根据孔的形成过程，可以想象孔的形状是不规则的，孔径大小也是不均匀的。把多孔树脂切成极薄的片，在透射电子显微镜下观察到的孔形态也的确如此（图 3-3）。

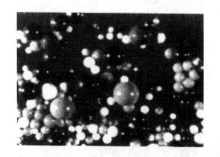

图 3-2　多种吸附树脂的外观

（引自：史作清．吸附分离树脂在
医药工业中的应用．2008）

图 3-3　吸附树脂孔结构透射电镜照片

白色部分为孔，黑色部分为树脂骨架

（引自：顾觉奋．分离纯化工艺原理．2002）

孔的形状的不规则性，给孔径的测定造成很大的困难。为了能相对地表征孔的大小，一般须将孔简化为某种规则的模型，如圆筒形孔、平板形孔、契形孔、细颈瓶形孔等。在吸附树脂的孔参数的测定与计算中，一般采用圆筒形孔模型。这种模型计算较简单。如圆筒孔径的半径为 r（nm），则其与孔体积 V（cm³/g）、比表面积 S（m²/g）有式（3-2）的关系式，该式可作为孔参数的测定与计算的基础。

$$r = 2V/S \tag{3-2}$$

近年来，在吸附树脂孔结构的表征上引入了"分形维数"的概念，即：用不同的尺度测量孔的面积会有不同的结果。在分形几何中，维数不一定是整数，可以是连续变化的分数。如面积，其维数可以是 2~3 的任何小数，称为分形维数。分形维数的物理意义为孔的表面不一定是光滑的平面，可能是粗糙的。若孔表面的分形维数越接近2，则表明孔表面越趋于光滑；若孔表面的分形维数越接近3，则表明孔表面越粗糙。

2. 孔的比表面积

吸附树脂的比表面积很大，这是其良好吸附能力的基础。吸附树脂颗粒的外表面积很小，一般在$0.1m^2/g$左右。而其内部孔的表面积却很大，一般在$500\sim1000\ m^2/g$。也就是说，若将1kg吸附树脂的孔展开，其面积可达$0.5\sim1\ km^2$。吸附树脂比表面积的测量可采用低温氮吸附法。

3. 孔径和孔径分布

一般认为，吸附树脂的孔径比被吸附物质的分子尺寸大5倍才能保证被吸附物自由的进出树脂的内部。孔径过小会影响到被吸附物质在树脂孔内的扩散，甚至会使其无法进入树脂而不能被吸附。另一方面，吸附树脂的孔很复杂，而其孔的大小也不易进行准确的表征。通常所说的吸附树脂的孔径实际上指的是其平均孔径。孔径的测定方法有压汞仪法及毛细管凝聚法。

压汞仪法适用于测量孔径1.8nm以上的孔，毛细管凝聚法只能测量$0.3\sim20nm$的孔径。也可测得树脂的比表面积S和孔体积V，按$r=2V/S$算出r，这实际上就是平均孔径。用不同方法测得的平均孔径不一定相同，有时会有很大的差别（见表3-2）。因此在谈到吸附树脂的孔径时必须说明测定方法，抛开测定方法来对比不同树脂的孔径大小是没有意义的。

表 3-2　　　　　　　　　　　部分树脂的平均孔径

树脂编号	孔体积/（mL/g）	比表面积/（m²/g）	平均孔径 D/nm	
			由 D=4V/S 计算出	以压汞法测得
1	0.363	47.2	30.86	18.0
2	0.906	42.2	85.9	69.0
3	0.523	117.9	17.7	12.0
4	0.388	53.0	29.3	13.0
5	0.242	15.9	60.9	34.5

（引自：史作清. 吸附分离树脂在医药工业中的应用. 2008）

树脂的孔体积指孔的总体积，以mL/g表示，也称为孔容。以孔体积占多孔树脂总体积（包括孔体积和树脂的骨架体积）的百分比称作孔隙率或孔度。吸附树脂的孔体积多为$0.5\sim1.1mL/g$。

吸附树脂的孔体积可用多种方法测定。最常用的方法为比重瓶法，即分别用汞和正庚烷在比重瓶中测定树脂的表观密度ρ_a和骨架密度ρ_s，用式（3-3）计算出孔体积V：

$$V=1/\rho_a-1/\rho_s \tag{3-3}$$

（三）吸附树脂的性能

1. 吸附平衡

在一定的条件下，当流体（气体或溶液）与固体吸附剂接触时，流体中的吸附物质即被吸附剂吸附，经过足够长的时间，吸附物质在两相中的分配达到一个定值，称为吸附平衡。这种平衡实际上是一种动态平衡，即溶液中的吸附物质仍在不断地被吸附，被吸附在树脂上的吸附物质不断地脱附下来，只是在达到平衡时，吸附速度与脱附速度正好相等。当流体中吸附物质的浓度高于平衡浓度时，吸附过程继续进行。而流体中吸附物质的浓度低于平衡浓度时，吸附剂上的部分吸附物质将被解吸，最终又会达成新的平衡。这种平衡关系是决定吸附过程的方向和进行程度的基础。另一方面，吸附平衡还会受到温度的影响，温度的变化会使吸附平衡破坏。最终，在变化后的温度下重新达成新的平衡。通常，可以用等温下吸附剂中被吸附物质的量 q 与吸附物质在液相中的浓度 c（或压力 p）建立吸附等温式（3-4）：

$$q = f(c) \tag{3-4}$$

吸附平衡可用吸附等温线、吸附公式和分配系数来描述。

2. 吸附等温线

在等温的情况下，吸附剂的吸附量与吸附物质的压力（或浓度）的关系曲线称为吸附等温线。各种固体-气体的吸附等温线有如图 3-4 中的 Ⅰ~Ⅵ 6 种类型。设固体表面与第一层（单分子层）吸附分子的吸附作用能为 E_1，第 n（$n>1$）层与第（$n+1$）层的作用能为 E_n，则 6 种类型吸附等温线描述如下：

Ⅰ 型为 Langmuir 型，又分为 Ⅰ-A 型（$E_1 \gg E_n$）和 Ⅰ-B 型两类。Ⅰ-A 型吸附属于电子转移型吸附作用，且吸附大多不可逆，也称为化学吸附。Ⅰ-B 型吸附在活性炭和沸石吸附中常呈现该类型。在低压区发生微孔内吸附，在平坦区发生外表面吸附。对于 Ⅰ 型等温吸附，在接近饱和蒸汽压时，由于微粒子之间存在缝隙，在大孔中发生吸附，等温线又迅速上升（虚线）。

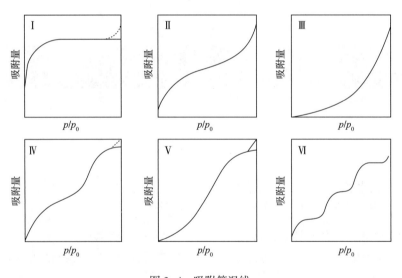

图 3-4 吸附等温线

[引自：近藤精一. 吸附科学（第 2 版）. 2006]

Ⅱ 型等温线（$E_1 > E_n$）是最普通的多分子层吸附。非多孔性固体表面发生的多分子层吸附即属于这种类型。此外，发生亲液性表面相互作用时也常见这种类型。在相对压力约为 0.3 时，等温线向上凸，第一层吸附大致完成；随着相对压力的增加，开始形成第二层；在饱和蒸气压时，吸附层数无限大。Brunauer、Emmett 和 Teller 从理论上导出这种等温线，因此，Ⅱ 型等温线也称为 BET 型等温线。

Ⅲ 型等温线（$E_1 < E_n$）是在憎液性表面发生多分子层吸附，或固体和吸附质的相互作用小于吸附质之间的相互作用时呈现这种类型，在低压区的吸附量少，相对压力越高，吸附量越大。该类等温线比较少见。

Ⅳ型等温线（$E_1 > E_n$）的特点是呈Ⅱ型表面相互作用，表面具有中孔和大孔。与非多孔体的Ⅱ型、Ⅲ型不同，Ⅳ型等温线在相对压力约0.4时，吸附质发生毛细管凝聚，等温线迅速上升。这时，脱附等温线与吸附等温线不重合，脱附等温线在吸附等温线的上方，产生"吸附滞后"现象。在高压时，由于中孔内的吸附已经结束，吸附只在远小于内表面积的外表面上发生，曲线平坦。在相对压力接近1时，在大孔上吸附，曲线上升。

Ⅴ型等温线（$E_1 < E_n$）也发生在多孔固体上，表面相互作用同Ⅲ型，例如：水蒸气在活性炭或憎水化处理过的硅胶上的吸附。

Ⅵ型等温线又称阶梯型等温线，非极性的吸附质在物理、化学性质均匀的非多孔固体上吸附时常见该类型。Ⅵ型等温线是先形成第一层二维有序的分子层后，再吸附第二层，而吸附第二层受到第一层的影响，因此形成阶梯型。发生Ⅵ型作用时，达到吸附平衡的时间长。

3. 等温吸附公式

等温吸附曲线的数学表达式称为等温吸附公式。对6种吸附等温线分别建立相应的等温吸附公式较困难，常用的等温吸附公式有 Langmuir 公式、Freundlich 公式和 BET 方程。

Langmuir 公式：Langmuir 在1918年从动力学理论推导出单分子层吸附等温式，其前提条件是吸附剂的一个吸附位置只吸附一个分子，并且被吸附分子间没有相互作用。该理论认为，在固体表面存在着像剧院座位那样的能够吸附分子或原子的吸附位。设吸附剂表面被吸附物质覆盖的百分率为 θ，在吸附平衡时，吸附速率 $K(1-\theta)$ 与解吸速率 $K'\theta$ 相等，即 $K(1-\theta) = K'\theta$。令 $\alpha = K/K'$，则：

$$\theta = \frac{\alpha p}{1 + \alpha p} \tag{3-5}$$

式中　p——压力，在溶液中吸附时可为吸附物质的浓度 c

若以 q 表示压力为 p 时的吸附量，q_m 表示吸附剂表面被吸附物质盖满时的饱和吸附量，则

$$\theta = q/q_m \tag{3-6}$$

$$q = \frac{\alpha q_m p}{1 + \alpha p} \quad \text{或} \quad q = \frac{\alpha q_m c}{1 + \alpha c} \tag{3-7}$$

当式中 $\alpha p > 1$ 时为优吸型；当 $\alpha p < 1$ 时，吸附等温线接近线性。

式（3-7）还可改写成：

$$p/q = \frac{p}{q_m} + \frac{1}{\alpha q_m} \tag{3-8}$$

测得不同压力 p（或浓度 c）时的吸附量 q，用 p/q 对 p/q_m 作图，得一直线，可求出单分子层吸附量 q_m，因而可以算出吸附剂的比表面积。

Freundlich 公式：该公式是一个半经验公式：

$$q = Kc^{1/n} \tag{3-9}$$

此公式比 Langmuir 公式的适用范围窄，在低浓度溶液或气体压力较低时常可采用。如水中有机物的吸附、植物油脱色、活性炭吸附乙酸蒸汽、硅胶吸附甲酸等。

式中的 n、K 值为常数，与物性和温度有关。当 $1/n$ 在 $0.1 \sim 0.5$ 时，吸附容易进行；当 $1/n > 2$ 时，吸附很难进行。在吸附剂表面为中等覆盖率时，Langmuir 公式与 Freundlich 公式是接近的。

BET 方程：1938年，Brunaner、Emmett 和 Teller 3人将 Langmuir 单分子层吸附理论扩展到多分子层吸附的Ⅱ型等温线，从经典统计理论导出了多分子层吸附公式。该方程导出的基础是

多层物理吸附，即假设吸附剂的表面是均匀的，对吸附物质分子以范德华力进行多层吸附，每一层之间存在着动态平衡，各层水平方向的分子之间没有互相作用力，达到平衡时每一层的形成速度与解吸速度相等。通用的表达式为：

$$\frac{p}{V(p_0 - p)} = \frac{1}{V_m c} + \frac{c - 1}{V_m c} \cdot \frac{p}{p_0} \tag{3-10}$$

式中　p——达到吸附平衡时吸附物质的压力

　　　p_0——吸附物质的饱和蒸气压

　　　V——吸附量

　　　V_m——单分子层饱和吸附量

　　　c——BET 方程系数（和温度、吸附热、冷凝热有关）

　　式（3-10）的适用范围是 $p/p_0 = 0.05 \sim 0.35$，也可用于溶液吸附，此时 p_0 表示吸附物质的溶解度。当 $p \ll p_0$ 时，上式可以变成：

$$V = \frac{V_m c}{1 + c} \tag{3-11}$$

　　取 $\alpha = c/p_0$，代入上式得：

$$V = \frac{V_m \alpha p}{1 + \alpha p} \tag{3-12}$$

　　此式即为 Langmuir 方程，这就是说，Langmuir 方程是 BET 方程在低相对压力或低浓度时的特例。BET 方程就物理吸附机理而言，与 Langmuir 方程是不同的。在溶液吸附时，吸附物质分子大多是由疏水部分和亲水基团组成的，往往表现为单分子层吸附，符合 Langmuir 公式。而在气体吸附时，属于多分子层的物理吸附很多，需用 BET 方程来描述。N_2 吸附最为典型，多数吸附剂的比表面积是用低温 N_2 吸附法测定的。

　　BET 式的成立范围为 $p/p_0 = 0.05 \sim 0.35$，这时的表面覆盖率为 $0.5 \sim 1.5$，p/p_0 低于这个范围时出现偏离，一般认为这是由于表面的物理化学性质不均匀，存在活性吸附位。高于这个范围也出现偏离，是由于假定吸附层数为无限大引起的，因为多孔性固体在高压区的吸附层数不可能无限大。尽管 BET 公式存在许多争议，然而在至今提出的所有等温式中，BET 公式仍然是应用最多的。

　　4. 分配系数

　　在达到吸附平衡时，吸附质在吸附剂中的浓度 $\bar{c}_i$ 与在溶液中的浓度 c_i 之比称为分配系数：

$$\alpha = \bar{c}_i / c_i \tag{3-13}$$

　　分配系数 α 不一定是常数，会随溶质的浓度而变化，正的变化和负的变化都是存在的。也会受其他因素如盐析效应的影响。当溶液中有电解质存在时，减少了"自由水"的量，这相当于增大了自由水中溶质的浓度，因而使吸附量提高。普通的吸附与 Langmuir 或 Freundlich 等温式相符，即随着浓度的增大，吸附量增加，但分配系数减小。

　　（四）吸附动力学

　　吸附动力学是研究达到吸附平衡的速度问题，涉及吸附机理、吸附速度控制、吸附方程等几方面。吸附物质在吸附剂的多孔表面上被吸附的过程分为以下四步：

　　（1）吸附物质通过分子扩散与对流扩散穿过薄膜或边界层传递到吸附剂的外表面，称为外扩散过程。

（2）吸附物质通过孔扩散从吸附剂的外表面传递到微孔结构的内表面，称为内扩散过程。

（3）吸附物质沿孔的表面扩散。

（4）吸附质被吸附在孔表面上。

对于化学吸附，吸附物质和吸附剂之间有键的形成，第四步可能较慢，甚至是控制步骤。但对于物理吸附，由于吸附速率仅仅取决于吸附物质分子与孔表面的碰撞频率和定向作用，几乎是瞬间完成的，吸附速率由前三步控制，统称为扩散控制。

吸附剂的再生过程是上述四步的逆过程，并且物理解吸也是瞬间完成的。吸附和解吸伴随着热量的传递，吸附放热、解吸吸热。

（五）吸附树脂的使用方法

1. 吸附树脂的预处理

吸附树脂商品在出厂前多未经过彻底清洗，难免残留单体原料、致孔剂或副产物。因此，在使用前的预处理是必要的。常用的清洗剂有乙醇、丙酮等亲水溶剂。吸附树脂的预处理在树脂柱中进行，一般将树脂装到柱高的2/3处，用水进行反洗，使树脂松散展开，将树脂的微细粉末即一些机械杂质洗去。然后放出水，当水面略高于树脂层，用酒精或丙酮以适当的流速淋洗，除去有机残留物，最终再以水洗出酒精或丙酮即可使用。

有时因吸附树脂长期存放变干，或要求更严格的清洗活化过程，可用水→乙醇→甲苯→乙醇→水依次淋洗，这样不仅能洗出有机杂质，还可洗出线型聚合物，对于变干缩孔的吸附树脂还能使其孔结构恢复至最佳状态。目前，经彻底纯化后的商品树脂已经问世，总残留有机物可降到体积分数的 10^{-5} 以下，不需清洗预处理即可使用。

2. 吸附装置

吸附分离应根据待分离物系中各组分的性质和分离要求（如纯度、回收率、能耗等），在选择适当的吸附剂和解吸剂的基础上，选用适宜的工艺和设备。常用的吸附分离设备有：吸附搅拌槽、固定床吸附装置、移动床吸附装置和流化床吸附塔。

搅拌槽：用于液体的吸附分离。将要处理的液体与粉末或颗粒状吸附剂加入搅拌槽中，在良好的搅拌下形成悬浮液，液-固充分接触使吸附质被吸附。由于采用小颗粒吸附剂和搅拌作用，减少了吸附的外扩散阻力，因此吸附速率快。搅拌槽吸附适用于溶质的吸附能力强、传质速率为液膜控制和脱除少量杂质的场合。以搅拌槽中树脂吸附色素为例：如果加入吸附树脂后不进行搅拌，这时靠近吸附树脂的色素物质逐渐被吸附，离吸附树脂较远的色素逐渐向吸附树脂附近扩散，这种静止的扩散较慢，吸附树脂的吸附速度和水的颜色变浅的速度也就较慢。若进行适当的搅拌（这仍然称为静态吸附），吸附的速度会大大加快（图3-5所示）。

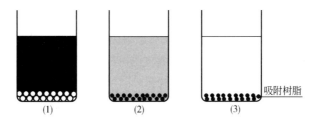

图3-5　静态吸附示意图

（1）吸附开始　（2）吸附使溶液褪色　（3）溶质被完全吸附、褪色

（引自：顾觉奋. 分离纯化工艺原理. 2002）

固定床吸附装置：在固定床吸附器里，吸附剂颗粒均匀地堆放在多孔支撑板上，流体自上而下或自下而上通过颗粒填充床层。在吸附阶段，物料不断地通过床层，被吸附的组分留在床中，其余组分从床中流出，吸附过程可持续到吸附剂饱和为止。解吸附阶段，用升温、减压或置换等方法将被吸附的组分解吸下来，获取目标物，同时，使吸附剂再生循环使用（图3-6）。这种吸附装置，树脂是固定的，溶液是流动的，因而被称为动态吸附。固定床因装填的不均匀性、气泡、壁效应或沟流的存在，吸附饱和层面的下移常是不整齐的，即存在所谓"偏流"现象。

色谱分离装置：该装置是在树脂柱上设有许多接口，另有一个多向阀，进料和流出液周期性地与不同的接口连通（图3-7）。在任何时间树脂柱都存在3个段。1段称为吸附段。在此段，与吸附树脂亲和力较强的物质B，移动较慢，被树脂吸附。2段为纯化段，将移动较快的物质A与物质B段隔开。待2段扩展至适当长度时，从物质A吸附带的上端输入洗脱剂，将物质A洗出。随着分离过程的进行，各段的位置也随之移动。与固定床不同的是，在"移动口"吸附树脂柱中，各段中液体的流速是不一致的。与"固定口"装置相比，"移动口"装置的流速和单位柱长的压力降均较大。但所需柱体积可减少2/3，洗脱剂可减少1/3。

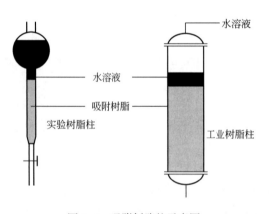

图3-6 吸附树脂柱示意图

（引自：顾觉奋主编. 分离纯化工艺原理. 2002）

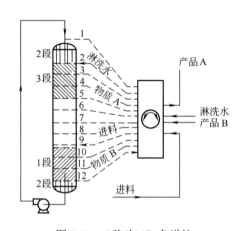

图3-7 "移动口"色谱柱

（引自：刘小平主编. 中药分离工程. 2005）

3. 分离过程

（1）选择性分离 是依靠吸附树脂的选择性将能被吸附和不被吸附的物质分离开，这种分离方法只包括吸附-洗脱两个过程，操作简单。技术关键是选择吸附树脂，工艺条件的影响较小。可用于以下几种场合。

①有机物与无机物的分离：一般的吸附树脂对溶液中的无机离子没有任何吸附能力，在吸附混合物时，有机物被树脂吸附，无机离子则随水流出，因而很容易将二者分离。在天然产物的提取中，此特性可使提取物中的重金属和灼烧灰分降至要求的范围内。

②解离物与非解离物的分离：吸附树脂对有机解离物与非解离物都可能有吸附能力，在一定的条件下也可以将二者分离。如有机酸在高 pH 时成盐，此时就很难被吸附，因此在碱性条件下可把有机酸分离出来。生物碱在酸性介质中可以成盐，因而也能通过调节 pH 对其进行分离。

③一般有机物与强水溶性物质的分离：一般有机物是指有一定的水溶性，但溶解度不大的物质（包括大多数中药有效成分），容易被树脂吸附；强水溶性物质如低级醇类、低级胺类、糖及多糖、多数氨基酸、肽类、蛋白质等，难被普通树脂吸附；因而用普通吸附树脂可很容易地将此两类物质分离。

④键合分离：又称亲和分离，是一种选择性很高的分离。使用特殊的吸附树脂，使被吸附物与树脂的官能团进行键合而与不能键合的物质分离。如含有醛基的树脂能以形成席夫碱（—C＝N—）机理选择性地吸附伯胺类化合物；含酚羟基和含羰基、酰氨基的树脂可分别与酯类、伯胺、仲胺类和多酚类化合物形成氢键，从而使其与其他物质分离。这些成键的吸附，由于键合力不是很强，仍然能够容易地用有机溶剂洗脱，是极具发展前途的分离方法。

⑤按分子大小进行分离：具有筛分作用的吸附树脂，其孔径较小，只能吸附相对分子质量较小的有机物，在一定的情况下可以分离相对分子质量不同的物质。这是其他分离方法难以做到的，在天然产物有效成分的分离中有很好的应用前景。

（2）吸附色谱分离　当被分离物质的性质比较接近，用选择性吸附法不能将它们分离时，可根据它们在结构和性质上的微小差别，选择适当的吸附树脂，进行色谱分离。色谱分离从原理上分类有亲和色谱分离、离子排斥、离子阻滞和尺寸排斥。

吸附色谱分离一般为基于亲和性差异的亲和色谱分离类型。吸附树脂对吸附物质的亲和性，亦即吸附力，首先取决于吸附树脂和吸附物质的性质。流动相（即溶剂）对亲和性的影响也很大。因此实现色谱分离的关键在于吸附树脂及流动相的选择。

①吸附树脂：除吸附性能之外，最严格的要求是树脂的平均粒径及粒径分布。工业色谱分离所需的树脂平均粒径（D）为 $0.2 \sim 0.04mm$，粒径分布应是 90% 的粒径在平均粒径 $D \pm 20\%$ 的范围内。粒径太大会降低树脂柱的理论塔板数，并有可能使粒内扩散成为控制步骤。粒径过小则会使柱子的阻力增大，需要较高的压力。过宽的粒径分布则会使"拖尾"现象严重。现已有非常均匀的工业树脂，其 90% 的粒径在 $D \pm 10\%$ 的范围内。

②流动相：吸附树脂在非极性或弱极性的有机溶剂中会有显著的溶胀现象，吸附色谱分离又多用于水溶液中的物质分离，因此，流动相多为水或水和极性有机溶剂的混合溶液。常用的极性溶剂有乙醇、甲醇、乙腈、四氢呋喃等。这种极性流动相不会使固定相发生体积变化，也与被分离的体系（水溶液）互溶。水和极性有机溶剂比例的调节，也是改善分离效果的关键措施之一。

吸附色谱分离多用于水溶性有机物体系，在气体的分离中多为有机物的分析测定。如非极性的多孔聚苯乙烯型吸附树脂用作气相色谱柱填料，用于分析醇类混合物，效果很好，色谱峰无"拖尾"现象。

通常采用的梯度洗脱或分步洗脱分离实际上也是一种简单的色谱分离。分步洗脱是将在吸附过程中不易分离的物质，在洗脱过程中实现分离。如银杏叶提取物的生产，在高选择性吸附树脂出现以前，大都采用分步洗脱分离的方法。如以含腈基的吸附树脂吸附银杏叶提取液中的黄酮苷和萜内酯（要求产品中的含量分别≥24% 和≥6%），大量其他成分也同时被吸附。用乙醇-水溶液洗脱，所得产品的黄酮苷和萜内酯的含量较低。若先用 10%、25% 的乙醇-水溶液洗去部分杂质，再用 50% 乙醇-水溶液洗脱就可得到含量较高的产品。

三、　树脂吸附法在天然产物提取分离中的应用

1. 黄酮类化合物的提取

目前，银杏叶黄酮、大豆异黄酮、葡萄籽原花青素已有大规模的树脂吸附法生产。其中，最具代表性的是银杏叶中有效成分的提取。中国以领先世界的水平建立了树脂吸附法生产工艺，这对其他中草药成分的提取是一个很好的样板，也使树脂吸附法在中药现代化中的广泛应用受到特别的重视。

银杏叶的主要有效成分是黄酮苷和萜内酯。黄酮苷具有扩张血管的功效，而萜内酯可以有效防止凝血。二者协同作用，可以有效改善血液循环、预防心脑血管疾病的发生。黄酮苷和萜内酯的结构式如下：

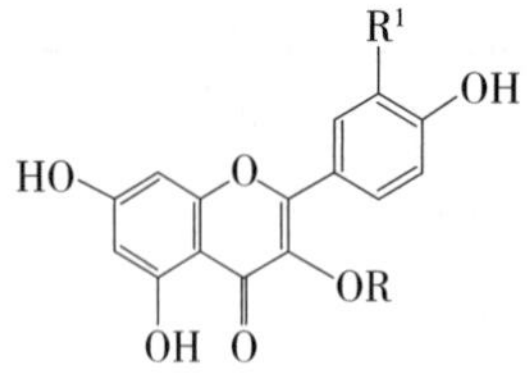

黄酮苷 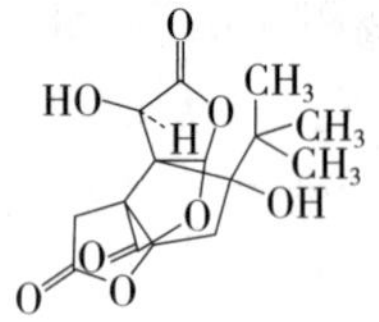　　　　　　白果内酯 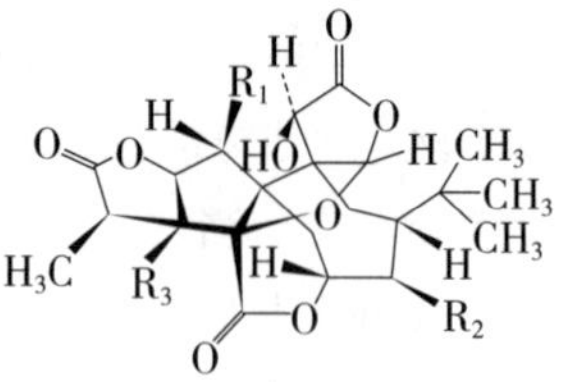　　　　　　银杏内酯

银杏叶黄酮类物质可采用乙醇浸提或水提法。两种方法相比，乙醇提取法可以避免胶质、鞣质、蛋白质和多糖的溶出，但成本较高。水提法则避免了脂溶性杂质的混入（如叶绿素等）。国际标准银杏叶提取物（GBE761）的质量要求中，黄酮纯度≥24%，萜内酯纯度≥6%，此标准来源于国外的溶剂萃取法，并作为公认的标准沿用至今，原因之一是该溶剂提取法难以提高银杏黄酮和萜内酯的苷类。使用 D101 树脂、AB-8 树脂吸附法提取银杏叶黄酮类物质，可达到该国际标准的要求。另外，国外的商品树脂 Amberlite XAD-7、DuoliteS-761 和 ADS-17 树脂，都能通过吸附-洗脱一步使黄酮苷和萜内酯达到规定的指标。具体操作时，将银杏粉碎后用乙醇充分浸泡，提取数次合并提取液，蒸发除去乙醇，将提取液转化为水溶液，过滤除去悬浮物后，以合适的吸附树脂吸附、水洗，以 70% 乙醇洗脱，经浓缩、干燥可得到银杏叶提取物（GBE）。与传统有机溶剂法相比，吸附树脂法大大简化了提取工艺。同时，洗脱过程只需要用70% 乙醇一步洗脱即可得到高含量的银杏叶提取物。但是吸附树脂在性能上有差异，所得到的提取物的质量差别也较大。

吸附树脂的吸附机理的不同是造成提取物差别较大的原因。普通吸附树脂对有机物的吸附主要通过疏水性吸附，缺乏选择性。黄酮苷的特点是结构上含有多个—OH 基，能与羰基形成氢键，所以，含有羰基的吸附树脂可对黄酮苷有较好的吸附选择性。萜内酯则不同，只能与含有羟基的基团形成氢键。Amberlite XAD-7 吸附树脂含有酯基，对黄酮苷的吸附选择性很好，可得到含量较高的提取物（>30%）。但该树脂对萜内酯的吸附不好，提取物中内酯的含量难于达到要求。DuoliteS-761 对黄酮苷和萜内酯的吸附比较均衡，可以得到符合标准的提取物，但两类成分的含量都不太高。ADS-17 在性能上远超过前两种树脂，兼顾了对黄酮苷和萜内酯的吸附选择性。

ADS-F8 是酰胺型（—CONH—）吸附树脂，利用黄酮苷和萜内酯在分子结构上的差别，该树脂可将黄酮苷与萜内酯进行分离。将银杏叶提取物配成含 10% 乙醇的水溶液，流经 ADS-

F8 吸附树脂，黄酮类物质被选择性吸附，而萜内酯不被吸附，流出柱外，流出液再经普通树脂吸附。将上述两种树脂用 70% 乙醇水溶液分别洗脱，得到含量为 60%~80% 的黄酮苷和 30% 左右的萜内酯产品 I 、产品 II （表 3-3）。

表 3-3　　　　　　　　　　一些吸附树脂在 GBE 提取中的应用效果

吸附树脂	GBE 质量分数/%			吸附树脂	GBE 质量分数/%		
	黄酮苷	萜内酯	收率		黄酮苷	萜内酯	收率
Duolite S-761	25.7	5.6	3.0	ADS-17	32	8.0	1.9
Diaion HP-20	20.0	5.0	3.0		44	10.3	
AB-8	18.2	4.9	3.2	ADS-F8	—	30（I）	
ADS-16	32.0	8.0	2.0		60~80	–（II）	

（引自：张迪清，何照范．银杏叶资源化学研究．1999）

表 3-3 中的 DiaionHP-20 如果采用分步洗脱法，所得黄酮苷的含量可超过 35%，但和其他树脂一样，分步洗脱会导致萜内酯的损失。ADS-17 的优点是不需分步洗脱即可得到高含量的提取物，并且黄酮苷和萜内酯的含量可在 24%~45% 和 6%~10% 任意调节。

其他中草药的黄酮类成分也可用吸附树脂进行提取，如毛冬青根、山楂、葛根、黄芩根、苦荞麦、沙棘等所含黄酮类成分的提取都取得了较好的效果（表 3-4）。

表 3-4　　　　　　DA-201 和非极性 D 型树脂对黄酮类化合物的吸附效果

吸附树脂	黄芩苷	金丝桃苷	葛根黄酮	田基黄黄酮	山楂黄酮	沙棘叶黄酮
D 型	72.0	34.0	208.0	21.5		
DA-201	72.0	78.0	252.0			
ADS-17					*47.8*	
ADS-302						*40.0*

注：表中斜体数据为提取物中黄酮苷的质量分数（%），其他为树脂的吸附量（g/mL）。
（引自：杨宏健主编．天然药物化学．2004）

2. 皂苷类成分的提取

皂苷的结构一部分是苷元，属于憎水部分，使皂苷可以被树脂所吸附；另一部分是所连接的葡萄糖基或其他糖基部分，属于亲水部分，使皂苷能够溶于水。皂苷类分子中既有亲水部分，又有憎水部分的结构和性质，使其具备了进行树脂吸附法提取分离的条件。如用水浸泡人参，把浸取到的水溶液通过树脂柱，溶于水中的皂苷即被树脂所吸附；然后用乙醇将皂苷从树脂上洗脱下来，经浓缩、干燥后，得到人参皂苷固体样品，该样品皂苷含量可达到 90% 以上。过去被废弃掉的人参叶、茎，绞股蓝叶、茎，含有人参皂苷及绞股蓝皂苷，同样可以用该方法进行提取。

对于皂苷类成分的提取，甜菊苷是研究最早、生产技术最成熟、吸附树脂应用最多的一种。先是 AB-8 吸附树脂成功用于甜菊糖的提取，随后强极性吸附树脂 ADS-7 的应用进一步提高了产品的质量并简化了生产工艺，该树脂兼具选择性吸附和脱色的双重功能，既能吸附甜菊苷又能分离色素等杂质，仅一步所提取的甜菊苷纯度就可超过 90%，使我国甜菊糖的生产工艺和产品质量达到世界领先水平。

相同的道理，S-038 极性吸附树脂可从绞股蓝茎叶水提液中吸附绞股蓝皂苷，用 70% 乙醇可将绞股蓝皂苷洗脱下来，被吸附的色素再用更强的溶剂洗脱。S-038 的吸附曲线和解吸曲线如图 3-8 所示，由图可见，吸附时绞股蓝溶液无泄露，解吸峰也很集中。

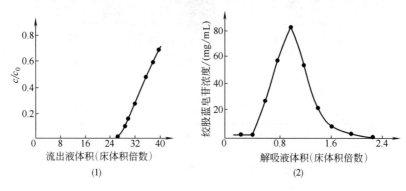

图 3-8 绞股蓝皂苷的吸附曲线（1）和解吸曲线（2）

S-038 树脂也可用于从三七水浸液中分离三七皂苷，其结果如表 3-5 所示。

表 3-5 S-038 树脂提取三七皂苷结果

试验号	三七原料/g	浸提液量/mL	三七皂苷产品	
			产量/g	产率/%
1	50	2000	5.05	10.1
2	60	2400	6.5	10.8
3	60	2400	6.5	10.8
4	65.8	2600	8.4	12.8

除皂苷外，其他苷类也可用吸附树脂分离。尤其是含糖较多的苷类，如赤芍苷、天麻苷、人参皂苷均可用非极性吸附树脂使之与糖类分离。ADS-7 用于芍药苷的提取也可以得到较好的产品，芍药苷的含量达到 65% 以上，分离效果远远超过普通吸附树脂。

3. 生物碱的提取

喜树碱的分离是一个典型的吸附分离实例。从分子结构上看，喜树碱的分子中含有两个叔氨基，属于弱碱性化合物，整个分子的水溶性也较差，在中性和碱性条件下疏水性较强。一般从喜树果中提取喜树碱时多采用乙醇作为溶剂，将提取液中的乙醇除去之后，将水溶液的 pH 调为 8，以降低其水溶性，再将该溶液通过 AB-8 吸附树脂，喜树碱则被树脂吸附。最后再用乙醇或乙醇和氯仿的混合液将喜树碱洗脱下来，其吸附曲线如图 3-9。喜树碱在 AB-8 树脂上的吸附符合 Langmuir 公式：

$$Q = q_m bc/(1 + bc) \tag{3-14}$$

式中 q_m——145.8mg/g

　　　 b——0.032

c——平衡浓度

代入式（3-14）：

$$Q = 4.67c/(1 + 0.032c) \qquad (3-15)$$

将浓度为 0.55mg/mL，pH 8，NaCl 浓度为 1mol/L 的喜树碱溶液通过装有 2mL AB-8 吸附树脂的玻璃珠中，以 2 倍吸附树脂床体积的流速进行吸附，结果表明：34 倍床体积前没有发生泄漏，吸附量达到饱和时的吸附量可达 160mg/g 以上。

图 3-10 为喜树碱的解吸曲线，可以看出喜树碱的水溶性较差，所以用醋酸-水溶液进行解吸效果极差，而用 1∶1 的氯仿/乙醇溶液的解吸率较高，洗脱峰非常集中。当解吸液的 pH 调到 3 时，解吸率可达 96%。解吸液经浓缩、干燥，再用氯仿/甲醇（1∶1）重结晶，可得到纯度在 90% 以上的喜树碱，产品收率在 3% 左右。

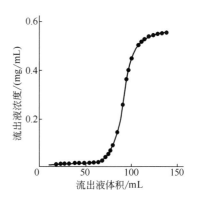

图 3-9　喜树碱的吸附曲线

（引自：杨红，中药化学实用技术. 2004）

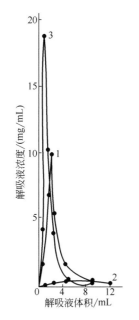

图 3-10　喜树碱的解吸曲线

（引自：杨宏健. 天然药物化学. 2004）

最新研究发现，喜树果乙醇提取液中，喜果苷（VCS-LT）的含量（1.52%）远大于喜树碱（CPT）的含量（0.38%）。两种成分的分子结构有一定的差别，喜果苷的分子中有一个葡萄糖基，亲水性大于喜树碱；喜树碱分子中存在内酯环，在碱性条件下会开环，而在酸性条件下又可以闭环。基于这种差别，可以用氨基吸附树脂，采用静态吸附法，将两种生物碱进行分离。其中，Rf8 型吸附树脂对上述两种化合物的吸附率有明显的差别，分离因子可达 2.01，说明对两种化合物的亲和力不同，有良好的分离作用。ADS-5 对二者吸附率几乎相同，没有明显的分离作用。用 ADS-5 和 Rf8 柱进行吸附，吸附流速为 2 倍吸附树脂床体积的流速，当吸附达到饱和后，先以纯水淋洗，后用 50%~70% 的乙醇溶液进行梯度淋洗发现，对 ADS-5 树脂用 50% 乙醇洗脱时，两种化合物几乎同时洗出、同时达到洗脱峰值、同时洗脱完毕，没有分离效果。而 Rf8 树脂带有极性糖基，对两种化合物的吸附包括静电作用和范德华力双重作用，吸附力较强，特别是对疏水性较大的喜树碱。用 50% 的乙醇溶液进行洗脱时，水溶性较大的喜果苷先被洗脱下来，而喜树碱的疏水作用较大，在吸附柱中移动较慢，后被洗脱下来，从而实现分离。在喜果苷洗脱完毕后，将洗脱液中乙醇浓度提高到 70%，可使喜树碱的出峰时间提前，洗脱峰更加集中。该方法获得的喜树碱质量分数可达 15%~30%（图 3-11）。

小檗碱的分离也可采用吸附树脂法。小檗碱又称黄连素，是一种季铵碱，具有强碱性，水溶性大，可用水提取，如 10g 三颗针粗粉用 10% H_2SO_4 渗漉至呈微弱生物碱反应，收集约

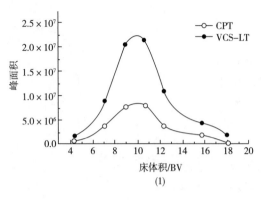 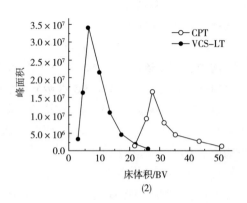

图 3-11　ADS-5（1）和 Rf8（2）树脂对喜果苷（VCS-LT）和喜树碱（CPT）的洗脱曲线

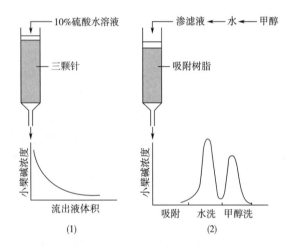

图 3-12　小檗碱提取过程示意图

160mL 渗漉液，用 10% NaOH 中和至中性，过滤后约为 200mL，通过装有 5g 非极性吸附树脂的柱子，流完后用水洗至流出液呈生物碱反应。继续用水洗出小檗碱，至流出液无生物碱反应。将洗出液蒸干，得黄色粉末 0.59g。再用甲醇洗脱，得棕色胶状物 0.33g。两份产物中小檗碱的含量为原生药含量的 97%。相关提取过程如图 3-12 所示。该提取过程主要采用廉价的硫酸和甲醇，成本很低。

4. 其他有效成分的提取

栀子黄素是一种水溶性较好的类胡萝卜素，可由山栀子的果实中提取，也可由藏红花提取，又称藏花素。除栀子黄素外，栀子中还含许多其他成分，如黄酮类的栀子素、栀子苷，还有果胶、鞣质等。从栀子中提取的混合物，主要成分是栀子黄素和栀子苷。

将栀子用水多次浸煮，得到浸提液，浓缩后可得粗提物浸膏。粗提物用乙醇沉淀可分离掉一些高分子杂质。也可以直接用乙醇浸提，但均需精制才能得到纯度较高的栀子黄。粗提物的吸附树脂纯化有两种方式。

（1）水溶液吸附法　用 AB-8 吸附树脂装柱，进行吸附，流出液微黄，树脂上的色带比较集中。经水洗后，用浓乙醇洗脱，可得到色价 $E_{440nm}^{1\%}=55$ 的产品。吸附之后若用 20% 乙醇淋洗，可洗去栀子苷，所得产品的色价也更高。可用于分离栀子黄的吸附剂见表 3-6。

表 3-6　　　　　　　　　　吸附剂对栀子黄的吸附性能比较

吸附剂	吸附能力	淋洗剂	洗脱剂
X-5	较好	20% 乙醇，用量较大	浓乙醇
AB-8	一般	20% 乙醇，用量较大	浓乙醇

续表

吸附剂	吸附能力	淋洗剂	洗脱剂
C$_{18}$柱填料	很好	20%甲醇，用量少	80%甲醇
聚酰胺	一般	水	pH>3 的乙醇-水
季铵基树脂	一般	水	酸性乙醇

（2）醇-水溶液吸附法 将栀子黄粗提物配成 30% 乙醇-水溶液，用 ADS-5 树脂进行吸附，吸附后再用相同的醇-水溶液淋洗，用 80% 乙醇洗脱，可得到色价 $E_{440nm}^{1\%}$>170 的栀子黄。此法的分离效果可用液相色谱图说明（图 3-13）。

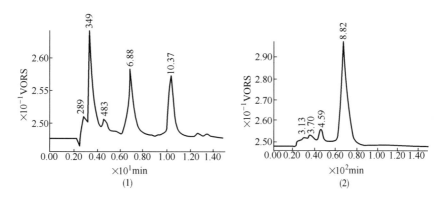

图 3-13 分离前（1）后（2）栀子提取物的液相色谱
（引自：顾觉奋. 分离纯化工艺原理. 2002）

图 3-13（1）为分离前的色谱图，保留时间为 6.88 的峰是栀子黄素，前面有一个较大的杂质峰，后面保留时间为 10.37 的是栀子苷。经吸附树脂分离后栀子苷峰消失，杂质峰也变得很小，说明分离效果很好。栀子黄素的纯化属于树脂吸附色谱分离的形式，目前应用已越来越广泛。

穿心莲内酯的水溶性较差，用乙醇提取时大量的色素与穿心莲内酯一起被提取出来，使提取物中穿心莲内酯的含量降低。ADS-7 可以将穿心莲内酯与色素分离，使提取物的颜色较浅，穿心莲内酯的含量高达 25.6%。具体操作时，用浓度较高的乙醇在 60℃浸提 2h，滤出溶液，蒸出提取液中的乙醇，用 60~90℃石油醚萃取除去叶绿素及脂溶性杂质，最后加入 20% 乙醇溶液，过滤后得澄清穿心莲溶液上柱，流速为 1 倍树脂床体积，薄层层析法检测泄漏点，再用 1.5 倍床体积的去离子水淋洗树脂，再用 3 倍树脂床体积的 95% 乙醇洗脱穿心莲总内酯，收集洗脱液，蒸干后再进行真空干燥，得穿心莲总内酯产品。

第二节　膜分离技术

膜分离技术是用膜作为选择障碍层，允许混合物中的某些组分透过而保留其他组分，从而达到分离的技术。膜分离技术具有诸多优点，已在水处理、食品、纺织、化工、电力、冶金、石油、机械、生物、制药、发酵等各个领域广泛使用。

一、 膜的分类

（一）按分离机理分

（1）有孔膜　膜的孔径大小虽有差别，但分离原理与筛网、滤纸的分离相同。

（2）无孔膜　分离原理类似于萃取。由于被分离物与高分子膜的亲和性强，进入膜分子间隙的粒子经溶解-扩散后，可从膜的另一侧被分离出来。

（3）具有反应性官能团作用的膜　例如离子交换膜，当电荷相同时就互相排除。

（二）按分离的推动力分

按膜分离的推动力可分为以下几种，具体如表3-7所示。

表3-7　　　　　　　　　　　　高分子膜按推动力分类

推动力	膜过程	功能膜	膜形态		
			均质	非对称	复合
压力差	反渗透	反渗透膜		O	O
	超过滤	超过滤膜		O	O
	微滤	微孔滤膜	O	O	
	气体分离	气体分离膜	O	O	O
电位差	电渗析	离子交换膜	O		
浓度差	渗析	非对称或离子交换膜		O	
浓度差	控制释放	微多孔膜	O		
浓度差（分压差）	渗透蒸发	渗透蒸发膜	O	O	O
浓度差+化学反应	液膜	乳化或支撑液膜	O		
浓度差+化学反应	膜传感器	微孔或酶等固定化膜	O		
化学反应	反应膜	催化剂等固定化膜	O		
浓度差	膜蒸馏	微多孔膜	O		

（引自：任建新主编．膜分离技术及其应用．2005）

（三）按膜的孔径大小分

依据膜孔径的不同（或称为截留相对分子质量），可将膜分为微滤膜、超滤膜、纳滤膜和反渗透膜等，如表3-8所示。

（四）按膜的结构形态分类

按膜的结构形态可分成普通形状的平面膜、卷成螺旋型的袋状体和空心丝膜。

膜不仅要求其能达到分离目的，还要能通过大量溶液。因此，除了符合设计要求的孔径尺寸或分离性能外，还必须尽量减小膜的厚度。膜厚度减小后需要有载体支撑，这种有载体支撑的高分子膜称为皮层膜。皮层膜可分为孔径随膜厚度变化的和均一（不变化）的两种，前者称为非对称膜，后者称为对称膜。

表 3-8   按膜的孔径大小对膜进行分类

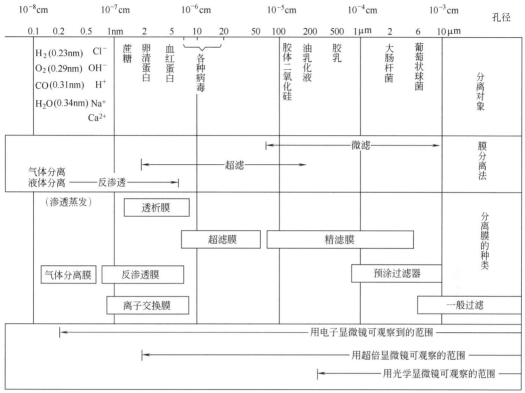

（引自：任建新主编．膜分离技术及其应用．2005）

对称膜在膜截面方向（即渗透方向）的结构都是均匀的。非对称膜则相反，其表面为极薄的、起分离作用的致密表皮层，或具有一定孔径的细孔表皮层，皮层下面是多孔的支撑层。非对称膜有相转化膜及复合膜两类。前者表皮层与支撑层为同一种材料，通过相转化过程形成非对称结构；后者表皮层与支撑层由不同材料组成，通过在支撑层上进行复合浇铸、界面聚合、等离子聚合等方法形成超薄表皮层。复合膜由于可对起分离作用的表皮层和支撑层分别进行材料和结构的优化，可获得性能优良的分离膜。

（五）按膜的物理形态分

按膜的物态分有固膜、液膜及气膜三类。目前大规模工业应用多为固膜，固膜以高分子合成膜为主。气膜分离仍处于试验研究中。

（六）根据膜的材料分

依据材料的不同，可分为无机膜和有机膜，无机膜主要是微滤级别的膜，主要是陶瓷膜和金属膜。有机膜是由高分子材料做成的，如纤维素类、聚酰胺类、芳香杂环类、聚砜类、聚烯烃类、硅橡胶类、含氟高分子类等。近年来，无机陶瓷膜，因其化学性质稳定、耐高温、机械强度高等优点，已在微滤、超滤及膜催化反应与高温气体分离中广泛应用。

二、 膜性能

（一）膜的物化稳定性

膜的物化稳定性主要取决于构成膜的高分子材料。膜的多孔结构和水溶胀性使膜的物化稳定性低于纯高分子材料的稳定性，这主要是指膜的抗氧化性、抗水解性、耐热性和机械强度等。膜的物化稳定性的主要指标是：膜材料、膜允许使用的最高压力、温度范围、适用的 pH 范围，以及对有机溶剂等化学药品的抵抗性，有时尚须说明对某些特殊物质如水中游离氯或溶解氧的最高允许浓度。

1. 膜的抗氧化和抗水解性能

该性能既取决于被分离溶液的性质，也取决于膜材料的化学结构。但是，氧化、水解的最终结果使膜的色泽加深、发硬变脆，其化学结构与形态结构也会破坏。

膜在水溶液中的氧化，还使膜的形态结构受到破坏。如，聚砜酰胺反渗透膜，在高浓度 CrO_3 水溶液中，可在光学显微镜下观察到膜断面形态的变化，膜的氧化破坏首先出现在膜的多孔支撑层并产生孔穴的扩大和开裂。在表面层，由于高分子的密集堆积，使之呈现出较强的抗氧化性，但是，由于长时间的氧化破坏，最终也会引起表面层的脆裂。

膜的水解与氧化是同时发生的，膜的水解作用与高分子材料化学结构紧密相关。当高分子链中具有易水解的化学基团—CONH—、—COOR、—CN、—CH$_2$、—O—等时，这些基团在酸或碱的作用下会产生水解降解反应，于是膜性能受到破坏。

常用的芳香聚酰胺类膜，分子链中的—CONH—在酸、碱催化作用下会发生 C—N 键断裂并生成羧酸或羧酸盐，从而使溶液 pH 发生变化，这是在膜浸泡试验中经常遇到的问题。为了维持 pH 恒定，常用各种不同 pH 的缓冲溶液作浸泡液。—CONH—的水解还导致了高分子材料相对分子质量的下降。在较低的 pH 下，膜的水解速度慢得多。

常用的醋酸纤维素素膜，分子链中的—COOR 在酸、碱催化作用下更易水解，为了降低醋酸纤维素膜的水解速度，最佳的 pH 4.8，同时温度不宜大于 35℃。

为了提高膜的抗水解性能，应当尽量减少高分子材料中易水解的基团。从这个角度来看，聚砜、聚苯乙烯、聚丙烯、聚碳酸酯、聚苯醚等高分子材料抗水解性能是优越的，但是这些材料缺乏亲水性的化学基团，其膜的透水性能很差，故常用这些材料制作膜表面有孔的超滤膜和微孔滤膜。

2. 膜的耐热性和机械强度

（1）膜的耐热性　提高膜的耐热性可改善膜的分离特性，有利于膜的高温灭菌。膜的耐热性主要取决于高分子材料的化学结构，同时还受处理溶液的性质、使用时间和膜性能要求的约束。

（2）膜的机械强度　膜的机械强度是高分子材料力学性质的体现。膜属于黏弹性体，在压力作用下，膜发生压缩和剪切漏变，并表现为膜的压密现象，结果导致膜透过速度的下降。影响膜机械强度的因素有高分子材料的结构、压力、温度、作用时间、环境介质等。

（二）膜的分离透过特性

反渗透膜、超滤膜和微孔过滤膜的分离透过特性有不同的表示法。

1. 反渗透膜

在特定的溶液系统和操作条件下，反渗透膜主要是通过溶质分离率、溶剂透过速度、流量衰减系数三个参数来标明使用性能。

溶质分离率又称截留率，对于溶液又称脱盐率，是指通过反渗透膜从系统进水中去除可溶性杂质的百分比。溶剂透过速度又称透水率或水通量，即单位时间内透过膜的水量，通常用 t/h 表示；如果用单位时间单位膜面积上透过液的流率来表示，则称为膜的透过速率，工业生产常以 L/$(m^2 \cdot d)$ 为单位。膜的流量衰减系数是指膜因压密和浓差极化而引起的膜透过速度随时间衰减的程度。

2. 超滤膜常用截留相对分子质量和透过速度来表征膜的分离能力。截留相对分子质量或称相对分子质量截留值，是指阻留率达90%以上的最小被截留物质的相对分子质量；它表示了每种超滤膜所额定的截留溶质相对分子质量的范围，大于这个范围的溶质分子绝大多数不能通过该超滤膜。透过速度是超滤效率的重要参数，通常用在一定压力下每分钟通过单位膜面积的液体量来表示，表示法同反渗透的透过速度；它不仅和膜的孔径大小有关，而且和膜的结构类别有关。

在实际操作过程中，超滤的透过速度和膜选择性是同溶质分子特性（除了相对分子质量外，还有分子形状、电荷、溶解度等因素）、膜的性质（除孔径外，还有膜结构、电荷等），以及膜装置和超滤运转条件等因素决定的。

3. 微孔滤膜

常用孔径、孔隙率、厚度与重量、阻力与流速及透过速度来表征微孔膜的分离特性。通常用膜的最大孔径、平均孔径或孔径分布曲线来表示微孔滤膜对细菌、微粒的截留能力；孔隙率是微孔滤膜孔隙总体积与滤膜总体积之比，孔隙率一般都高达80%～90%，孔隙率越高，透过率相对越高；微孔滤膜的厚度为120～150μm，厚度相对越薄，物质透过越快；微孔膜的阻力与流速和孔径大小、膜厚度、孔隙率、压力等有关；微孔膜的透过速率一般是在膜两侧压差为 $1.1 \times 10^5 Pa$，20℃或25℃下的测定值。

微孔滤膜操作中应该注意事项：①滤膜的支持和滤器的密封；②过滤系统严密性的检查；③滤膜的润湿；④过滤速度：滤膜的有效面积、膜两侧压力差、孔径大小与均匀性、孔隙率、黏度、温度等因素对流速均有影响；⑤过滤系统的清洗与消毒。

三、　膜材料

膜是膜技术的核心，膜材料的化学性质和膜的结构对膜分离的性能起着决定性影响。

对膜材料的要求：具有良好的成膜性、热稳定性、化学稳定性，耐酸、碱、微生物侵蚀和耐氧化性能。反渗透、超滤、微滤用膜最好为亲水性，以得到高水通量和抗污染能力。电渗析用膜则特别强调膜的耐酸、碱性和热稳定性。气体分离，特别是渗透汽化，要求膜材料对透过组分有优先溶解、扩散能力，若用于有机溶剂分离，还要求膜材料耐溶剂。要得到能同时满足以上条件的膜材料往往是困难的，常采用膜材料改性或膜表面改性的方法，使膜具有某些需要的性能。

（一）高分子膜材料

已用作膜材料的主要聚合物有以下几类：

（1）纤维素类　有二醋酸纤维素（CA）、三醋酸纤维素（CTA）、醋酸丙酸纤维素（CAP）、再生纤维素（RCE）、硝酸纤维素（CN）等。

（2）聚酰胺类　有芳香聚酰胺（PI）、尼龙-66（NY-66）、芳香聚酰胺酰肼（PPP）、聚苯砜对苯二甲酰（PSA）等。

（3）芳香杂环类　有聚苯并咪唑（PBI）、聚苯并咪唑酮（PBIP）、聚哌嗪酰胺（PIP）、聚酰亚胺（PMDA）等。

（4）聚砜类　有聚砜（PS）、聚醚砜（PES）、磺化聚砜（PSF）、聚砜酰胺（PSA）等。

（5）聚烯烃类　有聚乙烯醇（PVA）、聚乙烯（PE）、聚丙烯（PP）、聚丙烯腈（PAN）、聚丙烯酸（PAA）、聚四甲基戊烯（P4MP）等。

（6）硅橡胶类 有聚二甲基硅氧烷（PDMS）、聚三甲基硅烷丙炔（PTMSP）、聚乙烯基三甲基硅烷（PVTMS）等。

（7）含氟高分子 有聚全氟磺酸、聚偏氟乙烯（PVDF）、聚四氟乙烯（PTFE）等。

（8）其他 聚碳酸酯、聚电解质络合物等。

纤维素类膜材料是应用最早，也是目前应用最多的膜材料，主要用于反渗透、超滤、微滤，在气体分离和渗透汽化中也有应用。

芳香聚酰胺类和杂环类膜材料目前主要用于反渗透。聚酰亚胺是近年开发应用的耐高温、抗化学试剂的优良膜材料，目前已用于超滤、反渗透、气体分离膜的制造。

聚砜是超滤、微滤膜的重要材料，由于其性能稳定、机械强度好，是许多复合膜的支撑材料。聚丙烯腈也是超滤、微滤膜的常用材料，它的亲水性使膜的水通量比聚砜大。

硅橡胶类、聚烯烃、聚乙烯醇、尼龙、聚碳酸酯、聚丙烯腈、聚丙烯酸、含氟聚合物多用作气体分离和渗透汽化膜材料。

此外，甲壳素/壳聚糖也是很有发展潜力的膜材料，目前已用于制备反渗透膜、渗透汽化膜、纳滤膜、超滤膜、渗析膜、气体分离膜、离子交换膜等，并得到很好的应用。

（二）无机膜

无机膜多以金属、金属氧化物、陶瓷、多孔玻璃为材料。无机膜耐高温、化学性质稳定、机械性能好、不会老化、耐苛刻的清洗操作、易实现催化变化、透过量、孔径易选择。缺点是易碎、费用高、组装及密封较复杂。

无机多孔膜有三种结构，如图3-14所示，图中（1）、（2）为无支撑体均质多孔膜，其孔从膜一侧直通另一侧，（1）的孔径近似不变，（2）为锥形孔径；（3）为具有支撑层的非对称膜，膜内孔相互贯穿，孔的形状决定于组成膜粒子的大小、形状、相分离情况等，常为不规则孔或海绵状孔。

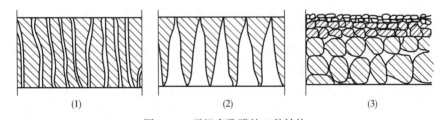

（1）　　　　　　　　　（2）　　　　　　　　　（3）

图3-14 无机多孔膜的三种结构

（1）等孔径均质多孔膜 （2）锥形孔径均质多孔膜 （3）具有支撑层的非对称膜

（引自：刘茉娥. 膜分离技术. 2003）

四、 膜组件

要将膜用于分离过程，首先要选用合适的膜材料研制出具有高选择性、高通量、基本无缺陷并能大规模生产的膜；然后将具有一定面积的膜组装成组件。对膜组件的要求是密封性能可靠、膜装填密度高、流体流动方式合理且造价低。

（一）膜组件

膜组件是将一定面积的膜以某种形式组装成的器件。工业常用的膜组件有管式、毛细管式、中空纤维式、板框式和卷式。

1. 管式膜组件

该组件的膜管直径 10~20mm，有多种结构形式。管式组件的流体力学条件好，容易控制膜污染，但造价较高。其结构特征是把膜和支撑体均制成管状，两者粘在一起；或者把膜直接刮制在支撑管内，再将一定数量的管以一定方式联成一体；其外形类似于列管式换热器。管式组件按连接方式分为单管式和管束式；按作用方式分为内压型管式和外压型管式。

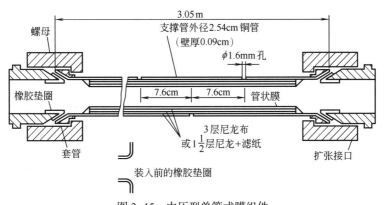

图 3-15　内压型单管式膜组件

（引自：任建新主编. 膜分离技术及其应用. 2005）

（1）内压型单管式　如图 3-15 所示，内压型单管式膜组件的膜管裹以尼龙布、滤纸一类的支撑材料并镶入耐压管内。膜管的末端做成喇叭形，然后以橡皮垫圈密封。原水由管式组件的一端流入，而于另一端流出。淡水透过膜后，于支撑体中汇集，再由耐压管上的细孔中流出。为提高膜的装填密度，也可采用同心套管组装方式。

（2）内压管束式　在多孔性耐压管内壁上直接喷注成膜，再把许多耐压膜管装配成相连的管束，然后把管束装置在一个大的收集管内，即构成管束式淡化装置。原水由装配端的进口流入，经耐压管内壁的膜管，于另一端流出。淡水透过膜后由收集管汇集。

（3）外压型管式　其结构如图 3-16 所示。外压型管式膜组件的结构与内压型管式的相反，反渗透膜被刮制在管的外表面上。水的透过方向是由管外向管内。

管式组件的优点是：流动状态好，流速易控制。另外，安装、拆卸、换膜和维修均较方便，能够处理含有悬浮固体的溶液，机械清除杂质也较容易，更易防止浓差极化和污染。

管式反渗透膜组件的不足之处是：

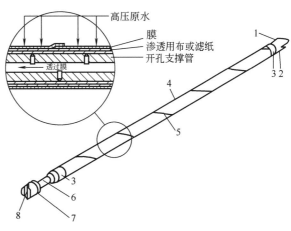

图 3-16　外压单管式膜组件

1—装配翼　2—插座接口　3—带式密封　4—膜　5—密封
6—透过液管接口　7—O 形密封环　8—透过水出口

（引自：任建新主编. 膜分离技术及其应用. 2005）

与平板膜比较，管膜的制备条件较难控制。若采用普通的管径（1.27cm），则单位体积内有效膜面积的比率较低。此外，管口的密封也比较困难。

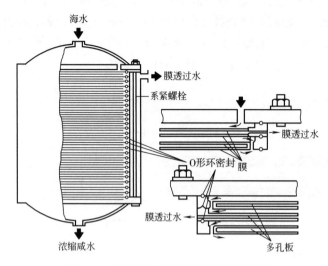

图 3-17　系紧螺柱式板框式膜组件示意图

（引自：任建新主编．膜分离技术及其应用．2005）

2. 板框式膜组件

板框式是最早开发的一种反渗透膜组件，它是由板框式压滤机衍生而来的。从结构形式上可分为系紧螺栓式和耐压容器式。这两种板框式膜组件各有特点。

系紧螺栓式的结构如图 3-17 所示，其特点是简单、紧凑，安装拆卸及更换膜均较方便，其缺点是对承压板材的强度要求较高。由于板需要加厚，从而膜的填充密度较小。

耐压容器式的结构如图 3-18 所示。耐压容器式因靠容器承受压力，对板材的要求较低，故膜的填充密度较大，但安装、检修和换膜等均不方便。一般情况下，为了改善膜表面上原水的流动状态，降低浓差极化，上述两种形式的膜组件均可设置导流板。

应当指出的是，板框式组件的膜填充密度较低，一般为 $100\sim400\text{m}^2/\text{m}^3$。与其他形式的膜对比，板框式反渗透膜组件由于缺点较多，目前在工业上已较少应用。

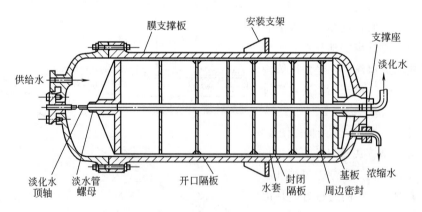

图 3-18　耐压容器式板框反渗透膜组件

（引自：任建新主编．膜分离技术及其应用．2005）

3. 螺旋卷式膜组件

该膜组件为双层结构，中间为多孔支撑材料，两边是膜，其中三边被密封而黏结成腹袋状，另一个开放边与一根多孔中心产品水收集管密封连接，在膜袋外部的原水侧再垫一层网眼型间隔材料，也就是把膜-多孔支撑体-膜-原水侧间隔材料依次叠合，绕中心产品水收集管紧密地卷起来形成一个膜卷，再装入圆柱形压力容器中，就成为一个螺旋卷组件。

在实际应用中，把几个膜组件的中心管密封串联起来构成一个组件，再安装到压力容器中，组成一个单元。供给水（原水）及浓缩液沿着与中心管平行的方向在网眼间隔层中流动，浓缩后由压力容器的另一端引出。产品水则沿着螺旋方向在两层膜间膜袋内的多孔支撑材料中流动，最后流入中心产品水收集管而被导出。

为了增加膜的面积，可以增加膜的长度，但膜长度的增加有一定的限制，因为随着膜长度增加，产品水流入中心收集管的阻力就要增加。为了避免这个问题，可以在膜组件内装几叶膜（2叶、4叶或更多）（图3-19）以增加膜的面积，这样做的好处是不会增加产品水流动的阻力。

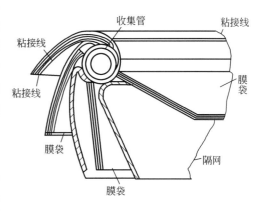

图3-19　四叶卷式膜组件结构示意图

（引自：刘茉娥．膜分离技术．2003）

4. 中空纤维膜组件

中空纤维是一种如人的头发粗细的空心管，实际上为一厚壁圆柱。纤维外径为 $50\sim100\mu m$，内径为 $25\sim42\mu m$。它是一种自身支撑膜，具有在高压下不产生形变的强度。

中空纤维反渗透器的组装方法是，把几十万（或更多）根中空纤维弯成 U 形并装入圆柱型耐压容器内，纤维束的开口端密封在环氧树脂的管板中，在纤维束的中心轴处安置一个原水分配管，使原水径向流过纤维束。纤维束外面包以网布，以使形状固定，并能促进原水形成湍流状态。淡水透过纤维管壁后，沿纤维的中空内腔流经管板而引出，浓原水在容器的另一端排出。图3-20所示为 Du Pont 公司 Permasep 中空纤维反渗透膜组件。Monsanto 公司制造的气体分离用中空纤维组件也采用此类结构。

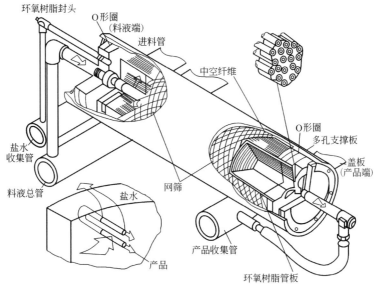

图3-20　中空纤维膜组件

（引自：刘茉娥．膜分离技术．2003）

（二）膜组件的选择

对某一个膜分离过程，膜组件形式的选择必须综合考虑各种因素，如表3-9所示。

表 3-9　　　　　　　　　　　几种组件特性比较

比较项目	管式	板框式	卷式	中空纤维式
组件结构	简单	非常复杂	复杂	复杂
装填密度/(m^2/m^2)	33~330	160~500	650~1600	10000~30000
流层高度/cm	>1.0	<0.25	<0.15	<0.3
流道长度/cm	3.0	0.2~1.0	0.5~2.0	0.3~2.0
流动形态	湍流	层流	湍流	层流
抗污染性	很好	好	中等	很差
膜清洗难易	内压易外压难	易	难	内压较易外压难
膜更换方式	膜或组件	膜	组件	组件
膜更换成本	内压费时外压易	易	—	—
对水质要求	中	低	较高	较高
预处理成本	低	低	高	高
能耗/通量	高	中	低	中
工程放大	易	难	中	中
适用领域	生物、制药、食品、环保	生物、制药、食品、环保	水处理	超纯水处理
应用目的	澄清、提纯、浓缩	澄清、提纯、浓缩	提纯	提纯
是否适用于高压操作	可以、困难	可以、困难	可以	可以
造价/(美元/m^2)	50~200	100~300	30~100	5~20

（引自：刘茉娥. 膜分离技术. 2003）

膜组件的造价、抗污染能力、是否适于高压操作、是否容易放大操作等因素是决定其在工业中应用的重要因素。

对于不同膜过程适用的膜组件可总结如表3-10所示。

表 3-10　　　　　　　　　　不同膜过程适用的组件形式

膜过程	管式	毛细管	中空纤维	板框式	卷式
反渗透	+	–	++	+	++
超滤	++	+	–	++	+
微滤	++	+	–	–	–
渗透汽化*			++	++	++
气体渗透	–		++	–	++
电渗析	–		–	++	–

注：*组件正在开发阶段；++ 很适用，+ 适用；–不适用。

（引自：刘茉娥. 膜分离技术. 2003）

（三）膜组件装置

在工业生产及实际应用中，单个膜组件通常是不够的，往往是将多个膜组件组合在一起进行使用。图 3-21 是实际生产中的几种膜组件装置。

（四）膜分离过程的选择

在选择膜分离过程时，首先要根据分离的对象确定合适的膜材料，考查膜的性能参数是否合适，其次选择适宜的组件及其装置，最后确定最佳的使用条件。工业用膜过滤设备的要求：①具有尽可能大的有效过滤面积；②为膜提供可靠的支撑装置；③提供引出滤过液的路径；④尽可能清除或减弱浓差极化现象。

在考虑膜分离过程的使用条件时应考虑以下几点：

图 3-21　垂直式超滤膜组件装置

（1）操作温度　不同膜材料对温度的耐受能力差异很大。有些膜的使用温度不能超过 50℃，有些膜可以耐受高温灭菌（120℃）。

（2）化学耐受性　不同型号的膜与待分离物间的作用，以及膜对酸、碱、有机溶剂的耐受性都存在很大差异。使用前必须查明膜的化学组成，了解其化学耐受性。

（3）膜的吸附性质　各种膜的化学组成不同，对各种溶质分子的吸附情况也不相同。使用膜分离时，要求膜对溶质的吸附尽可能少些。

（4）膜的无菌处理　除了少数膜可以进行高温灭菌外，大多数膜通常采用化学法灭菌。常用试剂有 70% 乙醇、5% 甲醛、20% 的环氧乙烷等。

五、 膜分离技术及其应用

膜分离过程是以选择性透过膜为分离介质，当膜两侧存在某种推动力（如压力差、浓度差、电位差等）时，原料侧组分选择性地透过膜，以达到分离、提纯的目的。通常膜原料侧称膜上游，透过侧称膜下游。不同的膜分离使用的膜不同，推动力也不同，表 3-11 所示为 8 种已工业化应用膜分离的基本特性。目前已开发应用的膜分离技术有：微滤、超滤、纳滤、反渗透、电渗析、气体分离等。

（一）主要膜分离的基本特征

已工业化应用的膜分离的基本特征见表 3-11。

（二）几种主要的膜分离过程及其应用

1. 反渗透

反渗透法在以下各种净化和浓缩处理中具有优势：①在净化和浓缩的全过程中需要大量清水，同时又伴有大量废水排出的情况下，反渗透处理可净化废水；②净化过程的用水，要求必须采用闭路循环的系统，以进行水的再生利用。如宇宙飞船中宇航员的排尿处理或野战医院的废水处理；③废水中贵重金属的回收；④不适于加热或减压处理的过程，如食品工业中各类热敏性物料的浓缩等。

表3-11　已工业应用的膜分离的基本特征

过程	分离目的	透过组分	截留组分	透过组分在料液中的含量	推动力	传递机理	膜类型	进料和透过物的物态
微滤 MF	溶液脱粒子，气体脱粒子	溶液、气体	0.02~10μm 粒子	大量溶剂及少量小分子溶质和大分子溶质	压力差<100kPa	筛分	多孔膜	液体或气体
超滤 UF	溶液脱大分子，大分子溶液脱小分子，大分子分子级	小分子溶液	1~20nm 大分子溶质	大量溶剂，少量小分子溶质	压力差 100~1000 kPa	筛分	非对称膜	液体
反渗透 RO	溶剂脱溶质，含小分子溶液脱大分子	溶剂，可被电渗析截留组分	0.1~1nm 小分子溶质	大量溶剂	压力差 1000~10000 kPa	优先吸附毛细管流动溶解-扩散	非对称膜或复合膜	液体
渗析 D	大分子溶质溶液脱小分子溶质溶液浓缩	小分子溶质或较小的溶质	>0.02μm 截留 血液渗析中 > 0.005μm 截留	较少组分或溶剂	浓度差	筛分 微孔膜内的受阻扩散	非对称膜或离子交换膜	液体
电渗析 ED	溶液脱小离子，小离子溶质的浓缩，富集，小离子的分级	小离子组分	同名离子，大离子和水	少量离子组分，少量水	电化学势 电渗透	反离子经离子交换膜的迁移	均质膜，复合膜，非对称膜	液体
气体分离 GS	气体混合物分离，富集，特殊组分脱除	气体，较小组分或溶解组分	较大组分（除非对称膜中溶解度高）	二者都有	压力差 1000~10000kPa 浓度差（分压差）	溶解-扩散	均质膜，复合膜，非对称膜	气体
渗透蒸发 PVAP	挥发性液体混合物分离	膜内易溶解组分，易挥发组分	不易溶解组分或较大，较难挥发物	少量组分	分压差，浓度差	溶解-扩散	液膜	料液为液体，透过物为汽态
乳化液膜（促进传递）ELM (ET)	液体混合物或气体混合物分离，富集，特殊组分脱除	在液膜相中有高溶解度的组分或能反应组分	在液膜中难溶解组分	少量组分，在有机混合物离中也可是大量的组分	浓度差，pH差	促进传递和溶解扩散传递		通常都为液体，也可为气体

（引自：刘茉娥. 膜分离技术. 2003）

2. 超滤

超滤具有无相变、无须加热、设备简单、能耗低等优点，已发展成为重要的工业化单元操作技术。超滤已广泛地应用于含有各种小分子可溶性溶质和高分子物质（如蛋白质、酶、病毒）等溶液的浓缩、分离、提纯和净化，推动了工业生产、科学研究、医药卫生、国防和废水处理与回收利用等方面的技术改造和经济建设。

3. 微滤

反渗透、超滤与微孔过滤等均属压力驱动型膜分离技术。目前，在这三种膜分离技术中，以微孔过滤的应用最广，经济价值最大，它是现代大工业，尤其是尖端技术工业中确保产品质量的必要手段，也是精密技术科学和生物医学科学进行科学实验的重要方法。

（1）微孔滤膜的主要特征　微滤膜具有孔径均一、空隙率高、滤材薄等特征，主要用来对一些只含微量悬浮粒子的液体进行精密过滤；或用来检测、分离某些液体中残存的微量不溶性物质，以及对气体进行类似的处理。

（2）微孔滤膜的截留机理　主要有机械截留、吸附截留、架桥截留与网络截留 4 种类型（图 3-22）。

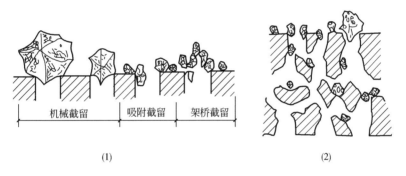

图 3-22　微孔膜各种截留作用的示意图

（1）在膜的表面层截留　（2）在膜内部的网络中截留

（引自：任建新主编. 膜分离技术及其应用. 2005）

（3）微孔滤膜的主要品种　国内外已商品化的品种有混合纤维素酯 MFM、再生纤维素 MFM、聚氯乙烯 MFM、聚酰胺 MFM、四氟乙烯 MFM、聚丙烯 MFM、聚碳酸酯 MFM 等多种。

（4）微孔过滤装置　微孔滤膜由于本身性脆易碎，机械强度较差，因而在实际使用时，必须把它衬贴在平滑的多孔支撑体上。最常用的支撑体是以烧结不锈钢或烧结镍等制成的，其他还有尼龙布或丝绸等均可，但需以密孔筛板作支撑。小型微孔过滤器如图 3-23 所示，大量处理的错流过滤与常规过滤如图 3-24 所示。其他微滤装置和反渗透、超滤一样，也有板框式、管式、螺旋卷式、中空纤维式等多种结构，此处不做赘述。

（5）微滤的应用　实验室中微滤主要用于分离流体中大小为 0.1~100μm 的微生物和微粒子；工业上主要用于灭菌液体的生产、空气过滤、有效成分的分离与除杂等。

4. 纳滤

纳滤（NF）与反渗透和超滤一样均属于压力驱动的膜分离过程，其膜的表层孔径处于纳米级范围，在渗透过程中截留率大于 90% 的最小分子约为 1nm，故称为纳滤膜。纳滤是通过膜的渗透作用，借助外界能量或化学位差的推动，对两组分或多组分混合气体或液体进行分离、分级、提纯和富集。纳滤膜有两个显著特征：一是其表面分离层由聚电解质所构成，对离子有静电相互作用，所以对无机盐有一定的截留率；二是其截留分子质量为 200~2000Da，介于反渗透膜和超滤膜之间。

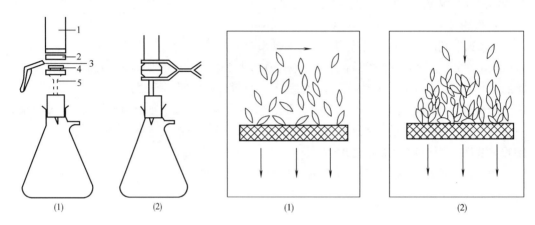

图 3-23　过滤器
1—滤筒上半部　2—聚四氟乙烯
3—微孔滤膜　4—支撑片　5—滤筒下半部
（引自：任建新主编．膜分离技术及其应用．2005）

图 3-24　不同流态的过滤效果示意图
（1）错流过滤　（2）并流过滤
（引自：任建新主编．膜分离技术及其应用．2005）

　　（1）分离机理　就目前提出的纳滤膜机理来看，表述膜的结构与性能之间关系的数学模型有电荷模型、道南-立体细孔模型、静电位阻模型。统一认可的机理还未完全研究清楚，有待进一步深入研究。

　　（2）在天然产物分离中的应用　①低聚糖的分离和精制：采用纳滤术分离低聚糖可以达到高效液相色谱法同样的分离效果，甚至在很高的浓度区域实现三糖以上的低聚糖同葡萄糖、蔗糖的分离和精制，而且大大降低了操作成本。Matsubara 等从大豆废水中提取低聚糖，用超滤分离有效去除残留蛋白后，反渗透除盐，纳滤精制分离低聚糖。采用分批操作，可将废液浓度从 10% 浓缩到 22%。经过纳滤，浓缩液中的总糖含量达 8.27%，再经活性炭脱色、离子交换脱盐及真空浓缩，即可得透明状大豆低聚糖浆。②多肽和氨基酸的分离：氨基酸和多肽带有离子官能团如羧基或氨基，在等电点时是中性的，当高于或低于等电点时带正电荷或负电荷。一些纳滤膜带有静电官能团，基于静电相互作用，对离子有一定的截留率，可用于分离氨基酸和多肽。③抗生素的浓缩和纯化：抗生素的生产多采用发酵的方法，在发酵液中抗生素含量较少，浓度较低，用传统的结晶方法回收率低，真空浓缩则又会破坏其抗菌活性，而纳滤则不破坏其生物活性且损失较少。山东、陕西等地多个药厂均采用卷式纳滤膜对兽用抗生素进行浓缩，在操作压力 1.5~2.5MPa 条件下，对抗生素的截留率大于 99%，系统回收率达 98%。

第三节　分子蒸馏技术

一、概述

分子蒸馏技术是在高真空下进行的一种特殊的蒸馏技术。在高真空（0.133~1Pa）条件下，蒸发面和冷凝面的间距小于或等于被分离物料蒸汽分子的平均自由程，由蒸发面逸出的分子，既不与残余空气的分子碰撞，自身也不相互碰撞，而是毫无阻碍地到达并凝集在冷凝面上，从而实现液–液分离的技术。分子蒸馏的显著特点是蒸馏物料分子由蒸发面到冷凝面的行程不受分子间碰撞阻力的影响，蒸发面与冷凝面之间的距离小于蒸馏物质分子在该条件下的分子运动平均自由程，故又称短程蒸馏。

根据分子蒸馏装置形成蒸发液膜的不同，可分为降膜式分子蒸馏、刮膜式分子蒸馏和离心式分子蒸馏3种，也可以统称为短程蒸馏。

与常规蒸馏不同，分子蒸馏是没有达到气–液相平衡的蒸馏，分离操作在低于物料沸点下进行，是建立在不同物质挥发度不同的基础上的分离。分子蒸馏的技术特点是：①操作温度低，无须沸腾，所以分子蒸馏是在远低于沸点的温度下进行操作的，这与常规蒸馏有本质区别；②蒸馏压强低，可以获得很高的真空度，一般为 10^{-1}Pa 数量级；③受热时间短，相变发生在被蒸发的物料表面，使之就地蒸发，蒸馏时间很短，避免或减少了产品受热分解或聚合的可能性，假定真空蒸馏受热时间为1h，一般分子蒸馏受热时间为10~25s；④分离程度更高，分子蒸馏常常用来分离常规蒸馏不易分开的物质，而就两种方法均能分离的物质而言，分子蒸馏的分离程度更高。因此，分子蒸馏特别适用于高沸点、热敏性及易氧化物系的分离，能降低高沸点物料的分离成本，极好地保护热敏性物料的特点和品质。

分子蒸馏技术可以解决大量常规真空蒸馏无法解决的难题，并可广泛应用于高沸点、热敏性及易氧化物料的分离，具有浓缩效率高、质量稳定可靠、操作易规范化等优点。分子蒸馏技术已广泛地应用于食品、医药、石油化工、塑料、天然产物提取等行业，在脱除热敏性物质中的轻分子物质、产品脱色、降低热敏性产品的热损伤、提高产品收率、改进传统生产工艺、降低产品成本方面效果显著。

二、分子蒸馏技术原理及特点

分子蒸馏技术的原理不同于常规蒸馏，它突破了常规蒸馏依靠沸点差异分离物质的原理，而是依靠不同物质分子运动平均自由程的差别实现物质的分离。

1. 分子蒸馏基本原理

（1）分子运动自由程　分子与分子之间存在着相互作用力，当两分子离得较远时，分子之间的作用力表现为吸引力，但当两分子接近到一定程度后，分子之间的作用力会改变为排斥力，并随其接近距离的减小，排斥力迅速增加。当两分子接近到一定程度时，排斥力的作用使两分子分开。这种由接近而至排斥分离的过程，就是分子的碰撞过程。分子在碰撞过程中，两分子质心的最短距离（即发生斥离的质心距离）称为分子有效直径。一个分子在相邻两次分子碰撞之间所经过的路程称为分子运动自由程。任一分子在运动过程中都在不断变化自由程，而在一定的外界条件下，不同物质的分子其自由程各不相同。就某个分子而言，在某时间间隔内自由程的平均值称为平均自由程。

设 V_m 为某一分子的平均速度，f 为碰撞频率，λ_m 为平均自由程，则

$$\lambda_m = V_m / f \tag{3-16}$$

即

$$f = V_m / \lambda_m \tag{3-17}$$

由热力学原理可知：

$$f = \sqrt{2} \cdot V_m \cdot \frac{\pi d^2 p}{kT} \tag{3-18}$$

式中　d——分子有效直径

　　　p——分子所处空间压力

　　　T——分子所处环境温度

　　　k——波尔兹曼常数

对比式（3-17）、式（3-18），则：

$$\lambda_m = \frac{k}{\sqrt{2}\pi} \cdot \frac{T}{d^2 p} \tag{3-19}$$

分子运动自由程的分布规律可用概率公式表示为：

$$F = 1 - e^{-\lambda/\lambda_m} \tag{3-20}$$

式中　F——自由程 $\leqslant \lambda_m$ 的概率

　　　λ_m——平均自由程

　　　λ——分子运动自由程

由式（3-20）可得，对于一群相同状态下的运动分子，其自由程等于或大于平均自由程 λ_m 的概率为：

$$1 - F = e^{-\lambda/\lambda_m} = e^{-1} = 36.8\% \tag{3-21}$$

（2）影响分子运动平均自由程的因素　由式（3-19）可以看出，温度、压力及分子有效直径是影响分子运动平均自由程的主要因素。当压力一定时，一定物质的分子运动平均自由程随温度增加而增加；当温度一定时，平均自由程 λ_m 与压力 p 成反比，压力越小（真空度越高），λ_m 越大，即分子间碰撞机会越少；不同物质因其有效直径不同，因而分子平均自由程也不同。以空气为例，有效直径 $d_{空气}$ 取 3.11×10^{-10} m，则可得出如下数据：

P/mmHg	1.0	10^{-1}	10^{-2}	10^{-3}	10^{-4}
λ_m/cm	0.0056	0.056	0.56	5.6	56

注：1mmHg=133.322Pa。

从上述数据可看出，真空度在 10^{-3} mmHg（0.133Pa）以下，分子平均自由程可达 5.6cm 以上。

（3）分子蒸馏基本原理　根据分子运动理论，液体混合物受热后分子运动会加剧，当接受到足够能量时，就会从液面逸出成为气相分子。随着液面上方气相分子的增加，有一部分气相分子就会返回液相。在外界条件保持恒定的情况下，最终会达到分子运动的动态平衡，从宏观

上看即达到了平衡。

根据分子运动平均自由程公式，不同种类的分子，由于其分子有效直径不同，故其平均自由程也不同，即从统计学观点看，不同种类分子逸出液面后不与其他分子碰撞的飞行距离是不同的。

分子蒸馏的分离作用就是依据液体分子受热会从液面逸出，而不同种类分子逸出后，在气相中其运动平均自由程不同这一性质来实现的。图 3-25 所示为分子蒸馏的分离原理。

如图 3-25 所示，液体混合物沿加热板自上而下流动，被加热后能量足够的分子逸出液面，轻分子的分子运动平均自由程大，重分子的分子运动平均自由程小，若在离液面距离小于轻分子的分子运动平均自由程而大于重分子的分子运动平均自由程处设置一个冷凝板，此时，气体中的轻分子能够到达冷凝板，

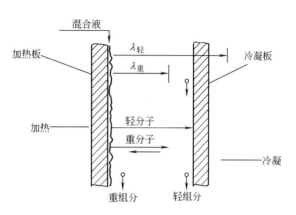

图 3-25　分子蒸馏分离原理示意图

（引自：刘小平主编. 中药分离工程. 2005）

由于在冷凝板上不断被冷凝，从而破坏了体系中轻分子的动态平衡，而使混合液中的轻分子不断逸出；相反，气相中重分子因不能到达冷凝板，很快与液相中重分子趋于动态平衡，表观上重分子不再从液相中逸出，这样，液体混合物便达到了分离的目的。

2. 分子蒸馏技术的特点

（1）操作温度低　分子蒸馏是靠不同物质的分子运动平均自由程的差别进行分离的，蒸汽分子一旦由液相中逸出（挥发），就可实现分离，而并不需要达到沸腾状态。

（2）蒸馏压强低　一般常规真空蒸馏的真空度仅达 5kPa，而分子蒸馏真空度可达0.1～100Pa。

（3）受热时间短　分子蒸馏装置中加热面与冷凝面的间距要小于轻分子的运动平均自由程（即间距很小），由液面逸出的轻分子几乎未发生碰撞即达到冷凝面，所以受热时间很短，仅为几秒或几十秒。

（4）分离程度及产品收率高　分子蒸馏常用来分离常规蒸馏难以分离的物质，而且就两种方法均能分离的物质而言，分子蒸馏的分离程度更高。从两种方法相同条件下的挥发度不同可以看出这一点。

分子蒸馏的挥发度一般用下式表示：

$$\alpha_\tau = \frac{p_1}{p_2}\sqrt{\frac{M_2}{M_1}} \tag{3-22}$$

式中　M_1——轻组分相对分子质量

M_2——重组分相对分子质量

p_1——轻组分饱和蒸气压，Pa

p_2——重组分饱和蒸气压，Pa

α_τ——相对挥发度

而常规蒸馏的相对挥发度为：

$$\alpha = \frac{p_1}{p_2} \tag{3-23}$$

从式（3-22）、式（3-23）两式对比看，由于 $\sqrt{M_2/M_1}$ 项中 $M_2 > M_1$，因此 $\sqrt{M_2/M_1} > 1$，即 $\alpha_\tau > \alpha$。

这表明分子蒸馏较常规蒸馏更易分离物质，且随着 M_2 与 M_1 的差别越大，则分离程度越高。此外，众多学者在研究分子蒸馏分离过程中传热、传质阻力的影响因素后，认为因其液膜很薄，加之在非平衡状态下操作，传热、传质阻力的影响较常规蒸馏小得多，因此，其分离效率要远远高于常规蒸馏。

鉴于以上众多因素，可见分子蒸馏操作温度低，被分离物质不易分解或聚合；受热时间短，被分离物质可避免热损伤；分离程度高，可提高分离效率。因此，总体上来说，分子蒸馏产品的收率较传统蒸馏会大大提高。表3-12列出了不同产品在分子蒸馏与真空蒸馏分离过程中的操作条件和试验结果的对比情况，比较看出，分子蒸馏所生产的产品不仅质量高，而且得率也高。

表 3-12 不同产品分子蒸馏与真空蒸馏的比较

原料名称	操作条件							
	蒸发温度/℃		真空度/Pa		产品收率/%		产品外观（纯度）	
	分子蒸馏	真空蒸馏	分子蒸馏	真空蒸馏	分子蒸馏	真空蒸馏	分子蒸馏	真空蒸馏
亚油酸	140	200	1～3	20～30	95	80	微黄色液体	棕红色液体
鱼油乙酯	130～140	220	1～3	20～30	90	75	淡黄色液体	棕红色液体
天然生育酚	160	260	<1	20～30	80	55	棕红色液体	棕褐色液体

（引自：邓修、吴俊生主编. 化工分离工程. 第二版. 2013）

3. 分子蒸馏技术的参数模型及影响因素

（1）分子蒸馏技术的参数模型尚不够完善，在实际应用中还需要借助经验。

①液膜厚度：分子蒸馏装置的液膜厚度是影响其分离效率的关键因素。对于降膜式蒸发器，Nusselt 用式（3-24）表示层流状态下的平均液膜厚度：

$$\delta_{\mathrm{m}} = \sqrt[3]{\frac{3\gamma^2 Re}{g}} \tag{3-24}$$

式中 δ_{m}——薄膜平均厚度，cm

γ——混合液运动黏度，cm^2/s

g——重力加速度，cm/s^2

Re——雷诺数，无因次

此方程在 $Re < 400$ 时适用。一般分子蒸馏装置内液膜厚度：降膜式为 $0.05 \sim 0.3 cm$；刮膜式为 $0.01 \sim 0.05 cm$；离心式为 $0.005 \sim 0.025 cm$。

②停留时间：分子蒸馏的停留时间极短，与加热面长度、刮板速度、物料黏度、周边的持

液量及要求的产量有关。其函数关系式为：

$$\tau = f(L,\ v,\ r,\ \Gamma,\ G) \tag{3-25}$$

式中 L——加热面长度

      v——刮板速度

      r——物料黏度

      Γ——周边持液量

      G——产量

停留时间可以通过放射性示踪法测定。一般分子蒸馏器混合液停留时间在 10~25s。

③蒸发速度：分子蒸馏的蒸发速度是由物质分子在蒸发液面上的挥发度决定的，同气液相平衡无关。Langmuir-Kundsen 根据理想气体动力学理论推导了一个描述物质分子理想蒸发速度的简单公式：

$$W = 1.384 \times 10^{2} \times p^{0} \sqrt{\frac{M'}{T}} \tag{3-26}$$

式中 W——蒸发速度，$g/(m^2 \cdot s)$

      P^{0}——在 T 温度下的饱和蒸气压，Pa

      T——蒸发温度，K

      M'——摩尔质量，kg/mol

Langmuir-Kundsen 又推断了另一近似估算公式，即：

$$W = 15.8 \times \frac{pM}{T} \tag{3-27}$$

式中 W——蒸馏速度，$kg/(m^2 \cdot h)$

      p——蒸气压力，Pa

      T——蒸发温度，K

      M——相对分子质量

在压力 $p=0.13Pa$、温度 $T=368K$ 时，对于硬脂酸（相对分子质量 284），由式（3-27）可得出蒸馏速度为 $1.58kg/(m^2 \cdot h)$。

④分子蒸馏中物料的热分解：混合液的热分解取决于操作温度和该温度下的停留时间，Hickman 和 Embree 对此进行了理论上的研究，发现分解度随蒸气压的增大而提高，并与停留时间成正比，即：

$$E = 10p \cdot \tau \cdot C \tag{3-28}$$

式中 E——分解度

      p——压力，Pa

      τ——停留时间，s

      C——分解因子，在 0.1Pa 以内为 1

利用式（3-28）可以将蒸馏装置的各种参数列于表中，预测可能产生的分解度，从而指导选择产品的生产条件。表 3-13 列举了不同蒸馏单元在不同条件下的热分解情况。由此表可以看出，刮膜式分子蒸馏器与离心式分子蒸馏器要大大优于其他类型的蒸馏装置。

表 3-13 不同蒸馏单元的热分解参数

装置	停留时间 τ/s	压力 p/Pa	分解度* $(E=10p\tau C)$	稳定指数 $(E_1=\lg E)$
间歇蒸馏柱	4000	10^5	4×10^9	9.6
间歇蒸馏釜	3000	2×10^3	6×10^7	7.78
旋转式蒸发器	3000	2×10^2	6×10^6	6.78
真空循环蒸发器	100	2×10^3	2×10^6	6.3
刮膜蒸发器+蒸馏柱	25	2×10^2	5×10^4	4.7
降膜蒸发器	20	0.1	20	1.3
刮膜式分子蒸馏器	10	0.1	10	1.0
离心式分子蒸馏器	10	0.1	10	1.0

注：*为便于比较，计算时假定 $C=1$。

（引自：杨村主编 . 分子蒸馏技术 . 2003）

（2）分离过程的影响因素

①各种因素对蒸发效率的影响：C. B. Batistella 等对降膜式分子蒸馏器进行了模拟开发，在建立数学模型的基础上，研究了各种因素对蒸发效率的影响，得出以下一些结论：a. 蒸发效率随系统压力的增加而降低。这是因为气相中随着压力的增大，分子密度加大，分子碰撞次数增加，因而气相中非理想性增加。b. 蒸发效率随冷凝器冷凝温度的增高而降低。因为随着冷凝温度的升高，凝结物的再蒸发会加剧。因此，对于有些不能在过低温度下冷凝的物质，要选择适宜的冷凝温度，既要考虑系统的正常运转要求，又要兼顾蒸发效率。c. 蒸发效率随蒸发器与冷凝器的间距增大而降低。因为间距加大，将有更多的蒸气分子占有空间，因此发生分子碰撞的概率加大。d. 蒸发效率随蒸发器与冷凝器的配置不同而不同。同心圆形反径向蒸发器蒸发效率最低，这是因为如果气流是沿着向蒸气体积减小的方向移动，分子碰撞概率加大，气相中非理想性增加。

Jan Cvengros 等人就进料温度对蒸馏效率的影响进行了研究，其实验条件为：内蒸发圆筒直径为 30mm，其壁面温度为 90℃（$T_W=363K$）或 110℃（$T_W=383K$），蒸发器与冷凝器间距为 30mm，蒸发器长度不限。研究结果如下。

不同进料温度对液膜厚度的影响。图 3-26 表明不同进料温度下液膜厚度沿轴向的变化规律。由图中看出，液膜厚度随着进料温度的增加而急剧下降，而且随着温度的增加，其衰减长度（指从蒸发器顶部至达到最终膜厚及温度的长度）越短。例

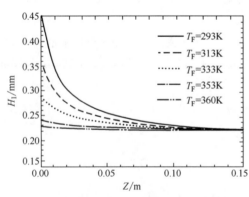

图 3-26 不同进料温度下液膜厚度与位置的关系
$\Gamma=6L/(h\cdot dm)$，$T_W=363K$

Z—蒸发圆筒轴向距离 H_1—液膜厚度 T_F—进料温度

（引自：邓修、吴俊生主编 . 化工分离工程 . 第二版 . 2013）

如 T_F = 353K 时，衰减长度为 50mm，而 T_F = 313K 时，衰减长度为 100mm。

不同进料温度对薄膜表面温度的影响。图 3-27 所示为不同进料温度下薄膜表面温度沿轴向的变化关系。由图可知，不同进料温度，其液膜表面温度 T_S 的渐进值是一致的，在该例中这个渐进值 T_S = 358K，与 T_W 的温度差为 5K。由图还可看出，不同进料温度，达到液膜表面温度的衰减长度也不同，进料温度越低，这个长度越大，即进入蒸发器后被加热时间越长。

不同进料量对液膜表面温度的影响。图 3-28 表明当进料温度一定，T_F = 313K，蒸发器加热壁面温度 T_W = 363K 时，不同进料量与液膜温度的关系。由图中看出，当进料温度一定而进料量不同时，随着进料量的增加，欲达到液膜表面温度的衰减长度越大，即在蒸发器内部需加热的时间越长。

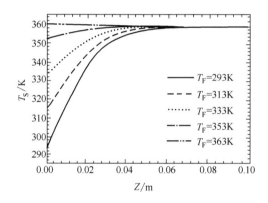
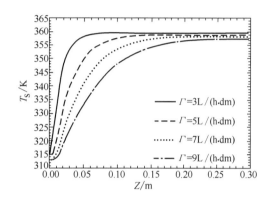

图 3-27　不同进料温度液膜轴向温度
　　　　　沿轴向变化的关系
　　　Γ = 6L/(h·dm)，T_W = 363K

图 3-28　一定进料温度不同进料量
　　　　　与液膜温度的关系

（引自：杨村主编．分子蒸馏技术．2003）

②惰性气体对传质效率的影响：Juraj Lutisan 和 Jan Cvengros 研究了惰性气体对分子蒸馏分离过程中传质效率的影响。该研究针对邻苯二甲酸二丁酯（DBP）和癸二酸二丁酯（DBS）混合物体系，并利用氮气作为惰性气体，得到如下结果。

混合物中组分不同浓度比（即 X_{DBP} 不同）时，惰性气体起始浓度对传质效率的影响见图 3-29。该图表明，惰性气体起始浓度 p_{N_2} 对传质效率 η 的影响。可以看出，函数关系 $\eta = f(p_{N_2})$ 呈 S 形状特征。当 $p_{N_2} \ll p_A^0 X_A + p_B^0 X_B$ 时，惰性气体对 η 几乎没有影响，η 接近于 1；$p_{N_2} \gg p_A^0 X_A + p_B^0 X_B$ 时，则 η 就为很小的值，此时蒸馏速率决定于扩散速率。

蒸发器与冷凝器不同间距时，惰性气体起始浓度对传质效率的影响如图 3-30 所示。当板间距 L 增大时，传质效率 η 减小。

蒸发温度不同时，惰性气体起始浓度对传质效率的影响见图 3-31。由图中可以看出，在有惰性气体存在的情况下，蒸发温度 T_1 越高，传质效率越高。

冷凝温度不同时，惰性气体起始浓度对传质效率的影响见图 3-32。由该图可以看出，冷凝温度 T_2 越高，则传质效率越低，这是由冷凝器表面再蒸发造成的。从图中还可看出，惰性气体浓度越低，上述影响越显著。

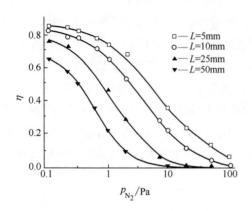

图 3-29　混合物中组分不同浓度比时，惰性气体
　　　　起始浓度对传质效率的影响

蒸发温度 373K，冷凝温度 273K，板间距 10m

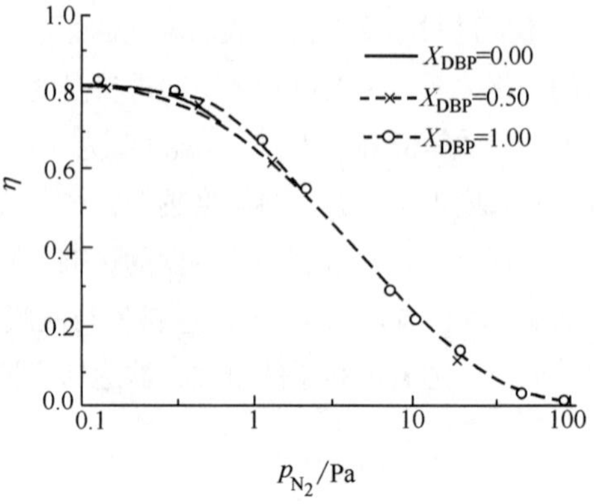

图 3-30　不同板间距下惰性气体起始浓度对
　　　　传质效率的影响

蒸发温度 373K，冷凝温度 273K，$X_{DBP} = 0.5$

（引自：杨村主编 . 分子蒸馏技术 . 2003）

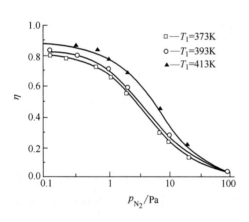

图 3-31　不同蒸发温度下惰性气体起始
　　　　浓度对传质效率的影响

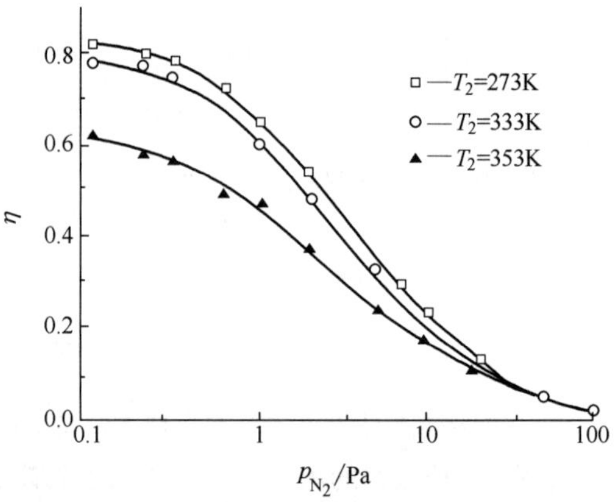

图 3-32　不同冷凝温度下惰性气体起始
　　　　浓度对传质效率的影响

（引自：杨村主编 . 分子蒸馏技术 . 2003）

　　在高真空条件下，惰性气体（不凝气）对分离过程的影响，是影响分子蒸馏过程分离效率的一个重要因素，因此，被分离物质在进入分子蒸馏器前应进行必要的脱气处理。但实验证明，当惰性气体压力比被蒸馏液体压力低得多时，惰性气体的影响很小。

　　③热量和质量传递阻力对分离效率的影响：蒸馏过程中，在忽略热量和质量传递阻力影响时，接近平衡条件下两种混合物的相对挥发度表示为：

$$\alpha = \frac{p_1}{p_2} \tag{3-29}$$

　　而在分子蒸馏条件下（极高真空度），处于非平衡条件时，相对挥发度表示为：

$$\alpha_{\tau} = \frac{p_1}{p_2} \sqrt{\frac{M_2}{M_1}} \tag{3-30}$$

对于平衡蒸馏过程,分离度等于热力学的相对挥发度 (p_1/p_2),其中 p_1 和 p_2 是所要求的温度下组分 A 和 B 的蒸气压。在完全不平衡的蒸馏过程或是达到动力学极限条件下,分离度期望值达到 $(p_1/p_2)\sqrt{M_B/M_A}$。预测实际情况的分离度应在二者之间。然而,若考虑分子蒸馏过程中热量和质量传递阻力后,会出现一种新的情况。

Arijit Bose 等人研究了分子蒸馏过程中热量和质量传递对分离效率的影响。研究结果表明,分子蒸馏过程的分离程度不仅取决于各组分之间的相对挥发度,还取决于液相的传递阻力及界面传递阻力,以及其间的热量传递阻力。

Arijit Bose 等人对 NOP-EHS〔邻苯二甲酸正辛酯与癸二酸二(2-乙基己基)酯〕混合物进行了模拟计算,得到如图 3-33 和图 3-34 所示结果。

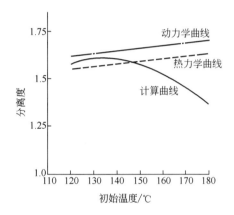

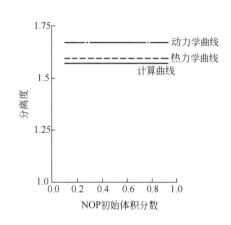

图 3-33　初始温度与分离度的关系

$X_{NOP} = 0.4$,接触时间 $= 0.1s$,蒸汽压力 $= 0.1Pa$

图 3-34　不同组分对分离度的关系

初始温度 $= 151℃$,接触时间 $= 0.1s$,蒸汽压力 $= 0.1Pa$

(引自:杨村主编.分子蒸馏技术.2003)

由图 3-33 可以看出,在接触时间较短(0.1s)的情况下,在较低温度范围内实际分离度曲线(计算曲线)在动力学曲线及热力学曲线之间,而当温度较高时,分离度计算曲线逐渐远离动力学曲线及热力学曲线,此时,传质阻力的影响十分明显。

由图 3-34 可以看出,在计算条件下,混合物 NOP-EHS 物系的化学组成对分离度无多大影响。

无传热阻力或传质阻力下初始温度对分离度的影响如图 3-35。图中"△"代表假定没有传质阻力的情况,"○"代表假定没有传热阻力的情况。而实际情况如图中曲线所示,说明传热、传质阻力的影响是两种因素综合作用的结果。

对于接触时间与分离度的关系,Arijit Bose 等人对 NOP-EHS 及 EHP-EHS〔邻苯二甲酸二(乙基己基)酯与癸二酸二(2-乙基己基)酯〕两种混合物体系进行模拟计算,得出了接触时间与分离度的关系,如图 3-36 所示。

由图 3-36 可以看出,除 EHP-EHS 物系与 NOP-EHS 物系有不同分离度外,随着接触时间越长,热量与质量传递阻力越大,分离度越低,这是两种混合物系具有的共同规律。

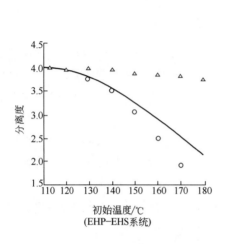

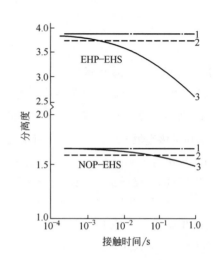

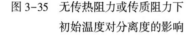

图 3-35 无传热阻力或传质阻力下　　　图 3-36 接触时间与分离度的关系
　　初始温度对分离度的影响　　初始温度=151℃，初始组成 X_0=0.5，蒸汽压力=0.001Pa
　　　　　　　　　　　　　　　　1—动力学曲线　2—热力学曲线　3—计算曲线

（引自：杨村主编 . 分子蒸馏技术 . 2003）

综上所述，Arijit Bose 等人的研究结果表明，当温度较低时，实际分离度曲线接近热力学及动力学曲线；当温度较高时，实际分离度曲线远离热力学及动力学曲线，此时传质阻力影响比传热阻力影响大得多。对分子蒸馏分离过程影响因素的研究，是近年来分子蒸馏技术研究的一个热点，对指导分子蒸馏的装置设计及工业化生产中的工艺操作都具有十分重要的意义。

三、 分子蒸馏分离流程及设备

1. 分子蒸馏的分离流程

（1）流程的组成单元　分子蒸馏全套装置由以下系统组成。

①蒸发系统：以分子蒸馏蒸发器为核心，可以是单级，也可以是两级或多级。该系统中除蒸发器外，往往还设置一级或多级冷阱。

②物料输入、输出系统：以计量泵、级间输料泵和物料输出泵等组成，主要完成系统的连续进料与排料功能。

③加热系统：根据热源不同而设置不同的加热系统，有电加热、导热油加热及微波加热等。

④真空获得系统：真空系统的组合方式多种多样，具体的选择需要根据物料特点确定。

⑤控制系统：通过自动控制或电脑控制。

从图 3-37 中可以看出，分子蒸馏的分离过程是一个复杂的系统工程，其分离效率取决于许多组成单

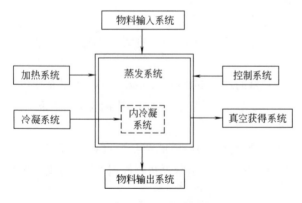

图 3-37 分子蒸馏系统组成框图
（引自：邓修，吴俊生主编 . 化工分离工程 . 2000）

元的共同作用。

（2）分子蒸馏实验装置及工艺流程　目前在实验室开发中多以玻璃装置为主（图3-38），为便于工业化放大，也设计了小型金属装置。

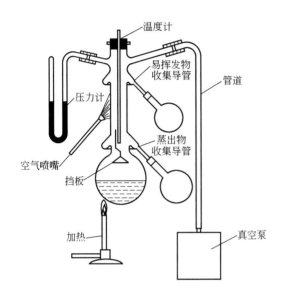

图3-38　间歇瓶式分子蒸馏装置

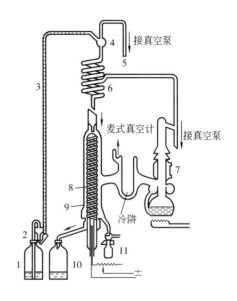

图3-39　内加热、外冷凝降膜式分子蒸馏实验装置
1—进料贮油器　2—滴液速率计数器　3—进料液加热管
4—油气分离球　5—真空管　6—脱气盘管　7—扩散泵
8—蒸发器　9—冷凝器　10—蒸余物接受器　11—蒸出物接受器

（引自：邓修，吴俊生主编. 化工分离工程. 2000）

①早期的间歇瓶式分子蒸馏实验装置：图3-38为一简单的间歇瓶式分子蒸馏实验装置，它由蒸发器、冷凝器、蒸出物收集器、易挥发物收集器、真空泵及测量仪表等组成。

欲分离的混合液首先装入蒸发器中，被加热后，液体中轻组分物质被蒸出，经过冷凝器后被冷凝，易挥发物通过上部导管进入易挥发物收集器，蒸出物通过下部导管进入蒸出物收集器。

②内加热、外冷凝降膜式分子蒸馏实验装置：如图3-39所示，原料油放入瓶1内，通过滴液速率计数器2沿加热管3进入脱气盘管6，此前设置一油气分离球4，然后再进入一内加热、外冷凝的降膜分离器，蒸出物进入接受器11，蒸余物进入接受器10。流程系统中设有真空系统5及7。

③离心式分子蒸馏实验装置：该类装置又分为简易离心式和离心式分子蒸馏实验装置两种类型。简易离心式分子蒸馏实验装置见图3-40。

图3-40为早期的离心式实验装置，是一种带

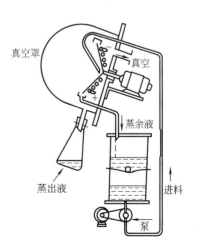

图3-40　简易离心式分子蒸馏实验装置
（引自：刘小平主编. 中药分离工程. 2005）

循环的间歇蒸馏装置。由泵从贮罐中将液体打入分离器内的锥形盘中，由马达带动锥形盘旋转而使液体形成薄膜，并向锥形盘周边移动，液膜被加热后，易挥发物被蒸出，在真空罩周围冷凝，顺着蒸出物液槽流出至蒸出液瓶中，蒸余物则顺蒸余物液槽流出至蒸余物贮罐中，蒸余物再循环蒸馏。该装置实验流程简单，操作方便。

图 3-41 是离心式分子蒸馏实验装置流程。加料泵 2 将贮槽 1 中物料经过预热器 3 打入离心式分子蒸馏器 4 中，蒸出物进入贮罐 10，蒸余物可经过热交换器 8 进入蒸余物循环槽 9，再返回分子蒸馏器再分离。流程中真空系统由真空泵、扩散泵等组成。该装置的特点是蒸余物可循环进入分子蒸馏器进行分离。

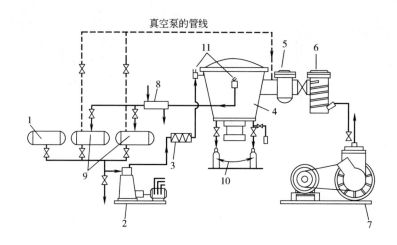

图 3-41　离心式分子蒸馏实验装置

1—进料液贮槽　2—加料泵　3—进料预热器　4—离心式分子蒸馏器　5—冷阱　6—扩散泵　7—真空泵
8—蒸余物热交换管　9—蒸余物循环槽　10—蒸出物贮罐　11—进料与蒸余物出口

（引自：刘小平主编．中药分离工程．2005）

④刮膜式分子蒸馏实验装置：图 3-42 所示为刮膜式分子蒸馏实验装置，由单级刮膜式分子蒸馏器、冷却器、缓冲罐、扩散泵、真空泵等组成。

图 3-42 中，实验物料存于原料罐 T_1 内，通过视镜观察并通过阀门控制进料速度。物料进入分子蒸馏器 H 后被分离，蒸余物及蒸出物分别由出料口进入贮罐 T_2、T_3 内，蒸余物及蒸出物均可返回原料罐再次循环分离。

（3）分子蒸馏工业化装置及工艺流程

①刮膜式分子蒸馏工业化装置及流程：在实际的工业应用中，由于所生产的产品质量通常有多方面的要求，或因为混合物中含有两种以上的组分要分离出来，这样，通过单级的分离装置就难以达到要求，往往需要设计多级分子蒸馏装置。图 3-43 所示为一个四级刮膜式分子蒸馏装置流程示意图。

物料由原料罐经计量泵 JP 进入一级薄膜蒸馏器 H_1，在 H_1 中主要完成脱气处理；脱气后的物料再经输送泵 P_1 打入二级分子蒸馏分离柱 H_2 中，蒸出物在此进入贮罐 T_1，蒸余物经输送泵 P_2 进入三级分子蒸馏分离柱 H_3；H_3 的蒸出物进入贮罐 T_2，蒸余物经输送泵 P_3 进入四级分离柱；……直至最终蒸出物进入贮罐 T_4，蒸余物进入贮罐 T_5。根据需要，所有贮罐中的物料均可

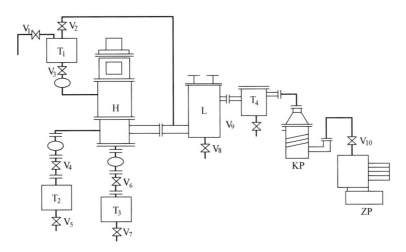

图 3-42 膜式分子蒸馏实验装置

T_1—原料罐 T_2—蒸余物贮罐 T_3—蒸出物贮罐 T_4—冷阱罐 H—分子蒸馏器

L—冷却器 KP—扩散泵 ZP—真空泵 $V_1 \sim V_{10}$—阀门

（引自：刘小平主编.中药分离工程.2005）

作为产品或副产品。流程中每一级都设有独立的真空系统、加热系统、冷却系统，并统一由中央控制柜（或电脑）控制。

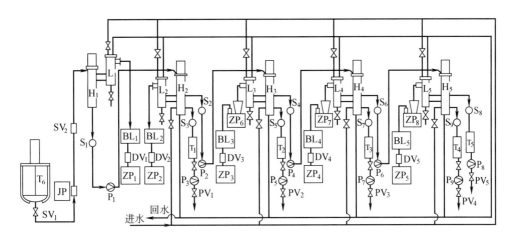

图 3-43 四级刮膜式分子蒸馏工业化装置流程示意图

T_i（下标 i 表示 1，2，…，见图中。余同）—贮罐 JP—计量泵 H_i——主分离柱 L_i——级冷阱

S_i—视镜 BL_i—二级冷阱 ZP_i—真空泵 P_i—物料输送泵 SV_i、DV_i、RV_i、PV_i—阀门

（引自：杨村主编.分子蒸馏技术.2003）

②离心式分子蒸馏工业化流程：图 3-44 所示为离心式分子蒸馏工业化流程。该流程中主要由大型离心式分子蒸馏器及全套旋转泵与扩散泵组合的高真空系统，为提高真空系统效率，在真空泵前设置了冷阱。生产中，原料通过进料泵打入原料罐，再由泵将物料经预热器后打入分子蒸馏器，分离后蒸出物分别进入馏出物罐及蒸余物罐，蒸余物可以循环再分离。为了完成工业上多组分分离的目的，离心式分子蒸馏器也往往由多级蒸馏器并联或串联使用。

2. 分子蒸馏蒸发器

到目前为止，工业化应用有前景的结构形式，归纳起来大致可分为三类，即自由降膜式、旋转刮膜式及机械离心式。

（1）自由降膜式分子蒸馏器　图 3-45 所示为自由降膜式分子蒸馏器示意图。混合液由上部入口进料，经液体分布器使混合液均匀地沿塔壁向下流动，形成薄膜。液膜被加热后，由液相逸出的蒸气分子进入气相，并沿径向向内移动。易挥发物（轻分子）走向内部冷凝器的冷凝面而被冷凝，沿冷凝面下流至蒸出物出口；不易挥发物（重分子）其气相分子达不到冷凝面而返回液相，并达到气液两相平衡，此时，不易挥发物（蒸余物）沿塔壁下流至蒸余物出口。此分离器在高真空下操作。

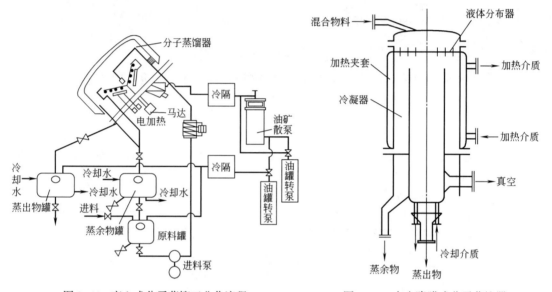

图 3-44　离心式分子蒸馏工业化流程　　　　　图 3-45　自由降膜式分子蒸馏器

（引自：刘小平主编. 中药分离工程. 2005）

自由降膜式分子蒸馏器的最大特点是设备结构简单，无转动密封件，易操作。但由于混合液膜较厚，蒸发速率低，蒸发效率差，该种形式蒸发器目前已较少使用。

美国专利（US 4517057）介绍了另一种类型的自由降膜式结构（图 3-46），其特点是蒸发器设在内部。混合液由上部加入，经液体分布器使液体均匀分布在蒸发面上，易挥发物（轻分子）到达与蒸发面距离很短的冷凝面上而被冷凝分离，蒸出物与蒸余物分别由排出口排出。该分子蒸馏器还设置了蒸余物循环系统，可更有效地分离有效成分，提高产品收率。

（2）旋转刮膜式分子蒸馏器　图 3-47 为旋转刮膜式分子蒸馏器示意图。该种分离器的特点是在自由降膜的基础上增加了刮膜装置。混合液沿进料口进入，经导向盘将液体均匀分布在塔壁上，由于设置了刮膜装置，因而在塔壁上形成了薄而均匀的液膜。这就大大减少了液膜的传热、传质阻力，提高了蒸发速率，相应地提高了分离效率。但该类型分离器因增加了刮膜装置，使设备结构复杂，更重要的是由于刮膜装置为旋转式，增加了高真空下的动密封问题。随着相关技术的不断发展，该类型分子蒸馏器已成为目前工业化应用最为广泛的型式。刮膜装置的设计是该种分离器的关键技术问题之一。随着物料性能不同，特别是黏度的不同，刮膜装置的设计应多种多样。

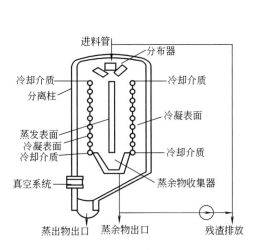

图 3-46　内蒸发面自由降膜式分子蒸馏器

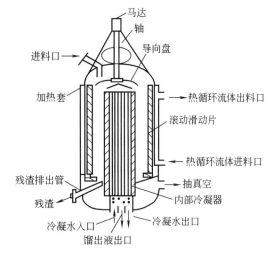

图 3-47　旋转刮膜式分子蒸馏器

(引自：杨村主编．分子蒸馏技术．2003)

图 3-48 所示为一种刮膜式分子蒸馏器的结构情况。刮膜式分子蒸馏器较自由降膜式分子蒸馏器的液膜薄、蒸发效率高，且对黏稠物质在一定范围内适用，但因其增加了转动搅拌装置，因此结构相对复杂，动密封要求较高。这种类型的装置是当今国际上普遍应用于工业化的型式。随着对其内部结构的不断改进，将具有更广阔的应用前景。

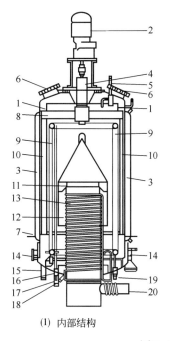

(1) 内部结构

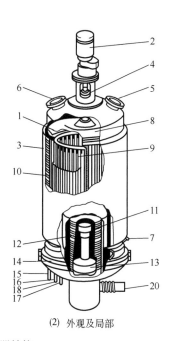

(2) 外观及局部

图 3-48　刮膜式分子蒸馏器结构

1—加料口　2—马达　3—蒸发器壁　4—油封填料箱　5—被蒸物料加料口　6—视镜　7—排水夹套　8—旋转器
9—冷凝器垂直管　10—碳质刮片　11—扩散泵喷头　12—扩散泵冷却油　13—扩散泵内真空　14—法兰
15—蒸余物出口　16—冷凝器入口　17—蒸馏物出口　18—冷凝液出口　19—冷凝水出口　20—真空泵接口

(引自：刘小平主编．中药分离工程．2005)

（3）机械离心式分子蒸馏器 机械离心式分子蒸馏器包括 M 型离心式分子蒸馏器、带电传感加热器的离心式分子蒸馏器和立式离心式分子蒸馏器几种类型。蔡沂春发明的 M 型离心式分子蒸馏器如图 3-49 所示。其结构形式为蒸馏真空室与水平面成 45°~60°角倾斜放置，蒸发面与冷凝面都呈倒置的斗笠状，两平面基本平行。该装置的最大特点是蒸发面与冷凝面间距可调，即可以随分离物系的不同（分子运动自由程不同）进行板间距调节，增加了该装置工业化应用的适用性。

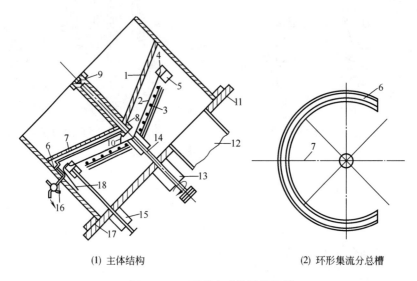

(1) 主体结构　　　　　　　　　　(2) 环形集流分总槽

图 3-49　M 型离心式分子蒸馏器

1—M 型冷凝封头　2—锥形蒸发转盘　3—傍热式电炉　4—环形集液槽　5—水套　6—环形集馏分总槽
7—导管　8—集馏分杯　9—进料管　10—防浅挡板　11—真空室底座　12—排气孔　13—转轴动密封
14—转动轴　15—管状密封　16—馏分接收器导管　17—密封　18—测温计

（引自：杨村主编. 分子蒸馏技术. 2003）

美国专利（US 5334290）提供了一种带电传感加热器的离心式分子蒸馏器，如图 3-50 所示。该蒸馏器由真空罩与固定底板组成外壳。混合液通过计量泵进入蒸馏器，通过导管加入到

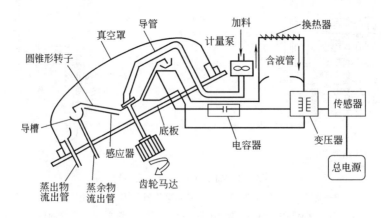

图 3-50　带电传感加热器的离心式分子蒸馏器

（引自：邓修，吴俊生主编. 化工分离工程. 2000）

圆锥形转盘锥的底部，由于转盘由马达带动而以一定速度转动，混合液沿转盘底部流向周边而形成很薄的液膜，转盘下部设有感应电加热装置，因而液膜被蒸发，易挥发物被蒸出，遇真空罩冷凝后沿导槽由蒸出物流出管排出，蒸余物则由导槽沿蒸余物排出管排出。

图 3-51 为 Hickman 研制的另一种形式的离心式分子蒸馏器。

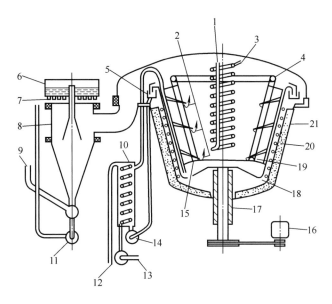

图 3-51　立式离心式分子蒸馏器

1—冷却水入口　2—蒸出物出口　3，4—冷却水出口　5—蒸余物贮槽　6—喷射泵炉　7—喷射泵加热器
8—喷射泵　9—泵连接管　10—热交换器　11—喷射泵炉加料泵　12—蒸余物出口　13—进料泵
14—蒸余液泵　15—冷却水入口　16—电机　17—轴　18—旋转盘　19—冷凝器片　20—加热器　21—导热层
(引自：杨村主编．分子蒸馏技术．2003)

该装置由进料泵 13 将混合液打入热交换器 10，物料经热交换器被预热后进入分子蒸馏器旋转盘 18，旋转盘由电机 16 经过接轴 17 带动旋转。旋转盘中混合液经加热器 20 加热后，液相蒸发，易挥发组分遇冷凝器 19 被冷凝。冷凝器由三层叶片组成，每层都有独立的冷凝液出口。蒸余物经泵 14 打入热交换器 10，被冷却后由蒸余物出口 12 流出。该分离器直接与真空喷射系统相连。

总之，离心式分子蒸馏器的特点是液膜薄，蒸发效率高，生产能力大。另外，其显著优点是可以使蒸发面与冷凝面间距可调，但是因其机械结构较复杂，在工业化应用推广上受到一定限制。

（4）多级分子蒸馏器　对于多组分液体混合物，为了获取多种馏分或提高产品纯度，可在一个装置中设计组合多级分子蒸馏器，因此可以减少流程设计中许多设备组件。

美国专利（US 4053006）提供了一种新型的多级分子蒸馏器，是由三级分子蒸馏段组合而成。如图 3-52 所示，其中（1）为该蒸馏器的主体结构，（2）、（3）所示为该蒸馏器的级间局部结构。液体由进料管加料，经液体分布器将料液均匀分布后，沿加热壁向下流动，液体被加热后蒸汽中轻分子移向冷凝器，沿冷凝壁下流。被加热液体由一根转动轴带动的三级刮膜板按一定转速转动，使之形成薄的液膜。一级（低真空级）液膜流向级间隔离板收集液槽后，再导流进入二级（真空平衡级），然后再导流进入三级（高真空级），经过三级后的残液由下部残液出口排出。经过冷凝后的蒸出液分别由各级冷凝液出口排出。各级真空段均设有真空系统。

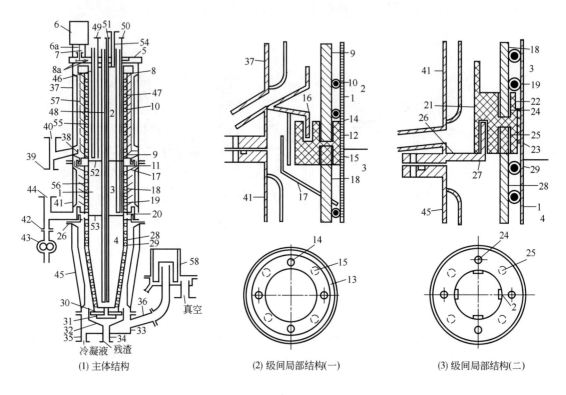

(1) 主体结构　　　　　　(2) 级间局部结构(一)　　　　　　(3) 级间局部结构(二)

图 3-52　多级分子蒸馏器

1—蒸发器　2—低真空级　3—平衡真空级　4—高真空级　5—上盖　6—电机　6a—轴　7—真空密封
8—驱动装置　8a—齿轮装置　9，18，28—转动杆　10，19，29—刮膜片　11，20—旋转真空密封
12—闭合环　13—溢流槽　14—上部连接孔　15，25—下部连接孔　16—分液器　17—进料斗　21—闭合环
22—液体平衡槽　23—限量栓　24—闭合环上部连接孔　26，38—液体收集槽　27—挡液环　30—底部驱动装置
31—轴承　32—集液漏斗　33—分离器底部　34—残留液出口管　35—蒸馏液出口　36—真空管
37，41，45—冷凝器　39，42—冷凝液管　40，44—真空连接管　43—齿轮泵　46，47，48—加热管
49，50，51—压力调节器连接管　52，53—级间隔板　54—进料液管　55，56—防溅液板　57—分馏器　58—冷却器
(引自：刘小平主编．中药分离工程．2005)

该种多级蒸馏装置的优点为工艺流程简单，节省设备材料，无级间输送系统，节约能耗，且由于各级设置单独的真空系统，操作条件可调，因此，该装置可大大提高分离效率。与单级装置相比，其结构复杂，要求级间密封严格，但它仍不失为提高装置效率的发展方向。

综上所述，降膜式分子蒸馏蒸发器由于液膜厚、效率差，除一些特殊过程外，已不适宜于工业应用。刮膜式和离心式分子蒸馏蒸发器是将来工业应用中的两种重要类型，而且随着更多的应用发展，该两种类型还会派生出许多适合不同物料的不同内部结构的型式。

四、 分子蒸馏技术的工业化应用

1. 分子蒸馏技术的应用范围

分子蒸馏技术本质上是一种液-液分离技术，不适宜于分离含固量大的液-固物系，但对溶液中微量固体粒子也有很好的分离作用。大量的工业化实践证明，对于液-液物系的分离，分子蒸馏的适用范围可归纳为如下原则：

（1）分子蒸馏适用于不同物质相对分子质量差别较大的液体混合物系的分离，特别是同系物的分离，相对分子质量必须要有一定差别。

由分子蒸馏的分离原理可知，分子蒸馏的分离是依据分子运动平均自由程的差别进行的。不同物质的分子平均自由程差别越大，则越易分离。在体系的温度、压力一定时，平均自由程可简化为：

$$\lambda_{\mathrm{m}} = f\left(\frac{1}{d^2}\right) \tag{3-31}$$

即物质的分子运动平均自由程与分子的有效直径的平方成反比关系。分子的相对分子质量越大，分子的有效直径就越大，在一定外界条件下（T、P 一定），其分子运动平均自由程 λ_{m} 就越小，反之，则越大。由此，不同物质相对分子质量的差异预示着 λ_{m} 的差异，也就表示着分离的难易程度。

根据实验室及工业化实践经验，在实际应用中两种物质的分子质量之差一般应大于 50Da，这与对分离程度的要求、所设计的分离器结构形式及操作条件的优化等因素有关。

（2）分子蒸馏也可用于相对分子质量接近但性质差别较大的物质的分离，如沸点差较大、相对分子质量接近的物系的分离。

由常规蒸馏的分离原理可知，两种物质的沸点差越大越易分离，这一原则对分子蒸馏也适用。对某些沸点相差大而其相对分子质量相差较小的物系，也可通过分子蒸馏方法分离。原因在于，尽管两物质的相对分子质量接近，但由于其分子结构不同，其分子有效直径也不同，其分子运动平均自由程也不同，因而也适宜于应用分子蒸馏进行分离。

（3）分子蒸馏特别适用于高沸点、热敏性、易氧化（或易聚合）物质的分离。

由分子蒸馏的特点可知，因其操作温度远离子沸点（操作温度低）、被加热时间短，因此，对许多高沸点、热敏性物质而言，可避免在高温下、长时间的热损伤。特别对于从天然物质中提取有效物质、中草药中分离有效成分、某些易分解或易聚合的高分子物质的纯化等，分子蒸馏均为有效的分离方法。

（4）分子蒸馏适宜于附加值较高或社会效益较大的物质的分离。

由于目前分子蒸馏全套装置的一次性投资较大，除了分子蒸馏器本身之外，还要有整套的真空系统及加热、冷却系统等，因此，对那些尽管常规蒸馏分离不理想，且其附加值不高的产品，不宜采用分子蒸馏。

对某一物质的分离是否要采用分子蒸馏，怎样判断其附加值高低呢？除了从积累的常规知识来判断外，一般要用经济核算来判断。尽管分子蒸馏比一般常规蒸馏一次性投资大，但由于分子蒸馏在日常的连续化运转过程中，其操作费用低，而且产品得率高，其一次性投资较大的缺点并不一定影响产品的经济性。

另外，对那些附加值不太高，但社会效益较大的物质，采用分子蒸馏技术也是必要的。如沥青脱蜡，沥青是一种附加值不太高的物质，常用于铺设公路，由于其中多含蜡类物质而在公路的使用上受到限制，通过分子蒸馏可有效地脱除沥青中的蜡类物质。对类似的物系，分子蒸馏也具有较好的应用前景。

（5）分子蒸馏不适宜于同分异构体的分离。从分子蒸馏原理可知，由于同分异构体不仅结构类似，而且其相对分子质量相等，分子平均自由程相近，因此难于用分子蒸馏技术加以分离。对于同分异构体的分离，可以采用溶剂法与分子蒸馏法相结合的技术，即先用溶剂法分离，再用分子蒸馏对物质进行溶剂的脱除及色素的脱除等。

2. 分子蒸馏技术的工业化应用实例

近年来分子蒸馏技术在工业化应用方面进展十分迅速，用于大量热敏性物质的提取，特别是天然物质中有效成分的提取，已充分显示了分子蒸馏法在实际应用中的独特作用。根据分子蒸馏技术的特点，分子蒸馏技术可用于产品的脱溶剂、脱臭、脱色、脱单体及纯化等各个方面。

（1）从鱼油中提取 DHA、EPA　根据众多实验研究结果，结合传统生产工艺的改造，分子蒸馏精制鱼油的生产工艺如图 3-53 所示。该工艺主要包括三大工序，即酯化、水洗及分子蒸馏，其中分子蒸馏工艺的设计及分子蒸馏器的设计、制造是影响该工艺的关键。采用先进工艺所生产的产品，其中 DHA+EPA 含量超过 80%，而且产品中 DHA 及 EPA 的比例可以调节。

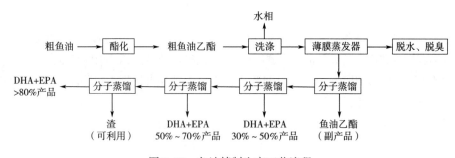

图 3-53　鱼油精制生产工艺流程

李兆新、李小川等对用分子蒸馏法精制鱼油的工厂化产品进行了品质分析，结果如表 3-14 所示。

表 3-14　　　　　　　　　　　五级分子蒸馏所精制鱼油产品的品质

取样点	原料油	酯化后	三级分子蒸馏	四级分子蒸馏	五级分子蒸馏
气味	强烈鱼腥味	强烈鱼腥味	鱼腥味较淡	稍有鱼腥味	鱼腥味很淡
色值	11.33	32.10	2.09	0.11	0.12
水分及挥发物含量/%	0.2	0.2	0.01	0.01	0.01
酸值/(mgKOH/kg)	6.7	2.1	1.0	0.5	0.2
碘值（以碘计）	157	149	170	294	333
过氧化值/(meq/kg)	14.4	40.1	8.2	4.1	4.3

（引自：杨村主编. 分子蒸馏技术. 2003）

由表 3-14 可见，经过五级分子蒸馏后，由于原料油酯化过程造成的过氧化值增高

（14.4→40.1）、色泽加深（11.33→32.10）、碘值降低（157→149）等现象均得到了改善，大大提高了鱼油品质。

通过气相色谱–质谱仪对鱼油成分进行分析，原料鱼油酯化前后的气相色谱–质谱总离子流图如图3-54、图3-55、图3-56、图3-57所示。图中 $C_{16:1}$ 表示该组分为16个碳原子，含1个双键，其余类推。

从表3-14及鱼油的气相色谱–质谱总离子流图可以看出，在经过一、二级分子蒸馏后，鱼油品质有明显改善，而再经三、四、五级分子蒸馏后，鱼油有效成分逐步大幅度提高，如四级分子蒸馏后DHA+EPA含量可达53.3%，五级分子蒸馏后高达72.4%。

实践证明，分子蒸馏技术在DHA、EPA提取的工业应用中充分显示了其独特作用，操作温度低、受热时间短的特点极好地预防了DHA、EPA的聚合及分解；较高的分离程度有效地保证了产品所要求的色泽、气味及纯度，从而极大地提高了产品质量。

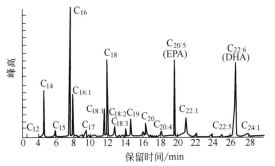

图 3-54　原料鱼油酯化后气相色谱–质谱
总离子流图

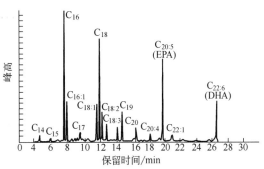

图 3-55　三级分子蒸馏鱼油气相色谱–质谱
总离子流图

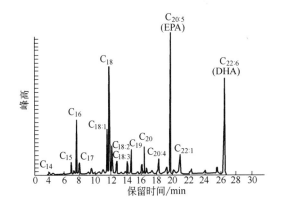

图 3-56　四级分子蒸馏鱼油气相色谱–质谱
总离子流图

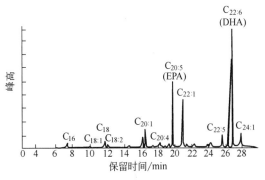

图 3-57　五级分子蒸馏鱼油气相色谱–质谱
总离子流图

（引自：邓修，吴俊生主编．化工分离工程．2000）

（2）小麦胚芽油的制取　利用分子蒸馏法对小麦胚芽油进行精炼的工艺流程如图3-58所示。

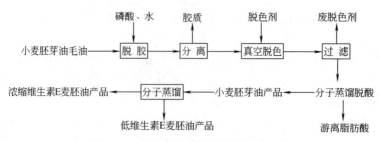

图 3-58　分子蒸馏精制小麦胚芽油工艺

在如图所示工艺流程中，采用前处理方法进行脱胶及脱色处理，然后运用分子蒸馏脱除游离脂肪酸并纯化，最终得到高含量维生素 E 的小麦胚芽油。

脱胶时添加小麦胚芽油量 0.2%～1% 的磷酸和 4%～5% 的水，在 60℃ 温度下反应 30～60min，经离心分离脱胶质。脱色用活性白土为吸附剂，添加量为脱胶油质量的 5%～10%，于 90～110℃ 脱色 30～60min。方法为：加热至 90℃ 时逐渐加入白土，待油温至 110℃ 时停止，使油渐冷。脱色在减压下进行。分子蒸馏脱酸在 140～200℃、10～50Pa 下进行，除去游离脂肪酸，同时还能有效地脱除油内残留农药、氯化物等。经脱酸后的小麦胚芽油可直接作为产品。分子蒸馏浓缩在 200～250℃、1～5Pa 低压下进行，一般可浓缩 5 倍，使维生素 E 含量达 12.13mg/g。浓缩油放出后，冷却充氮保存，或压丸包装为成品。该工艺之所以采用分子蒸馏技术，一方面可代替传统碱炼法脱酸，从而避免化学污染，同时又保证了产品得率；另一方面解决了天然维生素 E、二十八碳醇等高沸点物质的浓缩难题。

（3）分子蒸馏生产单甘酯　单甘酯是食品、化妆品、药品、精细化工、塑料工业中广泛使用的乳化剂，制取方法一般有酯化法和酯交换法两种。通过上述两种方法所得的产品中，一般单酸甘油酯为 40%～50%。将单甘酯（50%左右）提纯为纯单甘酯（>90%）的方法目前有超临界萃取法及分子蒸馏法。图 3-59 为分子蒸馏技术生产单甘酯的工艺流程，该工艺主要包括脱气初馏、脱甘油、主蒸馏三个阶段，并附设真空系统、冷却系统、加热系统等。

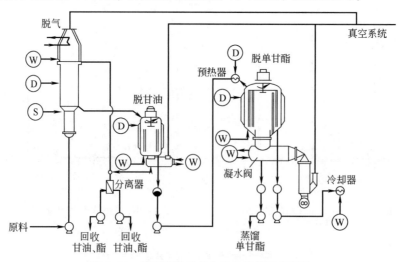

图 3-59　分子蒸馏技术生产单甘酯工艺流程

S—蒸汽　W—水　D—加热介质

（引自：杨村主编. 分子蒸馏技术. 2003）

H. Sgelag 等人进行了分子蒸馏纯化单甘酯的生产实验，以得出最佳工艺条件。按下述工艺条件进行分子蒸馏：脱气釜压力 0.1kPa、分子蒸馏压力 6.8Pa、蒸馏器进料量 200g/h，产品质量和得率均较高。表 3-15 表明不同原料单甘酯在最佳工艺条件下经分子蒸馏后分离的结果。

表 3-15　　　　　　　　　不同单甘酯（A、B、C、D）在最佳条件下分离结果

温度/K	单甘酯含量/%				脂肪酸含量/%			
	A	B	C	D	A	B	C	D
373	74.0	83.0	62.8	58.7	23.2	11.7	5.6	4.5
373	85.1	82.7	84.1	74.5	14.9	8.2	4.5	5.3
373	87.7	86.0	89.2	83.3	10.9	4.7	2.4	3.3
393	95.7	97.8	95.7	93.2	3.0	1.3	0.8	1.2
393	97.8	97.7	96.1	94.5	1.2	1.0	0.6	1.0

（4）辣椒红色素的提取　分子蒸馏法提取天然辣椒红色素，首先应有前处理工艺，其选择原则应是工艺简单、萃取率高，对产品损伤小，目前已经有多种前处理的工艺方法。随着前处理工艺的不同，分子蒸馏装置的配置也不相同。图 3-60 所示为分子蒸馏前处理工艺采用了化学溶剂的工艺。

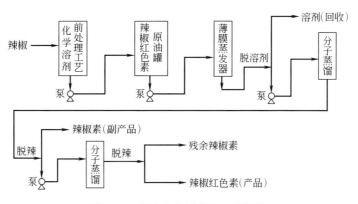

图 3-60　辣椒红色素提取工艺流程

在工艺流程中，由于前处理工艺采用了化学溶剂法，因此，选用薄膜蒸发器首先脱除溶剂，后序的分子蒸馏工序重点是将辣椒红色素与辣椒素分离开，辣椒素也是很有价值的产品，在此作为副产品销售。为提高辣椒红色素的产品质量，设计了二级分子蒸馏装置，将残余的辣椒素去除，可以得到不含任何辣味的辣椒红色素产品。

（5）α-亚麻酸的提取　用分子蒸馏技术从紫苏籽油中提取高质量 α-亚麻酸的工艺如图 3-61 所示，原料为国内某地紫苏籽油粗品。

该工艺流程中，分子蒸馏的主要作用为脱臭和脱色，其配置是根据前处理工艺而设计的，各级设备的内部结构及工艺操作条件也与前处理工艺密切相关。

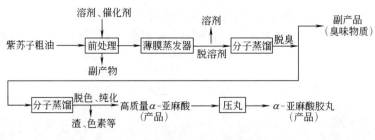

图 3-61　α-亚麻酸分子蒸馏提取工艺流程

第四节　超临界流体萃取技术

一、概述

超临界流体（Supercritical Fluid，SCF 或 SF），即温度和压力略超过或靠近超临界温度（T_c）和临界压力（P_c）、介于气体和液体之间的流体。超临界流体萃取（Supercritical Fluid Extraction，SFE）是利用超临界流体（SCF）作为萃取剂，从固体或液体中萃取出某种高沸点或热敏性成分，以达到分离和纯化目的的一种分离技术。超临界流体萃取过程介于蒸馏和液-液萃取过程之间，是利用超临界状态的流体，依靠被萃取物质在不同蒸汽压力下所具有的不同化学亲和力和溶解能力进行分离、纯化的单元操作。超临界流体萃取作为一种分离过程，主要基于一种溶剂对固体和液体的萃取能力和选择性，在超临界状态下比在常温常压下有极大地提高。

超临界流体与待分离混合物中的溶质具有异常相平衡行为和传递性能，且它对溶质的溶解能力随压力和温度的改变而在相当宽的范围内发生变动。因此，利用超临界流体作为溶剂，可从多种液态或固态混合物中萃取出待分离的组分。近几十年来，基于超临界流体的优良特性发展起来的 SCF 技术取得迅速发展。其中超临界流体萃取技术在化工、能源、燃料、医药、食品、香料、环境保护、海洋化工、生物化工、分析化学等多领域引起世人广泛兴趣，尤其近年来，在我国实施中药现代化进程中，超临界萃取技术被列为中药高效提取分离新技术。

超临界萃取作为一种高效的分离工艺是基于如下情况：一种溶剂对固体或液体的萃取能力在其超临界状态下比其常温常压条件下可提高几十甚至几百倍。超临界流体萃取成为受世人关注的新工艺是在 20 世纪 70 年代，德国 Zosel 博士发现了 SCF 的工业开发价值，将超临界二氧化碳萃取工艺成功地应用于咖啡豆脱咖啡因的工业化生产。由于超临界二氧化碳（SC-CO₂）脱咖啡因工艺明显优于传统的有机溶剂萃取工艺，自此以后，超临界流体萃取被视为环境友好且高效节能的新的化工分离技术，在很多领域得到广泛重视和开发，如煤的直接液化、烃类中有选择地萃取直链烷烃或芳香烃、共沸物的分离、海水脱盐、活性炭再生、从高聚物中分离单体或残留溶剂、同分异构体的分离、天然产物中有害成分的脱除、稀溶液中有机物的分离以及超临界流体色谱分析等。但超临界流体萃取的最主要应用还是从天然产物中提取高附加值的有用成分，如天然色素、香精香料、食用或药用成分等。

　　某些常用的超临界流体，如 SC-CO$_2$，具有无毒、无味、不燃、不腐蚀、价格便宜、易于精制、易于回收等优点，被认为是有害溶剂的理想取代剂。同时，与人类健康有关的食品、药品等安全绿色化的消费观念越来越得到人们的认同，从而推动了超临界二氧化碳萃取工艺在食品、香料、医药等天然产品方面的应用。

　　SFE 技术的局限性：一是对超临界流体萃取热力学及传质理论研究远不如传统的分离技术（如溶剂萃取、精馏等）成熟；二是工艺设备一次性投资大，使成本上常难以与传统工艺竞争；三是商业利益促使的专利保护等因素常制约着该技术的发展，重复性或盲目性的研究时有出现；四是虽然已有成百上千专利出现，但仅有少数产品成功地实现工业化。

　　时至今日，在超临界流体技术中研究最多及形成产业化的主要还是 SFE 技术。如年生产能力为万吨以上的咖啡豆脱咖啡因装置已分别在德国和美国投产；一些欧美国家也相继建立了超临界二氧化碳萃取啤酒花厂以及天然香料与精油的加工厂。日本近十年也建立起中等和工业化规模的 SFE 装置用于天然产物的加工。

　　我国的科技人员自 20 世纪 80 年代初就开始了对超临界流体技术的开发与研究。据不完全统计，目前我国工业化装置已达千余套，生产的产品有沙棘籽油、小麦胚芽油、蛋黄磷脂、辣椒红色素、青蒿素等。

　　自科技部、国家计委、国家经贸委、卫生部四部委联合发布的《中药现代化发展纲要（2002—2010）》实施以来，将 SFE 技术用于中药提取的开发与产业化在国内已形成蓬勃发展态势。由于环境友好的超临界流体萃取技术具有适合于提取天然热敏性物质、产品无溶剂残留、产品质量稳定、流程简单、操作方便、萃取效率高且能耗少等特性，使 SFE 技术被视为现代中药高效提取分离的一种全新方法。

二、　超临界流体萃取的基本原理和方法

（一）超临界流体的基本概念和性质

1. 纯溶剂的行为

　　要充分利用超临界流体的独特性质，必须了解纯溶剂及其与溶质的混合物在超临界条件下的相平衡行为。现用超临界纯溶剂的相图来表明临界点及其相平衡行为。图 3-62 是纯 CO$_2$ 的 P-T-ρ 图。图中分别标注了气体区、液体区、固相区和临界点及相应的超临界流体区。其中沸腾线（饱和蒸汽线）从三相点（$T = 216.58K$，$P = 0.5185MPa$）到临界点（$T_c = 304.06$ K，$P = 7.38MPa$）为止。熔融线（溶解压力曲线）从三相点开始随压力升高而陡直上升。

　　临界点的概念可用临界温度和临界压力来解释。纯物质的临界温度（T_c）是指该物质处于无论多高压力下均不能被液化时的最高温度，与该温度相对应的压力称为临界压力（P_c），在图 3-62 所示的压温图中，高于临界温度和临界压力的区域称为超临界区，如果流体被加热或被压缩至高于其临界点时，则该流体即成为超临界流体。超临界点时的流体密度称为超临界密度（ρ_c），其倒数称为超临界比容（V_c）。

　　不同的物质具有不同的临界点，这种性质决定了萃取过程操作条件的选择。图 3-62 也给出了不同分离过程的操作范围。精馏操作通常接近于沸腾线；液相萃取和吸收过程则在沸腾线与熔融线之间进行；吸附分离操作则在熔融线的左侧进行；气相色谱中，二氧化碳为流动相，

其操作范围在高于室温和压力达 2MPa 的气相区；超临界流体萃取和超临界色谱操作则位于高于溶剂的临界温度和压力的区域内。

超临界流体萃取的实际操作范围以及通过调节压力或温度改变溶剂密度从而改变溶剂萃取能力的操作条件，可用 CO_2 的对比压力-对比密度图加以说明，见图 3-63。对比压力即操作压力与临界压力的比值，对比密度为操作密度与临界密度之比值，对比温度即操作温度与临界温度之比值。超临界流体萃取的实际操作区域为图中虚线以上部分，大致在对比压力 $P_r > 1$，对比温度 T_r 为 0.95~1.4。在这一区域，超临界流体具有极大的可压缩性。溶剂密度可从气体般的密度（$\rho_r = 0.1$）递增至液体般的密度（$\rho_r = 2.0$）。由图可见，在 $1.0 < T_r < 1.2$ 时，等温线在一定密度范围（$\rho_r = 0.5~1.5$）内趋于平坦，即在此区域内微小的压力变化将大大改变超临界流体的密度，如温度为 37℃（$T_r = 1.019$）时，压力由 7.2MPa（$P_r = 0.976$，$\rho = 0.21g/cm^3$）上升到 10.3MPa（$P_r = 1.40$，$\rho = 0.59g/cm^3$），密度可增加 2.8 倍。另一方面，在压力一定的情况下，提高温度可大大降低溶剂的密度，如压力在 10.3MPa 时，温度从 37℃提高到 92℃可使密度相应降低，从而降低其萃取能力，使之与萃取物分离。

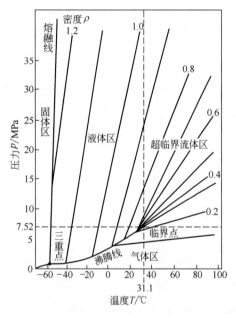

图 3-62 CO_2 的 P-T-ρ 图

（引自：朱自强. 超临界流体技术—原理和应用. 2000）

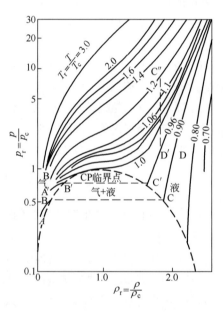

图 3-63 CO_2 的 P_r 及 ρ_r 关系图

（引自：高福成. 食品工程新技术. 2011）

流体在临界区附近压力和温度的微小变化，可引起流体密度的大幅度变化，而非挥发性溶质在超临界流体中的溶解度大致上和流体的密度成正比。超临界流体萃取正是基于这个特性，形成了新的分离工艺，它是经典萃取工艺的延伸。

2. 超临界流体的性质

（1）超临界流体的溶解能力 超临界流体的溶解能力与密度有很大关系。如图 3-64 所示，在临界区附近，操作压力和温度的微小变化，会引起流体密度的大幅度变化，因而也将影响其溶解能力。超临界流体萃取技术正是利用这个特性来分离物质的。

　　溶质在溶剂中的溶解度取决于二者分子之间的作用力，溶质-溶剂之间的相互作用随着分子的靠近而强烈的增加，即随着流体密度的增加而强烈的增加，因此超临界流体在高的或类似液体的密度状态下是"优良"的溶剂，而在低的或类似气体的密度状态下是"不好"的溶剂。

　　图3-64表示了三个温度下萘在不同密度的超临界CO_2中的溶解度。在恒定温度下，溶解度随CO_2密度的增加而增加。物质在超临界流体中的溶解度C与超临界流体的密度ρ之间的关系可用式（3-32）表示：

$$\ln C = m\ln\rho + b \tag{3-32}$$

　　式中m为正数；b为常数。m和b值与萃取剂及溶质的化学性质有关。选用的超临界流体与被萃取物质的化学性质越相似，溶解能力就越大。

　　但是，在实际应用中，压力比密度更容易操作。从图3-65可见，在35℃情况下，当压力较低时，溶解度很小，但当压力接近临界点时（$P=7.38MPa$），溶解度显著地增加。而当压力大于20MPa时，后面曲线的梯度变化又很小。这种状况，很大程度上还取决于系统的温度，如萘在超临界CO_2中的溶解度，在系统压力大于15MPa时，随着温度的升高而逐渐增大，但当系统压力小于10MPa时，温度升高则CO_2的密度急剧减小，溶解度也急剧下降。

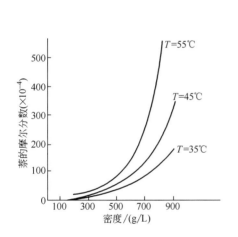

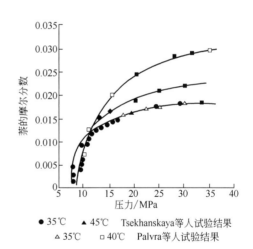

图3-64　不同CO_2密度下萘的溶解度　　　　图3-65　萘在超临界CO_2中的溶解度与压力的关系

（引自：张镜澄.超临界流体萃取.2000）

　　这种溶解度的非理想性，不仅在萘-超临界CO_2体系中存在，也同样存在于其他体系中。实验研究证明，超临界流体对一些物质的溶解度与蒸气压按理想气体定律处理而得到的理论计算值比较，两者相去甚远。实测的溶解度与由蒸气压按理想气体处理所得的计算值之比有时高达10^{10}。表3-16中列出了某些溶质在超临界乙烯中的溶解度实测值与计算值的比较。

　　由上可知，在保持温度恒定的条件下，通过调节压力可控制超临界流体的萃取能力，或保持密度不变而改变温度来提高其萃取能力。溶剂和溶质之间的分离（即萃取物的释放）可通过超临界相的等温减压膨胀来实现，因为在低压下溶质的溶解度是非常小的。从上述的讨论中可以发现，超临界流体对溶解溶质有一个特殊的容量，这一事实导致了超临界流体萃取（SCFE）技术的产生。

表 3-16 在超临界乙烯中溶质溶解度的比较 (19.5℃)

溶质	压力/MPa	蒸气压/Pa	溶解度计算值	实测值	实测值/计算值
癸酸	8.274	0.040	3.3×10^{-10}	2.8	8.48×10^{9}
十六烷	7.516	0.227	2.1×10^{-7}	29.3	1.39×10^{8}
己醇	7.930	91.992	7.9×10^{-4}	9.0	1.14×10^{4}

(引自：元英进. 中药现代化生产关键技术. 2002)

(2) 超临界流体的传递性质　超临界流体显示出在传递性质上的独特性，产生了异常的质量传递性能。如前所述，溶剂的密度对于溶解度而言是一个非常重要的性质。但是，作为传递性质，必须对热和质量传递提供推动力。黏度、热传导性和质量扩散度等都对超临界流体特性有很大的影响。

表 3-17 列出了超临界流体与其他流体的传递性质。由表可见，超临界流体的密度近似于液相的密度，溶解能力也基本上相同，而黏度却接近普通气体，自扩散能力比液体大约 100 倍。此外，传递性质值的范围，在气体和液体之间，例如在超临界流体中的扩散系数比在液相中要高出 10~100 倍，但是黏度却比其小 10~100 倍，这就是说超临界流体是一种低黏度、高扩散系数易流动的相，所以能又快又深地渗透到包含有被萃取物质的固相中去，使扩散传递更加容易并能减少泵送所需的能量。同时，超临界流体能溶于液相，从而降低了与之相平衡的液相黏度和表面张力，并且提高了平衡液相的扩散系数，有利于传质。超临界流体的热传导性大大超过了浓缩气体的热传导性，与液体基本上在同一数量级。另外，在 $T-T_c\leq10K$ 时的超临界流体的热传导性对压力的变化很敏感（或者说是密度的变化）。这种性能在对流热传递过程中和热与质量传递过程同时发生的情况下有一个比较强的效应。

表 3-17 超临界流体与其他流体的传递性质比较

流体状态	密度/ (kg/m³)	黏度/ (Pa·s)	扩散系数/ (mg²/s)	热导率/ [W/(m·K)]
气体	1~100	$10^{-5}\sim10^{-4}$	$10^{-5}\sim10^{-4}$	$5\times10^{-2}\sim2\times10^{-2}$
超临界流体	250~800	$10^{-4}\sim10^{-3}$	$10^{-7}\sim10^{-8}$	$5\times10^{-2}\sim10^{-1}$
液体	800~1200	$10^{-3}\sim10^{-2}$	$10^{-8}\sim10^{-9}$	$\sim10^{-1}$

(引自：朱自强. 超临界流体技术——原理和应用. 2000)

图 3-66 表示了在不同温度下，氮气的密度与热导率的关系，从稀的气体到液体，包括超临界的增强作用。当氮作为超临界流体应用时，它不是一个好的溶剂，但这个流体的性质具有启发性。该图揭示了氮在传递性质上的独特性能（黏度有一个非常小的临界增强作用），当密度接近临界密度时，它的热导率显示出很大的增强作用。这种情况发生在临界温度近旁（但是 $T>T_c$），在临界点附近它发散到无穷大。这个区域经常用于超临界萃取。扩展临界区域的定限对比温度增量和对比密度增量如下：$\Delta T^*=(T-T_c)/T_c\geq0.05$ 和 $\Delta\rho^*=(\rho-\rho_c)/\rho_c\geq0.25$。在这个区域内发散性不存在，但是临界增强温度是显著的。它可以延伸到很高的温度（$T_r\approx2.5$）。当 $\Delta T^*\leq0.05$ 和 $\Delta\rho^*\leq0.25$，则流体属于一个指定的区域，如正常的临界区，在这个区

域里热导率可比稀的气体的热导率增加 10 倍或 10 倍以上，但是，这是一个温度和压力限定、流体密度可以急剧变化的区域（流体的压缩性非常高），所以限制了技术的应用性，扩展临界区域则可以实现超临界流体技术在大多数工业部门中的应用。

（3）超临界流体的选择性　超临界流体萃取过程能否有效地分离产物或除去杂质，关键是用作萃取剂的超临界流体应具有良好的选择性。按相似相溶原则，选用的超临界流体与被萃取物质的化学性质越相似，溶解能力就越大。从操作角度看，使用超临界流体为萃取剂时的操作温度越接近临界温度，溶解能力也越大。因此，提高萃取剂选择性的基本原则是：第一，超临界流体的化学性质应和待分离物质的化学性质相近；第二，操作温度应和超临界流体的临界温度相近。

若两条原则都基本符合，效果就较理想，若符合程度降低，效果就会递减。因此，在实际操作时，尽量选择和被分离物性质相近的萃取剂，并在接近临界温度的操作温度下萃取，以获得尽可能高的萃取率和更高的分离纯化效果。图 3-67 表示了温度为 40℃、压力为 39.5MPa 下菲在各种气体中的溶解度与这些萃取流体临界温度的关系。从图中可见，N_2、CH_4、CF_4 三种物质的临界温度远离操作温度，而且三种超临界流体和菲的化学性质迥异，故菲在其中的溶解度很小。CO_2、C_2H_6 的临界温度和操作温度相近，但 C_2H_6 与菲的化学性质比 CO_2 更接近，因此菲在 C_2H_6 中的溶解度要比在 CO_2 中大。至于 C_2H_4，其临界温度与操作温度相比较低，但其化学性质与菲比 C_2H_6 更接近，故菲在其中的溶解度最大。可见，若操作温度改为略高于乙烯的临界点，则萃取的效果会好些，但萃取温度一定要高于乙烯的临界温度，否则将不再是超临界流体萃取。

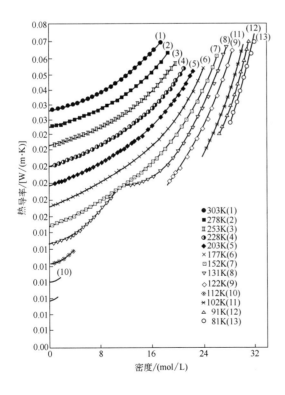

图 3-66　氮的热导率与密度、温度的关系

（引自：朱自强．超临界流体技术——原理和应用．2000）

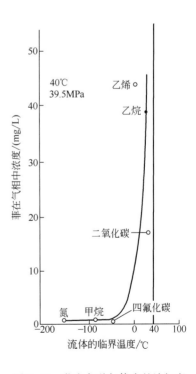

图 3-67　菲在各种气体中的溶解度

（引自：张镜澄．超临界流体萃取．2000）

（二）超临界流体的选择

应按照分离对象与目的的不同，选择超临界流体萃取中使用的溶剂，萃取溶剂分极性和非极性两类，它们的适用范围有所不同。表 3-18 给出了一些超临界萃取剂的临界参数，由于极性和氢键的缘故，极性溶剂具有较高的临界温度和临界压力。

作为萃取溶剂的超临界流体必须具备以下条件：萃取剂具有化学稳定性，对设备无腐蚀；临界温度不能太高或太低，最好在室温附近或操作温度附近；操作温度应低于被萃取溶质的分解温度或变质温度；临界压力不能太高，以节约压缩动力费；选择性要好，容易得到高纯度制品；溶解度要高，以减少溶剂的循环量；萃取溶剂要容易获得，价格要便宜；在医药、食品等工业上使用时，萃取剂必须对人体没有任何毒性。

表 3-18 部分超临界流体的临界性质

试剂	萃取剂	临界温度/K	临界压力/MPa	临界密度/(kg/m³)
	二氧化碳	304.3	7.38	469
	乙烷	305.4	4.88	203
	乙烯	282.4	5.03	218
	丙烷	369.8	4.42	217
	丙烯	365.0	4.62	233
非极性试剂	丁烷	425.2	3.75	228
	正戊烷	469.6	3.37	237
	苯	562.6	4.89	302
	甲苯	591.7	4.11	292
	对二甲苯	616.2	3.51	280
	甲烷	190.6	4.60	162
	甲醇	512.6	8.09	272
	乙醇	513.9	6.22	276
	异丙醇	508.3	4.76	273
极性试剂	丁醇	562.9	4.42	270
	丙酮	508.1	4.70	278
	氨	405.6	11.30	235
	水	647.3	22.00	322

（引自：张镜澄. 超临界流体萃取. 2000）

在表 3-18 所列的超临界萃取剂中，非极性的 CO_2 是最广泛使用的萃取剂，迄今为止，约有 90% 以上的超临界萃取应用研究均使用 CO_2 为萃取剂，这是由它的优异特性决定的。

（1）CO_2 的临界温度接近于室温（31.1℃），按超临界流体萃取过程中的通常萃取条件选择适宜的对比温度（$T_r = 1.0 \sim 1.4$）区域可知，该操作温度范围适合于分离热敏性物质，可防止热敏性物质的氧化和逸散，使高沸点、低挥发度、易热解的物质远在其沸点之下萃取出来。

（2）CO_2 的临界压力（7.38MPa）处于中等压力，按超临界流体萃取过程中的通常萃取条件选择适宜的对比压力（$P_r = 1 \sim 6$）区域，就目前工业水平其超临界状态易于达到。

（3）CO_2具有无毒、无味、不燃、不腐蚀、价格便宜、易于精制、易于回收等优点。因而，SC-CO_2萃取属于环境无害工艺，故SC-CO_2萃取技术被广泛用于药物、食品等天然产物的提取和纯化研究。

（4）SC-CO_2还具有抗氧化灭菌作用，有利于保证和提高天然产品的质量。

（5）对以下物质具有较好的溶解性：分子质量大于500u的物质；中、低相对分子质量的卤化碳、醛、酮、酯、醇、醚；低相对分子质量、非极性的脂族烃（20碳以下）及小分子的芳烃化合物；相对分子质量很低的极性有机物（如羟酸）。

非极性萃取剂也包括低分子烃类溶剂（乙烯、丙烯、乙烷、丙烷、丁烷、戊烷等）及苯、甲苯、对二甲苯等芳烃化合物。它们在超临界状态下是许多溶质的优良萃取剂。但低分子烃类溶剂的缺点是易燃，故需进行防爆处理。文献报道超临界丙烷-丙烯混合物可用于渣油脱沥青工艺；超临界萃取剂乙烷可用于废油的提炼过程。芳烃化合物的临界温度高达300℃左右，故其仅在高温操作下才能用作超临界萃取剂。

对于极性溶剂，水是自然界中应用最广、最安全的溶剂。当水处于超临界状态时，能与非极性物质，如烃和其他有机物完全互溶；而无机物，特别是盐类在超临界水中的溶解度却很低。超临界水可与空气、氧气、氮气、氢气、二氧化碳等气体完全互溶。它的上述性质似乎都与其在常温常压下的性质发生了"反转"。由于超临界水的临界压力和临界温度均很高，目前超临界水主要是作为有机物的萃取剂，使有害有机物质和超临界水相中的氧进行氧化反应，达到消除有机有害物质的目的。超临界水氧化法作为新的废水处理技术展示了很强的工业应用前景。但超临界水的较高的临界压力和临界温度对设备材质的耐压、耐温及耐腐蚀性等要求会更苛刻。

（三）超临界萃取中夹带剂的使用

针对单一组分的超临界溶剂有较大的局限性的问题，在纯流体中加入少量与被萃取物亲和力强的组分，以提高其对被萃取组分的选择性和溶解度，添加的物质称为夹带剂，也称提携剂、改性剂或共溶剂。

夹带剂的作用主要有两点：一是可大大地增加被分离组分在超临界流体中的溶解度；二是在加入与溶质起特定作用的适宜夹带剂时，可使该溶质的选择性（或分离因子）大大提高。

夹带剂可分为两类：一类是混溶的超临界溶剂，其中含量少的被视为夹带剂；另一类是将亚临界态的有机溶剂加入到纯超临界流体中。依赖萃取溶质的特性不同，所加的有机溶剂可以是极性的或非极性的，二者所起作用的机理也各不相同。由于极性夹带剂与极性溶质分子间的极性力、形成氢键或其他特定的化学作用力，可使某些溶质的溶解度和选择性都有很大的改善。选择某些非极性夹带剂也可使溶质溶解度大大提高，但其选择性却几乎没有改善，这是色散力为分子间主要作用力的典型结果。

夹带剂可从两个方面影响溶质在超临界气体中的溶解度与选择性，一是溶剂的密度；二是溶质与夹带剂分子间的相互作用。一般来说，少量夹带剂的加入对溶剂气体的密度影响不大，而影响溶解度与选择性的决定因素是夹带剂与溶质分子间的范德华力或夹带剂与溶质特定的分子间作用力，如形成氢键及其他化学作用力等。另外，在溶剂的临界点附近，溶质的溶解度对温度、压力的变化最为敏感，加入夹带剂后，混合溶剂的临界点相应改变，如能更接近萃取温度，则可增加溶解度对温度、压力的敏感程度。图3-68表示了在35℃下用超临界CO_2萃取胆固醇时，添加3.5%（摩尔比）甲醇为夹带剂可以提高溶解度，两条等温线近似平行。这种在同一密度下使溶解度增加 6 倍的现象，可用胆固醇中的羟基（—OH）和甲醇中的氢（—H）形成氢键来解释。夹带组分效应已为大家共知，而且已应用到从咖啡豆中提取咖啡因等。

图 3-69 为各种压力、温度条件下使用不同浓度乙醇为夹带剂时对可可碱在 CO_2 中的溶解度影响试验结果。从图中可知，在研究的压力（15~30MPa）与温度（60~95℃）范围内，可可碱在纯 CO_2 中的溶解度（质量分数）为 $10^{-6} \sim 10^{-5}$，但随着不同量极性乙醇的加入，可可碱在 CO_2 中的溶解度显著增加至几十倍；但压力的影响明显减少。因而，使用夹带剂不仅可提高溶质在超临界流体中的溶解度，而且可显著降低萃取压力。

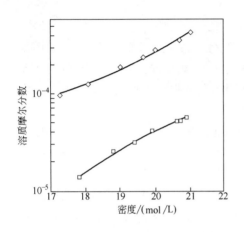

图 3-68　甲醇对超临界 CO_2 中胆固醇
　　　　　溶解度的影响
　　　◇ 添加夹带剂后的溶解度
　　　□ 未加夹带剂的溶解度

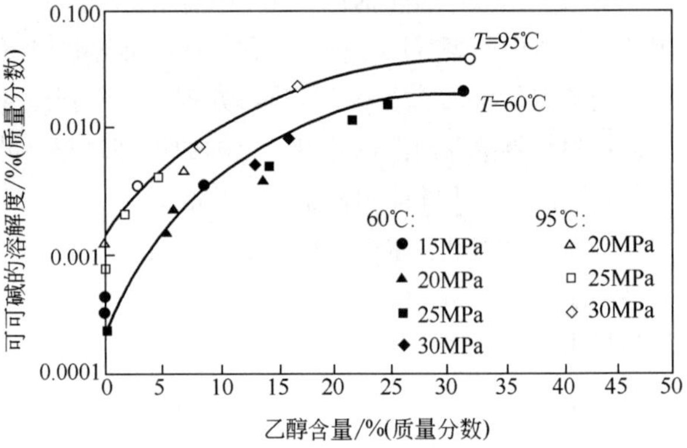

图 3-69　压力、温度和夹带剂乙醇对
　　　　　可可碱溶解度的影响

（引自：刘小平．中药分离工程．2005）

夹带剂的选择应考虑三个方面：一是在萃取段需要夹带剂与溶质的相互作用能改善溶质的溶解度和选择性；二是在溶剂分离阶段，夹带剂与超临界溶剂应能较易分离，同时夹带剂应与目标产物也能容易分离；三是在食品、医药工业中应用还应考虑夹带剂的毒性等问题。当然，使用夹带剂时溶质分离和溶剂的回收均不如使用单一超临界流体的工艺过程简单，故在超临界萃取时，只要可能，应尽量避免使用夹带剂。

（四）超临界流体萃取的方法

1. 超临界流体萃取系统及流程

超临界流体萃取系统的组成各不相同，主要由四部分组成：①溶剂压缩机（即高压泵）；②萃取器；③温度、压力控制系统；④分离器和吸收器。其他辅助设备包括辅助泵、阀门、高压调节器、流量计、热量回收器等。图 3-70 是常见的三种超临界流体萃取流程示意图。第一种方式（1）依靠压力变化的萃取分离法（等温法或绝热法），是控制系统的压力，富含溶质的萃取液经减压阀降压膨胀，溶质在溶剂中的溶解度降低，可在分离器中分离收集，溶剂可经再压缩循环使用或者径直排放。第二种方式（2）依靠温度变化的萃取分离法（等压法），是控制系统的温度，达到理想萃取和分离的流程。超临界萃取是在产品溶质溶解度为最大时的温度下进行。然后萃取液通过热交换器使之冷却，将温度调节至溶质在超临界相中溶解度为最小。这样，溶质就可以在分离器中加以分离收集,溶剂可经再压缩进入萃取器循环使用。第三种方式(3)即吸附法(等温等压法),它包括在等压绝热条件下,溶剂在萃取器中萃取溶质,然后借助合适的吸附材料如活性炭等以吸收萃取液中的溶质,溶剂经压缩后返回萃取器循环使用。

图3-70中(1)、(2)两种流程主要用于萃取相中的溶质为需要精制产品的场合,(3)流程则是用于萃取的物质是需要除去的有害成分(杂质),而萃取器中留下的萃余物才是所需提纯组分的场合。天然产物提取大多数采用(1)流程,其萃取和分离条件有以下三种可供选择的方法:①$P_1>P_C>P_2$,$T_1>T_C>T_2$;②$P_1>P_C>P_2$,$T_1 \geq T_2>T_C$;③$P_1>P_2>P_C$,$T_1 \geq T_C>T_2$。

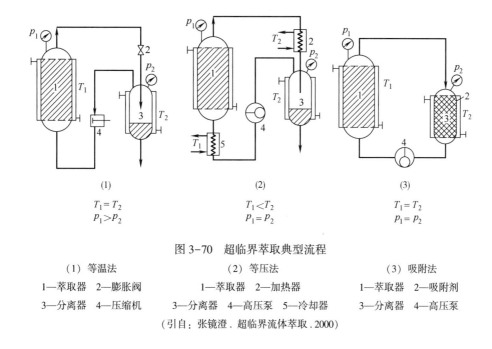

图3-70 超临界萃取典型流程

(1)等温法	(2)等压法	(3)吸附法
1—萃取器 2—膨胀阀	1—萃取器 2—加热器	1—萃取器 2—吸附剂
3—分离器 4—压缩机	3—分离器 4—高压泵 5—冷却器	3—分离器 4—高压泵

(引自:张镜澄.超临界流体萃取.2000)

2. 影响工艺流程的因素

(1)原材料的性质 是固体还是液体;是否需要预处理等,对固体物料还应考虑其密度、粒径、温度、湿度等,其密度对过程经济性影响较大。

(2)萃取条件 包括萃取压力、温度、萃取时间、溶剂与物料流量比或溶剂流速等。

(3)萃取操作方式 应考虑萃取操作采取的是批式还是连续操作;恒定条件操作还是梯度操作;是单个还是多个萃取器;对多个萃取器,是串联还是并联操作,对生产规模处理固体物料,建议采用多个萃取器串联的半连续操作方式,这种流程节省操作时间,萃取液流组成稳定,因而产品质量稳定。

(4)分离操作条件 如分离温度、压力、相分离要求、易挥发组分是否回收以及水分是否除去等。

(5)分离操作方式 分批式还是连续操作;单级还是多级分离,为提高分离效率和收率,为使萃取物能有效分离,可采用多级分离操作。

(6)溶剂的回收和处理 如脱水、净化和贮存等。

(7)萃取物的回收和处理 包括脱气、过滤、均质化、成形以及干燥等。

只有对上述问题进行深入分析和全面综合,才能进行流程的最佳设计和设备的合理选型,使过程生产出的产品具有较高的收率和较好的质量。

3. 设计流程的一般要求

（1）过程若为高压操作，设备压力在 8~35MPa 或更高，设备的压力设计应有一定的设计余度；萃取器及相关的管道和阀门要进行应力分析。

（2）在食品及医药工业上应用时，设备部件及管道应符合食品或医药生产的要求。

（3）设备耐温（设计温度）视工艺而定，除一些有化学反应的应用外，一般不超过 120℃。

（4）根据物料性质，选择适宜的批式或连续式进料与生产方式。

（5）系统中要采用报警和紧急抢救等安全措施，以保证萃取过程安全、可靠。

（6）在过程设计上要考虑多种溶剂使用的可能性，设备应防爆；应有溶剂回收系统。

（7）萃取器内部可设内构件，如塔板或填料；设备应具有逐级升温或逐级升压萃取、逐级降压分离的功能。

（8）对液体物料萃取体系，为增加传质面积、防止沟流现象的发生，并使物料与溶剂充分接触。

（9）在用于产物的纯化时，过程最好自动化，运行稳定、经济。

三、 超临界萃取技术在天然产物提取中的应用

1. 利用超临界 CO_2 从咖啡豆中脱除咖啡因

咖啡中的咖啡因有兴奋作用，对心脏病、高血压及失眠人群有潜在安全风险，因此市场对不同程度脱除咖啡因的咖啡有一定需求。目前工业上已广泛采用超临界 CO_2 脱除咖啡因，基本取代了传统的有机溶剂萃取工艺。图 3-71 中给出了 4 种超临界 CO_2 萃取咖啡因的流程。

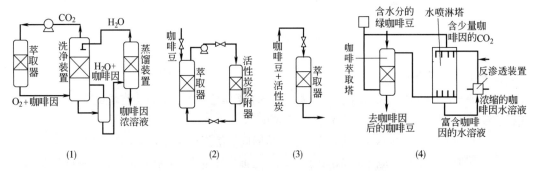

图 3-71　SC-CO_2 从咖啡中萃取咖啡因的流程

（引自：元英进 . 中药现代化生产关键技术 . 2002）

图中流程（1）为半连续操作过程。将未烘烤处理的生咖啡豆先用一定量水浸渍，然后放在高压容器中，通入 SC-CO_2 进行萃取，温度 70~90℃、16~22MPa，CO_2 循环使用。所用咖啡豆必须是湿润的，因为超临界 CO_2 几乎不能从干燥的咖啡豆中萃取出咖啡因，但水可以使咖啡因游离出来，使之溶于超临界 CO_2 中。然后富含咖啡因的 CO_2 进入水洗塔，经水淋洗，咖啡因被水吸收而与 CO_2 分开，吸附有咖啡因的水经脱气后进入蒸馏塔以回收咖啡因。CO_2 从洗净装置顶部逸出并循环使用。原料咖啡豆经上述处理后，咖啡豆中的咖啡因含量可减小到 0.02% 以下，而芳香物质没有损失。

图中流程（2）的萃取条件和流程（1）相同，只是用活性炭吸附器取代水洗塔。从萃取器顶部排出的 CO_2、水蒸气、咖啡因混合物进入吸附器顶部，通过活性炭床层时，咖啡因被活性炭吸附，CO_2 回到萃取器内。定期排出吸附了咖啡因的活性炭，然后设法使咖啡因从活性炭中分离出来。

图中流程（3）是先将加水的生咖啡豆和活性炭混合，再装入萃取器内，在约 90℃ 和 22MPa 条件下，用 SC-CO_2 处理 5h，可使咖啡豆中的咖啡因含量下降到 0.08%。然后，从萃取器中排放出所有的固体物料，用振动筛将活性炭和咖啡豆分开，再设法将咖啡因从活性炭中分离。

图中流程（4）是将含水分的生咖啡豆加到咖啡萃取塔中，用 SC-CO_2 进行脱咖啡因。带有咖啡因的超临界 CO_2 流体从萃取塔上部离开，进入水喷淋塔的底部，并将水从塔的上部喷淋而下吸收咖啡因；从该塔底部流出富含咖啡因的水进入反渗透装置，浓缩后的水溶液从反渗透装置中排出。从反渗透装置分离出的水与新补充的水合并，重新回到水喷淋塔的上部。在此流程中，固体物料是间歇地进入萃取塔，与连续的气体流向接触。在水喷淋塔内液体和超临界流体是逆流连续接触。所谓半连续过程，指的是咖啡豆间歇地加到萃取塔中去，但是在加料过程中 CO_2 循环并不断流，加料在有压力负载的条件下进行，脱咖啡因过程也是在连续不断的条件下得以实现。

为保证循环 CO_2 相中咖啡因的浓度足够低，流程中采用两种措施，第一种是用水洗去 CO_2 相中的咖啡因。有学者测出 80℃ 和 31.0MPa 时咖啡因在 CO_2 和水中的分配系数为 0.03~0.04（质量基），此分配系数很小，因此用 CO_2 去萃取咖啡因是不利的，但用水去洗脱 CO_2 中的咖啡因却十分方便。这是采用水洗流程洗脱 CO_2 中咖啡因的依据。第二种是用活性炭吸附除去 CO_2 中的咖啡因。由 CO_2-咖啡因-活性炭系统的吸附等温线可知，随着 CO_2 相中咖啡因含量的增加，在活性炭上的吸附负载量也随之线性增加。这意味着当 CO_2 相中咖啡因含量增大时可以用活性炭吸附法除去咖啡因。这是活性炭除去咖啡因流程的依据。

2. 啤酒花有效成分的提取

用 SC-CO_2 萃取啤酒花是另一个超临界流体萃取技术成功实现工业化的项目，已在欧美国家普遍使用。啤酒花萃取物中含有软树脂、硬树脂、单宁、挥发油、脂肪和蜡等，其中最重要的软树脂由 α-酸（葎草酮）和 β-酸（蛇麻酮）构成，能赋予啤酒特有的清爽、苦味和香气，并有益于啤酒的稳定。

传统的萃取过程中常采用 CH_2Cl_2 作为溶剂进行浸提，再用浓缩与蒸发的方法去除溶剂，得到的萃取物一般为暗绿色糊状物，含大量杂质，且残留溶剂不易去除而影响质量。用超临界 CO_2 变压萃取分离法提取啤酒花的有效成分，具有更高的萃取率和选择性，软树脂量和 α-酸分别达到 96.5% 和 98.9%，而且不含有机溶剂残留，符合食品安全的有关要求。

也有文献报道，用亚临界 CO_2（L-CO_2）萃取啤酒花的有效成分，其选择性则更高，只萃取出葎草酮、蛇麻酮和重要的酒花油，无任何副产物。萃取温度仅为 7~15℃，分离操作时降压使 CO_2 气化，提取物就自然分离出来。因为萃取是在较低的温度和惰性 CO_2 环境中进行的，所以不会破坏有效成分，产品的质量高。为了防止氧化，啤酒花的粉碎及萃取物的收集等都在不活泼的 CO_2 气体中进行，以保证萃取物的质量。

有人对有机溶剂、L-CO_2 和 SC-CO_2 萃取做了比较，认为用 SC-CO_2 萃取啤酒花，生产成本高于啤酒花压片或有机溶剂萃取，低于 L-CO_2 萃取；但 SC-CO_2 萃取的啤酒花，没有残留溶剂及残留农药，萃取物不易被氧化，因而产品质量有保证，用于酿制啤酒占有优势。

3. 辣椒红色素的脱辣精制

辣椒红色素是从成熟的辣椒果皮中提取的一种天然色素，具有良好的使用性能，可广泛应用于食品、医药和化妆品的着色。国内辣椒红色素的生产多采用传统的溶剂萃取法，其产品存在纯度低、有异味和溶剂残留等缺陷，无法满足国际市场对辣椒红色素质量的需求，目前只能以半成品方式廉价出口。而采用超临界流体萃取方法所得的辣椒红色素杂质少、质量高，可以满足产品的质量要求。

有人采用线性升压的操作模式对辣椒油树脂进行全分离，结果表明，在较低压力下主要萃取出的是黄色素和辣味成分，随着压力的升高，红色素的馏出物也随之增加，从分离结果看，在选定条件下保留红色素的萃取压力应小于 10.0MPa。当压力大于 12.0MPa 时可将辣椒油树脂中的红色素基本萃取完全。故采用 SFE 方法在较低压力下可有效地将色素中的黄色素和辣味成分除去，同时在压力继续升高到一定程度还可实现红色素与更难溶组分（如树脂、果胶）的分离，获得脱辣完全、纯度极高的辣椒红色素。

4. 超临界萃取植物芳香成分

植物中的挥发性芳香成分主要有精油和某些特殊的呈香呈味成分。传统的提取、分离方法是溶剂浸提与水蒸气蒸馏法，存在的主要问题是香气成分损失严重和溶剂残留。

芳香成分的 $SC-CO_2$ 萃取，萃取物主要成分为精油和呈味物质，并且植物精油在 $SC-CO_2$ 流体中溶解度很大，与液体 CO_2 几乎能完全互溶，因此精油可以完全从植物组织中被提取出来，加上超临界流体对固体颗粒的渗透性很强，使得萃取过程不但效率高，而且与传统工艺相比有较高的收率。表 3-19 汇总了已报道的采用 $SC-CO_2$ 萃取技术生产天然香料的实例，目前报道较多的是柑橘皮精油、柠檬皮精油、大蒜精油、灵芝孢子油的超临界 CO_2 萃取。

表 3-19　　　　　　　　　　已报道的采用 SFE 技术的天然产品选例

八角茴香	丁香	黑胡椒	檀香
生姜	珊瑚姜	桂皮	香叶
芹菜籽	肉豆蔻	百里香叶	罗勒叶
金盏菊	艾菊	芫荽	桂花
茉莉花	玫瑰花	薄荷	乌龙茶
红花籽油	茶籽油	紫苏籽油	亚麻籽油
香辛料	烟草香精	啤酒花提取物	天然辣椒色素
茶脱咖啡因	咖啡脱咖啡因	烟草脱尼古丁	蛋白质脱脂肪
小麦胚芽油	玉米胚芽油	天然维生素 E	降低饮料中的醇含量

（引自：元英进. 中药现代化生产关键技术. 2002）

$SC-CO_2$ 萃取过程中操作温度和压力的选择至关重要，首先表现在对萃取产物的收率上。$SC-CO_2$ 的溶解能力随着压力的增加而增加，因而萃取物的收率也随着压力的增大而增加。但也有例外，胡椒碱、啤酒花、当归等的 $SC-CO_2$ 萃取时萃取率与萃取压力存在一个最佳值。

其次萃取温度和萃取压力直接影响到产物的组成。张镜澄等介绍了不同提取方法所得产物的组成（图 3-72）。图 3-72（1）为典型天然产物的化学组成色谱图，由精油、多萜、脂肪酸、脂肪、蜡、树脂和色素所组成。图 3-72（2）、（3）、（4）、（5）各图中阴影部分表示不同萃取方法及条件下萃取物的成分。其中水汽蒸馏法能严格地得到植物中挥发成分即精油 [图 3-72（2）]。溶剂萃取产物随溶剂的不同而组成不同，使用二氯甲烷为溶剂可以萃取出天然产物绝大部分组分 [图 3-72（3）]，而用含水乙醇为溶剂，只能萃取出精油及部分萜类组分 [图 3-72（4）]。只有使用超临界 CO_2 流体萃取能通过压力和温度的调节而选择性萃取植物中的某些组分，以适应不同的需求 [图 3-72（5）]。在 6MPa/60℃ 低压萃取时萃取物主要为精油和部分萜类（图中 1 线部分），萃取压力 10MPa/60℃ 时，脂肪以下的成分可被萃取出来（图中 2 线部分），萃取压力 30MPa/60℃ 时能基本上萃取出所有成分（图中 3 线部分）。$SC-CO_2$ 萃取法这一特性称为选择性，$SC-CO_2$ 萃取的选择性使得其应用领域远远超过了常规意义上的溶剂萃取。

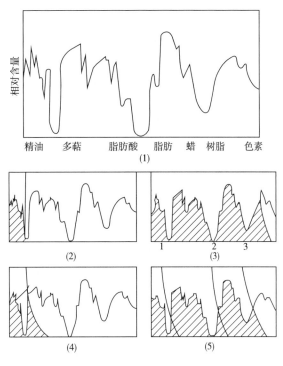

图 3-72　不同提取方法所得产物的组成比较

（1）天然产物的脂溶性成分　（2）水蒸气蒸馏

（3）二氯甲烷抽提　（4）乙醇-水抽提　（5）超临界 CO_2 萃取

1—6MPa/60℃　2—10MPa/60℃　3—30MPa/60℃

（引自：张镜澄. 超临界流体萃取. 2000）

第五节　色谱分离技术

色谱分离技术始于 20 世纪初，俄国植物学家 M. Tswett 用 $CaCO_3$ 柱分离叶绿素，创立了色谱法。英国科学家 Martin 和 Synge 首先提出了色谱塔板理论，并发明了液-液分配色谱。1952 年气相色谱仪诞生，并产生了气相色谱法，它为挥发性化合物的分离测定带来了划时代的变革；Martin 也因创立气-液色谱分离方法而荣获诺贝尔奖。20 世纪 60 年代末高效液相色谱（HPLC）产生。目前，气相色谱（GC）、高效液相色谱及其联用技术已成为化学、化工、生物化学与分子生物学等领域不可缺少的分析分离工具。

色谱分离技术具有应用范围广、分离效率高、操作模式多样等特点，其最大的特点是分离精度高，它能分离各种性质极其类似的物质。色谱技术已经发展成为生物大分子、天然产物、化学合成产物分离和纯化技术中极其重要的组成部分。胰岛素是最早使用色谱技术进行纯化得到的注射药品之一，其中一个关键生产环节就是以凝胶色谱去除胰岛素的二聚体。现在，以凝胶色谱、反相色谱为核心的色谱分离技术已被广泛地应用于包括干扰素、生长激素、多肽类药物等生物工程药物的生产环节。而硅胶层析、聚酰胺层析、氧化铝层析也已越来越多地应用于天然产物、药物的分离与生产，其中以新型抗癌药物紫杉醇、喜树碱、高山尖杉酯碱等的生产最具代表性。作为一种重要的分离手段与方法，色谱技术在石油、化工、医药卫生、生物科学、环境科学、农业科学等领域已发挥出十分重要的作用。

一、 色谱分离技术的基本概念与理论

色谱法又称层析法，是利用混合物中各个组分的化学、物理性质的差异，各组分不同程度地分布于两相中，其中一相是固定相，另一相是流动相，由于被分离混合物中各组分受固定相的作用力不同（吸附、分配、交换、分子间氢键结合力等），在流动相与固定相发生相对移动过程中，当待分离的混合物通过固定相时，由于各组分的理化性质存在差异，与两相发生相互作用的能力不同，在两相中的分配不同，与固定相相互作用力越弱的组分，随流动相移动时受到的阻滞作用越小，向前移动的速度越快。反之，与固定相相互作用越强的组分，向前移动速度越慢。如果分步收集流出液，可得到样品中所含的各单一组分，从而达到将各组分分离的目的，这个过程就称为色谱分离过程。1903 年 M. Tswett 用 $CaCO_3$ 分离色素的色谱过程如图 3-73 所示。以吸附柱层析为例，将 X 和 Y 两组分进行色谱分离的过程如图 3-74 所示。

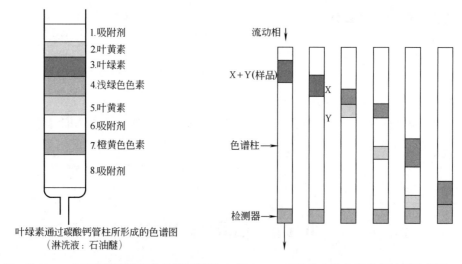

图 3-73 M. Tswett 分离叶绿素的经典色谱过程图　图 3-74 两种化合物色谱分离过程示意图

把含有 X 和 Y 两组分的样品加到层析柱的顶端，X、Y 均被吸附到固定相上，然后用适当的流动相冲洗。当流动相流过时，已被吸附在固定相上的两种组分又溶解于流动相中而被解吸，并随着流动相向前迁移。已解吸的组分遇到新的吸附剂颗粒又再次被吸附，如此在层析柱上重复此过程。若两种物质的理化性质存在着微小的差异，则在吸附剂表面的吸附能力也存在着微小的差异，经过多次的重复，这种差异逐渐扩大，其结果就是吸附能力弱的 Y 组分先从层析柱中流出，吸附能力强的 X 组分后流出层析柱，从而使两组分得到分离。

（1）固定相　固定相是色谱分离过程中的一个固定的介质。它可以是固体物质（如吸附剂、凝胶、离子交换剂等），也可以是液体物质（如固定在硅胶、纤维素或树脂上的溶液），这些基质能与待分离的化合物进行可逆的吸附、分配、溶解、交换等作用。它对层析的效果起着关键的作用。

（2）流动相　在层析过程中，推动固定相上待分离的物质朝着一个方向移动的液体、气体或超临界流体等都称为流动相。柱层析中一般称为洗脱剂，薄层层析时称为展层剂。它也是层析分离中的重要影响因素之一。

（3）保留时间和保留体积　待分离物质从进样开始到组分流出浓度最大时所经过的时间，称为该组分的色谱保留时间，用 t_R 表示。待分离物质从进样开始到组分流出浓度最大时所用洗脱液的体积，称为该组分的保留体积，用 v_R 表示。

（4）死时间和死体积　非保留溶质从进样开始到流出色谱柱所经历的时间称为死时间，通常又称流动相的保留时间，用 t_0 表示。非保留溶质从进样开始到流出色谱柱所用的洗脱液的体积，称为死体积，用 v_0 表示。

（5）调整保留时间和调整保留体积　某种物质扣除死时间后的在色谱柱上的保留时间称为该物质的调整保留时间，某种物质扣除死体积后的在色谱柱上洗脱所用的洗脱剂的体积称为该物质的调整保留体积。

（6）容量因子　是描述溶质分子在固定相和流动相中分布特征的一个重要参数，表示某一溶质在色谱柱中任意位置达到平衡后，该溶质在固定相中的量和在流动相中的量之比，通常用 k' 表示。与溶质在流动相和固定相中的分配性质、柱温及相比（固定相与流动相体积之比）有关，与柱尺寸及流速无关。

（7）塔板理论　色谱法是一种基于被分离物质的物理、化学特性的不同，使它们在某种基质中相对移动速度不同而进行分离和分析的方法。例如：利用物质在溶解度、分配能力、吸附能力、立体化学特性及分子的大小、带电情况及离子交换、亲和力的大小及特异的生物学反应等方面的差异，使其在流动相与固定相之间的分配系数不同，达到彼此分离的目的。对于一个层析柱来说，可做如下基本假设：

①层析柱的内径和柱内的填料是均匀的，而且层析柱由若干层组成。每层高度为 H，称为一个理论塔板。塔板一部分为固定相占据，一部分为流动相占据，且各塔板的流动相体积相等。

②每个塔板内溶质分子在固定相与流动相之间瞬间达到平衡，且忽略分子的纵向扩散。

③溶质在各塔板上的分配系数是一常数，与溶质在塔板的量无关。

④流动相通过层析柱可以看成是脉冲式的间歇过程（即不连续过程）。

⑤溶质开始加在层析柱的第零塔板上。根据以上假定，将连续的层析过程分解成了间歇的动作，这与多次萃取过程相似，一个理论塔板相当于一个两相平衡的小单元。

在以上假设的基础上，一个色谱柱的分离效率的高低，可以用这个色谱柱的理论塔板数或塔板高度的大小来衡量。其中该色谱柱理论塔板数用 $n=16\ (t_R/w)^2$ 来计算，这里的 w 为该组分的基线峰宽，t_R 为该组分的保留时间。该色谱柱的理论塔板高度可以用 $H=L/n$ 来计算，这里的 L 为色谱柱的长度。色谱柱的理论塔板数越大，塔板高度越小，则该色谱柱的分离效率越高。

（8）分配系数　分配系数是指在一定的条件下，某种组分在固定相和流动相中含量（浓度）的比值，常用 K 来表示。分配系数是色谱分离过程中分离纯化物质的主要依据。

$$K=c_s/c_m \tag{3-33}$$

式中　c_s——固定相中的浓度

　　　c_m——流动相中的浓度

（9）迁移率（或比移值）　迁移率是指在一定条件下，在相同的时间内，某一组分在固定相移动的距离与流动相本身移动的距离的比值，常用 R_f 表示。分离对象 R_f 值的大小与该化合物的分配系数 K 值密切相关，K 值增加，R_f 减少；反之，K 值减少，R_f 增加。

实验中我们还常用相对迁移率的概念。相对迁移率是指在一定条件下，在相同时间内，某一组分在固定相中移动的距离与某一标准物质在固定相中移动的距离之比值。它可以≤1，也可以>1。用 R_x 来表示。不同物质的分配系数或迁移率是不同的。分配系数或迁移率的差异程度是决定几种物质采用层析方法能否分离的先决条件。很显然，差异越大，分离效果越理想。分配系数主要与下列因素有关：①被分离物质本身的性质；②固定相和流动相的性质；③层析柱的温度。对于 K 值相近的不同物质，可通过改变色谱条件的方法，增大 K 值之间的差异，达到分离的目的。

（10）分辨率（或分离度）　指相邻两个峰的分开程度，用 R_s 来表示。

$$R_s = \frac{2\Delta Z}{W_A + W_B} = \frac{2[(t_R)_A - (t_R)_B]}{W_A + W_B} \tag{3-34}$$

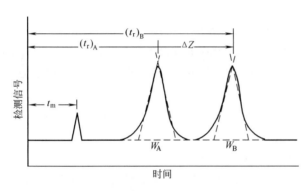

图 3-75　典型色谱图

$(t_r)_A$—A 的色谱保留时间　$(t_r)_B$—B 的色谱保留时间

t_m—死时间

这里 ΔZ 是 A 和 B 峰顶之间的距离，W_A 和 W_B 分别是 A 和 B 两峰基线的宽度。一般来说，R_s 值越大，两种组分分离得越好。当 $R_s = 1$ 时，两组分具有较好的分离，互相沾染约 2%，即每种组分的纯度约为 98%。当 $R_s = 1.5$ 时，两组分基本完全分开，每种组分的纯度可达到 99.8%。如果两种组分的浓度相差较大时，尤其要求较高的分辨率。在每次色谱分离过程中，相邻两种化合物的 R_s 值最小的两种物质称为难分离物质对，只要调整难分离物质对的分离度达到分离的要求，其他各种物质均能实现有效的分离。

组分间分离度 R_s 的提高可以通过改变容量因子 k'、分离因子 α 和提高理论塔板数 n 来实现：①使理论塔板数 n 增大，则 R_s 上升；②增加柱长，n 可增大，可提高分离度，但会造成分离时间加长，洗脱液体积增大，并使洗脱峰加宽，故不是理想的办法；③减小理论塔板的高度。如减小固定相颗粒的尺寸，并加大流动相的压力。高效液相色谱（HPLC）就是这一理论的实际应用。一般液相层析的固定相颗粒为 100μm；而 HPLC 柱子的固定相颗粒为 10μm 以下，且压力可达 20MPa，使 R_s 和分离效率大大提高；④采用适当的流速，也可使理论塔板的高度降低，增大理论塔板数。太高或太低的流速都是不可取的。层析柱都有一个最佳的流速范围，特别是对于气相色谱，流速影响相当大。

可改变容量因子 k'（固定相与流动相中溶质量的分布比），一般是加大 k'，但 k' 的数值通常不超过 10，再大对提高 R_s 不明显，反而使洗脱的时间延长，谱带加宽。一般 k' 限制在 $1 < k' <$

10，最佳范围在 1.5~5。可以通过改变柱温（一般降低温度），改变流动相的性质及组成（如改变 pH、离子强度、盐浓度、有机溶剂比例等），或改变固定相体积与流动相体积之比（如用细颗粒固定相，填充得紧密与均匀些），提高 k' 值，使分离度增大。

增大 α（分离因子，也称选择性因子，是两组分容量因子 k' 之比），使 R_s 变大。实际上，使 α 增大就是使两种组分的分配系数差值增大。同样，可以通过改变固定相、流动相的性质、组成，或者改变层析的温度，使 α 发生改变。应当指出的是，温度对分辨率的影响，是对分离因子与理论塔板高度的综合效应。因为温度升高，理论塔板高度有时会降低，有时会升高，应根据实际情况选择。通常，α 的变化对 R_s 影响最明显。

影响分离效率的因素是多方面的，应当根据实际情况综合考虑，特别是对于生物大分子，还必须考虑其稳定性、活性等问题。

（11）正相色谱与反相色谱　正相色谱是指固定相的极性高于流动相的极性，层析过程中非极性分子或极性小的分子比极性大的分子移动的速度快，先从柱中流出来。反相色谱是指固定相的极性低于流动相的极性，层析过程中极性大的分子比极性小的分子移动的速度快而先从柱中流出。

一般来说，分离纯化极性大的分子（带电离子等）采用正相色谱（或正相柱），而分离纯化极性小的有机分子（有机酸、醇、酚等）多采用反相色谱（或反相柱）。

（12）操作容量（或交换容量）　在一定条件下，某种组分与基质（固定相）反应达到平衡时，存在于基质上的饱和容量称为操作容量（或交换容量）。它的单位是 mmol（或 mg）/g（基质）或 mmol（或 mg）/mL（基质），数值越大，表明基质对该物质的亲和力越强。应当注意，同一种基质对不同种类分子的操作容量是不相同的，这主要是由于分子大小（空间效应）、带电荷的多少、溶剂的性质等多种因素的影响。故实际操作时，加入的样品量要尽量少些，特别是生物大分子，样品的加入量更要进行控制，否则用层析办法不能得到有效的分离。

（13）层析法的分类　根据不同的标准可以分为多种类型：

①根据固定相基质的形式分为纸层析、薄层层析和柱层析。纸层析是指以滤纸作为基质的层析。薄层层析是将基质在玻璃或塑料等光滑表面铺成一薄层，在薄层上进行层析。柱层析则是指将基质填装在管中形成柱形，在柱中进行层析。纸层析和薄层层析主要适用于小分子物质的快速检测分析和少量分离制备，通常为一次性使用；而柱层析是常用的层析形式，适用于样品分析、分离。凝胶层析、离子交换层析、亲和层析、气相色谱、高效液相色谱等都通常采用柱层析形式。

②根据流动相的形式分为液相层析和气相层析。气相层析是指流动相为气体的层析，而液相层析指流动相为液体的层析。气相层析测定样品时需要气化，大大限制了其在生化领域的应用，主要用于氨基酸、核酸、糖类、脂肪酸等小分子的分析鉴定。液相层析是生物领域最常用的层析形式，适于生物样品的分析、分离。

③根据分离的原理分为吸附层析、分配层析、凝胶过滤层析、离子交换层析、亲和层析等。

如图 3-76 所示，吸附层析是以吸附剂为固定相，根据待分离物与吸附剂之间吸附力不同而达到分离目的的层析技术；分配层析是根据在一个有两相同时存在的溶剂系统中，不同物质的分配系数不同而达到分离目的的层析技术；凝胶过滤（排阻）层析是以具有网状结构的凝胶颗粒作为固定相，根据物质的分子大小进行分离的层析技术；离子交换层析是以离子交换剂为固定相，根据物质的带电性质不同而进行分离的层析技术；亲和层析是根据生物大分子和配体之间的特异性亲和力（如酶和抑制剂、抗体和抗原、激素和受体等），将某种配体连接在载体上作为固定相，而对能与配体特异性结合的生物大分子进行分离的层析技术。亲和层析是分离生物大分子最为有效的层析技术，具有很高的分辨率。

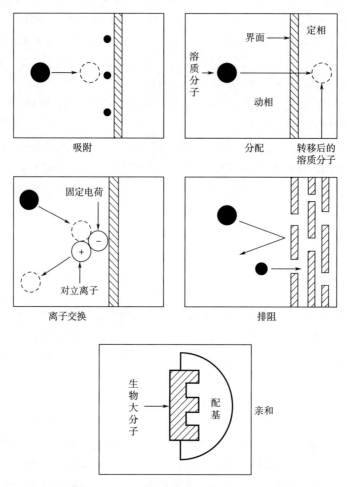

图 3-76　不同类型色谱的分离原理示意图

（引自：冯淑华主编．药物分离纯化技术．2009）

④按处理量分为半制备、大规模和生产型色谱。但由于目的物质不同，样品量并不是绝对的分级指标，对于某些基因工程药物而言，毫克级就已达到生产色谱规模。

二、　吸附层析法

吸附层析指的是层析固定相与流动相在相对移动过程中，溶质和溶剂分子在吸附剂表面上的活性位点相互竞争的吸附过程。液-固层析利用吸附的机理进行分离的典型例子是 1903 年 Tweet 用碳酸钙分离色素的实验，1950 年 Kirchner 提出的薄层层析也属于此类。

1. 吸附层析分离中常用的固定相

（1）氧化铝　Al_2O_3 是最常用的吸附剂之一，有碱性、中性和酸性三种，其中中性 Al_2O_3 使用最多。碱性 Al_2O_3（pH 9~10）适合碱性（如生物碱）和中性化合物的分离。中性 Al_2O_3

（pH 7.5）适合生物碱、挥发油、萜类、甾体以及在酸、碱中稳定的苷类、酯、内酯等化合物。酸性 Al_2O_3（pH 4~5）适合酸性物质，如酸性色素和某些氨基酸等的分离。在酸、碱性 Al_2O_3 上能分离的化合物，中性 Al_2O_3 也都能分离。

对于 Al_2O_3 吸附化合物的机理，主流观点认为是 Al_2O_3 表面存在铝醇基（Al—OH），由于羟基的氢键作用而吸附化学物质。Al_2O_3 的活性和含水量密切相关。在适当温度下加热，除去水分可使 Al_2O_3 的吸附性能增强，称为活化。反之，加入一定量的水分可使活性降低，称为去活化或脱活性。在进行层析前如果已有的 Al_2O_3 不符合实验要求，可适量加入蒸馏水使之降低活性或加入含水量较低的 Al_2O_3 来提高活性。用 Al_2O_3 作吸附剂进行层析分离时应注意的是：有些化合物如黄酮类、三萜酸能与 Al_2O_3 结合，有些化合物在 Al_2O_3 上会发生一些如异构化、氧化、皂化、水合以及脱水形成双键等副反应，这些情况下都不能采用 Al_2O_3 作吸附剂。层析后的 Al_2O_3 可先弃去柱顶端加样部位，然后倾出于烧杯中用甲醇、稀乙酸、稀氢氧化钠溶液和水依次洗涤，再经高温（200℃）活化以后可重复使用。活性 Al_2O_3 价格便宜，容易再生，活性易控制，但操作繁琐，处理量有限。

（2）硅胶　硅胶是吸附色谱最常用的吸附剂，通常用 $SiO_2 \cdot xH_2O$ 表示，是一种坚硬、无定型链状和网状结构的硅酸聚合物颗粒，约90%的分离工作都可采用硅胶作为层析剂。

硅胶具有硅氧交联结构，表面有许多硅醇基的多孔性微粒。硅醇基是使硅胶具有吸附力的活性基团。它能与极性化合物或不饱和化合物形成氢键或发生其他形式的相互作用。被分离物质由于极性与不饱和程度不同而与硅醇基相互作用的程度也不同，从而得到分离。

如图 3-77 所示，硅醇基以三种形式存在于硅胶表面，其吸附力大小的顺序是：（3）＞（1）＞（2）。

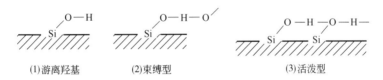

(1)游离羟基　　　　(2)束缚型　　　　　　　(3)活泼型

图 3-77　硅胶表面硅醇基的三种存在形式

多数活性羟基存在于硅胶表面较小的孔穴中，因此孔穴较小而比表面积较大的硅胶吸附能力较强。水能与硅胶表面的羟基结合成水合硅醇基而使其失去活性。但将硅胶加热到100℃左右，水能可逆地被除去，若含水量达 17% 以上，则吸附力较低。若将硅胶在 105~110℃ 加热 30min，则硅胶吸附力增强，该过程称为"活化"。

硅胶层析的装柱一般用湿法，即将硅胶混悬于装柱溶剂中，不断搅拌使气泡除去后，连同溶剂一起倾入层析柱中，层析柱中硅胶段直径与长度之比一般为 1:（20~30）。若硅胶的颗粒较细，而粒度分布范围窄，则可采用短柱（1:5）。这样不仅增大了截面积，而且也增加了样品的载量。硅胶最好一次倾入，否则由于不同粒度大小的硅胶沉降速度不一，使硅胶柱有明显的分段现象，影响分离效果。也可采用干法装柱，将所需硅胶一次倾入柱中，然后蹾紧至硅胶高度不改变为止。欲分离样品与吸附剂的比例为 1:（30~60）。

样品上柱可采取两种方式，如样品能溶于流动相，可用少量流动相溶解，从柱顶加入，尽可能保留加样色带狭窄，再行展开；如样品难溶于移动相，则可溶于适当的溶剂，拌于干燥硅胶上，待溶剂挥发尽后，加适量的流动相拌匀再上柱，然后用流动相展开。

硅胶的再生一般可用乙醇或甲醇洗涤，除去溶剂，烘干、活化处理即可使用。必要时用0.5% NaOH 水溶液浸泡洗涤，过滤，水洗，再以 5% ~ 10% HCl 浸泡洗涤，后用蒸馏水洗至中性，110℃活化，过筛即可。

硅胶显微酸性，适于分离酸性和中性物质，如酚类、醛类、生物碱、氨基酸、甾体、磷脂类、脂肪类及萜类等。硅胶的分离效率与其粒度、孔径及表面积等几何结构有关。硅胶粒度越小，均匀性越好，分离效率越高；硅胶表面积越大，与样品之间的相互作用越强，则吸附力越强。硅胶的优点在于不像 Al_2O_3 那样有时会与样品发生副反应，但硅胶的分离效率有时比 Al_2O_3 差，对杂质的吸附能力也弱。

（3）活性炭 活性炭是分离水溶性物质的主要介质之一。活性炭具有非极性表面，对非极性物质具有较强的吸附作用，为疏水性和亲有机物质的吸附剂，吸附容量大，抗酸耐碱，化学稳定性好。层析用活性炭的类型和特点如表 3-20 所示。

表 3-20 层析用活性炭类型和特点

类型	特点	使用优缺点
粉末状活性炭	颗粒极细，呈粉末状，比表面积特别大，吸附力和吸附量也大，是活性炭中吸附力最强的一类	由于颗粒太细，层析过程中流速慢，需加压或减压操作
颗粒状活性炭	颗粒比前者大，比表面积相对减小，吸附力和吸附量也较前者减弱	层析过程中流速易于控制，无须加压或减压操作
锦纶-活性炭	以锦纶为黏合剂，将粉末状活性炭制成颗粒。比表面积介于颗粒状活性炭和粉末状活性炭之间，但其吸附力较二者皆弱	锦纶不仅单纯起黏合作用，而且还是一种活性炭的脱活性剂，用于分离因前两种活性炭吸附力太强而不易洗脱的化合物

使用前应先将活性炭于120℃加热 4~5h，使所吸附的气体除去。使用过的活性炭可用稀酸、稀碱交替处理，然后水洗，加热活化。有时将粉末状活性炭制成颗粒状锦纶活性炭（1：2）或与硅藻土（1：1）混合后装柱，以增加流速，但颗粒状活性炭吸附能力比粉末状活性炭低。

活性炭主要用于分离水溶性物质如氨基酸、糖类及某些苷类。活性炭的吸附作用在水溶液中最强，在有机溶剂中较弱，故可用有机溶剂作脱附剂。在一定条件下，对不同物质的吸附力也不一样。如以乙醇进行洗脱时，随乙醇浓度的递增而洗脱力增强，有时亦用稀甲醇、稀丙酮、稀乙酸溶液洗脱。

活性炭对芳香族化合物的吸附力大于脂肪族化合物；对大分子化合物的吸附力大于小分子化合物；对极性基团（如—COOH、—NH_2OH 等）多的化合物的吸附力大于对极性基团少的化合物。可以利用这些吸附性能的差别，将水溶性芳香族化合物与脂肪族化合物、氨基酸与肽、单糖与多糖分开。

由于活性炭的生产原料、制备方法及规格不一，其吸附力不像 Al_2O_3、硅胶那样容易控制，也没有测定吸附力级别的理想方法，从而使其应用受到一定限制。

（4）聚酰胺 聚酰胺是由酰胺聚合而成的高分子物质，其吸附属于氢键吸附，极性与非极性物质均可适用。层析技术中常用的是聚己内酰胺，其结构如下：

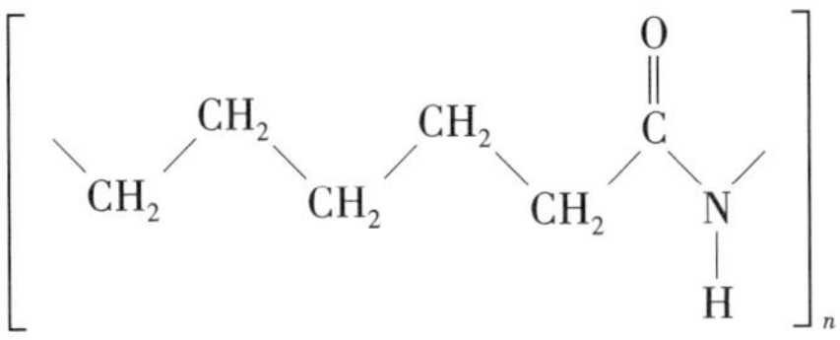

聚酰胺难溶于水及乙醇，分子内有许多酰胺键，能和酚类、羧酸类、醌类等化合物形成氢键，被分离混合物中各成分因和聚酰胺形成氢键能力不同而分离。

和聚酰胺形成氢键的基团是酚羟基、羰基、羧基，而醇羟基与水分子和聚酰胺形成氢键的能力很弱。尤其是水分子，与聚酰胺形成氢键能力最弱。因此，聚酰胺与被分离化合物形成氢键的能力在水溶液中最强，在有机溶剂中较弱，在碱性溶剂中最弱。以氢键为基础的聚酰胺层析过程中，被分离物质和洗脱剂（或展开剂）之间存在着与聚酰胺形成氢键的争夺。

层析时洗脱剂的顺序为：水→稀乙醇（30%～50%）→浓乙醇（70%～90%）→无水乙醇→丙酮→氢氧化钠水溶液→二甲基甲酰胺（DMF）

一般来说，能形成氢键基团较多的物质吸附能力较强；邻位基团间能形成分子内氢键者吸附力减弱；芳香核具有较多共轭键时，吸附能力增强。

聚酰胺可分离极性和非极性物质，如黄酮、酚类、醌类、有机酸、生物碱、萜类、甾体、苷类、糖类、氨基酸衍生物、核苷类等。尤其是对黄酮、酚类、醌类等物质的分离，远比其他方法优越。

2. 吸附层析固定相的选择

固定相的选择对于能否成功地进行分离至关重要。固定相选择的原则主要依据被分离对象的性质、分离的目的和固定相的性质来决定。对于被分离对象，考虑的主要因素：①样品的溶解性：一般情况下，水溶性样品如糖类化合物、某些苷类等可以采用活性炭来分离。黄酮类化合物则主要采用聚酰胺来分离，绝大部分的有机化合物可以采用硅胶和 Al_2O_3 作为固定相进行分离。②样品的酸碱性：硅胶略带酸性，适用于微酸性和中性物质的分离，而碱性物质能与硅胶作用，易被吸附，导致分离效果差。反之，Al_2O_3 略带碱性，适用于碱性和中性物质的分离，而酸性物质因与其吸附得较牢而难以得到较好的分离效果。③化合物的极性：化合物的极性取决于其分子中所含官能团的极性和分子结构，物质的结构不同，其极性也不同。通常极性大的物质吸附能力也强，应根据化合物极性的不同选择不同的分离介质进行分离，一般来说，饱和碳氢化合物为非极性化合物，一般不被吸附剂吸附；不饱和化合物吸附能力强；分子中基团的极性越大，极性基团数越多，整个分子极性越大。有些化合物若含有很容易被吸附的基团，可能在硅胶或 Al_2O_3 上吸附得太牢而得不到分离。例如，黄酮（含多个酚羟基）有时就不宜用硅胶和 Al_2O_3，而采用聚酰胺作吸附剂。常见化合物的极性（吸附能力）有下列顺序：烷烃<烯烃<醚<硝基化合物<二甲胺<酯<酮<醛<硫醇<胺<酰胺<醇<酚<羧酸。④吸附剂对组分的作用：所选用固定相必须和分离对象不发生化学反应或不对被吸附分离的物质具有破坏作用，如酸性的硅胶固定相不适合分离碱性物质，碱性 Al_2O_3 不能用来分离具有酸性的酚类及黄酮类化合物。碱性 Al_2O_3 由于能引起醛、酮的缩合，酯和内酯的水解等，不能用于此类化合物的分离。在紫杉醇的分离过程中，碱性 Al_2O_3 由于能造成紫杉醇的降解而使其不能用于紫杉醇的分离。吸附层析常用固定相的选择如表 3-21 所示。

表 3-21　　　　　　　　吸附层析常用固定相的选择及使用方法

吸附剂	装柱方法	洗脱剂	适用范围
氧化铝	一般先准确量取一定体积的溶剂加入柱中，同时将氧化铝慢慢加入，保持边沉降边添加的状态，直至加完，用量一般是样品量的20~50倍	①洗脱时，所用溶剂的极性逐步增加，跳跃不能太大 ②层析常用的混合洗脱剂的极性：石油醚<苯<苯-乙醚<苯-乙酸乙酯<氯仿-乙醚<氯仿-乙酸乙酯<氯仿-丙酮<氯仿-甲醇<丙酮-水<甲醇-水	适合分离碱性化合物
硅胶	硅胶一般采用湿法装柱，即将硅胶混悬于装柱溶剂中，不断搅拌待空气泡除去后，连同溶剂一起倾入层析柱中，最好一次倾入，否则由于粒度大小不同的硅胶沉降速度不一，硅胶柱将有明显的分段，从而影响分离效果。用量一般是样品量的30~60倍		适于分离酸性和中性物质，如酚类、醛类、生物碱、氨基酸、甾体及萜类等
活性炭	因活性炭在水中的吸附力最强，一般在水中装柱，层析柱内先加入少量蒸馏水，将在蒸馏水中浸泡过一段时间的活性炭倒入柱中，让其自然沉降，装至所需体积	洗脱按极性递减的顺序，在水中或亲水溶剂中形成的吸附作用最强，故水的洗脱能力最强	主要用于分离水溶性成分，如氨基酸、糖类及某些苷
聚酰胺	方法同活性炭的装柱，但使用的装柱溶剂为90%~95%的乙醇	常用的洗脱剂有：10%醋酸、3%氨水、5%氢氧化钠水溶液等。各种溶剂在聚酰胺柱上的洗脱能力由弱至强的顺序为：水<甲醇<丙酮<氢氧化钠水溶液<甲酰胺<二甲基甲酰胺<尿素水溶液	适合于酚类、黄酮类化合物的分离制备。此外对生物碱、萜类、甾体、糖类、氨基酸等的分离也有着广泛的用途，特别是对鞣质有很强的吸附性，适宜植物粗提取的脱鞣处理

3. 吸附层析流动相的选择

吸附柱层析中的流动相与薄层层析中的展开剂，由单一或混合溶剂构成。吸附层析过程实际上是组分分子与流动相分子竞争占据吸附剂表面活性中心的过程，所以流动相的选择应同时考虑被分离物质的性质、吸附剂的活性及展开剂的极性三个因素。

分离极性较强的组分时，要选用吸附活性较低的吸附剂，以极性较强的流动相洗脱。分离极性较弱的组分时，要选用吸附活性较高的吸附剂，以极性较弱的流动相洗脱。要有好的分离效果，吸附剂和流动相的选择要综合考虑。

常用的单一溶剂流动相的极性顺序为：石油醚<环己烷<二硫化碳<四氯化碳<三氯乙烷<

苯<甲苯<二氯甲烷<氯仿<乙醚<乙酸乙酯<丙酮<正丙醇<乙醇<甲醇<吡啶<酸<水。单一溶剂流动相的分离重现性好，但往往难以得到满意的分离效果，故在实际中常用二元、三元甚至多元溶剂组分。有时还需加入酸、碱以提高分离度。

4. 吸附层析操作

吸附层析按操作方式分为柱层析和薄层层析。柱层析因样品容量大，主要用于天然产物的制备分离，而薄层层析更适用于分离分析或少量样品的分离制备。典型的柱层析如图 3-78 所示，基本操作如下：

（1）装柱 装柱的质量好坏是柱层析能否成功分离纯化物质的关键步骤之一。要求装柱要均匀，不能分层，柱子中不能有气泡，否则需重装。首先根据层析的基质和分离目的选好柱子，其直径与长度比为1∶（10~50）；用时将柱子洗涤干净。可用干法或湿法装柱。干法装柱是将干燥吸附剂经漏斗均匀地成一细流慢慢装入柱中，不时轻敲层析柱，使柱填充均匀，有适当的紧密度，然后加入溶剂，使固定相全部润湿。此法简单，缺点是易产生气泡。湿法装柱是将层析用的基质用适当的溶剂洗涤干净并真空抽气（吸附剂等与溶液混合在一起），以除去其内部的气泡。关闭层析柱出水口，并装入 1/3 柱高的缓冲液，并将处理好的吸附剂等缓慢地倒入柱中，使其沉降约 3cm高。打开出水口，控制适当流速，使吸附剂等均匀沉降，并不断加入吸附剂溶液（吸附剂的多少根据分离样品的多少而定）。注意不能干柱、分层，否则必须重新装柱。最后使柱中基质表面平坦并在表面留有2~3cm 高的缓冲液，同时关闭出水口。

（2）平衡 柱子装好后，要用所需的缓冲液（有一定的 pH 和离子强度）平衡柱子。用恒流泵在

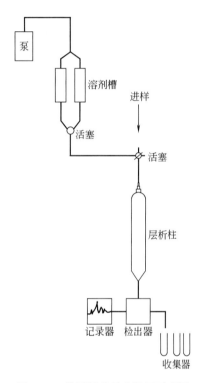

图 3-78 柱层析的基本装置示意图

恒定压力下走柱子（平衡与洗脱时的压力尽可能保持相同）。平衡液体积一般为 3~5 倍柱床体积，以保证平衡后柱床体积稳定及基质充分平衡。如果需要，可用蓝色葡聚糖 2000 在恒压下走柱，如色带均匀下降则说明柱子是均匀的。有时柱子平衡好后，还要进行转型处理。

（3）加样 加样量的多少直接影响分离效果。一般加样尽量少些，分离效果比较好。通常加样量应少于 20% 的操作容量，体积应低于 5% 的床体积，对于分析性柱层析，一般不超过床体积的 1%。当然，最大加样量必须在多次试验后才能决定。应注意的是，加样时应缓慢小心地将样品溶液加到固定相表面，尽量避免冲击基质，以保持基质表面平坦。

（4）洗脱 选定好洗脱液后，可按简单洗脱、分步洗脱和梯度洗脱三种方式分别洗脱。

①简单洗脱：柱子始终用同一种溶剂洗脱，直到层析分离过程结束为止。如果被分离物质对固定相的亲和力差异不大，其区带的洗脱时间间隔（或洗脱体积间隔）也不长，采用这种方法是适宜的。但选择的溶剂必须很合适方能使各组分的分配系数较大，才能达到较理想的洗脱效果。

②分步洗脱：是指选择洗脱能力逐渐增强的几种洗脱液，进行逐级洗脱。它主要对混合物组成简单、各组分性质差异较大或需快速分离时适用，每次用一种洗脱液将其中一种组分快速洗脱下来。

③梯度洗脱：当混合物中组分复杂且性质差异较小时，一般采用梯度洗脱。它的洗脱能力是逐步连续增加的，梯度可以指浓度、极性、离子强度或 pH 等。最常用的是浓度梯度，在水溶液中即指离子强度梯度。洗脱条件的选择也是影响层析效果的重要因素。当对所分离的混合物的性质了解较少时，一般先采用线性梯度洗脱的方式去尝试，但梯度的斜率要小一些，尽管洗脱时间较长，但对性质相近的组分分离更为有利。同时还应注意洗脱时的速率。总之，必须经过反复的试验与调整，才能得到最佳的洗脱条件。另外，整个洗脱过程中千万不能干柱，否则分离纯化将会前功尽弃。

（5）收集、鉴定　由于检测系统的分辨率有限，洗脱峰不一定能代表一个纯净的组分。因此，每管的收集量不能太多，一般 1~5mL/管。如果分离的物质性质很相近，可低至 0.5mL/管。这视具体情况而定。在合并一个峰的各管溶液之前，还要进行鉴定。

（6）基质的再生　许多基质（吸附剂、交换树脂或凝胶等）可以反复使用多次，而且价格昂贵，故层析后应回收处理，以备再用。各种基质的再生方法可参阅具体层析实验及有关文献。

5. 吸附薄层层析

吸附薄层层析是一种简便、快速、微量的层析方法，其分离原理与柱层析基本相似。

层析用的吸附剂及其选择原则和柱层析相同，主要区别在于薄层层析要求吸附剂（支持剂）的粒度更细，一般应小于 10μm，并要求粒度均匀。用于薄层层析的吸附剂或预制薄层一般活度不宜过高，以 Ⅱ~Ⅲ 级为宜。而展开距离则随薄层的粒度粗细而定，薄层粒度越细，展开距离相应缩短，一般不超过 10cm，否则可能引起色谱扩散，影响分离效果。当吸附剂活度为一定值时（如 Ⅱ 或 Ⅲ 级），对多组分的样品能否获得满意的分离，取决于展开剂的选择。中草药化学成分在脂溶性成分中，大致可按其极性不同而分为无极性、弱极性、中极性与强极性。但在实际工作中，经常需要利用溶剂的极性大小对展开剂的极性予以调整。针对某些性质特殊的化合物的分离与检出，有时需采用一些特殊薄层。

（1）荧光薄层　有些化合物本身无色，在紫外灯下也不显荧光，当又无适当的显色剂时，则可在吸附剂中加入荧光物质制成荧光薄层进行层析。展层后置于紫外光下照射，薄层板本身显荧光，而样品斑点处不显荧光，即可检出样品的层析位置。常用的荧光物质多为无机物，如在 254nm 紫外光激发下显荧光的锰激活的硅酸锌，在 365nm 紫外光激发下发出荧光的银激化的硫化锌或硫化镉。

（2）络合薄层　常用的有硝酸银薄层，用来分离碳原子数相等而其中 C—C 双键数目不等的一系列化合物，如不饱和醇、酸等。其主要机理是由于 C—C 键能与硝酸银形成络合物，而饱和的 C—C 键则不与硝酸银络合。因此在硝酸银薄层上，化合物由于饱和程度不同而获得分离。层析时饱和化合物由于吸附最弱而 R_f 最高，含一个双键的较含两个双键的 R_f 值高，含一个三键的较含一个双键的 R_f 值高。此外，在一个双键化合物中，顺式的与硝酸银络合较反式的易于进行，因此，还可用来分离顺反异构体。

（3）酸碱薄层与 pH 缓冲薄层　为了改变吸附剂原来的酸碱性，可在铺制薄层时采用稀酸或稀碱以代替水调制薄层。例如，硅胶带微酸性，有时对碱性物质如生物碱的分离不好，如不能展开或拖尾，则可在铺薄层时，用稀碱溶液如 0.1~0.5mol/L NaOH 溶液制成碱性硅胶薄层。

例如，猪屎豆碱在以硅胶为吸附剂时，以氯仿：丙酮：甲醇（8：2：1）为展开剂，$R_f<0$，采用碱性硅胶薄层用上述相同展开剂，R_f值增至 0 左右，说明猪屎豆碱为碱性生物碱。

薄层色谱在天然产物中常用于植物成分的定性鉴定或分离化合物的纯度检验，了解分离化合物的真伪、组成等。鉴别单一化合物的真伪可采用标准品对照法，根据二者在薄层上的 R_f 是否相同即可鉴别。鉴别单一化合物纯度时，采用三种不同溶剂展开，在三块薄层上，都只出现单一斑点者，可推测该化合物纯度较高；再用样品浓度递增方式点在薄层上，层析后，浓度大的样品也只呈现一个斑点，则进一步说明纯度高。鉴定中药主要成分时，将中药提取物制成样品液于薄层上，同时随行点样该中药主要成分单体对照，层析后，在样品液中呈现与单体对照品 R_f 一致、显色相同的斑点，则可以认为该中药含此主要成分。另外，采用特异性显色剂对展开完成的薄层板进行显色反应，不仅可以确定植物中可能存在的化合物种类，也可以对 R_f 值相同的化合物是否和标准化合物相同进行有效鉴定。

薄层色谱也可以用于中药主要成分的含量测定，可采用直接定量和洗脱定量。前者将薄层上已分离的斑点直接在薄层上用分光光度法测定，后者将分离的斑点自薄层上用适当溶剂洗脱，再用一定方法测定含量。不论是直接测定或洗脱测定，如用显色剂定位，显色剂的存在都以不干扰含量测定为原则。所以做定量分析时，显色剂的应用有一定限制。

（4）薄层层析在中草药研究中主要应用于化学成分的预试与鉴定、少量化合物的制备分离及探索柱层析分离的条件。

①化学成分的预试验：薄层层析法进行中草药化学成分预试，可依据各类成分性质及熟知的条件，有针对性地进行。由于在薄层上展层后，可将一些杂质分离，选择性高，可使预试结果更为可靠。

②化学成分的鉴定：样品与标准品均薄层层析，如分别用数种溶剂展开后，标准品和样品的 R_f 值、斑点形状及颜色都完全相同，则初步鉴定为同一化合物。但一般需进行化学反应或红外光谱几种仪器分析方法加以核对。

③探索柱层析分离条件：在进行柱层析分离时，首先考虑选用何种吸附剂与洗脱剂。在洗脱过程中各个成分将按何种顺序被洗脱，每一洗脱液中是否为单一成分或混合物，均可由薄层的分离得到判断与检验。通过薄层的预分离，还可以了解多组分样品的组成与相对含量。如在薄层上摸索到比较满意的分离条件，即可将此条件用于柱层析。

用薄层进行某一组分的分离，其 R_f 值范围为 $0.15<R_f<0.35$ 时，可达到分离目的。如图 3-79 中（1）、（2）图，斑点 C、D 所代表的化合物在相同的溶剂系统条件下，经柱层析能得到较好的分离，而斑点 A、B 所代表的化合物得不到理想的分离效果。

在实际应用过程中，初次选取的薄层展开条件不一定符合实验要求，如图 3-79 中（3）图，只有 D 的 R_f 值范围在 $0.35>R_f>0.15$，能得到理想分离。此时需要调整薄层展开系统的极性，以吸附层析为例，降低展开剂溶剂系统的极性再进行薄层展开，可得到如图 3-79 中（4）图的效果。可见 A、B 的 R_f 值范围已被调整到 0.15~0.35，但 C、D 的 R_f 值过小。以此时的溶剂系统进行柱层析可以将 A、B 较好地分离。但 C、D 柱层析的分离时间大大延长，溶剂消耗量大，也不符合最佳实验的要求，适时检测分离得到的流出液，在 A、B 得到分离后，继续调整展开剂的溶剂系统极性，以便更好地分离 C、D。

适当选取合适的溶剂比例，合理增加展开剂的溶剂极性，最终得到理想的分离条件，如图 3-79 中的（5）图。当 A、B 在流出液中得到富集后，改以此时的展开剂溶剂系统进行柱层析，

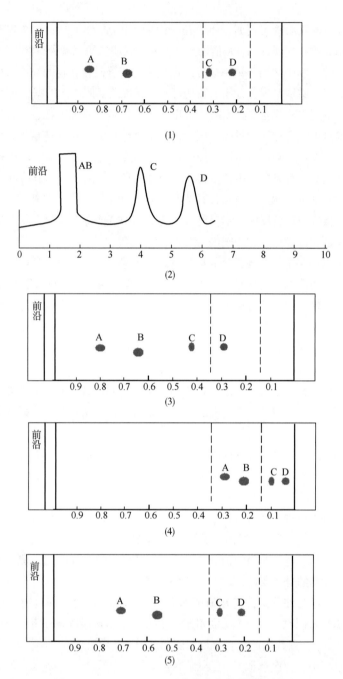

图 3-79　A、B、C、D 四种化合物的薄层层析图

可以较好地分离 C、D。

6. 大孔吸附树脂吸附层析

大孔树脂吸附分离技术的相关内容详见本章第一节，此处不再赘述。

三、分配层析法

分配层析是基于混合物各组分在固定相与流动相之间的分配性质不同而实现分离的一种层

析方法。最早的分配层析始是 1941 年 Martin 和 Synge 采用含水硅胶分离氨基酸的实验。

1. 基本原理

当一种溶质分布在两个互不相溶的溶剂中时，它在固定相和流动相两相内的浓度之比是个常数，称为分配系数。分配层析分离各种不同化合物的本质是化合物在两相中的分配系数因为化合物结构的不同而产生差异。

在分配层析中一般用一种液体和多孔物质牢固吸附和化学键结合的一种液膜作为固定相，此液膜始终固定于多孔物质上，此多孔物质称为支持物。不同组分在流动相与固定相之间的分配系数不同，在层析过程中迁移速度也各异，分配系数小的溶质在流动相中分配的数量多，移动快；分配系数大的溶质在固定相分配的数量多，移动慢，因此可彼此分开。图 3-80 简要显示这一过程。

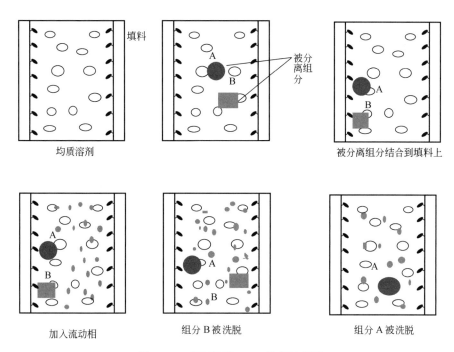

图 3-80　分配层析 A、B 分离示意图

2. 分配层析的分类

按照支持物不同分为纸层析、硅胶分配层析；按照流动相的状态分为液−液分配层析、气−液分配层析；按照支持物的装填方式分为柱层析、薄层层析。

3. 纸层析

纸层析是以滤纸作为支持物的分配层析。滤纸纤维与水有较强的亲和力，能吸收 22% 左右的水，其中 6% ~ 7% 的水是以氢键形式与纤维素的羟基结合。由于滤纸纤维与有机溶剂的亲和力很弱，故而在层析时，以滤纸纤维及其结合的水作为固定相，以有机溶剂作为流动相。

纸层析对混合物进行分离时，发生两种作用：一是溶质在结合于纤维上的水与流过滤纸的有机相中进行分配（即液−液分离）；二是滤纸纤维对溶质的吸附及溶质溶解于流动相的不同分配（即固−液分配）。混合物的彼此分离是这两种因素共同作用的结果。可以用相对迁移率（R_f）来表示一种物质的迁移：

$$R_f = \frac{组分移动的距离}{溶剂前沿移动的距离} = \frac{原点至组分斑点中心的距离}{原点至溶剂前沿的距离} \qquad (3-35)$$

在滤纸、溶剂、温度等各项实验条件恒定的情况下，各物质的 R_f 值是不变的，它不随溶剂移动距离的改变而变化。

R_f 与分配系数 K 的关系：$R_f = 1/(1+\alpha K)$。α 是由滤纸性质决定的一个常数。由此可见，K 值越大，溶质分配于固定相的趋势越大，而 R_f 值越小；反之，K 值越小，则分配于流动相的趋势越大，R_f 值越大。R_f 值是定性分析的重要指标。

4. 反相层析技术

（1）反相层析的定义　在色谱过程中，通常把固定相极性大于流动相极性，化合物流出色谱柱的极性顺序是从小到大的色谱过程称为正相色谱，这种色谱通常是吸附色谱。将固定相极性小于流动相极性，化合物流出色谱柱的极性顺序是从大到小的色谱过程称为反相色谱，这种色谱通常为分配色谱。在反相色谱中所采用的固定相一般以硅胶为基质，键合 C18 等烷烃的非极性固定相，流动相多为甲醇、乙腈、水等。在反相层析中，当不同的待分离组分吸附到固定相上之后，通过改变流动相的极性来改变待分离组分与固定相之间的作用，达到解吸和洗脱的目的。由于不同的待分离组分与固定相的作用强度不同，因此在梯度洗脱时可相互分离。

（2）反相层析填料　多以微粒多孔硅胶为基质制备的键合相载体，较常用的是带有十八烷基主链的硅胶填料，一般称为 ODS 硅胶，由于其疏水性强，在分离制备酶或者其他活性蛋白时，常常导致蛋白质的不可逆吸附和活性丧失，因此蛋白质的分离通常用疏水作用层析或 C8 填料。除 C18 硅烷化填料外，目前已经商品化的反相填料还有 C4 、C8、苯基、氨基、氰基等反相填料。

反相层析多应用在高效、快速的实验室分析或小量纯化方面，特别是多肽及抗生素的纯化分离等。

5. 液滴逆流层析

液滴逆流层析技术（droplet countercurrent chromatography，DCCC）是基于液-液分配原理的新型分配层析分离技术。

基本原理：多个首尾相连的分配萃取管中填充固定相液，而使流动相形成液滴通过此固定相液，在细的分配萃取管中与固定相液有效地接触，不断形成新的表面，从而促进待分离混合物各组分在两相溶剂之间的分配。

液滴逆流层析根据流动相流动的方向的不同可以分为上升法和下降法，其装置如图 3-81 所示。

液滴逆流层析的特点：①不用固态支撑体，完全排除了支撑体对样品组分的吸附、沾染、变性、失活等不良影响。所以，能避免不可逆吸附所造成的溶质色谱峰拖尾现象，能实现很高的回收率。②分配分离是在旋转运动中完成的，两相溶剂都被剧烈振动的离心力场依其界面特征甩成极微小的颗粒，样品各组分会在两相微粒的极大表面上分配，并且能在颗粒振荡与对流的环境中有效地传递。所以，它就像是把通常的溶剂萃取过程成千上万次地、高效地、自动连续地予以完成。③没有填料在柱内的占空体积，样品负载能力很强，制备量较大，而且重现性很好。④逆流色谱不用填料，分离过程是对流穿透过程，节省昂贵的材料和溶剂消耗，运行投入较低。逆流色谱的分离效率比不上气相色谱和高效液相色谱等技术，不适宜于组成复杂的混

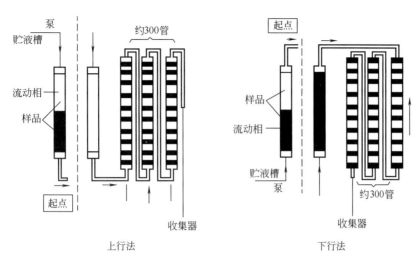

图 3-81　300 根内径为 1000mm 柱构成的液滴逆流系统

合物的全谱分离分析。近年来液滴逆流层析广泛用于分离纯化皂苷、生物碱、有机酸、蛋白质、多肽、糖类等，其最主要的优点是没有固体吸附剂，不存在被分离物质的不可逆吸附，因此对分离微量且生理活性很强的化合物，尤其是极性化合物特别有意义。

6. 高速逆流色谱（HSCCC）

高速逆流色谱（high speed counter-currentchromatography，HSCCC），是目前应用最广、研究最多的逆流色谱。它不用任何固态的支撑物或载体，利用两相溶剂体系在高速旋转的螺旋管内建立起一种特殊的单向性流体动力学平衡，当其中一相作为固定相，另一相作为流动相，在连续洗脱的过程中能保留大量固定相。通过公转、自转（同步行星式运动）产生的二维力场，保留两相中的其中一相作为固定相。

如图 3-82 是流动相为下相时溶剂的状态。在体系做行星运动时，靠近离心轴心大约 1/4 的区域，两相激烈混合；在静止区两相溶剂分成两层，较重的溶剂相在外部，较轻的溶剂相在内部。通过高速旋转提高两相溶剂的萃取频率，

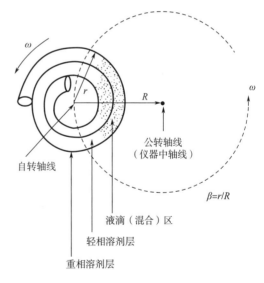

图 3-82　高速逆流色谱原理图
（引自：冯淑华 . 药物分离纯化技术 . 2009）
ω—转速

1000r/min 旋转时可达到 17 次/s 频率的萃取过程，如图 3-83 所示。HSCCC 具有样品无损失、无污染、高效、快速和大制备量分离等优点，被广泛应用于中药成分分离、保健食品、生物化学、生物工程、天然产物化学、有机合成、环境分析等领域。

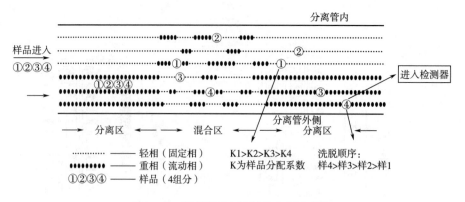

图 3-83　高速逆流色谱样品分离过程图

（引自：齐誉，杨红兵，赵芳．高速逆流色谱的原理及活性成分提取的进展．

数理医药学杂志，2011，24（6）：721~724）

四、　离子交换层析

离子交换层析（ion exchange chromatography，IEC）是以离子交换剂为固定相，依据流动相中的组分离子与交换剂上的平衡离子进行可逆交换时的结合力大小的差别而进行分离的一种层析方法。离子交换技术在化工、食品、医药卫生、生物、原子能工业、分析化学和环境保护等领域的应用越来越广泛，常用于各种生化物质如氨基酸、蛋白、糖类、核苷酸等的分离纯化。

1. 基本原理

离子交换层析是依据各种离子或离子化合物与离子交换剂的结合力不同而进行分离纯化的。层析的固定相是离子交换剂，是由不溶于水的惰性高分子聚合物通过化学反应共价结合上某种电荷基团形成的。

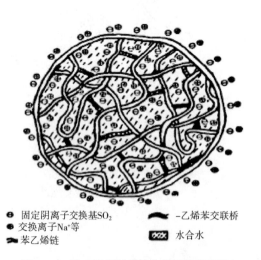

- ⊖ 固定阴离子交换基SO$_2$　　〜-乙烯苯交联桥
- ⊕ 交换离子Na$^+$等
- 〜 苯乙烯链　　　　　　　　▩ 水合水

图 3-84　聚乙烯型阳离子交换树脂示意图

（引自：冯淑华．药物分离纯化技术．2009）

离子交换剂分为高分子聚合物基质、电荷基团和平衡离子三种。电荷基团与高分子聚合物共价结合，形成一个带电的可进行离子交换的基团。平衡离子是结合于电荷基团上的相反离子，它能与溶液中其他的离子基团发生可逆的交换反应。带正电的离子交换剂能与带正电的离子基团发生交换作用，称为阳离子交换剂，如图3-84；同理，带负电的离子交换剂为阴离子交换剂，能与带负点的离子基团发生交换。

其中 R 代表离子交换剂的高分子聚合物基质，X$^-$ 和 X$^+$ 分别代表阳离子交换剂和阴离子交换剂中与高分子聚合物共价结合的电荷基团，Y$^+$ 和 Y$^-$ 分别代表阳离子交换剂和阴离子交换剂的平衡离子，A⁺和A⁻分别代表溶液中的离子基团。

$$R\text{-}X^- Y^+ + A^+ \longrightarrow R\text{-}X^- A^+ + Y^+$$

$$R\text{-}X^+ Y^- + A^- \longrightarrow R\text{-}X^+ A^- + Y^-$$

从反应式可以看出，如果 A 离子与离子交换剂的结合力强于 Y 离子，或者提高 A 离子的浓度，或者通过改变其他一些条件，可以使 A 离子将 Y 离子从离子交换剂上置换出来。也就是说，在一定条件下，溶液中的某种离子基团可以把平衡离子置换出来，并通过电荷基团结合到固定相上，而平衡离子则进入流动相，这就是离子交换层析的基本置换反应。通过在不同条件下的多次置换反应，就可以对溶液中不同的离子基团进行分离。

各种离子与离子交换剂上的电荷基团的结合是由静电力产生的，是一个可逆的过程。结合的强度与很多因素有关，包括离子交换剂的性质、离子本身的性质、离子强度、pH、温度、溶剂组成等。离子交换层析就是利用各种离子本身与离子交换剂结合力的差异，并通过改变离子强度、pH 等条件改变各种离子与离子交换剂的结合力而达到分离的目的。离子交换剂的电荷基团对不同的离子有不同的结合力。一般来讲，离子价数越高，结合力越大；价数相同时，原子序数越高，结合力越大。如阳离子交换剂对离子的结合力顺序为：$Li^+ < Na^+ < K^+ < Rb^+ < Cs^+$；$Na^+ < Ca^{2+} < Al^{3+} < Ti^{4+}$。

蛋白质等生物大分子通常呈两性，它们与离子交换剂的结合与它们的性质及 pH 有较大关系。以用阳离子交换剂分离蛋白质为例，在一定的 pH 条件下，等电点 pI<pH 的蛋白带负电，不能与阳离子交换剂结合；等电点 pI>pH 的蛋白带正电，能与阳离子交换剂结合，一般 pI 越大的蛋白与离子交换剂结合力越强。但由于生物样品的复杂性以及其他因素影响，一般生物大分子与离子交换剂的结合情况较难估计，往往要通过实验进行摸索。

2. 离子交换剂的选择

（1）离子交换剂的种类及性质　根据与基质共价结合的电荷基团的性质，离子交换剂分为阳离子交换剂和阴离子交换剂。阳离子交换剂的电荷基团带负电，可以交换阳离子物质。根据电荷基团的解离度不同，又可以分为强酸型、中等酸型和弱酸型三类。它们的区别在于电荷基团完全解离的 pH 范围，强酸型离子交换剂在较大的 pH 范围内电荷基团完全解离，而弱酸型完全解离的 pH 范围则较小，如羧甲基在 pH<6 时就失去了交换能力。一般结合磺酸基团（—SO₃H），如磺酸甲基（SM）、磺酸乙基（SE）等为强酸型离子交换剂，结合磷酸基团（—PO₃H₂）和亚磷酸基团（—PO₂H）为中等酸型离子交换剂，结合酚羟基（—OH）或羧基（—COOH），如羧甲基（CM）为弱酸型离子交换剂。一般强酸型离子交换剂对 H⁺的结合力比 Na⁺小，弱酸型离子交换剂对 H⁺的结合力比 Na⁺大。

阴离子交换剂的电荷基团带正电，可以交换阴离子物质，根据电荷基团的解离度不同，同样分为强碱型、中等碱型和弱碱型三类。一般结合季铵基团［—N（CH₃）₃］，如季铵乙基（QAE）为强碱型离子交换剂，结合叔胺［—N（CH₃）₂］、仲胺（—NHCH₃）、伯胺（—NH₂）等为中等或弱碱型离子交换剂，如结合二乙基氨基乙基（DEAE）为弱碱型离子交换剂。一般强碱型离子交换剂对 OH⁻的结合力比 Cl⁻小，弱酸型离子交换剂对 OH⁻的结合力比 Cl⁻大。

交换容量是指离子交换剂能提供交换离子的量，它反映离子交换剂与溶液中离子进行交换的能力。通常指离子交换剂所能提供交换离子的总量，又称为总交换容量，它只和离子交换剂本身的性质有关。在实际实验中的交换容量又称为有效交换容量，不仅与所用的离子交换剂有关，还与实验条件有关。后面提到的交换容量如未经说明都是指有效交换容量。

影响交换容量的因素很多，主要有两个方面，一方面是离子交换剂颗粒大小、颗粒内孔隙大小以及所分离的样品组分的大小等的影响。这些因素主要影响离子交换剂中能与样品组分进行作用的有效表面积，从而影响交换容量。另一些影响因素如实验中的离子强度、pH 等主要影响样品中组分和离子交换剂的带电性质。一般来说，离子强度增大，交换容量下降。pH 对弱酸和弱碱型离子交换剂影响较大，如对于弱酸型离子交换剂在 pH 较高时，电荷基团充分解离，交换容量大，而在较低的 pH 时，电荷基团不易解离，交换容量小。同时 pH 也影响样品组分的带电性。

离子交换剂的总交换容量通常以每毫克或每毫升交换剂含有可解离基团的毫克当量数（meq/mg 或 meq/mL）来表示，通常由滴定法测定。

根据交换剂的基质性质，离子交换剂分为离子交换树脂、离子交换纤维素、离子交换凝胶三种。每种交换剂根据其所含功能基团的酸碱性，又可分为阳离子型（酸性）和阴离子型（碱性）两大类。

①离子交换纤维素：离子交换纤维素的种类与特性如表 3-22 所示。常用 DEAE 和 CM 纤维素（见表 3-23）。

表 3-22　　　　　　　　　　　离子交换剂的类型与特点

交换剂	名称（纤维素）	作用基团	特　点
阴离子交换剂	二乙氨基乙基	$DEAE^+$—O—$C_2H_4N^+$（C_2H_5）$_2H$	最常用在 pH 8.6 以下
	三乙氨基乙基	$DEAE^+$—O—$C_2H_4N^+$（C_2H_5）$_2H$	
	氨乙基	AE^+—O—C_2H_4—NH_2	
	胍乙基		强碱性、极高 pH 仍有效
阳离子交换剂	羧甲基	CM^-—O—CH_2—COO^-	最常用在 pH 4 以上
	磷酸	P^-—O—PO_2^-	用于低 pH
	磺甲基	SM^-—O—CH_2—SO_3^-	
	磺乙基	SE^-—O—C_2H_4—SO_3^-	强酸性用于极低 pH

表 3-23　　　　　　　商品 DEAE-纤维素和 CM-纤维素的类型和特性

纤维素	形状	长度/μm	交换当量/（meq/g）	蛋白质吸附容量/（mg/g 牛血清白蛋白）	床体积/（mL/g） pH 6.0	pH 7.6
DE-22	改良纤维	12~400		450	7.7	7.7
DE-23	改良纤维（除细粒）	18~400		450	8.3	9.1
DE-32	微粒型（干）	24~63	1.0±0.1	660	6.0	6.7
DE-52	微粒型（湿）	24~63		660	6.0	6.3
DE-11	旧型号	50~250		130		

续表

纤维素	形状	长度/μm	交换当量/(meq/g)	蛋白质吸附容量/(mg/g 牛血清白蛋白)	床体积/(mL/g)	
					pH 6.0	pH 7.6
CM-22	与以上相应型号同		0.6±0.06	溶菌酶 pH 5		
				600	7.7	7.7
CM-23				600	9.1	9.1
CM-32				1 260	6.8	6.7
CM-52			1.0±0.1	1 260	6.8	6.7

离子交换纤维素的优点为：离子交换纤维素为开放性长链，具有较大的表面积，吸附容量大；离子基团少，排列稀疏，与蛋白质结合不太牢固，易于洗脱；具有良好的稳定性，洗脱剂的选择范围广。

②离子交换交联葡聚糖：它也是广泛使用的离子交换剂，与离子交换纤维素的不同点是载体不同。常用交联葡聚糖的类型与特性见表3-24。

表3-24 常用交联葡聚糖的类型与特性

类型	性能	离子基团	反离子	总交换容量/(meq/g)
DEAE-sephadexA-25 DEAE-sephadexA-50	弱碱性、阴离子交换剂	DEAE$^+$	Cl$^-$	3.5±0.5
QAE-sephadex-25 QAE-sephadex A-50	弱碱性、阴离子交换剂	QAE$^+$	Cl$^-$	3.0±0.4
CM-A-sephadex 25 CM-sephadex A-50	弱碱性、阳离子交换剂	CM$^-$	Na$^+$	4.5±0.5
SP-sephadex A-25 SP-sephadex A-50	强碱性、阳离子交换剂	SP$^-$	Na$^+$	2.3±0.3

交换交联葡聚糖有如下优点：不会引起被分离物质的变性或失活；非特异性吸附少；交换容量大。

离子交换葡聚糖的选用一般根据蛋白质的相对分子质量而定。中等相对分子质量（30000~200000）一般选A50，而低相对分子质量（<30000）和高相对分子质量（>200000）均宜选用A25。

（2）离子交换剂的处理和保存 离子交换剂使用前一般要进行处理。干粉状的离子交换剂首先要在水中充分溶胀，以使离子交换剂颗粒的孔隙增大，具有交换活性的电荷基团充分暴露出来。而后用水悬浮去除杂质和细小颗粒，再用酸碱分别浸泡，每一种试剂处理后要用水洗至中性，再用另一种试剂处理，最后再用水洗至中性，这是为了进一步去除杂质，并使离子交换剂带上需要的平衡离子。市售的离子交换剂中通常阳离子交换剂为 Na 型（即平衡离子是 Na$^+$），阴离子交换剂为 Cl 型。

离子交换剂的再生是指对使用过的离子交换剂进行处理，使其恢复原来性状的过程。离子交换剂的转型是指离子交换剂由一种平衡离子转为另一种平衡离子的过程。对离子交换剂的处理、再生和转型的目的都是为了使离子交换剂带上所需的平衡离子。

离子交换剂保存时应首先洗净蛋白等杂质，并加入适当的防腐剂，一般加入 0.02% 的叠氮钠，4℃下保存。

（3）离子交换剂的选择　首先是对离子交换剂电荷基团的选择，确定是选择阳离子交换剂还是选择阴离子交换剂。其次是对离子交换剂基质的选择。最后还应考虑离子交换剂颗粒的大小。

3. 离子交换层析的基本操作

离子交换层析的基本装置及操作步骤与前面介绍的柱层析类似，此处不赘述。

4. 离子交换层析的应用

离子交换层析主要应用在两个大的方面。一是分离纯化小分子物质，如无机离子、有机酸、核苷酸、氨基酸、抗生素等小分子物质的分离纯化。二是分离纯化生物大分子物质，如分离纯化糖化血红蛋白、重组角质细胞生长因子-1（KGF-1）、酶、人结合珠蛋白、人凝血因子Ⅷ等。

五、 凝胶层析

凝胶层析（gel permeation chromatography，GPC）又称分子筛过滤、排阻层析等。其突出优点是层析所用的凝胶属于惰性载体，不带电荷，吸附力弱，操作条件比较温和，分离范围广，操作温度范围宽，不需要有机溶剂，对分离成分理化性质无影响，对高分子物质有很好的分离效果。目前在生物化学、分子生物学、生物工程学、分子免疫学及医学等领域应用广泛。

1. 基本原理

凝胶是一种不带电的具有三维空间的多孔隙网状结构，是呈珠状颗粒的物质，每个颗粒的细微结构及筛孔的直径均匀一致，像筛子一样。小的分子可以进入凝胶网孔，而大的分子则排阻于颗粒之外。如图3-85所示，当含有分子大小不一的混合物的样品加到用此类凝胶颗粒装填而成的层析柱上时，这些物质即随洗脱液的流动而发生移动。大分子物质沿凝胶颗粒间隙随洗脱液移动，流程短，移动速率快，先被洗出层析柱；而小分子物质可通过凝胶网孔进入颗粒内部，然后再扩散出来，故流程长，移动速度慢，最后被洗出层析柱，从而使样品中不同大小的分子彼此获得分离。如果两种以上不同相对分子质量的分子都能进入凝胶颗粒网孔，由于它们被排阻和扩散的程度不同，在凝胶柱中所经过的路程和时间也不同，从而彼此也可以分离开来。

（1）分子筛效应　含不同分子大小的样品溶液流经凝胶色谱柱时，各分子在柱内同时进行着两种不同的运动：垂直向下的移动和无定向的扩散运动。大分子物质由于直径较大而不易进入凝胶颗粒的微孔，只能分布于颗粒之间，洗脱时向下移动的速度较快。小分子物质除了可在凝胶颗粒间隙中扩散外，还可以进入凝胶颗粒的微孔中，在向下移动的过程中，从一个凝胶内扩散到颗粒间隙后再进入另一凝胶颗粒，如此不断地进入和扩散，小分子物质的下移速度落后于大分子物质，从而使样品中分子大的先流出色谱柱，中等分子的后流出，分子最小的最后流出，这种现象称为分子筛效应。

具有多孔的凝胶就是分子筛。各种分子筛的孔隙大小分布有一定范围，有最大极限和最小极限。分子直径比凝胶最大孔隙直径大的，就会全部被排阻在凝胶颗粒之外，称为全排阻。两种全排阻的分子即使大小不同，也难以有效分离。直径比凝胶最小孔径小的分子能进入凝胶的

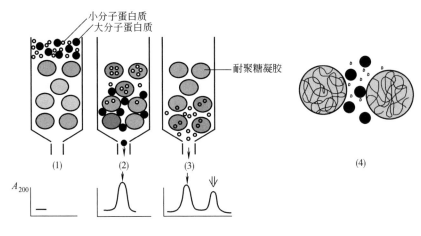

凝胶过滤分离蛋白质

图 3-85 凝胶层析分离不同的物质

（1）混合物样品加在层析柱顶端开始洗脱 （2）小分子进入凝胶颗粒内，大分子被排阻于颗粒之外

（3）大分子先被洗脱下来 （4）截面示意图，小分子进入颗粒内，大分子受到排阻

全部孔隙。如果两种分子都能全部进入凝胶孔隙，即使它们的大小有差别，也不会有好的分离效果。因此，一定的分子筛有它一定的使用范围。

综上所述，在凝胶色谱中会有三种情况：一是分子很小，能进入分子筛全部的内孔隙；二是分子很大，完全不能进入凝胶的任何内孔隙；三是分子大小适中，能进入凝胶的内孔隙中孔径大小相应的部分。大、中、小三类分子彼此间较易分开，但每种凝胶分离范围之外的分子，在不改变凝胶种类的情况下是很难分离的。对于分子大小不同，但同属于凝胶分离范围内的各种分子，在凝胶床中的分布情况是不同的：分子较大的只能进入孔径较大的那一部分凝胶孔隙内，而分子较小的可进入较多的凝胶颗粒内，这样分子较大的在凝胶床内移动距离较短，分子较小的移动距离较长。于是分子较大的先通过凝胶床而分子较小的后通过凝胶床，从而将相对分子质量不同的物质分离。另外，凝胶本身具有三维网状结构，大的分子在通过这种网状结构上的孔隙时阻力较大，小分子通过时阻力较小。相对分子质量大小不同的多种成分在通过凝胶床时，按照相对分子质量大小排队，这就是凝胶所表现出的分子筛效应。

（2）凝胶层析柱的重要参数

①柱床体积：柱床体积是指凝胶装柱后，从柱的底板到凝胶沉积表面的体积。在色谱柱中充满凝胶的部分称为凝胶床，柱床体积又称"床"体积，常用 V_t 表示。

②外水体积：色谱柱内凝胶颗粒间隙的体积称外水体积，又称间隙体积，常用 V_0 表示。

③内水体积：凝胶颗粒内部间隙体积的总和，又称定相体积，常用 V_i 表示。不包括固体支持物的体积（V_g）。

④峰洗脱体积：是指被分离物质通过凝胶柱所需洗脱液的体积，常用 V_e 表示。

凝胶层析柱各种体积如图 3-86 所示。

2. 凝胶的种类和性质

凝胶层析支持剂的品种型号很多，一类是以水为洗脱液的用于生物大分子分离纯化的凝

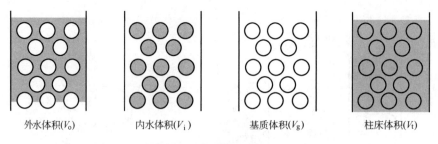

外水体积(V_0)　　内水体积(V_i)　　基质体积(V_g)　　柱床体积(V_t)

图 3-86　凝胶层析柱各种体积示意图（阴影部分）

胶，如天然琼脂糖凝胶、人工合成的聚丙酰胺凝胶等；另一类为以有机溶剂为洗脱剂的凝胶，如交联聚苯乙烯、氧化锌交联的氯丁橡胶等，主要用于分离分析小分子、有机多聚物。

（1）交联葡聚糖凝胶 Sephndex G　交联葡聚糖的商品名为 Sephndex，是一种由葡聚糖通过环氧氯丙烷交联而成的多聚物。通过改变交联剂的用量可以获得不同交联度的葡聚糖凝胶，交联度决定了凝胶孔径大小、吸水特性及有效分级范围。不同规格型号的葡聚糖用英文字母 G 表示，G 后面的阿拉伯数为凝胶吸水值的 10 倍。例如，G-25 为每 1g 凝胶膨胀时吸水 2.5g，同样 G-200 为每 1g 干胶吸水 20g。交联葡聚糖凝胶根据交联度的不同可以分为 8 种不同型号，如 G-10、G-15、G-25、G-50、G-75、G-100、G-150 和 G-200。因此，"G" 反映了凝胶的交联程度、膨胀程度及分部范围。

（2）Sephadex LH-20　全名羟丙基葡聚糖凝胶，它是 Sephadex G-25 的羧丙基衍生物，能溶于水及亲脂溶剂，用于分离不溶于水的物质。与 Sephadex G 比较，Sephadex LH-20 分子中—OH 基总数虽无改变，但碳原子数所占比例却相对增加了，所以 Sephadex LH-20 不仅可在水中应用，也可在极性有机溶剂或它们与水组成的混合溶剂中膨润使用。

（3）琼脂糖凝胶　商品名很多，常见的有 Sepharose（瑞典，Pharmacia）、Bio-Gel-A（美国 Bio-Rad）等。琼脂糖凝胶是依靠糖链之间的次级链来维持网状结构，网状结构的疏密依靠琼脂糖的浓度。一般情况下，它的结构是稳定的，可以在许多条件下使用（如水，pH 4~9 范围内的盐溶液）。琼脂糖凝胶在 40℃ 以上开始融化，不能高压消毒，可用化学灭菌处理。琼脂糖凝胶适用于核酸类、多糖类和蛋白类物质的分离。

（4）聚丙烯酰胺凝胶　是以丙烯酰胺为单位，由甲叉双丙烯酰胺交联成的，经干燥粉碎或加工成形制成粒状，控制交联剂的用量可制成各种型号的凝胶。交联剂越多，孔隙越小。聚丙烯酰胺凝胶的商品为生物胶-P（Bio-Gel P），由美国 Bio-Rod 厂生产，型号很多，从 P-2 至 P-300 共 10 种，P 后面的数字再乘 1000 就相当于该凝胶的排阻限度。

（5）聚苯乙烯凝胶　商品名为 Styrogel，具有大网孔结构，可用于分离相对分子质量 1600~40000000 的生物大分子，适用于有机多聚物、相对分子质量测定和脂溶性天然物的分级，凝胶机械强度好，洗脱剂可用甲基亚砜。

（6）聚乙烯醇凝胶　商品名为 Toyopearl，是以交联聚乙烯醇为骨架的凝胶过滤介质。适用于 HPLC 的介质，Fractogel TSK 是该系列的类似产品。Toyopearl 为多孔的三维网状结构，分子链上含有丰富的羟基，具有高度的亲水性。该系列凝胶与生物大分子有较好的相容性，作为固定化载体被广泛应用。

3. 实验技术

（1）层析柱　层析柱一般用玻璃管或有机玻璃管。层析柱的直径大小不影响分离度，样品用量大，可加大柱的直径，但洗脱液体积会增大，样品稀释度大。分离度取决于柱高，分离度与柱高的平方根相关，柱高一般不超过1m。分族分离时用短柱，一般凝胶柱长20~30cm，柱高与直径的比为（5~10）:1，凝胶床体积为样品溶液体积的4~10倍。分级分离时柱高与直径之比为（20~100）:1。层析柱滤板下的死体积应尽可能的小，如果支撑滤板下的死体积大，被分离组分之间重新混合的可能性就大，其结果是影响洗脱峰形，出现拖尾现象，降低分辨力。在精确分离时，死体积不能超过总床体积的1/1000。

（2）凝胶的选择　根据层析物质相对分子质量的大小选择不同型号的凝胶，如除盐和除游离的荧光素，则可选用粗、中粒度的G-25或G-200，G-25多用于分离蛋白质单体，G-200多用于分离蛋白质凝胶聚合体等。根据所需凝胶体积估计所需干胶的量。凝胶的粒度也会影响层析分离效果。粒度越细，分离效果好，但阻力大，流速慢。如分离蛋白质采用100~200目筛的Sephadex G-200效果好，脱盐用Sephadex G-25、G-50，用粗粒、短柱，流速快。

（3）凝胶的制备　商品凝胶是干燥的颗粒，使用前需直接在欲使用的洗脱液中膨胀。用加热法，即在沸水浴中将湿凝胶逐渐升温至近沸，可在1~2h内完成膨胀，不但节约时间，还可消毒，除去凝胶中污染的细菌和排除胶内的空气。

（4）样品溶液的处理　样品溶液如有沉淀应过滤或离心除去；样品的黏度不可过大，含蛋白不能超过4%，黏度高影响分离效果；上柱样品液的体积根据凝胶床体积的分离要求确定，如分离蛋白质样品的体积为凝胶床的1%~4%（一般0.5~2mL），进行分族分离时样品液可为凝胶床的10%，在蛋白质溶液除盐时，样品可达凝胶床的20%~30%；分级分离样品体积要小，使样品层尽可能窄，洗脱出的峰形较好。

（5）防止微生物污染　交联葡聚糖和琼脂糖都是多糖类物质，为防止微生物的生长，常用的抑菌剂有：叠氮钠（NaN_3，用量0.02%）、可乐酮（用量0.01%~0.02%，适用于微酸性溶液）、乙基汞代巯基水杨酸钠（用量0.05%~0.01%，适用于微酸性溶液）、苯基汞代盐（用量0.001%~0.01%，适用于微碱性溶液）。

（6）凝胶柱的重复使用与保存　当样品的各组分全部洗脱下来之后，即可加入新的样品，继续使用。保存方法有三种：于凝胶悬液中加入0.02% NaN_3或高压灭菌后4℃保存，此法可保存半年；以水冲洗，然后用60%~70%酒精液冲洗，凝胶体积缩小，即在半收缩状态下保存；水洗、乙醇洗后，于60~80℃干燥后保存。

六、亲和层析

亲和层析是利用待分离物质和它的特异性配体间具有特异的亲和力，从而达到分离目的的一类特殊层析技术。随着新型介质的应用和各种配体的出现，亲和层析技术已经被广泛应用于生物分子的分离和纯化，如酶、治疗蛋白、抑制剂、抗原、抗体、激素和糖蛋白等，特别是对分离含量少又不稳定的活性物质最有效，经一步亲和分离可提纯几百到几千倍。

1. 基本原理

亲和层析（affinity chromatography，AC）又称功能层析。其原理是利用生物大分子与其特异性配基之间的特异结合能力，先将配基交联到层析介质上，制成亲和层析介质。然后将含有该生物大分子的待分离样品上样，该生物大分子将被特异性吸附在亲和层析介质上，而样品中的其他物质全部流过被去除；在改变洗脱条件时，就可以把被特异性吸附的生物分子洗脱下来。一种亲和层析介质只能用于一种或有限的一类生物分子的分离纯化。理论上，所有的能特异性结合的配基对均能利用亲和层析原理制成亲和层析介质，用于其配基的分离纯化，如图 3-87 所示。

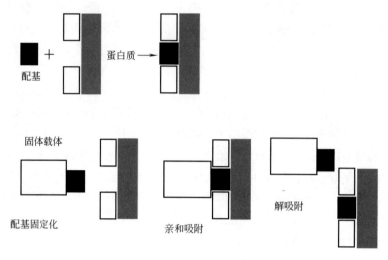

图 3-87　亲和层析示意图

2. 亲和层析的配基

亲和分离技术中，配基起着举足轻重的作用。亲和配基的专一性和特异性，决定着分离纯化所得产品的纯度；亲和配基与目标分子之间作用的强弱决定着吸附和解吸的难易程度，影响它们的使用范围。按配基的选择性可分为两类：一类是专一性配基，如抗原和抗体、酶及其抑制剂、激素和受体；一类是基团特异性配基，如辅酶 NAD^+、ATP 等能与许多需要它们的酶发生亲和作用。配基的固定化方法有载体结合法、物理吸附法、交联法和包埋法等四类方法。

由于配基对之间结合的特异性，因而使其特别适合于从大量稀薄的样品中一次性分离到高纯度、高浓度的目标产物，产品制备的过程简便、高效，在分离纯化生物大分子中应用十分广泛。

3. 亲和层析的基本操作

亲和层析的基本操作顺序如下：寻找能被分离分子（称配体）识别和可逆结合的专一性配基；把配基共价结合到层析介质（载体）上，即把配基固定化；把载体配基复合物灌装在层析柱内做成亲和柱；上样亲和→洗涤杂质→洗脱收集亲和分子（配体）→亲和柱再生。

亲和层析一般采用柱层析来完成，分离条件主要是考虑亲和吸附条件和洗脱条件。在亲和吸附过程中，根据样品液的性质选择合适的平衡缓冲液。平衡缓冲液是样品通过亲和柱之前、之后用于冲洗亲和柱上杂质的溶液。平衡缓冲液的组成、pH 和离子强度应选择亲和双方作用最强，最有利形成络合物的条件。pH 一般控制在中性左右，温度在 4℃ 左右。在洗脱过程中，洗脱液的选择目的在于减弱配基与亲和物之间的亲和力，利用其可逆性使两者组成的络合物完全解离。常用的洗脱剂有水、0.1~0.5mol/L NaCl-磷酸缓冲液、0.1mol/L 硼酸、0.1~1.0mol/L 乙酸、稀氨水等。

4. 特点和应用

亲和层析纯化过程简单、迅速且分离效率高，对分离含量极少又不稳定的活性物质尤为有效。但本法必须针对某一分离对象，制备专一的配基和寻求层析的稳定条件，因此亲和层析的应用范围受到了一定的限制。

七、 其他常用的层析法

疏水作用层析（hydrophobic interaction chromatography，HIC）实际上是从亲和层析中派生出来的，其主要的分离对象是蛋白质。

1. 基本原理

疏水作用层析是利用样品各组分在疏水性固定相上亲和力的差异，通过改变流动相的操作和洗脱条件，使各组分在填料上的吸附移动速率产生差异，从而达到分离目的。

如果单从极性角度看蛋白质的四级结构，可以将它理解为分子外的亲水性外壳包裹着疏水性核心，其表面存在许多片状分布的疏水区，与亲水区交错存在。其数量大小和分布在不同的蛋白质差异很大，为其在疏水作用层析中得以相互分离提供了基础。

为了解蛋白质分子与疏水固定相之间的相互作用，以图3-88为例进行说明。

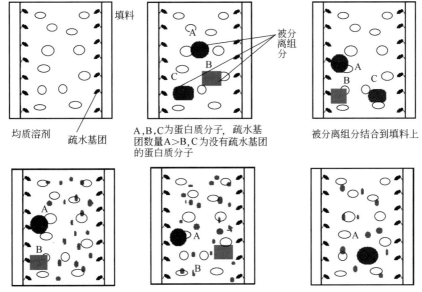

图3-88 蛋白质分子与疏水固定相相互作用示意图

2. 填料

疏水色谱介质的母核一般采用琼脂糖、硅胶和合成高聚物。活化方法和一般介质基本相同。引入的基团包括丁基（butyl-）、苯基（pehenyl-）、辛基（octyl-）。最为常用的疏水作用填料是在琼脂糖骨架上连接八碳烷烃或苯基。苯基琼脂糖的疏水性不如八碳琼脂糖。疏水性非常大的蛋白质，如膜蛋白质，可能会与八碳基团结合得过于牢固而不利于洗脱，这时就需选用苯基介质。

3. 疏水配基

疏水配基有多种，包括丁基、苯基、辛基等，其疏水作用力大小按配基碳数多少顺序排列：丁基<苯基<辛基。

4. 影响因素

影响疏水作用层析效果的因素除了填料的疏水特性、体系的温度和蛋白质分子的性质外，还有流动相的性质，如离子强度、pH 等。

为了增强分子与介质之间的疏水作用，需加入盐析试剂破坏分子表面的水化膜。以下列出了蛋白质盐析效应的离子系列，自右向左盐析能力渐强。

盐析效应逐渐增强 ←————————————

阴离子：PO_4^{3-}，SO_4^{2-}，CH_3COO^-，Cl^-，Br^-，NO_3^-，ClO_4^-，I^-，SCN^-

阳离子：NH_4^+，Rb^+，K^+，Na^+，Cs^+，Li^+，Mg^{2+}，Ca^{2+}，Ba^{2+}

水化效应逐渐增强 ————————————→

pH 对疏水作用层析的影响比较复杂，其原理尚不清楚，基本无规律可循。如果在中性 pH 下被分离分子吸附情况不佳，试将 pH 调至其等电点附近，降低其亲水性，观察能否提高吸附效果。

5. 应用

在疏水作用层析过程中，蛋白质在高浓度盐溶液中被吸附到疏水性较弱的填料上，然后按一定的梯度减少盐浓度进行洗脱，分离条件温和，易于保持生物蛋白质的活性。目前，疏水作用层析已成为分离纯化生物活性蛋白质和多肽等生物大分子的重要手段。

八、 工业制备层析分离技术

在对高效分离纯化技术的探索中，人们逐渐将研究的重点转向了工业制备层析分离技术，使得层析分离在理论上从线性层析发展到非线性层析，在实践中从分析规模发展到制备规模和生产规模。2002 年 4 月法国 NovaSep 公司成功地安装了目前工业生产中最大的制备层析柱，内径已达到 1600mm，柱长 4m，其中填料用量 4000kg，流动相用量 6000L，整个柱的质量为 36000kg，如图 3-89 所示。

图 3-89　NovaSep 生产的目前世界上最大的色谱柱

1. 工业制备层析的特征

（1）柱短、内径大、呈圆饼状　目前工业制备柱的柱长与常规分析柱相仿，一般为 20~50cm，远短于传统柱长 1m 甚至 1m 以上的制备柱，而内径为 10~1000mm，因此可以在较大的流速下不致产生很高的柱压降，从而获得高的产率。

（2）填料颗粒小，分布窄　采用直径为 10~20μm 的细颗粒，孔径及粒度分布均很窄的多孔球形或非球形填料替代传统大颗粒（40~200μm）、宽分布的无定形填料填充制备柱，因而具有高得多的柱效，通常每米的塔板数在 20000 以上，有的甚至可达到与分析柱相仿的柱效。

（3）流速高　流动相的线速一般在 5~10cm/min，

以便提高产率，降低生产成本。

2. 工业制备层析的参数

制备型层析使用效果的好坏有三个重要参数：产品的纯度、产量和生产效率。三个参数之间是相对独立的，需要同时考虑这三个参数来优化工业制备层析。

（1）制备方法的发展和扩大规模的计算　分析型层析柱的典型进样量是微克级，甚至更低。样品量和固定相之比有的甚至小于 1∶100000。进样体积一般来说都大大小于层析柱体积（小于 1∶100）。在这种条件下，会达到很好的分离效果，峰形尖锐并且很对称。在制备层析中，最大的区别就是超量进样，以实现分离效率的最大化。

（2）吸附变化线　分析层析的目的是给一种组分定性、定量。重要的层析参数有溶解度、峰宽和峰的对称性。如果进样量越来越多，峰高和峰面积会增加，但峰的对称性和容量因子保持不变。如图 3-90 所示，在分析层析中，最佳的峰形应是一条高斯曲线。峰的标准背离 σ_v 描述了其对称性和与高斯曲线的相似性。容量因子是与一种不保留物质的保留时间 t_0 相关的保留时间。如果将超过一定量的样品注射进层析柱，吸附变化线就会成非线性。这意味着峰形会变得不再对称，表现为严重的拖尾和容量因子的缩小，如图 3-91 所示。

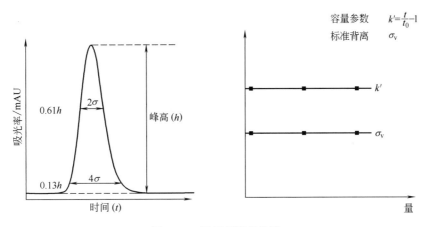

图 3-90　层析吸附变化线

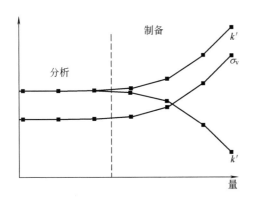
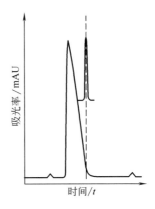

图 3-91　层析吸附非线性变化线

在制备层析中，这种效果称作浓缩超量进样。在一些情况中，根据进样量的增加，容量因子也相应变大，并造成很强的前峰。既然吸附变化线取决于组分的多少，那么液相色谱柱的载样能力就必须根据不同的制备液相实验来决定。

（3）方法的放大　因为超载进样会提高一次运行中所分离的样品量，因此从分析方法到制备方法的放大和方法的优化需要三个步骤：优化分析方法的选择性，在分析柱上进行超载进样，放大到制备柱。

先在分析柱上找到最佳分离条件。然后再以相同的填料填充到直径更粗的柱子上，以相同的操作条件进行分离。此时，制备层析柱上的载样量为：

$$Q_2 = Q_1 \cdot (r_2/r_1) \cdot (L_2/L_1) \tag{3-36}$$

式中　Q_1——分析柱上的载样量

r_1、r_2——分析型和制备型层析柱的直径（内径）

L_1、L_2——两柱的长度

考虑到分析型填料的价格较高、流动相的消耗和操作费用较大的因素，这样的制备方式显然是不够经济的。为此，一般采用超载进样，即以大大超过常规的方式进样。虽然牺牲掉一部分分离效率，但仍可获得相当纯度的分离。如果选择一个合理的程序，配合使用分析型和制备型的层析分离体系，就可以以最佳的性能-价格比达到分离的纯度。

（4）层析柱载样和超载进样　大样品量的纯化有两种可行的方法：分析系统的放大或层析柱超载进样。分析系统的放大意味着使用直径更大的制备层析柱、更高的流速和根据层析柱的长度增加进样量并保持样品浓度不变。峰形仍会保持尖锐而对称。这种方法需要大型的层析柱和大量的溶剂来分离较少的样品，因此不适用于制备。在相同的分析条件下，超载进样通常是一种很好的选择。使用层析柱超载进样的方法，在分析柱上甚至可以进行毫克级的分离。但更大量的样品分离就需要整个系统的放大。层析柱超载进样可以通过浓缩法或体积超载法进行。

浓缩法中，样品的浓度会提高，但进样体积保持不变。容量因子 k' 降低，峰变宽拖尾，如图 3-92 所示。

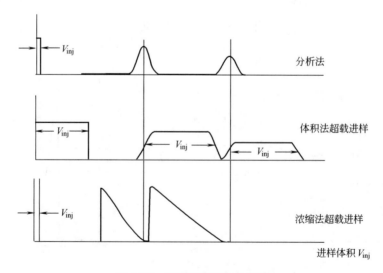

图 3-92　不同进样层析色谱图

（5）浓缩法超载进样 只有当样品组分在流动相中具有良好的溶解性时才能采用。如果样品组分的溶解性很差，需要加入更大体积的样品到层析柱中，这种技术称作体积法超载进样。超过一定的进样体积，峰高不变，高斯曲线变为矩形。在制备层析中，浓缩法超载进样比体积法超载进样更适合，因为可被分离的样品量更高。两种超载进样技术通常被结合起来使用。

（6）图3-93（1）显示在工业制备层析的使用中有很高的生产效率，但是两种组分的分离效果却是很差的。这种方法的产量和收率是很低的。在图3-93（2）中峰有很好的分离，因此这种方法可以得到两种组分的高纯品和高产量，但是生产效率却很低。图3-93（3）中的情况是三个参数综合后得到的最优化的结果。峰在基线上被完全分开，这使得产品纯度、产量和生产效率都达到最高。

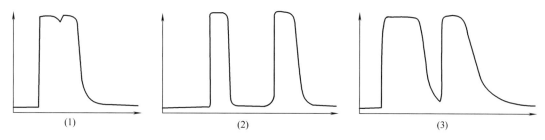

图3-93 工业制备层析色谱生产效率图

3. 工业制备层析的分类

工业制备层析根据待分离样品的负载量分为两类。

（1）研究开发型 这是实验室规模的制备分离，样品量为微克级至克级；分离的样品一般供结构鉴定、生物活性测试以及作为合成、半合成的原料及标准品等；作为大规模工业化色谱分离与纯化条件优化的前期研发工作，对仪器装置要求不高，任何达到预期分离目标的仪器均可使用；经济效益并不是首要考虑的因素。

（2）工业生产型 纯化样品量为千克至吨级，大规模工业化色谱分离与纯化。柱型及结构与研究开发型不同，对填料及其填充技术要求也更高；经济效益是其整个纯化过程考虑的核心因素。

4. 工业制备层析的设备和操作

（1）柱型 工业制备色谱柱目前可分为空管型和压缩型两大类。

①空管柱：空管柱与分析柱相同，为中空的不锈钢管。常用空管柱内径为10~100mm，采用匀浆填充技术填装10~20μm多孔固定相。随空管柱直径的增大，用匀浆法填充高效色谱柱的难度也越来越大，目前用匀浆法填充所能得到的最大管状柱内径为100mm，内径大于100mm的制备柱目前均采用压缩柱。

②压缩柱：压缩柱又可分为径向、轴向及环形膨胀三大类，如图3-94所示。

a. 轴向压缩：轴向压缩内径一般从实验室制备柱（φ50mm）到工业应用的大直径柱（φ1000mm），分为动态与静态两种。动态轴向压缩柱（DAC）的柱内有一个活塞，活塞上装有特殊设计的密封垫，在活塞自由移动时它能保证活塞与柱壁之间的密封性，活塞的下端与液压机相连。层析柱在使用过程中，活塞始终产生一定的压力压缩填料，随时消除产生的死

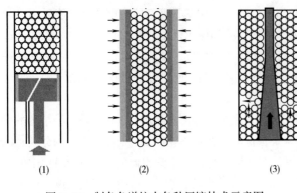

图3-94　制备色谱柱中各种压缩技术示意图

（箭头指示压力的方向和大小）

（1）轴向压缩　（2）径向压缩　（3）环形膨胀

空间。活塞与顶端法兰均配有多孔不锈钢滤板及能使样品及洗脱液在柱截面上均匀分布的分散器。DAC柱稳定且柱效高，可填装10~16μm细颗粒填料，该类柱广泛用于制药工业中，是目前工业化HPLC中的主流柱。静态轴向压缩（SAC）柱内也有活塞，依靠液压操纵活塞压缩柱填料，消除固定相填料填充后可能产生的各种死体积，但它的压缩靠人工操纵，是间歇性的，比DAC柱连续加压效果差，但价格比DAC柱便宜。

b. 径向压缩：填料装在管壁可压缩的高聚物柱管内制成柱芯，再将装有填料的柱芯放入不锈钢外套中，利用气体或液体施压于柱芯外壁和不锈钢外套之间，压紧柱芯内的填料，以消除颗粒间及颗粒与管壁间的空隙。但是由于柱芯长度是固定的，不如轴向压缩柱可以任意调节。此外直径较大的色谱柱中径向经常出现粒度梯度，造成流动相径向流速分布不均匀。

c. 环形膨胀：环形膨胀是径向与轴向复合的压缩技术，它利用柱中心的一楔形杆推动活塞向上移动产生挤压柱床的径向和横向压缩力，这类型柱存在楔形杆端的密封及流动相和样品均匀分布等困难，仍处于实验阶段，很少用于生产中。

随着柱直径及上样量增大，如何使大体积原料液快速均匀分布在柱截面上是制备柱柱头结构设计的关键，因此在柱头结构上制备柱与分析柱完全不同。一般动态轴向压缩柱的活塞及顶端法兰上装有专利设计的液流分散器，保证了大量样品尽可能地瞬时分散在柱截面上，进而快速均匀进入柱床，克服了柱中心样品局部过浓的现象，保证了层析柱的高效。Alltech公司提供的液流分散器如图3-95所示。波兰的Kam in skim arian等人设计了一种分配效果更好的液流分散器，直径100mm，双层设计，如图3-96。

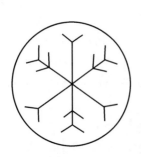

图3-95　Alltech公司液流分散器图

第一层　　　　第二层

图3-96　波兰的液流分散器

②填料：一般来说，分析HPLC中的填料可考虑用于制备层析中，但工业制备层析由于填

料使用量大，故对填料有特殊的要求。一是填料要有良好的机械强度，能承受反复填充的机械压力，不易破碎；二是填料要有一定的负载量，孔径大小及孔径分布适宜；三是填料适于从分析柱到制备柱的直接放大，不同颗粒范围的填料具有完全相同的理化性质与层析行为，保证从分析到制备的良好重现性；四是填料应具有良好的化学稳定性及高的选择性，无毒性，易于填充，价格合理等。目前在工业制备层析所用固定相中，硅胶及其衍生固定相应用最多。

③装柱：工业制备柱填充方法是柱技术中最关键的部分，它决定柱效高低。好的装柱方法能保证所得到的柱效率高、重现性好、渗透性好，使分离纯化过程成本达到最低。通常根据所选用填料的种类、粒度大小及柱尺寸，采用不同的装柱方法。常用的装柱方法有干装法、匀浆填充法和压缩匀浆填充法等，干装法适用于颗粒度大于 $25\mu m$ 填料的装填，匀浆填充法适用于填装内径≤100mm 的高效液相制备柱，压缩填充技术适用于细颗粒填料对直径大于 100mm 的制备柱填充。

5. 层析分离技术的关键问题

层析分离技术在国内目前仅应用于小规模产品的制备，自动化水平低，而且关键设备仍依赖进口。要实现层析技术的产业化和推广，必须解决的关键技术问题有：开发适宜的固定相与流动相、设计合理的层析柱结构、优化层析分离的工艺条件、操作程序的自动化控制与智能管理。

6. 工业制备层析的应用领域

工业制备层析系统主要应用在植化、合成、制药、生物及生化等领域的产品提取及纯化工作中。在不同的工作领域中，组分的提取和纯化量的差异是很大的。在生物技术领域中，酶的分离是微克级；在植化和合成化学领域中，为了鉴别未知成分并进行结构测定，需要得到若干毫克的纯品；在药品和医药学测试中，需要克级的标准品和对照品；在当今的工业级提纯中，制药成分往往需要千克级的提取。

第六节　其他分离技术

一、双水相萃取

（一）概述

双水相萃取（aqueous two-phase extraction）是利用物质在互不相溶的两水相间分配系数的差异来进行萃取的方法。不同的高分子溶液相互混合可产生两相或多相系统，如：葡聚糖（Dextran）与聚乙二醇（PEG）按一定比例与水混合，溶液混浊，静置平衡后，分成互不相溶的两相，上相富含 PEG，下相富含葡聚糖，见图3-97。许多高分子混合物的水溶液都可以形成多相系统。如明胶与琼脂或明胶与可溶性淀粉的水溶液混合，形成的胶体乳浊液可分成两相，上相含有大部分琼脂或可溶性淀粉，而大量的明胶则聚集于下相。

当两种高聚物水溶液相互混合时，它们之间的相互作用可以分为三类：①互不相溶：形成两个水相，两种高聚物分别富集于上、下两相；②复合凝聚：也形成两个水相，但两种高聚物都分配于一相，另一相几乎全部为溶剂水；③完全互溶：形成均相的高聚物水溶液。

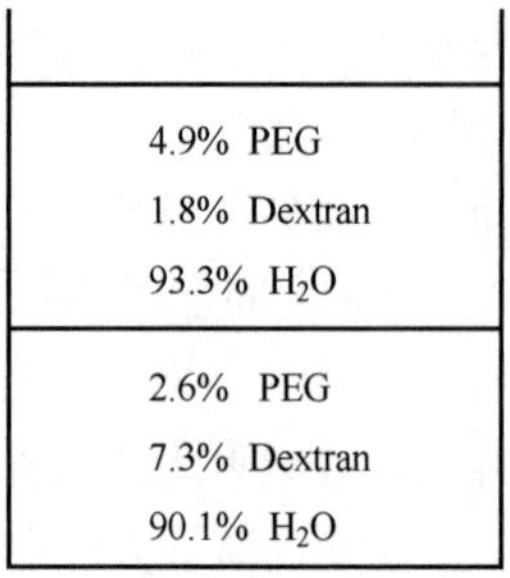

离子型高聚物和非离子型高聚物都能形成双水相系统。根据高聚物之间的作用方式不同，两种高聚物可以产生相互斥力而分别富集于上、下两相，即互不相溶；或者产生相互引力而聚集于同一相，即复合凝聚。

图 3-97　5% Dextran500 和 3.5% PEG6000 系统所形成的双水相的组成（质量浓度）

（引自：顾觉奋. 分离纯化工艺原理. 2002）

高聚物与低相对分子质量化合物之间也可以形成双水相系统，如聚乙二醇与硫酸铵或硫酸镁水溶液系统，上相富含聚乙二醇，下相富含无机盐。

表 3-25 和表 3-26 列出了一系列高聚物与高聚物、高聚物与低相对分子质量化合物之间形成的双水相系统。

表 3-25　　　　　　　　　　　　　高聚物-高聚物-水系统

高聚物（P）	高聚物（Q）	高聚物（P）	高聚物（Q）
PEG	Dextran FiColl（多聚蔗糖）	羧甲基葡聚糖钠	PEG NaCl 甲基纤维素 NaCl
聚丙二醇	PEG Dextran	羧甲基纤维素钠	PEG NaCl 甲基纤维素 NaCl 聚乙烯醇 NaCl
聚乙烯醇	甲基纤维素 Dextran	DEAF 葡聚糖盐酸盐	PEG Li$_2$SO$_4$ 甲基纤维素
FiColl	Dextran	Na Dextran Sulfate	羧甲基葡聚糖钠 羧甲基纤维素钠
葡聚糖硫酸钠	PEG NaCl 甲基纤维素 NaCl Dextran NaCl 聚丙二醇	羧甲基葡聚糖钠	羧甲基纤维素钠

（引自：严希康主编. 生化分离工程，2001）

表 3-26　　　　　　　　　　高聚物-低相对分子质量化合物-水系统

高聚物	低相对分子质量化合物	高聚物	低相对分子质量化合物
聚丙二醇	磷酸盐	聚丙二醇	葡萄糖
甲氧基聚乙二醇	磷酸盐	聚丙二醇	甘油
PEG	磷酸盐	葡聚糖硫酸钠	NaCl（0℃）

（引自：刘家祺主编. 分离过程与技术，2001）

两种高聚物之间形成的双水相系统并不一定是液相，其中一相可以或多或少地呈固体或凝胶状，如 PEG 的相对分子质量小于 1000 时，葡聚糖可形成固态凝胶相。

多种互不相溶的高聚物水溶液按一定比例混合时，可形成多相系统，见表 3-27。

表 3-27　　　　　　　　　　　　　　　　多相系统

三相	Dextran（6）-HPD（6）-PEG（6）
	Dextran（8）-FiColl（8）-PEG（4）
	Dextran（7.5）-HPD（7）-FiColl（11）
	Dextran-PEG-PPG
四相	Dextran（5.5）-HPD（6）-FiColl（10.5）-PEG（5.5）
	Dextran（5）-HPD；A（5）-HPD；B（5）-HPD；C（5）-HPD
五相	DS-Dextran-FiColl-HPD-PEG
	Dextran（4）-HPD；a（4）-HPD；b（4）-HPD；c（4）-HPD；d（4）-HPD
十八相	Dextran Sulfate（10）-Dextran（2）-HPDa（2）-HPDb（2）-HPDc（2）-HPDd（2）

注：（1）括号内数字均为质量分数；（2）Dextran 指 Dextran 500 或 D48；PEG 相对分子质量为 6000；PEG 为聚丙二醇，单体相对分子质量为 424；DS 为 Na Dextran Sulfate 500；HPD 为羟丙基 Dextran 500；A、B、C、a、b、c、d 分别表示不同的取代率。

（引自：顾觉奋. 分离纯化工艺原理. 2002）

双水相体系萃取具有如下特点：①含水量高（70%～90%），是在接近生理环境的温度和体系中进行萃取，不会引起生物活性物质失活或变性；②分相时间短，自然分相时间一般为 5～15min；③界面张力小，有助于强化相际间的质量传递；④不存在有机溶剂残留问题；⑤能除去大量杂质，使分离过程更经济；⑥易于工程放大和连续操作。因此，被广泛用于生物化学和生物化工、天然活性产物等领域的产品分离和提取。

（二）双水相萃取的基本概念

双水相系统形成的两相均是水溶液，它特别适用于生物大分子和细胞粒子，如动植物细胞、微生物细胞、病毒、叶绿体、线粒体、细胞膜、蛋白质、核酸等。溶质在两水相间的分配主要是由其表面性质所决定的，通过在两相间的选择性分配而得到分离。分配能力的大小可用分配系数 K 来表示。

$$K = \frac{C_t}{C_b} \tag{3-37}$$

式中　C_t、C_b——被萃取物质在上、下相的浓度，mol/L

分配系数 K 与溶质的浓度和相体积比无关，它主要取决于相系统的性质、被萃取物质的表面性质和温度。

在双水相萃取系统中，悬浮粒子与其周围物质具有复杂的相互作用，如氢键、离子键、疏水作用等，同时，还包括一些其他较弱的作用力，很难预计哪一种作用占优势。但是，在两水相之间，净作用力一般会存在差异。将一种粒子从相 2 移到相 1 所需的能量如为 ΔE，则当系统达到平衡时，萃取的分配系数可用式（3-38）表示：

$$\frac{C_1}{C_2} = e^{\frac{\Delta E}{kT}} \tag{3-38}$$

式中　　K——波尔兹曼常数

　　　T——热力学温度，K

　　C_1——溶质在相 1 中的浓度，mol/L

　　C_2——溶质在相 2 中的浓度，mol/L

显然，ΔE 与被分配粒子的大小有关，粒子越大，暴露于外界的粒子数越多，与其周围相系统的作用力也越大。故 ΔE 可看作与粒子的表面积 A 或相对分子质量 M 成正比，见式（3-39）、式（3-40）。

$$\frac{C_1}{C_2} = e^{\frac{\lambda A}{KT}} \tag{3-39}$$

$$\frac{C_1}{C_2} = e^{\frac{\lambda M}{KT}} \tag{3-40}$$

式中　λ——表征粒子性能的参数（与表面积或相对分子质量无关）

如果粒子所带的净电荷为 Z，则在两相间存在电位差 $U_1 - U_2$ 时，ΔE 中应包括电能项 $Z(U_1 - U_2)$，即有：

$$\frac{C_1}{C_2} = \exp \frac{\lambda_1 A + Z(U_1 - U_2)}{KT} \tag{3-41}$$

式中 λ_1 与粒子大小和净电荷无关，而决定于其他性质的常数。

总之，分配系统由多种因素决定，如粒子大小、疏水性、表面电荷、粒子或大分子的构象等。这些因素微小的变化可导致分配系数较大的变化，因而双水相萃取有较好的选择性。

（三）相图

两种高聚物的水溶液，当它们以不同的比例混合时，可形成均相或两相，可用相图来表示。如图 3-98，高聚物 P、Q 的浓度均以百分含量表示，相图右上部为两相区，左下部为均相区，两相与均相的分界线叫双节线。组成位于 A 点的系统实际上由位于 C、B 两点的两相所组成，同样，组成位于 A′点的系统由位于 C′、B′两点的两相组成，BC 和 B′C′称为系线。当系线向下移动时，长度逐渐减小，这表明两相的差别减小，当达到 K 点时，系线的长度为零，两相间差别消失，K 点称为临界点。

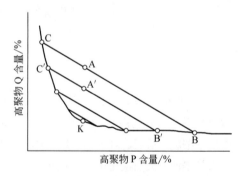

图 3-98　两水相系统相图

（引自：顾觉奋 . 分离纯化工艺原理 . 2002）

假设系统总量为 m_0，高聚物 P 在上、下相的含量分别为 m_t、m_b，则

$$m_t + m_b = m_0 \tag{3-42}$$

且

$$100 m_t = V_t \rho_t C_t \tag{3-43}$$

式中　V_t——上相体积

　　　ρ_t——上相密度

　　　C_t——高聚物 P 在上相的浓度，mol/L

对于下相同样有：

$$100m_b = V_b\rho_b C_b \tag{3-44}$$

其中下标 b 表示下相。设 C_0 为高聚物在系统中的总浓度（mol/L），则由物料衡算可得：

$$100m_0 = (V_t\rho_t + V_b\rho_b)\, C_0 \tag{3-45}$$

将式（3-43）、式（3-44）、式（3-45）代入式（3-42），得

$$\frac{V_t d_t}{v_b d_b} = \frac{C_b - C_0}{C_0 - C_t} \tag{3-46}$$

由图 3-98 可得

$$\frac{C_b - C_0}{C_0 - C_t} = \frac{\overline{AB}}{\overline{AC}} \tag{3-47}$$

将式（3-47）代入式（3-46），得

$$\frac{V_t d_t}{V_b d_b} = \frac{\overline{AB}}{\overline{AC}} \tag{3-48}$$

双水相系统含水量高，上、下相密度与水接近（1.0~1.1），因此，如果忽略上、下相的密度差，则由式（3-48）可知，相体积比可用系线上 AB 与 AC 的距离之比来表示。

双水相系统的相图可以由实验来测定。将一定量的高聚物 P 浓溶液置于试管内，然后用已知浓度的高聚物溶液 Q 来滴定。随着高聚物 Q 的加入，试管内溶液由均相突然变混浊，记录 Q 的加量。然后再在试管内加入 1mL 水，溶液又澄清，继续滴加高聚物 Q，溶液又变混浊，计算此时系统的总组成。以此类推，由实验测定一系列双节线上的系统组成点，以高聚物 P 浓度对高聚物 Q 浓度作图，即可得到双节线。相图中的临界点是系统上、下相组成相同时由两相转变为均相的分界点。如果制作一系列系线，连接各系线的中点并延长到与双节线相交，该交点 K 即为临界点，见图 3-99。

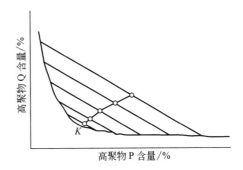

图 3-99　临界点测定图
（引自：严希康. 生化分离工程. 2001）

（四）影响双水相萃取的因素

双水相萃取受许多因素的制约，被分配的物质与各种相组分之间存在着复杂的相互作用，作用力包括氢键、电荷力、范德华力、疏水作用和构象效应等。因此，形成相系统的高聚物相对分子质量和化学性质、被分配物质的大小和化学性质对双水相萃取都有直接的影响。粒子的表面暴露在外，与相组分相互接触，因而它的分配行为主要依赖其表面性质。盐离子在两相间具有不同的亲和力，由此形成的道南电位对带电分子或粒子的分配具有很大的影响。

影响双水相萃取的因素很多，对影响萃取效果的参数可以分别进行研究，也可将各种参数综合考虑以获得满意的分离效果。分配系数 K 的对数可分解成下列各项：

$$\ln K = \ln K° + \ln K_{el} + \ln K_{hfob} + \ln K_{biosp} + \ln K_{size} + \ln K_{conf} \tag{3-49}$$

式中 el、hfob、biosp、size 和 conf 分别表示电化学位、疏水反应、生物亲和力、粒子大小和构象效应对分配系数的贡献，而 $K°$ 包括其他一些影响因素。另外，各种影响因素也相互联系，相互作用。下面以聚乙二醇-葡聚糖双水相系统为例，阐述一些影响双水相萃取的主要

因素。

1. 成相高聚物浓度-界面张力

双水相萃取时，如果相系统组成位于临界点附近，则蛋白质等大分子的分配系数接近于1。高聚物浓度增加，系统组成偏离临界点，蛋白质的分配系数也偏离1，即 $K>1$ 或 $K<1$，但也有例外情况，例如高聚物浓度增大，分配系数首先增大，达到最大值后便逐渐降低，这说明在上、下相中，两种高聚物的浓度对蛋白质活度系数有不同的影响。

对于位于临界点附近的相系统，细胞粒子可完全分配于上相或下相，此时不存在界面吸附。高聚物浓度增大，界面吸附增强，例如接近临界点时，细胞粒子如位于上相，则当高聚物浓度增大时，细胞粒子向界面转移，也有可能完成转移到下相，这主要依赖于它们的表面性质。成相高聚物浓度增加时，两相界面张力也相应增大。膜泡囊的 $\lg K$ 值与界面张力几乎成直线关系，见图3-100。

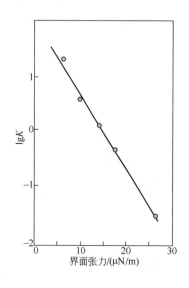

图3-100 膜泡囊 $\lg K$ 与界面张力关系图
（引自：顾觉奋 . 分离纯化工艺原理 . 2002）

2. 成相高聚物的相对分子质量

高聚物的相对分子质量对分配的影响符合下列一般原则：对于给定的相系统，如果一种高聚物被低相对分子质量的同种高聚物所代替，被萃取的大分子物质，如蛋白质、核酸、细胞粒子等，将有利于在低相对分子质量高聚物一侧分配。举例来说，PEG-Dextran系统中，PEG 相对分子质量降低或 Dextran 相对分子质量增大，蛋白质分配系数将增大；相反，如果 PEG 相对分子质量增大或 Dextran 相对分子质量降低，蛋白质分配系数则减小。也就是说，当成相高聚物浓度、盐浓度、温度等其他条件保持不变时，被分配的蛋白质易为相系统中低相对分子质量高聚物所吸引，而易为高相对分子质量高聚物所排斥。这一原则适用于不同类型的高聚物相系统，也适用于不同类型的被萃取物质。

上述结论表明了分配系数变化的方向，但是，分配系数变化的大小主要由被分配物质的相对分子质量决定。小分子物质，如氨基酸、小分子蛋白质，它们的分配系数受高聚物相对分子质量的影响并不像大分子蛋白质那样显著。

以 Dextran 500（相对分子质量500000）代替 Dextran 40（相对分子质量40000），即增大下相成相高聚物的相对分子质量，被萃取的低相对分子质量物质，如细胞色素 C，它的分配系数的增大并不显著。然而，被萃取的大相对分子质量物质，如过氧化氢酶、藻红朊，它们的分配系数可增大到原来的6~7倍。

选择相系统时，可改变成相高聚物的相对分子质量以获得所需的分配系数，特别是当所采用的相系统离子组分必须恒定时，改变高聚物相对分子质量更加适用。根据这一原理，不同相对分子质量的蛋白质可以获得较好的分离效果。

3. 电化学分配

双水相萃取时，盐对带电大分子的分配影响很大。例如，DNA 萃取时，离子组分微小的变化可使 DNA 从一相几乎完全转移到另一相。生物大分子的分配主要决定于离子的种类和各种离子之间的比例,而离子强度在此显得并不重要,这一点可以从离子在上、下相不均等分配时形成的电位来解释。表 3-28 列出了各种无机盐在 PEG-Dextran 双水相系统中的分配情况。

表 3-28　　　　　　　　　各种无机盐、酸和芳香族化合物的分配系数[①]

化合物	浓度/(mol/L)	K	化合物	浓度/(mol/L)	K
LiCl	0.1	1.05	K_2SO_4	0.05	0.84
LiBr	0.1	1.07	H_3PO_4	0.06	1.10
LiI	0.1	1.11	NaH_2PO_4		0.96
NaCl	0.1	0.99	Na_2HPO_4	混合物,每种含 0.03	0.74
NaBr	0.1	1.01	Na_3PO_4	0.06	0.72
NaI	0.1	1.05	柠檬酸	0.1	1.44
KCl	0.1	0.98	柠檬酸钠	0.1	0.81
KBr	0.1	1.00	草酸	0.1	1.13
KI	0.1	1.04	草酸钾	0.1	0.85
Li_2SO_4	0.05	0.95	吡啶[②]		0.92
Na_2SO_4	0.05	0.88	苯酚[②]		1.34

注:①PEG-Dextran 系统 (7% Dextran 500, 7% PEG 4000, 质量分数);

　　②0.025mol/L 磷酸盐 (钠盐) 缓冲液, pH6.9。

(引自:顾觉奋. 分离纯化工艺原理. 2002)

很明显,各种盐的分配系数存在着微小的差异,正是这种微小的不均等分配产生了相间电位。对某种盐来说,离子所带电荷为 Z^+ 和 Z^-,界面电位 U_2-U_1 可用式 (3-50) 表示:

$$u_2 - u_1 = \frac{RT}{(Z^+ - Z^-)F} \ln \frac{K_-}{K_+} \qquad (3-50)$$

式中　R——气体常数

　　　　F——法拉第常数

　　　　T——热力学温度, K

　　　　K_+、K_-——没有相间电位存在时正、负离子的分配系数

由式 (3-49) 可知, K_-/K_+ 越大,界面电位越大。也就是说,某种盐离解出来的两种离子,在两相间的亲和力差别越大,界面电位差也越大。

荷电蛋白质的分配系数可用式 (3-51) 表示:

$$\ln K_p = \ln K_p^0 + \frac{FZ}{RT}(u_2 - u_1) \qquad (3-51)$$

式中　K_p——蛋白质分配系数

　　　　K_p^0——界面电位为零或蛋白质所带净电荷为零时的分配系数

对大多数蛋白质来说,由于 Z 值较大,所以相间电位差 U_2-U_1 对 K_p 影响十分显著, K_p 与 Z 成指数关系,如图 3-101 中所示的血清白蛋白于不同 pH 下在四种相系统中的分配系数,这些

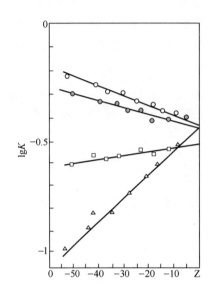

图 3-101　分配系数对数与蛋白所带净电荷的关系

（引自：刘家祺主编．分离过程与技术．2001）

相系统由于含不同的盐，因而具有不同的界面电位。盐离子对双水相萃取的影响适用于所有带电大分子和带电细胞粒子。

值得一提的是，界面电位几乎与离子强度无关，而且在含一定的盐时，离子浓度在 0.005～0.1mol/L 范围内，蛋白质的分配系数受离子强度的影响很小。也就是说，对一定的盐来说，蛋白质的有效净电荷与离子强度无关。

4. 疏水反应

选择适当的盐组成，相系统的电位差可以消失。排除了电化学效应后，决定分配系数的其他因素，如粒子的表面疏水性能即可占主要地位。成相高聚物的末端偶联上疏水性基团后，疏水效应会更加明显，此时，如果被分配的蛋白质具有疏水性的表面，则它的分配系数会发生改变。可以利用这种疏水亲和分配来研究蛋白质和细胞粒子的疏水性质，也可用于分离具有不同疏水性能的分子或粒子。

5. 生物亲和分配

成相高聚物偶联生物亲和配基后，它对生物大分子的分配系数影响很显著，从理论上可推得这种影响。例如，在 PEG 上共价结合一个与蛋白质有亲和力的配基后，设它的分配系数为 $K_{\text{L-PEG}}$，蛋白质分配系数为 K_{P}；蛋白质、配基和 PEG 复合物的分配系数为 $K_{\text{P-L-PEG}}$，它在上、下相的离解常数分别为 K_1、K_2，则不难证明有关系式（3-52）：

$$K_{\text{P-L-PEG}} = K_{\text{P}} \times K_{\text{L-PEG}} \times \frac{K_2}{K_1} \tag{3-52}$$

如果蛋白质含 N 个独立的连接位点，则：

$$K_{\text{P-L-PEG}} = K_{\text{P}} \times \left(K_{\text{L-PEG}} \times \frac{K_2}{K_1} \right)^N \tag{3-53}$$

若复合物在上、下相的离解能力相同（$K_1 = K_2$），则：

$$K_{\text{P-L-PEG}} = K_{\text{P}} \times (K_{\text{L-PEG}})^N \tag{3-54}$$

即　　　　　　$$\lg K_{\text{P-L-PEG}} = \lg K_{\text{P}} + N\lg K_{\text{L-PEG}} \tag{3-55}$$

由于 $K_{\text{L-PEG}}$ 取值范围可以为 10～100，如果相系统含有过量的 L-PEG，蛋白质所有可结合位点都能达到饱和。由式（3-55）可知，对每一个结合位点，蛋白质分配系数将增大 10～100 倍，如果蛋白质含有几个可结合位点，K_{P} 值将增大几个数量级。事实上，当 PEG 与亲和配基连接后，K_{P} 值一般增大 10～10000 倍。图 3-102 表示 Cibachrome-PEG 对磷酸果糖激酶分配系数对数的影响。磷酸果糖激酶含有 16 个结合位点，根据上述推断，在过量的 Cibachrome-PEG 存在下，$\lg K_{\text{P}}$ 应增大 16 倍，事实上 $\lg K_{\text{P}}$ 只增大 3 倍。从理论上来说，这是由于酶表面暴露出的结合位点并非相互独立，含配基的高聚物与酶结合后可以阻止它与其他位点的进一步结合，而且复合物在上、下相的离解常数也并非完全相同，同时，蛋白质与亲和配基结合后，它与相的接触表面也会减小，所有这些因素都会导致 K 值减小。此外，成相高聚物 Cibachrome-PEG 自身的聚合作用也会降低亲和分配的效果。但不管怎样，亲和分配为双水相萃取提供了一种快速、有效、选择性高且易于放大的途径。

6. 温度及其他因素

温度在双水相分配中是一个重要的参数。但是，温度的影响是间接的，它主要影响相的高聚物组成，只有当相系统组成位于临界点附近时，温度对分配系数才具有较明显的作用。

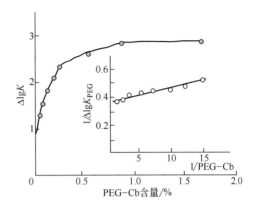

图 3-102　$\Delta \lg K_p$ 与 PEG-Cb 含量的关系

（引自：孙彦主编. 生物分离工程. 第三版，2013）

界面电位为零时，蛋白质分配系数与其所带净电荷无关，即 K 与 pH 无关。但也有例外情况。如血清白蛋白在 pH 较低时其构象要随 pH 而变化，溶菌酶分子可形成二聚体，因而这些蛋白质的 K° 值随 pH 而变化。所以，可以选择零电位相系统来研究它们的构象变化。

淀粉、纤维素等高聚物具有光学活性，它们应该可以辨别分子的 D、L 型。因此，对映体分子在上述高聚物相系统中具有不同的分配特征。同样，一种蛋白质对 D 或 L 型能选择性地结合而富集于一相中，可将此用于手性分配。例如，在含血清蛋白的相系统中，D、L 型色氨酸可获得分离。

（五）双水相萃取的应用

双水相萃取自发现以来，无论在理论上还是实践上都有很大的发展。特别是在最近几年中更为突出，在若干生物工艺过程中得到了广泛的应用，其中最重要的领域是蛋白质的分离和纯化，其应用举例如表 3-29 所示。

表 3-29　　　　　　　　　　双水相萃取技术在分离中的应用举例

分离物质	举例	体系	分配系数	收率/%
酶	过氧化氢酶的分离	PEG/Dextran	2.95	81
核酸	分离有活性核酸 DNA	PEG/Dextran	—	—
生长素	人生长激素的纯化	PEG/盐	6.4	60
病毒	脊髓病毒和线病毒	PEG/NaDS	—	90
干扰素	分离 β-干扰素	PEG-磷酸酯/盐	630	97
细胞组织	分离含有胆碱受体的细胞	三甲胺-PEG/Dextran	3.64	57

（引自：严希康. 生化分离工程，2001）

具体分离、纯化应用简介如下：

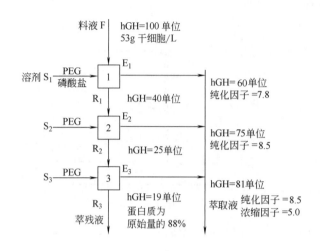

图 3-103 从 *E. Coli* 中提取 hGH 的三级错流萃取

（引自：严希康主编. 生化分离工程. 2001）

1. 人生长激素的提取

用 PEG4000 6.6%/磷酸盐 14% 体系从 *E. Coli* 碎片中提取人生长激素（hGH），当 pH=7，菌体含量为 1.35g/L 干细胞，混合 5~10s 后，即可达到萃取平衡，hGH 分配在上相，其分配系数高达 6.4，相比为 0.2，收率大于 60%，对蛋白质纯化系数为 7.8。若进行三级错流萃取，如图 3-103，总收率可达 81%，纯化系数为 8.5%。

2. β-干扰素（β-IFN）的提取

双水相萃取特别适用于 β-干扰素这些不稳定的、在超滤或沉淀时易失活的蛋白质的提取和纯化。培养基中总蛋白浓度为 1g/L，而 β-干扰素的浓度仅为 0.1mg/L。用一般的 PEG/Dextran 体系，不能将 β-干扰素与主要杂蛋白分开，必须使用具有带电基团或亲和基团的 PEG 衍生物如 PEG-磷酸酯与盐的系统才能使 β-干扰素分配在上相，杂蛋白完全分配在下相而得到分离，并且 β-干扰素浓度越高，分配系数越大，纯化系数甚至可高达 350。这一技术已用于 1×10^9 单位 β-干扰素的回收，收率达 97%，干扰素的特异活性 $\geq 1 \times 10^6$ 单位/mg 蛋白。这一方法与层析技术相结合组成双水相萃取-层析纯化联合流程，已成功地用于工业生产。

3. 酶的提取和纯化

双水相的应用始于酶的提取。由于 PEG/精葡聚糖体系太贵，而粗葡聚糖黏度又太大，因此目前研究和应用较多的是 PEG/盐体系。表 3-30 列出了一些应用实例。

表 3-230　　　　　　　　　从破碎的细胞中萃取分离酶的例子

菌体	酶	双水相组成	细胞浓度/%	分配系数	收率/%
Candida boidinii	过氧化氢酶	PEG4000/粗 Dextran	—	2.95	81
	甲醛脱氢酶	PEG4000/粗 Dextran	20	11.0	94
	异丙醇脱氢酶	PEG1000/磷酸钾盐	20	19	98
Saccharomgces cerevisiae	α-硫代葡萄糖苷酶	PEG4000/Dextran T500	30	2.5	95
	乙醇脱氢酶	PEG/盐	30	8.2	96
	己糖激酶	PEG/盐	30	–	92
Escherichia coli	延胡索酸酶	PEG1550/磷酸钾盐	25	3.2	93
	天门冬氨酸酶	PEG1550/磷酸钾盐	25	5.7	96
	β-半乳糖苷酶	PEG/盐	12	6.2	87

（引自：孙彦主编. 生物分离工程. 第三版. 2013）

在表 3-29 的这些体系中，酶主要分布在上相，菌体在下相或界面上。料液中湿细胞含量可高达30%，酶的提取率可达90%以上。如果条件选择合适，不仅可从发酵液提取酶，还可将各种酶彼此分离。

二、 反胶束萃取

反胶束萃取具有成本低、溶剂可反复使用、萃取率和反萃取率都很高等突出的优点。此外，反胶束萃取还有可能解决外源蛋白的降解，即蛋白质（胞内酶）在非细胞环境中迅速失活的问题，而且由于构成反胶束的表面活性剂往往具有溶解细胞的能力，因此可用于直接从整细胞中提取蛋白质和酶。反胶束萃取技术为蛋白质的分离提取开辟了一条具有工业开发前景的新途径。

（一）反胶束溶液形成的条件和特性

反胶束溶液是透明的、热力学稳定的系统。反胶束是表面活性剂分散于连续有机相中一种自发形成的纳米尺度的聚集体，所以表面活性剂是反胶束溶液形成的关键。

（1）表面活性剂　表面活性剂是由亲水憎油的极性基团和亲油憎水的非极性基团两部分组成的两性分子，可分为阴离子表面活性剂、阳离子表面活性剂和非离子表面活性剂。

（2）临界胶束浓度　是胶束形成时所需表面活性剂的最低浓度，用CMC来表示，这是体系特性，与表面活性剂的化学结构、溶剂、温度和压力等因素有关。CMC的数值可通过测定各种物理性质的突变（如表面张力、渗透压等）来确定。

（3）胶束与反胶束的形成　将表面活性剂溶于水中，当其浓度超过临界胶束浓度（CMC）时，表面活性剂就会在水溶液中凝集在一起而形成聚集体，在通常情况下，这种聚集体是水溶液中的胶束，称为正常胶束，结构示意图如图3-104。在胶束中，表面活性剂的排列方向是极性基团在外，与水接触，非极性基团在内，形成一个非极性的核心，在此核心可以溶解非极性物质。若将表面活性剂溶于非极性的有机溶剂中，并使其浓度超过临界胶束浓度（CMC），便会在有机溶剂内形成聚集体，这种聚集体称为反胶束。在反胶束中，表面活性剂的非极性基团在外与非极性的有机溶剂接触，而极性基团则排列在内形成一个极性核。此极性核具有溶解极性物质的能力，极性核溶解水后，就形成了"水池"。当含有此种反胶束的有机溶剂与蛋白质的水溶液接触后，蛋白质及其他亲水物质能够通过螯合作用进入此"水池"。由于周围水层和极性基团的保护，保持了蛋白质的天然构型，不会造成失活。蛋白质的溶解过程和溶解后的情况示意图如图3-105所示。

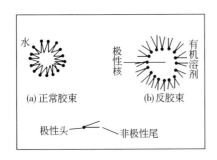

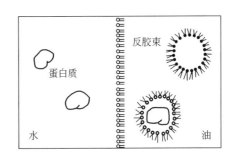

图3-104　正常胶束和反胶束的结构示意图　　图3-105　蛋白质在反胶束中的溶解示意图

（引自：杨宏顺. 反胶束萃取技术在食品科学中的应用进展. 2001）

（4）反胶束的形状与大小　反胶束的形状通常为球形，也有人认为是椭球形或棒形；反胶束的半径一般为 10～100nm，可由理论模型推算，计算公式如式（3-56）：

$$R_m = 3W_0 M_w / (\alpha_{au} N_a \rho_w) \tag{3-56}$$

式中　M_w——水的相对分子质量

ρ_w——水的密度

N_a——阿伏伽德罗常数

α_{au}——每个表面活性剂分子在反胶束表面的面积，它与表面活性剂、水相和有机溶剂的特性相关

W_0——每个反胶束中水分子与表面活性剂分子数的比值，假定表面活性剂全用于形成反胶束并忽略有机溶液中的游离水，则 W_0 等于反胶束溶液中水与表面活性剂的摩尔浓度比值：$W_0 \approx [H_2O]/[Surfactant]$

由于 R_m 与 W_0 成正比，因此，可通过测定与水相平衡的反胶束相所增溶的数量来判定反胶束尺寸的大小和每个反胶束中表面活性剂的分子数。

（二）反胶束萃取蛋白质的基本原理

1. "水壳"模型（Water-shell Model）

反胶束系统中的水通常可分为两部分，即结合水和自由水。结合水是指位于反胶束内部形成水池的那部分水；自由水即为存在于水相中的那部分水。蛋白质在反胶束内的溶解情况可用水壳模型做解释：大分子的蛋白质被封闭在"水池"中，表面存在一层水化层与胶束内表面分隔开，从而使蛋白质不与有机溶剂直接接触。水壳模型很好地解释了蛋白质在反胶束内的状况。

2. 蛋白质溶入反胶束溶液的推动力与分配特性

（1）推动力　蛋白质溶入反胶束溶液的推动力主要包括表面活性剂与蛋白质的静电作用和位阻效应。

静电作用力：在反胶束萃取体系中，表面活性剂与蛋白质都是带电的分子，因此静电作用是萃取过程中的一种推动力。影响静电作用最直接的因素是 pH，它决定了蛋白质带电基团的离解速率及蛋白质的净电荷。当 pH=pI 时，蛋白质呈电中性；pH<pI 时，蛋白质带正电荷；pH>pI 时，蛋白质带负电荷，即随着 pI 的改变，被萃取蛋白质所带电荷的符号和多少是不同的。因此，如果静电作用是蛋白质增溶过程的主要推动力，对于阳离子表面活性剂形成的反胶束体系，萃取只发生在水溶液的 pH>pI 时，此时蛋白质与表面活性剂极性头间相互吸引，而 pH<pI 时，静电排斥将抑制蛋白质的萃取，对于阴离子表面活性剂形成的反胶束体系，情况正好相反。

此外，离子型表面活性剂的反离子并不都固定在反胶束表面，对于 AOT（丁二酸-2-乙基己基酯磺酸钠）反胶束，约有 30% 的反离子处于解离状态，同时，在反胶束"水池"内的离子和主体水相中的离子会进行交换，这样，在萃取时会同蛋白质分子竞争表面活性剂离子，从而降低了蛋白质和表面活性剂的静电作用力。另一种解释则认为离子强度（盐浓度）影响蛋白质与表面活性剂极性头之间的静电作用力是由于离解的反离子在表面活性剂极性头附近建立了双电层，称为德拜屏蔽，从而缩短了静电吸引力的作用范围，抑制了蛋白质的萃取，因此在萃取时要尽量避免后者的影响。

位阻效应：许多亲水性物质都可通过溶入反胶束"水池"来达到它们溶于非水溶剂中的目的，但是反胶束"水池"的物理性能（大小、形状等）及其中水的活度是可以用 W_0 的变化来调节的，并且会影响大分子如蛋白质的增溶或排斥，达到选择性萃取的目的，这就是所谓的位

阻效应。

反胶束萃取中的 W_0，随表面活性剂的 HLB 增大而提高，对于离子型表面活性剂，还与极性头所处环境的介电性能有关，水溶液的介电常数对离子对解离平衡常数 K 有影响，如下式所示：

$$\frac{\mathrm{d}\ln k}{\mathrm{d}(1/\varepsilon)} = \frac{e^2}{2K_B T}\left(\frac{Z_-^2}{r_-} + \frac{Z_+^2}{r_+}\right) \tag{3-57}$$

式中　e——单位电荷

K_B——波尔兹曼常数

T——热力学温度

Z_-、Z_+——负离子和正离子的价数

r_-、r_+——负离子和正离子半径

从式（3-57）可见，降低介电常数 ε，将使解离平衡常数 K 减小，即解离平衡偏向未电离的一边，此时离子型表面活性剂变得更加疏水，即 HLB 变小，因此可通过调节水相及有机相的参数，来影响表面活性剂的 HLB 大小，从而改变 W_0 的增减方向。

许多反胶束萃取的实验研究表明，随着 W_0 的降低，蛋白质的萃取率也减少，说明确实存在一定的位阻效应。如有人用正己醇作助表面活性剂与 CTAB 一起形成混合胶束来萃取牛血清蛋白（BSA），由于正己醇一方面提高了表面活性剂亲油基团的数目，使 HLB 减小，另一方面溶入"水池"的正己醇会使池内溶液的 ε 减小从而使 HLB 减小，因此 W_0 变小，使 BSA 的萃取率降低，由于醇分子不带电荷，所以正己醇含量对萃取率的影响，不可能是静电作用，而只能是位阻效应（W_0 变化）所引起的。

实际上，似乎存在着一个临界水含量 $W_临$，当 $W_0>W_临$，水含量对蛋白质萃取率影响很小，而当 $W_0<W_临$ 时萃取率急剧下降。例如，在 CTAB-正己醇-正辛烷系统萃取 BSA 实验时得到 $W_临 \approx 30$，由式（3-56）计算出 $R_m = 4.48\mathrm{nm}$（取 $\alpha_0 = 0.60\mathrm{nm}^2$），BSA 的流体力学半径 $r = 3.59\mathrm{nm}$，再考虑水壳厚度约为 1nm，因此从几何角度来看，这一临界值是合理的。

通常，反胶束溶液在 $W_0>40$，两相间界面张力 <0.2mN/m 时，系统就不稳定了，因此能用的反胶束最大半径 $R_m=6\mathrm{nm}$，所以反胶束萃取适用于相对分子质量低于 100000（$r=5\mathrm{nm}$）的蛋白质分子。

（2）反胶束萃取中蛋白质的分配特性　反胶束萃取过程的分配特性不仅取决于起始两相的结构和性能，并且随着蛋白质进入反胶束还会使反胶束的结构发生变化，所以定量分子热力学模型的建立既复杂又困难。根据上面介绍的"水壳"结构模型，可提出一种唯象热力学模型。

假设一分子的蛋白质 P 与 n 个空胶束 M 作用，形成了蛋白质-胶束配合物 PM_n，其化学平衡式可写为：

$$P + nM \rightleftharpoons PMn \tag{3-58}$$

反应达到平衡时，其平衡常数 K_a 为：

$$K_a = \frac{[PM_n]}{[P][M]^n} \tag{3-59}$$

对于溶液中的化学反应：

$$\Delta G = -RT\ln K_a \tag{3-60}$$

假设 $W_0>W_临$，则蛋白质反胶束萃取过程的推动力可以认为主要是静电作用。因此，ΔG 可

认为是由两部分组成的，一是系统化学位的变化 ΔG^0；二是在两相主体界面上过量的带电表面活性剂，造成相际电位差 $\Delta\Psi$，带电的蛋白质由水相传入反胶束之后，引起的系统自由能变化量 $Q\Delta\Psi$，根据法拉第定律，电量应为：

$$Q = ZF$$

式中　Z——蛋白质的净电荷数

　　　F——法拉第常数

根据以上分析，可推出蛋白质在两相间的分配系数：

$$K_p = \frac{[PM_n]}{[P]} = [M]^n \exp\left(-\frac{\Delta G^0 + ZF\Delta\Psi}{RT}\right) \tag{3-61}$$

反胶束浓度 $[M]$ 与表面活性剂浓度 $[S_u]$ 之间的关系为：

$$[M] = [S_u] / N_{ag} \tag{3-62}$$

式中，N_{ag} 为聚集数，通常认为在实验范围内与表面活性剂浓度无关。n 为与蛋白质-胶束配合物大小有关的因素，同蛋白质与反胶束内表面静电作用的程度有关，作用越强，蛋白质-胶束的配合物越小。在此，假定 n 与蛋白质净电荷数 Z 之间存在线性关系，即：

$$n = n_0 - \beta Z \tag{3-63}$$

式中　β——常数

　　　n_0——$Z=0$ 时的 n 值

联立式（3-61）、式（3-62）和式（3-63）可得：

$$\ln K_p = (n_0 - \beta Z)\ln\frac{[S_u]}{N_{ag}} - \left(\frac{\Delta G^0 + ZF\Delta\Psi}{RT}\right) \tag{3-64}$$

3. 反胶束萃取蛋白质的动力学

在反胶束萃取研究中，常常发现反萃取所需的时间要比萃取长得多，这与传质过程的类型与机理有关，因此有必要进行动力学研究，以便选择最佳的萃取和反萃取条件，有效控制和强化萃取和反萃取过程，实现蛋白质的分离、纯化。

萃取过程中，蛋白质在互不相溶的两相间的传递可分为三步：蛋白质从水溶液主体扩散到界面；在界面形成包容蛋白质的反胶束；含有蛋白质的反胶束在有机相中扩散离开界面。反萃取过程则相反，含有蛋白质的反胶束从有机相主体扩散到界面；包容蛋白质的反胶束在界面崩裂；蛋白质从界面扩散到水溶液主体。

蛋白质进入或离开反胶束相的传递通量可用式（3-65）计算：

萃取过程：
$$J = -\frac{V}{A}\frac{dc_w}{dt} = \frac{V}{A}\frac{dc_0}{dt} = K_f\left(c_w - \frac{c_0}{m}\right) \tag{3-65}$$

反萃取过程：
$$J = -\frac{V}{A}\frac{dc_w}{dt} = -\frac{V}{A}\frac{dc_0}{dt} = K_r(c_w - m'c_w') \tag{3-66}$$

式中　K_f、K_r——萃取及反萃取过程的表观传质系数

　　　c_w、c_0——水相和有机相中蛋白质浓度

　　　　m——萃取的分配系数

　　　　m'——反萃取的分配系数

　　　　t——时间

对于萃取过程，在绝大部分条件下，$m \gg 1$，$c_0/m \ll c_w$，故 c_0/m 项可以忽略，将式（3-59）积分得：

$$\ln \frac{c_{\mathrm{w}}}{c_{\mathrm{w}}^{\mathrm{o}}} = -K_{\mathrm{f}} \left(\frac{A}{V} \right) t \tag{3-67}$$

对于反萃取过程，在绝大部分条件下，$m' \ll 1$，所以 $m' c_{\mathrm{w}} \ll c_0$，故 m'/c_{w} 项可以忽略，将式（3-67）积分得：

$$\ln \left(1 - \frac{c_{\mathrm{w}}^0}{c_0^0} \right) = -K_{\mathrm{t}} \left(\frac{A}{V} \right) t \tag{3-68}$$

式中　A——恒界面池截面积

　　　V——相体积

c_{w}^0、c_0^0——水相和有机相中蛋白质初始浓度

可以从实验测得的结果，通过式（3-66）和式（3-67）求得传质系数，从总传质系数和分传质系数的大小可以判断过程控制的类型。萃取或反萃取的过程控制，可以分为三种类型：反应（包括相反应和界面反应）控制过程；扩散（或传质）控制过程；混合控制过程。

式（3-66）和式（3-67）可用于：①扩散控制的萃取过程，萃取速率不仅与搅拌强度有关（因传质系数与搅拌强度有关），而且也与相际面积有关；②界面反应控制的萃取过程，在两相组成一定时，萃取速度与搅拌强度无关，仅与相界面积成正比，若界面积恒定，萃取速度同体系的组成浓度有关；③混合控制的萃取过程，萃取速率与反应速率和传质速率都有关系，所以它依赖于界面积和搅拌强度，也同体系的组成浓度有关。

影响相际传质过程的因素很多，有与两相接触相关的传质阻力（$1/K_{\mathrm{f}}$ 或者 $1/K_{\mathrm{r}}$）、与液滴尺寸相关的传质面积和与两相流动方式相关的传质推动力，为简化考察这些因素，可采用恒界面池的实验装置（图 3-106），研究各种操作条件对传质系数的影响。

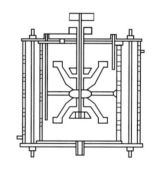

图 3-106　恒界面池简图

（引自：孙彦主编．生物分离工程．第三版．2013）

（三）影响反胶束萃取蛋白质的主要因素

影响反胶束萃取蛋白质的主要因素如表 3-31，只有合理控制影响因素，确定最佳操作条件，才能得到理想的蛋白质萃取率，达到分离纯化的目的。

表 3-31　　　　影响反胶束萃取蛋白质的主要因素

与反胶束相有关的因素	与水相有关的因素	与目标蛋白质有关的因素	与环境有关的因素
表面活性剂的种类	pH	蛋白质的等电点	系统的温度
表面活性剂的浓度	离子的种类	蛋白质的大小	系统的压力
表面溶剂的种类	离子的强度	蛋白质的浓度	
助表面活性剂及其浓度		蛋白质表面的电荷分布	

（引自：严希康主编．生化分离工程．2001）

现对几个主要因素进行讨论：

（1）水相 pH 对萃取的影响　水相的 pH 决定了蛋白质表面电荷的状态，从而对萃取过程

造成影响。只有当反胶束内表面电荷，也就是表面活性剂极性基团所带的电荷与蛋白质表面电荷相反时，两者产生静电引力，蛋白质才有可能进入反胶束。故对于阳离子表面活性剂，溶液的 pH 需高于蛋白质的 pI，反胶束萃取才能进行；对于阴离子表面活性剂，当 pH>pI 时，萃取率几乎为零，当 pH<pI 时，萃取率急剧提高，这表明蛋白质所带净电荷与表面活性剂极性头所带电荷符号相反，两者的静电作用对萃取蛋白质有利，如果 pH 很低，在界面上会产生白色絮凝物，并且萃取率也降低，这种情况可认为是蛋白质变性之故。水相 pH 对几种相对分子质量较小的蛋白质的萃取影响见图 3-107。

对不同相对分子质量的蛋白质，pH 对萃取率的影响有差异性，当蛋白质相对分子质量增加时，只有增大（pH-pI）的绝对值，相转移才能顺利完成。蛋白质的相对分子质量 M_r 与（pH-pI）绝对值呈线性关系，见图 3-108。这种关系，对阴离子及阳离子表面活性剂所形成的反胶束体系同样适用。

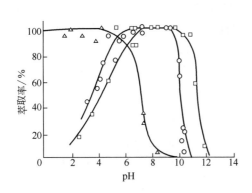

图 3-107　pH 对蛋白质萃取率的影响
○—细胞色素 C（pI=10.6，M_r=12384）
□—溶菌酶（pI=11.1，M_r=14300）
△—核糖核酸酶 a（pI=7.8，M_r=13683）
（引自：刘家祺主编. 分离过程与技术. 2001）

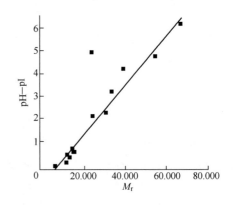

图 3-108　蛋白质相对分子质量 M_r 与最佳 pH 和 pI 之差（pH-pI）的关系（在 TOMAC-正丁醇体系中萃取）
（引自：刘家祺主编. 分离过程与技术. 2001）

（2）离子强度对萃取率的影响　离子强度对萃取率的影响主要是由离子对表面电荷的屏蔽作用所决定的：①离子强度增大后，反胶束内表面的双电层变薄，减弱了蛋白质与反胶束内表面之间的静电吸引，从而减少蛋白质的溶解度；②反胶束内表面的双电层变薄后，也减弱了表面活性剂极性基团之间的斥力，使反胶束变小，从而使蛋白质不能进入其中；③离子强度增加时，增大了离子向反胶束内"水池"的迁移并取代其中蛋白质的倾向，使蛋白质从反胶束内被盐析出来；④盐与蛋白质或表面活性剂的相互作用，可以改变溶解性能，盐的浓度越高，其影响就越大。如离子强度（KCl 浓度）对萃取核糖核酸酶 a、细胞色素 C 和溶菌酶的影响见图 3-109。由图可见，在较低的 KCl 浓度下，蛋白质几乎全部被萃取，当 KCl 浓度高于一定值时，萃取率就开始下降，直至几乎为零。当然，不同蛋白质开始下降时的 KCl 浓度是不同的。

（3）表面活性剂类型的影响　应选用有利于增强蛋白质表面电荷与反胶束内表面电荷间的静电作用和增加反胶束大小的表面活性剂，除此以外，还应考虑形成反胶束及使反胶束变大（由于蛋白质的进行）所需的能量大小、反胶束内表面的电荷密度等因素，这些都会对萃取产生影响。

（4）表面活性剂浓度的影响　增大表面
活性剂的浓度可增加反胶束的数量，从而增
大对蛋白质的溶解能力。但表面活性剂浓度
过高时，有可能在溶液中形成比较复杂的聚
集体，同时会增加反萃取过程的难度。因此，
应选择蛋白质萃取率最大时的表面活性剂浓
度为最佳浓度。

（5）离子种类对萃取的影响　阳离子的
种类如 Mg^{2+}、Na^+、Ca^{2+}、K^+对萃取率的影响
主要体现在改变反胶束内表面的电荷密度上。
通常反胶束中表面活性剂的极性基团不是完

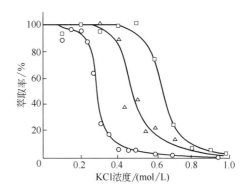

图 3-109　离子强度对蛋白质萃取率的影响
○—细胞色素 C　□—溶菌酶　△—核糖核酸酶 a
（引自：孙彦主编 . 生物分离工程 . 第三版 . 2013）

全电离的，有很大一部分阳离子仍在胶团的
内表面上（相反离子缔合）。极性基团的电离程度越大，反胶束内表面的电荷密度越大，产生
的反胶束也越大。表面活性剂电离的程度与离子种类有关。同一离子强度下的四种离子对反胶
束的 W_0 的影响见表 3-32。由表可知，极性基团的电荷密度按 K^+、Ca^{2+}、Na^+、Mg^{2+} 的顺序逐渐
增大，电离程度也相应地增大。

表 3-32　　　　　　　　　　　阳离子种类对 W_0 的影响

离子种类	K^+	Ca^{2+}	Na^+	Mg^{2+}
离子强度	0.3	0.3	0.3	0.3
W_0	9.2	15.4	20.0	43.6

水相为 $MgCl_2$ 溶液时，水相浑浊，不能很好地分相，这可能是因为极性基团的电荷密度太
大，以致使有些表面活性剂如 AOT 溶于水相，形成乳状液。水相为 NaCl 或 $CaCl_2$ 溶液时，萃取
率基本上不随盐浓度而变，因为 Na^+ 和 Ca^{2+} 存在时，反胶束内表面的电荷密度较大，以致在盐
浓度较高时，胶束的大小及胶束表面与蛋白质表面间的静电引力仍足够大，足以使蛋白质仍能
溶于反胶束中。

用 AOT-异辛烷系统萃取四种蛋白质时，不同种类离子的影响，见表 3-33。该表完全证实
了以上解释。此外，缓冲液体系本身也能影响蛋白质的溶解行为。

表 3-33　　　　　　　　　　不同离子对蛋白质萃取的影响

盐类 pH	萃取率/%			
	核糖核酸酶	溶菌酶	胰蛋白酶	胃乳蛋白酶
$CaCl_2$，1mol/L，pH 5 和 10	15.7	100.9	31.3	—
$CaCl_2$，0.1mol/L，pH 10	7.6	98.5	27.0	—
$CaCl_2$，0.1mol/L，pH 5	96.0	103.0	59.1	8.4
KCl，1mol/L，pH 5	4.0	11.5	14.4	—
$MgCl_2$，0.1mol/L，pH 5	86.6	9.3	21.4	—

（引自：孙彦主编 . 生物分离工程 . 第三版，2013）

（6）影响反胶束结构的其他因素　主要因素包括有机溶剂的种类、助表面活性剂及萃取温度。有机溶剂的种类影响反胶束的大小，从而影响水增溶的能力；在阳离子表面活性剂中加入助表面活性剂，能够增进有机相的溶解容量；升高温度能够增加蛋白质在有机相的溶解度。

（7）反萃取及蛋白质的变性　对于反萃取条件，一般根据蛋白质正向萃取的特性来考虑，即选择正向萃取率最低时的 pH、离子种类和浓度作为反萃取的条件，如用 AOT-异辛烷-水体系萃取溶菌酶时其最佳水相 pH 小于 pI（11.1），在 8 左右时最好，而最佳盐浓度（KCl）为 0.2mol/L，因此其反萃取的条件控制在 pH 12.0，盐浓度［KCl］＝1.0mol/L，接触混合 6min 时，反萃取率就可达 99.6%，这说明如果反萃取条件控制合适，是能够达到定量回收蛋白质这一目的的。但一般来讲，单靠调节反萃取液的性能，回收率常常都较低，因此出现了一些新的方法。如使用硅石从反胶束中反萃取出蛋白质；或采用笼形水合物的形成，使反胶束中的蛋白质沉淀析出，即用高压气体与反胶团溶剂接触，使气体溶于溶剂中，降低溶剂相的密度，这时，反胶束"水池"中的水转变为笼形水合物而沉淀析出；或通过改变温度，使原先增溶在反胶束中的水成为一过量水相，分离出此水相后就可回收大部分的蛋白质等。

有关萃取和反萃取过程的微观变化，可用分析萃取前后的 α-螺旋分率来评估，如四种溶菌酶样品，取萃取前后的 α-螺旋分率分析数据列于表 3-34 中。由表可知，料液中、有机相中及反萃取水相中的溶菌酶的 α-螺旋分离变化很小，蛋白质活性稳定。

表 3-34　　　　　　　　　　溶菌酶萃取前后的 α-螺旋分率

样品序号	1	2	3	4
水相 pH	7.0	7.0	12.0	12.0
水相［KCl］/（mol/L）	0.1	0.1	2.0	2.0
样品性质	料液水相	萃取相（油相）	料液	反萃取相（水相）
α-螺旋分率/%	27.3	26.7	26.2	29.1

（引自：严希康主编. 生化分离工程. 2001）

三、 液膜分离

（一）液膜及其分类

1. 液膜的定义及其组成

液膜是悬浮在液体中很薄的一层乳液微粒。它能把两个组成不同而又互溶的溶液隔开，并通过渗透现象起到分离的作用。乳液微粒通常是由溶剂（水和有机溶剂）、表面活性剂和添加剂制成的。溶剂构成膜基体；表面活性剂起乳化作用，它含有亲水基和疏水基，可以促进液膜传质速度并提高其选择性；添加剂用于控制膜的稳定性和渗透性。通常将含有被分离组分的料液作连续相，称为外相；接受被分离组分的液体，称为内相；处于两者之间的成膜液体称为膜相，三者组成液膜分离体系。

2. 液膜的分类

液膜分离技术按其构型和操作方式的不同，主要分为乳状液膜和支撑液膜。

（1）乳状液膜　乳状液膜是将两个不互溶相即内相（回收相）与膜相（液膜溶液）充分乳化制成乳液，再将此乳液在搅拌条件下分散在第三相或称外相（原液）中而成。通常外相与内相互溶，而膜相即不溶于内相也不溶于外相。在萃取过程中，外相的传递组分通过膜相扩散到内相而达到分离目的。萃取结束后，首先使乳液与外相沉降分离，再通过破乳回收内相，而膜相可以循环制乳，如图3-110。上述多重乳状液可以是O/W/O（油包水包油）型，也可以是W/O/W（水包油包水）型。前者为水膜，用于分离碳氢化合物，而后者为油膜，适用于处理水溶液。

上述液膜的液滴直径为0.5~2mm，乳液滴直径为1~100μm，膜的有效厚度为1~10μm，因而具有巨大的传质比表面，使萃取速率大大提高。

（2）支撑液膜　支撑液膜是由溶解了载体的液膜，在表面张力作用下，依靠聚合凝胶层中的化学反应或带电荷材料的静电作用，含浸在多孔支撑体的微孔内而制得的，如图3-111。由于将液膜含浸在多孔支撑体上，可以承受较大的压力，且具有更高的选择性，因而，它可以承担合成聚合物膜所不能胜任的分离要求。支撑液膜的性能与支撑材质、膜厚度及微孔直径的大小密切相关。支撑体一般都要求采用聚丙烯、聚乙烯、聚砜及聚四氟乙烯等疏水性多孔膜，膜厚度为25~50μm，微孔直径为0.02~1μm。通常孔径越小液膜越稳定，但孔径过小将使空隙率下降，从而将降低透过速度。

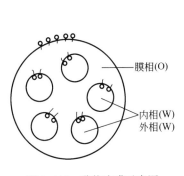

图3-110　乳状液膜示意图

（引自：严希康主编．生化分离工程，2001）

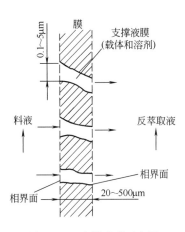

图3-111　支撑液膜示意图

（引自：严希康主编．生化分离工程，2001）

（二）液膜分离的机理

液膜分离技术是蓬勃发展中的一项新技术，对其分离机理的认识还没有形成完整的理论，现按液膜渗透中有无流动载体分为两类进行分离机理介绍。

1. 无流动载体液膜分离机理

这类液膜分离过程主要有三种分离机理，即选择性渗透、化学反应及萃取和吸附。图3-112是这三种分离机理示意图。

（1）选择性渗透　这种液膜分离属单纯迁移选择性渗透机理，即单纯靠不同组分在膜中的溶解度和扩散系数的不同导致透过膜的速度不同来实现分离。图3-112（1）中包裹在液膜内的A、B两种物质，由于A易溶于膜，而B难溶于膜，因此A透过液膜的速率大于B，经过一定的时间后，在外部连续相中A的浓度大于B，液膜内相中B的浓度大于A，从而实现A、B的分离。但当分离过程进行到膜两侧的溶质浓度相等时，输送便自行停止，因此它不能产生浓缩

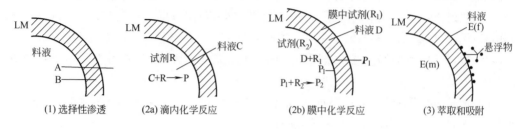

图 3-112　液膜分离机理

（引自：严希康主编．生化分离工程．2001）

效应。

（2）化学反应　可分为两类。

①滴内化学反应（Ⅰ型促进迁移）：如图 3-112（2a）所示，液膜内相添加有一种试剂 R，它能与料液中迁移溶质或离子 A 发生不可逆化学反应并生成一种不能逆扩散透过膜的新产物 P，从而使渗透物 A 在内相中的浓度为零，直至 R 被反应完为止。这样，保持了 A 在液膜内外两相有最大的浓度差，促进了 A 的传输，相反由于 B 不能与 R 反应，即使它也能渗透入内相，但很快就达到了使其渗透停止的浓度，从而强化了 A 与 B 的分离。这种因滴内化学反应而促进渗透物传输的机理又称Ⅰ型促进迁移。

②膜相化学反应（属载体传输，Ⅱ型促进迁移）：如图 3-112（2b）所示，在膜相中加入一种流动载体 R_1，先与料液（外相）中溶质 A 发生化学反应，生成络合物 AR_1，在浓差作用下，由膜相内扩散至膜相与内相界面处，在这里与内相中的试剂 R_2 发生解络反应，溶质 A 与 R_2 结合留于内水相，而流动载体 R_1 又扩散返回至膜相与外相界面一侧。在整个过程中，流动载体只起了搬移溶质的作用。这种液膜在选择性、渗透性和定向性三方面更类似于生物细胞膜的功能，可实现分离和浓缩。

（3）萃取和吸附　如图 3-112（3），这种液膜分离过程具有萃取和吸附的性质，它能把有机化合物萃取和吸附到液膜中，也能吸附各种悬浮的油滴及悬浮固体等，达到分离的目的。

2. 有载体液膜分离机理

有载体的液膜分离过程主要决定于载体的性质。载体主要有离子型和非离子型两类，其渗透机理分为逆向迁移和同向迁移两种。

逆向迁移：它是液膜中含有离子型载体时溶质的迁移过程（见图 3-113）。载体 C 在膜界面Ⅰ与欲分离的溶质离子 1 反应，生成络合物 C_1，同时放出供能溶质 2。生成的 C_1 在膜内扩散到界面Ⅱ并与溶质 2 反应，由于供入能量而释放出溶质 1，形成载体络合物 C_2 并在膜内逆向扩散，释放出的溶质 1 在膜内溶解度很低，故其不能返回去，结果是溶质 2 的迁移引起了溶质 1 逆浓度迁移，所以称其为逆向迁移。它与生物膜的逆向迁移过程类似。

同向迁移：液膜中含有非离子型载体时，它所携带的溶质是中性盐，在与阳离子选择性络合的同时，又与阴离子络合形成离子对而一起迁移，故称为同向迁移，见图 3-114。载体 C 在界面Ⅰ与溶质 1、2 反应（溶质 1 为欲浓缩富集离子，而溶质 2 供应能量），生成载体络合物 C_2' 并在膜内扩散至界面Ⅱ，在界面Ⅱ释放出溶质 2，并为溶质 1 的释放提供能量，C 在膜内又向界面Ⅰ扩散。结果，溶质 2 顺其浓度梯度迁移，导致溶质 1 逆其浓度梯度迁移，但两溶质同向迁移，它与生物膜的同向迁移相类似。

上述有载体液膜分离机理不仅适用于乳状液膜，也适用于支撑液膜。

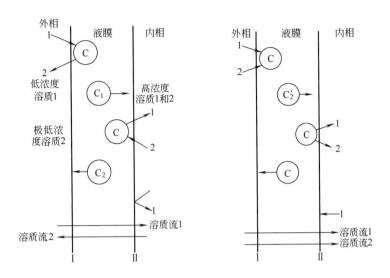

图 3-113　逆向迁移机理　　　　图 3-114　同向迁移机理

（引自：顾觉奋主编．分离纯化工艺原理．2004）

（三）液膜分离的操作过程

液膜分离操作过程分四个阶段，如图 3-115 所示。

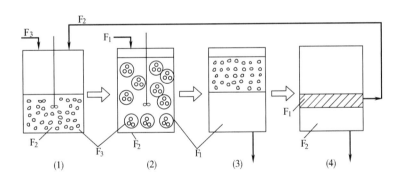

图 3-115　液膜分离流程图

（1）乳状液的准备　（2）乳状液与待处理溶液接触　（3）萃余液的分离　（4）乳状液的分层

F_1—待处理液　F_2—液膜　F_3—内相溶液

（引自：严希康主编．生化分离工程．2001）

（1）**制备液膜**　将反萃取的水溶液 F_3（内水相）强烈地分散在含有表面活性剂、膜溶剂、载体及添加剂的有机相中制成稳定的油包水型乳液 F_2，见图 3-115（1）。

（2）**液膜萃取**　将 F_2 在温和的搅拌条件下与被处理的溶液 F_1 混合，乳液被分散为独立的离子并生成大量的水/油/水型液膜体系，外水相中溶质通过液膜进入水相被富集，见图 3-115（2）。

（3）**澄清分离**　待液膜萃取完后，借助重力分层除去萃余液，见图 3-115（3）。

（4）破乳　使用过的废乳液需破碎，分离膜组分（有机相）和内水相，前者返回再制乳液，后者进行回收有用组分，见图 3-115（4）。破乳方法有化学、离心、过滤、加热和静电破乳法等，目前常用静电破乳法。

液膜分离操作过程相应的设备主要包括混合制乳设备、接触分离设备、沉降澄清设备和破乳回收设备。

（四）影响液膜分离效果的因素

1. 液膜体系组成的影响

可根据处理体系的不同，选择适宜的配方，保证液膜有良好的稳定性、选择性和渗透速度，以提高分离效果。液膜的上述三个性质中稳定性是液膜分离过程的关键，它包括液膜的溶胀和破损两个方面。溶胀是指外相水透过膜进入了液膜内相，从而使液膜体积增大，可用乳状液的溶胀率 E_a 来表示：

$$E_a = \frac{V_e - V_{e0}}{V_{e0}} \times 100\% \tag{3-69}$$

式中　V_e——增大后的乳液相体积

　　　V_{e0}——乳液相初始体积

破损则是由于液膜被破坏，使内相水溶液泄漏到外相，可用破损率 E_b 来表示，如内相中含 NaOH 溶液，则：

$$E_b = \frac{C_{Na^+} \cdot V_3}{C_{Na_{10}^+} \cdot V_{10}} \times 100\% \tag{3-70}$$

式中　C_{Na^+}——泄漏到外水相中的钠离子浓度，mol/L

　　　$C_{Na_{10}^+}$——内相中钠离子的初始浓度

　　　V_3——外水相体积，L

　　　V_{10}——内水相体积，L

影响溶胀的因素主要体现在外界对膜相物性的影响、内外水相化学位的影响和膜相与水结合的加溶作用，其中表面活性剂和载体起重要作用。此外，影响因素还有搅拌强度、温度与膜溶剂。搅拌速度增大，渗透溶胀增加；温度升高，水在膜相中扩散系数增加，并使表面活性剂在非水溶剂中对水的加溶能力明显增大，渗透溶胀加剧；膜溶剂黏度大，则扩散系数减小，溶水率低，则膜相含量少，能减小内外水相间的化学位梯度，使渗透溶胀减小。

影响液膜破损的因素主要是外界剪切力作用、膜结构及其性质变化，均会使乳液产生破损，同时也与搅拌温度、膜溶剂、外相电解质等条件有关。

因此，必须合理选择表面活性剂、载体、膜溶剂、外相电解质的种类和浓度，降低搅拌强度、乳水比和传质时间，有效地控制温度，尽可能地减少渗透溶胀对膜强度的影响，避免液膜破损率过高，以保证膜分离的效果。

2. 影响液膜分离的工艺条件

（1）搅拌速度　制乳时要求搅拌速度大，一般在 2000~3000r/min，使形成的乳液滴直径小，但当连续相与乳液接触时，搅拌速度应为 100~600r/min，搅拌速度过低会使料液与乳液不能充分混合，而搅拌强度过高，又会使液膜破裂，二者都会使分离效果降低。研究发现不同搅拌强度与脱酚效果之间的关系，当搅拌强度从 100r/min 增至 200r/min 时除酚的效率急剧增加，而从 200r/min 增至 300r/min 时，除酚效率因膜的破裂而急剧下降。

（2）接触时间 料液与乳液在最初接触的一段时间内，溶质会迅速渗透过膜进入内相，这是由于液膜表面极大，渗透很快，如果再延长接触时间，连续相（料液）中的溶质浓度又会回升，这是由于乳液滴破裂造成的，因此接触时间要控制适当。

（3）料液浓度和酸度 液膜分离特别适用于低浓度物质的分离提取。若料液中产物浓度较高，可采用多级处理，也可根据被处理料液排放浓度要求，决定进料时的浓度。料液中酸度决定于渗透物的存在状态，在一定的 pH 下，渗透物与液膜中的载体形成络合物而进入膜相，则分离效果好，反之分离效果就差。例如液膜提取苯丙氨酸时，外相的 pH 控制在 3 较好，这时苯丙氨酸呈阳离子状态，有利于和载体 P_{204} 形成络合物，如果 pH 升高（3<pH<9），则苯丙氨酸趋向于形成偶极离子，影响了它与载体的结合，分离效果就会下降。

（4）乳水比 液膜乳化体积（V_e）与料液体积（V_w）之比称为乳水比。乳水比越大，渗透接触面积越大，分离效果越好，但乳液消耗多，不经济，故应综合考虑乳水比。

（5）膜内比 R_{oi} 膜相（V_m）与内相体积（V_{io}）之比称为膜内比，同样以液膜法萃取苯丙氨酸为例，传质速率随 R_{oi} 的增加而增大，但这种增加趋势不大。这是因为 R_{oi} 增加，载体量也增大，对苯丙氨酸提取过程有利；但 R_{oi} 增加亦使膜厚度增大，从而增加传质阻力，不利于提取过程。故苯丙氨酸的提取率虽随 R_{oi} 的增加而增大，但幅度较小。R_{oi} 的增加，膜的稳定性加强了，而从经济角度出发，希望 R_{oi} 越小越好，因此需兼顾这两方面的情况进行 R_{oi} 的选取。从表 3-35 可见，R_{oi} 为 1 较好，此时已可得到 4~5 倍的内相浓缩率。

表 3-35 　　　　　　　　　　R_{oi} 对浓缩倍数的影响

膜内比 R_{oi}	0.8	1.0	1.2
浓缩倍数 c_{if}/c_{30}	3.3	4.5	4.6

（6）操作温度 一般在常温或料液温度下进行分离操作，因为提高温度虽能加快传质速率，但降低了液膜的稳定性和分离效果。

（五）液膜分离技术的应用

液膜分离技术由于其良好的选择性和定向性，分离效率高，而且能达到浓缩、净化和分离的目的，因此在食品、制药、化工、环保、气体分离和生物制品等方面得到了广泛应用，特别是在发酵液产物分离领域的应用更为广泛。

1. 液膜分离萃取氨基酸

大多数氨基酸均可利用微生物发酵法生产，离子交换法分离、提取，但存在周期长、收率低、三废严重等弊端；采用液膜法进行分离，可从低浓度溶液中提取氨基酸，能降低损耗，甚至可以建立无害化工艺。

用液膜萃取分离技术从水溶液中提取氨基酸（赖氨酸、色氨酸）的工艺流程如图 3-116。过程包括如下几个阶段：乳液准备；液膜萃取；萃取后乳液的破坏；内水相溶液的蒸浓；从浓缩液中结晶氨基酸并经洗涤、干燥得固体产品。

2. 液膜分离进行酶反应

液膜分离用于酶反应，实际上是液膜包酶，类似于生化工程中的固定化酶，它是将含有酶的溶液作为内相制成乳液，再将此乳液分散于外相中。液膜包酶有许多优点，首先包裹后

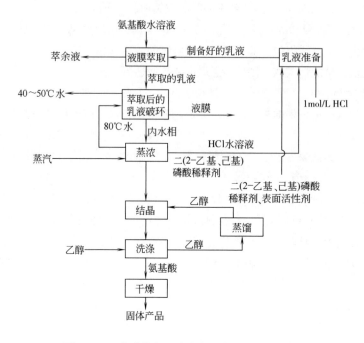

图 3-116　液膜分离法从水溶液中提取氨基酸流程

(引自：严希康主编. 生化分离工程. 2001)

的酶可避免受外相中各组分对其活性的影响，避免了酶与底物和产物的分离，乳液可以重复使用，不必破乳。另外，由于物质在液体中的扩散速率比在固体中快得多，而且可以根据需要，在膜相添加载体促进底物从外相向内相的传递或产物从内相向外相的传递，这是固定化酶所无法做到的。例如，将 D,L-氨基酸甲酯转化为 L-氨基酸，其反应过程如图 3-117 所示。

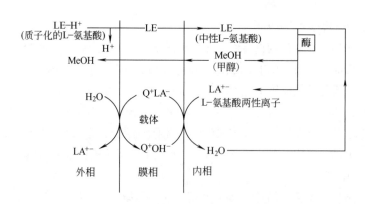

图 3-117　D,L-氨基酸甲酯酶解为 L-氨基酸示意图

(引自：严希康主编. 生化分离工程. 2001)

本章小结

分离是天然产物研究的一个重要操作。根据被分离物料的物化性质不同，采取相应的技术手段，实现物料中不同组分的分离。传统的机械和传质分离手段，存在着成本较高、产率较低或反应周期长的缺点。近年来，随着新材料、新工艺、新技术的迅速发展，新型的分离技术不断涌现并逐渐渗透到食品工业和天然产物的各个领域。本章主要介绍了树脂吸附分离技术、膜分离技术、分子蒸馏技术、超临界流体萃取技术、色谱分离技术等现代分离技术的原理、装置种类、特点、关键技术及国内外应用现状。

树脂吸附分离在生物碱类、黄酮类、皂苷类、酯类、萜类等有效成分的分离上有着广泛的应用；膜分离技术无相态变化、无化学变化、在常温下操作、高效节能以及在生产过程中不产生污染等，特别适用于热敏性混合体系的分离；分子蒸馏是依靠不同物质相对分子质运动平均自由程的差别实现物质的分离，适用于不同物质相对分子质量差别较大的液体混合物体系的分离，因具有操作温度低、蒸馏压强低、受热时间短、分离程度及产品收率高的特点，因而特别适用于高沸点、热敏性、易氧化（或易聚合）物质的分离，常用于附加值较高或社会效益较大的物质的分离；超临界流体萃取是利用流体在临界区附近压力和温度的微小变化，可引起流体密度的大幅度变化，而非挥发性溶质在超临界流体中的溶解度和流体的密度成正比这一特性而实现物质的分离，主要用于从天然产物中提取高附加值的天然色素、香精香料、食用或药用成分等的提取；色谱法（层析法）是利用不同结构或不同性质的物质在互不相溶的两相溶剂之间的分配系数之差（分配层析）、组分对吸附剂吸附能力不同（吸附层析），或离子交换或分子的大小（排阻层析）的原理实现分离的，常常用于多糖、蛋白质、黄酮、色素、内酯等热敏性混合体系的分离。双水相萃取法是利用物质在互不相溶的两水相间分配系数的差异来进行萃取的方法，在蛋白质的分离和纯化，如酶、核酸、生长素、病毒、干扰素等的生产中得到广泛应用。反胶束是表面活性剂分散于连续有机相中一种自发形成的纳米尺度的球形聚集体，在萃取蛋白质上具有一定优势。液膜分离技术由于其良好的选择性和定向性，分离效率高，而且能达到浓缩、净化和分离的目的，因此在食品、制药、化工、环保、气体分离和生物制品等方面得到了广泛应用，特别是在发酵液产物分离领域的应用更为广泛。

在天然产物分离过程中，应该选择哪种分离技术，往往是由很多因素决定的，应根据物料的特性和分离技术的适应性和优缺点来选择。

思考题

1. 树脂吸附分离技术的原理、装置种类和特点？举例说明树脂吸附分离在天然产物提取中的应用。

2. 膜分离技术有哪些种类？其分离原理是什么？讨论各种膜分离技术在天然产物提取中的应用。

3. 分子蒸馏的原理、优缺点、装置组成、工业化流程？举例说明分子蒸馏在实际生产中的应用。

4. 试述超临界流体萃取的概念、原理。超临界流体萃取的流程有哪几种？如何提高超临界流体萃取的效率？举例说明超临界流体萃取在天然产物提取中的应用。

5. 阐述氧化铝、硅胶、聚酰胺、葡聚糖凝胶、离子交换树脂、大孔树脂等层析法的层析规律。

6. 为什么说色谱分离的效率是所有分离纯化技术中最高的？

7. 简要说明双水相萃取的基本原理及其在天然产物提取中的应用情况。

8. 反胶束萃取蛋白质有哪些优点？说明其萃取原理？影响萃取的因素有哪些？

9. 简要说明液膜分离的原理及影响因素。举例说明液膜分离的应用情况。

10. 根据你所掌握的知识，试分析比较各种新型分离技术在天然产物分离中应用的优势和不足。

参考文献

1. 元英进，刘明言，董岸杰主编. 中药现代化生产关键技术. 北京：化学工业出版社，2002

2. 顾觉奋主编. 分离纯化工艺原理. 北京：中国医药科技出版社，2004

3. 史作清主编. 吸附分离树脂在医药工业中的应用. 北京：化学工业出版社，2008

4. 近藤精一主编. 吸附科学（第二版）. 北京：化学工业出版社，2006

5. 刘小平主编. 中药分离工程. 北京：化学工业出版社，2005

6. 张迪清主编. 银杏叶资源化学研究. 北京：中国轻工业出版社，1999

7. 杨宏健主编. 天然药物化学. 郑州：郑州大学出版社，2004

8. 杨红主编. 中药化学实用技术. 北京：化学工业出版社，2004

9. 严希康主编. 生化分离工程. 北京：化学工业出版社，2001

10. 刘家祺主编. 分离过程与技术. 天津：天津大学出版社，2001

11. 孙彦主编. 生物分离工程（第三版）. 北京：化学工业出版社，2013

12. 胡永红，刘凤珠. 生物分离工程. 武汉：华中科技大学出版社，2015

13. 张文清. 分离分析化学. 上海：华东理工出版社，2016

14. 谭天伟. 生物分离技术. 第二版. 北京：化学工业出版社，2007

15. 李淑芬，白鹏. 制药分离工程. 北京：化学工业出版社，2009

16. 冯淑华，林强. 药物分离纯化技术. 北京：化学工业出版社，2009

17. 王培义，徐宝财，王军主编. 表面活性剂（第二版）. 北京：化学工业出版社，2012

18. 吴大同，潘远江. 逆流色谱研究进展. 分析化学，2016，44（2）：319-326

19. 王高红，黄新异. 逆流色谱技术分离蛋白质和多肽的研究进展. 分析化学，2016，44（10）：1600-1608

20. Changlei Sun, Jia. Li. Preparative separation of quaternary ammonium alkaloids from Coptis chinensis Franch by pH-zone-refining counter-current chromatography [J]. Journal of separation science. 2011, 34 (3)：278-285

21. Gerold Jerz, Yasser A. Preparative mass-spectrometry profiling of bioactive metabolites in Saudi-Arabian propolis fractionated by high-speed countercurrent chromatography and off-line atmospheric pressure chemical ion-

ization mass-spectrometry injection［J］. Journal of Chromatography A. 2014, 1347（20）: 17-29

22. Adrian Weisz, Clark D. Ridge. Preparative separation of two subsidiary colors of FD&C Yellow No. 5（Tartrazine）using spiral high-speed counter-current chromatography［J］. Journal of Chromatography A. 2014, 1343（23）: 91-100

23. 刘晓, 韩国德. 离子交换层析法制备高纯度人凝血因子Ⅷ的研究. 中国新药杂志, 2015, 24（7）: 760-764

24. 闫晶晶, 赵雄. 离子交换层析分离纯化人结合珠蛋白的研究. 军事医学, 2016, 40（7）: 569-572

25. 郝东, 史瑾. 一种重组角质细胞生长因子-1 的纯化工艺研究. 生物化工, 2018, 4（1）: 83-85

26. 陈建华, 孙捷. 桑黄发酵液中凝集素 SHL24 的分离与生物活性研究. 微生物学通报, 2018, 45（2）: 420-427

27. 申芮萌, 杨岚. 葡聚糖凝胶 Sephadex LH-20 柱层析分离纯化蓝莓花色苷的研究. 食品工业科技, 2016, 37（9）: 58-63

28. 张爱琳, 段筱筠. 牛乳中主要过敏原的分离及其氨基酸成分分析. 中国乳品工业, 2016, 44（12）: 4-6

29. 王淑菁, 付瑞. 重组融合蛋白柱层析病毒去除工艺的验证. 中国生物制品学杂志, 2014, 27（2）: 241-244

30. 吉学桥, 张利清. 人白细胞介素-2 原核表达条件优化和表达产物纯化. 畜牧与兽医, 2013, 45（10）: 21-25

31. Ahirwar R, Nahar P. Development of an aptamer-affinity chromatography for efficient single step purification of Concanavalin A from Canavaliaensiformis［J］. J Chromatogr B, 2015, 997（1）: 105-109

32. Caramelo-Nunes C, Gabriel M F. Negative pseudoaffinity chromatography for plasmid DNA purification using berenil as ligand［J］. J Chromatogr B, 2014, 944（01）: 39-42

33. 宋范范, 张康逸. 无水乙醇萃取联合氧化铝柱层析制备高纯磷脂酰胆碱. 食品科学, 2015, 36（10）: 6-10

34. 左锦静, 姚永志. DTAC 反胶束 W_0 值对萃取蛋白质乳化性的影响. 食品研究与开发, 2018, 39（05）: 42-47

35. 范景辉, 李志平, 李海燕, 赵玉梅. 反胶束萃取技术在提取分离生物制品中的应用. 食品安全质量检测学报, 2016, 7（04）: 1426-1431

36. 王丽敏, 陈复生, 刘昆仑. 反胶束结构的研究进展. 食品工业, 2015, 36（07）: 226-230

37. 郑黎静, 陈复生, 张丽芬, 王丽敏. 反胶束体系中酶催化技术在食品科学中的研究进展. 粮食与油脂, 2015, 28（6）: 1-3

38. 杨宏顺. 反胶束萃取技术在食品科学中的应用进展. 郑州工程学院学报, 2001, 22（4）: 41-45

39. 陈海光, 成坚. 反胶束技术及其应用. 仲恺农业技术学院学报, 2000, 13（4）: 52-57

40. 兰宇, 孙向东, 赵冬梅. 反胶束水合萃取技术在生物工程领域的研究进展. 安徽农业科学, 2015, 43（08）: 4-6+8

41. 任建新主编. 膜分离技术及其应用. 北京: 化学工业出版社, 2005

42. 刘茉娥主编. 膜分离技术. 北京: 化学工业出版社, 2003

43. 邓修, 吴俊生主编. 化工分离工程（第二版）. 北京: 科学出版社, 2013

44. 齐誉, 杨红兵, 赵芳. 高速逆流色谱的原理及活性成分提取的进展. 数理医药学杂志, 2011, 24（6）: 721-724

第四章

糖类提取工艺

学习目标

　　了解糖类的分类方法和糖的种类。掌握糖类的分子结构与其溶解性以及分离原理之间的联系。掌握果胶等典型多糖的提取、纯化和鉴定方法。

第一节　概述

　　糖类（suger，saccharides）又称碳水化合物（carbohydrates），是生物体内除蛋白质和核酸以外的又一类重要的生物信息分子，它在受精、发育、分化、神经系统和免疫系统平衡态的维持等方面起着重要的作用；作为一种细胞分子表面"识别标志"，参与着体内许多生理和病理过程，如炎症反应中白细胞和内皮细胞的粘连，细菌、病毒对宿主细胞的感染、抗原抗体的免疫识别等。按照组成糖类的糖基个数，可将糖类分为单糖、低聚糖和多糖三类。

　　单糖的化学通式为 $(CH_2O)_n$，是具有多羟基的醛（醛糖）或酮（酮糖）。已发现的天然单糖有200多种，$n=3\sim8$，而以五碳（戊糖）、六碳（己糖）单糖最多见。大多数单糖在生物体内是呈结合状态的，仅葡萄糖和果糖等少数单糖呈游离状态存在。单糖类多为结晶性，有甜味，易溶于水，可溶于稀醇，难溶于高浓度乙醇，不溶于乙醚、苯、氯仿等极性小的有机溶剂。具旋光性与还原性。

　　低聚糖类也称为寡糖，一般由2~9个单糖分子聚合而成。但目前仅发现2~5个单糖分子的低聚糖，分别称为二糖或双糖（蔗糖、麦芽糖）、三糖（甘露三糖、龙胆三糖）、四糖（水苏糖）、五糖（毛蕊草糖）等。在植物体内分布最广又呈游离状态的低聚糖是蔗糖。

　　低聚糖大多由不同的糖聚合而成，也可由相同的单糖聚合而成，如麦芽糖、海藻糖。低聚糖具有与单糖类似的性质：结晶性，有甜味，易溶于水，难溶或不溶于有机溶剂。易被酶或酸水解成单糖而具旋光性。当分子中有游离醛基或酮基时，具有还原性，如麦芽糖、乳糖；当分子中没有游离醛基或酮基时，不具有还原性，如蔗糖、龙胆三糖。

　　多（聚）糖由10个以上单糖分子聚合而成，通常由几百甚至几千个单糖分子组成。由一种单糖组成的多糖，称为均多糖，通式为 $(C_nH_{2n}O_n)_x$，x 可至数千。由二种以上不同的单糖组成的多糖，称杂多糖。在多糖结构中除单糖外，还含有糖醛酸、去氧糖、氨基糖与糖醇等，且可有别的取代基。多糖性质与单糖大不相同，大多为无定形化合物，相对分子质量较大，无甜味和还原性，难溶于水，在水中溶解度随相对分子质量增大而降低，有的与水加热可形成胶状物。多糖被酶或酸水解，可产生低聚糖或单糖。可有旋光性与还原性。许多多糖的分子呈线状，而有些则呈支链状。随着支化程度的增加，多糖的一些物理性质会发生变化，如水溶性、黏度、凝胶行为等。如果多糖链上的单糖残基中含有羧基，则这些羧基可以被甲酯化，或与单价或多价阳离子结合。多糖通常从植物原料通过水提醇沉法获得。多糖中存在的 N、S 以及 P 等元素意味着其可能来自于糖蛋白。糖蛋白是多糖和蛋白的共价结合物。多糖或糖蛋白的相对分子质量较大，通常从 1 万到上亿。

多糖在食品中可用作增稠剂、黏结剂、稳定剂、乳化剂、悬浮剂、凝胶剂等。据文献统计，世界范围内各种多糖的用量从大到小排序为半乳甘露聚糖（如瓜尔胶、刺槐豆胶）、卡拉胶、琼脂、阿拉伯胶、果胶（主要是高甲酯果胶）、海藻胶、羧甲基纤维素、黄原胶。多糖应用最多的食品领域主要是糖果、乳制品、甜点、肉制品、快餐品、烘焙制品、香肠、涂抹酱等。此外，采用淀粉或其他多糖类物质制备的脂肪替代品，已经成为重要的食品产品。

多糖按功能可分为两类，一类是不溶于水的动植物的支持组织，如植物中的纤维素，甲壳类动物中的甲壳素等；另一类为动植物的储藏养料，可溶于热水形成胶状溶液。随着科学技术的发展，不少多糖的生物活性被发掘并用于临床，如刺五加多糖、灵芝多糖、黄精多糖、黄芪多糖都可促进人体的免疫功能，香菇多糖具抗癌活性，鹿茸多糖可抗溃疡等。

多糖类是研究得最多的糖类药物，具有调节免疫力、抗感染、促进细胞 DNA 与蛋白质合成、抗辐射损伤、抗凝血、降血脂、抗动脉粥样硬化等功能。目前已经提取出来并已有研究的果蔬多糖有：南瓜多糖、苦瓜多糖、沙棘多糖、大枣多糖、甘薯多糖、无花果多糖、猕猴桃多糖、余甘多糖、甘蔗多糖、黑豆多糖、石榴多糖、番石榴多糖等，另外具有开发潜力的果蔬多糖还有荔枝多糖、槟榔多糖、枇杷多糖、龙眼多糖等。相比其他药用植物多糖，果蔬多糖几乎都是杂多糖，含有多种单糖组分，有些果蔬多糖还有蛋白部分，结构异常复杂。

真菌多糖具有复杂的生物活性和功能，主要包括以下几个方面：

（1）激活巨噬细胞 由于巨噬细胞在抵御各种感染和抗肿瘤方面有主要作用，因而激活巨噬细胞可提高机体抗病能力。如从香菇、灵芝、银耳、黑木耳、猴头菌、黑柄炭角菌、冬虫夏草等真菌中分离提取的多糖都能显著增强腹腔巨噬细胞的吞噬功能。

（2）激活淋巴细胞 癌症和艾滋病患者由于化疗和放疗使体内免疫系统遭到严重破坏，而多糖化合物可部分恢复并增强患者的免疫功能。冬虫夏草多糖、蜜环菌多糖、树舌灵芝多糖、银耳多糖、猴头菌多糖、块菌多糖、裂褶菌多糖等都能在体外显著增强半刀豆球蛋白 A 诱导的淋巴细胞增殖。

（3）促进干扰素（IFN）生成 香菇多糖体内给药 12h 后能促进血浆中 IFN 的浓度达到高峰。目前研究比较多的有香菇多糖、银耳多糖、云芝多糖、灵芝多糖、茯苓多糖、裂褶菌多糖、猪苓多糖、猴头菌多糖、金针菇多糖、黑木耳多糖、核盘菌多糖、灰树花多糖、冬虫夏草多糖等。

（4）促进白细胞介素（IL）生成 银耳多糖可显著增加正常小鼠脾细胞 IL-2 的产生，明显恢复老年小鼠脾细胞分泌 IL-2。酿酒酵母葡聚糖能促进小鼠腹腔巨噬细胞产生 IL-1。羧甲基茯苓多糖、树舌灵芝多糖、黑柄炭角菌多糖、蜜环菌多糖等都能促进小鼠腹腔巨噬细胞产生IL-1。

（5）诱生肿瘤坏死因子（TNF） 云芝多糖 PSK 可诱导黏附性外周血细胞因子 TNF-α 的表达，对肿瘤细胞的生长起抑制作用。香菇多糖可促使小鼠腹腔巨噬细胞释放 TNF，调节机体的免疫能力。

（6）激活网状内皮系统（RES） 生物体中的网状内皮系统具有吞噬、拔除老化细胞和异物及病原体的作用。蜜环菌和虫草多糖等都能激活网状内皮系统，显著地增强网状内皮系统在炭廓清试验中的活性，增加小鼠、绵羊红细胞抗体的生成。

正因为真菌多糖具有以上生物活性及功能，其在临床上具有抗肿瘤、抗衰老、降血压、降血脂、降血糖及健胃保肝等功效。

第二节 糖类提取工艺特性

一、 糖类的溶解性与性质鉴定

（一）糖类的溶解性

根据糖在水和乙醇中溶解度大小的不同，可将糖分为以下七类：

（1）易溶于冷水和温乙醇 包括各种单糖、双糖、三糖和多元醇类。

（2）易溶于冷水而不溶于乙醇 包括果胶和树胶类物质，常以钙镁盐形式存在。

（3）易溶于温水，难溶于冷水，不溶于乙醇 包括黏液质，如木聚糖、菊糖、糖淀粉、胶淀粉、糖原等。

（4）难溶于冷水和热水，可溶于稀碱 包括水不溶胶类，总称半纤维素，如木聚糖、半乳聚糖、甘露聚糖等。

（5）不溶于水和乙醇，部分溶于碱液 包括氧化纤维素类，可溶于氢氧化铜的氨溶液。

（6）不溶于水和乙醇，可溶于酸液 如壳聚糖等。

（7）在以上溶剂中均不溶 如纤维素等。

（二）糖类的性质鉴定

（1）棕色环试验法（苯酚-硫酸法） 苯酚-硫酸试剂可与游离或多糖中的戊糖、己糖中的醛酸起显色反应。测试时，在样品溶液中加入 3 滴 5% 苯酚，摇匀，再沿壁加几滴浓硫酸，发现有棕色环出现，说明含有糖类化合物。

（2）蒽酮-硫酸法 检测糖类化合物与浓硫酸反应会脱水成糖醛及其衍生物，然后与蒽酮缩合变成绿色物质。用样品配成 50g/L 左右的溶液，取 1mL 试样溶液，加蒽酮试剂 4mL，此时样品颜色由无色变为绿色，证明样品是糖类化合物。

（3）费林试剂反应 具有还原性的糖可以将铜试剂还原成氧化亚铜红棕色沉淀，而多糖则无还原性，但在无机酸作用下水解，可得定量有还原性的单糖。故可藉此来判断样品是单糖还是多糖。取少许样品溶液，加入等体积费林试剂，于近沸水浴加热数分钟后，观察有无棕色沉淀。如果有沉淀生成，则说明是单糖。

（4）成脘反应 取少许样品溶液加数滴浓盐酸，在沸水浴加热 10min，让其水解后分成两份，其中一份用 10% NaOH 调至中性，加入等体积费林试剂，即重复上述实验，观察有无沉淀生成。另一份在试管中加入 0.5mL 的 15% 醋酸钠和 0.5mL 的 10% 苯肼，置入沸水浴中加热并不断振荡，观察脘结晶的生成速度和时间。如果样品在经盐酸水解后与费林试剂反应后有棕红色沉淀生成，可确定样品不是单糖。而另一份则先出现淡黄结晶后逐步以黄色结晶出现，则说明有多糖类特点的糖脘生成，从而再次确定样品为多糖化合物。

二、 糖类的提取方法

天然多糖主要是从自然界中的植物或农副产品中提取分离而得到的，常用的提取方法有：热水浸提法、酸浸提法、碱浸提法及酶法等，其中前三种为化学方法，酶法为生物方法。

（1）热水浸提法用水作为溶剂浸取多糖，温度一般控制在 50~90℃，在恒温水浴上回流浸提 2~4h，过滤后得滤液和滤渣。再用水在相同条件下将滤渣反复浸取 3~5 次，最后合并滤液，将其在恒温水浴上浓缩使绝大部分水挥发除去，然后边搅拌边加浓缩液 2~3 倍体积的 95%（体积分数）乙醇，多糖呈絮状沉淀析出，而大部分蛋白质和其他成分保留在溶液中，离心分离（3000~6000r/min）20min，用适量丙酮或乙醚洗涤脱水，然后进行真空干燥或直接冷冻干燥即得到粗多糖。此法操作简便，但由于水作为溶剂难以完全溶出其中的多糖物质，所以需要多次浸提，操作时间长，收率低，对于易溶于水的多糖，如水溶性螺旋藻多糖，不宜用热水浸提法。

（2）酸浸提法向原料中加盐酸溶液使其最终浓度为 0.3mol/L，然后置于 90℃恒温水浴中浸提 1~4h，用碱中和后过滤，滤渣加盐酸溶液反复浸提 2~3 次，合并滤液后浓缩、用 95% 乙醇沉淀、分离、洗涤脱水、干燥得粗多糖。

（3）碱浸提法向原料中加 NaOH 溶液使其最终浓度为 0.5mol/L，然后置于室温或 90℃恒温水浴中浸提 1~4h，用酸中和后过滤，滤渣加 NaOH 溶液反复浸提 2~3 次，最后合并滤液，浓缩、用 95% 乙醇沉淀、分离、洗涤脱水、干燥得粗多糖。酸浸提法和碱浸提法由于稀酸、稀碱在浓度因子难以控制的情况下，容易使部分多糖发生水解，从而破坏多糖的活性结构，减少多糖得率。

（4）酶法提取该法是先用蛋白酶或纤维素酶分解除去大部分蛋白质和纤维素，从而有利于可溶性多糖的溶出，然后再从溶液中浸提多糖。其实施过程如下：按原料：水 = 1：（10~20）的比例配成溶液，调整适当的 pH，加入 10~30g/L 蛋白酶或复合酶制剂，置于酶的最适工作温度下酶解 1~3h，然后过滤、浓缩、用 95% 乙醇沉淀、分离、洗涤脱水，干燥得粗多糖。此种方法可以使浓缩工艺和后续的脱蛋白工艺操作变得简易、省时，提高粗多糖的得率和蛋白质脱除率。此外，廖代伟等应用季铵盐沉淀法、醇析法和钙盐沉淀法提取了香菇多糖；于淑娟等率先用超声波协同酶法提取了灵芝多糖，有效地缩短了提取周期，提高了产品质量。

（5）其他方法 如超声波提取法，利用超声波对细胞组织的破碎作用来提高糖类在提取液中的溶解度和浸出率，提高糖的提取率。

（6）影响多糖提取的因素包括原料，提取工艺条件如浸提料液比、浸提温度、浸提时间等，及分离工艺如有机溶剂浓度、加量等。应选用糖类含量较高的原料，优化提取与分离工艺条件以提高糖的提取率。

三、 糖类的分离

1. 水溶醇沉法

水提醇沉法是常用的多糖提取工艺。它是利用多糖溶于水或酸、碱、盐溶液而不溶于醇、醚、丙酮等有机溶剂的特点，从不同材料中进行提取。提取时一般先将原料物质脱脂与脱游离色素，然后用水或稀酸、稀碱、稀盐溶液进行提取，提取液经浓缩后即以等量或数倍的甲醇或乙醇、丙醇等沉淀析出，分离得粗多糖。该工艺对设备要求不高，一次性投入较小；但劳动强度大、工艺繁杂，不能连续生产，生产效率低，所获产品活性损失大。在生产中产生的废液、废料易对环境造成污染。

2. 膜分离法

利用多糖相对分子质量大小不同，使用半透膜时对其进行机械分离。然后再低温浓缩、干燥，得粗多糖。该工艺避免和减轻了热和氧对产品品质的影响，对多糖活性保存较好，且生产过程中产生的污染较少。但对设备及管理水平要求较高。

透析法是多糖分离中常用的膜分离方法，基本原理是利用一定孔径的膜，使无机盐或小分子糖透过而达到分离多糖的目的。透析液浓缩后可用乙醇沉淀多糖。

3. 分级沉淀法

大多数糖类可溶于水，三个碳原子以下的糖还可溶于乙醇。随着聚合度的增大，糖类在乙醇中的溶解度逐步降低。根据这一性质，可在糖的高浓度水溶液中，分次加入乙醇，使醇浓度逐渐增到5%、10%、15%、20%、…、90%。分别得到每个醇浓度梯度下所析出的沉淀，从而实现不同聚合度糖的分离。

采用沉淀法提取多糖时，一般应将提取液的 pH 调至 7.0 左右。在此条件下，糖的性质比较稳定。但是，酸性多糖在 pH 7.0 时通常以盐的形式存在，因此宜将 pH 调至 2~4。为了防止甙键在酸性介质中发生水解，操作时应迅速，小量。对于性质不明的糖类，可先在小样试验条件下摸索出较为适宜的 pH 条件。

糖的衍生物，如甲醚、乙酸酯的极性低于糖，可用有机溶剂进行分级沉淀。例如，先将样品溶于丙酮，再逐步添加乙醚，最后再逐步添加低沸点的石油醚，从而使其沉淀下来。

除了利用溶剂极性强度的改变来对糖类进行分级沉淀以外，还可将热糖液逐步冷却，或逐步添加无机盐，如硫酸铵进行盐析，以及逐渐改变酸度等措施来进行分级分离。

4. 活性炭柱层析法

活性炭柱层析法适宜于分离低聚糖的混合物。通常用活性炭和硅藻土的等量混合物柱层析法进行糖液分离。添加硅藻土或用 40~60 目的颗粒状活性炭装柱，均有利于层析时洗脱液的通过。

装柱之前，应先以 0.2mol/L 枸橼酸缓冲液或 15% 乙酸溶液将活性炭中的 Fe^{2+}、Ca^{2+} 冲洗干净。层析时，一般先用水洗脱出单糖，再用 5%~7.5% 的稀醇洗出双糖，用 10% 的稀醇洗出聚合度较高的聚糖。如此逐渐增加乙醇浓度，得到聚合度渐增的聚糖。糖类在活性炭上的吸附力有如下渐增的顺序，L-鼠李糖、L-阿拉伯糖、D-果糖、D-木糖、D-葡萄糖、D-半乳糖、D-甘露糖、蔗糖、乳糖、麦芽糖、棉子糖、毛蕊糖等。活性炭的吸附容量不受糖液浓度或无机盐的影响，因此，这是一个有效的分离方法。

5. 凝胶过滤法

该法是利用具有三维网状结构的多孔性凝胶对糖类进行分离。当含有糖类的提取液流经凝胶柱时，小分子糖类容易扩散进入凝胶孔中，而大分子糖则被排阻在孔外；洗脱时按照组分相对分子质量由大到小依次流出。分离效率与不同糖组分在提取溶剂和洗脱剂之间分配系数的差异密切相关。该法特别适用于分离有不同聚合度的糖，且该方法快速、简单，条件温和。

6. 离子交换树脂层析法

阴离子交换树脂如 Amberlite IR-400，用 NaOH 处理过后，可以选择性地吸附还原糖，部分吸附蔗糖，完全不吸附糖醇和甙；所有的糖都可用 100g/L NaCl 洗脱出。阳离子交换树脂可用于酸性糖类和中性糖类的分离。中性糖类的多羟基结构与硼酸络合成酸性酯后，也可再用离子交换树脂进行分离。

常用的强碱性阴离子交换树脂是 Dowex-1。在使用时，先用硼酸盐处理树脂，再将糖混合物的硼酸络合物上柱，即可起到选择性的交换作用。再用浓度递增的硼酸盐溶液依次洗出单糖、双糖、三糖等。值得一提的是，即使都是双糖或单糖，其吸附力也有区别。例如，下面五种双糖的洗脱顺序为蔗糖、海藻糖、纤维二糖、麦芽糖和乳糖；三种单糖的洗脱顺序为 D-果糖、D-半乳糖和 D-葡萄糖。各级洗脱液经 PPC 鉴定后合并，迅速用强酸性阳离子交换树脂如 Dowex-50 除去无机离子，将再滤液蒸干，在干燥物中加入甲醇，反复蒸馏，以除去挥发性的硼酸甲酯，即得到不含硼酸的糖类。

7. 纤维素和离子交换纤维素层析法

当糖类混合液流经纤维素柱（已预先用乙醇混悬过）时，多糖会在这种多孔支撑介质上发生析出沉淀，再用浓度递减的稀醇逐步洗脱，从而使各种多糖溶解洗出。这种方法优于分级沉淀法，因为其接触面积大。

纤维素柱层析还可用丙酮、水饱和丁醇、异丙醇、水饱和甲乙酮等，或用丁醇∶乙酸∶水（9∶2∶1）、乙酸乙酯∶乙酸∶水（7∶2∶2）等洗脱系统。混合洗脱剂的组成比例可调。用其对酸性多糖进行层析时，可利用该糖能和季铵盐产生络合沉淀的特性，在洗脱剂中加入少量十六烷基吡啶氯化物。该法在分离硫酸软骨素等多糖上获得了良好的效果。

常用的纤维素有 DEAE 纤维素（即二甲氨基乙基纤维素）和 ECTEOLA 纤维素（即 3-1,2-环氧丙烷三乙醇胺纤维素）。它们不但可以分离酸性多糖，也可分离中性多糖和黏多糖。DEAE 是最常用的纤维素，其碱度中等，pK_a 8.0~9.5，离子交换容量为 0.70~0.75mol/kg；酸性多糖在 pH 6 附近时易在其上产生吸附。ECTEOLA 纤维素常用于肝素、硫酸软骨素和透明质酸等黏多糖的分离。

各种糖类在 DEAE 纤维柱上的亲和力或吸附力的规律是：①羧基越多，亲和力越强；②同系物中的直链多糖，大分子的比小分子的吸附力强；③分离淀粉和糊精类时，分子两端的直链多糖比支链多糖吸附力强。

中性多糖的吸附力在 pH 5~6 时很弱，在碱性介质中增强。也可将其制成硼酸络合物，在硼酸盐型的 DEAE 纤维素柱进行层析分离。洗脱时可利用下述方法来达到分离目的：①用相同 pH 的缓冲液，逐步增加其离子强度进行洗脱，主要用于弱酸性多糖的分离；②用碱性洗脱液时，逐渐增加溶液的碱性强度（酸性多糖）；碱性洗脱液如 NaOH 的使用浓度不能超过 0.5mol/L，否则就会有少量纤维素因溶解而流出；③用酸性洗脱液时，逐渐增加溶液的酸性强度（中性多糖）；④用硼酸络合多糖类，用硼酸盐水溶液洗脱，洗脱时逐渐增大硼酸盐的强度，不能被硼酸络合的糖类首先流出。

DEAE 纤维素中混有的纤维素应在预处理时去除。可用 0.5mol/L HCl 和 0.5mol/L NaOH 交替洗涤，沉淀后倾去下层混浊液。最后将其混悬在 0.1mol/L NaOH 中，即为碱型纤维素，然后入柱。制备磷酸盐型纤维素时，用 8~10 倍柱体积的 0.5mol/L 磷酸盐缓冲液洗至适当的 pH 范围。制备硼酸盐型纤维素时，可用 8~10 倍柱体积的硼酸盐缓冲液洗涤，再用水洗去过量的无机盐后备用。

8. 季铵盐沉淀法

阳离子型清洁剂，如十六烷基三甲铵盐（CTA 盐）和十六烷基吡啶盐（CP 盐）等和酸性多糖阴离子可以形成不溶于水的沉淀，从而使酸性多糖从水溶液中沉淀出来，而中性多糖则留存在母液中。再利用硼酸络合物，即可使中性多糖沉淀下来；或者是在高 pH 的条件下，增加中性糖上羟基的解离度而使其沉淀。因此，通过将十六烷基三甲铵溴化物（CTAB）顺次加入不同 pH 的多糖水溶液中，就可在酸性、中性、微碱性、强碱性的溶液中分步沉淀出多糖。加入少量（0.02mol/L）硫酸钠可以促进沉淀聚集，由此达到分离目的。根据沉淀物的性质，可采用下述方法从沉淀下来的成分中使多糖游离出来。

（1）沉淀可溶于无机盐溶液　将沉淀物加入 4mol/L 的 NaCl 或 KCl 溶液中，如果溶解，则表示该多糖已转为钠盐或钾盐，这时可直接再加 3~5 倍的乙醇使多糖沉淀下来，季铵氯化物就会留在上清液中；也可用碘化物或硫氰酸盐沉淀去季铵阳离子，多糖留存在水溶液中；还可加漂白土吸附季铵阳离子，加至泡沫消失，则多糖留在水溶液中；或者用正丁醇、戊醇或氯仿等溶剂抽取法去除季铵阳离子，最后再以透析法和冷冻干燥法获得多糖；成钠盐的糖类，则可用盐酸处理，使其恢复为游离糖。

（2）沉淀可溶于有机溶剂　使沉淀溶于乙醇或丙醇，在溶液中加 NaAc、NaCl、NaSCN 或 CaCl₂ 等无机盐。添加时，先将无机盐溶于乙醇或制成很浓的水溶液。加入盐后，多糖就会成 Na 或 Ca 盐沉淀下来，再加入强无机酸（如 HCl），就可使其恢复为游离糖。

（3）沉淀在盐水和有机溶剂中均不溶　将沉淀加入无机盐的醇饱和溶液中，并加以振摇，这时，多糖即在沉淀中。用乙醇多次洗去无机盐后，再加酸恢复为游离糖。

分离酸性多糖后残留下来的中性多糖，可通过逐渐增加 pH 或加入硼酸缓冲液的方法沉淀下来。中性糖与硼酸形成硼酸络合物的难易依赖于溶液的 pH 和二元醇的立体位置。如有顺邻二羟基的酵母和橡树中的甘露聚糖（顺 C_2，C_3 羟基）可在 pH<8.5 时沉淀；糖原有少量磷酸基，昆布多糖有反邻二羟基，需 pH 较高，在 9~10 时沉淀；而菊糖五元环上有反邻二羟基，最不易和硼酸络合，此时留在溶液中。1,4-连接的葡聚糖有 4，6 游离羟基者，可以形成 1,3-络合物。表 4-1 为用 10g/L 硼酸盐和 5g/L CTAB 对 10g/L 的多糖进行沉淀的情况。

表 4-1　　10g/L 多糖、10g/L 硼酸盐缓冲液、5g/L CTAB 等体积混合物中几种多糖的沉淀情况

多糖	$[\alpha]_D^{10°}$	pH			
		7	8.5	10.0	0.1mol/L NaOH
酵母甘露聚糖（yeast mannan）	+78°	+	++	++	+
半乳甘露聚糖（角豆胶，carobgum）	+40°	−	+	++	−

续表

多糖	$[\alpha]_D^{10°}$	pH			
		7	8.5	10.0	0.1mol/L NaOH
昆布聚糖（Laminaran）	−16°	+	++	++	+
糖原（glycogen）	+193°	−	−	+	+
菊糖（inulin）	−32°	−	−	−	−
葡聚糖（dextran）	+202°	−	−	−	±

注："+"号越多表示沉淀越多，"−"号表示不沉淀。

（引自：赵玉娥，刘晓宇主编. 生物化学，2017）

9. 金属离子沉淀法

（1）铜盐沉淀法　铜盐沉淀多糖，可用 $CuCl_2$、$CuSO_4$、$Cu(Ac)_2$ 溶液或 Fehling 试剂、乙二胺铜试剂。通常情况下，所加试剂应过量，以利于糖类沉淀。但是，Fehling 试剂不能过量太多，否则可能使多糖铜复合物沉淀重新溶解。可用酸的醇溶液或用螯合试剂将沉淀物分解，恢复为糖。

常用的铜盐分级沉淀法是 Fehling 试剂法和醋酸铜乙醇法。Fehling 试剂法是在多糖的水或 NaOH 溶液中添加 Fehling 试剂 A、B 的等量混合液直至沉淀完全，然后用过滤法取得沉淀，再用水洗涤沉淀后，用 5% HCl（体积分数）的乙醇浸渍分解铜复合物，用乙醇洗去 $CuCl_2$，即得多糖。母液用醋酸中和后透析，透析液浓缩后，再用乙醇沉淀，得另一部分多糖。醋酸铜乙醇法是在多糖水溶液或 NaOH 溶液中添加 70g/L $Cu(Ac)_2$ 溶液直至沉淀完全。如无沉淀形成，则先加乙醇。离心分取沉淀后，离心液再加 $Cu(Ac)_2$ 溶液和足量乙醇，得第二次沉淀。母液再加乙醇，如此分级获得各种多糖的铜复合物，再分别用 5% HCl 的乙醇溶液或通入 H_2S 来分解恢复多糖。

（2）氢氧化钡沉淀法　饱和 $Ba(OH)_2$ 溶液可使树胶类多糖沉淀，特别容易使 β (1,4) -D-甘露聚糖沉淀，从而与木聚糖分离开来。葡萄甘露聚糖、半乳甘露聚糖和其他甘露聚糖在 $Ba(OH)_2$ 浓度低于 0.03mol/L 时几乎可以沉淀完全。而阿聚糖、半乳聚糖在任何浓度的 $Ba(OH)_2$ 溶液中均不会沉淀。4-O-甲基-葡萄糖醛酸木聚糖在 $Ba(OH)_2$ 浓度达 0.15mol/L 时才能沉淀。部分乙酰化后的木聚糖不能立即沉淀，在去除乙酰基以后即可沉淀。水溶性多糖的水溶液中加饱和 $Ba(OH)_2$ 溶液，即可产生多糖沉淀，再用 2mol/L 的乙酸分解沉淀，用乙醇沉淀分解出的多糖。水不溶多糖可溶于 100g/L NaOH 溶液，再加 $Ba(OH)_2$ 溶液，或加 $BaCl_2$ 或 $Ba(Ac)_2$ 溶液亦可，沉淀以 50g/L NaOH 洗涤后，醋酸分解、乙醇沉淀得多糖。

$Sr(OH)_2$ 与 $Ca(OH)_2$ 和 $Ba(OH)_2$ 相似，具有和糖形成不溶性复盐的倾向。一般来讲，糖有顺邻二羟基结构的，如果糖、甘露糖、半乳糖及它们的某些多糖可形成不溶性复盐而得以分离。

10. 糖类提取液除蛋白质和脱色

由于原料组成中很大部分是蛋白质，因此在多糖的提取工艺中，脱除蛋白质是一个重要的环节。常用的方法有 Sevage 法、三氟三氯乙烷法、三氯乙酸法（TLA）。

（1）Sevag 法　用氯仿：戊醇为 5：1 或 4：1 的二元溶剂体系与粗多糖混合，剧烈振摇 20~30min，蛋白质变性形成胶状，离心后处于氯仿和水二层中间，从而得以除去。为了加速蛋白质的变性，最好用 pH 4.5~6.0 的缓冲液代替水，并加入少量正丁醇或正戊醇。或将氯仿：丁醇=5：1 的溶液加入 1 份糖液中，振摇后分离去蛋白质。此法只能去除少量蛋白质，且必须重复多次，多糖常因此而损失。

（2）三氯乙烷法　按多糖溶液：三氯乙烷=1：1 的比例配成溶液加入，在低温下搅拌约 10min，离心得上层水层，水层继续用上述方法处理几次即得。此法效率高，但溶剂沸点较低，易挥发，不宜大量应用。

（3）三氯乙酸法（TLA）　在多糖溶液中滴加 30g/L 三氯乙酸，直至溶液不再继续混浊为止，在 5~10℃放置过夜，离心除去沉淀即得无蛋白的多糖溶液。此法的不足是会引起某些多糖的降解。

对于植物来源的多糖，可能会含有酚型化合物而颜色较深，对于从动物和微生物等中提取的多糖也会带有不同深浅的颜色，对多糖进行脱色处理，可使多糖的应用范围更加广泛。一般情况下，可以用活性炭处理脱色，但活性炭会吸附多糖，造成多糖损失。对于呈负性离子的色素，不能用活性炭脱色，可用弱碱性树脂 DEAE 纤维素吸附色素。若多糖易与色素结合在一起而被 DEAE 纤维素吸附，不能被水洗脱，可进行氧化脱色，其方法为：调整 pH 8.0 左右，在 50℃以下滴加 H_2O_2 至浅黄色，保温 2h 即可。

四、 多糖的纯度检验和结构分析

气相色谱（GC）、液相色谱（HPLC）、毛细管电泳法（CE）常用于多糖的单糖组分分析，甲基化、高碘酸氧化和 smith 降解、乙酰解、核磁共振、质谱等可用于分析多糖的糖苷键类型及连接方式，而多糖高级结构的分析主要采用物理方法，如 X-射线衍射法、电镜等。

1. 产品的纯度检查

凝胶渗透色谱法利用分子尺寸的不同，能将高分子聚合物中不同相对分子质量的物质分离，因此可以分析多糖样品的相对分子质量分布，再通过对比样品与标准品的相对分子质量分布情况可以判断该样品的纯度。在分析过程中应该考虑样品的溶剂和流动相的选择，即尽量避免多糖分子之间以及多糖分子和杂质之间的相互作用带来的相对分子质量分布情况的变化。

纯化得到的多糖纯品，也可采用玻璃纤维纸电泳对其进行纯度检查。取 Waterman GF/C 玻璃纤维纸剪切成 2cm×20cm 规格，样品另点在 1cm×10cm 玻璃纤维纸条上。然后将此样品纸条紧贴在基线处，使样品下渗至电泳纸条上，移去样品纸条，在 400V、25mmol/L 硼酸缓冲液（pH 9.3）中电泳 20min。取出纸条，自然晾干，喷对氨基酸苯甲醚硫酸盐显色，100℃ 干燥 15min，观察不得多于 3 个紫红色斑点。

或用聚丙烯酰胺凝胶电泳纯度检查法，聚丙烯酰胺凝胶浓度为 75g/L，缓冲液为 Tris-甘氨酸缓冲液（pH 8.3）。样品浓度为 30g/L，每管进样 30μL，电压 110V，电流每管约 1mA，电泳 1.5h、2h，用阿利新蓝 8GX 染色，观察条带分布。

采用 HPLC 法检测，检测条件为：色谱柱为 UItrahydrogelTMLinear，流动相为 0.8mol/LNaNO$_3$ 溶液，流速 0.8mol/min；根据保留时间计算各组分的相对分子质量。

2. 多糖的结构分析

在确认所得多糖为单一组分后，便可进行结构分析，已使用的分析手段主要有物理方法和化学方法。物理方法常使用的有：

（1）GPC-MALLS 联用法　凝胶渗透色谱-多角度激光光散射联用。多角度激光光散射技术可以确定样品重均相对分子质量、均方旋转半径和第二维力系数。将凝胶渗透色谱和多角度激光光散射联用可以分析多糖样品的具体分子参数。

（2）GC 和 GC-MS 联用方法　用于测出多糖的组成及各单糖之间的摩尔比，此法要求所测样品具有一定的挥发性，因此待测样品多需制备成硅烷衍生物和乙酰化衍生物等。

（3）核磁共振（NMR）法　用于确定多糖结构半糖苷键的构型以及重复结构中单糖的数目。一般用 ^{1}HNMR 图测定简单多糖，^{13}CNMR 测定复杂的多糖，因为后者的化学位移较宽些。

（4）紫外光谱法　在 260~280 nm 处用于检测多糖中是否含有蛋白质、核酸、多肽类。

（5）红外光谱法　用于确定吡喃糖的糖苷键构型及其他官能团。在 $4000cm^{-1}$ ~ $500cm^{-1}$ 区间内对多糖进行红外光谱扫描，一般多糖类物质的特征吸收峰为：$3440cm^{-1}$ 处为—OH 的吸收峰；$2935cm^{-1}$ 处为 C—H 伸缩振动的吸收峰；1510 ~ $1670cm^{-1}$ 的吸收峰为 C =O 的振动峰；$1410cm^{-1}$ 处为 C—H 的弯曲振动吸收峰；$1090cm^{-1}$ 处为吡喃环结构的 C—O 的吸收峰。

化学方法中以酸水解法应用最多，它可分为完全水解法和部分酸水解法，用于鉴定多糖中单糖组分或多糖中的低聚糖。其他化学方法有过碘酸氧化、Smith 降解、甲基化反应、碱降解等化学降解法，用于多糖结构中苷键的构型、单糖之间的连接部位确定等。但在使用时，通常需要物理方法和化学方法结合起来，才能完成多糖的结构测定。

第三节　糖类提取实例

一、 单糖的提取

1.D-甘露醇的提取

D-甘露醇具有多种生理功能，如降低颅内压，使由脑水肿引起休克的病人神志清醒；用于治疗大面积烧伤及烫伤产生的水肿；有利尿作用；可防止肾脏衰竭；降低眼内压，用于治疗急性青光眼；还用于中毒性肺炎、循环虚脱症等。

甘露醇在海藻、海带中含量较高。海藻洗涤液和海带洗涤液中甘露醇的含量分别为 20g/L 和 15g/L。它们是提取甘露醇的重要资源。

（1）工艺流程（图 4-1）

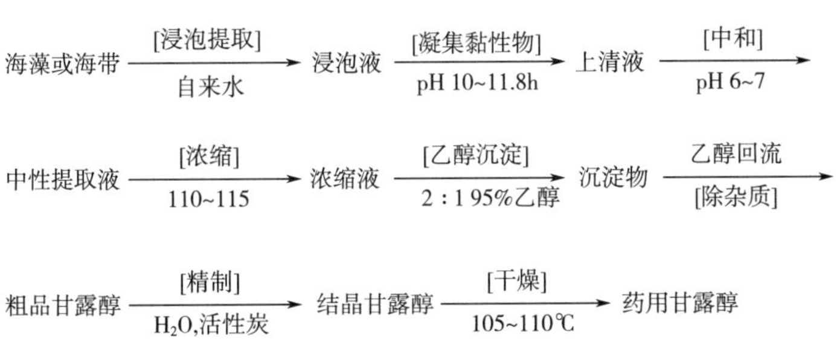

海藻或海带 →[浸泡提取]（自来水）→ 浸泡液 →[凝集黏性物]（pH 10~11.8h）→ 上清液 →[中和]（pH 6~7）

中性提取液 →[浓缩]（110~115）→ 浓缩液 →[乙醇沉淀]（2∶1 95%乙醇）→ 沉淀物 →乙醇回流[除杂质]

粗品甘露醇 →[精制]（H₂O,活性炭）→ 结晶甘露醇 →[干燥]（105~110℃）→ 药用甘露醇

图 4-1　甘露醇提取工艺流程

（2）工艺过程及控制要点

①浸泡提取、碱化、中和：海藻或海带加 20 倍量自来水，室温浸泡 2~3 h，浸泡液套用作第二批原料的提取溶剂，一般套用 4 批，浸泡液中的甘露醇含量已较大。取浸泡液用 300g/L NaOH 调 pH 至 10~11，静置 8h，凝聚沉淀多糖类黏性物。虹吸上清液，用 500mL/L H$_2$SO$_4$ 中和至 pH 6~7，进一步除去胶状物，得中性提取液。

②浓缩、沉淀：沸腾浓缩中性提取液，除去胶状物，直到浓缩液含甘露醇 300g/L 以上，冷却至 60~70℃趁热加入 2 倍量 95% 乙醇，搅拌均匀，冷至室温离心收集灰白色松散沉淀物。

③精制：沉淀物悬浮于 8 倍量 95% 乙醇中，搅拌回流 30min，出料，冷却过夜，离心得粗品甘露醇，含量 70~800g/kg。重复操作一次，经乙醇重结晶后，含量大于 900g/kg，氯化物含量小于 5g/kg。取此样品重溶于适量蒸馏水中，加入 1/10~1/8 性炭，80℃保温 0.5h，滤清。清液冷却至室温，结晶，抽滤，洗涤，得精品甘露醇。

④干燥：结晶甘露醇于 105~110℃烘干。

⑤包装：检验 Cl$^-$ 合格后（Cl$^-$<0.07g/kg）进行无菌包装，含量 980~1.02×10^{3}g/kg。

（3）产品性状　甘露醇为白色针状结晶，无臭，略有甜味，不潮解。易溶于水（15.6g，18℃），溶于热乙醇，微溶于低级醇类和低级胺类，微溶于吡啶，不溶于有机溶剂。在无菌溶液中较稳定，不易为空气所氧化。熔点 166℃，$[\alpha]_D^{20}$+28.6°（硼砂溶液）。

（4）甘露醇含量的测定　药典规定应用碘量法测定甘露醇含量。取本品样液加入高碘酸钠硫酸液，加热反应 15min，冷却后加入碘化钾试液，用硫化硫酸钠标准液滴定，以淀粉为指示剂，经空白试验校正后，计算样品含量。

2. 木糖的提取

木糖是"木聚糖"的组成部分，是一种五碳糖，含有五个碳原子和五个羟基，其化学分子式为 C$_5$H$_{10}$O$_5$。一般来说，农业植物纤维废料如玉米芯、甘蔗渣、棉籽壳、种子皮壳以及其他禾秆类，均是制取木糖的好原料。在这些植物废料中含有 1/4~1/3 的多缩戊糖，而多缩戊糖经水解则可制得木糖。目前作为木糖原料的主要是玉米芯。由于其来源广，产量大，易集中，多缩戊糖含量比其他禾秆和种子皮壳类含量高，易于加工，商品木糖的收率高，成品质量好。

国内外工业化生产木糖的工艺中，核心工艺是采用中和法、离子交换脱酸法和结晶法制取木糖。

（1）工艺流程

原料预处理 → 酸洗水解 → 过滤 → 中和 → 脱色 → 浓缩 → 离子交换净化 → 结晶 → 离心分离 → 干燥 → 成品。

（2）生产工艺要点

①玉米芯原料的预处理：选用当年收购的无杂质、无灰尘、无霉变、水分含量在 12.18% 以下的干玉米芯。

筛选处理：通过筛选、风选，以除尽原料中的杂质，提高原料质量。

原料的粉碎：将玉米芯用粉碎机粉碎至粒径≤5mm。

稀酸水溶液预处理：将已粉碎的原料投入浸泡池中，加稀酸溶液浸泡。预处理的条件：水温 80℃，时间 60min，不断搅拌，以除去胶质、果胶、灰分等。预处理完毕，放掉废水，玉米芯颗粒送入水解锅。用稀酸预处理不仅比用水预处理（温度为 120℃）温度低，而且还原糖损失少。

②酸洗水解：在硫酸浓度 15～20g/L，温度 100～105℃ 的条件下进行水解。一般一次投料（玉米芯）700kg（折合干料 590kg 左右），加入浓度为 2.0% 的硫酸溶液 5000kg，水解时间为 2～3h（从水沸后计时）。

③过滤除渣：水解完成后，用板框压滤机过滤。滤渣可再水解一次，滤液送往中和罐。

④中和：常选用石灰或碳酸钙中和水解液中的硫酸。工业生产中一般是靠精密 pH 试纸来检查掌握中和程度。根据经验，水解液的 pH 为 1.0～1.5，当加入中和剂到 pH 3.5～4.0 时，无机酸则全部中和完毕，并且有机酸亦开始中和。因此，操作中 pH 要严格掌握到恰到好处。中和操作工艺中技术参数为：以石灰为中和剂，首先将其配制成 15°Bé、相对密度为 1.10～1.16 的乳状液，以利于在加入水解液时能均匀分散，不致产生过碱区。中和温度宜采用 80℃；中和时间（以 5m³ 中和罐计）包括加乳浊液的时间 1h，搅拌 1h，沉淀 4h 左右。当检查 pH 在 3.5 时，其中和液中的无机酸含量一般为 0.03%～0.08%，此时中和操作即达终点。糖分损失可控制在 3%～5%。

⑤脱色：脱除掉来自原料和水解中和液中的色泽，有利于木糖用于木糖醇工艺中离子交换加氢等工序的进行。常用的脱色剂有活性白土、活性炭、焦木素等几种，它们都具有来源广泛、成本低廉、脱色效率高等优点。水解中和液脱色时的技术参数为：以每批 3.5m³ 液量计，焦木素 15.0% 或活性炭 1.0%；脱色温度 75℃；保温搅拌 45min、搅拌速度 37r/min。脱色液质量指标为：透光度 90% 以上；纯度 75%～80%；灰分 0.18%～0.22%。

⑥浓缩：除去部分水分，提高糖浆浓度（使糖含量达 35%～40%）；使水解中和脱色液中微量的酸蒸发；浓缩时可析出硫酸钙沉淀（$CaSO_4$ 的溶解度随温度升高而降低），从而有利于除杂（离子交换工序）的顺利进行。采用 100℃ 常压蒸发，时间 2～3h，以溶液含糖量达到 5%～40% 时为止。

⑦离子交换净化：经蒸发浓缩后的糖液中还含有前面各工序中未能清除掉的杂质，主要是灰分、酸、含氮物、胶体、色素等。为此需经离子交换除杂净化，使其中所含杂质尽可能地被除去，使纯度提高到 95%～97%。采用阳离子树脂 732 号和阴离子树脂 717 号两种，体积比例以 1：1.5 为宜。有关的工艺参数为：从阴离子树脂柱流出糖液的速度 ≤2.4m³/h；从阳离子树脂柱流出糖液的速度 ≤3.0m³/h 为宜。

⑧结晶、分离：将除杂合格的木糖溶液送入减压浓缩罐，系统的真空度 ≥99kPa，液温 ≤75℃。经再次蒸发浓缩至溶液体积减为原来的 1/4 时，即可停止浓缩。趁热放料入结晶器中，当木糖溶液降至室温后，即有纯白色木糖晶体析出。将该晶体用上悬式离心机分离除尽母液，即得木糖晶体，母液经适当稀释和脱色处理后回收可套用于除杂工序。

⑨干燥：将木糖晶体摊放于瓷盘上进行干燥，烘房温度 ≤100℃；当水分含量 ≤0.5% 时，即得木糖成品，加氢还原可得木糖醇。

3. 肌醇的提取

肌醇共有九个异构体，其中最重要的为 myo-肌醇，广泛地存在于各种生物组织中。在植物体中，myo-肌醇主要是以其六磷酸酯的钙镁盐存在，又称为植酸钙镁。肌醇有促进脂肪代谢作用，能防止肝脏脂肪积存，对于肝硬化、血管硬化、肥胖症等有疗效。

玉米粒中含有植酸钙镁，在玉米淀粉生产过程中被浸出，进入玉米浆中，玉米浆含植酸钙镁的量约占干物质的 20g/kg，为工业生产的好原料。具体提取过程如下：

用 1kg 玉米浆（含干物质 530g/kg）加 1.3L 水混合，加热到 60℃，过滤，加适量石灰于滤液中，将 pH 调整为 5.2，使植酸钙沉淀，过滤、用水洗涤。在植酸钙沉淀中加入 75℃盐酸（50mL 浓盐酸稀释到 2L）搅拌 15min，植酸钙沉淀溶解，蛋白质不溶解，用石灰乳滤液调整 pH 为 5.5，植酸钙又沉淀出来，产率 70~75g。将精制植酸钙混于 300mL 水中，在加压釜中于 180℃加热 2h，水解成 myo-肌醇和磷酸钙，冷却水解液，用石灰乳调整 pH 至 10~11，大量磷酸钙沉淀出来，过滤，用磷酸调整 pH 至 6，加活性炭脱色，过滤，得无色 myo-肌醇液，浓缩至 70%的浓度，进行结晶、重结晶，得白色不含灰分的纯净无水 myo-肌醇。

二、 低聚糖的提取

1. 大豆低聚糖的提取

大豆低聚糖是大豆中可溶性寡糖的总称，主要成分是蔗糖、棉子糖、水苏糖及少量的毛蕊花糖。大豆低聚糖是低聚糖的一种，具有低聚糖所具有的功能性。

（1）工艺流程　大豆低聚糖是以工业生产大豆分离蛋白时的副产物大豆乳清为原料，经提取、分离制得，其工艺流程如下：

大豆乳清 → 除蛋白 → 离心除去残余的蛋白 → 取上清液超滤 → 脱色 → 脱盐 → 浓缩 →产品。

（2）大豆蛋白的去除方法　工业上是以碱提酸沉的方法生产大豆分离蛋白，但用酸沉法生产大豆分离蛋白时，蛋白质的得率较低，废液中的蛋白质和其他杂质的含量较高，其中各组分的质量分数约为蛋白质 21%、灰分 5%、碳水化合物 62%、其他 12%。另外，醇法制取大豆浓缩蛋白过程中的醇溶液中也含有大豆低聚糖。另外，大豆乳清中的残余蛋白也可采用加热沉淀、等电点或絮凝剂法进行去除，其中，以絮凝剂法沉淀的效果最好。可用来沉淀蛋白质的絮凝剂有醋酸铅、醋酸锌、石灰乳、亚铁氰化钾、硫酸铜和氢氧化铝等，常用的是石灰乳沉淀法。目前，超滤、反渗透、电渗析等膜分离技术在去除大豆蛋白方面也有很好的应用效果。

2. 菊糖的提取

菊糖又称菊粉、土木香粉，是由 D-呋喃果糖经 1，2-糖苷键聚合而成的一种果聚糖，呈直链结构，其还原性末端连有一分子葡萄糖，每个菊糖分子含 30~50 个果糖残基。菊糖因具有较强的生理活性而广泛用于低热量饮料、低脂或非脂涂抹食品、酸乳、冰淇淋、巧克力等食品。目前，美国、英国等国家已将菊糖作为一种天然食品配料。经临床试验证明，每日摄入 40~70g 的菊糖对人体健康无不良影响。

菊糖广泛存在于植物组织中，尤其是菊芋、菊苣块根中含有丰富的菊糖。菊芋又名洋姜，含有 150~200g/kg 的菊糖，是生产菊糖及其制品的良好原料。

（1）工艺流程

菊芋→ 预处理 → 热水抽提 → 浓缩 → 脱色 → 离心 → 上清液 → Sevage 法除蛋白质 → 95%乙醇沉淀 → 离心 → 过阳离子和阴离子交换树脂除杂质 → 真空干燥 → 粉碎 →菊糖。

操作过程为：以预处理过的菊芋为原料，按 1∶18 的固液比加入水，在 80~100℃下，提取 20~40min（其中以 90℃下提取 40min 的效果最佳）；提取液用 80g/L 的活性炭在 60℃水浴中脱色 30min，另外，用 5.3g/L 100mL AlCl$_3$ 在 100℃处理 3min，也可获得色泽浅、澄清、透明度高的提取液。脱色后的提取液经过滤后，用 Sevage 法除蛋白质 4~5 次，然后用 95%的乙醇沉淀多糖，乙醇用量为多糖提取液体积的 5 倍，然后再经离心、真空干燥后得粗菊糖。

（2）菊糖的纯度鉴定　采用 Sephadex G50 柱层析法。取多糖 2mg，溶于 0.05mol/L 的 NaCl 溶液中配成 10g/L 的溶液，上 Sephadex G50 层析柱（16cm×40cm），用相同浓度的 NaCl 溶液洗脱，分步收集，用蒽酮比色法追踪检测。

菊糖提取液经上述步骤处理纯化后，总糖含量可达 980g/L 以上，颜色为纯白，且经凝胶过滤法鉴定为均一组分。

（3）菊糖的组成与性质　菊糖是由果糖分子通过 β-1,2 键连接，形成寡糖或多糖的形式，终端都含有一个葡萄糖分子，故可用 GFn 来代表其分子式（其中，G 为 glucose 的缩写，F 为 fructose 的缩写，n 为 fructose 的聚合度），聚合度 2~60。菊糖的性质如下：

①溶解性：易溶于水，10℃时溶解度为 60g/L，加热溶解更快，这是与纤维类填充剂不同之处。

②溶液黏度：菊糖溶液的黏度随其含量增加而增大，当浓度达到 300g/L 时，菊糖与水即可缓慢形成凝胶，当浓度达 400~500g/L 时立即形成凝胶，且凝胶十分柔滑，与脂肪相似；当浓度达到 500g/L 时，凝胶十分坚实。菊糖黏度随温度的升高而降低，这使得它在替代食品中的糖类或脂肪时可提供理想的口感与质地，也可由其黏度特性控制蛋糕和甜点的黏稠度。

③保湿性：菊糖吸湿性强，可作为食品的保湿剂控制食品湿度的变化。此外，菊糖具有结合自由水的能力，故可降低食品的水分活度值，从而延长食品的保质期。

④稳定性：菊糖对热具有较强的稳定性，在 100℃下加热也不易降解。凝胶状态的菊糖即使在酸性环境或高温下，如果没有自由水仍是十分稳定的。

⑤风味：纯的菊糖是无味的，一般商品菊糖含有少量果糖或双糖而略带甜味，味道纯正而不具刺激性。菊糖可与高甜度、低热量甜味剂共用制作低热量甜食。

3. 海藻糖的提取

海藻糖是一类非还原性双糖，广泛存在于海藻、酵母、霉菌、食用菌、虾、昆虫及生物体内，学名为 α-D-吡喃（型）葡糖基-α-D-吡喃葡糖苷，是蔗糖的同分异构体。海藻糖的基本性质同其他双糖，具有非特异性保护作用。

海藻糖的提取工艺流程为：干酵母 → $\boxed{水提取（或乙醇提取）}$ → $\boxed{离心分离}$ → $\boxed{滤液}$ → $\boxed{浓缩}$ → $\boxed{加足量醋酸铅溶液}$ → $\boxed{定容}$ → $\boxed{过滤}$ → $\boxed{滤液加足量固体草酸钠除铅}$ → $\boxed{除铅提取液}$ → $\boxed{脱色}$ → $\boxed{离子交换}$ → $\boxed{纯糖液}$ → $\boxed{结晶}$。

从干酵母中提取海藻糖的最佳工艺条件为：乙醇浓度 50%，提取温度 80℃，提取时间 1.5h，料液比 1：15。糖液的精制工艺选用活性炭脱色和离子交换脱色、脱盐相结合的方法。其中活性炭脱色的最佳条件为：pH 4.0，活性炭用量为糖液体积 10g/L，样液浓度为 31g/L，脱色时间为 20~40min，脱色温度为 60~70℃。海藻糖的结晶条件为：糖液浓度 300~500g/L，乙醇添加量为糖液体积的 4 倍，晶析温度保持 40℃，晶析过程保持不断搅拌。精制过程中可结合使用截留相对分子质量为 1 万的超滤膜过滤分离。

三、　植物多糖的提取

1. 果胶的提取

果胶是植物特有的细胞壁组分，主要分为同质多糖和异质多糖两类；前者包括半乳糖醛酸聚糖、半乳聚糖和阿拉伯聚糖；后者包括阿拉伯半乳聚糖和鼠李半乳糖醛酸聚糖。同时，还有一些单糖组分，其中包括：D-半乳糖、L-阿拉伯糖、D-木糖、L-岩藻糖、D-葡萄糖醛酸，以及罕见的 2-O-甲基-D-木糖、2-O-甲基-L-岩藻糖和 D-芹菜糖。果胶类物质的化学组成是以 α-1,4 键结合的 D-半乳糖醛酸为基本结构，其中糖醛酸的羧基可能不同程度地甲基酯化，以及部分或全部形成盐型。它是一种无定形的物质，可在热溶液中溶解，在酸性溶液中遇热形成胶态。果胶也具有与离子结合的能力。果胶类物质在植物木质部分的含量很少，大量地存在于软组织中。如橘子外皮约含有 300g/kg，甜菜浆汁中约含有 250g/kg，苹果中约含有 150g/kg 的果胶类物质。下面以从柑橘皮中提取果胶为例，说明果胶的提取工艺过程：

（1）原料预处理 果实成熟度、果皮的贮藏方式等对果胶的胶凝强度有很大影响。一般情况下，原料的成熟度不宜过高，成熟度越高，果胶的酶解程度越高。柑橘皮中除含有果胶外，还含有糖类、酸类、甙类和橘油等，它们对果胶的提取有不利影响。

要获得具有较高胶凝强度的果胶，柑橘皮越新鲜越好。为延长生产期，柑橘皮也可干燥后保存。干燥前可用温水泡洗，除去糖、酸等水溶性杂质；不能采用冷冻方法处理，因为冷冻会引起果胶酯酶的脱甲氧基作用。干燥方法常采用温度梯度法干燥，前期干燥温度控制在 80～90℃，当果皮干燥至含水量为 200～500g/kg 时，温度应降至 65～70℃，以免发生烘焦现象。至柑橘皮中的含水量在 80～100g/kg 时，干燥结束。含水量低于 70g/kg 时，对果胶的产率和胶凝强度都会带来很大负面影响；含水量超过 200g/kg 时，果皮容易产生霉变。

（2）果胶提取 提取过程的核心包括两个步骤：一是将果皮中原果胶转化为水溶性果胶，二是可溶性果胶溶解于提取溶剂中。为了使原果胶转化成可溶性果胶，一般用稀酸溶液在加热条件下进行处理，使与 Ca^{2+} 或 Mg^{2+} 结合的不溶性果胶转为可溶。但过度处理会引起水溶性果胶的进一步降解，从而降低成品果胶的品级。果胶的提取过程与水的纯度、酸的种类、果皮-酸液的 pH、操作温度、提取时间、酸液用量以及果皮颗粒大小等诸多因素有关。

①水的纯度：自来水中的 Ca^{2+}、Mg^{2+} 对原果胶有沉淀作用，会降低果胶的提取率和胶凝强度，故提取时最好用软水。或在自来水中加入 0.5% 的聚磷酸盐（如六偏磷酸钠、四偏磷酸钠、四磷酸钠、焦磷酸钠等），它们能络合水中的钙、镁离子而有利于原果胶的溶出，缩短提取时间，提高果胶的胶凝品级。加入的聚磷酸盐在果胶沉淀、分离与洗涤过程中能够除去，不会残留在果胶中。

②酸的种类：盐酸、磷酸、亚硫酸、硫酸和硝酸等均可使用，但常用的是盐酸和亚硫酸。亚硫酸具有漂白作用，果胶颜色较白，但挥发出的 SO_2 气体对人体和环境均有害，故最常用的是盐酸。

③溶液 pH、温度和提取时间：在一定温度下提取果胶，溶液的 pH 对提取效果有重要影响。采用柑橘皮生产果胶时，浸提液的 pH 一般应控制在 1.5～2.0 为宜。提取温度以 40～100℃ 为宜，超过 100℃，产品胶凝强度下降；低于 40℃，提取时间长且果胶脱酯严重。从橘皮中提取果胶的温度一般控制在 80～90℃，时间为 30～60min。

④酸液添加量：加入的酸液量应确保已分解出的可溶性果胶转移到液相中，并有一定浓度，以利于过滤操作；同时，为了获得较浓的果胶，减少浓缩等工序的能耗，酸液用量应尽量少。经验表明，经浸泡过的湿果皮与酸液质量之比以 1∶3 为佳。

⑤果皮颗粒：碎果皮可增加与酸液的接触表面，从而有利于果胶的提取。经验表明，同样以柠檬皮为原料，颗粒为 5mm 的，成品果胶胶凝强度要比颗粒为 8mm 的高 50g 个单位以上，而

且果胶的产率也要高得多。用干果皮时，颗粒应相对小些；而用鲜果皮时，颗粒可大些。颗粒太小时所得浸提液的过滤困难。颗粒太大，果胶提取程度又不完全。

（3）过滤 过滤效果对果胶质量有很大影响。为加快过滤速度，所得浸提液应趁热过滤，同时在溶液中还可加入 5g/L 纸浆或 8~20g/L 的硅藻土作为助滤剂。滤液可再经高速离心分离，这样得到的果胶液清亮透明，果胶含量达 5~15g/L。

（4）浓缩 与液体果胶浸提液在常温浓缩会因受热而使果胶进一步降解，严重影响产品质量，故常采用真空蒸发浓缩。刮板式薄膜蒸发器比较适合于浓缩果胶液，真空度为 $8.8×10^4Pa$，蒸发温度 45~50℃，溶液果胶浓度控制在 40g/L 左右为宜。经浓缩的果胶液，应尽快冷却至常温。如果最终产品为液体果胶，浓度可提高至 50~120g/L，并进行胶凝强度标准化处理。有的液体果胶还要调整 pH 至 2.7~3.6，以控制胶凝时间。

液体果胶通常采用迅速加热至 85℃，热灌装于玻璃瓶或罐头容器中保存；或在 70℃ 下巴氏杀菌 30min 后保存；或者添加 0.5~2g/kg SO_2 或 1.8g/kg 的苹果酸钠、10g/kg 的甲酸等防腐剂保存；保存温度以 0℃ 为宜。

（5）固体果胶的制备 目前，商品固体果胶的生产方法主要有喷雾干燥法、酒精沉淀法和铝盐沉淀法。

①喷雾干燥法：真空浓缩至 40g/L 左右的果胶溶液，经高压喷入干燥室，瞬时干燥成细粉落于干燥室底部，然后用螺旋输送器送到包装车间包装。喷雾干燥的关键是瞬间完成，最好采用减压条件，以适当降低干燥温度，确保优良的成品品级。

②酒精沉淀法：浓缩果胶冷至常温后，在机械搅拌下加入酒精；或者将果胶液以多股细线状均匀流入酒精中，这样有利于果胶完全沉淀，也便于清洗杂质，提高产品纯度。为节省酒精用量，最终酒精体积分数控制在 45%~50% 为宜，果胶能基本完全沉淀。沉淀混合物经短时间搅拌后便可进行压滤。接着打散滤饼，再用 95% 的酒精脱水，再压滤，打散滤饼，铺成薄层，于 70℃ 以下进行干燥，水分含量降至 100g/kg 以下即可。如采用真空干燥，温度可以更低些。干燥后的果胶立即进行研磨、过筛（60 目）及标准化。

③铝盐沉淀法：常用的盐是 $Al_2(SO_4)_3$，该法属电荷中和作用引起的共同沉淀过程。在果胶浸提液中搅拌加入一定浓度的 $Al_2(SO_4)_3$ 溶液，并用氨水调整 pH 至 3.8~4.2。当 pH 达到 3.5 左右时，开始生成 $Al(OH)_3$，pH 超过 3.5 时，$Al(OH)_3$ 即与果胶一起沉淀出来，形成黄绿色坚实的胶凝体。搅拌后放置一段时间，果胶便可完全沉淀。接着用滚筒筛滤去水，并用冷水洗涤除去过多母液。然后进行压滤，并把滤饼碎成 3mm 大小的碎粒，用含 10% 盐酸的 70% 酒精（酸化醇）洗涤 $Al(OH)_3$-果胶沉淀碎粒，便可把 $Al(OH)_3$ 转化成 $AlCl_3$ 溶于酒精中，与果胶分离。为了除去酸，先要用 75% 碱性酒精洗涤果胶，然后再用中性无水酒精进行洗涤。这样压滤所得的果胶大约含 600g/kg 的水分，经干燥至含水量达 70~100g/kg 后便可研磨（粉碎）、过筛与标准化。采用铝盐沉淀法生产果胶，酒精用量少，但果胶有时呈黄绿色；铝离子也不易全部除掉，从而使果胶灰分含量增加。

2. 果蔬多糖的提取

根据近年来的一些研究报道，对几种果蔬多糖的提取工艺介绍如下。

（1）南瓜多糖的提取 研究表明，南瓜的主要活性成分是南瓜多糖。在医学典籍中有记载，南瓜多糖对糖尿病有一定的预防与治疗效果。

①提取工艺：南瓜多糖的提取分离纯化工艺流程见图 4-2。

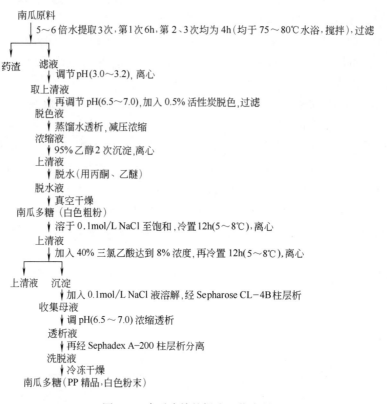

图 4-2　南瓜多糖的提取工艺流程

（引自：彭红等. 南瓜多糖的提取工艺及其降糖作用的研究. 食品科学，2002）

②南瓜多糖的理化性质及单糖组分：南瓜多糖为棕色粉末，溶于水，尤其易溶于热水，不溶于高浓度的乙醇、丙酮、乙酸乙酯等有机溶剂。其水溶液呈透明黏稠状，可被 20g/kg 的 CTAB 络合沉淀，但与碘-碘化钾反应、茚三酮和氨基黑 10B 反应均为阴性。

南瓜多糖由 D-葡萄糖、D-半乳糖、L-阿拉伯糖、木糖和 D-葡萄糖醛酸组成，各组分间的比值为 40.18：15.09：10.73：6.56：26.44，摩尔比分别为 0.083：0.181：0.069：0.031：0.178。

（2）芦荟多糖的提取　芦荟为百合科多年生天然药用植物，芦荟多糖是芦荟的主要药用成分之一，它可以提高生物体的免疫力，具有抗肿瘤、抗癌和抗艾滋病等功效，且其药效在理论和实际中都得到了广泛验证。

①提取过程：国内常用的方法为水提醇沉法。具体操作为：取芦荟的鲜叶，洗净，去掉叶尖和叶底，在去离子水中浸泡 30min 左右，以除去由表皮渗出的黄色液汁。然后切去表皮，将内层凝胶置于去离子水中浸洗，榨汁，冷藏过夜。次日离心（8000r/min，8min，15℃或 9000r/min，8min，12℃），抽滤，将所得芦荟汁减压浓缩，再次离心（10000r/min，8min，15℃或 10000r/min，10min，12℃），以除尽纤维质。向芦荟浓缩汁中加入数滴 HCl 调节 pH，依无水乙醇/浓缩液（体积比）＝4：1 的比例加入无水乙醇，使粗多糖沉淀完全。将所得多糖沉淀依次用乙醇、丙酮和乙醚洗涤。用 Sevage 法脱蛋白以后，再经真空干燥，即得芦荟粗多糖。

②分离纯化：将粗多糖溶于少量蒸馏水，离心，上清液用 DEAE C32 层析柱分离（2.6cm×

32cm)，先用蒸馏水洗脱，再分别用 0.1mol/L 和 1mol/L 的 NaCl 溶液洗脱，分管收集（每 5mL 收集一管）得 3 种多糖。收集各峰所对应的组分，透析、浓缩后，上清液经 Sephadex G100 分子筛层析进一步分离纯化，得多糖纯品。

对于各组分可用 Sephadex G100 层析法（13.5cm×230cm）测定多糖的相对分子质量。用蓝色葡聚糖和已知相对分子质量的标准葡聚糖分别测定 Vo 和 Veo，然后取少量多糖的水溶液上柱，再用 0.1mol/L 的 NaCl 溶液洗脱，分管收集，用苯-硫酸法检测，测定多糖的洗脱体积。经计算，得出该糖组分的表观相对分子质量。可用气相色谱法对芦荟粗多糖和分离纯化得到的各组分的组成与性质进行进一步的详细分析和比较。

（3）大枣多糖的提取　大枣为药食同源食物，对保肝、降血压、医毒疮、补血、健脑、抗癌和健脾具有一定效果。大枣含有葡萄糖、果糖、蔗糖，以及由葡萄糖和果糖组成的低聚糖、阿拉伯糖和半乳糖，还含有由 D-半乳糖醛酸、L-鼠李糖、L-阿拉伯糖、D-木糖组成的酸性多糖，相对分子质量为 $2.63×10^5$，命名为大枣果胶 A（ziziphus-pectin）。大枣多糖的提取方法主要是传统的热水浸提法和超声波提取法。

①热水浸提法：

a. 提取原理：首先以水为溶剂，将大枣多糖及其他水溶性成分提取出来。再采用乙醇沉淀工艺，使溶于醇的物质和不溶于醇的多糖分离开。多糖沉淀中的杂质主要为色素、植物蛋白质，常用活性炭吸附法和树脂吸附法脱色，萃取变性法除去蛋白质。

b. 工艺流程：大枣→烘干→粉碎→称重→调配→抽提→过滤→滤液醇析→复溶→去除蛋白→脱色→大枣粗多糖。

c. 操作过程：称取枣粉 20g，加入调配好的抽提液（料水比=1∶20），90℃水浴提取 5h 后离心分离。枣渣再在 90℃水浴中重复提取 3h，料水比为 1∶15。在整个提取过程中，用缓冲液控制 pH 在 7.0 左右。合并浸提液离心，上清液真空浓缩后，趁热缓缓加入无水乙醇至其浓度达 800mL/L，收集多糖沉淀，用丙酮洗涤数次，再以蒸馏水溶解沉淀，得到粗多糖溶液。将粗多糖液与正丁醇和三氯甲烷的混合溶液萃取振荡数次，分离下层变性蛋白质，收集上清液并在其中加入活性炭（原料枣粉质量的 10% 左右），煮 15min，抽滤，用苯酚硫酸法分析多糖含量，计算得率。

②超声波提取法：称取烘干粉碎的枣粉 20g，置于烧杯内，按料液比 1∶40 加水，以频率 40kHz 的超声波，在 65℃下提取 20min。离心分离得上清液，将上清液真空浓缩至 400mL，加入无水乙醇至其浓度达 800mL/L，多糖沉淀出来，收集沉淀并烘干，得多糖粗粉。超声波法对大枣多糖的提取率是热水浸提法的 2~3 倍。

③大枣多糖的精制：可采用离子交换树脂进一步精制，如大孔弱碱性交换树脂 LSA-296，树脂在使用前需先用酸、碱、蒸馏水等依次洗至中性，先将多糖溶液 pH 调至 4.5~5.3，用 0.2mol/L HCl 和 0.4mol/L NaCl 的混合液作为洗脱液，可将无机盐、酚酸等杂质除去，提高多糖纯度。

（4）茶多糖的提取　茶多糖具有显著的降血糖和增强免疫力等生物活性，有望成为预防糖尿病及心血管疾病、增加免疫功能的天然药物。

①茶多糖的提取工艺：茶叶→粉碎→浸提→过滤→浓缩→乙醇沉淀→离心→沉淀→洗涤→冷冻干燥→茶多糖。

　　将茶叶适当粉碎，用热水（70~100℃、pH 6.5）浸泡 30 min，过滤，浸泡液在 45℃减压浓缩至 1/2 体积，加入浓缩液 3 倍体积的 95%乙醇沉淀，离心收集沉淀物，再用少量水溶解，重复醇沉一次，沉淀物用无水乙醇、丙酮、乙醚交替洗涤 3 次，真空低温干燥，得茶多糖粗品，得率为 12%~18%。该粗品中含茶多糖 275.2~293.2g/kg，茶多酚 118.6~144.9g/kg，可溶性蛋白 15.0~17.8g/kg。

　　②茶多糖的纯化：初步纯化采用 Sevage 法脱蛋白 4~5 次，再用蒸馏水透析 24h，然后经醇析，真空低温干燥可得到茶多糖。茶多糖的进一步纯化可采用 DEAE 纤维素柱层析、凝胶层析分离与 HPLC 法等。如茶多糖用少量水溶解后，再通过 Sephadex G75 与 Sephadex G150 柱层析，用 0.1mol/L NaCl 洗脱，收集含糖部分，醇沉后透析，真空低温干燥得茶多糖纯品。

四、 螺旋藻多糖的提取

　　螺旋藻中含有丰富的生理活性成分，如 β-胡萝卜素、叶绿素、α、γ-亚麻酸、维生素、微量元素、藻蓝蛋白，尤其是螺旋藻多糖（藻多糖）具有重要的医疗保健价值。藻多糖具有抗辐射、抗突变的功能，及类似于膳食纤维的膨胀、凝胶、持水、低热值的性质，在功能食品中的应用有着诱人的前景。

　　1. 藻多糖的提取

　　藻多糖能溶于水和二甲基亚砜，易溶于热水、弱碱溶液，不溶于高浓度的乙醇、丁醇、丙酮、乙酸乙酯等有机溶剂中。随着多糖浓度增加，溶液黏度显著上升直至凝固。如 $[\eta]$ = 1.05×10^3 mL/L 的藻多糖，于 60℃分散后，在 20℃放置 24h 的最小凝固浓度为 8g/L。

　　藻多糖的提取有多种方法，大多利用多糖易溶于弱碱溶液（酸性条件易使多糖分子中的糖苷键断裂而发生降解）、盐水或纯水，而不溶于低级醇、醚、酮等有机溶剂的特性，采用碱提醇沉法进行提取，再用木瓜蛋白酶、胰蛋白酶等酶处理脱除蛋白质，提高藻多糖的纯度，还可用层析法进一步纯化。

　　提取藻多糖时，先将螺旋藻粉碎，置于 70℃、pH 10 的碱水中提取数小时，然后将提取液在 3000g 的条件下离心 20min，取上清液。将残渣按照上述方法重复提取两次，合并上清液，采用 Sevage 法脱除蛋白质。去蛋白后的多糖进行透析，去除无机离子以及其他小分子杂质。然后将透析液用 3 倍 95%乙醇沉淀，真空低温干燥即得到藻多糖。

　　2. 藻多糖的化学结构和单糖组成

　　在自然状态下，藻多糖分子的 TEM 照片中，多糖单个分子呈线性棒状，分子直径为 90~200nm，分子的侧链短小，较难辨认。经过分离提纯成商品的藻多糖，其分子几乎都降解变形，呈无规则线团状，其单链的直径、侧链更小。在稀溶液中，从较高温度（60℃）冷却到室温，大部分多糖分子从无规则线团状恢复为原有的线性棒状的螺旋结构。不同类型的螺旋藻原料，或者同一原料采取不同的提取方法，或者收集不同部分的提取洗脱液，往往得到不同组分的多糖样品。多数藻多糖含有葡萄糖、鼠李糖、半乳糖、甘露糖、木糖、葡萄糖醛酸和 1~2 种未知多糖。

五、 真菌多糖的提取

　　真菌多糖存在于菌丝、子实体及其发酵液中，是由 10 个以上的单糖以糖苷键连接而成的高分子多聚物，具有复杂的生物活性和功能，其中，最主要的就是免疫调节活性。目前，真菌多糖已广泛应用于免疫性缺陷疾病、自身免疫病和肿瘤等疾病的临床治疗及医药领域的其他用途，如制备医药材料、药物缓释剂、血浆代用品等，已成为分子生物学、医药学、食品科学等领域的研究热点之一。

1. 灵芝多糖的提取

（1）从灵芝子实体中提取多糖

①水提醇沉法：

| 选择清洁干燥、无霉变、无虫蛀的灵芝，破碎成颗粒状，过 40 目筛 | → | 加水浸提 | →

| 离心 | → 上清液 → | 真空浓缩 | → | 有机溶剂沉淀 | → | 干燥 | → 粗多糖。

②膜过滤法：

| 选择清洁干燥、无霉变、无虫蛀的灵芝，破碎成颗粒状，过 40 目筛 | → | 加水浸提 | →

| 粗滤除杂 | → | 膜过滤去除大分子物质 | → | 膜过滤去除小分子物质 | → 多糖溶液 → | 真空浓缩 | →

| 冷冻干燥 | → 粗多糖。

（2）灵芝深层液体发酵多糖的提取　灵芝在深层液体发酵过程中能够同时产生胞外多糖（存在于发酵液中）和胞内多糖。

发酵液中胞外多糖的提取：| 发酵液离心 | → | 上清液浓缩 | → | 浓缩液透析 | → | 透析液浓缩 | →

| 浓缩液离心 | → | 上清液乙醇沉淀 | → | 沉淀物干燥 | → 胞外多糖。

菌丝体胞内多糖的提取：| 发酵液离心 | → | 菌丝体干燥 | → | 菌丝体干粉抽提 | → | 提取液浓缩 | →

| 浓缩液离心 | → | 上清液醇沉淀 | → | 沉淀物干燥 | → 胞内多糖。

（3）粗多糖的纯化

| 粗多糖经 Sephadex A-25 柱层析 | → | NaCl 梯度洗脱 | → | 含糖部分经 Sephadex g-200 柱层析 | →

| 0.1mol/L NaCl 洗脱 | → 多糖纯品。

从菌丝体中提取的多糖与子实体中的多糖有相同的数量级，为干重的 5~25g/kg；同时上清液中还含有丰富的胞外多糖，若以每升发酵液的菌丝干重计，则发酵液所含的多糖总量为34.8g/kg 干菌体，略多于 100g 子实体中提取的冷水溶多糖。

（4）灵芝多糖肽的提取　称取粒度为 1~3mm 的灵芝子实体粉末 300g，用 10 倍量的 95%乙醇加热回流 3h，醇提后的灵芝粉末按 1∶15 的样液比用水在 100℃下浸提 3h。上述热水提取液经 3000r/min 离心 15min，取上清液，用旋转蒸发仪减压浓缩至原体积的 1/10，相当于每毫升含灵芝生药 1g；再离心除去残渣，取上清液，用三倍量 95%乙醇沉淀，沉淀物为灵芝多糖肽。将多糖肽溶于水中，用上述方法再沉淀提纯二次；最后将沉淀的多糖肽分别用 95%乙醇、丙酮和乙醚各洗涤 3 次，置于低温真空干燥、称重。将上述多糖肽溶于蒸馏水中，置透析袋内（截流相对分子质量>5000），逆流透析 48h，取出透析液，于 80~85℃下减压浓缩，乙醇沉淀，沉淀经 95%乙醇、丙酮、乙醚洗涤，低温干燥即得灵芝多糖肽纯品。

2. 茯苓多糖的提取

茯苓多糖包括水溶性和碱溶性两种。其提取工艺流程如图 4-3 所示。

（1）水溶性多糖的提取　称取 150g 茯苓粉末，加入适量木瓜蛋白酶，加入 5 倍量的水提

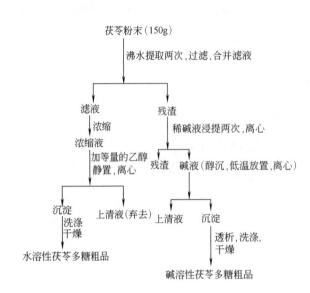

图 4-3 茯苓多糖提取工艺流程

（引自：李炎．茯苓多糖的提取方法及

其改性研究．暨南大学硕士学位论文．2002）

取。提取开始时先升温至 60℃，然后在 60~70℃下保持 40min，再在沸水中提取 1h，离心，分出上清液，再用 5 倍量的水提取一次，合并提取液，减压浓缩至原体积的 1/10，用 Sevage 法除蛋白，至少重复 6 次以上；上清液再减压浓缩，继而用 3 倍量的乙醇沉淀多糖，于冰箱中静置过夜，离心得沉淀物，干燥后 Smith 降解、透析，透析液浓缩并真空干燥，即得水溶性多糖。

（2）碱溶性多糖的提取　用稀碱（0.5mol/L NaOH 水溶液）分别处理水提后的茯苓渣，方法如图 4-3 所示。提取时，先把用水提后的茯苓渣分别用 5 倍量的碱液浸泡 4h，此时溶液呈黏稠状，离心得上清碱液 I；把渣再用 3 倍量的碱液提取一次，所得碱液 II。

将碱液 I 与 II 合并，抽滤，滤液用 10% 的醋酸液中和至 pH 6.0，再加入 3 倍量的 95% 乙醇，于 4℃放置过夜，离心得沉淀，Smith 降解，再依次用蒸馏水、无水乙醇、丙酮、乙醚洗涤后，真空干燥，即得粗多糖。

（3）茯苓多糖的纯化

①脱脂：粗多糖中的脂肪采用索氏抽提法脱除。

②脱蛋白：一是用 Sevage 法。根据蛋白质能在氯仿等有机溶剂中变性的特点，按多糖水溶液体积的 1/4~1/3 加入 Sevage 试剂（氯仿∶正丁醇=4∶1~5∶1），振荡 20min，离心沉降分去水层与溶剂交界处的变性蛋白质，重复 3~5 次，直至除尽蛋白质。二是三氯乙酸-正丁醇法。在多糖水溶液中加入等体积的 5% 1∶1 三氯乙酸-正丁醇液，摇匀，在分液漏斗中分层后，分出下层清液，除去上层正丁醇及中层杂蛋白。下层清液用 2mol/L 的 NaOH 溶液中和至中性。

③透析：将脱脂、脱蛋白、脱色后的多糖液放入透析袋中，对自来水透析 24~72h，再对蒸馏水透析 12~24h。

3. 香菇多糖的提取

取香菇的新鲜子实体 200 kg，水洗，破碎，加 1000L 沸水浸渍 8~15h，过滤或离心，溶液减压浓缩，先加一倍量乙醇得沉淀 320g，为 L 部分。滤液再加三倍量乙醇，得沉淀 200g，为 E 部分，母液部分无抗肿瘤活性。取 L 部分加水约 22L 拌匀，在猛烈搅拌下滴加 0.2mol/L 氢氧化十六烷基三甲基铵（CTA-OH）水溶液，在 pH 7~8 时，开始有少量沉淀，至 pH 10.5~11.5 时则析出大量沉淀，直至不再有沉淀，此时 pH 为 12.8，离心，沉淀用乙醇洗涤，后加 20% 醋酸 1.2L，0℃搅拌 5min，分成不溶解（LC-3）与溶解（LC-1）两部分，前者经高压电泳检查（条件：硼酸盐缓冲液 pH 9.3，2kV，45min，0℃，对茴香胺试剂显色）有两个斑点，后者于 0℃用 1L 50% 醋酸搅拌洗涤，离心，不溶物溶于 2L 60g/kg 氢氧化钠液中，离心，澄清液加 4L

乙醇沉淀，收集沉淀，乙醇、乙醚依次洗涤，干燥，然后按 Sevage 法用氯仿、正丁醇去蛋白，水层加三倍量乙醇沉淀，收集沉淀，甲醇、甲醚依次洗涤，置真空干燥器干燥，即为香菇多糖（约 31g），结构上具有 $1 \rightarrow 3\beta$-D-葡萄糖缩合贰键，是一种直链多糖，呈显著的抗癌活性。上述其余部分用 0.2mol/L CTA-OH 分级沉淀及 DEAE-纤维素（磷酸盐型）柱层析等方法纯化，又分得五种多糖，其中 LC-11 等同样具有抗癌活性。

六、 动物多糖的提取

1. 肝素的提取

（1）肝素的结构和生物活性　肝素是一种应用广泛的抗凝血剂，由六糖或八糖重复单位组成的线性链状分子，三硫酸双糖单位是肝素的主要双糖单位，L-艾杜糖醛酸是此双糖的糖醛酸；二硫酸双糖的糖醛酸是 D-葡萄糖醛酸；三硫酸双糖和二硫酸双糖以 3:1 的比例交替联结。

肝素是由许多组分组成的，具有非均一性。肝素中的不同组分以不同的链长而存在，具有不同的相对分子质量和不同的结构。肝素的非均一性也反映在生物学活性上。肝素不仅能激活抗凝血酶Ⅲ，还有促进脂蛋白脂酶的释放和抑制补体系统——如免疫溶血抑制活性等生物学作用，且不同组分在上述活性中占有不同的优势，因此，可提取具有不同专一活性的肝素组分，分别在凝血、脂代谢和免疫学等领域内用于治疗血栓栓塞疾病、降血脂和某些免疫复合体疾病。

（2）肝素的物理化学性质

①物理化学性质：肝素为白色粉末，对热稳定。肝素及其钠盐可溶于水，不溶于乙醇、丙酮、二氧六环等有机溶剂。游离酸在乙醚中有一定溶解性。肝素的相对分子质量在 12000 ± 6000。对商品肝素的研究提示至少有 21 种分子个体，相对分子质量为 3000~37500。因此，透析时，部分分子能缓慢透过一般玻璃纸。肝素是趋于螺旋形的纤维状分子，与其他黏多糖对比，其特性黏度较小，为 0.1~0.2；比旋光度 $[\alpha]_D^{20}$ 为：游离酸（牛、猪），$+53°~+56°$；中性钠盐（牛），$+42°$；酸性钡盐（牛），$+45°$。肝素在 185~200nm 有特征吸收峰，在 230~300nm 无光吸收。如有杂蛋白存在时，则最大吸收在 265~292nm，最小吸收在 240~260nm。肝素在红外 890cm^{-1}、940cm^{-1} 处有特征吸收峰，测定 1210~1150cm^{-1} 吸收强度，可作快速分析用。

②化学反应：

a. 水解反应：肝素的 O-硫酸基在低温时对酸水解相当稳定，但 N-硫酸基对酸水解敏感。肝素在温热的稀酸中会丧失抗凝血活性，温度越高，pH 越低，失活越快。在碱性条件下，N-硫酸基相当稳定。肝素与氧化剂反应，可能被降解成酸性产物。使用氧化剂对肝素进行精制，一般收率仅能达 80% 左右。还原剂的存在，基本上不影响肝素的活性。

肝素分子中的游离羟基可以酯化。如经硫酸化，则抗凝血活性下降。乙酰化不影响抗凝血活性。

b. 中和反应：肝素呈强酸性，其聚阴离子能与各种阳离子反应生成盐。这些阳离子包括金属离子和各种有机阳离子，如：十五烷基溴化吡啶（PPB）、十六烷基氯吡啶（CPC）、天青 A、十六烷基三甲基溴化铵（CTAB）、阴离子交换剂和带正电荷的蛋白质等。

c. 变色现象（异染性）：肝素与碱性染料反应后，对染料的光吸收有影响。肝素能使含氨基的碱性染料如天青 A、甲苯胺蓝等的光吸收向短波移动。天青 A 在 pH 3.5 时的最大吸收在 620nm 附近，与肝素结合后，最大吸收移向 505nm 或 515nm 附近，且光吸收的增加与肝素浓度成正比。

（3）肝素的提取工艺

①工艺原理：组织内肝素与其他黏多糖在一起，并与蛋白质结合成复合物，所以肝素的制备，一般包括肝素–蛋白复合物的提取、肝素–蛋白复合物的分解和肝素的分级分离三步。

a. 提取：碱能打断肝素与蛋白质的结合，而对肝素影响较小，故组织内的肝素提取，都采用钠盐的碱性热水或沸水浸提。这样的提取物内，仍存在可溶性肝素–蛋白质复合物。

b. 分解：主要有 2 种方法分解除去蛋白质。一是酶解：一般是在提取时加入蛋白水解酶，如胰蛋白酶、胰酶、胃蛋白酶和木瓜蛋白酶等，使蛋白质水解，并调节 pH 结合适当加热彻底除去蛋白质。二是盐解：常用碱性食盐水提取，与热变性和凝结剂（明矾、硫酸铝）等变性措施结合除去蛋白质。

c. 分级分离：分解后得到的产物，含有其他黏多糖、未除尽的蛋白质和核酸类物质。目前，多用阴离子交换或长链季铵盐进行分级分离。然后再经乙醇沉淀和氧化剂氧化等步骤，进一步精制。

②酶解–离子交换工艺：提取工艺流程（图 4-4）及分离工艺过程如下。

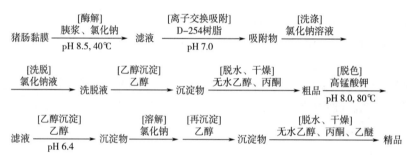

图 4-4　酶解–离子交换法从猪肠黏膜提取肝素的工艺流程

（引自：齐香君主编 . 现代生物制药工艺学 . 2004）

a. 酶解：每 100 kg 新鲜肠黏膜（总固体 50~70g/kg）加苯酚 200mL，气温低时可不加。搅拌下加入绞碎的胰脏 0.56~1.00 kg，用 300~400g/kg NaOH 调 pH 约 8.5，升温至 40℃左右，保温 2~3h，pH 应保持在 8。加入 5 kg 粗盐，升温至约 90℃，用 6mol/L 盐酸调 pH 6.5，停止搅拌，保温 20min，以布袋过滤。

b. 离子交换吸附：滤液冷至 50℃以下，用 6mol/L 氢氧化钠调 pH 为 7，加入 5kg D-254 强碱性阴离子交换树脂，搅拌 5h。交换完毕，弃去液体。

c. 洗涤与洗脱：用自来水漂洗树脂至水清。用约为树脂体积等量的 2mol/L NaCl 溶液搅拌洗涤 15min，弃去洗涤液，再加两倍量的 1.2mol/L NaCl 溶液同法洗涤两次。用半倍量的 5mol/L NaCl 溶液洗脱 1h，收集洗脱液，然后用树脂体积 1/3 量的 3mol/L NaCl 溶液同法洗脱两次。合并洗脱液。

d. 乙醇沉淀：用纸浆助滤，将洗脱液过滤一次，使其澄清。加 0.9 倍体积 95% 乙醇（活性炭处理过的）冷处沉淀 8~12h。虹吸上清液，沉淀按每 100 kg 肠黏膜加 300mL 蒸馏水，使溶解完全，加入 4 倍量 95% 乙醇，冷处放置 6h，收集沉淀。用无水乙醇脱水一次，丙酮脱水两次，在放有 P_2O_5 的真空干燥器中干燥，即得肝素钠粗品。

e. 精制：将粗品用 20g/kg NaCl 溶液配成 100g/kg 左右的肝素钠溶液，用 40g/kg KMnO₄溶液进行氧化脱色，用量按每亿单位肝素钠加 KMnO₄0.5mol 左右估计。先将药液调 pH 至 8.0，并预热至 80℃，再将预热至 80℃的 KMnO₄溶液在搅拌下一次加入，保温 2~5h。以滑石粉为助滤剂过滤。将滤液调 pH 为 6.4，用 0.9 倍 95%乙醇冷处沉淀至少 6h，将沉淀物溶于 10g/kg NaCl溶液。用量可根据肝素钠粗品质量，按 60%~70%收率计，配成 50g/kg 肝素钠溶液。加入 4 倍量乙醇，冷处放置 6h 以上。收集沉淀物，用无水乙醇和丙酮脱水，乙醚处理一次，在放有 P₂O₅的真空干燥器中干燥，即得肝素钠精品。

（4）肝素的质量检验　国内外药典均采用生物检定法。如美国药典选用羊血浆法进行检定，即取柠檬酸羊血浆，加入标准品和供试品，重钙化后一定时间观察标准品和供试品肝素管的凝固度。如果标准品和供试品配成相同的浓度又得到相同的凝固程度，则说明其效价也相同，以此来对比测定未知样品的效价。此外，还可用天青 A 比色法进行测定。

（5）药理作用和临床应用　肝素为抗凝血药，能阻抑血液的凝结过程，用于防止血栓的形成。肝素在临床上主要用于降血脂、治疗急性心肌梗塞、肾炎、肝炎、皮肤病、抗炎和抗过敏，以及用肝素配合化疗，防止癌细胞转移。

2. 硫酸软骨素的提取

生化药物硫酸软骨素是从动物软骨中提取的硫酸软骨素 A 和硫酸软骨素 C 等的混合物。降血脂药物康得灵的主要有效成分即是硫酸软骨素 A。

（1）结构和性质　硫酸软骨素 A 和 C 都含 D-葡萄糖醛酸和 2-氨基-2-脱氧-D-半乳糖，且含等量的乙酰基和硫酸基。硫酸软骨素 A 和 C 的结构非常相近，差别只是在氨基乙糖残基上硫酸酯位置的不同。这两种黏多糖可以根据比旋光度和乙醇-水溶液中的溶解度的不同而区分。硫酸软骨素 B 的糖醛酸为 L-艾杜糖醛酸，其性质与硫酸软骨素 A、C 等不同。如玻璃酸酶（即透明质酸酶）可降解硫酸软骨素 A 和 C，而不降解硫酸软骨素 B。在一些显色反应上，也有差别。

硫酸软骨素为白色粉末，吸水性强，易溶于水而不溶于乙醇、丙酮和乙醚等有机溶剂，其盐类对热较稳定。硫酸软骨素相对分子质量在 10000~30000，含 50~70 个双糖基本单位。

（2）生产工艺　硫酸软骨素的制剂有针剂和片剂，其生产工艺主要有稀碱和浓碱提取两种。

①工艺流程（图 4-5）：

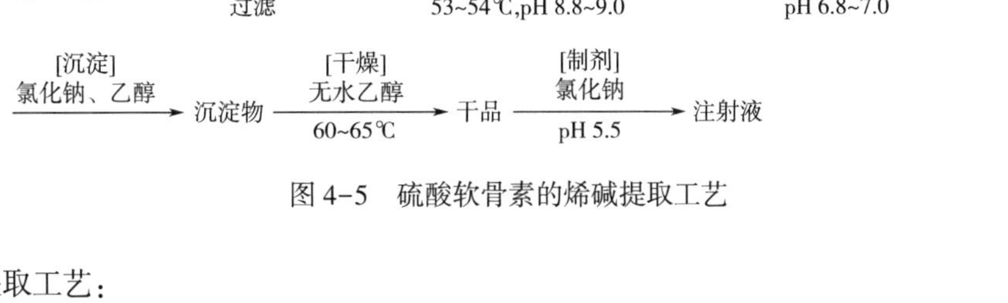

猪喉（鼻）软骨 —[酶水解]氢氧化钠 过滤→ 提取液 —[酶水解]盐酸、胰酶 53~54℃,pH 8.8~9.0→ 水解液 —[吸附]活性白土、活性炭 pH 6.8~7.0→ 过滤

—[沉淀]氯化钠、乙醇→ 沉淀物 —[干燥]无水乙醇 60~65℃→ 干品 —[制剂]氯化钠 pH 5.5→ 注射液

图 4-5　硫酸软骨素的烯碱提取工艺

②提取工艺：

a. 提取：在 250kg 浓度 20g/kg 的 NaOH 溶液中加入洁白干燥软骨 40kg，在室温下间隔搅拌提取。过滤。残渣再用适量蒸馏水浸泡，过滤。合并滤液，使滤液总体积为 200L。

b. 酶水解：在滤液中加入 1∶1 HCl 调节 pH 至 8.8~9.0，加热，至 50℃时加入相当于 1∶250 倍胰酶 130g。继续升温，控制温度为 53~54℃，共水解 7h。在水解过程中，用 100g/kg NaOH 随时调整 pH 维持在 8.8~9.0。

c. 吸附：温度仍保持 53~54℃，用 1∶2 HCl 调节 pH 至 6.8~7.0，加入活性白土 7kg，活性炭 200g，搅拌，用 100g/kg NaOH 重新调节至 pH 6.8~7.0，搅拌吸附 1h。用 1∶2 HCl 调节至 pH 5.4，停止加热，静置片刻，过滤，滤液要澄清。

d. 沉淀与干燥：滤液迅速用 10g/kg NaOH 调节 pH 至 6.0，并加入滤液体积 1% 的 NaCl，溶解后，过滤至澄清。滤液在搅拌下加入 C_2H_5OH，使醇含量为 7.5%。每隔 30min 搅拌一次，共搅拌 4~6 次。静置 8h 以上，虹吸出上清液。硫酸软骨素沉淀用无水 C_2H_5OH 充分脱水两次，抽干，60~65℃ 干燥或真空干燥得硫酸软骨素干品，溶于一定浓度 NaCl 溶液中即得注射液针剂。

③说明和讨论：原料处理很重要，要除去骨上残留的肌肉、脂肪和其他结缔组织。胰酶水解过程中，由于氨基酸等物质的产生，pH 会下降，故需用 NaOH 随时调整。由于酶水解不可能完全彻底，且胰酶本身为蛋白质，故需使用活性白土作为吸附剂以去掉剩余的蛋白质和多肽。活性白土的比表面在一定范围内随着 pH 的升高而增大，pH 5 以上粒子显著变细，因而在中性吸附性能较好；但由于粒子过细不易过滤，所以在过滤前将 pH 调至 5.4，使过滤比较顺利；活性白土还可吸附组织胺，与活性炭配合应用还有脱色和去热原的作用。无论用浓碱还是用稀碱提取，都可以在提取后用 HCl 调 pH 3 左右，去除酸性杂蛋白；然后再用 NaOH 调 pH 为近中性或微碱性，进一步除去碱性杂蛋白。

（3）检验方法及临床应用

①含量测定方法：常用分光光度法或重量法，根据显色反应或沉淀反应原理计算硫酸软骨素的含量。

②临床应用：常用于因链霉素引起的听觉障碍的防治，及偏头痛、神经痛、风湿痛、肝炎等。

本章小结

按照组成糖类成分的糖基个数，可将糖类分为单糖、低聚糖和多糖三类。由于多糖的生理功能和生物活性较强，故糖类的分离提取研究多集中于多糖。

天然多糖主要是从自然界中的植物或农副产品中提取分离而得到，常用的提取方法有：热水浸提法、酸浸提法、碱浸提法及酶法等，其中前三种为化学方法，酶法为生物方法。热水浸提法操作简便，但难以完全溶出其中的多糖物质，需要多次浸提，操作时间长，收率低，对于易溶于水的多糖，如水溶性螺旋藻多糖，不宜用热水浸提法。酸浸提法和碱浸提法由于稀酸、稀碱在浓度因子难以控制的情况下，容易使部分多糖发生水解，从而破坏多糖的活性结构，减少多糖得率。酶法是先用蛋白酶分解除去大部分蛋白质，然后再从溶液中浸提多糖，可以使浓缩工艺和后续的脱蛋白工艺操作变得简易、省时，提高粗多糖的得率和蛋白质脱除率。

在通常情况下，糖类的分离纯化比较困难，尤其是多糖，用一种方法不易获得均一成分，而必须综合使用各种方法。常用的提取工艺主要有：①水溶醇沉法：提取时一般先将原料物质脱脂与脱游离色素，然后用水或稀酸、稀碱、稀盐溶液进行提取，提取液经浓缩后即以等重或数倍的甲醇或乙醇、丙醇等沉淀析出，得粗多糖。②膜分离法：利用多糖相对分子质量大小，在通过半透膜时，实现机械分离。然后再低温浓缩、干燥，得粗多糖。③超声波提取法：利用超声波对细胞组织的破碎作用来提高糖类在提取液中的溶解度和浸出率，从而有利于提高糖的提取率。

糖类的分离方法主要有：①分级沉淀法；②活性炭柱层析法；③凝胶过滤法；④离子交换树脂层析法；⑤纤维素和离子交换纤维素层析法；⑥季铵盐沉淀法；⑦透析法；⑧金属离子沉淀法等。

脱除糖类中蛋白质的主要方法有：Sevage 法、三氟三氯乙烷法、三氯乙酸法（TLA）。

要对多糖脱色，常用活性炭进行处理，但活性炭会吸附多糖，造成多糖损失。对于呈负性离子的色素，不能用活性炭脱色，可用弱碱性树脂 DEAE 纤维素吸附色素。若多糖易与色素结合在一起而被 DEAE 纤维素吸附，不能被水洗脱，可进行氧化脱色。

糖类的分离纯化是比较困难的，尤其是多糖。在提取过程中，因为多糖在植物组织或动物组织中往往不是孤立存在或游离状态的，而是与纤维素、半纤维素、蛋白、多酚等其他成分交织在一起而难以溶出。此外由于大部分多糖带有负电荷，常常与多价阳离子（如钙、镁）等结合而处于难溶状态。因此，通过在水中自由扩散来提取分离多糖往往是很困难的。必须根据多糖在原料内的存在状态，采取合适的方法，如破壁、离子释放、酶解等，使多糖处于溶解状态并易于扩散，从而提高提取效率与产品质量。在分离过程中，要根据粗多糖中的杂质成分以及结合状态，采取合适的工艺有针对性地分离或除杂。

总之，在设计糖类的提取分离工艺时，不必拘泥于某一种方法，而应根据具体的原料特性，灵活搭配各种方法，使工艺环保节能、简单高效。

🔍 思考题

1. 提取天然多糖的方法有哪些？并说明其操作过程及优缺点。
2. 糖类的主要提取工艺有哪些？其原理及操作过程是什么？
3. 糖类的分离方法有哪些？其优缺点及适用对象是什么？
4. 脱除糖类中蛋白质的三种方法的异同点是什么？
5. 如何对多糖粗制品进行脱色？
6. 影响多糖提取率的主要因素有哪些？
7. 如何对分离得到的糖类制品进行性质鉴定？
8. 举例说明如何从微生物、植物、动物中获取活性糖类。

参考文献

1. Petkowicz C L O, Vriesmann L C, Williams P A. Pectins from food waste: Extraction, characterization and properties of watermelon rind pectin [J]. Food Hydrocolloids, 2016, 65

2. Yang J S, Mu T H, Ma M M. Extraction, structure, and emulsifying properties of pectin from potato pulp

［J］. Food Chemistry, 2017, 244: 197-205

3. Pereira P H, Oliveira T Í, Rosa M F, et al. Pectin extraction from pomegranate peels with citric acid ［J］. International Journal of Biological Macromolecules, 2016, 88: 373-379

4. Wang S, Lu A, Zhang L, et al. Extraction and purification of pumpkin polysaccharides and their hypoglycemic effect ［J］. International Journal of Biological Macromolecules, 2017, 98: 182-187

5. Jin Y, Yang N, Tong Q, et al. Rotary magnetic field combined with pipe fluid technique for efficient extraction of pumpkin polysaccharides ［J］. Innovative Food Science & Emerging Technologies, 2016, 35: 103-110

6. Song Y, Zhao J, Ni Y, et al. Solution properties of a heteropolysaccharide extracted from pumpkin (Cucurbita pepo, lady godiva) ［J］. Carbohydrate Polymers, 2015, 132: 221-227

7. Lee D, Kim H S, Shin E, et al. Polysaccharide isolated from Aloe vera gel suppresses ovalbumin-induced food allergy through inhibition of Th2 immunity in mice ［J］. Biomedicine & Pharmacotherapy, 2018, 101: 201-210

8. Shi X D, Nie S P, Yin J Y, et al. Polysaccharide from leaf skin of Aloe barbadensis, Miller: Part I. Extraction, fractionation, physicochemical properties and structural characterization ［J］. Food Hydrocolloids, 2017, 73

9. Salah F, Ghoul Y E, Mahdhi A, et al. Effect of the deacetylation degree on the antibacterial and antibiofilm activity of acemannan from Aloe vera ［J］. Industrial Croups & Products, 2017, 103: 13-18

10. Ji X, Liu F, Peng Q, et al. Purification, structural characterization, and hypolipidemic effects of a neutral polysaccharide from Ziziphus Jujuba cv. Muzao ［J］. Food Chemistry, 2017, 245: 1124-1130

11. Ji X, Liu F, Ullah N, et al. Isolation, purification, and antioxidant activities of polysaccharides from Ziziphus Jujuba cv. Muzao ［J］. International Journal of Food Properties, 2018

12. Ji X, Peng Q, Yuan Y, et al. Isolation, structures and bioactivities of the polysaccharides from jujube fruit (Ziziphus jujuba Mill.): A review ［J］. Food Chemistry, 2017, 227: 349-357

13. Gao Y, Zhou Y, Zhang Q, et al. Hydrothermal extraction, structural characterization, and inhibition HeLa cells proliferation of functional polysaccharides from Chinese tea Zhongcha 108 ［J］. Journal of Functional Foods, 2017, 39: 1-8

14. Wang D, Zhao X, Liu Y. Hypoglycemic and hypolipidemic effects of a polysaccharide from flower buds of Lonicera japonica in streptozotocin-induced diabetic rats ［J］. International Journal of Biological Macromolecules, 2017, 102

15. Zhang Y, Xiao W, Ji G, et al. Effects of multiscale-mechanical grinding process on physicochemical properties of black tea particles and their water extracts ［J］. Food & Bioproducts Processing, 2017, 105

16. Chaiklahan R, Chirasuwan N, Triratana P, et al. Polysaccharide extraction from Spirulina sp. and its antioxidant capacity ［J］. International Journal of Biological Macromolecules, 2013, 58 (7): 73-78

17. Kurd F, Samavati V. Water soluble polysaccharides from Spirulina platensis: Extraction and in-vitro anti-cancer activity ［J］. International Journal of Biological Macromolecules, 2015, 74: 498-506

18. Chaiklahan R, Chirasuwan N, Triratana P, et al. Polysaccharide extraction from Spirulina sp. and its antioxidant capacity ［J］. International Journal of Biological Macromolecules, 2013, 58: 73-78

19. Ma C W, Feng M, Zhai X, et al. Optimization for the extraction of polysaccharides from Ganoderma lucidum, and their antioxidant and antiproliferative activities ［J］. Journal of the Taiwan Institute of Chemical Engineers, 2013, 44 (6): 886-894

20. Zhao L, Dong Y, Chen G, et al. Extraction, purification, characterization and antitumor activity of polysaccharides from Ganoderma lucidum [J]. Carbohydrate Polymers, 2010, 80 (3): 783-789

21. Shi M, Yang Y, Hu X, et al. Effect of ultrasonic extraction conditions on antioxidative and immunomodulatory activities of a Ganoderma lucidum polysaccharide originated from fermented soybean curd residue [J]. Food Chemistry, 2014, 155 (10): 50-56

22. Chen X P, Tang Q C, Chen Y, et al. Simultaneous extraction of polysaccharides from Poria cocos by ultrasonic technique and its inhibitory activities against oxidative injury in rats with cervical cancer [J]. Carbohydrate Polymers, 2010, 79 (2): 409-413

23. Wang Y, Liu S, Yang Z, et al. Oxidation of β-glucan extracted from Poria Cocos and its physiological activities [J]. Carbohydrate Polymers, 2011, 85 (4): 798-802

24. Jia X, Ma L, Li P, et al. Prospects of Poria cocos, polysaccharides: Isolation process, structural features and bioactivities [J]. Trends in Food Science & Technology, 2016, 54: 52-62

25. Yong P, Yong H, Chu T W, et al. Ultrasonic-assisted extraction, chemical characterization of polysaccharides from Yunzhi mushroom and its effect on osteoblast cells [J]. Carbohydrate Polymers, 2010, 80 (3): 922-926

26. Tian Y, Zeng H, Xu Z, et al. Ultrasonic-assisted extraction and antioxidant activity of polysaccharides recovered from white button mushroom (Agaricus bisporus) [J]. Carbohydrate Polymers, 2012, 88 (2): 522-529

27. Zhu H, Sheng K, Yan E, et al. Extraction, purification and antibacterial activities of a polysaccharide from spent mushroom substrate [J]. International Journal of Biological Macromolecules, 2012, 50 (3): 840-843

28. Jy V D M, Kellenbach E, Lj V D B. From Farm to Pharma: An Overview of Industrial Heparin Manufacturing Methods [J]. Molecules, 2017, 22 (6)

29. Galeotti F, Volpi N. Novel reverse-phase ion pair-high performance liquid chromatography separation of heparin, heparan sulfate and low molecular weight-heparins disaccharides and oligosaccharides [J]. Journal of Chromatography A, 2013, 1284 (7): 141-147

30. Srichamroen A, Nakano T, Pietrasik Z, et al. Chondroitin sulfate extraction from broiler chicken cartilage by tissue autolysis [J]. LWT-Food Science and Technology, 2013, 50 (2): 607-612

31. Shi Y, Meng Y, Li J, et al. Chondroitin sulfate: extraction, purification, microbial and chemical synthesis [J]. Journal of Chemical Technology & Biotechnology, 2015, 89 (10): 1445-1465

32. He G, Yin Y, Yan X, et al. Optimisation extraction of chondroitin sulfate from fish bone by high intensity pulsed electric fields [J]. Food Chemistry, 2014, 164 (3): 205-210

33. 严慧如, 黄绍华, 余迎利. 菊糖的提取及纯化. 天然产物研究与开发. 2002, 14 (1): 65-69

34. 彭红, 黄小茉, 欧阳友生, 谢小保, 陈仪本. 南瓜多糖的提取工艺及其降糖作用的研究. 食品科学, 2002, 23 (8): 260-263

35. 肖建辉, 蒋依辉, 梁宗琦, 刘爱英. 食药用真菌多糖研究进展. 生命的化学, 2002, 22 (2): 148-151

36. 彭照文. 螺旋藻及其多糖的开发应用. 福建轻纺, 2002, (3): 7-10

37. 马莺. 大豆低聚糖的提取及酶改性的研究. 东北农业大学博士学位论文, 2000

38. 尚红伟. 大枣多糖提取分离过程研究. 西北大学硕士学位论文, 2002

39. 崔春月. 芦荟多糖的研究. 东北师范大学硕士学位论文, 2002

40. 李炎. 茯苓多糖的提取方法及其改性研究. 暨南大学硕士学位论文. 2002

41. 齐香君主编. 现代生物制药工艺学. 北京：化学工业出版社，2010

42. 赵玉娥，刘晓宇主编. 生物化学. 北京：化学工业出版社，2017

43. 徐怀德主编. 天然产物提取工艺学. 北京：中国轻工业出版社，2006

第五章
蛋白质和氨基酸提取工艺特性

学习目标

　　了解蛋白质与氨基酸的分类，掌握蛋白质的理化性质、蛋白质与氨基酸的生理功能；掌握蛋白质与氨基酸的提取工艺特性；熟悉常见的大豆蛋白、胃蛋白酶、胰岛素、谷氨酸、胱氨酸等的提取实例，能设计提取工艺。

第一节　概述

　　氨基酸是一类含氨基、少数含亚氨基的羟酸。蛋白质是由氨基酸以"脱水缩合"的方式组成的多肽链经过盘曲折叠形成的具有一定空间结构的高分子化合物。蛋白质是一切细胞组织的物质基础，没有蛋白质就没有生命。

一、蛋白质的分子组成

（一）蛋白质的元素组成

　　单纯蛋白质的元素组成为碳 50%～55%、氢 6%～7%、氧 19%～24%、氮 13%～19%，除此之外还有硫 0~4%。有的蛋白质含有磷、碘，少数含铁、铜、锌、锰、钴、钼等金属元素。

（二）蛋白质的基本组成单位

　　蛋白质在酸、碱或酶的作用下可以发生水解。利用层析等方法分析蛋白水解液，可以证明组成蛋白质分子的基本单位是氨基酸。构成天然蛋白质的氨基酸共 20 种。天然氨基酸多为 L-α-氨基酸；生物界中也发现一些 D 系氨基酸，主要存在于某些抗菌素以及个别植物的生物碱中。

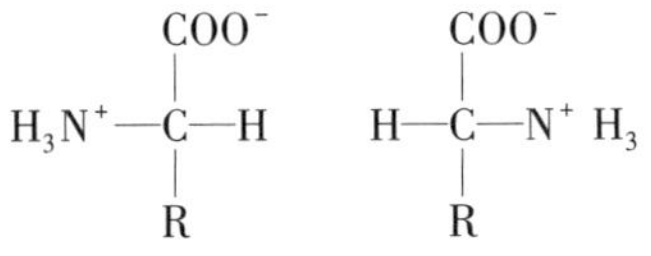

$$H_3N^+ - \underset{R}{\overset{COO^-}{\underset{|}{\overset{|}{C}}}} - H \qquad H - \underset{R}{\overset{COO^-}{\underset{|}{\overset{|}{C}}}} - N^+H_3$$

L-α-氨基酸　　　D-α-氨基酸

（三）蛋白质分子中氨基酸的连接方式

氨基酸之间是以肽键相连的。肽键就是一个氨基酸的 α-羧基与另一个氨基酸的 α-氨基脱水缩合形成的键。

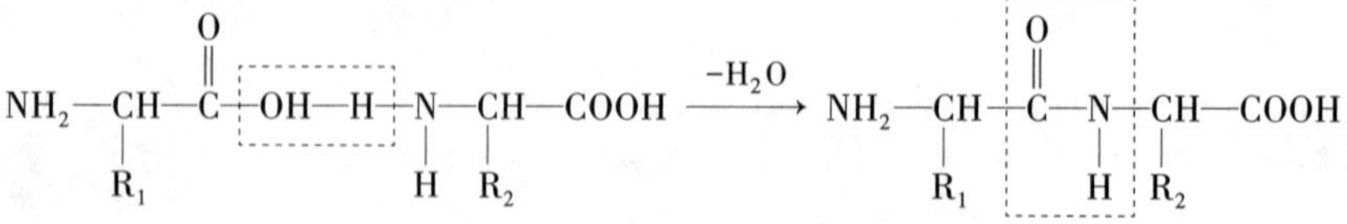

$$NH_2-CH-C \overset{O}{\underset{R_1}{|}} \boxed{OH \ H}-N-CH-COOH \xrightarrow{-H_2O} NH_2-CH-\boxed{\overset{O}{\underset{|}{C}}-N}-CH-COOH$$

氨基酸之间通过肽键联结起来的化合物称为肽。两个氨基酸形成的肽称为二肽，三个氨基酸形成的肽称为三肽……以此类推，十个氨基酸形成的肽称为十肽。一般将十肽以下的肽称为寡肽，十肽以上称为多肽或称为多肽链。组成多肽链的氨基酸在相互结合时，失去了一分子水，因此把多肽中的氨基酸单位称为氨基酸残基

二、蛋白质的结构及其功能

蛋白质是生物大分子物质，具有三维空间结构和复杂的生物学功能；蛋白质结构与功能之间的关系非常密切。在研究中，一般将蛋白质分子的结构分为一级结构与空间结构两类。

（一）蛋白质的一级结构

蛋白质的一级结构就是蛋白质多肽链中氨基酸残基的排列顺序，也是蛋白质最基本的结构，由基因上遗传密码的排列顺序所决定。各种氨基酸按遗传密码的顺序，通过肽键连接起来，成为多肽链，故肽键是蛋白质结构中的主键。

蛋白质的一级结构决定了蛋白质的二级、三级等高级结构，成百亿的天然蛋白质各有其特殊的生物学活性，决定每一种蛋白质的生物学活性的结构特点，首先在于其肽链的氨基酸序列，由于组成蛋白质的20种氨基酸各具特殊的侧链，侧链基团的理化性质和空间排布各不相同，当它们按照不同的序列关系组合时，就可形成多种多样的空间结构和不同生物学活性的蛋白质分子。

（二）蛋白质的空间结构

蛋白质分子的多肽链并非呈线形伸展，而是折叠和盘曲构成特有的比较稳定的空间结构。蛋白质的生物学活性和理化性质主要决定于其空间结构，因此仅仅测定蛋白质分子的氨基酸组成和它们的排列顺序并不能完全了解蛋白质分子的生物学活性和理化性质。如球状蛋白质（多见于血浆中的白蛋白、球蛋白、血红蛋白和酶等）和纤维状蛋白质（角蛋白、胶原蛋白、肌凝蛋白、纤维蛋白等），前者溶于水，后者不溶于水，显而易见，此种性质不能仅用蛋白质的一级结构的氨基酸排列顺序来解释。

蛋白质的空间结构就是指蛋白质的二级、三级和四级结构。

1. 蛋白质的二级结构

蛋白质的二级结构是指多肽链中主链原子的局部空间排布即构象，不涉及侧链部分的构象。

蛋白质主链构象的结构单元主要有：α-螺旋、β-片层结构、β-转角、无规卷曲。

（1）α-螺旋的结构特点

①多个肽键平面通过 α-碳原子旋转，相互之间紧密盘曲成稳固的右手螺旋。

②主链呈螺旋上升，每 3.6 个氨基酸残基上升一圈，相当于 0.54nm，这与 X 射线衍射图符合。

③相邻两圈螺旋之间借肽键中 C ═O 和 N—H 形成许多链内氢键，即每一个氨基酸残基中的 N—H 和前面相隔三个残基的 C ═O 之间形成氢键，这是稳定 α-螺旋的主要键。

④肽链中氨基酸侧链 R，分布在螺旋外侧，其形状、大小及电荷影响 α-螺旋的形成。酸性或碱性氨基酸集中的区域，由于同电荷相斥，不利于 α-螺旋形成；较大的 R（如苯丙氨酸、色氨酸、异亮氨酸）集中的区域，也妨碍 α-螺旋形成；脯氨酸因其 α-碳原子位于五元环上，不易扭转，加之它是亚氨基酸，不易形成氢键，故不易形成上述 α-螺旋；甘氨酸的 R 基为 H，空间占位很小，也会影响该处螺旋的稳定。

（2）β-片层结构特点

①是肽链相当伸展的结构，肽链平面之间折叠成锯齿状，相邻肽键平面间呈 110°角。氨基酸残基的 R 侧链伸出在锯齿的上方或下方。

②依靠两条肽链或一条肽链内的两段肽链间的 C ═O 与 N—H 形成氢键，使构象稳定。

③两段肽链可以是平行的，也可以是反平行的。即前者两条链从"N 端"到"C 端"是同方向的，后者是反方向的。β-片层结构的形式十分多样，正、反平行能相互交替。

④平行的 β-片层结构中，两个残基的间距为 0.65nm；反平行的 β-片层结构，则间距为 0.7nm。

（3）β-转角　蛋白质分子中，肽链经常会出现 180°的回折，在这种回折角处的构象就是 β-转角。β-转角中，第一个氨基酸残基的 C ═O 与第四个残基的 N—H 之间形成氢键，从而使结构稳定。

（4）无规卷曲　没有确定规律性的部分肽链构象，肽链中肽键平面不规则排列，属于松散的无规卷曲。

2. 超二级结构和结构域

超二级结构是指在多肽链内顺序上相互邻近的二级结构常常在空间折叠中靠近，彼此相互作用，形成规则的二级结构聚集体。目前发现的超二级结构有三种基本形式：α 螺旋组合（αα）；β 折叠组合（βββ）和 α 螺旋 β 折叠组合（βαβ），其中以 βαβ 组合最为常见。它们可直接作为三级结构的"建筑块"或结构域的组成单位，是蛋白质构象中二级结构与三级结构之间的一个层次，故称超二级结构。

结构域也是蛋白质构象中二级结构与三级结构之间的一个层次。在较大的蛋白质分子中，由于多肽链上相邻的超二级结构紧密联系，形成两个或多个在空间上可以明显区别它与蛋白质亚基结构的区别。一般每个结构域由 100~200 个氨基酸残基组成，各有独特的空间构象，并承担不同的生物学功能。如免疫球蛋白（IgG）由 12 个结构域组成，其中两个轻链上各有 2 个，两个重链上各有 4 个；补体结合部位与抗原结合部位处于不同的结构域。一个蛋白质分子中的几个结构域有的相同，有的不同；而不同蛋白质分子之间肽链中的各结构域也可以相同。如乳酸脱氢酶、3-磷酸甘油醛脱氢酶、苹果酸脱氢酶等均属以 NAD+ 为辅酶的脱氢酶类，它们各自由 2 个不同的结构域组成，但它们与 NAD^+ 结合的结构域构象则基本相同。

（三）蛋白质的三级结构

蛋白质的多肽链在各种二级结构的基础上再进一步盘曲或折迭形成具有一定规律的三维空

间结构，称为蛋白质的三级结构。蛋白质三级结构的稳定主要靠次级键，包括氢键、疏水键、盐键以及范德华力等。这些次级键可存在于一级结构序号相隔很远的氨基酸残基的 R 基团之间，因此蛋白质的三级结构主要指氨基酸残基的侧链间的结合。次级键都是非共价键，易受环境中 pH、温度、离子强度等的影响，有变动的可能性。二硫键不属于次级键，但在某些肽链中能使远隔的两个肽段联系在一起，这对于蛋白质三级结构的稳定起着重要作用。

具备三级结构的蛋白质从其外形上看，有的细长（长轴比短轴大 10 倍以上），属于纤维状蛋白质，如丝心蛋白；有的长短轴相差不多基本上呈球形，属于球状蛋白质，如血浆清蛋白、球蛋白、肌红蛋白，球状蛋白的疏水基多聚集在分子的内部，而亲水基则多分布在分子表面，因而球状蛋白质是亲水的，更重要的是，多肽链经过如此盘曲后，可形成某些发挥生物学功能的特定区域，例如酶的活性中心等。

（四）蛋白质的四级结构

具有两条或两条以上独立三级结构的多肽链组成的蛋白质，其多肽链间通过次级键相互组合而形成的空间结构称为蛋白质的四级结构。其中，每个具有独立三级结构的多肽链单位称为亚基。四级结构实际上是指亚基的立体排布、相互作用及接触部位的布局。亚基之间不含共价键，亚基间次级键的结合比二、三级结构疏松，因此在一定的条件下，四级结构的蛋白质可分离为其组成的亚基，而亚基本身构象仍可不变。

一种蛋白质中，亚基结构可以相同，也可不同。如烟草斑纹病毒的外壳蛋白是由 2200 个相同的亚基形成的多聚体；正常人血红蛋白 A 是两个 α 亚基与两个 β 亚基形成的四聚体；天冬氨酸氨甲酰基转移酶由六个调节亚基与六个催化亚基组成。有人将具有全套不同亚基的最小单位称为原聚体，如一个催化亚基与一个调节亚基结合成天冬氨酸氨甲酰基转移酶的原聚体。

某些蛋白质分子可进一步聚合成聚合体。聚合体中的重复单位称为单体，聚合体可按其中所含单体的数量不同而分为二聚体、三聚体……寡聚体和多聚体而存在，如胰岛素在体内可形成二聚体及六聚体。

三、 蛋白质的结构与功能的关系

（一）蛋白质的一级结构与其构象及功能的关系

蛋白质一级结构是空间结构的基础，特定的空间构象主要是由蛋白质分子中肽链和侧链 R 基团形成的次级键来维持。在生物体内，蛋白质的多肽链一旦被合成后，即可根据一级结构的特点自然折叠和盘曲，形成一定的空间构象。

一级结构相似的蛋白质，其基本构象及功能也相似。在蛋白质的一级结构中，参与功能活性部位的残基或处于特定构象关键部位的残基，即使在整个分子中发生一个残基的异常，那么该蛋白质的功能也会受到明显的影响。

（二）蛋白质空间构象与功能活性的关系

蛋白质多种多样的功能与各种蛋白质特定的空间构象密切相关，蛋白质的空间构象是其功能活性的基础，构象发生变化，其功能活性也随之改变。蛋白质变性时，由于其空间构象被破坏，故引起功能活性丧失，变性蛋白质在复性后，构象复原，活性即能恢复。

在生物体内，当某种物质特异地与蛋白质分子的某个部位结合，触发该蛋白质的构象发生一定变化，从而导致其功能活性的变化，这种现象称为蛋白质的别构效应。

四、蛋白质的理化性质

蛋白质是由氨基酸组成的大分子化合物，其理化性质一部分与氨基酸相似，如两性电离、等电点、呈色反应、成盐反应等，也有一部分又不同于氨基酸，如高相对分子质量、胶体性、变性等。

（一）蛋白质的胶体性质

蛋白质相对分子质量介于一万到百万，分子直径达到了胶体微粒的大小（$1\sim100nm$），具有胶体的性质。球状蛋白质的表面有许多极性基团，亲水性极强，使蛋白质分子表面常为多层水分子所包围，称水化膜，从而阻止蛋白质颗粒的相互聚集。

与低分子物质比较，蛋白质分子扩散速度慢，不易透过半透膜，黏度大，在分离提纯蛋白质过程中，可通过透析除去小分子杂质。蛋白质大分子溶液在一定溶剂中超速离心时可发生沉降。沉降速度与向心加速度之比值即为蛋白质的沉降系数。蛋白质分子越大，沉降系数越高，故可根据沉降系数来分离和检定蛋白质。

（二）蛋白质的两性电离和等电点

蛋白质在溶液中所带的电荷，既取决于其分子组成中碱性和酸性氨基酸的含量，又受所处溶液的 pH 影响。当蛋白质溶液处于某一 pH 时，蛋白质游离成正、负离子的趋势相等，即成为兼性离子（净电荷数为0），此时溶液的 pH 称为蛋白质的等电点（pI），此时蛋白质的溶解度最小。处于等电点的蛋白质颗粒，在电场中并不移动。蛋白质溶液的 pH 大于等电点，该蛋白质颗粒带负电荷，反之则带正电荷。

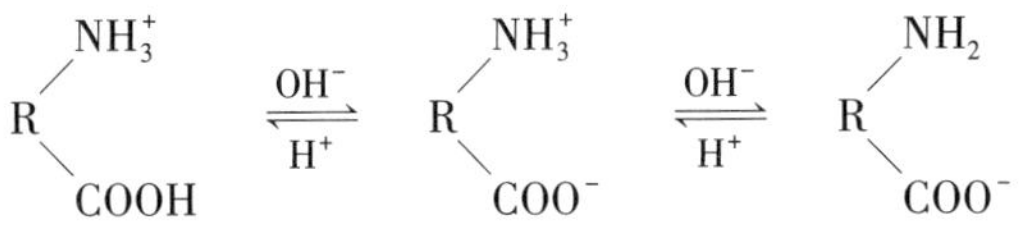

各种蛋白质分子由于所含的碱性氨基酸和酸性氨基酸的数目不同，因而有各自的等电点。凡碱性氨基酸含量较多的蛋白质，等电点就偏碱性，反之，凡酸性氨基酸含量较多的蛋白质，等电点就偏酸性，人体体液中许多蛋白质的等电点在 pH 5.0 左右，所以在体液中以负离子形式存在。

（三）蛋白质的变性

天然蛋白质的严密结构在某些物理或化学因素作用下，其特定的空间结构被破坏，从而导致理化性质改变和生物学活性的丧失，称为蛋白质的变性作用。变性蛋白质只有空间构象的破坏，一般认为蛋白质变性本质是次级键、二硫键的破坏，并不涉及一级结构的变化。

变性蛋白质和天然蛋白质最明显的区别是溶解度降低，同时蛋白质的黏度增加，结晶性破坏，生物学活性丧失，易被蛋白酶分解。

引起蛋白质变性的原因有物理和化学因素两类：物理因素主要是加热、加压、脱水、搅拌、振荡、紫外线照射、超声波作用等；化学因素有强酸、强碱、尿素、重金属盐、十二烷基磺酸钠（SDS）等。在临床医学上，变性因素常被应用于消毒及灭菌。反之，防止蛋白质变性就能有效地保存蛋白质制剂。

变性并非是不可逆的变化，当变性程度较轻时，如去除变性因素，有的蛋白质仍能恢复或部分恢复其原来的构象及功能，变性的可逆变化称为复性。许多蛋白质变性时被破坏严重，不能恢复，称为不可逆性变性。

（四）蛋白质的沉淀

蛋白质分子凝聚从溶液中析出的现象称为蛋白质沉淀，变性蛋白质一般易于沉淀，但也可不变性而使蛋白质沉淀，在一定条件下，变性的蛋白质也可不发生沉淀。

蛋白质所形成的亲水胶体颗粒具有两种稳定因素，即颗粒表面的水化层和电荷。若无外加条件，不致互相凝集。然而除掉这两个稳定因素，蛋白质便容易凝集析出。

从图 5-1 可以看出，如将蛋白质溶液 pH 调节到等电点，蛋白质分子呈等电状态，虽然分子间同性电荷相互排斥作用消失了，但是还有水化膜起保护作用，一般不至于发生凝聚作用，如果这时再加入某种脱水剂，除去蛋白质分子的水化膜，可使蛋白质沉淀析出。

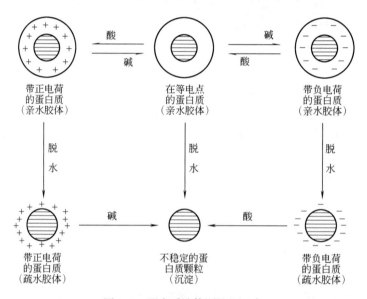

图 5-1　蛋白质胶体颗粒的沉淀

引起蛋白质沉淀的主要方法有下述几种：

（1）盐析　在蛋白质溶液中加入大量的中性盐以破坏蛋白质的胶体稳定性而使其析出，这种方法称为盐析。常用的中性盐有 $(NH_4)_2SO_4$、Na_2SO_4、$NaCl$ 等。各种蛋白质盐析时所需的盐浓度及 pH 不同，故可用于蛋白质组分的分离。调节蛋白质溶液的 pH 至等电点后，再用盐析法则蛋白质沉淀的效果更好。

（2）重金属盐沉淀蛋白质　蛋白质可以与重金属离子如 Hg^{2+}、Pb^{2+}、Gu^{2+}、Ag^{3+} 等结合成盐沉淀，沉淀的条件以 pH 稍大于等电点为宜。重金属沉淀的蛋白质常是变性的，但若在低温条件下，并控制重金属离子浓度，也可用于分离制备不变性的蛋白质。

临床上利用蛋白质能与重金属盐结合的这种性质，抢救误服重金属盐中毒的病人，给病人口服大量蛋白质，然后用催吐剂将结合的重金属盐呕吐出来解毒。

（3）生物碱试剂以及某些酸类沉淀蛋白质　蛋白质可与生物碱试剂（如苦味酸、钨酸、鞣酸）以及某些酸（如 CCl_3COOH、$HClO_4$、HNO_3）结合成不溶性的盐沉淀，沉淀的条件应当是

pH 小于等电点，这样蛋白质带正电荷易于与酸根负离子结合成盐。

临床血液化学分析时常利用此原理除去血液中的蛋白质，此类沉淀反应也可用于检验尿中蛋白质。

（4）有机溶剂沉淀蛋白质　能与水混溶的有机溶剂，如乙醇、甲醇、丙酮等，对水的亲和力很大，能破坏蛋白质颗粒的水化膜，在等电点时使蛋白质沉淀。在常温下，有机溶剂沉淀蛋白质往往引起变性。例如酒精消毒灭菌就是如此，但若在低温条件下，则变性进行较缓慢，可用于分离制备各种血浆蛋白质。

（5）加热凝固　将等电点附近的蛋白质溶液加热，可使蛋白质发生凝固而沉淀。加热使蛋白质变性，有规则的肽链结构被打开呈松散状不规则的结构，分子的不对称性增加，疏水基团暴露，进而凝聚成凝胶状的蛋白块。如煮熟的鸡蛋，蛋黄和蛋清都凝固。

蛋白质的变性、沉淀、凝固之间有很密切的关系。蛋白质变性后并不一定沉淀，变性蛋白质只在等电点附近才沉淀，沉淀的变性蛋白质也不一定凝固。例如，蛋白质被强酸、强碱变性后由于带有大量电荷，故仍溶于强酸或强碱之中。但若将强酸、强碱溶液的 pH 调节到等电点，则变性蛋白质凝集成絮状沉淀物，若将此絮状物加热，则分子间相互盘绕而变成较为坚固的凝块。

（五）蛋白质的呈色反应

（1）茚三酮反应　α-氨基酸与水合茚三酮（苯丙环三酮戊烃）作用时，产生蓝色反应，由于蛋白质是由许多 α-氨基酸组成的，所以也呈此颜色反应。

（2）双缩脲反应　蛋白质在碱性溶液中与 $CuSO_4$ 作用呈现紫红色，称双缩脲反应。凡分子中含有两个以上—CO—NH—键的化合物都呈此反应，蛋白质分子中氨基酸是以肽键相连，因此，所有蛋白质都能与双缩脲试剂发生反应。

（3）米伦反应　蛋白质溶液中加入米伦试剂［$Hg(NO_2)_2$、$Hg(NO_3)_2$ 及 HNO_3 的混合液］，蛋白质首先沉淀，加热则变为红色沉淀，此为酪氨酸的酚核所特有的反应，因此含有酪氨酸的蛋白质均呈米伦反应。

此外，蛋白质溶液还可与酚试剂、乙醛酸试剂、浓硝酸等发生颜色反应。

五、　蛋白质与氨基酸的分类

（一）蛋白质的分类

1. 按形状分类

按蛋白质形状，可将其分为球状蛋白质及纤维状蛋白质。

2. 按组成分类

从组成上分为单纯蛋白质和结合蛋白质两大类，水解后只生成氨基酸的蛋白质称为单纯蛋白质，又称简单蛋白质，一部分酶蛋白和结构蛋白以及所有的储存蛋白均属于这一类。结合蛋白质经水解得氨基酸、非蛋白的辅基和其他。根据辅基的不同，结合蛋白质可分为核蛋白（含核酸）、脂蛋白（含脂类，如磷脂等）、糖蛋白（含碳水化合物）、磷蛋白（含磷酸）、血红蛋白（含血红素）、叶绿素蛋白（含叶绿素）等。

单纯蛋白质根据理化性质及来源又可分为清蛋白（白蛋白）、球蛋白、谷蛋白、醇溶谷蛋白、精蛋白、组蛋白、硬蛋白等（见表5-1）。

表 5-1 蛋白质按溶解度分类

蛋白质分类	举例	溶 解 度
白蛋白	血清白蛋白	溶于水和中性盐溶液，不溶于饱和硫酸铵溶液
球蛋白	免疫球蛋白、纤维蛋白原	不溶于水，溶于稀中性盐溶液，不溶于半饱和硫酸铵溶液
谷蛋白	麦谷蛋白	不溶于水、中性盐及乙醇；溶于稀酸、稀碱
醇溶谷蛋白	醇溶谷蛋白、醇溶玉米蛋白	不溶于水、中性盐溶液；溶于 70%~80% 乙醇中
硬蛋白	角蛋白、胶原蛋白、弹性蛋白	不溶于水、稀中性盐、稀酸、稀碱和一般有机溶剂
组蛋白	胸腺组蛋白	溶于水、稀酸、稀碱，不溶于稀氨水
精蛋白	鱼精蛋白	溶于水，稀酸，稀碱、稀氨水

结合蛋白按其辅基的不同分为核蛋白、磷蛋白、金属蛋白、色蛋白等（见表 5-2）。

表 5-2 蛋白质按化学成分分类

蛋白质类别	举例	非蛋白成分（辅基）
单纯蛋白质	血清蛋白，球蛋白	无
核蛋白	病毒核蛋白，染色体蛋白	核酸
糖蛋白	免疫球蛋白、黏蛋白，蛋白多糖	糖类
脂蛋白	乳糜微粒、低密度脂蛋白、极低密度脂蛋白、高密度脂蛋白	各种脂类
磷蛋白	酪蛋白、卵黄磷酸蛋白	磷酸
色蛋白	血红蛋白、黄素蛋白	色素
金属蛋白	铁蛋白、铜蓝蛋白	金属离子

3. 按功能分类

根据功能，可将蛋白质分为酶蛋白、结构蛋白和储藏蛋白。酶蛋白是细胞中数量最丰富的蛋白质，担任细胞中多种生化反应的催化作用；结构蛋白可以控制细胞壁的伸长，存在于植物的细胞壁和细胞器中，如细胞壁中的伸展蛋白。茶籽中含有储存蛋白，氨基酸组成比较简单，供种子萌发时利用。

按照功能分类，又可将蛋白质分为活性蛋白质（如酶、激素蛋白质、运输和贮存蛋白质、运动蛋白质、受体蛋白质、膜蛋白质等）和非活性蛋白质（如胶原、角蛋白等）两大类。

按照生物学功能，蛋白质也可分为酶、调节蛋白、转运蛋白、贮存蛋白、收缩和游动蛋白、结构蛋白、支架蛋白、保护和开发蛋白、异常蛋白。

（二）氨基酸的分类

1. 按结构分类

存在于蛋白中的氨基酸种类很多，从结构上可以分为氨基羟酸、羟基氨基酸、二羟基氨基酸、酰胺、碱性氨基酸、含硫氨基酸、亚氨基酸和芳香族氨基酸八类。

2. 按侧链结构不同分类

（1）脂肪族氨基酸 丙氨酸、缬氨酸、亮氨酸、异亮氨酸、蛋氨酸、天冬氨酸、谷氨酸、赖氨酸、精氨酸、甘氨酸、丝氨酸、苏氨酸、半胱氨酸、天冬酰胺、谷氨酰胺；

（2）芳香族氨基酸 苯丙氨酸、酪氨酸；

（3）杂环族氨基酸 组氨酸、色氨酸；

（4）杂环亚氨基酸 脯氨酸。

3. 根据侧链极性不同分类

根据侧链 R 的极性不同，可分为非极性和极性氨基酸。氨基酸的 R 基团不带电荷或极性极微弱的属于非极性中性氨基酸，如丙氨酸、缬氨酸、亮氨酸、异亮氨酸、蛋氨酸、苯丙氨酸、色氨酸、脯氨酸。它们的 R 基团具有疏水性。氨基酸的 R 基团带电荷或有极性的属于极性氨基酸，它们又可分为：

（1）极性中性氨基酸 R 基团有极性，但不解离，或仅极弱地解离，表现出亲水性。如甘氨酸、丝氨酸、苏氨酸、半胱氨酸、酪氨酸、谷氨酰胺、天门冬酰胺；

（2）酸性氨基酸 R 基团有极性，且解离，在中性溶液中显酸性，亲水性强。如天门冬氨酸、谷氨酸；

（3）碱性氨基酸 R 基团有极性，且解离，在中性溶液中显碱性，亲水性强。如组氨酸、赖氨酸、精氨酸。

4. 根据营养分类

从营养角度分为必需氨基酸和非必需氨基酸。必需氨基酸有 8 种，即赖氨酸、蛋氨酸、亮氨酸、异亮氨酸、苏氨酸、缬氨酸、色氨酸和苯丙氨酸。对于婴儿来说，组氨酸也是必需氨基酸。非必需氨基酸的种类较多。

六、 蛋白质与氨基酸的生理功能

（一）蛋白质的生理功能

一般将蛋白质重要生理功能归纳为：①组成人体的重要成分之一；②人体必需氮元素的唯一来源；③维持机体组织更新、生长、修复的重要物质；④遗传信息的传递以及许多重要物质的运转都与蛋白质有关；⑤许多具有调节生理功能的物质如催化代谢反应的酶、调节体内代谢过程的激素、具有免疫功能的抗体、承担运输氧的血红蛋白、进行肌肉收缩的肌纤凝蛋白等其本身就是蛋白质；⑥为机体提供热能。

（二）氨基酸的生理功能

氨基酸则是构成蛋白质的基石，没有氨基酸就没有生命，人体对蛋白质的需要实际上是对氨基酸的需要。不同的氨基酸在人体内的作用不一样。用适当比例配成的氨基酸混合液可直接注射到人体血液中以补充营养，部分地代替血浆，对创伤、烧伤和手术后的病人有增进抗病力、促进康复的作用。组氨酸、精氨酸、天门冬氨酸、谷氨酸和含硫氨基酸等对肝病（如浸润性肝炎）有一定疗效。半胱氨酸还能抗辐射，治疗心脏机能衰弱。各种必需氨基酸有维持人体和动物正常发育的保健营养作用。氨基酸可作为食品添加剂，如赖氨酸是营养补充剂，色氨酸、组氨酸可作为油脂的抗氧化剂。

（三）多肽的营养与功能

蛋白质必须经过降解为多肽和氨基酸才能被人体吸收。多肽不仅能提供人体生长、发育所需要的营养物质，而且有些功能肽具有独特的生物学功能，可防治高血压、高血脂、高血糖、血栓、动脉硬化、心脏病，抗氧化、抗疲劳、抗衰老、抗癌、抗病毒，提高机体免疫力。在运用生物酶对蛋白质进行降解获得多肽时还发现，某些小肽具有原食品蛋白质组成氨基酸所没有的重要生理功能。

第二节　蛋白质和氨基酸提取工艺特性

一、　蛋白质的提取工艺特性

由表 5-1 所列各类蛋白质的溶解性质可以看出，大部分蛋白质可溶于水、稀盐、稀碱或稀酸溶液，少数与脂类结合的蛋白质则溶于乙醇、丙酮、丁醇等有机溶剂。蛋白质在不同溶剂中的溶解度差别，主要取决于蛋白质分子中极性基团与非极性基团的比例和这些基团的排列位置及偶极距，因此采用不同溶剂和调整影响蛋白质溶解度的外界因素如温度、pH、离子强度等，即可把所需的蛋白质和酶从细胞内复杂的组分中提取分离出来。

1. 蛋白质的水溶液提取法

凡能溶于水、稀盐、稀酸或稀碱的蛋白质或酶，一般都可用稀盐溶液或缓冲溶液进行提取。稀盐溶液有利于稳定蛋白质结构和增加蛋白质溶解度。加入的提取液的量要适当，加入量太少提取不完全，加入量太多，则不利于浓缩，一般用量为原材料 3~6 倍体积，可一次提取或分次提取。提取时常缓慢搅拌，以提高提取效率。用盐溶液或缓冲液提取蛋白质和酶时，常综合考虑下列因素：

（1）盐浓度　提取蛋白质的盐的浓度，一般在 0.02~0.2mol/L。常用稀溶液和缓冲液有 0.02~0.05mol/L 磷酸缓冲液，0.09~0.15mol/L 氯化钠溶液。在某些情况下，也用到较高的盐浓度。故稀盐溶液和缓冲溶液的浓度及缓冲液的组分的选择，应根据不同对象及具体情况而定。总的来说，能溶于水溶液而与细胞颗粒结合较松的蛋白质或酶，在细胞破碎以后，只要选择适当的盐浓度和 pH，一般是不难提取的。

（2）pH　提取液 pH 一般选择在蛋白质等电点两侧的稳定区内。碱性蛋白质常用稀酸提取，酸性蛋白质则用稀碱提取。植物组织中的一些酸性或碱性蛋白质常分别用 0.1%~0.2% 的氢氧化钾或 1% 碳酸钠溶液提取。在某些情况下，为了破坏所分离的蛋白质与其他杂质的静电结合，选择偏酸（pH 3~6）或偏碱（pH 10~11）提取，可以使离子键破坏而获得单一的蛋白成分。

（3）温度　蛋白质和酶一般都不耐热，所以提取时通常要求低温操作。只有对某些耐高温的蛋白质或酶才在比较高的温度下提取，更有利于和其他不耐热蛋白质的分离。

2. 蛋白质的有机溶剂提取法

一些和脂质结合比较牢固或分子中非极性侧链较多的蛋白质和酶，难溶于水、稀盐、稀酸和稀碱，常用有机溶剂提取。如丙酮、异丙醇、乙醇、正丁醇等，均可溶于水或部分溶于水，这些溶剂都同时有亲脂性和亲水性。其中正丁醇有较强的亲脂性，也有一定亲水性，在0℃时于水中有10.5%的溶解度。它在水和脂分子间起着类似去污剂的作用，取代蛋白质与脂质重新与蛋白质结合，使原来蛋白质在水中溶解度大大增加。丁醇在水溶液及各种生物材料中解离脂蛋白的能力极强，是其他有机溶剂所不及的。我国生化工作者曾用此法成功地提取了琥珀酸脱氢酶，对于碱性磷酸酯酶的提取效果也十分显著。

有些蛋白质和酶既溶于稀酸、稀碱，又能溶于一定比例的有机溶剂。在这样的情况下，采用稀的有机溶剂提取常常是为防止水解酶的破坏，并兼有除杂和提高纯化效果的作用。

3. 蛋白质和酶提取后的进一步纯化

蛋白质和酶溶剂提取后进一步分离纯化常用的方法有：①盐析法；②等电点沉淀法；③有机溶剂分级分离法；④层析法（凝胶过滤层析、离子交换层析、吸附层析、亲和层析）；⑤电泳法（等电聚焦电泳、双向凝胶电泳）；⑥结晶纯化等。

由于各类蛋白质和酶从细胞中提取分离后进一步纯化的方法选择及操作步骤繁简都不相同，很难做统一规定。但对于同一类的蛋白质，在提取分离上仍有许多共同点。

二、氨基酸的提取工艺特性

氨基酸的分子较小，同时具有羧基和氨基的酸碱两性性质，并能与酸和碱形成不同的盐。氨基酸的极性较大，能溶于水，不溶于有机溶剂。当溶液的pH发生变化时，溶液中的离子状态也发生了变化。当有电场存在时，氨基酸在酸性溶液中向阴极移动，在碱性溶液中则向阳极移动；当溶液的pH达到一定时，氨基酸不向任何电极移动，此时溶液的pH就是该氨基酸的等电点。不同的氨基酸有不同的等电点；氨基酸在等电点时的溶解度最低。

氨基酸在适当的条件下，能进行有机胺或有机酸的几乎全部反应。氨基酸与一般的酸和碱可生成稳定的盐，这些盐大部分都能溶于水。但氨基酸与重金属如铜、银、汞等制成的络合物不溶于水。利用这种性质也可以分离氨基酸。

1. 浸出法提取氨基酸

根据氨基酸易溶于水、难溶于有机溶剂的特性，一般采用水或乙醇提取氨基酸。

(1) 水浸出法　将中草药粉碎后，装入逆流浸出罐组的每个浸出罐中，用水作浸出溶剂，并在搅拌的条件下，进行加热逆流浸提。

(2) 稀乙醇浸出法　将生药粉末装入逆流渗滤浸出罐组的每个浸出罐中，用70%乙醇进行渗滤浸出，先浸出的溶液浓度较大，后浸出的溶液浓度较低。将逆流渗滤的出液系数控制在5，可以得到较好的浸出效果。

2. 氨基酸的分离

经减压浓缩后的氨基酸水浸出液或稀乙醇浸出液中，往往含有多种氨基酸，必须对其进一步分离纯化，主要方法有以下几种：

(1) 离子交换法　直接将水或稀乙醇提取液通过装有离子交换树脂的交换柱，带正电荷的氨基酸与树脂上的—SO_3基吸附。由于氨基酸带的正电荷随溶液pH发生变化，同一氨基酸在不同pH缓冲溶液中，以及不同氨基酸在同一pH环境中所带正电荷各不相同，因此，它们与磺酸基吸附的强弱也有所差异。借助这一差别，可将不同氨基酸进行分离。

(2) 成盐分离法　利用酸性氨基酸与某些金属化合物，如Ba(OH)$_2$、Ca(OH)$_2$能生成难溶性盐，或者使碱性氨基酸与酸成盐，从而与其他未成盐的氨基酸分离。例如，南瓜子中的南瓜子氨基酸就是通过使其与过氯酸生成结晶性盐而得到分离。

（3）晶析法　是利用不同氨基酸等电点不同而进行结晶分离的方法。例如，对于含有亮氨酸、异亮氨酸和缬氨酸的混合溶液，可将 pH 控制在 1.5~2.0，先浓缩、晶析出亮氨酸；然后在母液中添加盐酸，再浓缩晶析出异亮氨酸；最后从母液中回收缬氨酸。

第三节　蛋白质与氨基酸提取实例

一、大豆蛋白的提取

1. 传统提取方法

传统工艺是用 Na_2SO_3 溶液在 pH 9~11 时提取大豆蛋白质，分离后再用 HCl 溶液调 pH 至4.5 左右，使蛋白质凝聚沉淀而分离。此法的缺点是：成本过高，营养成分损失大，废液中固形物含量高，蛋白产量及纯度低。大豆蛋白的传统提取方法如图 5-2：

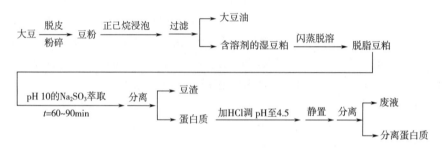

图 5-2　大豆蛋白传统提取工艺

2. 发酵法提取大豆蛋白

该法的最大特点是不使用有机溶剂，可以一次同时提取大豆中所含的蛋白质和油脂。

（1）工艺流程（图 5-3）

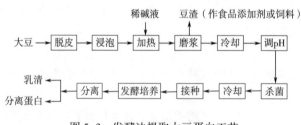

图 5-3　发酵法提取大豆蛋白工艺

（2）提取过程　大豆被碾碎以后，存在于大豆中的天然乳化剂卵磷脂，可促使脂肪和蛋白质乳化，使它们分散于水中。此时，可利用 Na_2SO_3 防止因蛋白质凝聚而导致的溶液凝胶化。然后，采用离心机对上述乳状液和碳水化合物悬浮物进行固体和液体的分离，由此可获得大豆蛋白质和油脂。

（3）具体方法 首先将 20 kg 大豆和 200 kg 0.1% 的 Na_2SO_3 水溶液相混合。然后用孔隙为 0.2mm 的碾磨机对上述混合物进行碾磨破碎。用离心机对碾磨所得的乳状液反复进行高速分离 2 次，将不溶性碳水化合物除去，加 HCl 调节溶液 pH 至 4.9，使之沉淀。再用离心机进行固液分离，沉淀即为蛋白与脂肪的混合物。

（4）工艺说明

①大豆脱皮：采用干法脱皮。大豆在流化床内烘干，进风温度控制在 85℃ 左右，然后用双辊去脱机脱去大豆的外皮层，脱皮率达 90% 以上。脱去的皮层占大豆重量的 7% 左右。

②浸泡：浸泡工序的目的是洗去大豆剩余表皮的灰尘和软化大豆籽粒，有利于磨浆，提高大豆蛋白的提取率。浸泡豆水比例为 1∶4，水温 20℃ 左右，浸泡 8~10h 至无白心。浸泡时加入一定量 Ca（OH）$_2$，然后用 H_3PO_4 回调法去除大部分豆腥味。

③磨浆：大豆热烫，入磨浆机，过 100 目筛网，磨浆过程中尽可能地提取大豆蛋白。大豆蛋白主要为球蛋白，其等电点敏感性特别强。7s 和 11s 球蛋白的等电点多处于 pH 4~5，加入 Ca（OH）$_2$ 控制浸泡液的 pH 避开球蛋白的等电点，并采用 H_3PO_4 回调法，生成了一定浓度的 pH 缓冲体系，提高了碾磨大豆蛋白质的溶出率，并能有效地防止蛋白质的变性。

④发酵培养：影响发酵产品质量的主要因素有体系 pH、发酵温度、接种量以及糖类添加等。体系 pH 大小显著地影响到发酵过程，若 pH 偏高，则乳酸菌不易生长，很难出现蛋白质凝聚现象；如果 pH 偏低，虽可加快发酵速度，降低发酵时间，但蛋白质凝胶体与乳清分界面出现过快，凝胶体组织结构粗糙，产品豆腥味较浓，蛋白质质量不理想；以体系 pH 为 6.5 接种发酵所获产品质量为佳。发酵温度以 37℃ 为宜，是菌种的最佳生长温度。接种量在 0.4%~0.6% 为佳，此时，菌体浓度约为 $2 \times 10^5 CFU/mL$。豆浆中添加 0.1%~0.2% 的葡萄糖或乳糖有助于乳酸菌的生长，加快发酵速度，改善发酵产品风味。

⑤成品制备：获得的蛋白质凝胶体可直接应用到食品中，也可采用真空干燥或喷雾干燥法获得性能优良、营养丰富、风味佳、易消化吸收的大豆蛋白产品。

⑥蛋白质和脂肪得率：发酵法生产大豆蛋白，蛋白质提取率可达到 87.46%，脂肪提取率可达到 79.15%。副产品乳清中含有一部分可溶蛋白质、脂肪、维生素，以及双歧杆菌增殖因子大豆低聚糖。

二、 胰岛素的提取

胰岛素是一种蛋白质激素，在动物体内具有促进葡萄糖氧化及肝糖元合成的生理功能，注射胰岛素后能使体内血糖降低，肝糖元增加。当机体处于胰岛素分泌量不足的病理状态时，血糖上升，尿中有大量糖排出，即出现糖尿症状。胰岛素是治疗糖尿病的重要生化药物。

胰岛素分子由 51 个氨基酸所组成，有 A 链和 B 链两条肽链。A 链含 11 种 21 个氨基酸残基，B 链含 15 种 30 个残基。两链之间由两个二硫键相连，四个半胱氨酸中的巯基形成两个二硫键，使 A、B 两链连接起来。此外 A 链还有一个链内二硫键。不同种属动物胰岛素分子的一级结构大致相同，主要差别为 A 链二硫键中间的第 8、9、10 三个氨基酸残基和 B 链 C 末端的一个氨基酸残基，随种属而异。各种属动物胰岛素降血糖的生物功能相同。

1. 胰岛素的性质

（1）胰岛素为白色或类白色结晶粉末，按柠檬酸-锌盐结晶法，其结晶形态有两种，一种为不规则的细微颗粒，称"无定形"，另一种为扁六面体结晶。胰岛素的相对分子质量，根据氨基酸组成计算，牛为 5733，猪为 5764，人为 5784。等电点 pI 5.30~5.35。因蛋白质的等电点随溶液的离子强度和离子性质不同而有所差异，故其分离、纯化或结晶工艺过程中采用的等电点并不一定在此值。

（2）胰岛素在 pH 4.5~6.5 范围内，几乎不溶于水，在室温下溶解度为 10mg/mL；易溶于稀酸或稀碱溶液；在 80% 的乙醇中溶解；在 90% 以上乙醇或 80% 以上丙酮中难溶；在乙醚中不溶。

（3）胰岛素在弱酸性水溶液或混悬在中性缓冲液中较为稳定，在碱性溶液中易水解失活，温度升高时失活更快。在 pH 8.6 时，溶液煮沸 10min 即失活一半，而在 0.25% H_2SO_4 溶液中，则要煮沸 60min 才能导致同等程度的失活。胰岛素分子在水溶液中因 pH、温度、离子强度等的影响，会发生聚合或解聚。

（4）胰岛素分子在 pH 2 的酸性溶液中，加热至 80~100℃，可发生聚合而转变为无活性的纤维状胰岛素。如及时用冷的 0.05mol/L NaOH 溶液处理，仍可变为结晶形有活性的胰岛素。

（5）胰岛素具有蛋白质的各种性质，如可被高浓度的盐盐析；也能被蛋白质沉淀试剂所沉淀；有茚三酮、双缩脲等蛋白质的显色反应；能被蛋白酶水解而失去活性。还原剂如硫化氢、甲酸、醛、醋酐、硫代硫酸钠、维生素 C 以及多数重金属（除锌、钴、镍、银、金外）都能使胰岛素失活。胰岛素对高能辐射非常敏感，容易失活；超声波也能引起胰岛素分子的非专一性降解。

（6）胰岛素能被活性炭、白陶土、Al（OH）$_3$、Ca$_3$（PO$_4$）$_2$ 以及 CM-纤维素和 DEAE-纤维素等离子交换吸附剂吸附。

2. 生产工艺

胰岛素的生产方法较多，目前，国内多采用酸醇提取减压浓缩法。此法工艺比较成熟，收率与质量也较稳定。

（1）提取过程　胰岛素在约 70% 的酸性乙醇中易溶解且较稳定，而胰腺中的蛋白水解酶在此环境中溶解度很小，且其活性又受到抑制。酸性乙醇溶液提取胰岛素后，通过调节提取液的 pH，去除碱性和酸性杂蛋白，提取液经低温蒸去乙醇，分去油脂，用 NaCl 盐析得胰岛素粗品。粗品在适当丙酮浓度水溶液中调 pH，进一步去除杂蛋白，在柠檬酸缓冲溶液中加入 Zn^{2+}，通过重结晶即得胰岛素锌精品。

（2）工艺流程（图 5-4）

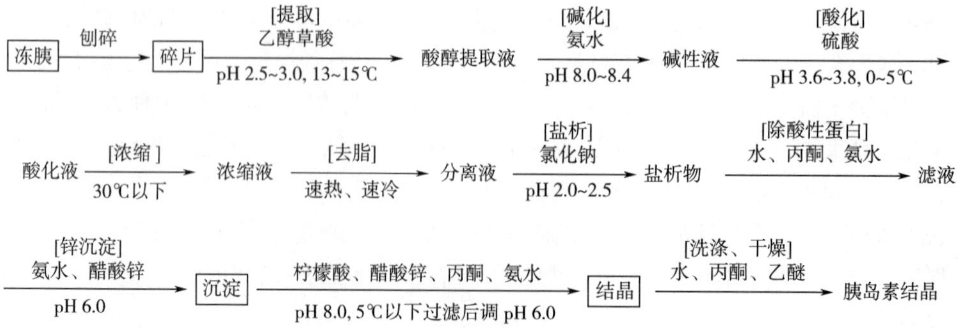

图 5-4　胰岛素提取工艺流程

（3）工艺过程

①提取：将冻胰用刨胰机刨碎，加入 2.3~2.6 倍（质量分数）的 86%~88% 乙醇和冻胰重 5% 的草酸（pH 2.5~3.0），在 10~15℃搅拌提取 3h。离心。滤渣再用 1 倍量 68%~70% 乙醇和 4g/L 的草酸提取 2h，离心分离。合并两次提取液。

②碱化、酸化：提取液在不断搅拌下加入浓氨水调 pH 8.0~8.4（液温 10~15℃），立即压滤，除去碱性蛋白，得澄清滤液。滤液及时用硫酸酸化至 pH 3.6~3.8，降温至 5℃，静置不少于 4h，使酸性蛋白充分沉淀。

③减压浓缩：将上层清液泵至减压浓缩罐内，下层沉淀液用帆布过滤。滤液并入上清液，在 30℃以下减压蒸去乙醇，浓缩至浓缩液相对密度为 1.04~1.06（约为原体积的 1/9~1/10）为止。

④去脂、盐析：浓缩液转入去脂锅内，于 5min 内加热至 50℃后，立即用冰盐水降温至 5℃，静置 3~4h，分离出下层清液（上面脂层可回收胰岛素）。调 pH 2.3~2.5，于 20~25℃搅拌下加入 27%（质量浓度）固体 NaCl，保温静置约 2h。析出的盐析物即为胰岛素粗品。

⑤精制：

a. 除酸性蛋白：盐析物按干重计算，加入 7 倍量蒸馏水溶解，再加入 3 倍量的冷丙酮，用 4mol/L 氨水调 pH4.2~4.3，然后补加丙酮，使溶液中水和丙酮比例为 7∶3。充分搅拌，低温放置过夜，使溶液冷至 5℃以下，次日在低温下离心分离，或滤取沉淀。

b. 锌沉淀：在滤液中加入 4mol/L 氨水使 pH 6.2~6.4，按溶液体积加入 3.6% 的 200g/L 醋酸锌溶液，再用 4mol/L 氨水调 pH 至 6.0，低温放置过夜，次日过滤，分取沉淀。沉淀用冷丙酮洗涤，得干品（每 kg 胰脏可得 0.11~0.125g 干品）。

c. 结晶：按干品重量每克加 20g/L 冰冷柠檬酸 50mL、65g/L 醋酸锌溶液 2mL、丙酮 16mL，并用冰水稀释至 100mL，使充分溶解，冷至 5℃以下，用 4mol/L 氨水调 pH 8.0，迅速过滤，滤液立即用 10% 柠檬酸溶液调 pH 6，补加丙酮，使整个溶液体系保持丙酮含量为 16%。慢速搅拌 3~5h，使结晶析出。在显微镜下观察，外形为似正方形或扁斜形六面体结晶，再转入 5℃左右冷室放置 3~4d，使结晶完全。离心收集结晶，并小心刷去上层灰黄色的无定形沉淀，用蒸馏水或醋酸铵溶液洗涤，再用丙酮、乙醚脱水，离心后，置于放有 P_2O_5 的真空干燥箱中干燥，即得胰岛素结晶。

（4）补充说明

①胰腺的采集和及时冷冻是影响胰岛素收率的关键之一。如胰腺采集后，将胰头与胰尾分开，用胰尾作为生产胰岛素的起始材料，更能提高胰岛素的收率和生产的经济效益。

②提取时乙醇的浓度控制在 65%~67%（体积分数）较好。在此浓度下，胰腺中的酶类几乎不溶且活性受到抑制。如乙醇浓度低于 60%（体积分数），则溶出杂质较多，影响胰岛素的分离纯化；如高于 80%（体积分数），则胰岛素提取不完全，影响收率。提取温度一般控制在 13~15℃，如提高提取温度，虽有利于胰岛素的提取，但杂质溶出也较多，影响胰岛素的分离纯化。提取的 pH 为 2.0~3.0。此 pH 既能抑制蛋白水解酶活力，又能促进胰岛素的提取。

③草酸系弱酸，加草酸的酸醇提取液 pH 较稳定，且提取液加氨水碱化后形成的草酸铵在乙醇中溶解度较低，在压滤去除碱性蛋白时有助滤作用。胰岛素酸醇提取时，也可用硫酸、盐酸、硫酸和盐酸的混合酸或磷酸等。

④真空浓缩的设备和条件的控制，对胰岛素的收率影响很大。浓缩温度要严格控制在 30℃

以下，避免胰岛素在浓缩过程中的损失。

三、 胰酶的提取

成人每天平均由胰腺分泌胰液约700mL，胰液中含有无机盐和蛋白质。蛋白质部分全部或几乎全部是酶。这些酶对食物的消化起着重要的作用，其中包括：胰蛋白酶、糜蛋白酶、羧肽酶、弹性蛋白酶、胰激肽释放酶和磷脂酶等的酶原以及脂肪酶、α-淀粉酶、脱氧核糖核酸酶和核糖核酸酶等。

药用胰酶是胰腺中酶的混合物，主要含有胰蛋白酶、淀粉酶和脂肪酶等。胰酶对蛋白质的水解作用，实际上是胰腺中各种蛋白质水解酶协同作用的结果。胰酶为类白色或淡黄色的无定形粉末。有特殊肉臭，但无霉败的臭味，有吸湿性。在水中及低浓度的乙醇溶液中能部分溶解，在高浓度的乙醇以及丙酮、乙醚等有机溶剂中难溶解。胰酶水溶液遇酸、热、重金属离子、鞣酸产生沉淀并失去活力。胰酶的活性在中性或碱性介质中较高。

我国现行生产工艺一般采用稀醇提取、低温激活、浓醇低温沉淀来制取。

（1）工艺流程（图5-5）

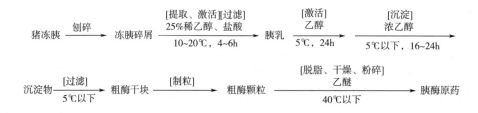

图5-5 胰酶提取工艺流程

（2）工艺过程

①提取、激活：取冻胰200kg，用刨胰机刨成碎屑，在10℃放置24h，时常翻动。另取25%~30%乙醇200 kg，加入盐酸280mL，搅匀。投入胰脏碎屑，于10~20℃搅拌提取4~6h，用8~12目尼龙筛网或滤布过滤，得胰乳。胰渣用酸性乙醇再提取一次，过滤，滤液供下批投料用。胰乳0~5℃放置激活24h。

②沉淀：搅拌条件下于激活后的胰乳中加入预冷至5℃以下的88%以上浓乙醇，至乙醇含量（体积分数）达70%，于0~5℃或更低温度下静置沉淀18~24h。

③粗制：次日虹吸去除上层醇液，将下层乳白色沉淀灌入布袋过滤，直至沥去大部分乙醇，压干。干块做成12~14目颗粒，即得粗酶。

④脱脂、干燥：将粗酶颗粒用乙醚脱除脂肪，在40℃以下干燥。粉碎成60目以下细粉，即得胰酶原药。

⑤制剂：胰酶原药可制成胰酶散、胰酶片、胰酶胶囊等制剂。

（3）补充说明

①以上是适应中国药典胰酶标准规格的基本工艺。除此之外，我国胰酶尚有其他两种规格的出口产品，皆按国外相关的企业标准生产。其中一种是每克胰酶含激肽释放酶不得低于800单位，主要作为血管舒缓素的起始材料；另一种药用胰酶，每克胰酶中蛋白酶、淀粉酶和脂肪

酶分别不低于 3×10^4、8×10^5 和 8×10^5 单位。

②胰酶生产的经济效益，取决于原酶的收率、比活力和溶剂的消耗。胰脏用 0.8~1 倍的稀醇提取，可减少沉淀时溶剂总体积和减少溶剂的溶耗用量，既有助于提高收率，也可降低成本。适当地掌握激活程度和控制低的沉淀温度（-5~5℃），是提高总收率的关键。冻胰用刨胰机刨碎，或经胶体磨处理，都可提高收率。胰酶原药或制剂中污染的杂菌数，用 88%~90% 的异丙醇处理 20h，杂菌数显著下降，而胰酶的酶学性质则不受影响。

（4）胰酶的标准规格　胰酶是大多数外国药典或国家标准所收载的品种，现将各国药典的胰酶标准规格做一概述。

①稀释剂：药用胰酶通常用胰酶原药加稀释剂制成。中国药典 2015 年版规定用葡萄糖、蔗糖；日本药典第 17 版规定用乳糖；英国药典 2016 年版规定用乳糖或氯化钠。

②脂肪：中国药典、日本药典、德国药典均规定 1g 中不得超过 20mg；英国药典和美国国家处方集规定不得过 30mg。

③干燥失重及灰分：中国药典未列此两项；日本药典分别为不超过 4% 和 5%；英国药典和美国国家处方集的干燥失重不超过 5%；德国药典分别为不超过 6% 和 5%。

④卫生质量标准：英国药典规定 1g 中不得检出大肠杆菌、10g 中无沙门氏菌。我国近年来也执行卫生部门关于口服液制剂的卫生质量标准，药用胰酶中不得有大肠杆菌、沙门氏菌，并控制杂菌数。

⑤酶活力：中国药典仅测定蛋白酶的活力；英国药典要求测定蛋白酶、淀粉酶和脂肪酶的活力；日本药典要求测定蛋白酶和淀粉酶的活力。

四、 胃蛋白酶的提取

1. 胃蛋白酶的用途与性质

（1）胃蛋白酶的用途　药用胃蛋白酶是胃液中多种蛋白水解酶的混合物，含有胃蛋白酶、组织蛋白酶和胶原蛋白酶等。以其为主的产品为助消化药，消化蛋白，用于缺乏胃蛋白酶或病后消化机能减退引起的消化不良症。

（2）胃蛋白酶的性质　药用胃蛋白酶为粗酶制剂，外观为白色或淡黄色无晶形粉末，稍有肉臭及微酸味，吸湿性强，易溶于水，水溶液呈酸性反应。难溶于乙醇、氯仿或乙醚等有机溶剂。

干燥胃蛋白酶对热较稳定，100℃加热 10min 不被破坏。在水溶液中，其活力在 70℃以上被破坏；室温或高于室温贮存时，其活力会下降。胃蛋白酶最适 pH 1.5~2.0，在 pH 4 时，其活力很低，在 pH 8 以上迅速失活。在酸性溶液中较稳定，但在 0.5% 以上的盐酸中其活力被破坏。

胃蛋白酶对多数天然蛋白质能起水解作用，尤其对两个相邻芳香族氨基酸的肽键最为灵敏。胃蛋白酶对蛋白的水解不彻底，水解产物主要为胨、肽和少量氨基酸。胃蛋白酶最适水解温度为 40℃。

2. 生产工艺

目前，国内有单一生产胃蛋白酶以及胃蛋白酶、胃膜素联产两种工艺。

（1）生产工艺　将胃黏膜于盐酸溶液中提取、激活胃蛋白酸原，提取所得黏浆经氯仿或乙醚分层脱脂，并分离除去杂质，酶液直接低温干燥或低温浓缩后，再干燥即得。

①工艺路线（图 5-6）：

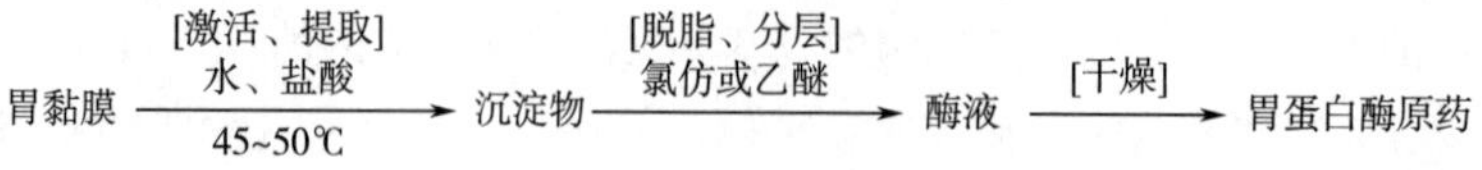

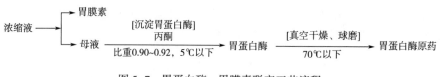

图 5-6　单一胃蛋白酶提取工艺流程

②工艺过程

a. 激活、提取：在夹层罐内，加水 100kg 及工业盐酸 4000mL，搅匀，加入胃黏膜 200kg，于 45~50℃搅拌 3~4h，经纱布过滤，得胃浆。

b. 脱脂、分层：将胃浆冷至 30℃以下，加入黏膜质量 10%的氯仿或 20%的乙醚，充分搅拌均匀后静放 48h 左右。

c. 干燥：分取脱脂后的酶液，在 35℃以下真空浓缩，或者酶液经浓缩直接干燥。干物球磨成粉，过 60 目筛，即为胃蛋酶原药。

（2）联产工艺　此工艺是根据胃蛋白酶和胃膜素两种蛋白质的溶解性质不同，利用有机溶剂分步沉淀进行分离纯化。该法是在胃浆的浓缩液中，于低温下加入冷丙酮至一定浓度，先分出胃膜素，再加入丙酮沉淀出胃蛋白酶。

①工艺路线（图 5-7）：

图 5-7　胃蛋白酶、胃膜素联产工艺流程

②工艺过程：

a. 分级沉淀：于预冷的胃浆浓缩液中，在搅拌下缓慢加入 5℃以下的丙酮，至相对密度约为 0.97，即有白色长丝状黏蛋白分离析出。捞出黏蛋白后，于母液中加入冷丙酮，至相对密度为 0.90~0.92 时，即有胃蛋白酶沉淀。

b. 干燥、球磨：将沉淀于 70℃以下真空干燥，球磨后即得胃蛋白酶原药。

3. 制剂种类

制剂种类包括片剂、颗粒、胶囊、口服液等制剂。

五、　溶菌酶的提取

1. 溶菌酶的用途与性质

（1）溶菌酶的用途　溶菌酶的主要作用是水解细菌的细胞壁。对革兰氏阳性菌有抗菌作用，能分解稠厚的黏蛋白，使脓性创口渗出物和痰液化而易于排出，清除坏死黏膜，加速黏膜组织的修复和再生。临床用于治疗急性鼻炎、婴儿哮喘性气管炎和支气管哮喘、慢性鼻窦炎、腮腺炎、口腔炎、中耳炎等。

（2）溶菌酶的性质　溶菌酶是一碱性球蛋白，分子中精氨酸、天门冬氨酸和色氨酸的含量最高，酪氨酸的比例则低。蛋清溶菌酶是由 129 个氨基酸组成的一条单肽链，分子形状呈一扁长椭圆体。相对分子质量 14,000±100，等电点 10.5~11.0。

溶菌酶是一种十分稳定的蛋白酶。在酸性溶液中可以耐热至 100℃，在碱性溶液中则随温度的升高而逐渐丧失酶活力。溶菌酶的抗菌及抗病毒活力与 pH 有关，在酸性介质中活力显著增强，如对枯草杆菌的最低抑菌浓度，溶液 pH 7.4 时为 5μg/mL，而 pH 6 时为 0.019μg/mL。

溶菌酶的活性中心为天门冬氨酸（52 位）残基和谷氨酸（35 位）残基。它能水解黏多糖或甲壳素中的 N-乙酰胞壁酸和 N-乙酰氨基葡萄糖之间的糖苷键。

2. 生产工艺

溶菌酶为一碱性蛋白，在等电点以下的广泛 pH 范围内，分子带正电荷，据此借静电引力吸附于弱酸阳离子交换树脂上，再用一定离子浓度的洗脱液洗脱后，在 400g/L 硫酸铵溶液中盐析，即得溶菌酶沉淀。透析液在 pH 8.5~9.0 去除碱性蛋白，再于弱酸性环境下冻干，得原药。原药可制成口含片和肠溶片。

（1）工艺路线（图 5-8）

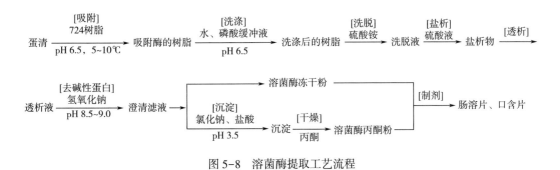

图 5-8 溶菌酶提取工艺流程

（2）工艺过程

①吸附：蛋清 540kg，于 5~10℃加入处理好的 724 树脂 80kg（pH 6.5）搅拌吸附 6h，低温静置过夜。

②洗涤、洗脱：倾出上层蛋清。树脂离心甩干，用蒸馏水反复洗去黏附的卵蛋白，装入柱内，用 0.15mol/L、pH 6.5 磷酸缓冲溶液约 150L 流洗树脂。再用约 500L 10%硫酸铵洗脱，收集洗脱液。

③盐析：洗脱液按体积补加硫酸铵，至其最终含量为 400g/L，有白色沉淀生成，置冷处过夜。

④透析、去碱性蛋白：次日，虹吸上层清液，盐析沉淀、吸滤抽干。盐析物用 1 倍蒸馏水溶解成稀糊状，装入透析袋，在约 5℃的条件下，对蒸馏水透析 24h 左右，换水 2~3 次。离心去除沉淀。沉淀用少量水洗一次。洗液与离心液合并。往透析清液中慢慢加入 1mol/L NaOH 溶液，同时不断搅拌，使 pH 上升到 8.0~9.0，如有白色沉淀，即离心去除。

⑤冷冻干燥：用 3mol/L HCl 调 pH 5.0，冷冻干燥，即得白色片状溶菌酶。也可将离心液用 3mol/L HCl 调 pH 3.5，在搅拌下缓慢加入 5%（质量浓度）的固体 NaCl，在约 5℃的温度下静置 48h，离心收集溶菌酶沉淀，加入 10 倍量约 0℃的丙酮脱水，于 P_2O_5 真空干燥器中干燥，即得溶菌酶。

3. 产品质量检查方法

溶菌酶干粉为结晶或无定形粉末，外观呈无色或略带黄色。每克溶菌酶活力不得低于 4000

单位。溶菌酶的活力测定方法如下。

（1）原理　胞壁悬液受溶菌酶作用，其浊度下降与酶的活力在一定范围内呈比例关系。底物的制备、离子强度、pH 和温度对浊度变化都有影响，因此测定时需固定操作条件。

（2）底物的制备　菌种 *M. Lysodeik Licus* 接种于固定培养基上，于 35℃培养 48h。用蒸馏水将菌体冲洗下来，纱布过滤，离心，弃去上清液。菌体用蒸馏水洗几次，然后将菌体用少量水悬浮，冻干，得淡黄色粉末状的底物。测定时，称取底物 10mg，加 0.1mol/L、pH 6.2 的磷酸盐缓冲液，匀浆 2min 后倾出，加缓冲溶液至 50mL。此悬液于波长 450nm 处的吸光度应为 0.7 左右。

（3）样品溶液的制备　准确称取溶菌酶样品约 5mL，加入适量 0.1mol/L、pH 6.2 磷酸盐缓冲溶液，使每毫升含溶菌酶 1mg。

（4）比活力测定　将样品溶液稀释成含溶菌酶 50μg/mL 的稀释液。测定时，先吸取底物悬液于比色皿中，在波长 450nm 处读取吸光度，此即零时读数。然后吸取样品溶液的稀释液 0.2mL 于比色皿中，迅速混合，同时用秒表计算时间，每隔 30s 读取一次吸光度，到 90s 时共读取 4 个读数。根据溶菌酶单位活力定义，在 pH 6.2，波长 450nm 处，每分钟引起吸光度下降 0.001 为一个酶活单位。

（5）计算　酶的比活力（单位/mg）＝（0s 吸光度-60s 吸光度）×样品质量（μg）×1000。

六、 胱氨酸的提取

胱氨酸是一种昂贵的化学药品，用于治疗膀胱炎、秃顶脱发、神经痛、中毒性病症等，在食品工业、生化及营养学研究等领域也有广泛用途。胱氨酸为含硫氨基酸，纯品为六方形板状结晶，无味，不溶于乙醇、乙醚，难溶于水，易溶于酸、碱溶液中，但在热碱溶液中易被分解。胱氨酸的等电点为 pI 5.05。

生产胱氨酸的方法有合成法和蛋白质水解法。我国主要以人发、猪毛、猪蹄趾甲、羽毛梗为原料，采用酸水解法生产胱氨酸，该法具有产品纯度高、光学稳定性好等特点。

1. 生产原理

动物毛发的角蛋白中含有胱氨酸、精氨酸、谷氨酸、天门冬氨酸、组氨酸、亮氨酸、异亮氨酸、赖氨酸、苏氨酸、酪氨酸等多种氨基酸，而胱氨酸是氨基酸中最难溶解于水的，根据这一特性，可从人发、猪毛等角蛋白的酸水解液中分离、精制胱氨酸。其生产原理如下：

$$\text{废杂毛}\xrightarrow{\text{HCl}}\text{肽}\longrightarrow\text{二肽}\longrightarrow\text{胱氨酸+其他氨基酸}\xrightarrow{\text{中和}}\text{L-胱氨酸结晶}$$

2. 生产工艺（以酸水解猪毛为例）

（1）工艺路线（图 5-9）

$$\text{猪毛}\xrightarrow[\text{117℃，6.5~7h}]{\text{[水解] 10mol/L盐酸}}\text{水解液胱氨酸粗品（Ⅰ）}\xrightarrow[\text{pH 4.8}]{\text{[中和] 300g/L NaOH}}\text{滤液}\xrightarrow[\text{85℃，0.5h}]{\text{[一次脱色] 2mol/L盐酸，80g/L活性炭}}$$

$$\xrightarrow[\text{pH 4.8}]{\text{[二次中和] 300g/L NaOH}}\text{胱氨酸粗品（Ⅱ）}\xrightarrow[\text{85℃，0.5h}]{\text{[二次脱色] 1mol/L盐酸，30~50g/L活性炭}}\text{滤液胱氨酸}\xrightarrow[\text{pH 4.8}]{\text{[二次中和] 120g/L氨水}}$$

图 5-9　猪毛酸水解提取胱氨酸工艺流程

（2）工艺过程

①水解：用计量罐量取 10mol/L 盐酸 720kg 于水解罐内，加热至 70~80℃。迅速投入人发或猪毛 400kg，继续加热至 100℃，并于 1~1.5h 内升温到 110~117℃，水解 6.5~7h（从 100℃ 起计）。然后冷却、放料、过滤。

②中和：滤液在搅拌下加入 300~400g/L 的工业 NaOH 溶液。当 pH 达 3.0 后，减速加入碱液，直到 pH 4.8 为止，然后静置 36h。分取沉淀再离心甩干，即得胱氨酸粗品（Ⅰ）。此时母液中含谷氨酸、精氨酸和亮氨酸等。

③一次脱色：称取胱氨酸粗品（Ⅰ）150kg，加入 10mol/L 盐酸约 90kg，水 360kg，加热至 65~70℃，搅拌溶解半小时，再加入活性炭 12kg，升温到 80~90℃，保温 0.5h，板框压滤。

④二次中和：滤液加热到 80~85℃，边搅拌边加入 300g/L NaOH，直至 pH 4.8 时停止。静置，使结晶沉淀，虹吸上清液（可回收胱氨酸和酪氨酸），分取底部沉淀后再离心甩干，得胱氨酸粗品（Ⅱ）。

⑤二次脱色：称取胱氨酸粗品（Ⅱ）100kg，加入 1mol/L 盐酸（化学纯）500L，加热到 70℃，再加入活性炭 3~5kg。升温至 85℃，保温搅拌 0.5h，板框压滤。按滤液体积加入约 1.5 倍蒸馏水，加热至 75~80℃，搅拌下用 120g/L 氨水（化学纯）中和至 pH 3.5~4.0，此时胱氨酸结晶析出。结晶离心甩干（母液可回收胱氨酸），并用蒸馏水洗至无氯离子，真空干燥，即得精品。

（3）补充说明

①收率：如果生产工艺适当，人发的收率可达 8%，猪毛的收率可达 5%。

②控制水解程度是提高收率的关键之一。影响毛发水解的因素很多，如酸的浓度、加酸量、水解时间和温度等。最理想的水解条件要通过实践，结合装备条件来确定。盐酸用量要有适当的比例。反应罐上应安装冷凝设备，以保持水解条件的相对稳定。罐内毛发与盐酸应混合均匀。

③活性炭脱色后压滤要充分；被活性炭吸附的胱氨酸要进行回收；中和后的体积要掌握恰当，体积过大则收率降低；体积过小则产品纯度降低。

3. 产品规格与质量检验方法

胱氨酸的标准规格为：含量 98.5% 以上；$[\alpha]_D^{20} = -220° ~ -214°$；干燥失重<0.5%；炽灼残渣<0.2%；铁盐<0.001%；重金属<20mg/kg。

胱氨酸含量测定：溴能定量地将胱氨酸氧化成 α-氨基-β-磺基-丙酸，而过量的溴又能定量地将 KI 氧化成碘。因此，可用碘量法来测定胱氨酸的含量。

七、 酪氨酸的提取

酪氨酸是催产素和增压素制品的原料，凡是关节肌肉痛、神经炎症、血色不好、发育不正常等，均需要补充酪氨酸。酪氨酸的提取常采用酸水解法。下面以蚕蛹为原料，介绍其酸水解法提取酪氨酸。

1. 盐酸水解法

①水解：将脱脂后的干蚕蛹移入水解瓶，加入两倍蚕蛹重量的 20% 的盐酸，在 105~110℃ 下回流水解 36~40h，接近终点时，取水解液 4~5 滴，加少量蒸馏水稀释，加 10% 氢氧化钠 0.5mL，再沿管加入 1% 的硫酸数滴，若溶液变红，则表示水解未完全，若不变色则表示已水解完全。

②脱酸：水解液过滤，滤液加热 10h 左右，以脱除氯化氢（应时常添加蒸馏水保持水位）。

③脱色：在脱酸溶液中加入等体积的水进行稀释，再加入 5%（质量浓度）的活性炭，在 90℃以上脱色、过滤（用热水洗涤活性炭数次）。

④中和：滤液用氨水中和至 pH 6.5 左右。

⑤浓缩、结晶：将中和液加热蒸发浓缩，至开始有晶体析出时停止浓缩；移入常温下，静置数小时，使其完全结晶。

⑥洗涤：过滤出晶体（酪氨酸粗晶体），用 80℃热水洗涤，以除去氯化铵。

⑦重结晶：粗晶体尚含有杂质和色素，可加 5%的醋酸热溶液使其溶解，浓缩重结晶或用活性炭脱色后浓缩，再进行重结晶，即可得酪氨酸纯结晶。

⑧回收：上述滤出晶体后的母液，仍含有少量酪氨酸，可再加热浓缩后结晶，充分回收酪氨酸；回收后的滤液浓缩，急速冷却即有氯化铵析出，过滤回收氯化铵。

2. 硫酸水解法

①备料：把脱脂后的蚕蛹在清除杂质后磨成粉末状，以作为加热分解的直接原料。

②水解：在蚕蛹粉末中加入其 3 倍重量、浓度为 25%的硫酸溶液（相对密度 1.182），置圆底水解瓶中，水浴分解数小时，然后移入沙盘或石棉铁丝网上，温火加热，使其经常保持微沸状态。烧瓶上装有回流冷凝管，使蒸发的水蒸气经冷凝后回到瓶中。连续煮沸约 40h，至瓶内蚕蛹粉末完全分解。

③过滤：将分解液充分冷却后加适当水稀释，即行过滤。滤渣用热水洗涤到洗液不再有硫酸为止，合并滤液与洗涤液。

④脱酸：在合并液中缓慢加入氢氧化钡，并不断搅拌，直至液内不再有硫酸钡沉淀为止（pH 5.7），将溶液过滤，滤渣用沸水洗涤。在该操作过程中，须彻底除掉硫酸和硫酸钡、氢氧化钡等。

⑤脱色：脱酸滤液即为氨基酸混合液，用骨质活性炭进行脱色，脱色后过滤去除活性炭，得到脱色液。

⑥结晶：将脱色液蒸发浓缩，当液面出现白色结晶时，停止浓缩，静置 12h，即可有大量酪氨酸结晶析出。滤取酪氨酸后，再蒸发浓缩，如还有酪氨酸析出，则再过滤。如此反复蒸发、过滤，提取酪氨酸，酪氨酸得率约 3%。剩余的滤液和洗涤液适当浓缩，加入浓度 0.3%的安息香酸作防腐剂，可制成氨基酸混合液（营养素）。

八、 谷氨酸的提取

L-谷氨酸作为一种重要的调味原料，其年产量位居世界氨基酸产量的首位。目前，世界上普遍采用发酵法生产谷氨酸，其提取回收方法有离子交换树脂法、结晶法、低温等电点结晶法等。

1. 离子交换法

离子交换法提取谷氨酸是以其两性解离为基础，在酸性条件下（pH<3.2）谷氨酸以阳离子状态存在，可以采用阳离子交换树脂来提取，传统的离子交换工艺多采用 001×7 型强酸性苯乙烯阳离子交换树脂。

主要步骤为：先用等电点法结晶大部分谷氨酸，等电点母液采用离子交换法浓缩其中的氨基酸，此时的谷氨酸为阳离子，洗脱高浓度馏分再回入等电点罐进行结晶回收。

2. 连续冷冻等电点法

①先将发酵液进入等电点提取罐，按常规一步冷冻等电点法提取谷氨酸，即：

降温 → 调酸 → 起晶 → 育晶 → 调酸至等电点 → 降温、搅拌 → 谷氨酸晶体。

②将已发育成的 α 型谷氨酸结晶罐作种子罐，保持一定温度与 pH，一边连续加新鲜发酵液，一边将发酵液与种子罐内反应后生成的谷氨酸晶体溶液引出种子罐，加入另一育晶罐（提取罐）继续搅拌、冷却。

③将育晶好的谷氨酸沉降后用离心机将母液与谷氨酸分离，得到湿的谷氨酸（含量88%~90%），进入精制车间按常规工序制成产品。

本章小结

　　氨基酸是构成蛋白质的基本单元，是生物体不可缺少的营养成分之一。蛋白质与氨基酸在有机体内具有特殊的生理功能，在食品、医药、饲料、化工、农业等领域应用广泛。

　　目前，生产氨基酸的方法有蛋白质水解法、化学合成法、发酵法、酶法和从中草药中直接浸提法等。生产常见的氨基酸主要采用蛋白质水解法，其中包括酸水解、碱水解和酶水解。酸水解的优点是不引起消旋作用，得到的是 L-氨基酸。缺点是色氨酸完全被沸酸所破坏，羟基氨基酸（丝氨酸及苏氨酸）有一小部分被分解，同时天冬酰胺和谷胺酰胺基被水解下来。碱水解过程中多数氨基酸遭到不同程度的破坏，并且产生消旋现象，所得产物是 D-型和 L-型氨基酸的混合物。此外，碱水解引起精氨酸脱氨，生成鸟氨酸和尿素。然而在碱性条件下色氨酸是稳定的。酶水解不产生消旋作用，也不破坏氨基酸。但往往需要几种酶协同作用才能使蛋白质完全水解。此外，酶水解所需时间长。因此酶法主要用于部分水解。常用的蛋白酶有胰蛋白酶、糜蛋白酶以及胃蛋白酶等。从中草药中直接提取氨基酸比较简单易行。根据氨基酸易溶于水、难溶于有机溶剂的性质，常采用水浸出法和稀乙醇浸出法。

　　蛋白质水解法和浸出法生产的氨基酸水溶液往往含有几种和几十种氨基酸，因此所得的氨基酸必须进行分离纯化。常采用的方法有层析法、成盐分离法、晶析法等。其中，层析法中离子交换层析应用最广。

　　蛋白质在组织或细胞中一般都以复杂的混合物形式存在，每种类型的细胞中都含有上千种不同的蛋白质。分离提纯某一特定蛋白质的一般程序包括前处理、粗分级和细分级三步。

　　前处理是选择适当方法，将原料组织和细胞破碎。所用的方法有机械法和非机械法两种。其中机械法有匀浆、研磨、压榨、超声等；非机械法有渗透、酶溶、冻融等方法。

　　粗分级是从蛋白质混合物提取液中将所要的蛋白质与其他杂蛋白质分离开来。一般用盐析、等电点沉淀和有机溶剂的分级分离等方法。这些方法的特点是简便、处理量大，既能处理大量杂质，又能浓缩蛋白质溶液。

　　细分级是采用适当的方法得到更纯的蛋白质。所用方法有层析法（凝胶过滤层析、离子交换层析、吸附层析、亲和层析等）、电泳法（等电聚焦电泳、双向凝胶电泳）和结晶法。结晶是蛋白质分离提纯的最后步骤。尽管结晶并不能保证蛋白质的均一性，但只有某种蛋白质在溶液中数量上占优势时才能得到结晶。结晶过程本身也伴随着一定程度的提纯，而重结晶又可除去少量夹杂的蛋白质。

🔍 思考题

1. 氨基酸具有哪些理化性质？
2. 从生物体中浸提氨基酸主要用什么方法？
3. 分离纯化氨基酸常用的方法有哪几种？
4. 举例说明提取氨基酸的基本工艺过程。
5. 提取蛋白质常用的方法有哪些？
6. 分离纯化蛋白质的方法有哪几种？
7. 举例说明提取、分离纯化蛋白质的一般工艺过程。

参考文献

1. 汪宗政，范明. 蛋白质技术手册. 科学出版社. 2000

2. 何东平，刘良忠. 多肽制备技术. 中国轻工业出版社. 2013

3. 于泓，牟世芬. 氨基酸分析方法的研究进展. 分析化学，2005，03：398-404

4. 马岩，张万军等. 反相高效液相色谱双梯度洗脱分离肽混合物及质谱分析. 色谱，2011，03：205-211

5. 罗世翊，邵文尧等. 有机溶剂萃取分离 L-苯丙氨酸. 厦门大学学报（自然科学版），2007，04：529-533

6. 杨开广，张丽华等. 蛋白质分离和鉴定的新技术新方法研究进展. 郑州轻工业学院学报（自然科学版），2012，05：1-7，12

7. 张彩乔，耿风廷. 现代蛋白质分离纯化技术. 科技视界，2014，14：316

8. 宋春侠，孙珍等. 修饰蛋白质组学分离鉴定新技术新方法. 科学通报，2013，30：3007-3016

9. 张振兴，刘永峰等. 废弃鱼皮中制备分离多肽的酶解工艺研究. 食品科技，2014，08：131-136

10. 洪旭. 酪蛋白 ACE 抑制肽的制备分离及改性 [学位论文]. 江南大学，2014

11. 刘连亮. 竹笋降压降脂有效成分及其活性研究 [学位论文]. 浙江大学，2012

12. 胡文婷，邓世明，张凯. 藤壶活性肽的制备分离及抗氧化作用研究. 食品工业，2013，10：11-13

13. 吴伟，邓克权等. 脱脂豆粕预处理对大豆球蛋白结构的影响. 中国粮油学报，2015，05：19-23+28

14. 周琼. 黄鳍鲷和鲮鱼胃蛋白酶原的分离纯化与酶的性质研究 [学位论文]. 集美大学，2007

15. Tan, C., Show, P., Ooi, C., et al. Novel lipase purification methods-a review of the latest developments. Biotechnology Journal, 2015, 10 (1)：31-44

16. Velickovic, T., Ognjenovic, J., Mihajlovic, L. Separation of amino acids, peptides, and proteins by ion exchange chromatography. Ion Exchange Technology Ⅱ：Applications, 2015, 1-34

17. Sottrup-Jensen, L., Andersen, G. Purification of human complement protein C5. Methods in Molecular Biology, 2014, 1100：93-102

18. Diao, J., Zhang, L. Separation and purification of stronger antioxidant peptides from pea protein. Journal of Chinese Institute of Food Science and Technology, 2014, 14 (6)：133-141

19. Lan, X., Liao, D., Wu, S., et al. Rapid purification and characterization of angiotensin converting enzyme inhibitory peptides from lizard fish protein hydrolysates with magnetic affinity separation. Food Chemistry,

2015, 182：136-142

20. Strazisar, M., Fir, M., Golc-Wondra, A., et al. Quantitative determination of coenyzme Q10 by liquid chromatography and liquid chromatography/mass spectrometry in dairy products. Journal of AOAC International, 2005, 88 (4)：1020-1027

21. Muro Urista, C., Álvarez Fernández, R., Riera Rodriguez, F. et al. Review：Production and functionality of active peptides from milk. Food Science and Technology International, 2011, 17 (4)：293-317

22. Vaudel, M., Sickmann, A., Martens, L. Current methods for global proteome identification. Expert Review of Proteomics, 2012, 9 (5)：519-532

23. 徐怀德主编. 天然产物提取工艺学. 北京：中国轻工业出版社，2006

CHAPTER

6

第六章
精油提取工艺

学习目标

　　掌握精油的定义、精油结构和功能；了解精油的种类。掌握精油提取的原理、提取工艺及基本操作；了解精油提取方法的应用。熟悉常见精油的提取实例。

第一节　概述

一、精油的定义

　　精油也称"芳香油"，是存在于植物体的一类可随水蒸气蒸馏且具有一定香味的挥发性油状液体的总称。

　　植物精油是天然植物和香料的精华，是一类相对分子质量较小的植物次生代谢产物，蕴含于植物香料体内，具有浓郁、典型的香气特征和一定的挥发性，商业上称芳香油，化学和医药学上称挥发油，是一种萃取自植物的花、茎、叶、种子、树皮、树根等的挥发性芳香物质及植物免疫、修护系统精华。

　　国际标准化组织（ISO）定义精油为："精油是一种使用水或蒸汽蒸馏或机械加工柑橘皮或使用自然物质干蒸馏得来的产品。蒸馏之后，精油就从水中分解出来。"

二、精油的种类

　　世界上总的精油品种在 3000 种以上，其中具有商业价值的约数百种，适用于食品的约百余种。

（一）精油的种类

　　根据植物的种类可将精油分为九大类：柑橘类、花香类、草本类、樟脑类、木质类、辛香类、树脂类、种子类以及土质类。各类产品举例如下：

　　柑橘类：来自佛手柑、葡萄柚、柠檬、莱姆、橘子等。

　　花香类：来自天竺葵、茉莉、玫瑰花瓣、薰衣草、依兰、橙花油、白兰花、洋甘菊等。

草本类：来自罗马甘菊、欧薄荷、迷迭香、马郁兰、鼠尾草、香茅、龙蒿、藏茴香、莳萝等。

樟脑类：来自尤加利、白千层、茶树等。

辛香类：来自胡荽、黑胡椒、姜、小豆蔻、欧白芷、大蒜、香根等。

树脂类：来自乳香、没药、榄香、白松香等。

木质类：来自西洋杉、檀香、松木、杜松、丝柏、肉桂等。

种子类：来自丁香、杏仁、豆蔻、胡萝卜、石榴、花椒、辣椒、茴香等。

土质类：来自广藿香、岩兰草等。

（二）食用精油的分类

提起精油，人们一般都会想到医疗及化妆用精油，除此以外，食用香精也是精油的一大类。食用香精是参照天然食品的香味，采用天然和天然等同香料、合成香料及食用溶剂经精心调配而成的具有天然风味的各种香型的香精。食用香精实际上是由各种可溶性食用香料配制而成的混合物。

1. 根据溶解性分

因其溶解性的不同而分为两类：一类是水溶性的香精，如杏仁香精，多用于饮料、冰淇淋等非高温加工的食品，用乙醇和水作为溶剂稀释而成；另一类是油溶性的香精，称为油香精，用于需要乳化的食品。

2. 根据提取方法分

由于提取方法不同，食用香精可分为以下几类。

（1）精油　精油是采用水蒸气蒸馏，或溶剂萃取法而获得的。萃取溶剂应为食用级产品，一般而言，戊醇和己醇适用于花蕾，甲苯适于含芳烃类化合物的精油，乙醇或丙酮适用于酚类化合物，含氯溶剂适用于含胺类化合物的精油提取。在各种精油中，中国生产的桂皮油在世界市场上占有重要地位。

（2）酊剂　酊剂是指用一定浓度的乙醇，在室温下浸提天然动物的分泌物或植物的果实、种子、根茎等，并经澄清过滤后所得的制品。一般每10mL相当于原料20g，如海狸酊、枣子酊、安息香酊、香荚兰酊等。

（3）浸膏　浸膏是指用有机溶剂浸提香料植物组织的可溶性物质，最后经除去所用溶剂和水分后所得的固体或半固体膏状制品。一般每毫升相当于原料2~5g，如桂花浸膏、茉莉浸膏、铃兰浸膏、晚香玉浸膏等。

（4）香膏　香膏是指芳香植物所渗出的带有香成分的树脂样分泌物，如吐鲁香膏等。

（5）香树脂　香树脂是指用有机溶剂浸提香料植物所渗出的带有香成分的树脂样分泌物，最后经除去所用溶剂和水分的制品。

（6）净油　净油是指植物浸膏（或香脂、香树脂及用水蒸气蒸馏法制取精油后所得的含香蒸馏水等的萃取液），用乙醇重新浸提后再除去溶剂而得的高纯度制品。也有的经冷冻处理，滤去不溶于乙醇的蜡、脂肪和萜类化合物等全部物质，再在减压低温下蒸去乙醇后所得的物质。属高度浓缩、完全醇溶性的液体香料，是天然香料中的高级品种，如玫瑰净油。

（7）油树脂　油树脂是指用有机溶剂浸提香辛料后除去溶剂而得的一类天然香料，呈黏稠状液体。主要成分为精油、辛辣成分、色素和树脂，有时也含非挥发性油脂及部分糖类。这类物质是天然香辛料有效成分的浓缩液，其浓度约为香辛原料的10倍，如黑胡椒油树脂、花椒油树脂等。

（8）单离香料　从天然香料（如精油）中分离出单一的某种香料成分，这种分离出的香料成分在香料工业中称为单离香料。

（9）香脂　采用精制的动物脂肪或精制的植物油脂吸收鲜花中的芳香成分，这种被芳香成分所饱和的脂肪或油脂统称为香脂。香脂可以直接用于化妆品香精中，也可以经乙醇萃取制取香脂净油。由于脂肪很容易酸败变质，现在已不再大批量生产香脂。

（10）花水　蒸馏鲜花的蒸馏水，在分出精油之后残留的部分称作花水。花水中含有亲水性的精油成分。花水中的精油虽能回收，但不经济，得率极微，因此，花水往往直接用于加香。

（11）树脂　树脂分为天然树脂和经过加工的树脂。天然树脂是指植物渗出植株外的萜类化合物因受空气氧化而形成的固态或半固态物质，如黄连木树脂、苏合香树脂、枫香树脂等。经过加工的树脂是指将天然树脂中的精油去除后的制品。例如，松树脂经过蒸馏后，除去松节油而制得的松香。

三、 精油的功能

精油由一些很小的分子所组成，非常容易溶于酒精/乳化剂（尤其是脂肪），这使得精油极易渗透于皮肤。当这些高度流动物质挥发时，它们亦同时被数以万计的细胞所吸收，由鼻腔呼吸道进入身体，将信息直接送到脑部，靠着小脑系统的运作，控制情绪和身体的其他主要功能。每一种植物精油都有一个化学结构来决定它的香味、色彩、流动性和它与系统运作的方式，也使得每一种植物精油各有一套特殊的功能特质。

食用精油的功能主要在于给食品提供浓郁的香味，增加食品的风味。而医用精油则具有多种医疗功效。例如，精油气味芬芳，自然的芳香经由嗅觉神经进入脑部后，可刺激大脑前叶分泌出内啡汰及脑啡汰两种荷尔蒙，使精神呈现最舒适的状态。精油还可防传染病、发炎、防痉挛，促进细胞新陈代谢及细胞再生功能。某些精油能调节内分泌器官，促进荷尔蒙分泌，调节人体的生理及心理活动。目前，精油较为人们所熟知的是其舒缓与振奋精神这种较偏向心理上的功效，但是精油的功效并不仅止于此，不同种类的精油还有各自不同的功效。

植物精油主要具有的功能：①抑菌作用：植物精油中含有多种低分子的抗菌物质和抗氧化成分，能有效地抑菌防腐，如肉桂酸、阿魏酸、咖啡酸、桂醛、香茅醇、百里酚、丁香酚等，对细菌、霉菌和酵母菌均有一定抑制作用。②抗氧化作用：植物精油具有抗氧化活性，可以抑制脂质过氧化。研究表明，柠檬草、芫荽籽、孜然、葡萄柚、大蒜、姜等植物精油对脂质均有较强的抗氧化作用。③降压作用：国外已有实验证明薰衣草精油和丁香精油有降低大鼠血压的作用，尤其是薰衣草精油，在芳香疗法降压方面具有较好的发展前景。④杀虫作用：精油对害虫具有引诱、驱避、拒食、毒杀和抑制生长发育的作用，如 α-蒎烯、月桂烯、柠檬烯和 C-萜品烯对蚊虫幼虫均有很好的毒杀效果，黄樟油、柠檬叶油、松节油、桉叶油、大蒜油对玉米象有不同程度的防治效果。⑤防癌抗癌作用：根据最新研究报道，人参精油、水菖蒲精油、香叶天竺葵精油、草珊瑚精油、香叶精油中的香茅醇及甲酸香茅酯对癌症有明显的疗效；孜然精油可以明显增加小鼠胃、肝、食管中谷胱甘肽 S-转移酶和谷胱甘肽的浓度，对苯并芘诱导的小鼠胃鳞状细胞癌抑制率达到 79%。

植物精油已经非常广泛地应用于食品、医药、化妆品、害虫防治等各个领域，随着各种分离和检测技术的不断进步以及精油商品化的成功，植物精油的组成、结构和功能越来越被人们所认知。但是，科学人员对植物精油应用方面的研究和开发还远远没有满足人们的需求。总之，植物精油资源是一个富有潜力的生物资源，它必将会在医药、保健品、害虫防治、有机合成、饲料和食品等方面有更大的应用和开发空间。

四、 精油的性质

（一）精油的主要成分

精油由芳香植物中萃取而来，所以含有各种不同的天然化学物质，成分多为萜类、烃类及其含氧化合物，成分复杂，多的可达数百种，常见的有：酸类、醇类、醛类、酯类、酮类、萜烯类等。萜烯类化合物、芳香族化合物、脂肪族化合物和含氮含硫化合物是精油中的4大类主要化合物。

酸类：均为有机酸，大部分为水溶性，是很好的抗炎物质，也具有镇静效果，而且精油中所含的弱酸可以治疗皮肤问题，如水杨酸有一定的除皱美肤效果。

醇类：最常见的是单萜烯醇，抗菌效果好，也能增强免疫力。其他的有倍半萜烯醇、双萜烯醇；前者是很好的增强免疫力、提振精神的成分，后者则是不错的动情激素。

醛类：安抚中枢神经、抗炎效果好。主要有柠檬醛、香茅醛、水茴香醛、洋茴香醛以及肉桂醛。

酯类：精油中的香气味均由此而来，是一种香气分子。可抗炎、抗痉挛以及平服神经系统。酯类物质性质温和，对皮肤无刺激无伤害，是很安全的一种化学成分。

酮：大部分具有特异气味和毒性，但黄体酮以及睾丸酮对生殖系统、皮肤以及神经系统都有较好的效果。有些酮具有强烈的毒性，因此应该慎用，熏疗时应避免大剂量使用酮成分含量高的精油。

萜烯类：主要是半萜、单萜、倍半萜、二萜等。是精油中的主要组成物质，如松节油中的蒎烯（含量在80%以上）、柏木油中的柏木烯（80%左右）、樟脑油中的樟脑（约50%）、山苍子油中的柠檬醛（80%左右）、薄荷油中的薄荷醇（80%）、桉叶油中的桉叶素（79%）等。单萜烯类精油可帮助消化、止痛杀菌、消除焦虑、增进活力。倍半萜烯类精油可消炎止痒、增进自信心。

氮、硫：在天然芳香植物中含量很少，而在刺激性的植物精油中含量稍高，如存在于大蒜中的大蒜素、二烯丙基三硫化合物，黑芥子中的异硫氰酸烯丙酯，柠檬中的吡咯，洋葱中的三硫化物等。

动情激素：是人体初级的荷尔蒙，植物体内也有动情激素，可以补充人体的不足，如茴香里的茴香脑、快乐鼠尾草里的快乐鼠尾草醇等。

（二）精油的物理性质

（1）挥发性与呈香性　精油在常温下具有挥发性，并具有一定的香气，且其香气显示植物原有的特征，如玫瑰油具有优美浓郁的玫瑰香气。精油是由许多不同化学物质组成的混合物，在室温下一般都是易于流动的透明液体，无色或带有特殊颜色（黄色、绿色、棕色），有的还有荧光。某些精油在温度略低时成为固体，如玫瑰油、鸢尾油等。不同挥发性的精油其功能和保香时间不同，将精油滴入基础油放在室温下，根据其挥发性强弱（保留/释放香气的时间）分为高度、中度和低度精油。

（2）抗水性　精油几乎不溶于水（或溶解极微），所以必要时加入天然乳化剂（牛奶、蜂蜜），使其亲水。但也有少数精油成分溶于水中，如玫瑰油中的苯乙醇。大多数精油都比水轻，但也有比水重的如香根油、桂皮油。比水轻的称为轻油，比水重的称为重油。

（3）溶解性　精油能随水蒸气蒸出，易溶于多种挥发性有机溶剂，如苯、乙醇、乙醚以及丙酮，还能溶于乙二醇，通常利用这些性质从植物原料中提取各种精油产品。精油本身具有一定的溶解能力，能溶解各种蜡、树脂、石蜡油、脂肪以及树胶等物质，这一性质对评价精油质量和贮存具有重要作用。光、潮气和空气对精油质量有不利影响，它们能促进精油的氧化树脂化、聚合，并使香气变劣。尤其过多水分存在时，精油中的成分将易于水解、异构化，使精油质量下降。

（4）可燃性　精油是可燃液体，燃点一般在 45~100℃，柑橘油、柠檬油为 47~48℃，香根油较高为 130℃。一般精油属于三级易燃危险品。

（5）结晶性　精油在常温下为油状液体，少数精油如薄荷油、樟油等冷却后可析出结晶性固体，称为"脑"，如薄荷脑、樟脑。析出结晶后的油称为"脱脑油"。

（6）高渗透性与无滞留性　精油具有极高的渗透性，3~7min 即可迅速渗透到真皮层，并促进血液循环。精油进入人体后，健康的人 2~6h 便可排出，不健康或肥胖的人，14h 也能排出。

（三）精油的化学性质

精油的组成成分中大多数含有萜烯类化合物，具有不对称碳原子，所以几乎都具有旋光性。化学性质与烯的性质类似。

1. 不饱和性

（1）易被氧化，形成过氧化物。例如，松节油在氧化的同时形成加成反应，生成树脂、大分子物质，使油的相对密度增大、颜色加深并有难闻的臭气，同时油再也不能被水蒸气蒸馏出来。

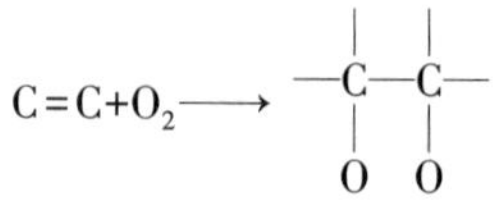

$$C=C+O_2 \longrightarrow \quad -\overset{|}{\underset{|}{C}}-\overset{|}{\underset{|}{C}}- \\ \quad\quad\quad\quad\quad O \quad O$$

（2）在有酸存在时加热很不稳定，双键易于破裂，环状化合物可以破裂成直链化合物，有时直链化合物也能环化。

（3）可与卤素（Br_2、Cl_2、I_2）、卤化氢（HF、HB）、酰氯（NOCl）、N_2O_3 等产生加成反应，加成物具有一定的熔点、溶解度和颜色。利用这种性质可以分离和精制某些化合物，也可鉴定某些化合物。

①溴加成反应：将精油溶于冰醋酸或乙醇与乙醚的混合物中，用冰水冷却，加入溴水，即可生成溴化物。如柠檬烯，可生成四溴化柠檬烯，mP：104~105℃。

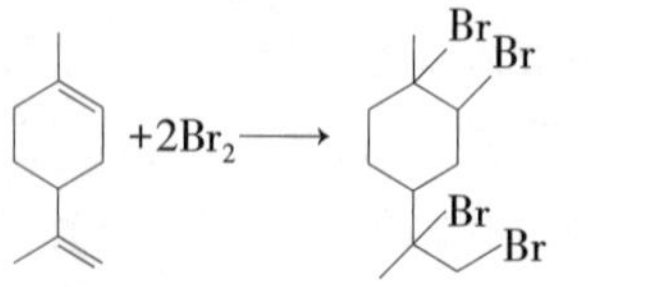

$$\text{柠檬烯} \quad +2Br_2 \longrightarrow \quad \text{四溴化柠檬烯}$$

柠檬烯　　　　　四溴化柠檬烯

②卤化氢加成反应：将精油类溶于冰醋酸中，加入卤化氢的冰醋酸溶液，使反应完毕，倾入冰水中，则加成物为结晶形沉淀析出。如将此沉淀溶于冰醋酸中，以无水冰醋酸钠或苯胺一起加热处理，则可脱掉卤化氢，生成原来的精油。利用这一性质可以分离、精制或鉴别某些化合物。

③酰氯加成反应：将精油溶于冰醋酸中，加入等量的亚硝酸乙酯，用冰水冷却，并加浓 HCl 放置，则亚硝酸乙酯与 HCl 反应生成 $Cl-N=O$ 而添加在双键处。

酰氯加成后一般转位生成氯亚硝基衍生物，再与伯胺或仲胺类化合物作用，生成易于结晶的安定硝基胺类化合物。

$$\begin{matrix} R-CH \\ \| \\ R-CH \end{matrix} + \begin{matrix} Cl \\ | \\ N=O \end{matrix} \longrightarrow \begin{matrix} R-CH-Cl \\ | \\ R-C-NO \end{matrix} \xrightarrow{R-NH_2} \begin{matrix} RHC-NHR \\ \diagup \\ R-C=NOH \end{matrix}$$

④亚氮氧化物（N_2O_3）加成反应：将精油类溶于冰醋酸中和亚硝酸钠一起振摇，即有亚氮化物生成。

$$\begin{matrix} R-CH \\ \| \\ R'-CH \end{matrix} + N_2O_3 \longrightarrow \begin{matrix} RHC-NO \\ | \\ R'HC-ONO \end{matrix} \quad \begin{matrix} RHC-NO \\ | \\ R'HC-NO_2 \end{matrix}$$

亚氮氧化物　　　伪亚氮氧化物

上述反应生成的酰氮加成物和亚氮化物多呈蓝色或绿蓝色，但很容易又生成无色二聚物，将二聚物加热至熔融或制成溶液时，又能恢复为原来颜色的单分子化合物，可用于鉴别反应。

2. 呈色反应

由于各种精油的化学组成成分不同，找不出共同的呈色反应试剂，经验证明，凡具有丙烯基（$CH_2=CH-CH_2-$）的化合物与间苯三酚和浓 HCl 作用，可呈现红色反应。

五、　植物与精油

植物细胞在光合作用下会分泌出芬香的分子，这些分子聚集成香囊，散布在花瓣、叶子或树干上。将香囊提炼萃取后，即成为"植物精油"。精油可产生和储存于植物的各种器官和组织中。含精油较为丰富的植物科属有：松柏科、木兰科、樟科、芸香科、伞形科、唇形科、姜科、菊科、金娘科、龙樟香科、禾本科等。此外在蔷薇科、胡椒科、瑞香科、杜鹃科、木择科、毛食科等植物中，也可得到丰富的精油成分。

我国的自然条件适于各种天然香料植物的生长，蕴藏着极为丰富的天然香料资源。据统计，我国野生香料植物类共有 56 科、380 余种，其中利用较多的有 100 多种、20 余科。精油在植物体内的分布、含量和组成是各不相同的。

（一）精油在植物体内的分布

精油在植物体内的分布呈现一些规律：植物种类不同，精油在植物体内的分布不同；某些植物同一器官的不同部位精油含量不同；某些芳香植物，不同器官不仅含油量不同，油的成分也不同；有的植物由于采集时间不同，同一器官所含精油成分也不完全相同。

精油在植物中的分布不尽相同，有的植物整株中都含有，有的则集中在花、果、叶、根、茎或籽等器官中。一般精油分布较多的器官为花、果，其次是叶，再次为茎。

同一种植物的不同器官中，精油的成分和含量有所不同，如薄荷花的精油比叶的精油含酮量高。芫荽叶的精油由癸醛、癸烯醛及其他醛类组成，而果实精油为芳樟醇（50%～80%）、二聚戊烯和其他烃类组成。

在各种器官内精油的分布也因植物种类而差别很大。如菖蒲、缬草属和鸢尾属的精油主要集中分布在根部和块茎内；樟科和松柏科植物则以茎秆或树干中精油含量最高；薄荷、香茅等精油以叶中含量最高。山苍子、八角茴香以及许多伞形科植物如芫荽等都是用果实提取精油。松柏科、樟科、伞形科等一些香料植物中，几乎各个器官内都含有精油。

同样的器官因位置不同，精油含量也不同，如上层、中层和下层叶片的含油量不同。多数植物，不论主枝或侧枝，均以上层叶片的含油量最高，中层次之，下层最少。樟树的樟脑含量在茎的不同部位也不同，自茎部向上逐渐减少，以基部含量最高。有些香料植物，不同部位的精油不但含量不同，而且精油的化学组成上也有差别，如樟树的樟脑含量在干的部位也有不同，自干部向上逐渐减少，以基部的含量最高。又如斯里兰卡肉桂。树皮中含80%肉桂醛和8%～15%丁香酚，而叶中含70%～90%的丁香酚和0～4%肉桂醛，根中含50%的樟脑，而不含丁香酚和肉桂醛。但大多数植物不同器官中的精油成分相差不会太大。

在花中精油的分布也不平衡。最常见的是花冠部分，其次为花萼和花丝。重瓣玫瑰、茉莉等的精油在花瓣内，而薰衣草的精油则大量集中在花萼内，尤以花萼向外的一面，中段的油腺分布最多，花梗和苞片上分布较少，以花冠和花丝为最少。

（二）精油在植物体内的形成

植物体内精油的生物合成是在酶系统的催化作用下进行的。首先是生成一定的中间产物，然后由于环境条件不同，经过氧化、还原或者经过环化、缩合等不同反应，从而形成多种单萜、多萜以及酚类等复杂混合物。它们在植物的油腺和腺毛中形成后逐渐分泌出来。

一般而言，同一种属植物精油的成分种类及含量常有一定的规律性，绝非偶然。种属之间发生成分的变异，与植物本身的亲缘关系、生长环境、气候土壤有着明显的联系。裸子植物和被子植物都有萜类和多萜类的生物合成，但裸子植物精油组成较简单，且萜烯类为主要成分；被子植物的精油则比较复杂，多含萜醛、萜醇和萜酮。与单子叶植物相比，双子叶植物的精油含量较多。因此说植物体内香气成分的种类和含量，决定于植物中有无酶系和外界环境的影响。

精油是植物细胞原生体的分泌物，芳香植物器官都具有分泌精油的细胞和组织，香料行业中统称为"油胞"。在植物解剖学上将这样的细胞分为两大类：外部的精油分泌腺和内部的精油分泌腺。植物精油由油胞产生并储存于油胞和其周围组织中。植物精油中萜类生物合成的几种假说和推测如下：

（1）异戊间二烯聚合说　根据瓦拉赫（Wallach）和塞姆勒（Semmlev）的研究工作，把萜类视作由基本构成单元像砌砖似的衍化而成。所有的萜化合物都是异戊间二烯的聚合体。

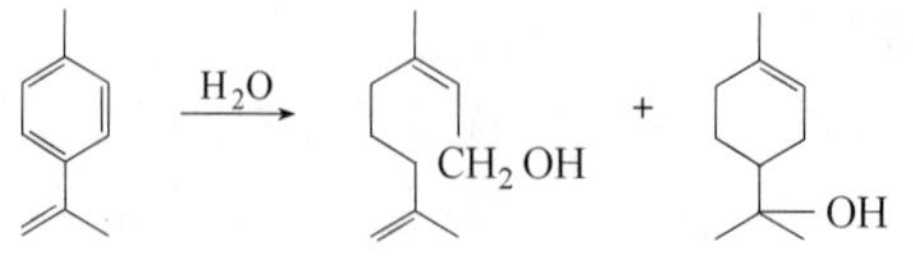

两个异戊间二烯香叶醇　　α-松油酯

后来又有人证实由两个或三个异戊间二烯的缩合，再加水得到无环或环状的萜醇。

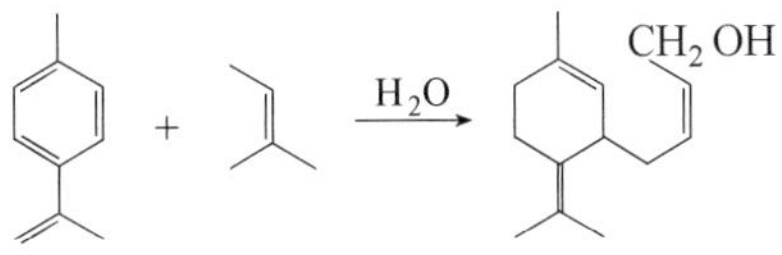

金合欢醇

(2) 3-甲基-3,5-二羟基戊酸学说　这是更能被公认的萜类生源学说，所有的萜类都来自3-甲基-3,5-二羟基戊酸。在萜类生物合成中，基本碳链的形成通常由两个异戊间二烯的基本构成单元缩合延长碳链而成，但其中比较重要的过程为焦磷酸香叶酯的生物合成。如图6-1，先由乙酰辅酶A生成3-甲基-3,5-二羟基戊酸，再经焦磷酸异戊烯酯（isopentenyl pyrophsophate，Ipp）的异构化生成焦磷酸二甲基烯丙酯（dimetyl allylpyrophosphate，DMAPP），然后IPP与DMAPP反式缩合，从而生成焦磷酸香叶酯，最后再经两者的顺式缩合，生成焦磷酸橙花酯。

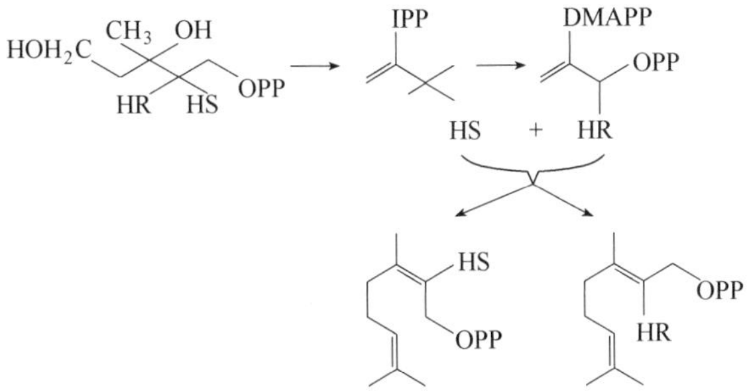

图6-1　焦磷酸香叶酯和焦磷酸橙花酯的生物合成图

焦磷酸香叶酯为单萜生物合成的前驱体，而焦磷酸橙花酯则是转变为环状单萜的有效前驱体。植物体中的精油香气成分很多是以甙的状态存在，即以结合形式存在，在有酸和酶的作用下，经酶解将糖分离从而将香成分游离出来，这一过程通常在植物体内进行。具有OH、COH・NH_2等基团的香成分能与糖分子化合而生成甙。甙为水溶性，虽然本身没有香气，但加水水解或受热则能将香成分释放出来。例如，苦杏仁油的主要成分为苯甲醛，在杏仁中不是以游离状态存在，而是与葡萄糖和氰氢酸相结合形成甙，直接用水蒸馏不能完全蒸馏出来，在酸、碱或酶的作用下，可水解产生具杏仁香气的苯甲醛。

$$C_6H_5CH\begin{matrix} CN \\ O\cdot C_{12}H_{21}O_{10} \end{matrix} + 2H_2O \rightleftharpoons C_6H_5CHO + 2C_6H_{12}O_6 + HCN$$

苦杏仁苷苯甲醛

香料植物精油含量和化学成分随植物的生长发育、株龄及环境的变化而不断变化，这一变化具有一定的规律性，不同植物的变化规律也不同。

（三）精油在植物生长中的含量和成分变化

植物各器官的含油量随植物器官的生长而不断增加，以刚完成生长发育的植物器官的绝对含油量最高。当植物器官停止生长时，精油的形成速度减慢。

柑橘属植物，在生长初期嫩枝及叶的绝对含油量大幅度增加，但在后期枝内油的生成不足以弥补其消耗、转移和蒸发的损失，因而含油量下降。叶的含油量以嫩叶最高，成熟叶片较低。花的精油含量也因发育阶段不同而异。当精油主要在花冠内时，则随花蕾的发育而逐渐增加，以刚刚开放的花瓣含油量最高。薰衣草花含精油部分主要为花萼，以末花期（或 30%~50% 落花期）含油量最高。

精油的成分也因植物个体的生长发育不同而变化。薄荷幼叶中含薄荷酮较高，含薄荷脑较低，随着叶片的生长，薄荷脑含量逐渐增加，含酮量则下降，开花后游离薄荷脑的生成减少，薄荷酯的含量随之不断上升。香水玫瑰以花刚开放时精油质量最佳，当花瓣颜色开始变淡时，含醇量下降，质量变劣。

多年生香料植物精油的含量和成分随年龄的增长也有不同的变化。一般幼龄的植株含油率稍低，随植株年龄的增长，含油率逐渐增高，当植株开始衰老时，含油量和精油质量也随之下降。如：樟树树龄越高，含油量和含樟脑量越高，树龄 11~15 年含油量仅 0.083%；20~25 年含油量增至 0.346%，含樟脑 0.01%；50~55 年的为 0.909%，含樟脑 0.67%；111~115 年含油量则为 1.430%，含樟脑 1.14%。

（四）生态条件对精油含量与组成的影响

生态因子中气候条件对香料植物的含油量有显著的影响。不同季节，不同天气条件，一天内不同时间含油量各不相同。其中起主要作用的因素为气温和日照。在适宜植物生长的温度范围内，气温高时含油量较高；气温低时，含油量较低；然而温度过高时，增加了精油的蒸发量，反而会降低含油量。如在热带生长的芫荽果实的含油量比温带地区低，且果实富含的烃类不易扩散，而芳樟醇易扩散，其含量则较少。香叶 7、8 月时含油量可达 0.109%~0.123%，而气温较低的 9 月含油量降到 0.58%。杭州茉莉花 7、8 月气温较高时花朵大、香味浓，而 5、6 月的春花及 9、10 月的秋花的产油量及质量均不如夏花。草本植物对气象条件的变化也很敏感，它们的含油量一般在无风晴天，气温较高时比阴雨天高。如薰衣草含油量在连续晴天条件下达 1.38%~1.8%，阴天含油量降到 0.97%~1.17%。

香料植物个体间精油含量和成分差别较大，同属不同种植物的精油成分也有很大差别。如樟属不同种的精油成分不同，樟油的主要成分是樟脑，芳樟的主要成分为芳樟醇，而黄樟油主要成分为黄樟素。

第二节　精油提取工艺特性

一、精油生产的特点

由于原料和产品的性质差异，精油生产具有如下特点：

（1）生产的季节性较强　因生长地域、季节及采收时间不同，精油在根、茎、叶、花等部位中的含量与组成有较大差异；且植物原料在贮存中会因氧化等原因使精油含量下降，故多采用新鲜原料。

（2）生产品种多样化　在调制香料时，往往需要多种香料混合使用，很少使用单一香料，且每种的用量都不多。因此精油生产有配套性强、种类多、涉及面广、市场波动大的特点。要做好市场预测，根据市场需要有计划地进行生产。

（3）精油的提取量低　因植物的精油含量很低，需要大量的原料才能提取到少量精油。3~5t 的玫瑰花瓣，约能萃取 1kg 玫瑰精油；200kg 的新鲜薰衣草，约能萃取 1kg 薰衣草精油；1t 橙花花瓣，约能萃取 1kg 橙花精油；约 3000 个柠檬，才能榨出 1kg 柠檬精油；6~7t 香蜂草，才能提取 1kg 香蜂草精油，为最难萃取的药草精油。

（4）需要多方面的知识和能力　由于精油原料来源广泛，种类繁多，操作人员除了掌握常规生产技术外，还要求具有植物学、植物分类学、植物生理学、引种驯化等方面的知识和能力。

（5）生产影响因素多　原料采收方法、采收时间、原料部位、储藏方法，及精油提取、分离方法与操作条件，都会对精油收率与品质产生很大影响，整个生产过程应合理设计并严格控制。

二、　精油生产中的注意事项

根据精油生产的特点，生产中应注意如下事项：

（1）提前做好准备工作　天然香料生产季节性很强，在生产季节即将到来之前，要检查和维护好生产设备，配备需用的原材料，重点检查生产设备是否渗漏，管路是否畅通等。

（2）把好原料关，保管好原料　天然香料的原料，即使收割采摘适时，采收部位符合要求，但由于植物品种的退化或不纯，都会影响精油的产量和油的品质，要选派有经验的收购员，把好原料质量关。大批原料进厂后，应根据植物原料的特性，及时进行处理。如香叶、香茅等原料在采收之后，精油挥发散失较快，应尽快加工提油。若不能马上加工，应将原料摊开暂存，避免发热。

（3）严格遵守工艺操作规程　任何芳香植物的加工，都应根据多次生产实践，总结经验，制订出切实可行的生产工艺，并应严格遵守，才能保证油的产量和质量。

（4）安全操作，严防火警　盛装天然香料的容器要洁净、坚固、不透光；容器应装满或充氮气防止精油氧化，并做好标记；产品应保存于低温黑暗处，避免变质或发生渗漏损失。两个容器的精油要合并时，应经过香气鉴定或含量测定后，认为规格一致才能进行。浸提鲜花精油所使用的溶剂都易燃，要严格遵守防火措施，车间内不得有明火，非生产人员严禁进入车间。

三、　精油的提取工艺

精油的提取过程一般包括原料的准备、精油的提取和精油的分离三大步骤。

（一）原料的准备

1. 原料的采收

尽管生产精油的原料千差万别，但采收的基本要求有相似之处。

根类：常用采伐木材后的树根，去掉泥土，如柏树根，可提取柏木油。

全草类：一般在植物生长旺盛季节，或花蕾形成期采收，如薄荷、留兰香、薰衣草等。

叶类：要求在生长旺盛、深绿色时采收，叶柄宜短，无枯黄叶及其他干枝等杂质和泥土等。

花类：要求新鲜、完整，最好在含苞待放时采收，往往花开后含油量降低，如月见草花、玫瑰花。

皮类：要求树皮完整、洁净，不能腐朽、发霉，如桂皮。

种子类：要求成熟度一致，成熟度不同的，精油含量及化学成分有很大差异，如小茴香。

也有一些精油产品对原料的采收部位、季节、成熟度和预处理要求有所不同，如：蒸制的桂油原料主要是桂叶、小枝和破碎的桂皮，以桂叶为主；桂叶因采集的时间不同，又可分"剥叶"和"秋叶"两种。"剥叶"是在每年3、4月份剥取桂皮的同时，采摘树叶和小枝，一起干燥，用以蒸制"春油"。"剥叶"含油量较低（0.23% ~ 0.26%），但油的质量最好，其中的桂皮醛含量可达85% ~ 90%。"秋叶"是在每年8 ~ 12月采叶，蒸制的油称为"秋油"，含油量比"剥叶"高，可达0.3% ~ 0.4%，但油中桂皮醛含量较低，一般在80% ~ 86%。无论是"剥叶"还是"秋叶"，采收后都要贮藏一段时间，再行蒸馏，有利于提高桂皮醛的含量。

采收时间对精油收率和品质有显著影响。对大部分植物来说，在开花前的上午9 ~ 11点采收叶片或小枝，精油含量及品质高。收玫瑰花应在早晨太阳未出来的时候采收，且应及时送往工厂进行提取。采集季节也会影响植物精油的品质。如柠檬在二月份采集，天竺葵在三月份采集，香橙花在五月份采集，玫瑰在六月份采集，茉莉在七月份采集，薰衣草在八月份采集，相对精油收率和质量最高。

2. 原料的保管与贮藏

原则上，含精油的原料应采后立即蒸馏，以防发热、氧化、霉烂变质而影响油的质量。如果不能及时加工，可贮藏于干燥、阴凉、通风良好的仓库内，必要时可安装空调设备。但要注意气流不可过强，否则造成精油的挥发。如果库房温度过高，会使精油氧化、聚合树脂化。

茉莉、大花茉莉、晚香玉、白兰、黄兰、栀子、玫瑰、丁香等花蕾一般用竹箩薄层摊放进行短暂存放，花层厚度不高于5cm，防止受热变质。白兰叶、树兰叶、玳玳叶、橙叶、薄荷叶等鲜叶的保存同样应薄层摊放或薄层阴干存放。

3. 原料的粉碎

精油在植物体内多贮存于油囊、油室、油细胞或腺鳞和腺毛中，因此，在蒸馏前可根据原料情况进行破碎。叶类一般用机械切成丝；花类一般不需破碎可直接蒸馏；果实和种子类必须粉碎成粗粉或用滚压机压碎；根、茎及木质部用机械切成薄片或小段或粉碎成粗粉。总之，粉碎的目的是暴露更多的油细胞，便于浸提时溶剂的渗透和溶质的扩散，提高浸提效率。粉碎的程度既要有利于提高浸提效果，又要有利于后续的过滤等操作。原料粉碎后，要立刻送往浸提工序，否则中间间隔时间越长，精油氧化、分解等损失越严重。

（二）精油的提取

精油的化学组成十分复杂，但其共同点是都具有挥发性，可以随水蒸气一起蒸馏出来。因原料来源、部位不同，精油提取方法也各异，常用的方法有水蒸气蒸馏法、浸提法、压榨法和吸附法四大类。其中应用较为广泛，且应用历史最悠久的是水蒸气蒸馏法。

1. 水蒸气蒸馏法

将处理后的原料倒入容器中并加水，加热，蒸汽与油气经由顶端的出口进入冷凝器中凝结，因精油的相对密度比水轻而浮在水面上，油水分离即可获得高品质的精油。分离的冷凝水中也会留有少量精油，这些水与精油同样具有疗效，因其浓度很低，因此可以直接使用而不需要稀释，称为"花水""晶露"及"水溶胶"。水蒸气蒸馏法操作最简单，成本较低，为最常用的萃取方法。

（1）生产原理　通过水分子向原料细胞中渗透，使植物中的精油成分向水中扩散，形成精油与水的共沸物。蒸出的精油与水蒸气通过冷凝，油水分离后得到精油。

精油与水不相混溶，但受热后，精油的蒸气压与水的蒸气压总和在与大气压相等的情况下，溶液立即沸腾，精油和水蒸气一起被蒸馏出来。在通常情况下，精油在低于其沸点的温度即可与水同时馏出，对馏分再行分离，即可得到精油，例如：2-蒎烯是多种精油的组成成分，沸点为155℃，当与水蒸气蒸馏时，在60℃即可沸腾与水同时蒸馏出来。一般先馏出来的组分多为沸点较低的化合物，后馏出来的为高沸点部分。关于蒸馏原理除上述解释外，尚有以下几点：

①扩散作用：指精油及热水通过植物细胞壁的扩散（渗透）作用。在蒸馏过程中，精油必须暴露在组织表面才能被蒸馏出来，虽然原料进行了破碎处理，但仍有一大部分精油存在于细胞内，这些细胞内的精油必须经过扩散作用，到达细胞表面才能被蒸馏出来。

精油的扩散作用与水分的存在有关。研究表明，用干燥的高压蒸汽蒸馏，干蒸气并不能渗透到植物细胞内而带出精油，必须使用饱和水蒸气才能达到蒸馏精油的目的。此外，精油的扩散作用与温度高低有关，在较高温度下，精油和水分子运动速度加快，有利于扩散（渗透）作用。

②水解作用：精油中某些成分如酯类，在高温下，常常可以发生水解作用，由大分子化合物变成小分子的醇与酸，这个反应为可逆反应。在一定温度下，如果水量增大，则精油水解也随之增大，从而影响精油的收率，这是水蒸气蒸馏的缺点。因此，原料在蒸馏时不宜泡在水中蒸馏（玫瑰花除外），否则会增大水解作用。另外，水解作用程度还取决于精油与水接触的时间，接触时间越长，水解作用加大，此为水中蒸馏的另一缺点。

③热力作用：蒸馏的温度高低，对精油的品质有一定的影响；蒸馏时的压力（常压、高压、减压）对精油的品质也有一定影响，可根据具体原料情况进行选择。在蒸馏初始阶段，精油中低沸点部分首先被蒸馏出来，温度升高，高沸点部分比例增大。减压蒸馏，速度快、效率高。

综上所述，在实际生产中三种作用是同时发生、相互影响的。对于各种不同的原料可选择合适的加工方法、蒸馏温度与蒸馏时间，不能一概而论。

（2）生产工艺　采用蒸馏法从植物原料中提取精油的工艺流程如图6-2所示。

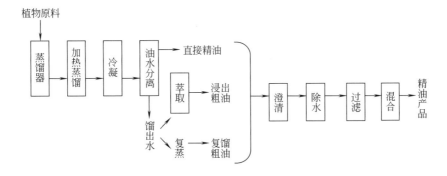

图6-2　蒸馏法提取精油工艺流程

（3）蒸馏方法　原料在蒸馏器中的装载高度为80%，有些原料在蒸后会膨胀，应适当装得低些，有些原料在蒸后会迅速收缩，应装得适当高些。在蒸锅顶上要留有适当水油混合蒸汽的盛气部位，以防料顶原料进入鹅颈和冷凝器。装料要均匀，对鲜花或干花类的装料以松散为宜，对鲜叶类的装料必须层层压实，对破碎后的粉粒状原料要装得均匀和松紧一致。按蒸锅容量计，常取 5%～10% 的馏出速度，对含醛较多的精油如山苍子、香茅等应加快馏出速度。任何蒸馏方式，开始速度都应慢，以后逐渐增大，防止突然增大。在工业生产中按理论得率 90%～95% 作为蒸馏结束时间，组织松散、破碎的原料蒸馏时间短。在蒸馏过程中采用适当加压可缩短蒸馏时间。蒸馏开始后，首先从蒸锅、鹅颈和冷凝器中驱出不凝空气，驱出速度宜慢，水油混合蒸汽完全冷凝成馏出液，并继续在冷凝器中冷却，直至室温，再进入油水分离器分离。

精油的蒸馏方法可分间歇式和连续式两类。

①间歇式水蒸气蒸馏方法：由于原料性质和设备不同，通常可分为水中蒸馏、水上蒸馏和水汽蒸馏三种类型（图 6-3）。

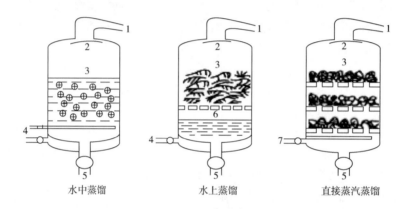

图 6-3　三种蒸馏方式示意图

1—冷凝器　2—挡板　3—植物原料　4—加热蒸汽　5—出液口　6—水　7—蒸汽入口

（引自：周诰均，李玉华，杜永华等. 不同水蒸气蒸馏方式对油樟油提取率及主要成分含量的影响）

水中蒸馏是将原料放入蒸馏锅的水中，水高度刚没过料层，使其与沸水直接接触。也有在锅底设置筛板以防原料与热源直接接触造成烧焦，影响精油品质。水中蒸馏原料始终淹没在水中，水散作用好，蒸馏较均匀，也不会因原料板结而造成蒸汽短路。水中蒸馏可采用直接火加热、直接蒸汽加热或间接蒸汽加热。水中蒸馏适于某些鲜花、破碎果皮和易黏结的原料，如玫瑰花、橙花等。但水中蒸馏精油中的酯类成分易水解，所以含酯类高的香料植物，如薰衣草不能采用这种方法。

水上蒸馏又称隔水蒸馏，是把原料置于蒸馏锅内的筛板上，筛板下盛放一定水量以满足蒸馏操作所需的足够的饱和蒸汽，水层高度以水沸腾时不溅湿原料底层为原则。水上蒸馏也可采用直接火加热、直接或间接蒸汽加热等三种加热方式。蒸馏开始，锅底水层首先受到加热，直至沸腾，所产生的低压饱和蒸汽通过筛板由下而上加热料层，从饱和蒸汽开始升入料层到锅顶形成水油混合蒸汽的整个过程，以缓慢进行为宜，一般需 20～30min。水上蒸馏原料只与蒸汽接触，产生的低压饱和蒸汽，由于含湿量大，有利于精油蒸出，也有利于缩短蒸馏时间，节省燃料，提高得油率和油的质量。该法可以减少水解作用的发生，应用较广。大面积种植的芳香植物如薄荷、香茅、桉树叶等都用水上蒸馏提取精油；此法也适用于粉碎后的干燥原料包括某些干花。

直接蒸汽蒸馏，其操作过程与水上蒸馏法基本相同，只是水蒸气的来源和压力不同，此方法是由外来的锅炉蒸汽直接进行蒸馏。通常在筛板下锅底部位装有一条开小孔的环形管，锅炉来的蒸汽通过小孔直接喷出，通过筛板的筛孔进入原料层加热原料。由锅炉来的蒸汽是具有一定蒸汽压力，温度较高而含湿量又较低的饱和蒸汽，能很快加热料层，因此，对干料加热蒸馏时，干料必须在装锅前预先湿透。直接蒸汽蒸馏，其蒸馏速度快、温度高，可缩短蒸馏时间，高沸点的成分可蒸出，出油率高，对原料中物质的水解作用小，蒸馏效率高。但其设备条件要求较高，需要另设锅炉，适于大规模生产。

以上三种蒸馏方法适用于不同的情况。水中蒸馏的加热温度一般为95℃左右，植物原料中的高沸点芳香组分不易蒸出，在直接加热方式中易产生糊焦现象。水上蒸馏和水汽蒸馏不适于易结块和细粉状的原料，但这两种蒸馏方法生产出的精油质量较好；水汽蒸馏在工艺操作上对温度和压力的变化可自行调节，生产出的精油质量最佳。

间歇式水蒸气蒸馏提取精油，无论规模大小，均应包含下列设备：蒸馏锅、冷凝器和油水分离器。其生产工艺和所用设备如图6-4所示。对于直接火加热的蒸馏设备还需要炉灶，对于直接蒸汽加热的蒸馏设备还需另设锅炉以产生水蒸气。

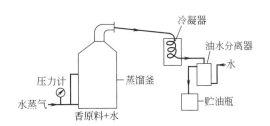

图6-4 水蒸气蒸馏法提取精油的工艺流程图

蒸馏锅：蒸馏锅是芳香植物蒸馏的主要设备，可分为锅身、锅盖与曲颈三个部分。锅身多为圆桶形，高：直径=（1.2~1.5）：1。在锅身上部配置有蒸馏时能紧闭不漏气的锅盖，锅盖的形状多为圆锥形。在圆锥形的锅盖中央有一蒸汽出口，形似鹅颈弯曲，称为鹅颈式曲颈。曲颈不能过高，导管不宜过长。导管与锅盖连接端口大，与冷凝器连接端口小，而且有一个向下的坡度，使途中冷凝的冷凝液不回流入锅中。锅身近底部设有带孔的隔板称为筛板，原料放于筛板上。直接蒸汽加热的蒸锅在锅底部连接蒸汽盘管，直接火加热设有回水管。

冷凝器：冷凝器是提取油的关键设备，常用的有蛇管冷凝器、列管冷凝器等。冷凝器的构造与一般化工所用冷凝器相同，在此不赘述。在设计或选用冷凝器时，冷凝器的冷凝面积应与蒸馏锅大小互相配套，否则会影响蒸馏速度、处理量、蒸油得率及质量。一般每立方米蒸馏锅需配$3m^2$冷凝面的冷凝器。每平方米冷凝面每小时可冷凝25~30L的馏出液。

油水分离器：油水分离器既是馏出液的接收器，又是精油与水分离的容器。根据精油相对密度的不同，可选用轻油分离器、重油分离器或轻重两用油水分离器。油水分离器应与蒸馏锅的大小和蒸馏速度的快慢配套，对于一般容易分离的精油，要求馏出液能在油水分离器中停留1h左右为宜。

②连续式水蒸气蒸馏法：连续式蒸馏利用机械方法投料和排渣，增大了原料投入数量，精油产量不断提高，降低了劳动强度，提高了提取效率。

蒸馏时首先将原料场粉碎后的原料由加料运输机送入加料斗，经加料螺旋输送器送入蒸馏塔内，通蒸汽进行蒸馏，馏出物经冷凝器进入油水分离器，料渣从卸料螺旋输送器卸出运走，分出的油即为成品。

连续式蒸汽蒸馏主要优点有：操作过程机械化，减轻了加料和卸料的劳动强度，使工时消耗缩短到 1/5~1/3；加工原料的水量消耗减至 1/5~1/4；精油得率高，一般可增加 0.08%~0.025%；与间歇式蒸馏法比较，精油品质高，几乎不需要重新精制；节省设备费用和日常修理费用，降低生产成本；改善了操作人员的工作条件。该法主要缺点是耗电量大，一般每 2t 原料需要消耗电能 8.7~17kW/h。

（4）与水蒸气蒸馏法有关的指标

①蒸馏速度：表示蒸馏快慢的指标，是蒸馏锅在单位时间内蒸出的馏出液数量，常以每小时蒸出多少千克馏出液表示，即 kg/h。在一定范围内，馏出速度大，蒸馏时间短，馏出速度小，蒸馏时间长。

对蒸馏速度的调节，须考虑蒸馏锅的大小、原料质地情况以及原料破碎程度等因素。一般蒸馏速度控制在每小时馏出液的数量保持在蒸馏锅容积的 5%~10%。在蒸馏开始阶段的 10min 内，馏出速度应慢，以便把蒸锅内的空气排出，以后逐渐增大到工艺要求的馏出速度，蒸馏终点前 10min，增大馏出速度，以便把残留在蒸馏锅内的油水混合蒸汽尽快带出锅外。

②装载密度：指蒸馏锅单位容积中所装载的芳香植物原料的数量，即每升装多少千克原料。不同种类的植物原料水蒸气蒸馏时应有其最适宜的装载密度。一般芳香植物的装载密度介于 0.2~0.4kg/L。合理和适宜的装载密度，会有利于蒸汽的均匀穿透和上升，不会造成蒸汽沿锅壁通过而短路，在适宜的蒸馏速度时，原料不会穿洞或产生蒸汽无法通过原料层的不正常现象。

③蒸馏终点的判断：理论上的蒸馏终点，是指总精油量不再随蒸馏时间延长而增加时。但实际生产上往往按理论得率蒸出 90%~95% 时，就可作为蒸馏终点。一般鲜花、鲜叶类的蒸馏时间通常较短，质地比较松散或经过充分粉碎的原料，蒸馏时间短些；质地坚硬或未粉碎的原料，蒸馏时间长些。在生产上判断蒸馏终点，通常是观察馏出液中含油的变化情况。当蒸馏过程中，随着蒸馏时间的延长，馏出液上的油珠由大变小，呈现"油花"时，应认为已经到了蒸馏终点。

2. 浸提法

（1）生产原理　浸提法多用于精油浸膏的生产，一般是用挥发性溶剂将植物中的芳香油浸提出来，通过蒸发浓缩回收溶剂后，便得到既含芳香成分又含植物蜡、色素、脂肪等杂质的膏状混合物——浸膏。国内目前常用的溶剂有石油醚、乙醇、苯、二氯乙烷等。

很多花经常采用这种方法来制备香料，如茉莉花、白兰花、晚香玉、栀子花、紫罗兰酮、桂花、金合欢、木兰花、月见草花、铃兰花、白丁香花、暴马子花等。浸提法一般只适用于香花的加工，香花一般不采用蒸馏法加工，有些香树脂也可以采用此法提取浸膏，如赖百当膏、橡苔浸膏、枫香浸膏等。

溶剂浸提过程是溶剂经过渗透、溶解、扩散等一系列过程，将精油从原料中转溶到溶剂中。其渗透、溶解和扩散作用前述章节已有详细阐述，此处不再介绍。

（2）生产工艺　常见的浸提方式有固定浸提、逆流浸提、转动浸提和搅拌浸提，其基本工艺流程如图 6-5 所示。

由于残渣中含有大量的有机溶剂，在回收溶剂时，还可得到精油产品，所以最好能对残渣进行处理。残渣的处理工艺如图 6-6 所示。

生产所得浸膏，可以经过减压蒸馏来生产净油。其生产原理是：由于浸膏中含有相当数量的植物蜡、色素等杂质，色深质硬不宜配制高级香精。利用乙醇对芳香成分的溶解受温度变化

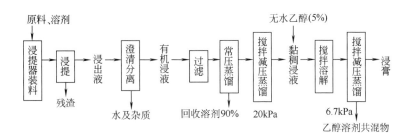

图 6-5　浸提法提取精油的基本工艺流程

图 6-6　残渣的处理工艺流程

影响小，而对植物蜡等杂质随温度降低而下降的特点，先用乙醇溶解浸膏，再经降温而除去不溶杂质，然后再回收乙醇而得净油。其工艺流程如图 6-7 所示。

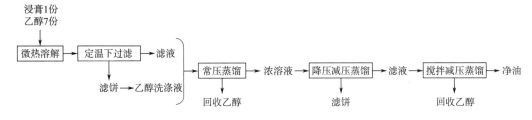

图 6-7　浸膏制取净油的工艺流程

（3）浸提工艺条件

①原料的装载量：装载高度一般为浸提容器的 70%，装载的原料要与溶剂有一个最大的接触面积，确保最好的传质效率，固定浸提最好分格装载。

②溶剂比：溶剂应没过料层，一般为 1∶4~1∶5。

③浸提温度：常在室温下浸提。适当提高温度，溶剂渗透与精油扩散速度加快，浸出率提高。

④浸提时间：达到理论提取得率的 80%~85%，即可完成浸提。

⑤真空浓缩：对含热敏性成分的浸提液，应减压浓缩，真空度选择在 $(8.0~8.4)×10^4 Pa$，加热温度保持在 35~40℃，在减压浓缩近一半时，以 120~150r/min 进行搅拌，至浓缩为粗膏状。

⑥净油的制备：用 95% 以上乙醇沉淀除蜡，乙醇用量为浸膏量的 12~15 倍，在室温下过滤，除去的蜡要用乙醇洗至基本无香，滤液再在 0℃ 下冷冻 2~3h，减压过滤。除蜡后的溶液浓缩到原浸膏量的 3 倍，浓缩真空度为 $(7.3~8.0)×10^4 Pa$，当乙醇蒸发完时，真空度提高到 $9.3×10^4 Pa$，蒸发在水浴上进行，温度控制在 45~55℃，浓缩过程中应搅拌，以加快乙醇的蒸发，至

净油中乙醇残留量不大于 0.5%。

3. 吸附法

在植物精油提取中，吸附法远比蒸馏法、浸提法应用得少。吸附法是通过吸附剂的物理吸附作用，吸附原料中的挥发性精油物质，再通过脱附，即可回收精油。在香料工业中，常用的吸附剂有油脂、硅胶与活性炭，且一般使用粒状硅胶与粒状活性炭。

吸附法分为三种：脂肪冷吸法、油脂温浸法、吹气吸附法。

（1）脂肪冷吸法　先将脂肪基涂于方框玻璃板的两面，随即将花蕾平铺于每框涂有脂肪基的玻璃板上，铺了花的框子应层层叠起，木框内玻璃板上的鲜花直接与脂肪基接触，脂肪基就起到吸附作用。每天更换一次鲜花，直至脂肪基中芳香物质基本上达到饱和时为止。然后将脂肪基从玻璃板上刮下，即得香脂，可直接用于化妆品，也可进一步提取精油。

（2）油脂温浸法　将鲜花浸在温热精炼过的油脂中，经一定时间后更换鲜花，直至油脂中芳香物质过饱和时为止，除去废花后，即得香花香脂。

（3）吹气吸附法　利用具有一定湿度的空气和风量均匀地鼓入一格格盛装鲜花的花筛中，从花层中吹出的香气进入活性炭吸附层，香气被活性炭吸附达饱和时，再用溶剂进行多次脱附回收溶剂，即得吸附精油。

4. 压榨法

压榨法是从香料植物中提取精油的传统方法，主要用于柑橘类精油的提取。

（1）生产原理　压榨是通过机械力将液相从液固两相混合物中分离出来的一种单元操作。在柑橘果皮内除含有芳香成分外，还含有易发生氧化、聚合等反应的萜烯及其衍生物。为保证精油质量，必须在室温下进行压榨，目前生产中常用整果冷磨法和果皮压榨法。

（2）工艺举例　以果皮压榨法为例（图 6-8），操作时，将果皮放入压榨机中先榨取果汁和精油，之后再将其分离。冷冻压榨法是专门用来制取果皮部分精油的方法。

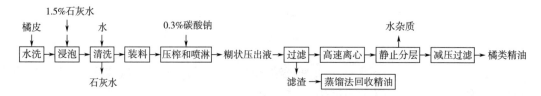

图 6-8　从橘皮中压榨取油的工艺流程

柑橘类精油的化学成分都为热敏性物质，受热易氧化、变质，因此柑橘的提油适用于冷压和冷磨法。当油囊破裂后，精油虽会喷射而出，但仍有部分精油在油囊中，或已喷出的精油为果皮碎屑或海绵组织所吸收，所以在磨或压时，必须用循环喷淋水不断喷向被磨和被压物，把精油从植物原料中冲洗出来。由循环喷淋水从果皮上或碎皮上冲洗下来的油水混合液，常带有果皮碎屑，为此要经过粗滤和细滤，滤液经高速离心机分离，才能获得精油。

柑橘类果皮中精油位于外果皮的表层，油囊直径一般可达 0.4~0.6mm，无管腺，是由退化的细胞堆积包围而成。如果不经破碎，无论减压或常压，油囊都不易破裂，精油不易蒸出。但橘皮放入水中浸泡一定时间后，使海绵体吸收大量水分，或者设法使海绵体萎缩，使其吸收精油的能力大大降低。此外油囊及其周围细胞中的蛋白胶体物质和盐类构成的高渗溶液有吸水作用，使大量的水分渗透到油囊内部和它的周围，油囊内压增加，当油囊破裂时，油液即喷出。

过滤、离心分离得香精，此香精油有少量水分和蜡状物等杂质，放在8℃低温静置6d，杂质与水沉降下来，然后吸取上层澄清精油，再过滤，滤液即为香精油产品。

5. 其他可用于精油提取的高新技术

除蒸馏、浸提、吸附、压榨法外，现代的精油提取涌现出许多高新技术，大大提高了生产效率与精油品质，如超临界CO_2萃取技术、分子蒸馏技术、连续亚临界水萃取技术、微波辅助提取技术、超声波辅助提取技术、生物酶法萃取技术、微胶囊-双水相萃取技术等。

（三）精油提取方法的选择

水蒸气蒸馏法由于设备简单，操作容易，一直是国内外生产精油所采用的主要方法。但是，有些精油不能用水蒸气蒸馏法提取。具体采用何种合适的方法，应综合各种因素全面考虑。

（1）精油成分的热敏性　芳香植物中的成分多数属于热敏性物质，在选择提取方法时，应首先考虑这一因素。用水蒸气蒸馏所得的柑橘精油与压榨法所得精油相比，香气相差较远，就是因为柑橘油中的较多成分与热水、水蒸气接触时容易被破坏。同样，茉莉花用水蒸气蒸馏时，精油的品质也很差。

（2）精油成分的挥发度　挥发性较低的精油不能用蒸馏法蒸馏出来，如香荚兰、黑香豆、安息香、岩蔷薇等都不能采用水蒸气蒸馏法。相反，采用萃取法不仅精油得率高，品质也很好。

（3）精油存在部位和结构　含有精油油囊的柑橘皮，其油囊较大，且多位于外皮层较浅的部位，加之柑橘皮的组织结构比较松软，故适合压榨提取。而根、茎中的精油，则适合粉碎后蒸馏提取。鲜花中的精油，在一定时间和酶的作用下，释放香气较为持久，可采用吸附法提取。

任何一种精油的生产或加工方法，其优缺点的比较，最终还是要反映在生产过程的经济效益上。加工方法不同，工艺过程的长短及复杂程度必然有所区别，所需要生产设备数量的多少及复杂性、投资的大小、辅助材料和能源的消耗等诸因素的差别就更大。所有这些都将反映在产品的生产成本中，这是任何一种精油在选择生产方法时必须同时考虑的重要问题。

四、 精油的净化与分离

用水蒸气蒸馏法、溶剂提取法、吸附法以及压榨法等制备的精油都是混合物，要想得到单一成分就需要进一步分离，一般还需要对原油进行脱色、脱蜡质、脱异味等处理。方法有分馏法、化学分离法、层析法、离子吸附法、溶剂萃取法、减压蒸馏法等，也可几种方法配合使用。

1. 分馏法

利用萜类组成成分的碳原子数（相差5个）和官能团的不同，各成分之间的沸点不同而进行分离。如一般单萜类沸点随双键的减少而降低，三烯>二烯>一烯。含氧单萜的沸点，随着官能团极性增加而增高，醚<酮-醛<醇<酸。利用它们之间的差异，可对其进行分离。含氧倍半萜的沸点更高，常压下蒸馏常被破坏，必须减压蒸馏。

2. 化学分离法

化学法是根据各组成成分所含有的官能团或结构的不同，用化学方法逐一加以处理，达到分离目的。

（1）碱性成分的分离　将精油溶于乙醚中，用1% HCl或1% H_2SO_4萃取数次，分取酸水层，再碱化，用乙醚萃取，蒸去乙醚，即得碱性成分。

（2）酸性成分的分离　将精油的乙醚溶液用5% $NaHCO_3$溶液萃取，分取碱层，再加酸酸化，用乙醚萃取，蒸去乙醚，即得酸性成分。分离后的母液，再用2% NaOH溶液萃取，分取碱层，酸化后，用乙醚萃取，可得酸性或其他弱酸性成分。

（3）含羰基成分（中性成分）的分离　凡含有醛或酮基的化合物，用 $NaHSO_3$ 或 Girard 试剂加成，使亲脂性成分转变为亲水性成分的加成物而分离。

（4）醇类成分分离　将精油与邻苯二甲酸酐或丙二酸单酰氯反应生成相应的酯，形成酸性酯后用碳酸钠水溶液萃取，皂化，即得到原来的醇。

（5）醛、酮成分分离　除去酚、酸成分后的精油母液，水洗至中性，然后加 $NaHSO_3$ 饱和溶液，振摇，分出水层和加成物结晶；将结晶用酸或碱溶液处理，使加成物水解，再用乙醚萃取，可得醛或酮类化合物。

① $NaHSO_3$ 法：分出酸、碱性成分后的乙醚溶液，加 30% 左右的 $NaHSO_3$ 水溶液，低温短时间振摇萃取，也可用 $NaHSO_3$ 溶液加等相对分子质量的醋酸来萃取，分取加成物（一般为结晶），加酸或加碱使加成物分解，即可得到原来的醛或酮。如桂皮醛与 $NaHSO_3$ 加成生成二磺酸衍生物，加酸后可得原桂皮醛。

$$\langle\!\!\bigcirc\!\!\rangle\!-\!CH\!=\!CH\!-\!CHO \rightleftharpoons \langle\!\!\bigcirc\!\!\rangle\!-\!CH\!=\!CHCH(OH)SO_3Na$$

此法要注意操作条件，如处理时间过长或温度过高，易使双键与 $NaHSO_3$ 加成，使反应变为不可逆。如：

$$\langle\!\!\bigcirc\!\!\rangle\!-\!CH\!=\!CHCH(OH)SO_3Na + NaHSO_3 \longrightarrow \langle\!\!\bigcirc\!\!\rangle\!-\!\underset{\underset{SO_3Na}{|}}{CH}\!-\!$$

② Girard 试剂反应：Girard 试剂是指一带有季铵基团的酰肼，常用的试剂 T 和 P 的结构如下：

$$X\!-\!(CH_2)_3N^+\!-\!CH_2\!-\!CO\!-\!NH\!-\!NH_2 \qquad \langle\!\!\bigcirc\!\!\rangle N^+CH_2CONH\!-\!NH_2$$

Girard 试剂 T　　　　　　　　　　Girard 试剂 P

分出酸碱后的中性部分加 Girard 试剂乙醇液，加入 10% 醋酸促进反应。加热回流，反应完成后，加水稀释，用乙醚提取，分取水层，加酸酸化，再加热处理，即得原来的成分。

$$\underset{R_2}{\overset{R_1}{>}}C\!=\!O + NH_2\!-\!NH\!-\!CO\!-\!CH_2\!-\!\underset{\underset{CH_3}{|}}{\overset{\overset{CH_3}{|}}{N^+}}\!-\!CH_3X^- \rightleftharpoons \underset{R_2}{\overset{R_1}{>}}C\!=\!N\!-\!NH\!-\!CO\!-\!CH_2\!-\!\underset{\underset{CH_3}{|}}{\overset{\overset{CH_3}{|}}{N^+}}\!-\!CH_3X^-$$

$$\underset{R_2}{\overset{R_1}{>}}C\!=\!O + NH_2\!-\!NH\!-\!CO\!-\!CH_2\!-\!N^+\!\langle\!\!\bigcirc\!\!\rangle X^+ \rightleftharpoons \underset{R_2}{\overset{R_1}{>}}C\!=\!N\!-\!NH\!-\!CO\!-\!CH_2\!-\!N^+\!\langle\!\!\bigcirc\!\!\rangle X^+$$

（6）其他成分的分离

①酯类：可用精馏法和层析法分离。

②醚类：在精油中不多见，如桉叶油中的桉油精可与浓磷酸作用生成白色的磷酸盐结晶来分离。

③烯类：利用分子中的不饱和双键，制成苦味酸、三硝基苯、三硝基间苯二酚等加成物析出结晶，或利用 Br_2、HCl、HBr 等试剂与双键加成，生成物为结晶，借此可以分离。

上述精油的分离可用图 6-9 流程表示。

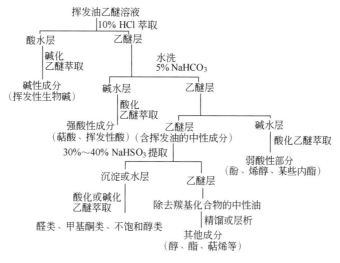

图 6-9　精油的分离流程

中性油部分也可用 Girard 试剂处理，分离流程如图 6-10 所示。

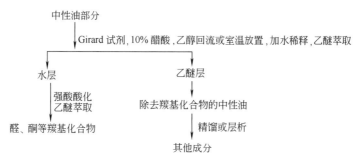

图 6-10　中性油的分离流程

3. 层析法

（1）薄层层析法　精油中所含各类化合物的极性大小顺序为：烃<醚<酯<醛<醇、酚<酸。

①吸附剂：硅胶 G 或中性氧化铝 G（活性Ⅱ至Ⅲ级）。

②展开剂：分离极性较小的成分可用正己烷，或加入一定量乙酸乙酯的石油醚。此外，还可以用其他展开剂，如苯、乙醚、四氯化碳、氯仿、乙酸乙酯，以及不同比例的混合展开剂。

①烃类：

展开剂：己烷、石油醚或戊烷，R_f 由大到小顺序为：饱和烃>一烯烃>二烯烃>奥类>含氧化合物（在原点不动）。

显色剂：茴香醛-浓硫酸试剂，喷后 105℃ 烘烤。

②含氧化合物：

展开剂：正己烷-乙酸乙酯（85：15），各类化合 R_f 由大到小顺序为：烃类（在前沿集成一点）、醚>酯>醛、酮>醇>酚>酸。

显色剂：5%香草醛的浓盐酸溶液或5%香草醛的浓硫酸溶液。

分离具体化合物时可参照表6-1。

表6-1　　　　　　　　　　　　　　分离各种化合物的展开剂和显色剂

化合物	展开剂	显色剂
单萜烯和倍半萜烯	①正己烷 ②环己烷 ③甲基环己烷	荧光素-溴
氧化物、环氧化合物、环氧化合物和过氧化合物、醚类	①苯 ②氯仿 ③正己烷-乙醚（80：20）两次展开	①香草醛-浓硫酸 ②三氯化锑 ③过氧化物可用碘化钾-冰醋酸-淀粉，香草醛-浓硫酸
酯类	①正己烷-乙酸乙酯（85：15） ②正己烷 ③不含醇的氯仿	荧光素-溴
酚类	苯	①香草醛-浓硫酸 ②五氯化锑 105℃烘干 10min
醛类	①苯 ②苯-乙酸乙酯-冰醋酸（90：5：5） ③氯仿	邻联二茴香胺
酮类	①苯 ②苯-乙酸乙酯-冰醋酸（90：5：5） ③氯仿	①邻联二茴香胺 ②5%浓硝酸的浓硫酸
醇类	①正己烷-乙酸乙酯（85：15） ②氯仿-乙酸乙酯（90：10） ③正己烷-异丙醚（50：50）	①荧光素-溴 ②磷钼酸乙醇液 ③香草醛-浓硫酸

对于萜类成分来说，由于异构体较多，往往由于双键位置或数目不同，有很多结构相近的化合物，用一般薄层方法很难分离，可利用不同双键和 $AgNO_3$ 形成 π 络合物的难易来分离。例如，以 2.5% $AgNO_3$ 水溶液代替水调糊制硅胶板，以二氯甲烷-氯仿-乙酸乙酯-正丙醇（10：10：1：1）为展开剂，对苦橙油醇、牛儿醇、香橙醇、愈创木醇、龙脑和雪松醇等萜醇类分离较好。显色剂可用 10% H_2SO_4 喷雾 110℃ 加热，必要时加少许硝酸，或香草醛-浓硫酸。

（2）柱层析　吸附层析和分配层析均可用于精油成分的分离，其中以硅胶柱层析或氧化铝柱层析应用最多，一般方法是将精油溶于己烷中，加到柱的顶端，先以己烷或石油醚冲洗，萜类成分先被洗脱下来，再改用乙酸乙酯洗脱，可把含氧化合物洗脱下来，在洗脱过程中，可逐渐增加溶剂的极性，分段收集，可将各类成分分开。

（3）气相层析法　最常用的是气液层析法（GLC），或程序升温气相层析（TPGC）法，可将精油中单萜、倍半萜以及它们的含氧衍生物分离。气相层析不仅可以定性，也能进行含量测定。

固定相：有饱和烃润滑油（Apiezon L.）、甲基硅酮（Silicone SE-30）、三氟丙基甲基硅酮等，一般多应用聚乙二醇类，能够使烃类精油成分不仅按照沸点差距分离，还能由于双键数目、位置以及其他分子结构的不同所表现出的极性差异，得到比较全面的分离。极性大的成分在极性固定相如聚乙二醇类中保留时间长。

柱温：一萜类在130℃以下；倍半萜类在170~180℃或更高一点温度；含氧的烃类（醇、醛、酮、酯、酚）一般要求柱温为130~190℃。

（4）多种方法结合使用　将离子吸附、溶剂萃取、减压蒸馏、真空过滤等工序结合使用，可以实现对原油的脱色、脱植物蜡质、脱异味等目的。

4. 结晶法

结晶法是利用低温冷冻的方法使精油中某些化合物呈固体状结晶析出，然后将固体物与其他液体成分分离，从而得到较纯的产品。

5. 色谱法

硅胶、氧化铝吸附柱色谱是分离精油成分的常用手段，将色谱法与分馏法结合应用效果更好。一般将分馏后得到的馏分溶于石油醚等溶剂中，通过氧化铝或硅胶柱，先用石油醚或乙烷将不含氧的萜类化合物洗脱，再在石油醚中逐渐增加乙酸乙酯或其他极性溶剂，分段收集，可以使含氧的萜类化合物逐一分离。对于精油中挥发性成分，气相色谱仍然是目前最常用的分离方法。研究表明，采用高效液相色谱分离精油，可以避免气相色谱进样时可能会出现的分子重排和热分解等现象。但由于液体的黏度大，扩散系数小，因而分离速度慢。超临界流体色谱分离精油克服了气相和液相色谱的缺点，具有良好的应用前景。

第三节　精油提取实例

一、玫瑰油的提取

玫瑰油是珍贵的精油之一，以高雅、柔和的特有香气而闻名。国内产的玫瑰油以其独特纯正、头香清雅和尾香味甜而别具一格。玫瑰精油出油率为0.03%~0.04%，其主要成分为芳樟醇（2.93%）、顺-玫瑰醚（1.73%）、香茅醇（29.30%）、β-乙酸苯乙酯、香叶醇（18.57%）等。

（一）水蒸气蒸馏法提取

（1）工艺流程

蒸馏锅中加入玫瑰鲜花100kg→加水600kg→严密封盖→加热→温度升至70~80℃时接通冷凝器开放冷却水→调节冷凝水流量→使流出水温保持在28~35℃→接油水分离器→蒸馏流出水量保持在200kg左右→蒸馏4h→停止加热，关闭冷却水→排渣清洗锅体→重新装花加水（重复蒸馏）。

（2）操作过程 按花：水＝1：6的比例，在蒸馏锅内加入玫瑰花100kg、水600kg，然后加热至沸腾，油水混合汽经冷凝器冷凝成蒸馏液流出，蒸馏4h，当蒸馏液达200~240kg时，即可停止蒸馏。在蒸馏过程中应控制冷却水量，使流出的冷却水温度维持在28~35℃，最多不得超过40℃。冷凝器出口处水温控制在10℃左右较为适宜。蒸馏液流入油水分离器，流满后经分离，蒸馏液从出水管流出，收集到别的容器内保存待复蒸馏。每锅蒸馏完后，将浮在蒸馏液面的玫瑰油，从收油管中收集起来装入干净的玻璃瓶中保存。待蒸馏3锅后，蒸馏液集中600~700kg时合并一起进行1次复蒸馏，复蒸馏3h，蒸出液达到200kg左右时，即停止复馏。同样经油水分离器把浮在蒸馏液面的玫瑰油从收油管收集起来，与第1次收集的玫瑰油合并一起，混合均匀，静置数日即成玫瑰精油。

每次加入100kg玫瑰花，可蒸得25~45g玫瑰精油。复蒸馏液每次蒸馏得油量较多，一般在50~75kg。复蒸馏后在蒸馏锅剩余的水和蒸馏出来的蒸馏水，在蒸馏新花时可以循环使用。

（二）发酵法提取

玫瑰花中存在有玫瑰芳香葡萄糖甙，可用水解来提高产量。玫瑰花保存在20%的盐溶液里，能提高得率。甚至已经处理过的玫瑰花和蒸取精油后的残渣同样可以用酸酶或微生物来水解，如用曲霉、青霉、酵母、根霉、地霉进行发酵，仍能释放一定量的精油或浸膏，其成分与传统的精油或净油的成分相当。发酵法提取玫瑰油的具体操作过程如下：

（1）发酵 用15%的食盐水浸泡玫瑰花，可防止玫瑰花腐烂变质，并使鲜花中的油扩散出来。

（2）蒸馏 将盐水浸过的玫瑰花30kg，盐水60kg放入蒸馏瓶中，进行常压蒸馏。蒸馏釜温度控制在105~106℃；馏出液冷凝后的温度为28~36℃。当馏出液无香味或将冷凝液滴在玻璃板上，无油滴出现时，即可停止蒸馏。

（3）油水分离 馏出液流出油水分离器后，玫瑰中不溶于水的部分集中浮于分离器上部，隔一昼夜后用网匙取出，收集在磨口玻璃瓶中，留待集中精制。

（4）吸附 从分离器流出的馏出液经过3个串联的装有活性炭的吸附柱进行吸附。活性炭吸收精油饱和后，将第一个柱移去并将活性炭收集于密闭玻璃容器中留待浸提。再把吸附柱前移，把盛新鲜活性炭的吸附柱放于第三位。

（5）浸提 用有机溶剂对活性炭进行浸提。第一次浸泡4~6h，以后每次2h，共12次。活性炭中的油浸提完后，将其中的有机溶剂蒸出，可循环使用。

（6）粗蒸 采用易燃溶剂的蒸馏方法对浸提液进行蒸馏，水浴温度控制在60℃以下。

（7）减压共沸精馏 加入无水乙醇，对粗蒸残余物进行减压共沸精馏，真空度为99.3kPa；水浴温度≤60℃，精馏完毕的产品再经精制即为玫瑰油。

二、薄荷油的提取

药用薄荷为唇形科植物薄荷的地上部分，挥发油含量1%~3%。薄荷油为无色或淡黄色透明液体，有强烈的薄荷香气，可溶于乙醇、乙醚、氯仿等有机溶剂。相对密度0.895~0.910，沸点204~210℃。薄荷油的化学组成复杂，已分离出15种以上的成分，其中薄荷醇（脑）占75%~80%，薄荷酮占10%~20%，乙酸薄荷酯占1%~6%，此外还有柠檬烯、异薄荷酮、新薄荷酮、桉油精、蒎烯等。薄荷醇为白色块状或针状结晶，熔点41~43℃，微溶于水，易溶于乙醇、氯仿、乙醚及石油醚等有机溶剂。薄荷油具有祛风、矫味、消炎和局部止痛作用。

（一）水蒸气蒸馏法提取

将薄荷植株割下后，先把下部自然脱叶部分（无叶茎秆）铡掉，随后摊放于田间晒至半干以上再行蒸馏，这样既可减少蒸馏次数，节省燃料和人工，又可加快出油速度，缩短蒸馏时间。产区多采用常压水上蒸馏。

操作程序：蒸馏前应先检查和清洗蒸馏设备的各个部分，然后空蒸（锅中只加水不加原料）1h 左右以去掉残存的气味。锅内加水至距蒸垫 20cm 处。将已晒干的原料均匀投入锅中，中间松紧适度，周围适当压紧些，顶部呈圆头形。盖上锅盖，往连接处的水封槽内加满水，往冷凝桶内加满水，放置好盛满水的油水分离器。加热使锅内水尽快沸腾，待冷凝器大部分出油口有油水混合液流出时，控制热源保持平稳（一般 1m³ 蒸馏锅每分钟流量为 1000mL 以上），流出液温度为 36~40℃。蒸馏终点：一般每锅蒸馏 1.5~2h，以流出液澄清，油花极小（似芝麻大小）时为蒸馏终点，停止加热，出料取油。薄荷的地上部（茎、枝、叶和花序）出油率 0.5%~0.6%，经水上蒸馏所得到的精油称为薄荷原油，原油再经冷冻、结晶、分离、干燥、精制过程，即可得到无色透明柱状晶体的左旋薄荷醇（俗称薄荷脑），提取部分左旋薄荷醇后所剩余的薄荷油即为薄荷素油（又称薄荷脱脑油）。一般 100kg 薄荷茎叶，可出油 1kg 左右。

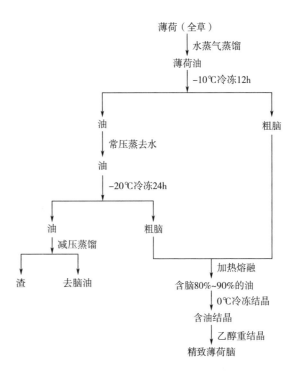

图 6-11　分步冷冻法制备薄荷脑流程
（引自：杨红主编 . 中药化学实用技术 . 2004）

薄荷脑的制备：将薄荷油放入铁桶内，用 1% 食盐使其温度下降至 0℃ 以下，薄荷油便结晶成薄荷脑，再经干燥即得薄荷脑粗制品。一般薄荷油中含薄荷脑 80% 左右。薄荷脑的制备可直接冷冻结晶（图 6-11），也可先经过分馏法将薄荷油分成几个馏分后再冷冻分离薄荷醇（图 6-12）。

（二）超声波辅助有机溶剂提取

该法是利用精油成分在有机溶剂中的分配系数远远大于在水溶液中的分配系数的原理，有选择地提取香味物质。通过超声波辅助，可加快精油的萃取速率，提高精油得率，并缩短提取时间。

工艺流程：薄荷粉末 ⟶ 超声波辅助浸提 ⟶ 抽滤 ⟶ 混合溶液 ⟶ 离心 ⟶ 上清液 ⟶ 蒸发回收溶剂 ⟶ 干燥 ⟶ 薄荷精油。

操作步骤：准确称取 100kg 的薄荷粉末放于萃取瓶中，缓慢加入浸提溶剂正己烷 650~

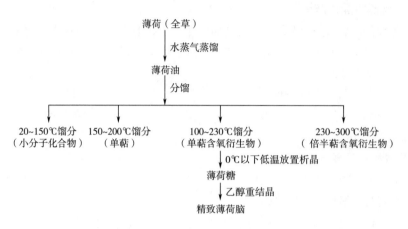

图 6-12 先分馏后冷冻制备薄荷脑流程

（引自：张秀琴，李爱玲编．中药化学．2002)

700kg，搅拌使薄荷全部没入溶液中，萃取瓶封口后放入工业超声波发生器中，设置超声波功率 700W，超声提取温度 50℃，提取 40min。提取完后过滤分离混合溶液与薄荷残渣，将混合溶液在 40℃下旋转蒸发回收滤液中的正己烷，剩下的即为薄荷精油。超声波辅助正己烷提取薄荷精油的得率达到 1.56%。

（三）超临界提取

利用超临界 CO_2 的特殊溶解能力，可有选择性地将薄荷中的精油按极性大小、沸点高低和相对分子质量大小依次萃取出来。提取工艺流程如下：

薄荷粗粉

主要操作参数：干薄荷粉碎成 40~60 目的粗粉，将 100kg 粗粉加入 500L 的不锈钢萃取釜中，根据生产需求，萃取釜可多个并联或串联；加入薄荷粉后密闭萃取釜，通入超临界 CO_2，使萃取釜内萃取压力达到 10MPa，于 55℃萃取 2.0h；萃取完成后分步在分离器中降压分离 CO_2、薄荷精油及残渣，Ⅰ、Ⅱ 级分离器温度均控制在 35℃，分离得到薄荷精油。超临界 CO_2 萃取得到的薄荷精油质量高，精油得率也高，可达 2.18%~2.24%。

对上述三种薄荷精油的提取方法进行比较，可发现水蒸气蒸馏法操作简单，成本低；提取到的精油香味比较纯正；但是得油率太低，耗时长，且温度太高，容易对薄荷原有的香气成分造成破坏。超声波辅助有机溶剂萃取法提取时间较短，能耗低，提取效率高；萃取温度低，不会破坏具有热不稳定、易水解或易氧化的有效成分；工艺简易安全，设备投资低；但提取的精油常有有机溶剂残留，提取纯度较低。超临界萃取法设备昂贵，提取剂 CO_2 消耗比较大，成本较高；但是提取工艺简便，萃取速度快、选择性能好，精油的纯度高，且产率远高于传统提取方法。

三、 细辛精油的提取

细辛为常用中药材，其根含精油 3.0% 左右，有解热、镇痛、镇静、降压和局部麻醉等作用。细辛精油中主要成分为：顺甲基异丁香酚（约占60%）、茴香酮（13%）、黄樟醚（8%）、桉油精（7%）以及细辛醚（约为2%）。此外尚有 α-蒎烯、β-蒎烯、龙脑等。各组分的结构式如下：

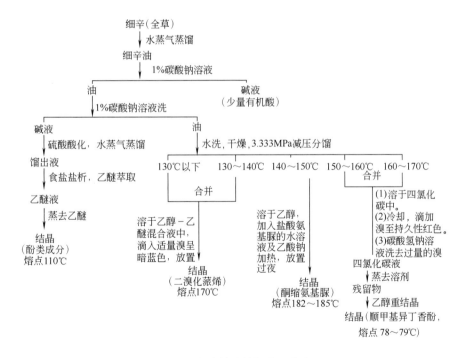

细辛挥发油的提取方法有水蒸气蒸馏法、超临界 CO_2 流体萃取法、超声波辅助提取法等。近年来，超声波辅助提取法、超临界 CO_2 萃取已发展为天然产物活性成分提取的重要方法，与其他传统提取方法相比，对目标产物的提取率明显增加，提取时间短且提取温度低，在生产中发展很快。

（一）水蒸气蒸馏法提取

提取工艺流程及操作如图6-13所示。

图6-13　细辛精油的提取工艺流程

（二）超临界 CO_2 萃取

取30目的细辛粗粉100kg，加入约200kg的50%乙醇浸泡过夜，温度控制为37℃。次日装入500L的萃取釜中，萃取釜的系统压力由2台泵提供，由压力阀调控，将 CO_2 泵入电加热器，进行预热，使之达到超临界状态。在釜内，萃取物与超临界流体在一定的温度、压力下进行复杂的质量传递和热量传递。萃取完成后开启压力阀慢慢卸压后，超临界流体和萃取物进入收集器。

超临界 CO_2 萃取的条件：萃取压力 30MPa，温度 40℃，CO_2 的流量为 35kg/h，萃取时间为 1.3h。以上条件是影响挥发油萃取率的主要因素。收集器中获得的深棕色透明油状物即为细辛挥发油，具有特殊的芳香气味，得率可达到 5.1%。

四、 大茴香醛的提取

大茴香醛又称茴香醛、对茴香醛，商品名为奥白滨，存于八角科植物八角果实中。大茴香为我国特产香料植物，在广西、广东、福建、云南、贵州均有栽培。八角果实（干）含油8%～12%，其中含大茴香脑80%～90%，而大茴香醛仅 0.3%，因此一般由大茴香脑制备大茴香醛。伞形科植物小茴香果实精油含少量大茴香醛。

（一）大茴香醛的性质

大茴香醛的分子式为 $C_8H_8O_2$，相对分子质量 136.16；沸点 106～107℃/5mmHg，82℃/2mmHg；相对密度 $d_4^{15}1.123$；折光率 $n_D^{20}1.5730～1.5750$。溶于乙醇、苯及氯仿，溶于 7～8 倍体积的50%乙醇和约 300 倍体积的水中（微浊）。在大气中可氧化成大茴香酸结晶，熔点 184.2℃，闪点 121℃。大茴香醛为无色油状液体，有强烈的茴芹和山楂香气。

（二）制备

常用茴香脑氧化法制备茴香醛。取大茴香果实粉碎，用水蒸气蒸馏提取出大茴香油。冷冻，析出白色大茴香脑结晶，用80%乙醇重结晶，得到大茴香脑。取大茴香脑 100 份，加重铬酸钾 162 份，45%硫酸 380 份，水 1000 份和氨基苯磺酸 20 份，于60℃左右加热反应约 1h，即生成大茴香醛。冷后用苯或氯仿萃取出来，再用真空精馏法精制，收率约 65%。

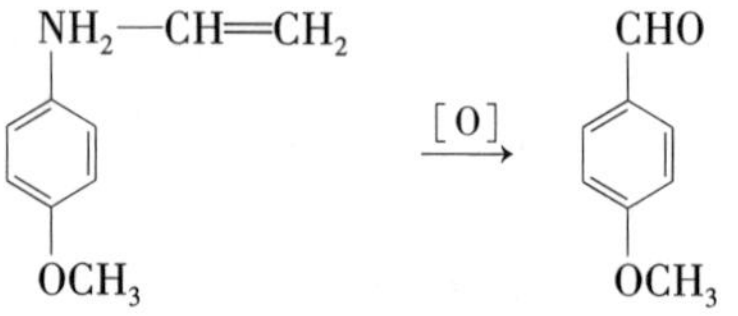

大茴香脑　　　　　　　大茴香醛

五、 苯甲醛的提取

苯甲醛以苦杏仁苷的形式存在于蔷薇科植物苦杏、山杏、西伯利亚杏及东北杏等的核仁中。苦杏仁中含有 3.0% 的苦杏仁苷、约 50% 的杏仁油及少量苦杏仁苷酶、雌性酮及 α-雌二醇等。甜杏仁含 43.4% 的油及 0.11% 的苦杏仁苷。

（一）苯甲醛的性质

苯甲醛的分子式为 C_7H_6O，相对分子质量 106.122；沸点 179℃，62℃/10mmHg，45℃/5mmHg；相对密度 $d_{15}^{15}1.0506$，折光率 $n_D^{20}1.5450$，熔点 -26℃，闪点 62℃。溶于乙醇及 8 倍体积的50%乙醇，溶于 300 倍体积水中。苯甲醛为无色或微黄色透明液体，有杏仁香气。

由于苯甲醛具有独特的甜味、芳香味和杏仁气味，是合成香精香料的一种重要中间体，在食品、化妆品、医药及肥皂中用作香料。在工业中主要用于生产桂酸、月桂醛和品绿等，也是苯甲醇、苯胺、苯甲酮和杀虫剂最基本的原料。苯甲醛的蒸气有温和的麻醉作用，应避免与皮肤或眼睛接触。

苦杏仁苷经水解即生成苯甲醛和葡萄糖，如下式所示：

$$C_3H_5-C_6H_5 \overset{O-C_6H_{10}O_4-O-C_6H_{11}O_5}{\underset{CN}{|}} \longrightarrow C_6H_5CH \overset{O-C_6H_{11}O_6}{\underset{CN}{|}} + C_6H_{12}O_6$$

$$C_6H_5CH \overset{O-C_6H_{11}O_6}{\underset{CN}{|}} \longrightarrow C_6H_5CHO + HCN + C_6H_{12}O_4$$

苯甲醛氢氰酸

（二）制备工艺

（1）由苦杏仁提取　将苦杏仁用冷压榨法压榨去油，得到杏仁粕，加适量 $Ca(OH)_2$ 及少量 $FeCl_2$ 或 $Fe_2(SO_4)_3$ 溶液，搅匀，放置 $2 \sim 3d$ 后用水蒸气蒸馏法提取。苦杏仁中的氢氰酸形成普鲁士蓝沉淀物，仅苯甲醛馏出。然后将其再精馏一次，得到纯品。

（2）苦杏仁酶法提取　将苦杏仁压碎，浸入水中，并保持水温在 $40 \sim 50℃$，苦杏仁中的苦杏仁酶溶出，将苦杏仁苷水解成苯甲醛、氢氰酸和葡萄糖。加碱将氢氰酸中和后进行水蒸气蒸馏，苯甲醛即馏出。也可先用20%酒精或甘油将苦杏仁酶于 $40 \sim 50℃$ 浸取出来后用于酶解苦杏仁苷。

（3）由甲苯合成　用电解法氧化甲苯生成苯甲醛，收率达95%。

（4）漆酶催化苯甲醇氧化制备苯甲醛　采用煤基活性炭为载体，通过20%稀 HNO_3 氧化处理，先后接枝 γ-胺丙基-3-乙氧基硅烷、偏苯三酸酐，进行络合反应，制备得到新型铁离子配合物催化剂。该催化剂氧化苯甲醇合成苯甲醛的收率最高可达16.9%，选择性达72.5%。

六、丁香酚的提取

丁香酚存在于桃金娘科植物丁香、唇形科植物毛叶罗勒和樟科植物锡兰肉桂等的精油中。丁香花蕾中丁香油含量可达 $16\% \sim 19\%$，丁香油具有止痛、抗菌消炎等作用。

（一）丁香酚的性质

丁香酚的分子式为 $C_{10}H_{12}O_2$，相对分子质量164.21；沸点254℃，121℃/10mmHg，111℃/5mmHg；相对密度 $d_4^{20}1.0664$，折光率 $n_D^{20}1.5405$，闪点104℃。几乎不溶于水，1:2溶于60%乙醇，与乙醇、氯、乙醚及油可混溶，溶于冰醋酸。丁香酚为无色至淡黄色液体，露置空气中颜色逐渐变深。丁香酚有强烈的辛香香气。

丁香酚

（二）制备

丁香油为无色或浅黄色的液体，具有香味和挥发性，易溶于二氯甲烷、氯仿、乙醇等有机溶剂中，难溶于水，但可以随水蒸气蒸馏而不被破坏，因此，可利用此性质，采用水蒸气蒸馏法将丁香中的挥发油分离出来，再将其溶于氢氧化钠溶液中，转变

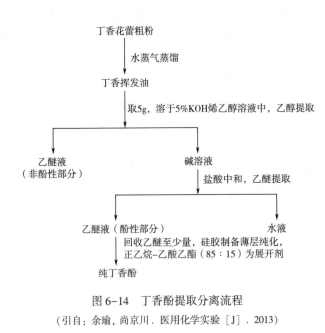

图6-14 丁香酚提取分离流程

（引自：余瑜，尚京川．医用化学实验［J］．2013）

为可溶于水的钠盐，从而与油层分离。丁香酚钠盐中加酸酸化，又可使丁香酚游离析出，利用此性质可从丁香油中分离丁香酚。丁香酚的提取分离流程如图6-14所示。

提取：取丁香花蕾或叶的粗粉100kg置于蒸馏器内，加入蒸馏水浸没粗粉，打开阀门连接挥发油提取器（相对密度>1），再接冷凝器，蒸汽或电热套加热，调节温度使蒸馏液保持60~100mL/min，至收集器中油量不再增加，停止加热，放置1h后，收集器中挥发油量13~15kg。

分离：将丁香油与过量的3%氢氧化钾水溶液混合并剧烈搅拌直到全部丁香酚均形成钾盐并进入溶液中；用乙醚提取除去非酸性部分，乙醚提取过的碱性溶液，用盐酸中和后乙醚提取，得酸性成分，再用硅胶制备薄层纯化，用正己烷-乙酸乙酯（85：15）为展开剂，可得到纯净的丁香酚。

七、 香辛料精油的提取

（一）姜油的提取

姜为姜科姜属植物，多年生草本，其根茎入药。干姜味辛性热，具温中散寒、回阳通脉、燥湿消痰功能。研究表明，干姜中的辣味成分如姜酚、姜烯酚或姜（油）酮等姜烯酚类化合物具有明显的健胃、调压、保肝、抗炎、中枢抑制等药理活性，是干姜中一类重要的有效成分。

生产中，利用姜油的挥发性和水不溶性，采用水蒸气将姜油蒸馏出来，经过冷却、油水分离后，即得姜油产品。其具体操作过程如下：

（1）原料预处理 挑选无虫蛀、无霉烂、无发芽的鲜姜，除去根须，洗净后切成4~5 mm厚的姜片。

（2）烘干 在60~65℃下烘6~8h，使鲜姜片含水量降到12%以下。也可置于竹帘上晒5~6d。一般每100kg鲜姜片制成干姜片12.5kg。

（3）粉碎 用粉碎机将干姜片粉碎成粗粉，过20目筛。姜粉不能太粗，太粗影响出油；也不能太细，太细水蒸气不易透过。

（4）蒸馏、冷却 准备好不锈钢蒸锅，蒸锅中放箅子，箅子上展铺一层纱布，将姜粉疏松地铺在纱布上。姜粉表面与上层箅子应保留一定空间，以利水蒸气透过。装好姜粉后，将蒸锅的蒸馏管接上冷却器，注意保持冷却器的进出口高度差，进口要高，出口要低。蒸锅通蒸汽，蒸汽压力保持在0.12~0.13MPa。姜油随水蒸气从蒸馏管进入冷却器，蒸汽和汽化的姜油在冷却器中冷却成油水混合物。

（5）油水分离　用油水分离器在冷却器出口处收集油水混合物，静置后，油水自动分离，上层为姜油，下层为水。使用分离器放去下层的水，即得姜油产品。姜油得率一般为 3% ~ 4%。

（二）花椒油的萃取

1. 工艺流程

萃取花椒油的工艺流程如图6-15所示。

2. 操作过程

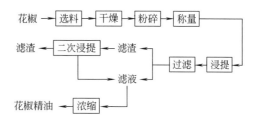

图6-15　花椒油的萃取工艺流程

（1）原料的预处理　选用未开裂的花椒干果实，先在60℃恒温下干燥4h，然后粉碎处理。花椒果实细胞破坏得越彻底，其内部的花椒精油越好分离，越容易扩散到溶剂中。花椒果实破碎得越细，获取的花椒精油越多，一般选用粒度为40目的花椒粉末。

（2）花椒精油的提取　用溶剂从固态花椒粉末中提取花椒精油是一个传质过程。在固-液体系中，所采用溶剂的性质及提取操作的温度、时间、浓度、方式等都对提取速率和收率有影响。另外，提取花椒精油所选用的溶剂必须对有效组分有良好的选择性和较低的黏度。前者使有效组分有相对大的溶解度，后者使之有较大的扩散系数，并使溶剂能够较快地循环流动，以加快提取速率。所选择的溶剂既要价廉、低毒、易得，还必须容易回收。与乙醚和丙酮相比，乙醇的提取效果最佳。用无水乙醇作溶剂，温度保持在78℃左右，采用回流提取的方法，4h就能达到从花椒果实中提取花椒精油的最佳效果，其最高产率可达11.84%。产品外观为棕褐色油状液体，具有浓重的芳香、麻辣气味，相对密度 $d_4^{20} = 0.8690$，折光率（20℃）为 1.4680 ~ 1.4725。

（3）花椒精油的后处理　提取液经减压过滤后，加入适量的无水硫酸钠去除水分，抽滤后减压回收溶剂，即得花椒精油。

（三）大蒜精油的提取

蒜油又称蒜素，是从百合科葱属植物大蒜中提取的油状黏稠液体。蒜油是一种精油，它是大蒜中大蒜氨基酸经酶水解后的产物，由20多种易挥发物质组成。主要有大蒜辣素（0.18% ~ 0.5%）、大蒜新素及多种烯丙基、丙基、甲基组成的硫醚化合物。

目前常用的蒜油提取方法有两种：压榨法和有机溶剂萃取法。压榨法设备简单，操作容易，但蒜油提取不彻底；溶剂萃取法提取彻底，出油率高，条件温和，蒜油质量好，同时易于精炼提纯。

1. 乙醇萃取法

（1）工艺流程　从大蒜中提取蒜油的工艺流程如图6-16所示。

（2）操作过程　将无虫斑、无病变的大蒜脱皮后，充分漂洗，然后甩水或沥干，将蒜瓣破碎成1~2mm，放入提取器内。加入事先预热至65~75℃的95%乙醇。在浸提过程中保持恒温，浸提6~12h后过滤分离，取其滤液，将滤液升温至70~80℃（或通入蒸汽4~10 min），直至滤液中产生絮状沉

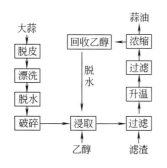

图6-16　大蒜油的提取工艺流程

淀,然后滤去沉淀,将滤液移至浓缩锅中低温真空浓缩,温度控制在 40~50℃,真空度在 (7.6~10.1)×10⁴Pa,即可得粗制蒜油。同时回收乙醇循环使用。

将粗制蒜油进行净化处理,以除去蛋白质、胶质物质。在粗制蒜油中直接通入水蒸气 4~10min 后进行高速离心分离,取其表层油质,经脱水即制成大蒜精油。大蒜出油率在 1.6%~2.8%(干重)。

2. 超临界 CO_2 流体萃取

(1)工艺流程 大蒜去皮 → 洗净 → 捣碎 → 装填萃取柱 → 密封 → 超临界萃取 → 降压 → 大蒜油,工艺流程如图 6-17 所示。

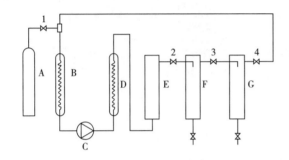

图 6-17 超临界 CO_2 萃取大蒜油工艺流程

A—CO_2钢瓶 B—液化器 C—高压计量泵 D—加热釜
E—萃取釜 F—分离器 I G—分离器 II 1.2.3.4—阀门
(引自:臧志清,周端美. 超临界 CO_2
连续萃取蒜油的实验研究,1998)

(2)操作过程 称取大蒜片 350g 均匀填置于萃取釜内,从钢瓶 A 中流出的 CO_2 经液化器 B 冷凝至液体,经泵 C 加压至所需的萃取压力 10MPa,然后经加热釜加热至萃取温度,由底部进入萃取釜 E 内进行萃取,萃取温度 40℃,溶有大蒜油的超临界 CO_2 经减压阀进入分离器 I,分离温度 45℃,压力下降至设定压力 6MPa,超临界 CO_2 变为气相状态,溶解度急剧下降,部分溶质析出,沉积于分离器 I 底部,缓慢打开并调节分离器 I 出口阀门,使分离器 I 压力保持在设定压力,CO_2 重新进入液化器 B 冷凝至液态进行循环萃取。当达到设定的 CO_2 循环量时,停止萃取。收集分离釜内的样品,即为大蒜油。

本章小结

植物精油是植物体内相对分子质量较小、可随水蒸气蒸馏,且具有一定气味的挥发性油状液体物质的总称。精油在生物体内的分布、含量和组成各不相同,它们与植物的种类、生态因子、气候条件、植物的生长发育阶段等都有关系。

精油除了有舒缓与振奋精神的功效以外,对于神经、呼吸、血液、消化、皮肤等方面的病症都有舒缓或者减轻症状的功效。依照功能区分,精油可分为舒缓与振奋两大类;若以气味又可分为柑橘类、药草类、香料类、花类、树脂类、异国风味类与树类;根据植物的种类分成九大类:柑橘类、花香类、草本类、樟脑类、木质类、辛香类、树脂类、土质类以及种子类。

精油几乎不溶于水,或者溶解甚微,但也有少数精油成分溶于水中。精油能随水蒸气蒸出,易溶于多种挥发性有机溶剂。精油在常温下为油状液体,少数精油冷却后可析出结晶性固体,称为"脑",析出结晶后的油称为"脱脑油"。

精油中常见的化学成分有：萜类、酸类、醇类、醛类、酯类、酮类。大多数精油都含有萜烯类化合物，具有不对称碳原子，几乎都具有旋光性，其化学性质主要是烯的性质，如不饱和性和呈色反应等。

精油的提取过程一般包括：原料的准备、精油的提取和精油的分离三大步骤。提取精油的常用方法有水蒸气蒸馏法、浸提法、压榨法和吸附法四大类。水蒸气蒸馏法是将精油与水同时馏出，再行分离得到精油的方法，分为间歇式与连续式水蒸气蒸馏法两种。根据原料性质和设备不同，间歇式水蒸气蒸馏法又分为水中蒸馏、水上蒸馏和水汽蒸馏三种类型。浸提法是利用精油能很好地溶解于某些挥发性溶剂中，从植物中提取精油，再蒸除溶剂，制得浸膏的一种提取方法。浸提法一般只适用于香花的加工，有些香树脂也可以采用此法提取浸膏。吸附法是通过物理吸附作用，使精油吸附在吸附剂上，而吸附剂本身不发生变化，通过脱附，就能回收精油。常用的吸附剂有硅胶、活性炭等。吸附法又分为脂肪冷吸法、油脂温浸法、吹气吸附法三种。压榨法是从香料植物原料中提取精油的传统方法，主要用于柑橘类精油的提取。超临界 CO_2 流体萃取法提取精油在工业中的应用越来越广泛。分离单体精油常用的方法有分馏法、化学法和层析法，在实际应用中往往几种方法配合使用才能达到目的。

🔍 思考题

1. 举例说明精油有哪些功效。
2. 精油的主要成分包括哪些物质？
3. 精油的提取工艺有什么特点？
4. 如何选择精油的提取方法？可用于提取精油的方法有哪些？
5. 如何从精油中分离得到单体化合物？
6. 如何从玫瑰、薄荷、丁香中有效提取精油？

参考文献

1. 甘昌胜，尹彬彬，张靖华等．艾叶精油蒸馏制取对相应水提液活性成分的影响及其抑菌性能比较．食品与生物技术学报，2015，34（12）：1327-1331

2. 刘普，李小方，高嘉屿等．流苏花精油的超临界 CO_2 萃取及抗菌活性研究．林产化学与工业，2015，35（06）：126-132

3. 陈建烟，李欣欣，余雪芳等．花叶艳山姜叶片精油提取工艺优化．热带作物学报，2014，35（05）：1012-1015

4. 徐世千，李晓东，张建国．不同方法提取组培百里香精油质量及成分的比较分析．植物科学学报，2013，31（06）：609-615

5. 李翔，王卫，刘达玉等．麻竹叶挥发油提取工艺及化学成分的 GC-MS 分析．中国食品添加剂，2013，9（06）：92-98

6. 刘映良，柳青，陈丽等．金叶含笑假种皮精油的提取与分析．光谱实验室，2012，29（05）：2790-2793

7. 姜清彬，李清莹，王里等．四种方法对火力楠叶片油的提取分析．分子植物育种，2018，16（06）：1985-2000

8. 龙艳珍，吴菲菲，赵良忠等．微切助互作技术提取橘皮香精油研究．食品安全质量检测学报，2016，7（10）：4045-4049

9. 吴菲菲，赵良忠，徐永平等．以氯化钠为助剂的微切变—助剂互作技术辅助提取柑橘皮香精油的研究．食品安全质量检测学报，2016，7（08）：3246-3252

10. 樊梓鸾，袁彬，王振宇．响应面优化高剪切乳化技术辅助提取红松精油的研究．北京林业大学学报，2015，37（11）：109-114

11. 张怀予，王军节，陈园凡等．水蒸气蒸馏法提取花椒精油及挥发性成分分析．食品与发酵工业，2014，40（07）：166-172

12. 邹小兵，陶进转，喻彦林等．无溶剂微波提取-气相色谱-质谱法测定八角挥发油．理化检验（化学分册），2011，47（03）：271-274

13. Zhao T, Fei G, Lin Z, et al. Essential Oil from Inula britannica Extraction with $SF-CO_2$ and Its Anti-fungal Activity [J]. Journal of Integrative Agriculture, 2013, 12 (10): 1791-1798

14. Kusuma H S, Mahfud M. Microwave hydrodistillation for extraction of essential oil from Pogostemon cablin, Benth: Analysis and modelling of extraction kinetics. Journal of Applied Research on Medicinal & Aromatic Plants, 2016, 4: 46-54

15. Filly A, Fernandez X. Minuti M, et al. Solvent-free microwave extraction of essential oil from aromatic herbs: from laboratory to pilot and industrial scale. Food Chemistry, 2014, 150 (5): 193-198

16. Dai Y J, Shi H J, Zhou H Y, et al. Study on Extraction Technology of Essential Oil from Thuja occidentalis. Medicinal Plant, 2012, 9: 101-102

17. Larkeche O, Zermane A, Meniai A H, et al. Supercritical extraction of essential oil from Juniperus communis, L. needles: Application of response surface methodology [J]. Journal of Supercritical Fluids, 2015, 99: 8-14

18. 姜黎，王向未．薰衣草精油抑菌作用的研究．农产品加工·学刊，2011，07（04）：73-75

19. 杨莹．薰衣草精油对大鼠血压的影响．中华高血压杂志，2010，18（9）：845-849

20. 李家霞．吸入不同浓度薰衣草精油对高血压患者血压的影响．安徽医药，2011，15（11）：1418-1421

21. 高甜惠，李晓储，何冬宁等．云南拟单性木兰挥发物质及其抗肿瘤和抑菌活性初步研究．中国野生植物资源，2006，25（4）：44-46

22. 章亚芳，魏林生，蒋柏泉．微波辅助蒸汽蒸馏提取-气相色谱-质谱法测定矮化芳樟枝叶挥发油成分．理化检验（化学分册），2012，48（6）：649-656

23. 于功明，刘克胜，秦大伟等．酶法辅助提取对迷迭香精油出油率的影响．山东轻工业学院学报：自然科学版，2012，26（4）：58-60

24. 余瑜，尚京川．医用化学实验（第二版）．北京：科学出版社，2017

25. 周诰均，李玉华，杜永华等．不同水蒸气蒸馏方式对油樟油提取率及主要成分含量的影响 [J]．湖北农业科学，2017，56（3）：520-522

26. 杨红主编．中药化学实用技术．北京：化学工业出版社，2004

27. 张秀琴，李爱玲编著．中药化学．北京：中国医药科技出版社，2002

28. 臧志清，周端美．超临界二氧化碳连续萃取蒜油的实验研究．中国粮油学报，1998（3）：21-24

CHAPTER

7

第七章
生物碱提取工艺特性

学习目标

　　了解生物碱的概念和分类；掌握生物碱的结构和理化性质；掌握总生物碱的提取方法和工艺特性，掌握单体生物碱的分离纯化和鉴定方法。

第一节　概述

　　生物碱（alkaloids）是一类存在于生物体的含氮有机化合物（氨基酸、蛋白质、肽及核酸、含硝基和亚硝基的化合物如马兜酸类、卟啉类除外），具有类似碱的性质，能和酸结合成盐。生物碱在天然产物研究中占有极其重要的地位，它对人类治疗疾病和发展化学药物方面都起了重要作用。

　　生物碱是人类研究最早的一类生物活性天然产物。在我国，17世纪初就记载了从乌头中提炼乌头碱毒物作箭毒用；在欧洲，1806年德国药剂师 F. W. Sertüner 从鸦片中分离得到结晶的吗啡碱，这是首次发现的生物碱类化合物，并以此为标志，开始了生物碱研究的新时代。迄今为止，已从自然界分离出 1 万多种生物碱，用于临床的有近百种，如长春碱、长春新碱、喜树碱、秋水仙碱、益母草碱、麻黄碱等。

　　生物碱在植物中分布广泛，据统计，最少有 100 多个科的植物中均含有生物碱。大多数生物碱集中分布在系统发育较高级的植物类群裸子植物，尤其是被子植物中。如裸子植物的红豆杉科、松柏科、三尖杉科等植物；单子叶植物的百合科、石蒜科和百部科等植物中；双子叶植物的防己科、茄科、罂粟科、豆科、夹竹桃科、毛茛科、小檗科、紫草科、马钱科、茜草科、芸香科、龙胆科、番荔枝科等植物中。生物碱在低等植物中分布较少，例如菌类植物麦角菌类含有麦角生物碱；苔藓、地衣类植物中含吲哚类生物碱；蕨类植物的木贼科、卷柏科、石松科等植物也含有生物碱。在有些科中，差不多所有的植物都含有生物碱，而有些科只有少数几个属或若干种植物含有生物碱，且往往是科属亲缘关系相近的植物，尤其在同属植物中含有的生物碱会具有相同或相似的化学结构；但同一种生物碱可分布在多种科中，如小檗碱在毛茛科、芸香科、小檗科的一些植物中都有存在。

　　生物碱在植物体内往往集中在某一部位或某一器官，例如黄柏和金鸡纳树中的生物碱集中在皮部；石蒜中生物碱集中在鳞茎；三颗针中生物碱集中在根部，尤以根皮中含量较高；白屈菜虽全草均含生物碱，但其根部的含量比花与叶部位要多些；麻黄碱主要含在麻黄的茎内，且以茎的髓部含量较高，其根部则不含麻黄碱。

　　生物碱在生物体内的含量一般较低，大多低于1%，但有少数含量特别多或特别少的特殊情况。如黄连根中小檗碱含量可高达8%～9%，金鸡纳树皮中的生物碱含量达10%～15%，而长春花中的长春新碱含量只有约百万分之一。

　　植物在生长过程中，不同的条件包括自然环境与生长季节，对生物碱含量都可能有显著影响，因此采收原料时要注意产地和季节的选择。例如产在山西大同附近的麻黄，生物碱含量可高达1.6%左右，而其他地区产的麻黄，生物碱含量变异颇大，有的地区甚至很低。同时，秋末冬初时采集的麻黄草，含生物碱量也较高。曼陀罗植物中生物碱的含量随光照而变化，早晨光照充足时叶片中含量高，而傍晚时根中含量最高。

　　生物碱大多具有生物活性，常常是许多药用植物的有效成分。例如罗芙木中的降血压成分利血平、鸦片的镇痛成分吗啡、麻黄的抗哮喘成分麻黄碱、长春花的抗癌成分长春新碱、黄连的抗菌消炎成分黄连素等。但也有例外，如贝母和乌头中的生物碱并不代表原生药的疗效，有些甚至是中草药的有毒成分（如马钱子中的士的宁）。有些中草药虽然含有几种或几十种生物碱，但有效的往往只有一两种，如麻黄碱有效，而伪麻黄碱、甲基麻黄碱则无效。生物碱的有毒或无效是相对而言的，随着药学的发展和研究的深入，原来被认为有毒或无效的成分已找到了新的用途，如蒂巴因可用作合成某些强效镇痛药物的原料，士的宁可作为中枢神经兴奋剂。

第二节　生物碱的分类及其结构

　　生物碱种类繁多，来源不同且结构复杂，其分类方法也各不相同。有的按植物来源分类，如从石蒜中提取的生物碱称为石蒜生物碱，长春花中提取的生物碱叫长春碱，烟叶中提取的生物碱叫烟碱，以及麻黄中的麻黄碱、喜树中的喜树碱等；有的按化学结构分类，如利血平、长春新碱属于吲哚类，槟榔碱、半边莲碱属于吡啶类，咖啡碱、茶碱属于嘌呤类等。按照生物碱的基本结构，可分为60余类，主要类型有：有机胺类（麻黄碱、益母草碱、秋水仙碱）、吡咯烷类（古豆碱、千里光碱、野百合碱）、吡啶类（菸碱、槟榔碱、半边莲碱）、异喹啉类（小檗碱、吗啡、粉防己碱）、吲哚类（利血平、长春新碱、麦角新碱）、莨菪烷类（阿托品、东莨菪碱）、咪唑类（毛果芸香碱）、喹唑酮类（常山碱）、嘌呤类（咖啡碱、茶碱）、甾体类（茄碱、浙贝母碱、澳洲茄碱）、二萜类（乌头碱、飞燕草碱）、其他类（加兰他敏、雷公藤碱）。现根据生物碱分子中的基本母核，将较重要的几种类型分别举例介绍如下。

一、　有机胺类生物碱

　　有机胺类生物碱是一类氮原子不接在环内的生物碱，种类繁多，分布较广，其中药用价值或生理活性较高的有秋水仙碱、麻黄碱、益母草碱等。各种有机胺类生物碱，由于来源不同，结构相差较大。

1. 麻黄碱

从麻黄中分离到的生物碱总称为麻黄生物碱，已知结构的在 6 种以上，含量较多的是左旋麻黄碱和右旋伪麻黄碱，此外还有少量左旋甲基麻黄碱、左旋去甲麻黄碱、右旋甲基麻黄碱和右旋去甲麻黄碱。麻黄生物碱主要存在于草麻黄和木贼麻黄的草质茎中，在草麻黄中含量可达 1.3% 以上，在木贼麻黄中含量更高，达 1.75%，以左旋麻黄碱为主，占总生物碱的 60%~90%。

麻黄碱又称麻黄素，属于芳香族胺基醇衍生物，为仲胺类生物碱，学名 1-苯基-1-羟基-2-甲胺基丙烷，氮在侧链上。麻黄碱分子中有两个不对称碳原子，故有四个异构体：左旋麻黄碱、右旋麻黄碱、左旋伪麻黄碱和右旋伪麻黄碱。常用的麻黄碱指左旋麻黄碱，它与右旋伪麻黄碱互为旋光异构体，它们在苯环的侧链上都有两个手性碳原子，有四个旋光异构体，但在麻黄草中只有左旋麻黄碱和右旋伪麻黄碱存在。

麻黄碱具有兴奋中枢神经、升高血压、扩大支气管、收缩鼻黏膜及止咳作用，伪麻黄碱具有拟肾上腺素的药理作用。

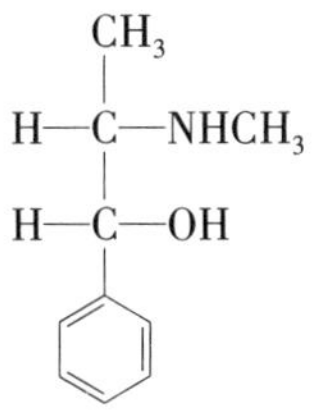

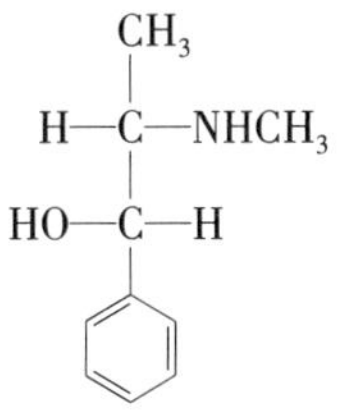

2. 秋水仙碱

秋水仙碱是环庚三烯酮醇的衍生物，分子中有两个骈合七元碳环，氮在侧链上，成酰胺状态。为灰黄色针状结晶，可溶于水，易溶于乙醇或氯仿。秋水仙碱能抑制细胞有丝分裂，临床用于治疗癌症，可抑制癌细胞的增长，对急性中风有特异性作用，但副作用较大，可引起恶心、腹胀、肠麻痹、白细胞和血小板减少等症。

3. 益母草碱

益母草碱是胍的衍生物，氮在侧链上，具有较强的碱性。是从中药益母草中分离的一种重要生物碱，在益母草中的含量为 0.02%~0.04%。益母草碱能收缩子宫，对子宫有增加其紧张性与节律性作用，临床可用于催产。此外，益母草碱还具有活血化瘀，利水消肿的功能。

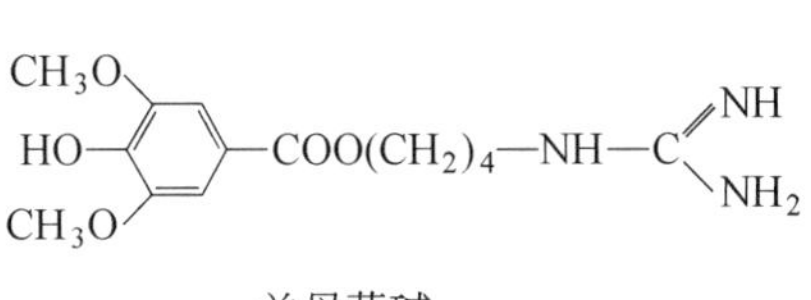

益母草碱 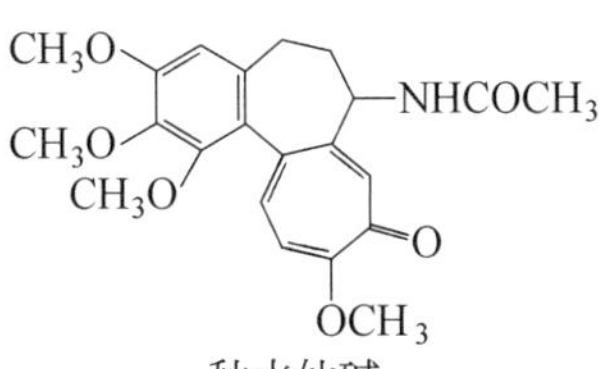　　　　　　　　　　　　　秋水仙碱

二、吡咯类生物碱

吡咯类生物碱主要是指由吡咯或四氢吡咯衍生的含吡咯环的生物碱，目前发现 200 多种，主要分布在紫草科、菊科的千里光属和豆科的野百合属等植物中，主要有千里光生物碱、野百

合碱、瓜叶菊碱、毛果天芥菜碱、古豆碱等。从化学结构上分为三类：

1. 简单的吡咯类生物碱

这类生物碱结构式简单，虽具有吡咯环结构，但生理活性不太显著。如古柯科植物古柯中的古豆碱、红古豆碱以及中药党参中的党参碱。另外，从一些海藻中也可分离出简单的吡咯类生物碱，如我国暨南大学徐石海教授等首次从海绵（*Spongiaobligue*）中分离得到一种海绵生物碱，经分析为新的含溴吡咯类生物碱，是一种很有开发前景的抗疟药。据密西西比大学的最新研究显示，海绵生物碱比传统药物治疗疟疾的效果要好，用海绵生物碱治疗患疟疾的老鼠，老鼠可活 9~12d，甚至更长，而用传统药物治疗，老鼠只能活 6d。

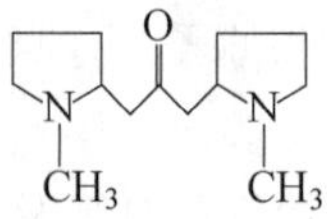

红古豆碱 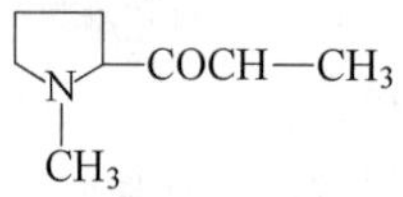   古豆碱

2. 吡咯里西啶类生物碱

此类生物碱由一个三价氮原子形成稠合的二个吡咯啶环，故又称双稠吡咯啶生物碱，它们大都是由吡咯西啶衍生的胺基醇与不同的有机酸包括一元羧酸和二元羧酸缩合成的大环内酯，少数以单酯存在。此类生物碱已分离出 200 多种，分布于 13 个科约 370 多种植物中，主要分布于菊科千里光属、豆科野百合属、紫草科天芥菜属、毛束草属等植物中，在蝶蓝属、蟹甲草属、山榄属、菊芹属、凌德草属等植物中也已发现了此类生物碱的存在。此类生物碱的代表化合物有具有抗癌活性的一野百合碱、大叶千里光碱及瓶草千里光碱等。

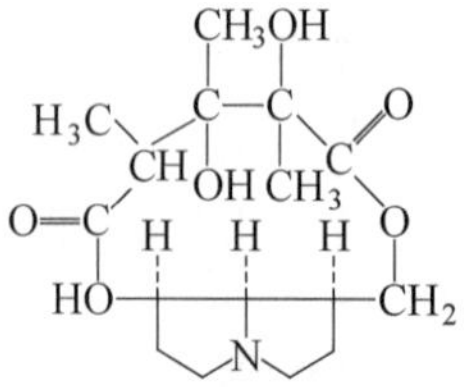

一野百合碱 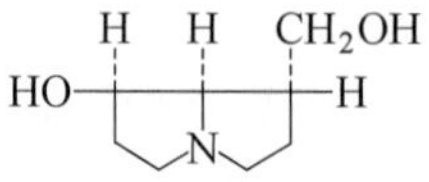   大叶千里光碱

3. 吲哚里西啶类生物碱

该类生物碱是由吡咯啶和六氢吡啶骈合而成的杂环生物碱。代表化合物有大戟科一野萩属植物的一叶萩碱；从印度娃儿藤属植物中分离出的娃儿藤生物碱，它对癌症化疗的关键靶酶显示很好的抗肿瘤活性；而 7-去甲氧娃儿藤碱是抑制植物病毒的主要成分。

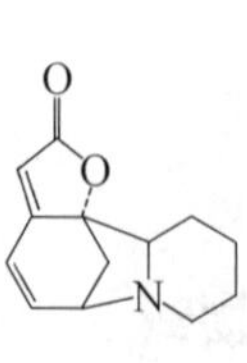

一叶萩碱 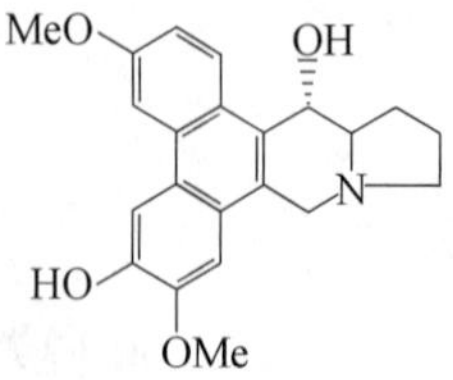   娃儿藤碱

三、吡啶类生物碱

吡啶类生物碱包括由吡啶、哌啶或喹诺里西啶衍生的生物碱三类。

1. 吡啶衍生物类生物碱

吡啶衍生物类生物碱在植物体中分布较广，如猕猴桃碱、烟碱、毒藜碱、蓖麻碱等。存在于木天蓼植物叶和虫瘿中的猕猴桃碱是由二分子异戊二烯排列组成的，也属于一萜衍生的生物碱；缬草碱为猕猴桃生物碱的*N*-对羟基苯乙基衍生物，也是一种季胺生物碱；烟草生物碱包括12种以上单一成分，主要是烟碱（Nicotine，尼古丁），含2%~8%，纸烟中约含1.5%，我国市售香烟每支含量为1~1.4mg。蓖麻碱是吡啶酮的衍生物，主要存在于蓖麻的种子中，分子中含有氰基，毒性较大。

猕猴桃碱　　烟碱　　蓖麻碱

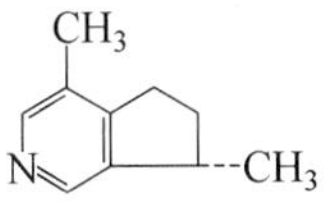

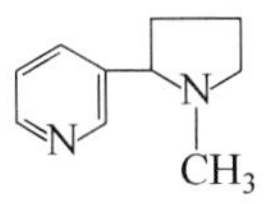

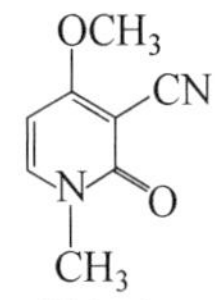

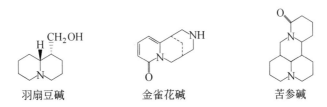

2. 哌啶衍生物类生物碱

哌啶衍生物类生物碱结构简单，分布广泛，生源上关键的中间体是哌啶亚胺盐类。其代表化合物有龙胆生物碱、龙胆次碱、半边莲碱、半边莲次碱、槟榔碱、石榴根皮碱、异石榴根皮碱等。

龙胆碱　　槟榔碱　　异石榴根皮碱　　半边莲碱

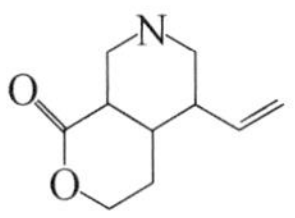

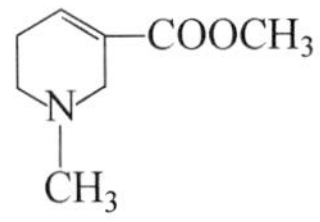

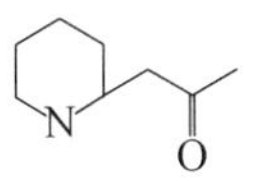

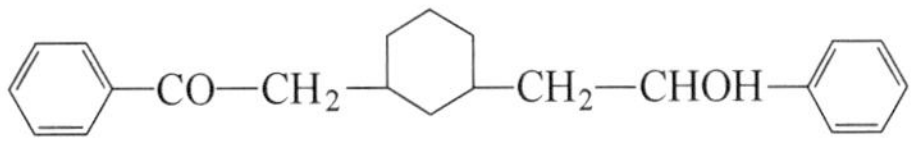

3. 喹诺里西啶类生物碱

喹诺里西啶类生物碱由一个三价的氮原子形成稠合的两个哌啶环，故又称双稠哌啶，亦称氢化喹嗪。此类生物碱分布很广，存在于豆科植物的20多个属中，如羽扇豆属、三豆根属、槐属，以及茄科茄属、罂粟科白屈菜属、菊科千里光属等植物中也有分布。这些生物碱具有抗癌、抗微生物、抗溃疡、抗心律失常、升高白细胞等生物活性作用。代表产物有羽扇豆碱、金雀花碱、苦参碱及无药豆碱。

羽扇豆碱　　金雀花碱　　苦参碱

四、异喹啉类生物碱

异喹啉类生物碱是以异喹啉或四氢异喹啉为基核的一类生物碱，广泛分布于罂粟科、豆科、小檗科等植物中。如黄连和三颗针中的小檗碱、罂粟中的吗啡、防己科植物中的粉防己碱及莲心中的莲心碱等。大多数异喹啉类生物碱以四氢异喹啉为基核，由于生源关系，它们往往有可能共存于一种植物中。

由异喹啉衍生的生物碱种类非常多，结构类型也很多，大致可分为以下 10 类。

1. 简单异喹啉类生物碱

简单异喹啉类生物碱结构简单，在植物中分布较少且零散，在异喹啉基核上只有简单的取代基，生源上是由多巴胺与一个脂肪醛形成希夫碱，再经环合而成。如存在于鹿尾草的果实和花中的萨苏林生物碱，以萨苏林（学名为 6-羟基-7-甲氧基-1-甲基-1,2,3,4-四氢异喹啉）和萨苏林定为主要成分，含量约 0.3%。此外在胡秃子属植物中也有萨苏林存在。

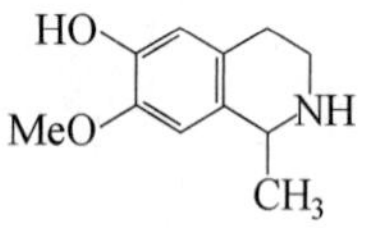

萨苏林 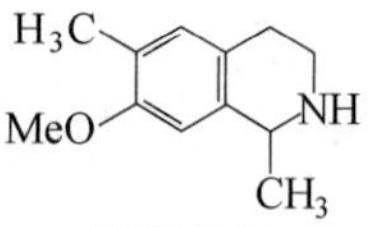　　　　　　　　　萨苏林定

2. 1-苯基异喹啉类生物碱

1-苯基异喹啉类生物碱是指在异喹啉或四氢异喹啉基核的 C-1 位上连接有一苄基的生物碱。该类生物碱已发现 300 余种，广泛分布于毛茛科、防己科、罂粟科、小檗科、芸香科、番荔枝科等植物中。如在罂粟的所有部位都有存在，尤以未成熟的蒴果中含量最高的罂粟碱，存在于乌头植物中的强心成分去甲乌头碱及番荔枝中的番荔枝碱等。

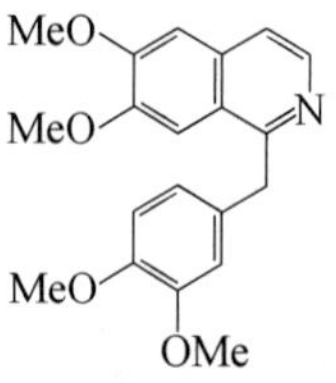

罂粟碱 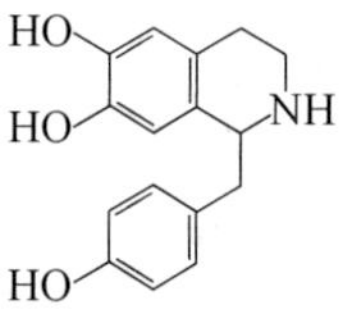　　　　　　　　去甲乌头碱 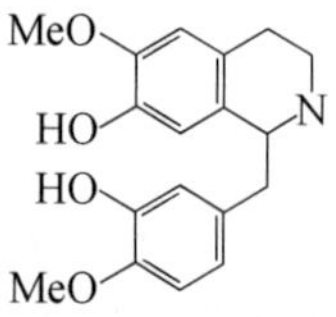　　　　　　　番荔枝碱

3. 双苄基异喹啉类生物碱

双苄基异喹啉类生物碱是由二分子苄基异喹啉衍生物通过醚氧键结合而成的生物碱，有单醚、双醚、三醚等类型，醚氧键桥在二分子苄基异喹啉中的位置，主要是 7, 8, 11 或 12 位，6 位很少见，5 位更少见。如果以异喹啉环为头、苄基为尾，则有尾-尾、头-尾、头-头相连等形式。此类化合物主要分布于双子叶植物如木兰科、毛茛科、樟科、番荔枝科、小檗科等中，如汉防己甲素、防己诺林等。

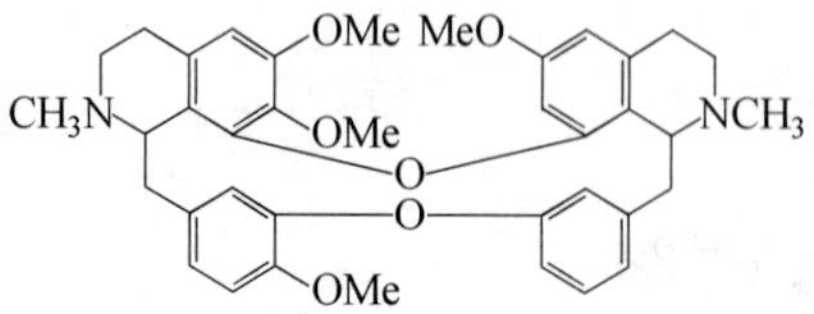

汉防己甲素 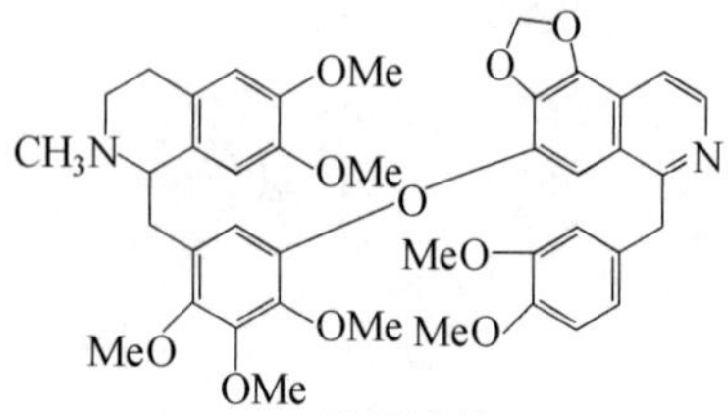　　　　　　　　　　　　　　防己诺林

4. 原小檗碱类生物碱

原小檗碱类生物碱是由苯甲基四氢异喹啉衍变而来，分子中很少带有少于四个含氧的取代基，可分为季胺和叔胺两种类型，广泛分布在防己科、番荔枝科、小檗科、罂粟科、毛茛科等植物中。典型代表是分布在黄柏、黄连和三颗针的根、茎、叶中的小檗碱（又叫黄连素）和四氢巴马丁。

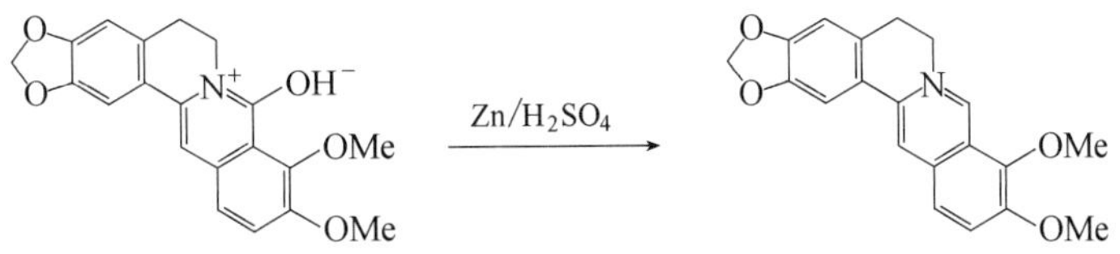

小檗碱　　　　　　　　　　　原小檗碱

5. 阿朴啡型生物碱

阿朴啡型生物碱是阿朴吗啡的衍生物，为 N-甲基苄基异喹啉分子内脱去二个氢原子，苯环与苯环相结合形成了菲核。植物中含有的此类生物碱多在 1，2，9，10 或 11 位上有取代基，且多数带有四个含氧的取代基，但也有少数三个或二个取代基的衍生物。该类生物碱主要分布在大戟科、小檗科、马兜铃科、番荔枝科、樟科、罂粟科和芸香科中，如存在于圆叶千金藤根茎中的青藤碱、镇痛剂紫堇碱、细胞毒成分蝙蝠葛氧代异阿朴啡等生物碱。

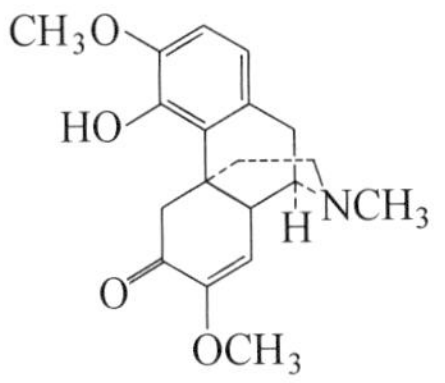

青藤碱 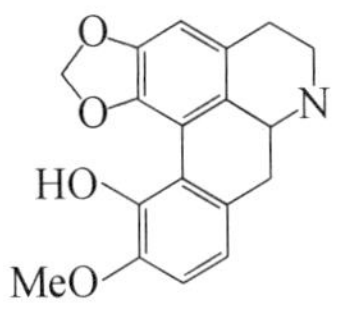　　　　　　　　紫堇碱 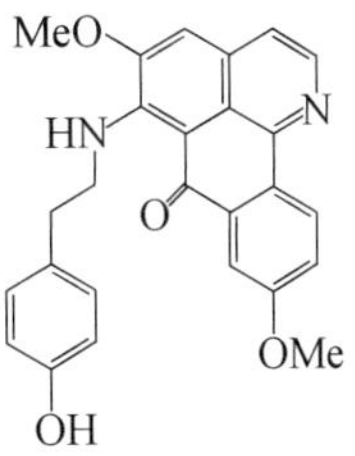　　　　　　蝙蝠葛氧代异阿朴啡

6. 吗啡烷生物碱

吗啡烷生物碱具有吗啡烷基团，既属于苄基异喹啉的衍生物，同时是啡的部分饱和衍生物。代表性的化合物有吗啡、可卡因、海洛因及防己碱，存在于罂粟科植物阿片中和防己科植物防己等的根茎中。罂粟或白花罂粟的未成熟蒴果经用刀割裂，收集流出的汁液，在空气中被日光晒为黑色膏状物，称为阿片。阿片中含有 25 种以上生物碱，其中吗啡含量最高，平均在 10% 左右；其次是那可丁，含量约 4%；可待因含量较少（0.3%~1.9%），蒂巴因与可待因含量相似，罂粟碱含量在 0.8% 以下。

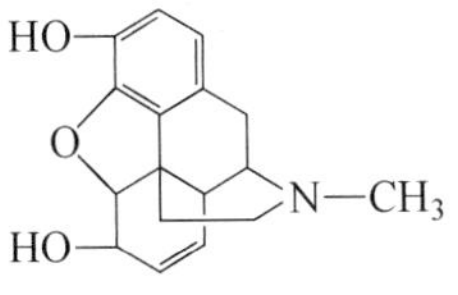

吗啡 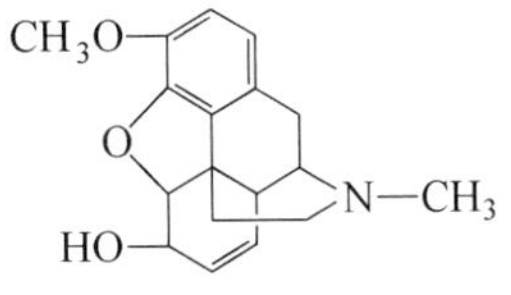　　　　　　　　　可待因 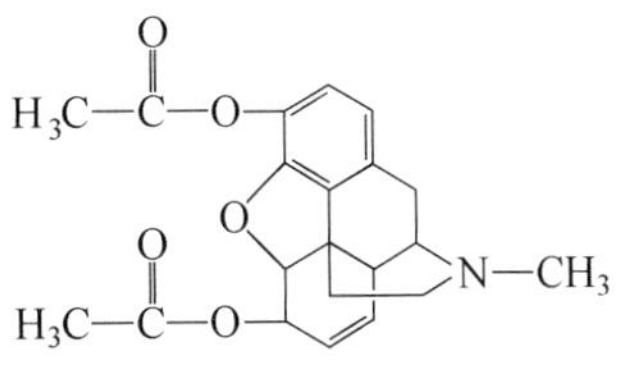　　　　　　　　海洛因

7. 苯骈菲里啶类生物碱

苯骈菲里啶类生物碱又称 α-萘菲啶生物碱，分子结构中具有四个骈合环，两端两个环多为芳香苯环，中间两个环可以是芳香环，也可是氢化的芳香环，至少带有二个含氧的取代基且多连接在非氮环上，氮原子上常常连接有甲基。这类生物碱已知的为数不多，主要存在于罂粟科和芸香科等植物中，如白屈菜根中的白屈菜碱、血根碱、高白屈菜碱，两面针中的两面针碱，食茱萸根中的白鲜碱、木蓝碱、异乌药碱及两面针碱等。

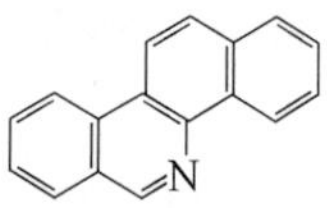

苯骈菲里啶 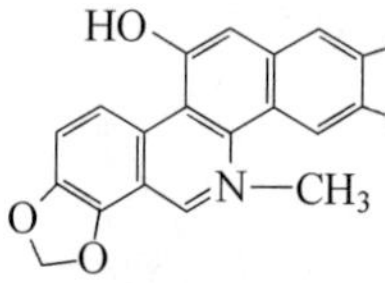　　白屈菜碱 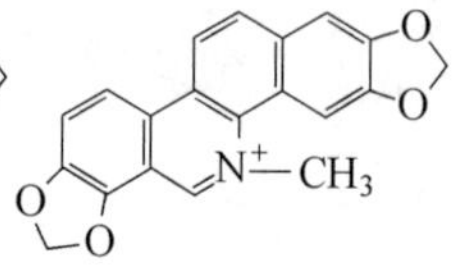　　　　血根碱 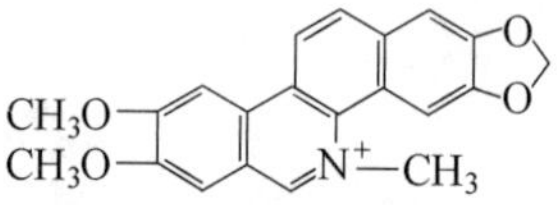　　　　　两面针碱

8. 苯骈喹诺里西啶生物碱

苯骈喹诺里西啶生物碱既是苯骈喹诺里西啶的衍生物，又是异喹啉的衍生物，结构特征是由一个苯骈喹诺里西啶和一个异喹啉环组成。典型代表是吐根碱和吐根酚碱，它们是南美洲产吐根中的两种主要生物碱。八角枫的根、茎、叶中含有的八角枫碱、八角枫叶碱也属此类生物碱。

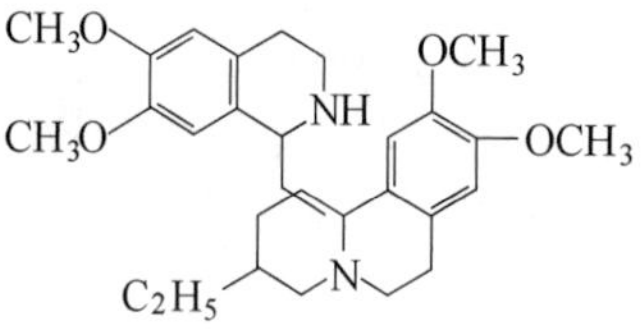

吐根碱 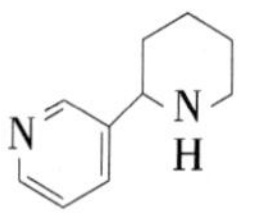　　　　　　　DL-八角枫碱 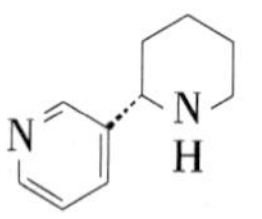　　　　L（-）-八角枫碱

9. 吡咯骈菲里啶生物碱

石蒜生物碱属于此类，为石蒜碱及其类似生物碱，如存在于石蒜属植物红花石蒜、黄花石蒜及紫花石蒜中的伪石蒜碱、水仙碱、紫花石蒜碱等；水仙的鳞茎中含石蒜碱约为 0.06%，从中分离出石蒜碱、普罗维因、高石蒜碱、石蒜来宁和伪石蒜碱，伪石蒜碱是其主要成分。9-O-去甲基高石蒜碱表现出昆虫拒食和细胞毒活性。

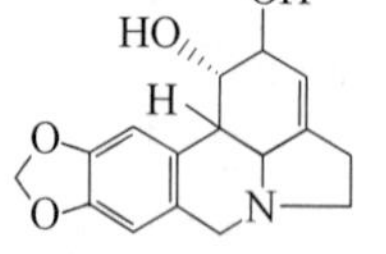

石蒜碱 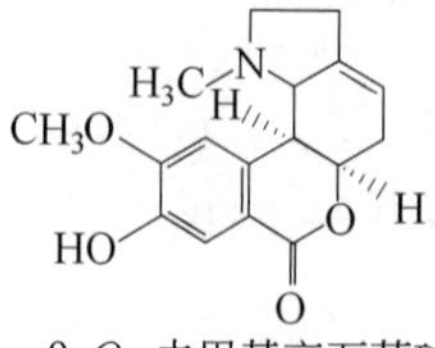　　　　　　　　9-O-去甲基高石蒜碱

10. 普罗托品类生物碱

普罗托品类生物碱又称原鸦片碱或原托品类生物碱，其结构特征是含有一个十元氮杂环，且多在 C14 位有酮基，与原小檗碱和小檗碱类的区别是 7，14 位的 C—N 键裂解。如中药延胡索中的原鸦片碱、缢缩马兜铃碱和 5,6-二氢缢缩马兜铃碱。此类生物碱主要存在于小檗科、罂粟科、马兜铃科等植物中。

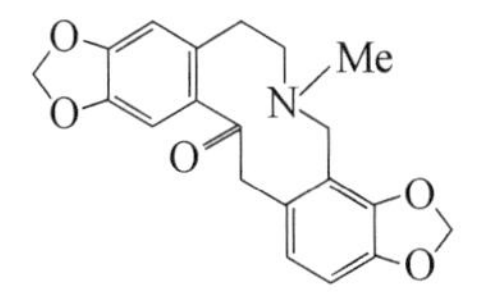

原鸦片碱

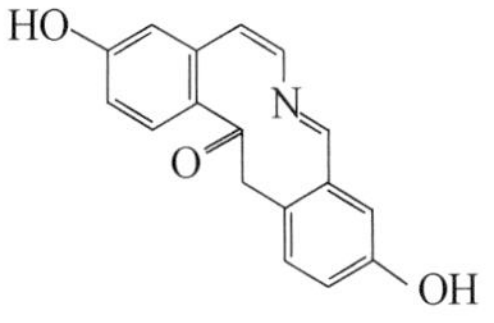

缢缩马兜铃碱

五、 吲哚类生物碱

吲哚类生物碱是含有吲哚环的一类生物碱，自 20 世纪 60 年代初发现存在于罗芙木中的降压药利血平和存在于长春花中的治疗白血病的高效药物长春碱与长春新碱以来，已陆续分离出 400 多种吲哚类生物碱，常见的有利血平、长春新碱、麦角新碱等。

1. 简单的吲哚类生物碱

吲哚类生物碱中，分子结构最简单的一类是由色氨酸衍变而来，部分是其脱羧产物，部分是其进一步环合而成为 β-卡波林（β-carboline）的衍生物，广泛分布于禾本科、豆科、夹竹桃科、马钱科、芸香科、茜草科、苦木科等植物中，如花生皮中 2-甲氧基-3-（3-吲哚基）-丙酸、相思豆中的相思豆碱、毒扁豆中的毒扁豆碱及骆驼蓬种子中的骆驼蓬碱、去氢骆驼蓬碱等。

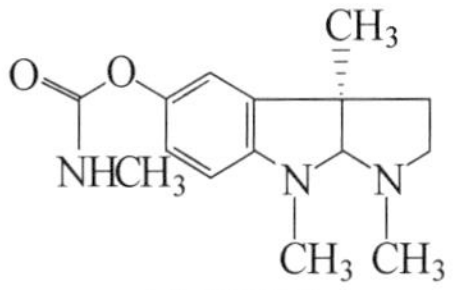

毒扁豆碱

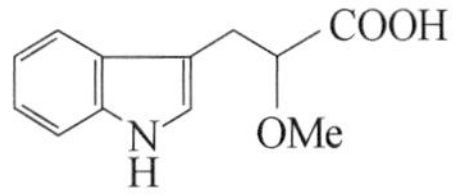

2-甲氧基-3-(3-吲哚基)-丙酸

2. 萝芙木碱类生物碱

吲哚类生物碱中具有代表性的是萝芙木属植物中的萝芙木生物碱，萝芙木又称蛇根草，属夹竹桃科，学名 *Rauwolfia serpensim L. Benth*，是一种热带植物，印度尼西亚民间用作驱虫药。印度民间用以治疗蛇咬和解热止痛。近代药理研究发现其根有降低血压的作用，并分离出许多单一生物碱。1952 年 Muller 等发现在分离出的各种生物碱中，最重要的是利血平（reserpine），有镇静与降血压作用。到目前为止，由萝芙木属植物中分离出的生物碱已达 100 种以上，按其骨架可分为育亨宾（yobimbine）、阿马尼新（ajmalicine）、阿马林（ajmaline）及利血平四类。其中育亨宾为五环吲哚类生物碱，D/E 环为反式；阿马尼新的第五环为氧杂环；阿马林为二氢吲哚环；利血平则为第五环中含酯基的生物碱。此类生物碱的代表如利血平、蛇根碱、柯南因、阿马林及利血匹咻等。

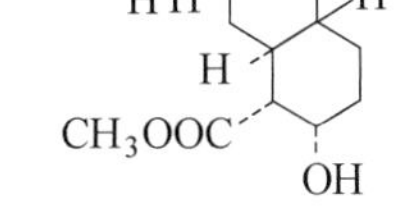

利血平

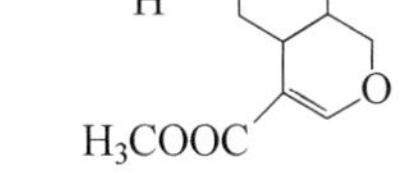

蛇根碱

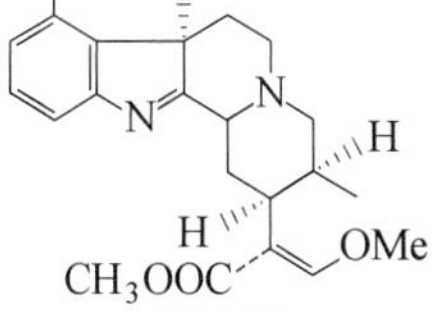

柯南因

3. 长春碱类生物碱

长春生物碱存在于重要的植物——夹竹桃科植物长春花 (*Catharanthus roseus*) 中，已从其根、茎、叶、花、种子中分离出 64 种生物碱，其中 1/3 属于吲哚类生物碱，最重要的为抗癌 (抗白血病) 有效成分长春碱 (VLB) 和长春新碱 (VCR)。这类生物碱可分为四小类，包括吲哚衍生物的长春花碱及其类似物、二氢衍生物的文多林型、吲哚-二氢吲哚衍生的二聚型以及生物碱甙。如长春花碱、长春花胺、狗牙花碱、老刺木碱、波里芬碱等。

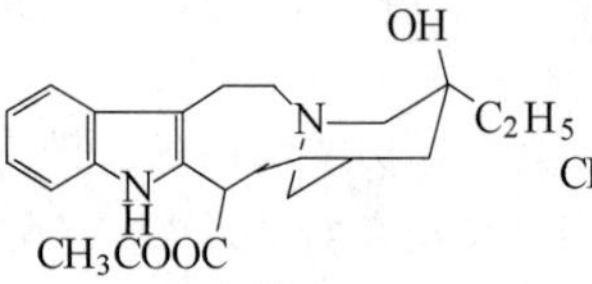

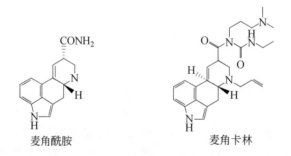

长春花碱 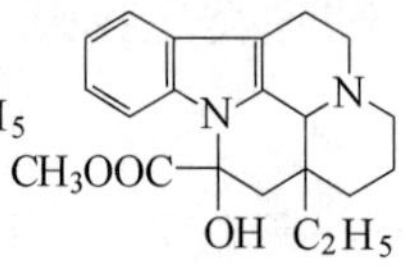　　　　　长春花胺 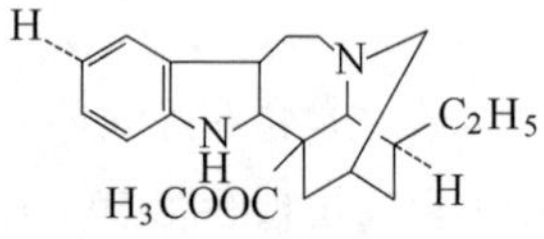　　　　　狗牙花碱

4. 麦角碱类生物碱

麦角化合物是人们最先认识到的一类真菌毒素，可分成 10 类，包括 100 多种化合物，是由一个吲哚环骈合一个喹啉环组成的四环体系，其中最具生理活性的就是麦角生物碱 (ergot alkaloids)，存在于谷类中，可按麦角酸衍生物和其异构体分类。麦角中的生物碱主要有六对：麦角新碱和麦角异新碱，麦角克碱和麦角异克碱，麦角卡林碱和麦角异卡林碱，麦角柯宁碱和麦角异柯宁碱，麦角胺和麦角异胺，麦角生碱和麦角异生碱，每对互为旋光异构体。如麦角碱、麦角新碱、麦角酰胺、麦角卡林等。

麦角酰胺　　　　　　　　　　麦角卡林

5. 钩藤碱类生物碱

钩藤生物碱的结构特征是吲哚核的 C2 位有羧基，并具有一个 β-甲氧基丙烯酸酯单元。钩藤生物碱能清热、平肝、熄风，用以治疗高血压及风湿性关节炎等。此类生物碱主要存在于夹竹桃科、马钱科及茜草科等植物中，如有降血压作用的钩藤碱 (rhynchophylline)、柯若星 (corynoxeine) 和钩藤碱 A (uncarine)。

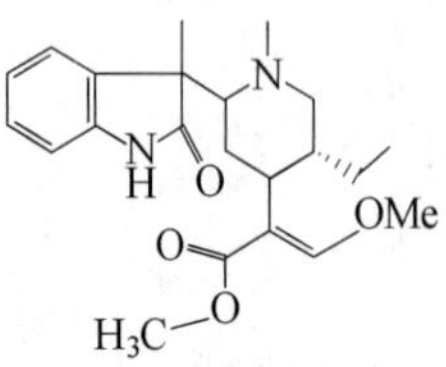

钩藤碱 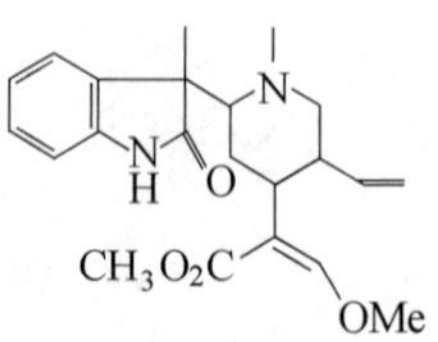　　　　　　　　柯若星 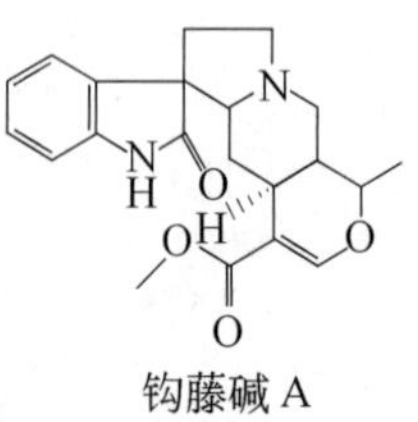　　　　　　　　钩藤碱 A

6. 毒扁豆碱类生物碱

毒扁豆碱类生物碱是吲哚与四氢吡咯稠合而成的衍生物，分布在夹竹桃科、腊梅科、茜草科及豆科等植物中，如毒扁豆碱（eserine）、二聚体腊梅啶（calycanthidine）等。

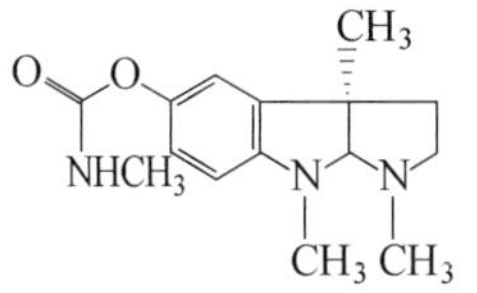

毒扁豆碱 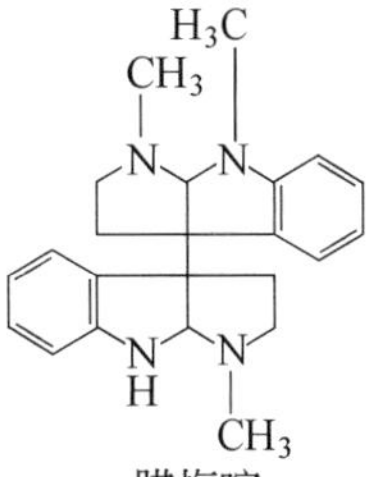　　　　　　　　　腊梅啶

六、　莨菪烷类生物碱

莨菪烷类生物碱均为氨醇与有机酸酯化环合而成的衍生物，含有吡咯啶和哌啶骈合的杂环。莨菪烷类生物碱主要存在于颠茄、山莨菪、曼陀罗等茄科植物中，重要的有颠茄生物碱和古柯生物碱二类。

1. 颠茄生物碱

颠茄生物碱是从颠茄、莨菪、曼陀罗等茄科植物中分离出的一类生物碱，它们都属于酯类，而且是由莨菪烷衍生的氨基醇类与不同的有机酸缩合而成。典型代表有从颠茄、莨菪、曼陀罗中分离的莨菪碱、可卡因，洋金花中的东莨菪碱，唐古特莨菪中的山莨菪碱和樟柳碱等。莨菪碱在碱性条件下或受热时均可发生消旋作用，变成消旋的莨菪碱，即阿托品。颠茄生物碱能止咳平喘，解痉止痛；小剂量对神经系统有抑制作用，表现为镇痛、镇静，大剂量有催眠和兴奋作用。

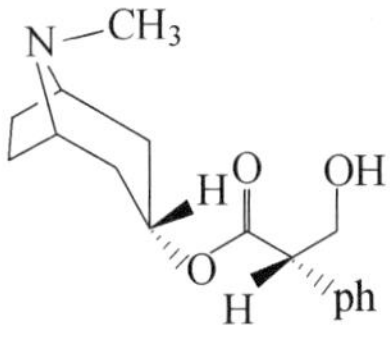

莨菪碱 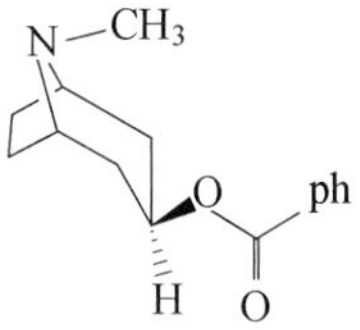　　　　　　　可卡因 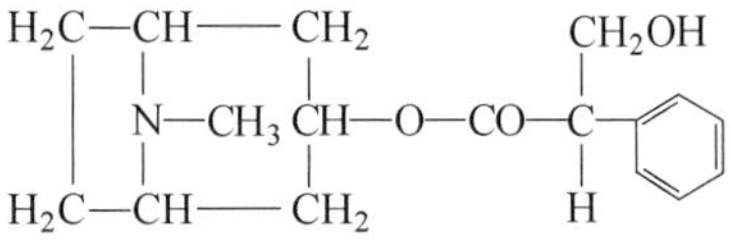　　　　　　　　　阿托品

2. 古柯生物碱

古柯叶中含有的生物碱（0.6%～2.5%）称为古柯生物碱。古柯生物碱包括的化合物种类很多，有古豆碱、红古豆碱，还有莨菪醇和伪莨菪醇的酯。最主要的生物碱也是一般狭义所指的古柯生物碱，是爱康宁（ecgonine），也称芽子碱的衍生物，包括古柯碱（cocaine）、桂皮酰古柯碱（cinnamyl cocaine）、α-组丝古柯碱（α-truxilline）、β-组丝古柯碱（β-truxilline），其中以古柯碱最重要，是一种优良的表面麻药，常用于局部麻醉。

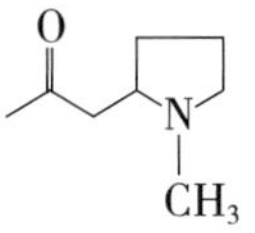

古豆碱 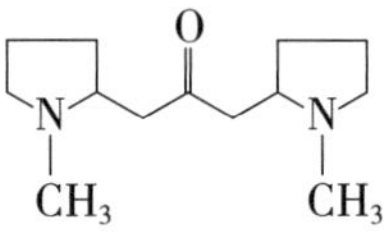　　　　　红古豆碱 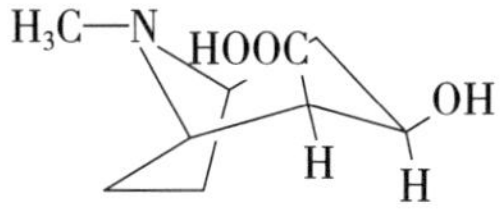　　　　　　爱康宁 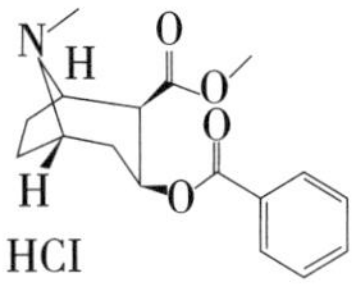　　　　　　古柯碱

七、 喹啉类生物碱

喹啉（quinoline）类生物碱的基本母核是喹啉环，主要分为简单的喹啉类生物碱、金鸡纳生物碱和喜树生物碱三类。

1. 简单的喹啉类生物碱

一些芸香科植物中含有的由喹啉衍生的生物碱即属此类，如白藓中的白藓碱（dictamnine），性寒味苦，能清热祛湿，主治皮肤湿疹、皮肤瘙痒等。长叶图腊树叶中具抗寄生虫和抗疟作用的奇曼碱 B（chimanines B）和奇曼碱 D（chimanines D）及克斯巴林（cusparine），常山中的茵芋碱（skimmianine）、可库沙京（kokusagine）、可库沙吉宁（kokusagi-nine）和常山环碱（orixidine）等。

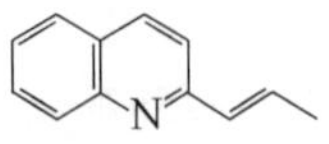

| 奇曼碱 B | 奇曼碱 D | 克斯巴林 |

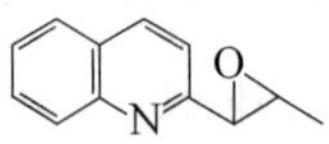

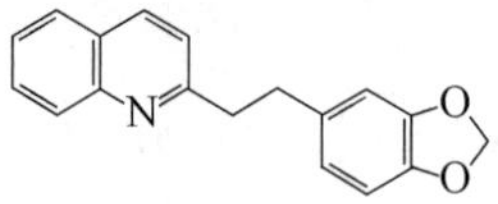

2. 金鸡纳生物碱

金鸡纳生物碱分布于茜草科 *Cinchona* 属、*Remijia* 属和 *Cuprea* 属植物中，生源上源于柯南因-士的宁类碱，色胺部分成喹啉核结构。先后从金鸡纳 *Cinchona* 属、*Remijia* 属和 *Cuprea* 属植物中分离得到 30 多个生物碱，大多为奎宁类衍生物，其中最主要的是金鸡宁（cinchonine）、奎宁（quinine）和奎宁丁（quinidine）等，奎宁是最早用于治疗疟疾的药物，也是继吗啡之后研究得最早的生物碱之一。

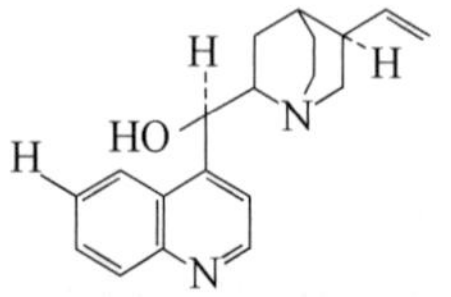

| 金鸡宁 | 奎宁 |

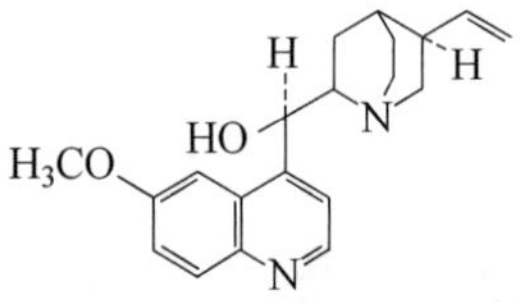

3. 喜树生物碱

喜树生物碱是喹啉类生物碱中一类特殊的生物碱，是带有喹啉环的五环化合物，含 δ-内酰胺和 δ-内酯环，且喜树碱的喹啉环与不饱和内酰胺环是连续的共轭体系，因此为淡黄色结晶，并且无一般的生物碱反应。

喜树碱是从我国特有植物珙桐科喜树中分离提取的抗癌活性成分，主要为喜树碱和 10-羟基喜树碱。喜树碱在喜树的枝、皮、根、根皮及果实中的得率分别约为 0.004%、0.01%、0.01%、0.02% 及 0.05%。果实资源丰富，常用其为生产原料。

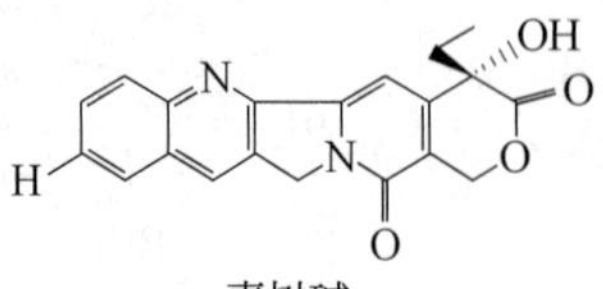

| 喜树碱 | 10-羟基喜树碱 |

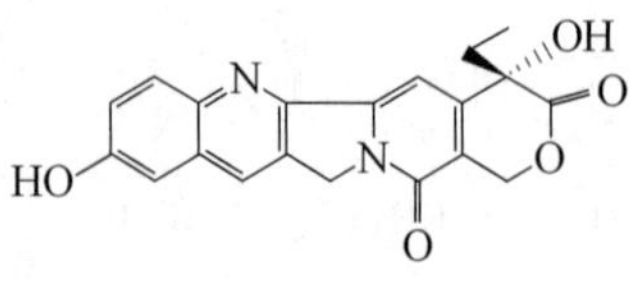

八、 喹唑酮类生物碱

喹唑酮类生物碱种类较少。从抗疟疾中药常山（*Dichroa febrifuga* Lour.）的根中分离的常山碱（febrifugine）、异常山碱（isofebrifugine）及常山新碱（neodichroine）等，都是喹唑酮的衍生物。我国张昌绍等首先从常山根中分离出常山碱（或称 β-常山碱，β-dichroine）与异常山碱（或称 α-常山碱，α-dichroine）。常山碱的抗疟作用为奎宁的 100 倍以上，异常山碱的抗疟作用与奎宁相当，对良性和恶性疟疾都有明显疗效，但由于有强烈的呕吐、恶心等副作用而使其应用受到一定限制。

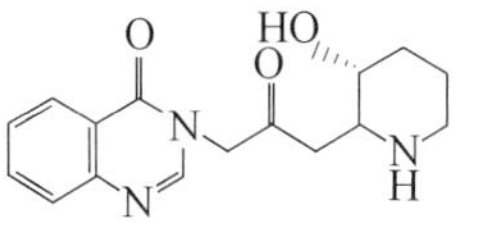

异常山碱 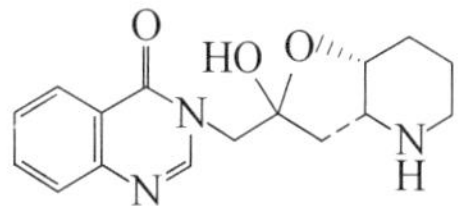　　　　　　　　　　　　　　　常山碱

九、 嘌呤类生物碱

嘌呤类生物碱是嘌呤衍生的生物碱，在自然界中分布比较普遍，其结构式比较简单。如茶叶生物碱主要是嘌呤类生物碱，包括咖啡因（caffeine）、茶碱（theophylline）、可可豆碱（theobromine）、黄嘌呤（xanthine）、腺碱、6-氨基嘌呤、6-氧嘌呤等。香菇［*Lentinus edodes*（Berk-）Sing］中分离的香菇嘌呤（eritadenine）具有降低血清胆甾醇的生理活性；从东北虫草［*Cordyceps militaris*（L）Link］中分离的嘌呤类生物碱虫草素（cordycepin）是一种抗菌素；玉米中的玉蜀嘌呤能调节植物细胞的分裂；中药地龙（*Lumbricus spencer*）中的 6-氧嘌呤是平喘的有效成分。另外，咖啡豆中的咖啡碱、可可豆中的可可豆碱均属于嘌呤类生物碱。

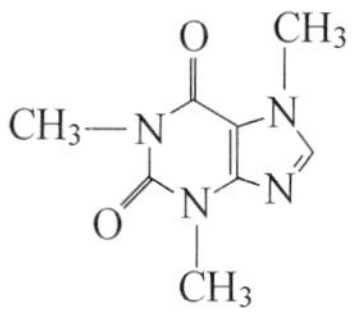

咖啡因 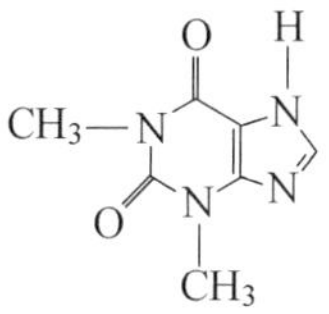　　　　　　　　茶碱 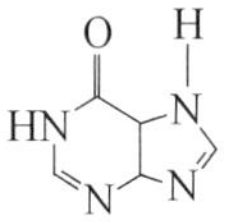　　　　　　　　6-氧嘌呤

十、 甾体类生物碱

甾体类生物碱（steroidal alkaloids）是一类含甾体结构的生物碱，属于甾体类生物碱的类型主要有以下三类。

1. 孕甾烷（pregnane）衍生物

属于此类生物碱的种类很多，大多分布在夹竹桃科、黄杨科等植物中。这类生物碱有的是 C_3—N 或 C_{20}—N 的一元氨基衍生物，有的是 C_3—N 或 C_{20}—N 的双氨基衍生物。多数成分中氮是氨基状态接在环外，但也有成杂环形式而存在的。

属于孕甾烷 C_3-氨基衍生物的生物碱，有得自 *Funtumia Latifolia* Stepf 的叶和树皮中的丰土明（funtun-mine）和丰土米丁（funtumidine）；得自止泄木树皮中的枯其非拉明（kurchiphyl-lamine）、枯其林（kurchiline）、枯其非林（kurchiphylline）、何拉迪沙明（holadymnine）及得自

假纽子花中的假纽子花碱（paravallarine）等。属于孕甾烷 C20-氨基衍生物的生物碱，有得自顶生富贵草的顶生富贵草碱（terminaline），得自止泄木的何洛钠明（holonamine），以及得自 *Funtumia latifolia* 的拉替夫林（latifoline）等。

此外还有鹿角藤碱（chonemorphine）、野扇花碱（saracodine）、野扇花次碱（sarasine）和马洛易亭（maiouetine）等。

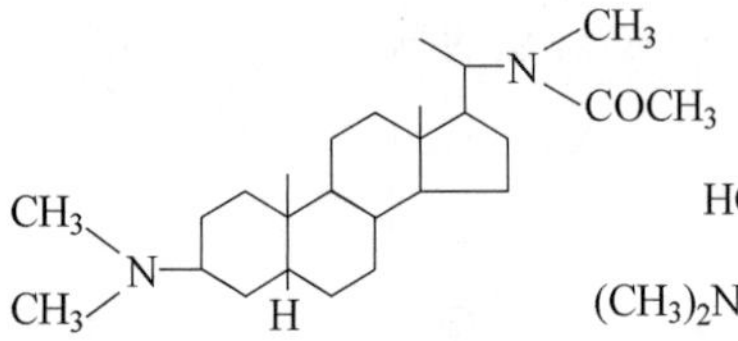

枯其林 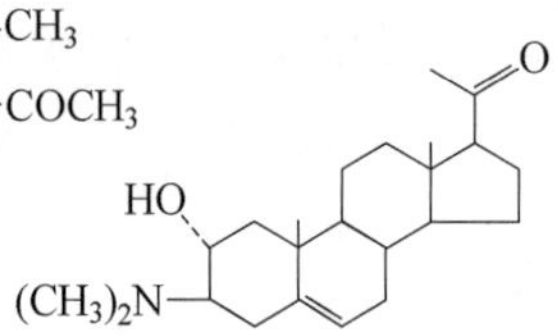　　　　　　何拉迪沙明 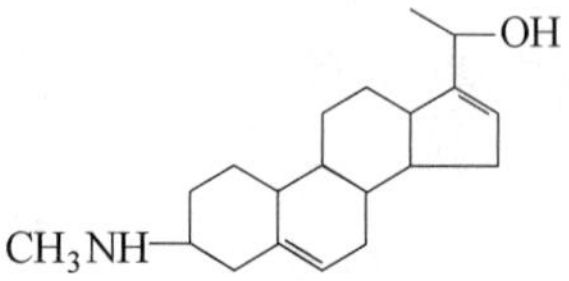　　　　　　野扇花次碱

2. 胆甾烷衍生物类生物碱

此类生物碱都具有胆甾烷的四环骨架和另一哌啶环，多数是六环的衍生物，但也有五环状态。主要存在于茄科，个别在夹竹桃科、百合科中也有分布。其代表化合物有马铃薯中分离的 α-茄碱、番茄中分离的番茄碱（又称 α-番茄碱）、辣椒中分离的辣椒茄碱、中药龙葵草和澳洲茄中分离出的澳洲茄碱和边缘茄碱等。

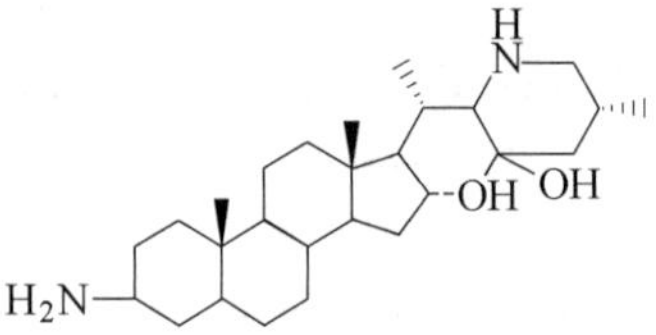

辣椒茄碱 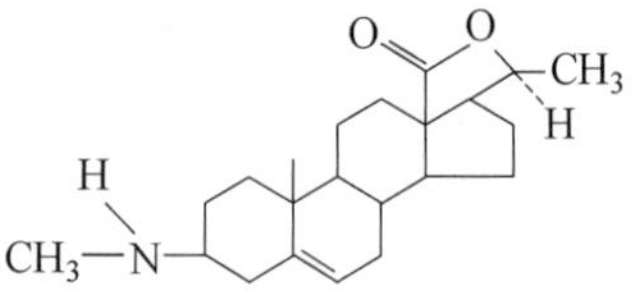　　　　　　　　　假纽子花碱

3. 异甾衍生物类生物碱

异甾类生物碱的基本骨架为 D 环并合喹诺里西啶核构成六环体系。该类生物碱主要存在于百合科植物中，典型的代表产物为黎芦生物碱（jerveratrum alkaloids）和贝母生物碱（ceveratrum alkaloids）。黎芦生物碱类有介黎芦生物碱和西黎生物碱，介黎芦生物碱有降血压、催吐、祛瘀等功效。梭砂贝母碱（delavine）含于贝母属（*Fritillaria*）植物中。

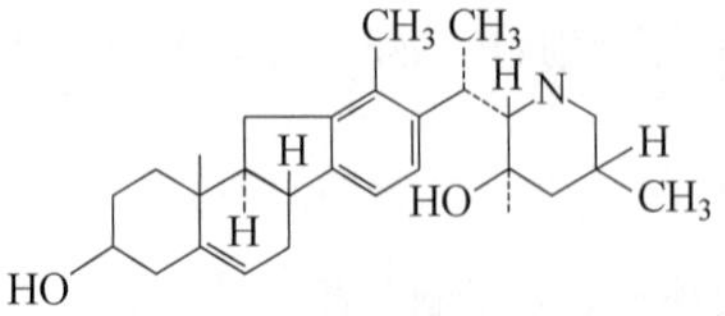

黎芦生物碱 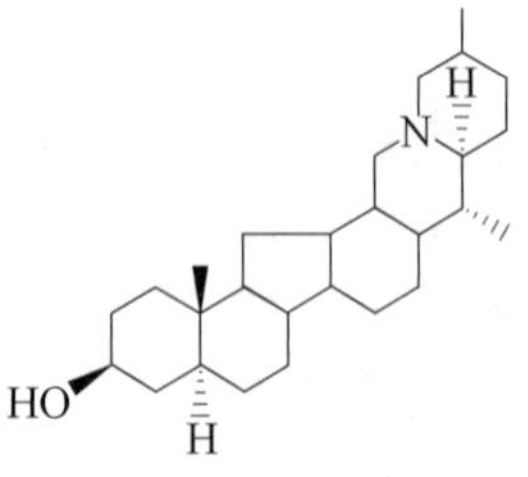　　　　　　　　　梭砂贝母碱

十一、 萜类生物碱

萜类生物碱（terpenoidal）是指从碳骨架上看基本符合异戊二烯法则的生物碱。

1. 单萜类生物碱

单萜类生物碱主要包括由环烯醚萜衍生的生物碱。代表化合物如猕猴桃碱（actinidine）、龙胆碱（gentianine）、肉苁蓉碱（boschniakine）等。主要分布于龙胆科植物，且常与单萜吲哚碱类生物碱共存。中药角蒿中的角蒿碱（incarvilline）用于治疗风湿症和消炎止痛。

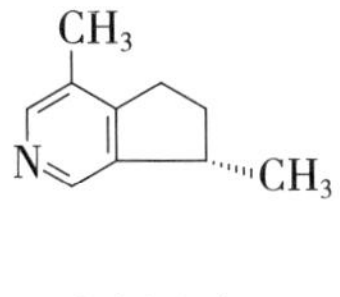

| 猕猴桃碱 | 龙胆碱 | 肉苁蓉碱 | 角蒿碱 |

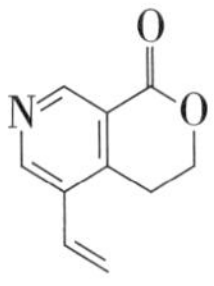

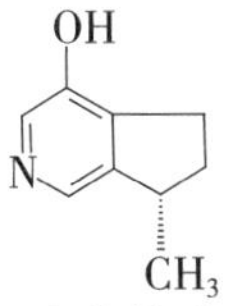

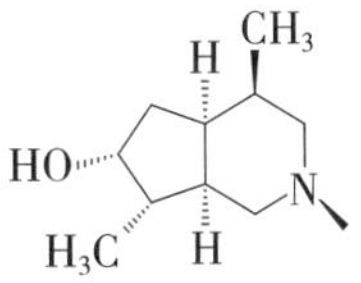

2. 倍半萜类生物碱

倍半萜类生物碱的代表化合物有从中药石斛中分离的石斛碱（dendrobine）和石斛酮碱（nobiionine），主治病后虚弱、胃酸乏少、食欲不振等症；从台湾地区产的番荔枝科草药依兰果实中的依兰碱（cananodine），对人肝癌细胞 HepG$_2$ 和 Hep2，2，15 具有很强的细胞毒性。

石斛碱　　　　　　　　　依兰碱

3. 二萜类生物碱

至今已发现的二萜类生物碱有 1000 余种，分布在 5 个科 7 个属的植物中，主要存在于毛茛科乌头属和翠雀属中。此类生物碱的基本骨架按去甲二萜（C19）和二萜（C20）分为两类：四环二萜（ent-考烷，ent-kaunanes）或五环二萜（乌头烷，aconanes），它们的 C19 或 C20 与 β-氨基乙醇、甲胺或乙胺的氮原子相连而成杂环。

该类生物碱的代表化合物较多，如从乌头中提炼的乌头碱，毒性很强，最早用来作箭毒；川乌中的海帕乌头碱，具有局麻和镇痛作用；黄草乌中的黄草乌碱，毒性较小，具有局麻作用；雪上一枝蒿中的一枝蒿碱能祛风镇痛、收缩子宫平滑肌，主治风湿关节痛、神经痛，可用作催产药；飞燕草种子中的飞燕草碱，毒性大，能杀虫，也可内服治哮喘、水肿。

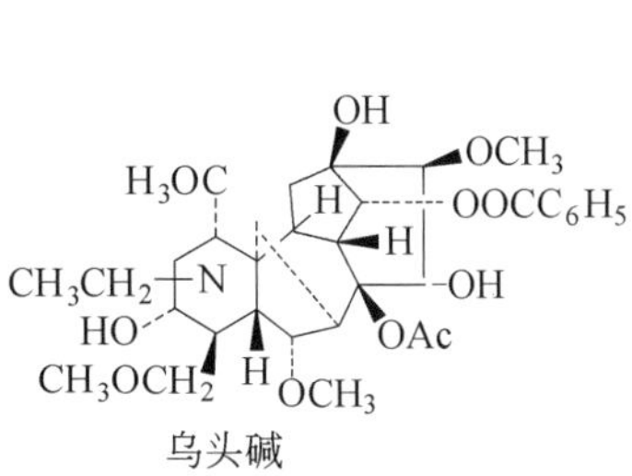

乌头碱 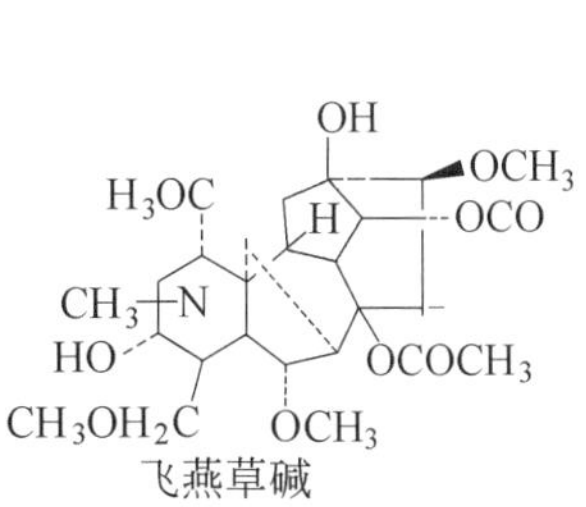　　　　　　　　　飞燕草碱

4. 三萜类生物碱

黄杨科黄杨属内一些植物中含有多种生物碱，统称为黄杨生物碱（buxus alkaloids）。其中有许多成分的结构式带有四环三萜的基本骨架，属三萜衍生生物碱类。如从 *B. sempervirens* L. 中分离出的环常绿黄杨碱 D（cyclovirobuxine D）以及黄杨烯碱 G（bmenine G）。

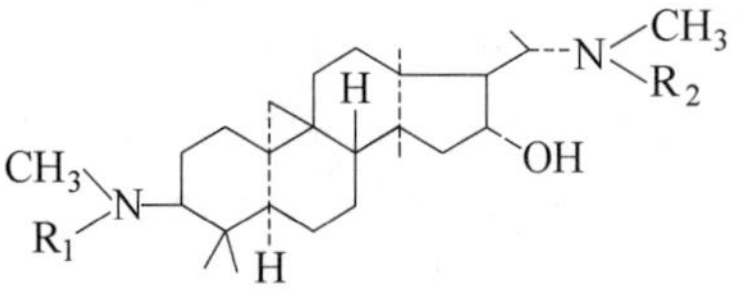

环常绿黄杨碱 D 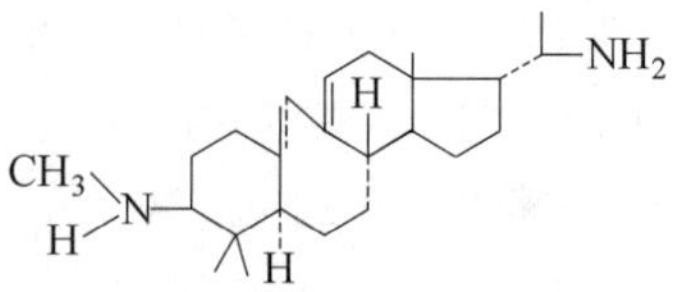　　　　　　　黄杨烯碱 G

十二、 大环类生物碱

大环类生物碱是一类含氮大环结构的生物碱，具有多酯键，亲水性比较强，许多具有抗癌活性或其他生物活性。大环类生物碱存在于埃塞俄比亚的 *Maytenus* 属和卫矛属植物中。卫矛属植物有 100 多种，其中如卫矛（鬼箭羽）、雷公藤等在我国分布极广。

大环类生物碱中最著名的是首先从埃塞俄比亚的 *luautenmouatushes* 果实中分离出抗癌活性极强的美登素（maytansine）。由卫矛属植物中分离出卫矛羰碱、新卫茅羰碱、卫矛碱和新卫矛碱四种主要大环生物碱。雷公藤是一种重要的中药，除含有雷公藤内酯等三种抗癌活性成分和抗菌成分——雷公藤红素外，还含多种大环生物碱，如雷公藤碱、雷公藤次碱、雷公藤特碱、雷公藤吉碱及雷公藤辛碱等。

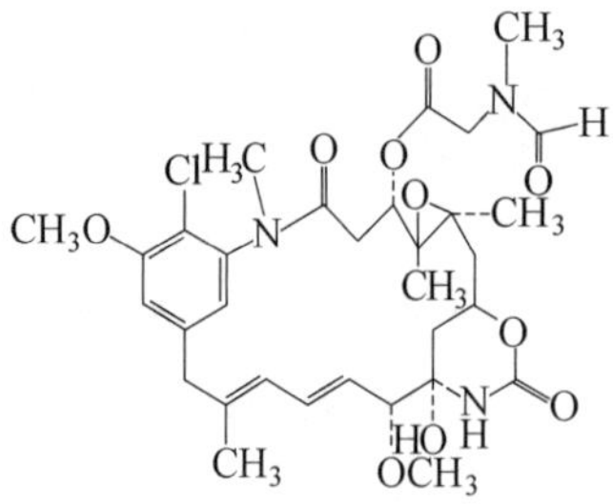

美登素 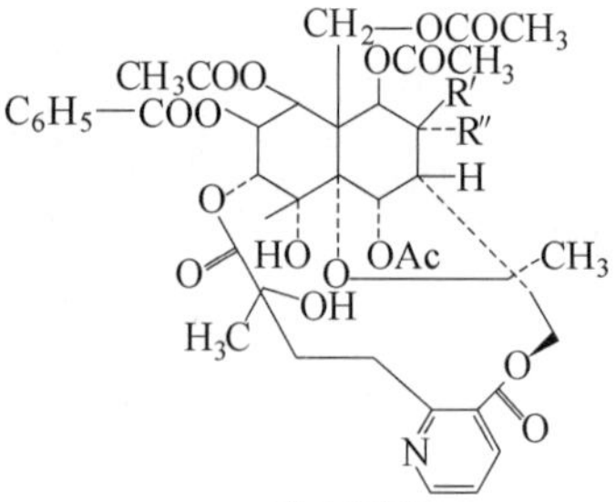　　　　　　　　　雷公藤碱

第三节　生物碱的理化性质

生物碱的种类很多，它们的化学结构大多比较复杂，基本结构也是多种多样的。已分离纯化并已知结构式的就有数千种，因此不可能对它们的性质全部加以介绍。但在种类繁多的生物碱中已能归纳出一些基本的共同性质，熟悉这些基本的共性，有利于进一步了解个别生物碱的特性。

一、 性状

大多数生物碱均为结晶形固体，有一定的结晶形状和一定的熔点，只有少数为无定形粉末，如乌头中的乌头原碱（aconine）。有少数在常温时为液体，例如得自八角枫 [*Alangium chinensis* (Iour.) Rehd.] 须根中具有松弛横纹肌及镇痛作用的毒藜碱（dl-anabasine），以及烟叶中的烟碱（nicotine），毒芹中的毒芹碱等，都是液体。液体生物碱除少数例外，分子中多不含氧原子。如果分子中有氧原子存在，也多结合成酯键，如槟榔中的槟榔碱（arecoline），这些液态生物碱在常压下可以随水蒸气蒸馏而不被破坏。

游离生物碱或其盐类，大多具有苦味，如盐酸小檗碱等；但也有例外，如甜菜碱具有甜味。少数具有升华性，如咖啡因等。大多数生物碱挥发性不强，个别生物碱具有挥发性，如麻黄碱、伪麻黄碱。

二、 颜色

绝大多数生物碱是无色或白色的化合物，只有少数具有高度共轭体系结构的生物碱显不同的颜色，例如小檗碱、木兰花碱和萝芙木中的蛇根碱（serpentine）为黄色，是由于它们都是成共轭状态的季铵碱的缘故。假若将小檗碱经硫酸和锌粉的还原反应，生成四氢小檗碱，失去原有共轭状态季铵碱的结构部分，即转为无色。还有一些不是季铵碱的生物碱，也具有颜色，例如一叶萩碱或称叶底珠碱（securinine）是淡黄色结晶体，但其盐类则无色，则是由于其分子中氮原子上的孤电子能与环内双键产生跨环共轭的缘故。

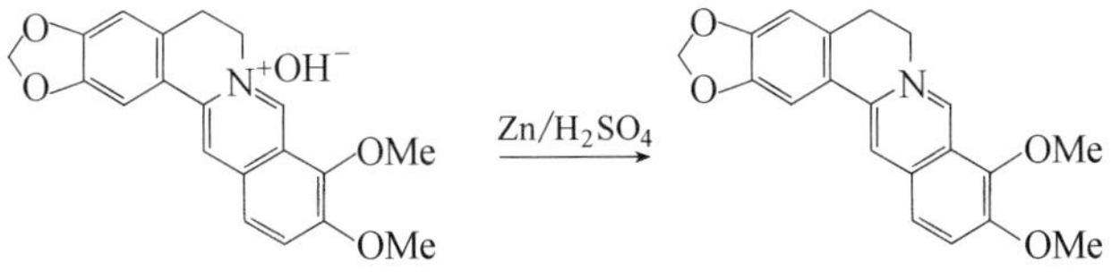

小檗碱（黄色） 四氢小檗碱（无色）

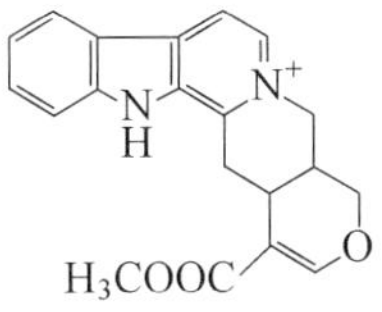

蛇根碱（黄色） 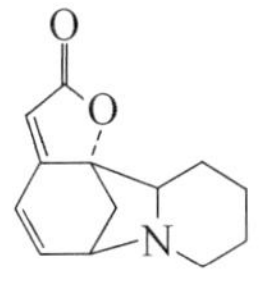 一叶萩碱（黄色）

三、 旋光性

大多数生物碱的分子结构中具有手性碳原子或不对称中心，有光学活性，且多数为左旋光性，只有少数生物碱分子中没有手性碳原子，例如存在于延胡索、白屈菜中的原托品碱及罂粟中的罂粟碱（Narceine）无不对称中心，无旋光性。莨菪碱的旋光性易因外消旋化而消失，从而转为消旋莨菪碱（即阿托品）。生物碱的旋光性受溶液酸碱性和溶剂等因素影响，如麻黄碱在氯仿中呈左旋，但在水中则变为右旋。有时游离生物碱与其盐类的旋光性并不一致。如游离的烟碱呈左旋光性，而与酸结合成盐后即转为右旋光性。在中性介质中，烟碱、北美黄连碱（Hydrastine）呈左旋，在酸性溶液中则变为右旋；在氯仿中吐根碱呈左旋，但其盐酸盐则呈右旋。

生物碱的旋光性与其生理活性有着密切关系。一般来说，左旋的生物碱具有显著的生理活性，而右旋体则无生理活性或活性极弱，如去甲乌头碱仅 L-型具有强心作用，L-型莨菪碱的散瞳作用比 D-莨菪碱约大 100 倍。也有极少数生物碱右旋体的生理活性较左旋体的强，如 D-型古柯碱的局部麻醉作用比 L-型大 2.6~3 倍。

四、溶解度

生物碱的溶解性能是生物碱提取分离的重要依据之一。生物碱及其盐类的溶解度与其分子中 N 原子的存在形式、官能团极性大小、数目以及溶剂等密切相关。游离状态的生物碱根据溶解性能可分为亲脂性生物碱和水溶性生物碱两大类。亲脂性生物碱数目较多，绝大多数叔胺和仲胺生物碱都属于这一类。它们易溶于苯、乙醚、氯仿、卤代烷烃等极性较低的有机溶剂，在丙酮、乙醇、甲醇等亲水性有机溶剂中有较好的溶解度，而在水中溶解度较小或几乎不溶。水溶性生物碱主要是指季铵生物碱和某些含氮氧化物的生物碱，数目较少，它们易溶于水、酸水和碱水，在甲醇、乙醇和正丁醇等极性大的有机溶剂中亦可溶解，但在低极性有机溶剂中几乎不溶解。

大多数游离生物碱均不溶或难溶于水，能溶于氯仿、乙醚、丙酮、醇或苯等有机溶剂；但也有不少例外，如麻黄碱可溶于水，烟碱、麦角新碱等在水中也有较大的溶解度。碱性的生物碱还能溶解在酸性水溶液中生成盐，也就是说生物碱盐类，尤其是无机酸盐和小分子的有机酸盐多易溶于水，可以离子化，生成带正电荷的生物碱阳离子，不溶或难溶于常见的有机溶剂。

生物碱盐一般易溶于水，难溶或不溶于亲脂性有机溶剂，但可溶于甲醇或乙醇。生物碱盐的水溶液加碱至碱性，则生物碱又以游离碱的形式存在。如亲脂性生物碱盐，加碱后生成的游离碱又可自水溶液中沉淀析出。碱性极弱的生物碱和酸不易生成盐而仍以游离碱的形式存在，或生成的盐不稳定，其酸水溶液不需碱化，即可以氯仿萃取出游离碱。

同一生物碱与不同的酸结合成盐，也会具有不同的溶解度。通常是无机酸盐的水溶性大于有机酸盐。无机酸盐中，含氧酸盐如硫酸、磷酸盐大于卤代酸盐，而卤代酸盐中以盐酸盐溶解度最大，氢碘酸盐溶解度最小，但也有个别例外，如盐酸小檗碱难溶于水，高石蒜碱的盐酸盐不溶于水而溶于氯仿等。有机酸盐中，小分子有机酸盐的溶解度大于大分子有机酸盐。如果季铵类生物碱与氢碘酸或盐酸成盐后，则溶解度反而降低，甚至从溶液中以沉淀析出。

碱性弱的生物碱只能与强酸结合成盐，而且这种盐往往不稳定，还可能表现出类似游离生物碱的性质。例如弱碱性的利血平，溶解在醋酸水溶液中生成的盐很不稳定，如果于这种醋酸的酸性溶液中加氯仿振摇提取，游离的利血平就能从酸性水溶液转溶到氯仿层中。

有一些生物碱由于特有的分子结构，能表现出特有的溶解度。例如麻黄碱属于芳烃胺衍生物，分子比较小，故能溶于水，也能溶于有机溶剂。所有季铵生物碱，由于碱性强，离子化程度大，亲水性强，则比较容易溶于水中，一般水溶性生物碱多数是指季铵碱而言的。少数生物碱虽不属于季铵碱，在水中也可能有较大的溶解度，例如苦参碱和氧化苦参碱均较易溶于水。但氧化苦参碱分子中的氧原子是通过半极性配位键与 N 原子共享一对电子的，与生物碱盐有一定的相似，极性较大，因此在水中的溶解度大于苦参碱，而在有机溶剂中则溶解度比苦参碱小。

兼有酸碱两性的生物碱，则既能溶解于酸性水溶液，又能溶解于碱性水溶液，在常见的有机溶剂中的溶解度也与只有碱性的生物碱不同。例如游离的槟榔次碱，带有羧基，亲水性比较强，易溶于水或稀乙醇，几乎不溶于亲脂性有机溶剂，包括氯仿、乙醚和无水乙醇等。如果将其分子中的羧基甲酯化转为槟榔碱，只呈碱性不显酸性，就能恢复只有碱性的生物碱的溶解性，易溶于无水乙醇、氯仿或乙醚中。可是槟榔碱也易溶于水，似乎与其分子中亲脂性基团酯状结构不相适应。所以现在多采用季铵式的结构来代表槟榔碱，借以解释在水中的溶解度。吗啡也是酸碱两性的生物碱，由于带有酚羟基而有弱酸性，亲水性小，加以分子比较复杂，所以游离的吗啡在水中的溶解度很小, 在亲脂性有机溶剂包括氯仿中溶解度也很小, 只有在醇类溶剂如乙醇、戊醇中溶解度才比较大。同样, 将吗啡分子中的酚羟基甲基化, 转为只有碱性的可待因, 就能增加在氯仿等亲脂性有机溶剂中的溶解度。

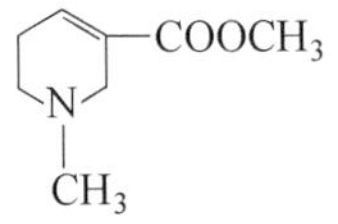

槟榔碱 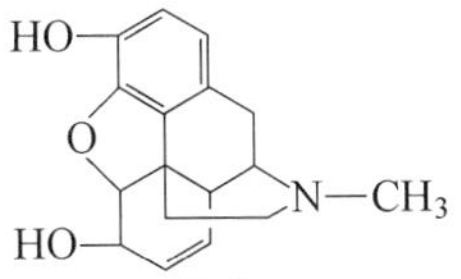   吗啡

　　另外, 有少数生物碱盐类却能溶于氯仿中, 如盐酸奎宁。在奎宁 (quinine) 分子中, 有两个呈碱性的氮原子, 是二价盐基, 与酸结合能形成中性、酸性两大类型的盐。当一分子奎宁与二分子盐酸结合, 奎宁分子中的两个氮原子均被盐酸中和, 从结构上来看, 似乎属中性盐, 但是由于盐酸是强酸, 奎宁是比较弱的碱, 当它们结合时, 仍然表现微酸性反应, 所以称为酸性盐酸奎宁或二盐酸奎宁。若一分子奎宁与一分子盐酸结合, 仅喹核碱 (quinuclidine) 部分的氮原子被中和, 喹啉环部分的氮原子仍为游离的叔胺基, 呈弱碱性。从结构式来看, 应属于碱式盐。事实上, 由于盐酸的酸性强, 不可能表现出碱性, 而显近于中性, 所以称为中性盐酸奎宁或简称盐酸奎宁。此种盐酸奎宁在水中的溶解度 (1∶16) 比二盐酸奎宁 (1∶0.6) 小, 在氯仿中的溶解度盐酸奎宁 (1∶1) 却比二盐酸奎宁 (微溶) 大得多。这可能是盐酸奎宁分子中保留有游离的叔胺基, 仍然有与游离生物碱相似的性质, 因此表现在氯仿中有较大的溶解度。

　　某些含有内酯结构的生物碱, 于氢氧化钠溶液中加热, 可使内酯环开环形成钠盐而溶于水中, 但也有个别特殊的例子。如喜树碱 (camptothecine) 和去氧喜树碱 (deoxycamptothecine), 系吲哚里西啶衍生物, 结构中均有一个内酯环, 喜树碱在室温条件下就能与氢氧化钠溶液反应, 开环生成钠盐而溶于水, 但去氧喜树碱需在80℃加热, 才能使内酯开环形成钠盐而溶于水, 说明它们内酯环的稳定性是有差别的, 这是由于喜树碱分子中20位有一羟基取代, 可与内酯环上羰基产生分子内氢键, 使内酯环稳定性降低, 因而易于开环。

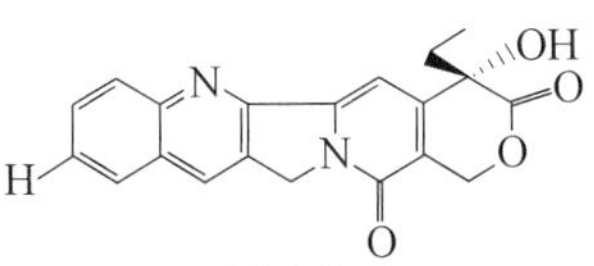

喜树碱 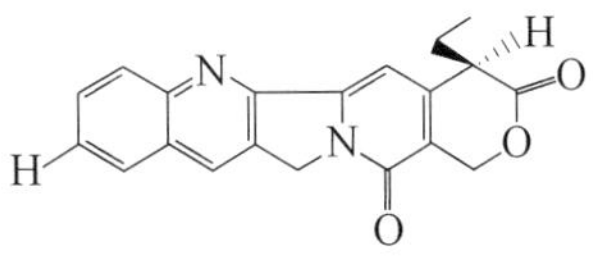   去氧喜树碱

五、 碱性

　　生物碱一般都具有碱性, 能使红色石蕊试纸变蓝, 只是碱性强弱不同而已。生物碱之所以能显碱性, 是因为它们的分子中包含氮原子, 这些氮原子与氨分子中的氮原子一样有一对孤电子, 对质子有一定程度的亲和力, 因而表现出碱性。碱性基团的 pK_a 大小顺序一般是: 胍类 $[—NH (C=NH) NH_2]$ >季铵碱>脂肪胺>芳杂环 (吡啶) >酰胺类。

　　如果氮原子与羧酸缩合成酰胺状态, 则会几乎完全消失碱性。如胡椒碱和秋水仙碱都近于中性, 均是由于它们分子中的氮原子成酰胺状态的缘故。又如咖啡碱 (caffeine)、茶碱 (theophylline) 和可可豆碱 (theobromine) 的结构中, 虽含有较多氮原子, 但由于都是黄嘌呤 (xanthine）（可看作是咪唑和嘧啶相并合的二环化合物）的衍生物，咖啡碱是三甲基嘌呤的衍生物，分子中两个氮原子呈酰胺状态，两个氮原子处在咪唑环上，其中一个呈弱碱性，另一个则不但碱性极弱，且更近于弱酸性。因此从整个分子来看咖啡碱的碱性很弱，不易与酸结合成盐，结合后所成的盐亦极不稳定，溶于水或醇中，能立即分解，转为游离的咖啡碱和酸。茶碱和可可豆碱是二甲基黄嘌呤的衍生物，不但碱性很弱，还能溶解在氢氧化钠水溶液中生成钠盐，表现为两性化合物的性质。

有些生物碱的分子中带有酚性羟基或羧基，则具有酸碱两性反应，既能与碱反应，又能与酸反应生成盐，如与小檗碱共存于三颗针中的药根碱和槟榔中含有的槟榔次碱，前者带有酚羟基，后者带有羧基。

六、 沉淀反应

大多数生物碱在酸性水溶液或稀醇溶液中都可能与某一种或数种试剂反应生成难溶于水的复盐或络合物沉淀，这些试剂称为生物碱沉淀试剂。利用这种沉淀反应，不但可以预试某些中草药中是否含有生物碱，也可用于检查提取是否完全，也可借此沉淀反应精制生物碱，并能因沉淀的颜色、形态等不同而有助于生物碱的鉴定。但需注意的是：如直接采用中草药的酸浸液来做沉淀反应，酸浸液中常夹杂有蛋白质、鞣质等成分，也可能和生物碱沉淀试剂生成沉淀，因此虽有沉淀生成，也不能直接判定有生物碱的存在。故往往需要排除这些干扰，才能得到比较可靠的结果。排除非生物碱类成分的干扰，一般可以利用游离生物碱及生物碱盐类溶解度的特点，用氯仿从生物碱的碱性水溶液中萃取精制，氯仿层含游离生物碱，再将生物碱转溶于酸水中，生物碱转为盐溶于水中，再加入生物碱沉淀剂检查生物碱。但季铵型水溶性生物碱，则需将萃取溶剂改为醋酸乙酯、正丁醇或氯仿中加入一定比例的乙醇，才能将季铵型生物碱自水中提取出来。较简易的方法是应用薄层层析或纸层析手段，以适当的溶剂系统展开后，再喷洒可以显色的生物碱沉淀剂，观察有无生物碱斑点。有少数生物碱与某些沉淀试剂并不能产生沉淀，如麻黄碱。而且不同的生物碱对这些试剂的灵敏度也不一样。因此，在实践过程中，下结论时是要慎重的。

生物碱沉淀试剂的种类很多，大多为重金属盐类或相对分子质量较大的复盐以及特殊无机酸（如硅钨酸、磷钨酸）或有机酸（如苦味酸）的溶液。其中较为常用的有以下几种。

碘化汞钾试剂（Mayer 试剂，$HgI_2 \cdot KI$）：在酸性溶液中与生物碱反应生成白色或淡黄色沉淀 [为一种络盐 $AIK \cdot HI \cdot (HgI_2)_n$，AIK 表示生物碱]。

碘化铋钾试剂（Dragendorff 试剂，$BiI_3 \cdot KI$）：在酸性溶液中与生物碱反应多生成黄色至橘红色沉淀 [为一种络盐 $AIK \cdot HI \cdot (BiI_3)_n$]。

碘–碘化钾试剂（Wager 试剂，$I_2 \cdot KI$）：在酸性溶液中与生物碱反应生成棕红色沉淀（为一种络盐 $AIK \cdot HI \cdot In$）。

硅钨酸试剂（Bertrand 试剂，$SiO_2 \cdot 12WO_3$）：在酸性溶液中与生物碱反应生成淡黄色或灰白色沉淀。

磷钼酸试剂（Sonnenschein 试剂，$H_3PO_4 \cdot 12MoO_3$）：很灵敏，在中性或酸性溶液中与生物碱反应生成鲜黄色或棕黄色沉淀。

苦味酸试剂（Hager 试剂）：即 2，4，6-三硝基苯酚，与生物碱反应生成黄色沉淀。

雷氏铵盐试剂：组成为 $NH_4[Cr(NH_3)_2(SCN)_4]$，与季铵型生物碱反应生成红色沉淀或结晶。

在试验时，通常选用三种以上不同的生物碱沉淀试剂进行试验，如均为正反应，表示溶液中可能有生物碱存在。如需确证，则要进一步精制后再行试验，如再次试验均呈正反应，即可肯定有生物碱存在。如第一次试验时就对三种沉淀试剂成负反应，即可肯定无生物碱存在。

七、 显色反应

生物碱能与某些试剂反应而显特殊的颜色，这些试剂称为生物碱显色试剂。生物碱的显色反应原理尚不太清楚，一般认为是氧化反应、脱水反应、缩合反应或氧化、脱水与缩合的共同反应。但显色反应受生物碱纯度的影响很大，生物碱愈纯，颜色愈明显。显色反应可用于生物碱的鉴别。常用的显色剂有以下几种。

（1）矾酸铵–浓硫酸溶液（Mandelin 试剂） 为 1% 矾酸铵的浓硫酸溶液，与吗啡反应时显棕色，与可待因反应显蓝色，与莨菪碱、阿托品反应均显红色，与士的宁反应显紫色到红色。

（2）钼酸钠–浓硫酸溶液（Frohde 试剂） 为 1% 钼酸钠的浓硫酸溶液，能与多种生物碱反应产生不同的颜色，如与乌头碱反应显黄棕色，与小檗碱反应显棕绿色，与阿托品反应不显色。Frohde 试剂与吗啡反应立即显紫色，渐转变为棕绿色，而和利血平反应立即显黄色，约 2min 后转为蓝色。此试剂与蛋白质也能反应而显色，应用时应注意区别。

（3）甲醛–浓硫酸试剂（Marquis 试剂） 为 30% 甲醛溶液 0.2mL 与 10mL 浓硫酸的混合溶液，能与某些生物碱反应显特殊的颜色，如遇吗啡显橙色至紫色，遇可待因显红色至黄棕色。

（4）浓硫酸 如遇乌头碱显紫色，小檗碱显绿色，阿托品不显色。

（5）浓硝酸 如遇小檗碱显棕红色，秋水仙碱显蓝色，咖啡碱不显色。

生物碱与酸性染料如溴麝香草酚蓝、溴甲酚绿等，在一定 pH 的缓冲液中也可形成复合物而显色，此种复合物可定量地被氯仿等有机溶剂提出而用于比色测定，是应用广泛的一种微量测定生物碱的方法，个别生物碱还因其特殊的组成或结构，可与不同的显色试剂反应，显示特有的颜色。

第四节　生物碱的提取工艺特性

传统的生物碱提取方法是建立在生物碱的理化性质与存在状态，尤其是对于不同溶剂包括酸、碱等的溶解性能的基础上的。一般来说，除少数具有挥发性的生物碱可用水蒸气蒸馏法，具有升华性的生物碱可采用升华法提取外，绝大多数生物碱是利用溶剂提取法和离子交换树脂法进行提取的。新的提取技术主要有微波、超声波辅助提取及超临界 CO_2 流体萃取等。提取过程一般由生物碱的提取和纯化两个过程组成。

一、 总生物碱的提取

1. 溶剂法

溶剂法是最常用的方法。弱碱性或中等碱性生物碱往往以游离状态存在，可用苯或氯仿等有机溶剂提取，较强碱盐部分则留在植物体内。提取前应先用水或稀有机酸（如酒石酸、柠檬酸等）充分湿润植物粉状材料，然后用有机溶剂提取。如喜树碱、吲哚碱、长春碱和长春新碱等的提取均可采用此种方法。提取速率与溶剂用量、原料粉碎度、操作条件（如温度、搅拌）等因素有关。如从天麻中提取天麻素和天麻甙元，用超声波辅助提取 10min 比冷浸法提取 48h 的得率还高。

生物碱的甲醇或乙醇提取液中含不少非生物碱成分，尤其是树脂类杂质，需进一步纯化除去。常用适量酸水溶液使生物碱成盐溶出，过滤，酸滤液再用上述方法碱化、有机溶剂萃取、浓缩，得亲脂性总生物碱。对甙类生物碱的提取，一般直接将植物样品用甲醇或乙醇渗漉或浸泡，浓缩后进行柱层析，注意宜采用新鲜原材料或先进行灭酶处理，应避免酸或碱处理，否则生物碱会被水解。含油脂多的植物材料，则应预先脱脂。

（1）水或酸水-有机溶剂提取法　提取原理是生物碱盐类易溶于水，难溶于有机溶剂；而游离碱易溶于有机溶剂，难溶于水。可直接用水或 0.5%~1% 的无机酸水来提取。常用的酸有盐酸、硫酸、醋酸或酒石酸等。可用渗漉法、浸渍法，提取液浓缩到适当体积后，再用氨水、石灰乳等碱化，使生物碱游离出，然后用氯仿、苯等有机溶剂进行萃取。用水洗涤萃取液，除去水溶性杂质。最后浓缩萃取液得亲脂性总生物碱。本法简单易行，但提取液体积较大，水溶性杂质较多，浓缩纯化比较困难，且不适用于含大量淀粉或蛋白质的植物材料。一般多采用离子交换树脂法进一步纯提。

（2）醇-酸水-有机溶剂提取法　本方法依据生物碱及其盐类易溶于甲醇或乙醇，且醇提取液易浓缩的特点，用醇代替水或酸水来提取生物碱。实验室或工业上一般采用乙醇。提取方式可以是渗漉法、浸渍法或加热回流法。提取液浓缩至一定体积，加入酸水酸化，过滤，滤液分别用氨水或 NaOH 溶液碱化，有机溶剂萃取，浓缩得中等碱性或强碱性的总生物碱。对于酚性生物碱，也可以在酸水溶液中分别加 1%~2% Na_2CO_3、NaOH 溶液处理，然后用有机溶剂萃取，从而达到初步分离的效果。

（3）碱化-有机溶剂提取法　一般方法是将植物材料用碱水（1%~10% 氨水、石灰乳或 Na_2CO_3 溶液）充分润湿后，使以盐形式存在的生物碱游离出来，再用有机溶剂 $CHCl_3$、CH_2Cl_2 或苯等用浸渍法、渗漉法或回流法提取，回收有机溶剂后即得亲脂性总生物碱。由于弱碱性生物碱往往以游离状态存在于植物原料中，所以，如欲提取总弱碱性生物碱，只需先用水或稀有机酸如酒石酸、柠檬酸等湿润后，再用有机溶剂进行提取，回收溶剂即得。此法往往杂质较多，需要进一步纯化。如总生物碱用 1%~2% 盐酸水溶液提取 2~3 次，过滤，滤液用石油醚除去脂溶性杂质，再加碱水碱化，并用乙醚或氯仿萃取，浓缩即得。

作为有机溶剂，苯的效果较好，但毒性大、易燃，尽量避免使用。本法所得总生物碱较上述方法纯净，同时，提取过程中能与强碱性生物碱分离，但存在提取时间长、溶剂毒性大、易燃，有时提取不完全的缺点。

（4）其他溶剂提取法　除了以上几种传统的溶剂提取方法外，为提高提取效率，根据生物碱的不同性质衍生出一些其他方法。如钟静芬等人用不同类型和浓度的表面活性剂对秦艽生物碱进行提取，结果表明，非离子型表面活性剂的水溶液能增加生物碱的提取率，尤其以稀醇液的提取率最高，并大于 95% 乙醇液、水和酸水作溶剂的提取率。又如段光明、宗会研究了不同溶剂系统对马铃薯糖苷生物碱的提取效果，即单溶剂法（甲醇为溶剂）、双溶剂法（体积比为 2∶1 的丁醇与氯仿）和混合溶剂法（体积比为 50∶30∶20∶1 的四氢呋喃、水、乙腈及冰乙酸），结果表明，混合溶剂提取效果最好，提取率最高，双溶剂法次之，单溶剂法最低。

另外，在溶剂提取法的基础上，结合超声波、微波等其他辅助手段形成的超声波辅助提取、微波辅助提取及超声波联用微波辅助提取是近几年发展起来的新技术。郭孝武用溶剂提取–超声波法提取益母草总碱，并与热回流法相比较，发现超声波法所得益母草总生物碱的提取率高于热回流法，并且缩短了提取时间。文旭等对见血青总生物碱的索氏提取法和超声波辅助提取法进行了比较，后者的得率达到 0.875%，而前者仅为 0.142%，超声波辅助提取见血青总生物碱效果显著。李永春等对比了常规酸水和微波辅助酸水提取苦豆子生物碱的效果，发现后者不仅能显著提高提取效率，提取时间还缩短 20h 以上，提取率显著提高，增加了约 12%。高岐等对比了乙醇和微波辅助乙醇提取益母草中总生物碱的效果，后者提取率提高了约 15%，效果明显。罗垟子等采用超声波+微波协同提取玛咖总生物碱，发现其提取率比酸性乙醇提取高约 9%；肖谷清等对比了微波辅助提取、超声波辅助提取及微波联用超声波辅助提取对黄柏中总生物碱的提取效果，结果表明微波联用超声波比单一的微波或超声波辅助提取效果更好。

溶剂提取法按具体操作可分为浸渍法、渗漉法、热回流法、连续回流提取法和煎煮法。

（1）浸渍法　该法简便易行，是最常用的方法之一。它是将处理过的原料，用适当的溶剂在常温或温热（60~80℃）条件下浸泡以溶出其中的有效成分。如王嘉陵用甲醇浸泡莲子心粉，然后回收甲醇，用酸水、碱水、亲脂性溶剂进行纯化，非水溶性总碱（含莲心碱、异莲心碱和甲基莲心碱）收率为 0.61%。张灿等人用酸水提取法从北豆根中提取蝙蝠葛总生物碱，即在 30℃ 时用 0.5% 的硫酸溶液浸提，提取液用碳酸钠碱化调 pH 至 9.0，过滤后干燥得粗总碱。该法对热敏性物质的提取非常有利，但操作时间长，浸出效率差，用水为溶剂时提取液易腐败变质，须注意加入适当的防腐剂。

（2）渗漉法　该法是往植物材料粗粉中不断添加溶剂使其渗过粗粉，从渗漉筒下端流出浸液。此法浸出效果优于浸渍法，适用于有效成分含量较低或贵重药材的提取。如黄嘉诺采用不同浓度的乙醇作溶剂，从药材中提取延胡索生物碱，用渗漉法进行提取，并与热回流法进行比较，结果用同一浓度乙醇（50%）为溶剂，渗漉法提取的生物碱收率（0.221%）大于热回流法（0.191%）。但此法溶剂消耗量大，费时长，操作烦琐，且新鲜及易膨胀的药材和无组织结构的药材不宜用渗漉法。

（3）热回流法　该法是一种比较成熟的分离方法。其最大特点在于通过溶剂的蒸发与回流，使得每次与原料相接触的溶剂都是纯溶剂，从而大大提高了萃取动力，达到提高萃取速度和效果的目的。如李文科从骆驼蓬中提取骆驼蓬生物碱，先用 80% 乙醇密闭浸泡原材料粗粉 24h，热回流 3h，过滤，反复提取 3 次，将滤液合并，回收乙醇得浸膏。再用氯仿提取法纯化浸膏，得总生物碱，回收率为 3.46%。此法可减少溶剂消耗，提高浸出效率，但受热易破坏的成分不宜用此法。

（4）连续回流提取法　又称索氏提取法。如甄攀、杨风珍研究了吴茱萸总生物碱的提取条件，结果表明，在相同的提取时间内，索氏提取的效率高于浸渍提取和超声提取，与回流提取相当，而且回流提取需要分 3 次提取，操作麻烦，因此优选索氏提取。连续提取法提取液受热时间长，因此对受热易分解的成分不宜用此法。

（5）煎煮法　该法是将原材料粗粉加水加热煮沸，将有效成分提取出来。此法简便，原料中大部分成分可被不同程度地提出，但挥发性成分及热敏性有效成分不宜用此法。如李成网等人将干燥的山豆根粉末用 8 倍量水煎煮两次，过滤浓缩，加 2 倍量医用乙醇，静置 24h，过滤，将滤液浓缩后用氯仿提取法纯化，所得回收率最高达 1.35%，优于 70% 和 95% 乙醇的热回流法。

2. 离子交换树脂法

将酸水提取液与阳离子交换树脂（多用磺酸型）进行交换，使生物碱盐类的阳离子被交换而吸附，一些不能离子化的杂质则随溶液流出，借以分离。交换后的树脂，用碱水或10%氨水碱化后，再用有机溶剂（如乙醚、氯仿、甲醇等）进行洗脱，回收溶剂得总生物碱。由于生物碱分子一般都比较大，宜选用低交联度（3%~6%）聚苯乙烯磺酸型树脂。生物碱的离子交换与碱化时的反应如下：

$$R^-H^+ + [B \cdot H]^+ Cl^- \longrightarrow R^- [B \cdot H]^+ + HCl$$
$$R^- [B \cdot H]^+ + NH_4OH \longrightarrow R^-NH_4^+ + B + H_2O$$
（R 代表树脂，B 代表生物碱）

离子交换树脂法有很重要的实用价值。许多药用生物碱如东莨菪碱、奎宁、麦角碱类、石蒜碱、咖啡因、一叶萩碱、角蒿生物碱、钩藤碱等都是应用此法生产的。

3. 沉淀法

季铵生物碱极性大，易溶于水和碱水中，除离子交换树脂法外，往往难于用一般溶剂法将其提取出来，此时常采用沉淀法进行提取。实验室用生物碱沉淀试剂如磷钨酸、硅钨酸、苦味酸、雷氏铵盐等加入到含有水溶性生物碱的弱酸性水溶液中，使生物碱沉淀完全，滤出沉淀后再以适当的试剂进行分解，最后分离出生物碱。雷氏铵盐沉淀法的具体操作如下：将含季铵生物碱的水溶液用盐酸调到弱酸性，加入新鲜配制的雷氏铵盐饱和水溶液至不再生成沉淀为止。滤取沉淀，用少量水洗涤 1~2 次，抽干，将沉淀溶于丙酮（或乙醇）溶液中，过滤，滤液即为雷氏生物碱复盐丙酮（或乙醇）液。于此滤液中，加入饱和硫酸银水溶液，形成雷氏银盐沉淀，过滤，于滤液中加入适量 $BaCl_2$ 溶液，滤除沉淀，最后所得滤液即为季铵生物碱的盐酸盐。整个反应过程如下：

$$B^+ + NH_4 [Cr (NH_3)_2 (SCN)_4] \longrightarrow B [Cr (NH_3)_2 (SCN)_4] \downarrow$$
$$2B [Cr (NH_3)_2 (SCN)_4] + Ag_2SO_4 \longrightarrow B_2SO_4 + 2Ag [Cr (NH_3)_2 (SCN)_4] \downarrow$$
$$B_2SO_4 + BaCl_2 \longrightarrow BaSO \downarrow + 2B \cdot Cl$$
（B = 季铵生物碱阳离子）

4. 大孔吸附树脂法

用大孔吸附树脂提取水溶性生物碱，一般操作如下：将植物原料用醇类溶剂或酸水提取后，回收溶剂，加水溶解，通过大孔吸附树脂柱，用少量水洗柱体，然后用含水醇或酸水洗脱，浓缩洗脱液，即得总生物碱。

5. 超临界流体萃取法

该法广泛用于天然产物各类成分如生物碱、芳香有机酸、香豆素等的制备和分离。以生物碱光菇子中秋水仙碱提取为例：采用超临界 CO_2 作溶剂，在萃取器温度45℃、压力 10MPa、夹带剂为 76% 乙醇的条件下，连续萃取 9h。经 HPLC 法测定秋水仙碱含量，与回流萃取法比较，秋水仙碱提取率提高 1.25 倍。又如长春花中长春碱和长春新碱的提取，需用有机溶剂多次萃取，溶剂消耗量大且有毒性，采用超临界 CO_2 作溶剂，在萃取器温度40℃、压力 $3.5×10^4$ kPa 以上的条件下进行萃取，效果好且极大地改善了生产条件。

目前，超临界 CO_2 流体萃取技术在苦参碱、小檗碱、槟榔碱、秋水仙碱、咖啡碱等水溶性生物碱及粉防己碱、青藤碱、加兰他敏、辣椒碱、喜树碱、吴茱萸碱、胡椒碱、延胡索乙素等脂溶性生物碱的提取中已有较多研究和应用。

二、 生物碱的分离

采用上述方法提取得到的总生物碱，大多数情况下是一些结构十分相似的生物碱的混合物，根据需要，还需进一步分离才能得到所需的生物碱单体成分。首先利用生物碱在不同溶剂中的溶解度不同达到预分离目的，即先将总生物碱溶于少量乙醚、丙酮或甲醇中，静置。如果析出结晶，过滤，滤液浓缩至少量或加入另一种溶剂，往往又可得到其他生物碱结晶，这通常称为试验法。假如再没有结晶析出，那么剩下的一般是结构与性质比较相似的生物碱。分离此类生物碱，可利用碱性强弱不同、溶解性能的差异或特殊官能基团等，先初步分成几个部分，然后再系统分离单体生物碱。

系统分离通常采用总生物碱→类别或部位→单体生物碱的分离程序。类别是指按碱性强弱或酚性、非酚性组分的生物碱类别。部位指最初层析中洗脱的不同极性的生物碱。

1. 总生物碱的初步分离

生物碱的初步分离是根据总生物碱中各成分理化性质的差异，可将其初步分离为强碱性的季铵碱、中等强度碱性的叔铵碱及其酚性碱、弱碱性生物碱及其酚性碱等不同的类别。类别生物碱的一般分离流程如图 7-1 所示。

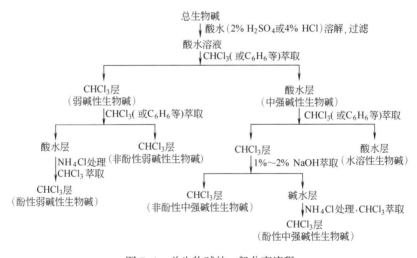

图 7-1　总生物碱的一般分离流程

2. 单体生物碱的分离

生物碱单体的分离主要是利用待分离生物碱之间的结构、理化特性差异而进行的。常用以下几种方法。

（1）利用生物碱碱性的差异进行分离　总生物碱中各单体生物碱的碱性有强弱之分，强碱在弱酸性条件下即可成盐，弱碱在较强的酸性条件下才能成盐。反过来，总生物碱的水溶液在碱化时，弱碱盐在弱碱性条件下就可以转变成游离生物碱，易于溶解在亲脂性的有机溶剂中；强碱盐需要在较强碱性条件下才能转变成游离生物碱而溶于亲脂性有机溶剂中。因此可利用生物碱碱性的差异，在不同的 pH 条件下其溶解度不同的特点，用两相溶剂萃取法将各种生物碱逐一分离。该方法又称 pH 梯度萃取。一种方法是将总生物碱溶于稀酸水中，逐步加碱液调节 pH，使 pH 由低到高，每调节一次 pH，用氯仿等亲脂性有机溶剂萃取一次，从而使各单体生物碱依碱性由弱到强先后成盐而依次被萃取分离出来；另一种方法是将总生物碱溶于氯仿等亲脂性有机溶剂中，以不同酸性缓冲液依 pH 由高至低依次萃取，则生物碱可按碱性由强至弱的顺序自总碱中逐一转溶到酸性缓冲液中，然后分别碱化各部分缓冲液，再用氯仿萃取后回收溶剂就可以得到不同碱度的生物碱。

（2）利用生物碱及其盐的溶解度不同进行分离　总生物碱中各生物碱单体由于结构和极性的差异，在有机溶剂中的溶解度也不相同，不同的生物碱与不同的酸生成的盐溶解性也可能不同，以此可作为分离的依据。

例如，粉防己碱和防己诺林碱的分离，两者的基本结构相似，仅仅一个取代基不同，粉防己碱的极性小于防己诺林碱，防己诺林碱难溶于冷苯，而粉防己碱可溶于冷苯。将两者的混合物用 5~6 倍的苯冷浸一定时间，过滤。滤液中含粉防己碱，而不溶物为防己诺林碱。再如麻黄碱和伪麻黄碱的分离，麻黄碱的草酸盐比伪麻黄碱的草酸盐在水中的溶解度小，可将两者溶于适量的水中，加入一定量的草酸，麻黄碱生成的草酸盐先从水溶液中析出，从而将其分离。苦参碱和氧化苦参碱的分离，可利用两者均能溶于水，但苦参碱同时能溶于乙醚，而氧化苦参碱难溶于乙醚的溶解性差异，将两者溶于水后，用乙醚萃取，即可将两者分离。

（3）利用生物碱的特殊官能团进行分离　有些生物碱的分子结构中含有酚羟基、羧基等酸性基团、内酯及酰胺结构。这些基团或结构能发生可逆性化学反应，可据此分离此类生物碱。如含有羧基和含有酚羟基的生物碱，可分别溶解在碳酸氢钠和氢氧化钠溶液中而与其他生物碱分离；含有内酯结构的生物碱，在碱性条件下加热可水解，内酯环开环而溶解于碱水溶液中，酸化后，闭环还原为原来的生物碱而得到分离；含有酰胺结构的生物碱，在碱性条件下加热同样可发生水解反应而与其他生物碱分离。如吗啡和可待因均含有酚羟基，但羟基数目不同，可将其溶解于氯仿，然后用 1%~2% 的氢氧化钠萃取，因吗啡羟基数目多而酸性更强，吗啡被萃取进入氢氧化钠溶液并以钠盐的形式存在，而可待因留存在氯仿液中，实现两者的分离；在氢氧化钠中加入弱酸酸化，吗啡又以单体游离出来，以氯仿萃取即可得到吗啡。

（4）利用色谱法进行分离　植物原料中所含生物碱种类繁多，而且有些结构与性质比较相近。采用上述方法往往不能完全分离，需利用色谱分离法得到生物碱单体。

①吸附柱色谱：一般常用氧化铝和硅胶作吸附剂，以苯、氯仿、乙醚等亲脂性有机溶剂或以其为主的混合溶剂系统作洗脱剂。例如，长春碱与醛基长春碱（长春新碱）的分离，将从长春花中提取的游离总生物碱溶于苯：氯仿（1∶2）中，通过氧化铝吸附柱，用苯：氯仿（1∶2）液洗脱，先洗脱下来的是长春碱，后洗脱下来的是醛基长春碱。

②分配柱色谱：某些结构十分相似的生物碱，采用吸附色谱分离效果不一定理想，可采用分配色谱法。对于脂溶性生物碱的分离，以硅胶为支持剂，固定相多用甲酰胺，以亲脂性有机溶剂作展开剂；如三尖杉酯碱和高三尖杉酯碱的分离。分离水溶性生物碱，应以亲水性的溶剂作展开剂。配制流动相时，需用固定相饱和。显色方法同吸附薄层色谱法。此外采用高效液相色谱法，能使许多其他色谱法难分离的混合生物碱得到分离。

以上介绍了几种生物碱的分离方法，但在实际工作中，由于某些植物中生物碱种类很多，结构相似，依靠其中某一种方法很难分离得到生物碱单体，一般需几种方法配合应用才能取得比较理想的效果。

第五节 生物碱提取分离实例

一、麻黄碱

麻黄为麻黄科植物草麻黄（*Ephedra sinica*）、木贼麻黄（*E. equisetina*）和中麻黄（*E. intermedia*）的干燥茎与枝，是我国特产药材，为常用中药。麻黄味辛、苦，性温，具有发汗、平喘、利水等作用。主治风寒感冒、发热无汗、咳喘、水肿等症。现代药理实验表明，麻黄碱有收缩血管、兴奋中枢神经的作用，能兴奋大脑、中脑、延脑和呼吸、循环中枢，有类似肾上腺素样作用，能增加汗腺及唾液腺分泌，缓解平滑肌痉挛；伪麻黄碱有升压、利尿的作用；甲基麻黄碱有舒张支气管平滑肌的作用。

1. 麻黄碱及其化学结构

麻黄中含有多种生物碱，含量因产地和品种不同而有一定差异，一般在 1%~2%。所含生物碱以麻黄碱和伪麻黄碱为主，麻黄碱占总生物碱的 40%~90%；此外是少量的甲基麻黄碱、甲基伪麻黄碱和去甲基麻黄碱、去甲基伪麻黄碱，它们的结构如下。

$R_1=H$	$R_2=CH_3$	L-麻黄碱
$R_1=CH_3$	$R_2=CH_3$	L-甲基麻黄碱
$R_1=H$	$R_2=H$	L-去甲基麻黄碱

$R_1=H$	$R_2=CH_3$	D-伪麻黄碱
$R_1=CH_3$	$R_2=CH_3$	D-甲基伪麻黄碱
$R_1=H$	$R_2=H$	D-去甲基伪麻黄碱

麻黄碱分子中的氮原子都在侧链上，麻黄碱和伪麻黄碱属仲胺衍生物，互为立体异构物。

2. 麻黄碱的理化性质

（1）性状 麻黄碱为无色似蜡状固体或结晶形固体，也可能是颗粒，无臭，常含半分子结晶水。游离麻黄碱含水物熔点为 40℃。伪麻黄碱为无色斜方形结晶，相对分子质量较小。两者都有挥发性，能随水蒸气蒸发出来而不被分解。

（2）碱性 麻黄碱和伪麻黄碱的氮原子在侧链上，为仲胺类生物碱，碱性较强。伪麻黄碱的共轭酸与 C_2—OH 形成分子内氢键，其稳定性大于麻黄碱，所以伪麻黄碱的碱性（pK_a9.74）稍强于麻黄碱（pK_a9.58）。

（3）溶解性 麻黄碱易溶于水（1:20）和乙醇，可溶于氯仿、乙醚、苯或甲苯。与无机酸或酸性较强的有机酸结合成的盐大多易溶于水（草酸盐难溶于冷水），可溶于乙醇，但几乎不溶于氯仿、乙醚、苯等有机溶剂。伪麻黄碱易溶于乙醇、乙醚、苯或甲苯等有机溶剂，在水中的溶解度较小。伪麻黄碱的盐类易溶于水，其盐酸盐能溶于丙酮、氯仿，其草酸盐易溶于冷水。

3. 麻黄碱的鉴别反应

（1）生物碱沉淀试剂反应 麻黄碱和伪麻黄碱都是仲胺类生物碱，氮原子在侧链上，不含氮杂环，因此，它们与大多数生物碱沉淀试剂均不易发生沉淀反应，与碘化铋钾试剂可生成不显著的沉淀。

（2）二硫化碳-硫酸铜反应　麻黄碱或伪麻黄碱的乙醇溶液，加入二硫化碳、硫酸铜试剂和氢氧化钠试剂，即产生棕黄色沉淀。

（3）铜络盐反应　在麻黄碱和伪麻黄碱的水溶液中，先加入硫酸铜试剂，随后加入氢氧化钠试剂，溶液即显蓝紫色，再加入乙醚振摇分层，乙醚层即显紫红色，水层为蓝色。

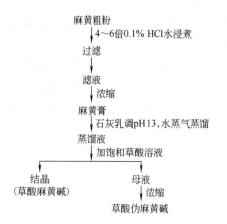

图 7-2　麻黄碱的水蒸气蒸馏法提取流程

（引自：杨红．中药化学实用技术，2004）

4. 麻黄碱和伪麻黄碱的提取分离

（1）水蒸气蒸馏法　麻黄碱和伪麻黄碱在游离状态时具有挥发性，可用水蒸气蒸馏法从麻黄草中提取。提取分离流程如图 7-2 所示。

该方法不用有机溶剂，设备简单，操作简便而安全。使用该法时需先将麻黄原料的煮提液浓缩成浸膏，碱化后再用水蒸气蒸馏，此过程加热时间较长，部分麻黄碱被分解产生胺和甲胺而影响产品质量和得率。

（2）溶剂法　利用麻黄碱和伪麻黄碱既能溶于水，又能溶于亲脂性有机溶剂的性质进行提取，利用麻黄碱草酸盐比伪麻黄碱草酸盐在水中溶解度小的性质进行分离。提取分离流程如图 7-3 所示。

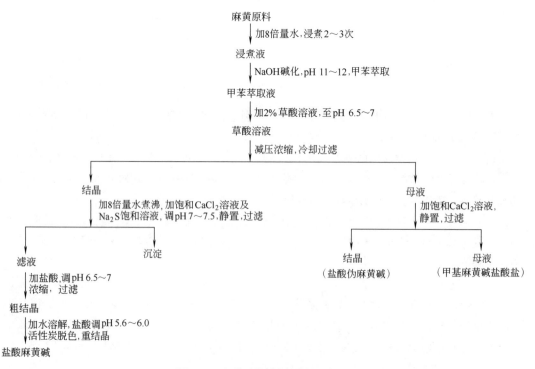

图 7-3　麻黄碱的溶剂提取法流程

（引自：杨红．中药化学实用技术，2004）

（3）离子交换树脂法 利用麻黄草的酸性水提液通过强酸型阳离子树脂柱时，生物碱盐阳离子被交换到树脂上，再用酸性水或碱性乙醇洗脱。麻黄碱的碱性比伪麻黄碱弱，可先从树脂柱上洗脱下来，而使两者达到分离。

二、 长春碱与长春新碱

1. 结构与性质

长春碱（*Vinblastine*）和长春新碱（*Vincristine*）系近年来从夹竹桃科植物长春花 *Catharanthus roseus* 中提取出来的两种生物碱，均为双吲哚型生物碱。临床上用它们的硫酸盐治疗何杰金氏病、急性淋巴细胞性白血病、淋巴肉瘤、绒毛膜上皮细胞癌等恶性肿瘤。这是目前国际上应用得最多的两个植物抗癌药。

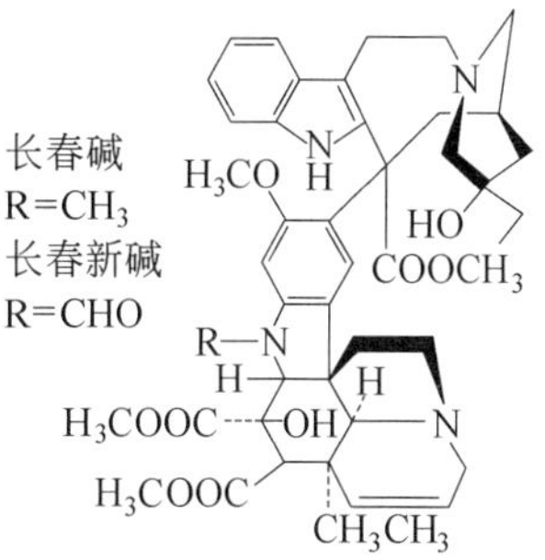

长春碱为白色或类白色结晶性粉末，无臭，遇光或热变黄；甲醇中重结晶时为针状结晶；分子式 $C_{46}H_{58}N_4O_9$，熔点 211~216℃；易溶于氯仿、丙酮、乙醇和乙酸乙酯，几乎不溶于水和石油醚。其硫酸盐熔点为 284~285℃。

长春新碱为白色结晶性粉末，在甲醇中重结晶时为针状结晶，分子式 $C_{46}H_{56}N_4O_{10}$，熔点 218~220℃，其硫酸盐为白色至微黄色结晶性粉末，有吸湿性，易溶于水、甲醇和乙醇，熔点为 284~285℃。

长春碱
R=CH₃
长春新碱
R=CHO

2. 提取分离

从长春花全草中目前已分离出 70 余种生物碱，其中仅长春碱、长春新碱等少数几种有实用价值，而它们的含量又极低，均在万分之一以下，长春新碱则仅为百万分之一。国外介绍的分离方法都比较复杂烦琐，我国科技人员经过反复实践，摸索出了一个简便且得率较高的生产方法。

该方法主要根据这两个生物碱都是弱碱的特点，用苯渗漉原料，酒石酸提取弱碱，再通过控制 pH 来制备硫酸盐粗结晶，而后经转化成游离碱，通过一次氧化铝柱层析，即可分离到这两个生物碱的单体。提取流程如图 7-4 所示。

渗漉和萃取：长春花全草干粉（过 80 目筛孔）加自来水以 1:0.3（药粉:水）比例拌匀，放置约 0.5h，投入预先放好苯的渗漉桶中浸没，加盖密闭浸 48h 后开始渗漉，随时添苯以防表面流干。收集生药粉 5 倍量的苯渗漉液，与 6% 的酒石酸在四支串连的玻璃管中进行液-液逆流萃取。当第一管酸水的 pH 为 4 时，放出，换入新配的酒石酸溶液继续萃取。直至苯液全部交换完，放出第 1~3 管中的酸水液，置分液漏头中，先加入 0.4 倍的氯仿，然后加约 14% 的氨水调节 pH 至 6~7，振摇，放出氯仿层，以后又用水溶液体积的 0.2 倍的氯仿振摇三次，氯仿提取液静置去水，减压蒸干，然后加少量丙酮抽松，得总弱生物碱。

纯化：将总弱生物碱加甲醇 1~1.5 倍溶解，放置过夜，滤去结晶，收集甲醇滤液，减压蒸干，抽松，将此游离碱加 0.5 倍无水乙醇溶成浓溶液，然后加 5% 硫酸乙醇溶液至 pH 3.8~4.1，放置过夜，析出混合长春碱硫酸盐。滤出结晶，加蒸馏水 1.5~2 倍溶解，移入分液漏斗中，先加 1.5 倍量氯仿，然后加约 14% 的氨水调节 pH 至 8~9，振摇，将游离碱提入氯仿，直至最后振摇的氯仿不呈明显的生物碱反应为止，共约提 6 次，氯仿提取液加无水硫酸钠干燥，滤出硫酸钠，滤液减压蒸干，得纯化游离弱碱。

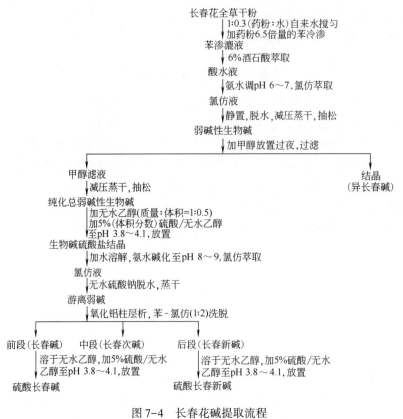

图 7-4　长春花碱提取流程

（引自：杨红．中药化学实用技术，2004）

长春碱、长春新碱的分离：将上述纯化游离弱碱，在真空干燥器中充分干燥后，按 1g 用 30g 氧化铝（化学纯）的比例，在氧化铝柱上层析分离，洗脱溶剂为重蒸的苯-氯仿混合液（相对密度 1.30）。将前段洗脱液抽干（放于 P_2O_5 的真空干燥器中抽干 12h 以上），称重，加无水乙醇 1.5~2 倍溶解，再加 4% H_2SO_4 使无水乙醇溶液 pH 至 3.8~4.1，密塞在 25℃以下放置 48h，析出长春碱硫酸盐结晶。滤出少量无水乙醇，立即移置真空干燥器中干燥，即为硫酸长春碱粗品。中段洗脱液为长春次碱及交叉混合物（另行处理）。后段洗脱液经减压蒸干，置真空干燥器中干燥后称重，加无水乙醇 1.5~2 倍溶解，再加 4% H_2SO_4 无水乙醇溶液至 pH 3.8~4.1（偏3.8），塞紧在 25℃以下放置 48h 即析出长春新碱的硫酸盐粗品。

精制：加蒸馏水和甲醇使硫酸长春碱粗品在 60℃左右全部溶解，过滤，容器用甲醇洗涤，滤液合并，减压回收甲醇，立即将 150 倍量预先加热至沸的无水乙醇加入，迅速摇匀后放置，很快析出白色针晶，放置一段时间后，滤出针晶干燥，即得硫酸长春碱精品，熔点 284℃（分解）。

硫酸长春新碱粗品加少量甲醇溶解，过滤，减压浓缩掉部分甲醇，加入 30 倍量无水乙醇摇匀，放置过夜，滤出析出的结晶，放于干燥器中抽干，即为精制硫酸长春新碱，熔点218~220℃。

三、　喜树生物碱

珙桐科喜树（*Camptotheca acuminata Decne*）是我国南方特有的一种乔木。从喜树中分离得到的喜树碱、10-羟基喜树碱，经临床试用证明对直肠癌、胃癌、肝癌、膀胱癌及白血病等恶性肿瘤有较好的近期疗效，但喜树碱毒性很大，安全范围较小。10-羟基喜树碱可用于治疗肝癌与头颈部肿瘤，副作用远比喜树碱小。喜树碱已有多个全合成的路线，如以 3,4-二羧基呋喃为起始原料合成绝对构型为 20（S）喜树碱。近年发现喜树碱可被黄曲霉素 T-37 选择性地氧化成10-羟基喜树碱，为规模化生产奠定了理论基础。

1. 结构与性质

喜树碱是一类特殊的生物碱，为带有喹啉环的五环化合物，含 6-内酰胺与 6-内酯环，它们都是中性乃至近酸性的化合物。除去氧喜树碱外都不具有一般生物碱的特性，如对碘化铋钾试剂呈阴性反应，不溶于一般有机溶剂，与酸不能形成盐。喜树碱等分子中具有内酯结构，可被碱化开环，转为钠盐而溶于水；酸化后又环合而析出。

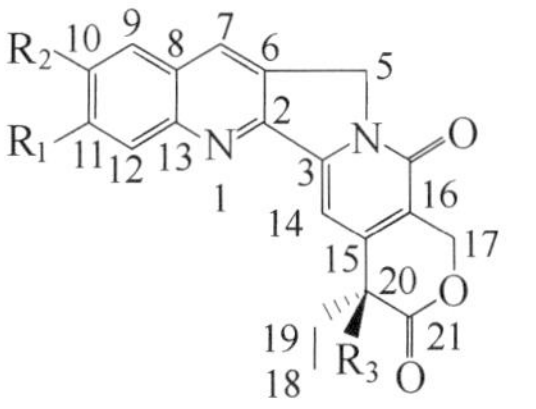

喜树碱	$R_1=R_2=H$ $R_3=OH$
羟基喜树碱	$R_1=H$ $R_2=OH$ $R_3=OH$
10-甲氧基喜树碱	$R_1=H$ $R_2=OCH_3$ $R_3=OH$
11-羟基喜树碱	$R_1=OH$ $R_2=H$ $R_3=OH$
11-甲氧基喜树碱	$R_1=OCH_3$ $R_2=H$ $R_3=OH$
去氧喜树碱	$R_1=R_2=R_3=H$

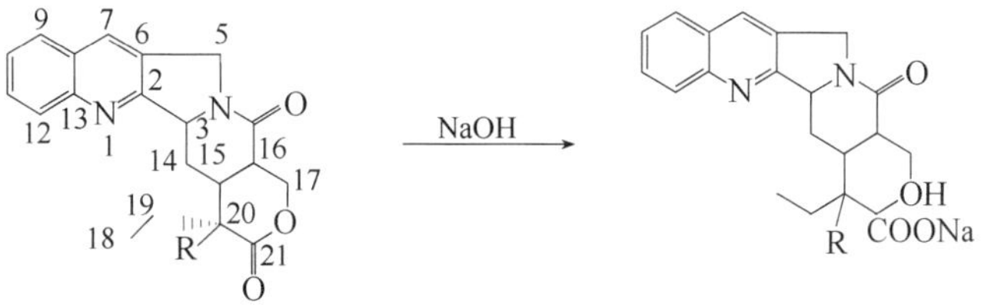

2. 提取与分离

在喜树的木部、根皮和种子中都含有喜树碱，尤以种子中含量为最高，主要成分为喜树碱，另外还有 10-羟基喜树碱、11-羟基喜树碱、去氧喜树碱等。喜树果实产量高，采集方便，适合于作工业生产原料。喜树根皮和木部中生物碱的含量约为 0.05%，其中以喜树碱为主要成分，喜树果中含喜树碱约为 0.03%。提取流程见图 7-5。

喜树生物碱粗品用氯仿-甲醇（1:1）为溶剂，经数次重结晶得纯的淡黄色晶体，熔点264~266℃，$[\alpha]_D^{25}$ 为 +31.3°〔氯仿-甲醇（8:2）〕。10-羟基喜树碱为黄色柱状晶体，熔点266~267℃（分解）。喜树生物碱分离结果见表 7-1。

表 7-1　　　　　　　　　　喜树生物碱硅胶 G 薄层层析 R_f 值

生物碱	去氧喜树碱	喜树碱	11-甲氧基喜树碱	10-甲氧基喜树碱	11-羟基喜树碱	10-羟基喜树碱
R_f 值	0.67（蓝色）	0.6（蓝白色）	0.53（亮蓝色）	0.50（亮蓝色）	0.20（暗红色）	0.18（红黄色）

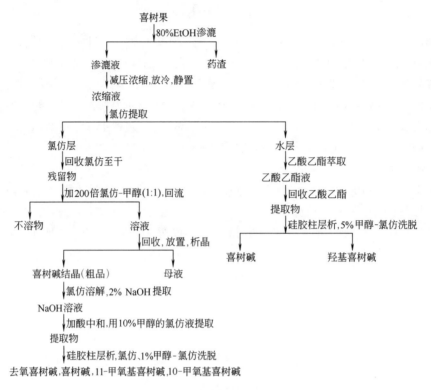

图 7-5　自喜树中提取喜树碱、羟基喜树碱流程

（引自：杨宏健．天然药物化学，2004）

四、　三颗针生物碱

小檗科植物毛叶小檗（*Berberis brachypoda*）、细叶小檗（*B. poiretii schneid*）等多种同属植物的根、根皮或茎皮作为三颗针入药，三颗针具有清热去火、抗菌、抗病毒的作用。

1. 三颗针生物碱及其化学结构

三颗针中主要含有小檗碱，常作为黄连的代用品，另外还含有药根碱、掌叶防己碱、木兰碱、小檗胺等，结构如下。

2. 三颗针生物碱的理化性质

三颗针中主要含小檗碱,小檗碱同时也是毛茛科植物黄连(*Coptis chinensis*)中的主要成分,黄连中小檗碱含量较高但资源有限,工业生产上提取小檗碱主要以三颗针为原料。

(1)性状　小檗碱为黄色针状结晶,含 5.5 分子结晶水,100℃干燥后保留 2.5 分子结晶水,加热至 110℃颜色加深变为黄棕色,160℃时分解。

(2)碱性　小檗碱属季铵型生物碱,可离子化而显强碱性。

(3)溶解性　小檗碱为季铵型生物碱,能缓缓溶于冷水,易溶于热水、热乙醇,难溶于苯、氯仿、丙酮等有机溶剂。小檗碱盐酸盐在水中的溶解度小(1:500),较易溶于沸水,硫酸盐在水中的溶解度为 1:30;磷酸盐在水中的溶解度为 1:15。药根碱与掌叶防己碱的性质与小檗碱相似,两者的盐酸盐在水中的溶解度比盐酸小檗碱大,药根碱分子中有酚羟基,呈酸碱两性,能溶于氢氧化钠水溶液而与掌叶防己碱分离。小檗胺难溶于水,可溶于甲醇、乙醇、乙醚、氯仿、石油醚,而其盐酸盐或硫酸盐易溶于水而难溶于有机溶剂,且分子中有酚羟基,能溶于氢氧化钠水溶液中。

3. 小檗碱的鉴别反应

(1)漂白粉试验　小檗碱的酸性水溶液与漂白粉(或通入氯气)可显现樱红色。

(2)丙酮试验　盐酸小檗碱水溶液中,加入氢氧化钠使之呈强碱性,然后加丙酮数滴,即生成黄色的丙酮小檗碱。

除此之外,小檗碱还能与一般生物碱沉淀试剂产生沉淀反应。

4. 三颗针生物碱的提取分离

三颗针生物碱的提取分离流程如图 7-6。

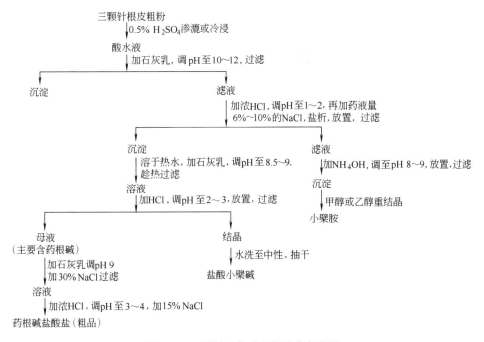

图 7-6　三颗针生物碱的提取分离流程

五、 苦参生物碱

苦参系豆科槐属植物苦参（*Sophora flavescens* Ait.）的根。目前从苦参中分离出 10 多种生物碱，主要含有苦参碱、氧化苦参碱、N-甲基金雀花碱、安那吉碱、巴普叶碱、苦参烯碱、苦参醇碱及黄酮类成分等。苦参具有清热、祛湿、利尿、祛风、杀虫等作用。苦参总碱片剂主要用于治疗急性菌痢、盆腔炎、心律失常、白细胞低下等症。还发现苦参碱、氧化苦参碱等具有抗肿瘤作用，对肉瘤 180 有抑制作用。

1. 结构与性质

苦参中所含七种主要生物碱均属喹诺里西啶衍生物，除 N-甲基金雀花碱可认为是安那吉碱的裂环衍生物外，都可视为两个喹诺里西啶稠合而成的四环化合物，根据稠合位置不同分为苦参碱类和安那吉碱类。这两类生物碱分子中都有两个氮原子：一个是叔胺状态，一个是内酰胺状态；苦参碱、氧化苦参碱及羟基苦参碱的 N_{16} 和 C_{15} 内酰胺结构可被皂化生成羧酸衍生物，酸化后又易脱水环合转化为原来的结构。

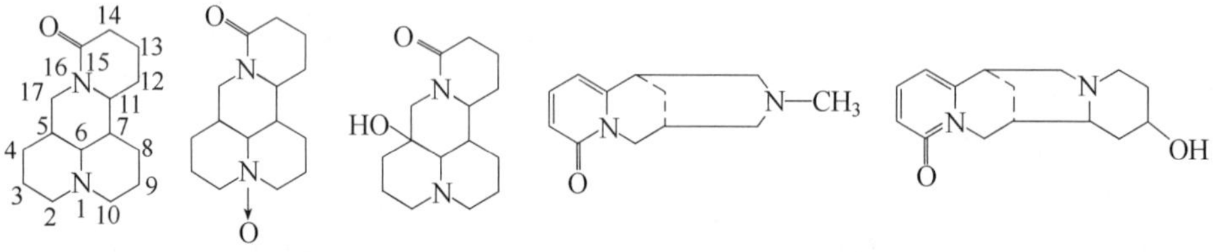

苦参碱　　氧化苦参碱　　羟基苦参碱　　N-甲基金雀花碱　　巴普叶碱

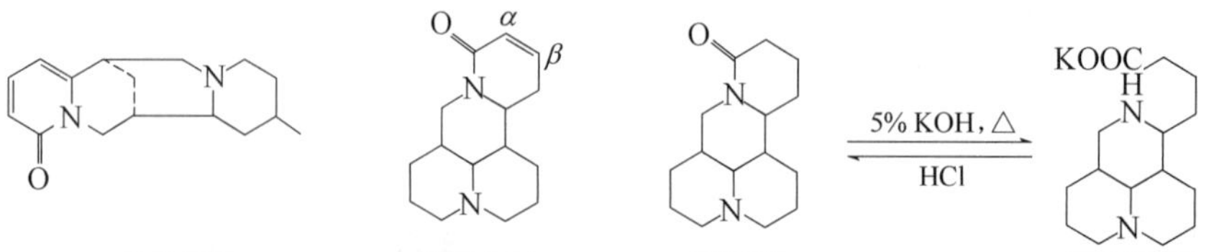

安那吉碱　　去氢苦参碱　　苦参碱　　苦参酸钾

具有相似结构的去氢苦参碱，因有 α、β-不饱和（$\Delta^{13,14}$）内酰胺结构，增强了酰胺键的稳定性，不易和氢氧化钾-乙醇溶液生成钾盐。安那吉碱、N-甲基金雀花碱及巴普叶碱都是芳香性的内酰胺碱，稳定性大，也不易成钾盐，可利用这一性质将它们与苦参碱等分离。

苦参中的两个主要生物碱是苦参碱和氧化苦参碱。苦参碱呈白色结晶，因在石油醚中结晶时的温度等条件不同，可以得到四种形态的结晶：α-苦参碱为针状或柱状结晶，熔点 76℃，$[\alpha]_D$ 为 +39°；β-苦参碱为柱状结晶，熔点 87℃；γ-苦参碱是液体，沸点 223℃（799.932Pa）；δ-苦参碱是柱状结晶，熔点 84℃。常见的是 α-苦参碱。上述四种形态的苦参碱与苦味酸反应，则生成同一种苦味酸盐，熔点 167~169℃。用过氧化氢处理苦参碱可转变为氧化苦参碱。游离的苦参碱可溶于水、苯、氯仿、乙醚和二硫化碳，难溶于石油醚。从丙酮中结晶的氧化苦参碱呈白色棱晶，含一分子结晶水，熔点 162~163℃，无水物熔点 207℃，$[\alpha]_D$ 为 +47.7°（C_2H_5OH），可溶于水、氯仿、乙醇，难溶于乙醚、石油醚。氧化苦参碱的水溶性大于苦参碱。安那吉碱沸点 210~215℃（533.288Pa），$[\alpha]_D$ 为 -168°（C_2H_5OH），稳定性高，不被皂化。苦参烯碱熔点 54℃，$[\alpha]_D$ 为 -29.4°。苦参醇碱熔点 171℃，$[\alpha]_D$ 为 -66°。N-甲基金雀花碱熔点 140~141℃，

$[\alpha]_D$为-223°（H_2O），稳定性高，不被皂化。巴普叶碱熔点210℃，$[\alpha]_D$为-135°。

2. 提取与分离

（1）苦参总碱的提取　苦参生物碱与其他许多生物碱性质的不同点是易溶于水（槐果碱在水中溶解度小），用常规酸碱处理方法难以得到较纯的产品，同时用有机溶剂提取的过程也较烦琐。因此，一般都采用0.5%~2%的盐酸或硫酸渗漉后，再用强酸型离子交换树脂进行交换纯化的方法，其提取流程见图7-7。

（2）苦参总碱的分离　氧化苦参碱的分离在苦参生物碱中，只有氧化苦参碱不溶于乙醚，可用此性质分离：将总碱溶于少量氯仿中，加入10倍量乙醚，放置，过滤。滤液浓缩后（油状物）再溶于氯仿中，加乙醚放置，再过滤析出的沉淀，合并两次沉淀物，用丙酮重结晶，即为氧化苦参碱。

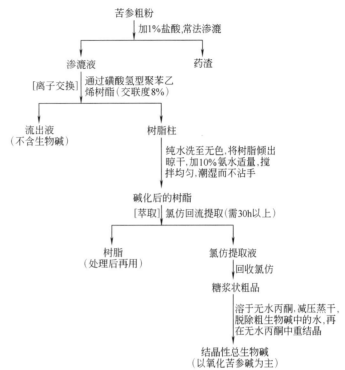

图7-7　苦参总生物碱提取流程

（引自：杨宏健．天然药物化学，2004）

苦参碱的分离将上述滤液蒸干，加石油醚（30~60℃）回流提取三次，合并石油醚提取液（还有不溶物），提取液分步结晶，先析出少量 N-甲基金雀花碱，滤液再浓缩至适量，放置析晶，抽滤，得苦参碱。

其他生物碱的分离将上述石油醚不溶物做如图7-8所示流程的处理，可将各生物碱逐一分离。

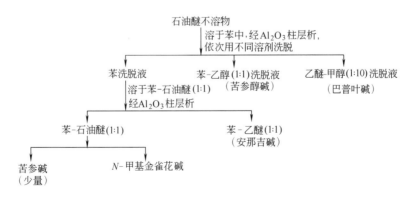

图7-8　自苦参中分离 N-甲基金雀花碱、巴普叶碱、苦参醇碱和安那吉碱流程

（引自：杨宏健．天然药物化学，2004）

本章小结

生物碱是一类存在于生物体的含氮有机化合物（氨基酸、蛋白质、肽及核酸、含硝基和亚硝基的化合物如马兜酸类、卟啉类除外），应包括以下几类：①氮原子在环状结构内，呈碱性，一般具有强烈生物活性的化合物；②氮原子不在环状结构内，但呈弱碱性并具有生物活性的化合物，如麻黄碱；③氮原子虽接在环状结构内，但几乎不显碱性的化合物，如蓖麻碱、喜树碱等；④氮原子既不在环状结构内，也不是弱碱，但生物活性很强的化合物，如秋水仙碱；⑤从海洋生物、微生物及昆虫代谢产物中发现的含氮化合物。

生物碱在植物中分布广泛，最少有100多个科的植物中均含有生物碱。生物碱在植物体内往往集中在某一部分或某一器官，含量一般较低，大多低于1%，但有少数含量特别多或特别少的特殊情况。根据植物体内生物碱中氮原子所处的状态可将生物碱分为六类：①盐类，这是大多数生物碱的存在形式，形成盐的酸有盐酸、硫酸、草酸、柠檬酸等，特殊的酸有乌头酸、罂粟酸、奎宁酸或鸡纳酸等；②游离生物碱，仅有少数碱性极弱的生物碱以游离的形式存在；③酰胺类生物碱，如喜树碱、秋水仙碱等；④以 N-氧化物及亚胺（C $=$ N）、烯胺（N—C $=$ C）等形式存在的生物碱，其中以 N-氧化物的形式最多；⑤苷类，分氮苷和氧苷，尤以吲哚类和甾体类生物碱较多；⑥与其他杂原子如 S、Cl、Br 结合的生物碱，如美登素等。

生物碱常用的分类方法是根据其化学结构进行分类，根据生物碱分子中的基本母核，将其分为有机胺类生物碱、吡咯类生物碱、吡啶类生物碱、异喹啉类生物碱、吲哚类生物碱、莨菪烷类生物碱、喹啉类生物碱、喹唑酮类生物碱、嘌呤类生物碱、甾体类生物碱、萜类生物碱、大环类生物碱12类。

生物碱具有一些基本的共同性质，性状大多数为结晶形固体，有一定的结晶形状和一定的熔点，只有少数为无定形粉末；生物碱多具苦味，少数具有升华性，大多数生物碱挥发性不强，个别生物碱具有挥发性。绝大多数生物碱是无色或白色的化合物，只有少数具有高度共轭体系结构的生物碱显不同的颜色。大多数生物碱的分子结构中具有手性碳原子或不对称中心，有光学活性，且多数为左旋光性，只有少数生物碱分子中没有手性碳原子，无旋光性。生物碱的溶解性能是生物碱提取分离的重要依据之一。生物碱及其盐类的溶解度与其分子中N原子的存在形式、官能团极性大小、数目以及溶剂等密切相关。游离状态的生物碱根据溶解性能可分为亲脂性生物碱和水溶性生物碱两大类。亲脂性生物碱数目较多，绝大多数叔胺和仲胺生物碱都属于这一类。它们易溶于苯、乙醚、氯仿、卤代烷烃等极性较低的有机溶剂，在丙酮、乙醇、甲醇等亲水性有机溶剂中有较好的溶解度，而在水中溶解度较小或几乎不溶。水溶性生物碱主要是指季铵生物碱和某些含氮氧化物的生物碱，数目较少，它们易溶于水、酸水和碱水，在甲醇、乙醇和正丁醇等极性大的有机溶剂中亦可溶解，但在低极性有机溶剂中几乎不溶解。生物碱一般都具有碱性，能使红色石蕊试纸变蓝，只是碱性强弱不同而已。大多数生物碱在酸性水溶液或稀醇溶液中都可能与某一种或数种试剂反应生成难溶于水的复盐或络合物沉淀，利用这种沉淀反应，不但可以预试某些中草药中是否含有生物碱，也可用于检查提取是否完全，也可借此沉淀反应精制生物碱，并能因沉淀的颜色、形态等不同而有助于生物碱的鉴定。生物碱能与某些试剂反应而显特殊的颜色。

　　总生物碱的提取有溶剂法、离子交换树脂法、沉淀法、大孔吸附树脂法。生物碱的初步分离是根据总生物碱中各成分理化性质的差异,可将其初步分离为强碱性的季铵碱、中等强度碱性的叔胺碱及其酚性碱、弱碱性生物碱及其酚性碱等不同的类别。生物碱单体的分离主要是利用待分离生物碱之间的结构、理化特性差异而进行的,如利用生物碱碱性的差异、溶解度的不同、特殊的官能团以及利用色谱法进行分离。

　　许多生物碱对人和动物具有多种多样的强烈生理活性,是植物中重要的有效成分之一。其生理作用随来源、结构不同而变化,具有抗癌作用、降血压降血脂作用、对中枢神经系统的保护作用、抗疟作用及杀虫作用。

思考题

1. 按照其基本母核的不同,生物碱可分为哪几类? 各自的结构具有什么特点?
2. 生物碱具有哪些理化性质? 这些性质对其提取分离会产生什么影响?
3. 总生物碱的提取分离有哪些方法? 各有什么优缺点?
4. 单体生物碱的分离依据是什么?
5. 生物碱具有哪些生理活性?
6. 举例说明麻黄碱、喜树碱、三颗针生物碱的提取分离流程。

参考文献

1. 徐怀德主编. 天然产物提取工艺学. 北京: 中国轻工业出版社, 2006
2. 陈蕙芳主编. 植物活性成分辞典. 北京: 中国医药科技出版社, 2001
3. 谭仁祥等. 植物成分分析. 北京: 科学出版社, 2002
4. 匡海学主编. 中药化学. 北京: 中国中医药出版社, 2011
5. 冯卫生主编. 中药化学. 北京: 化学工业出版社, 2018
6. 徐任生主编. 天然产物化学 (第二版). 北京: 科学出版社, 2004
7. 姚新生主编. 天然药物化学 (第三版). 北京: 人民卫生出版社, 2002
8. 周维善, 庄治平主编. 甾体化学进展. 北京: 科学出版社, 2002
9. 吴立军主编. 天然药物化学 (第六版). 北京: 人民卫生出版社, 2011
10. 高锦明主编. 植物化学 (第三版). 北京: 科学出版社, 2017
11. 吴剑锋主编. 天然药物化学 (第二版). 北京: 高等教育出版社, 2012
12. 杨宏健, 徐一新主编. 天然药物化学 (第二版). 北京: 科学出版社, 2015
13. 全国医药职业技术教育研究会编写. 中药化学实用技术. 北京: 化学工业出版社, 2004
14. 刘成梅, 游海. 天然产物有效成分的分离与应用. 北京: 化学工业出版社, 2003
15. 杨红. 中药化学实用技术 (第二版). 北京: 人民卫生出版社, 2013
16. 杨其蕴主编. 天然药物化学. 北京: 中国医药科技出版社, 2002

CHAPTER

8

第八章
黄酮类化合物提取工艺

学习目标

  通过本章学习，学生应了解黄酮类化合物的结构特点及其在自然界的分布，并认知主要的黄酮类化合物；熟悉黄酮化合物的理化性质；在此基础上，掌握目前常用的黄酮类化合物提取和分离方法，并了解黄酮类化合物提取的生产实例。

第一节　概述

  黄酮类化合物（Flavonoids）是植物的次生代谢产物，通常以结合态（黄酮苷）或游离态（黄酮苷元）的形式存在于草药、水果、蔬菜、豆类和茶叶等食源性植物中。自 1814 年发现第一个黄酮类化合物——白杨素（Chrysin）以来，至 2014 年其总数已超过 9000 种。

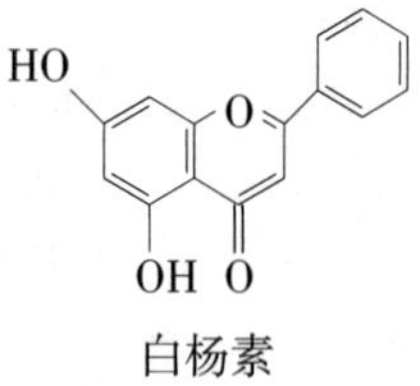

白杨素

  黄酮类化合物为色原烷（chromane）或色原酮（chromone）的 2- 或 3- 苯基衍生物，泛指由两个具有酚羟基的苯环（A 环与 B 环）通过中央三碳链相互连接而成，具有 C_6—C_3—C_6 的基本骨架特征，其中 C_3 部分可以是脂链，或与 C_6 部分形成六元或五元氧杂环。

色原酮　　　2- 或 3- 苯基色原酮　　　色原烷　　　2- 或 3- 苯基色原烷

  黄酮类化合物不仅具有广泛的生物活性和重要的药用价值，而且可用作食品、化妆品的天然添加剂，如甜味剂、抗氧化剂、食用色素等。黄酮类化合物的主要生物活性如下：

1. 清除自由基功能

芸香苷、槲皮素及异槲皮苷清除超氧阴离子和羟基自由基的能力强于标准的自由基清除剂生育酚；金丝桃苷可抑制心脑缺血及红细胞自氧化过程中的 MDA 产生，显著提高大鼠血浆、脑组织中 SOD 和 GSH-Px 等抗氧化酶的活性，通过 ESR 技术证明金丝桃苷可直接抑制脑缺血过程中氧自由基的形成。

2. 抗肿瘤抗癌功能

茶多酚可引起人鼻咽癌细胞株 CNE2 细胞 DNA 损伤并诱导细胞程序性死亡；葛根总黄酮可以增强体内的 NK 细胞、SOD 及 P450 酶的活性，从而增强其对癌细胞的遏制和杀灭作用；槲皮素能通过抑制促进肿瘤细胞生长的蛋白质活性而抑制肿瘤细胞的生长；黄芩素通过抑制 DNA 拓扑异构酶 II 的活性，诱导肿瘤细胞内 DNA 双链或单链断裂，使其生长受到抑制或死亡。芹菜黄素、山柰酚、槲皮素对黄曲霉毒素 B_1 与 DNA 的加合物形成有抑制作用，使黄曲霉毒素 B_1 不能与 DNA 结合，从而阻断癌细胞的产生。

3. 镇痛、祛痰、平喘功能

侧柏叶、猫眼草、满山红、映山红、小叶枇杷、鬼臼等中草药具有良好的镇咳、祛痰、平喘功效，其有效成分中都含有黄酮类化合物，分布较广的是槲皮素、山柰酚、芦丁、金丝桃苷、杜鹃素、芒果苷等。如杜鹃素可使痰液黏度下降，痰内酸性黏多糖纤维断裂，痰量减少且易于咯出，咳喘得以减轻。金丝桃苷、芦丁及槲皮素等有良好的镇痛作用。

4. 抗菌、抗病毒功能

槲皮素、桑黄素、芦丁、二氢漆树黄酮、白矢车菊苷、儿茶素等的抗病毒活性与其非糖苷复合物结构和 C-3 的羟基化作用密切相关。如 3-甲氧基槲皮素可显著地保护小鼠免受病毒血症、柯萨奇病毒 B_4 的侵害；黄芩素可通过阻止人巨细胞病毒（HCMV）进入宿主细胞而达到抗病毒目的；3-甲氧基槲皮素和阿里酮联合用药可以直接作用于脊髓灰质炎病毒的壳体，从而达到治疗脊髓灰质炎的目的。

5. 保肝功能

艾纳香二氢黄酮能明显抑制受损伤细胞的转氨酶逸出、丙二醛 MDA 产生及 GSH 耗竭，对过氧化损伤的肝细胞有保护作用。菊科植物紫花水飞蓟种子的总黄酮提取物，内含水飞蓟素、次水飞蓟素等，是常用的抗肝炎药"益肝宁""利肝隆"及国外产品"silimarit"的主要有效成分，具有刺激新的肝细胞形成、抗脂质过氧化作用，用于治疗肝炎、肝硬化，并能支持肝的自愈能力，改善健康状况。

6. 防治心血管疾病的功能

槲皮素、芦丁和金丝桃苷对缺血性脑损伤有保护作用。利用沙棘总黄酮开发的心达康片是治疗缺血性心脏病，缓解心绞痛，预防动脉粥样硬化、心肌梗死、脑血栓的理想天然药物，对治疗心绞痛的总有效率达 97.1%。类似药物还有：山楂叶总黄酮制成的"益心酮"片、葛根总黄酮、苦参总黄酮以及葛根素等。含量 24% 的银杏黄酮（槲皮素、异鼠李素、山柰酚及其苷）制剂，适用于脑功能障碍、智力衰退、末梢血管血流障碍伴随的肢体血流不畅，临床上对于治疗冠心病、心绞痛、脑血管疾病等均有良好的疗效。美国食品和药物管理局（FDA）将大豆列为能够真正降低患心脏病危险的少数食品之一，其功能与大豆异黄酮成分有关，主要成分是染料木黄酮和大豆素。

7. 类激素样功能

大豆异黄酮具有类雌激素样作用，可通过对促生长因子、癌细胞增生和细胞分化的调节作用而抑制乳腺癌发生，减缓腰椎骨密度和骨矿物质含量减少，防止骨质疏松，预防女性妇科疾病。

黄酮类化合物作为天然食品添加剂，主要用途如下：

1. 天然甜味剂

柑橘类的幼果及果皮中含有二氢黄酮类化合物，其本身无甜味，但在适当条件下转化成二氢查耳酮糖苷，则具有甜味。如新橙皮苷二氢查耳酮，其相对甜度为蔗糖的 950 倍；壳斗科多穗柯（甜茶）嫩叶中二氢查耳酮葡萄糖甙以及胡桃科黄杞叶中二氢黄酮醇鼠李糖苷都有一定甜味。这些天然黄酮类甜味物质，可作为食品加工中低热量、高安全性的保健型甜味剂。

2. 天然抗氧化剂

以槲皮素、异鼠李素为主的沙棘黄酮和银杏黄酮对沙棘油的抗氧化效果与合成抗氧化剂 BHT（4-甲基-2，6-二叔丁基苯酚）相当；含 60% ~ 80% 儿茶素类衍生物的茶多酚，其抗氧化能力是 BHT 的 2.4 倍。茶多酚可以有效地抑制油脂的过氧化物形成和多烯脂肪酸的分解，使油脂的保质期得以延长。

3. 天然色素

目前使用较普遍的主要是花青素和查尔酮类。花青素类有：杜鹃花科越橘红色素、锦葵科玫瑰茄红色素、葡萄科葡萄皮色素、忍冬科蓝锭果红色素、蔷薇科火棘红色素、唇形科紫苏色素；查耳酮类有：红花黄色素、菊花黄色素等。

第二节　黄酮类化合物的结构类型及其分布

黄酮类化合物在植物体内常与糖结合成苷类或以游离的形式存在。在植物的花、叶和果实等器官中多以苷类形式存在，而在植物的木质部等坚硬组织中则多以游离苷元存在，它对植物的生长发育、开花结果以及防御异物的侵害都具有重要作用。

一、结构类型及其分布

黄酮类化合物主要分布于高等植物中，在藻类、菌类等低等植物中很少有发现。在被子植物中，黄酮类化合物分布很广，且各种结构类型均有存在，尤其富集在芸香科、伞形科、唇形科、玄参科、蓼科、鼠李科和姜科等植物中。而双黄酮类主要分布于裸子植物中，是裸子植物的特征性成分，尤其在松柏纲、银杏纲和凤尾纲等植物中普遍存在。另外，黄酮类化合物在蕨类植物中分布也很广泛，在苔藓植物中也多有存在。

根据三碳链的氧化程度、B 环（苯基）连接位置（2-或 3-位）以及三碳链是否构成环状等特点，天然黄酮类化合物的结构类型及其分布如表 8-1 所示。

表 8-1 黄酮类化合物的结构类型及其分布

结构类型	名 称	分布概况
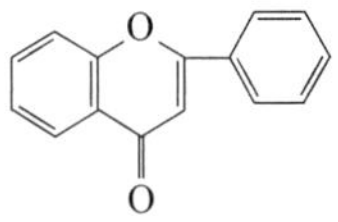	黄酮 （flavones）	在苔藓植物和蕨类植物及裸子植物中有分布。广泛分布于被子植物中，尤以芹菜素和木犀草素黄酮及其苷类最为常见，特别是一些草本植物中。六甲氧基黄酮仅存于芸香科九里香属；甲基黄酮只存于桉属；呋喃黄酮只限于豆科的少数几个属
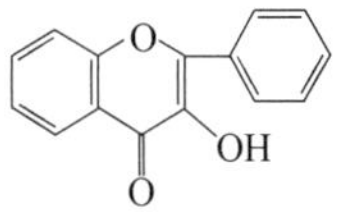	黄酮醇 （flavonols）	主要分布于双子叶植物特别是木本植物的花和叶中，其中最常见的是山奈酚和槲皮素及其苷，其次为杨梅素。8-羟基黄酮醇局限于菊科、锦葵科、大戟科；呋喃黄酮醇存在于豆科中，七甲氧基黄酮醇仅存于芸香科九里香属
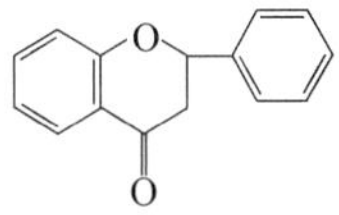	二氢黄酮 （flavanones）	分布较为普遍，常见于被子植物的蔷薇科、芸香科、豆科、杜鹃花科、菊科、姜科中。杜鹃花科杜鹃属植物含甲基取代的二氢黄酮
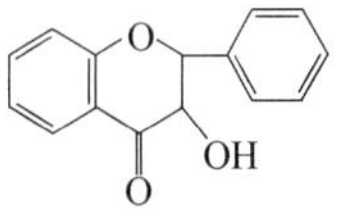	二氢黄酮醇 （flavanonol）	较普遍地存在于双子叶植物中，特别是豆科植物中相对较多。也存在于裸子植物、单子叶植物姜科的少数植物中
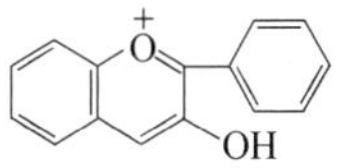	花色素类 （anthocyanins）	在被子植物中分布较广，尤以矢车菊素、飞燕草素和天竺葵素及其苷最为常见。组成花和果实的各种颜色
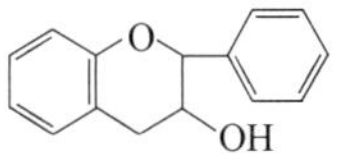	黄烷醇 （flavanols）	分布较广泛，在双子叶植物中特别是含大量鞣质的木本植物中较常见，主要以儿茶素和表儿茶素的衍生物或聚合物存在，如缩合鞣质
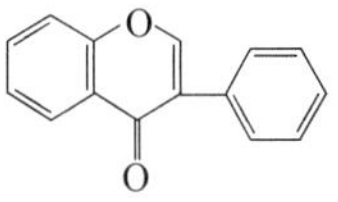	异黄酮 （isoflavones）	主要分布于被子植物，尤以豆科及鸢尾科、蔷薇科植物居多
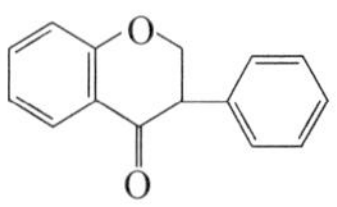	二氢异黄酮 （isoflavanones）	仅限分布于豆科植物，个别存在于蔷薇科的樱桃属。有的结构较复杂如鱼藤酮类
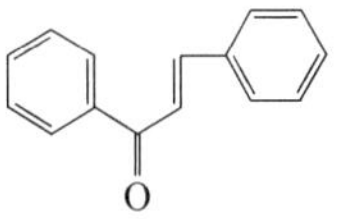	查耳酮 （chalcones）	分布很广泛，较其他黄酮原始，陆续在蕨类、苔藓和种子植物中发现，在菊科、豆科、苦苣苔科植物中分布较多
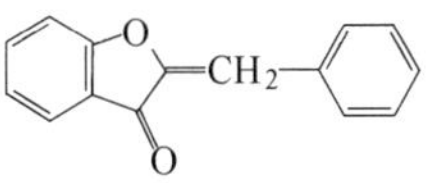	噢哢或橙酮 （aurones）	多分布在双子叶植物比较进化的玄参科、菊科、苦苣苔科以及单子叶植物莎草科中

续表

结构类型	名 称	分布概况
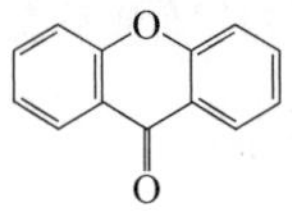	苯并色原酮 （xanthones）	在真菌、地衣、蕨类植物中有发现。主要分布在被子植物的龙胆科、桑科、豆科、远志科、藤黄科，其苷类大部分都存在于龙胆科。集中于单子叶植物鸢尾科和百合科
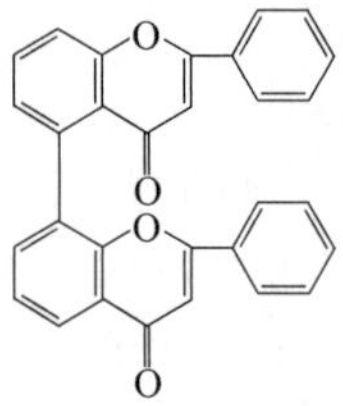	双黄酮 （biflavonoids）	主要分布于裸子植物中，亦在苔藓植物、蕨类植物以及被子植物中不断发现。在被子植物中，大约分布于 14 个科，但较集中于藤黄科的 *Calophyllum* 和 *Garcinia* 两属中
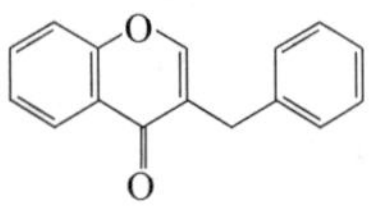	高异黄酮 （homo-isoflavones）	分布较零星

（引自：高锦明主编．植物化学．2003）

天然黄酮类化合物多为上述基本结构的衍生物。常见的取代基有—OH、—OCH$_3$ 以及萜类侧链，如苦参素（kurainone）等。另有少数黄酮类化合物结构较为复杂，如水飞蓟素为木脂素类黄酮化合物，而榕碱（ficcine）及异榕碱（isoficine）为生物碱型黄酮类化合物。

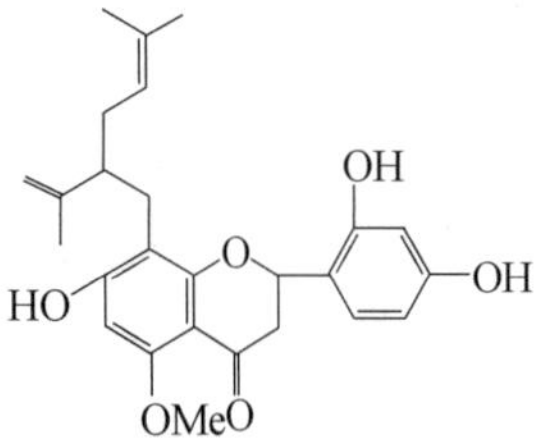

苦参素 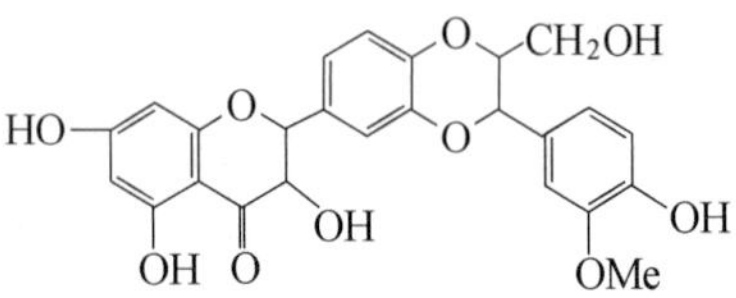　　　　　　　　　水飞蓟素 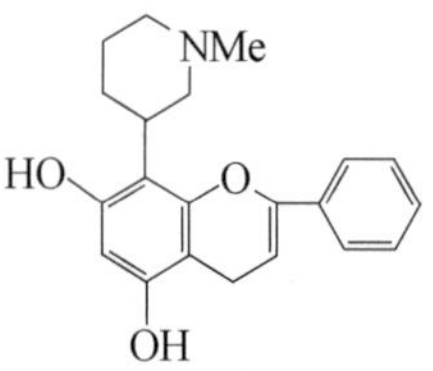　　　　　　　　　榕碱

二、 主要黄酮类化合物

1. 黄酮和黄酮醇类

黄酮和黄酮醇广泛存在于各种植物中，是最典型的两类黄酮化合物。最常见的黄酮有芹菜素、木犀草素、黄芩素、忍冬苷等，黄酮醇有槲皮素、山奈酚、芸香苷（芦丁）、杨梅素等。

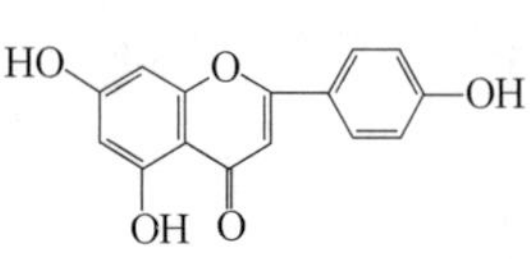

芹菜素 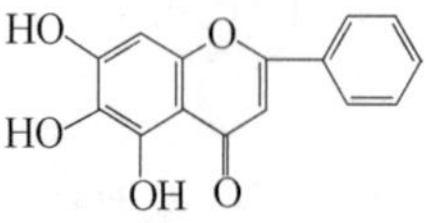　　　　　　　黄芩素 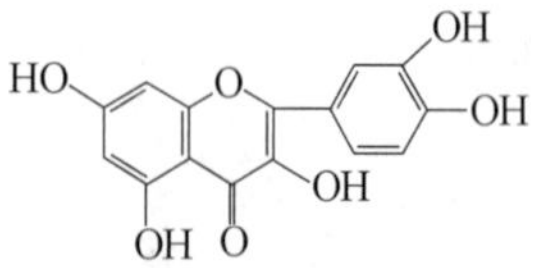　　　　　　　槲皮素 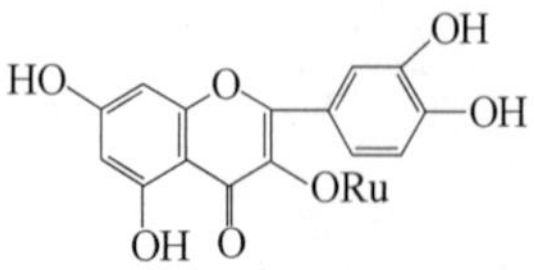　　　　　　　芸香苷

2. 二氢黄酮和二氢黄酮醇类

典型的二氢黄酮类化合物有杜鹃素、橙皮苷、新橙皮苷、甘草素等；而二氢黄酮醇类代表化合物有水飞蓟素、二氢槲皮素、黄芪苷等。

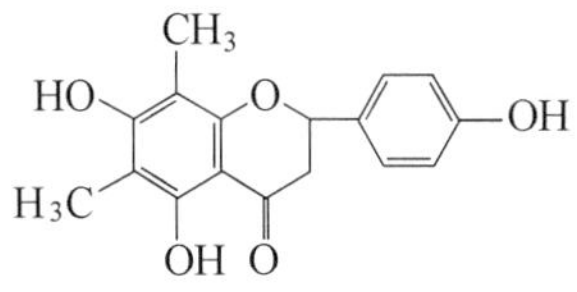

杜鹃素 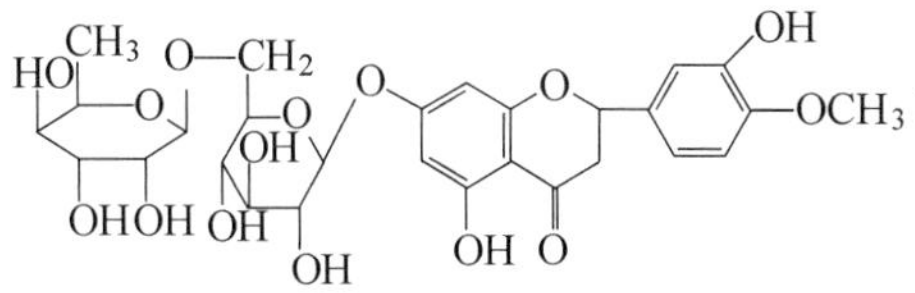　　　　　　　　　橙皮苷 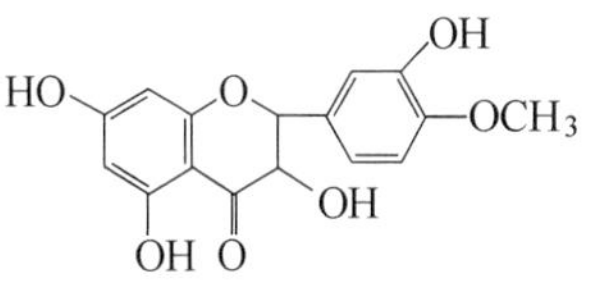　　　　　　　　　二氢槲皮素

3. 异黄酮和二氢异黄酮类

异黄酮的代表化合物有大豆素、大豆苷、葛根素以及金雀花异黄素、鹰嘴豆芽素等。二氢异黄酮代表有鱼藤酮、毒鼠豆醇。

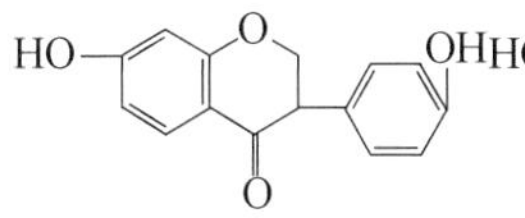

大豆素 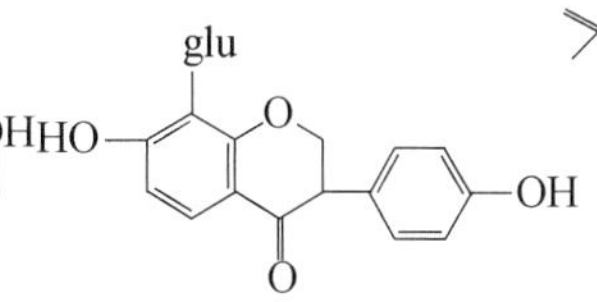　　　　　葛根素 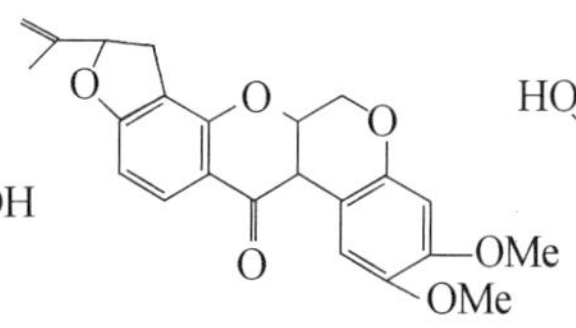　　　　　鱼藤酮 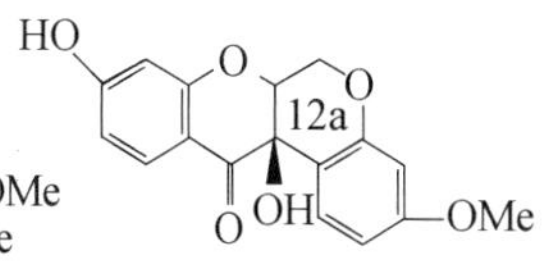　　　　　毒鼠豆醇

4. 查耳酮和二氢查耳酮类

查耳酮为二氢黄酮的异构体，二者可以相互转化，在酸性条件下转换为无色的二氢黄酮，碱化后又转换为深色的查耳酮。如红花苷结构转换使得红花在不同时期显示不同的颜色：开花初期主要为无色的新红花苷，花冠呈淡黄色；开花中期主要含红花苷，花冠呈深黄色；开花后期及采收干燥过程中转化为醌式红花苷，花冠逐渐变为红色或深红色。

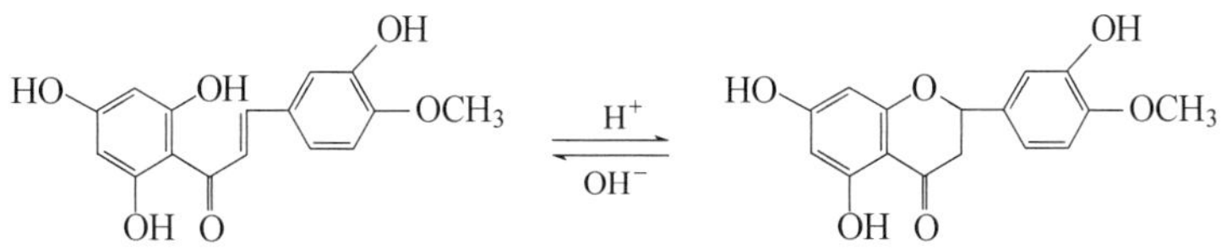

查耳酮　　　　　　　　　　　　　　二氢黄酮

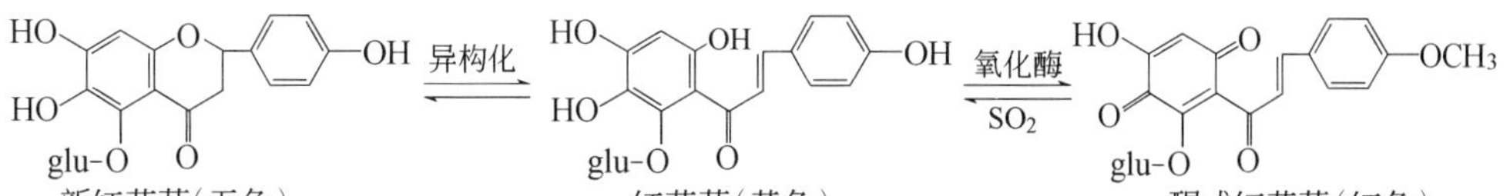

新红花苷（无色）　　　　　红花苷（黄色）　　　　　醌式红花苷（红色）

5. 花青素类

花青素广泛存在于植物的叶、花、果实等部位，在自然状态下，花青素常与各种单糖形成花色苷，表现出红、紫、蓝等颜色。现已知的花青素有近百种，较为常见的花青素有 6 种，即矢车菊素（cyanidin）、飞燕草素（delphinidin）、天竺葵素（pelargonidin）、芍药色素（peonidin）、牵牛花色素（petunidin）和锦葵色素（malvidin）。

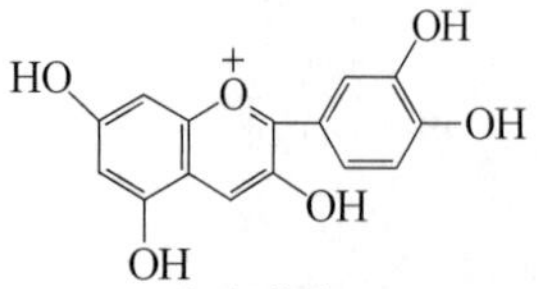

矢车菊素 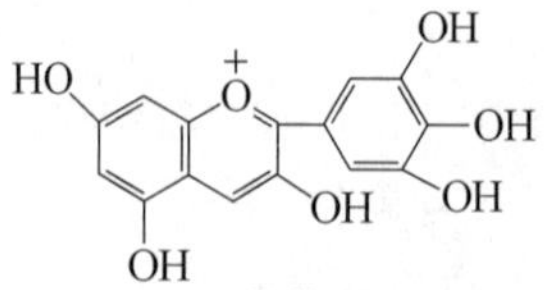　　　　　　飞燕草素 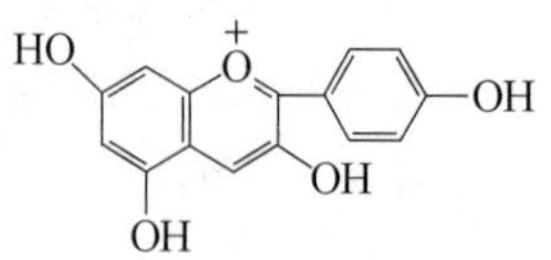　　　　　　天竺葵素

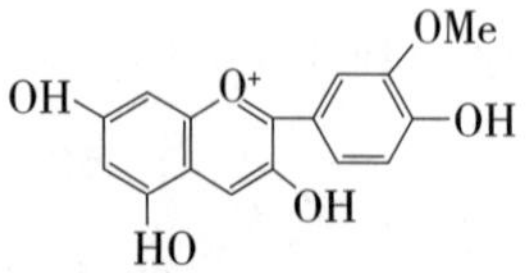

芍药色素 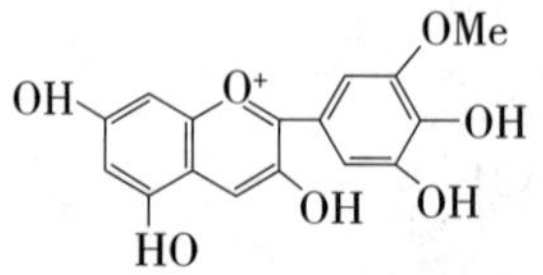　　　　　　牵牛花色素 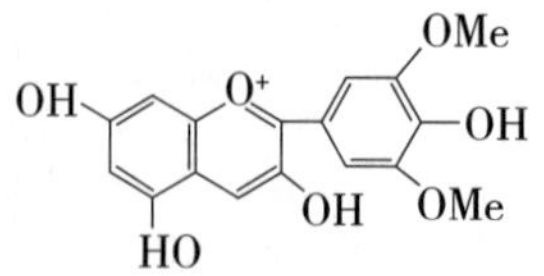　　　　　　锦葵色素

6. 黄烷醇与黄烷类

黄烷醇是花青素的还原产物，主要有儿茶素、白矢车菊素等。儿茶素为黄烷-3-醇的衍生物，是黄烷醇类的代表性化合物，在植物体中主要存在两种异构体：d-儿茶素和l-表儿茶素。典型的黄烷类化合物有（3R）-8-甲氧基包被剑豆酚等。

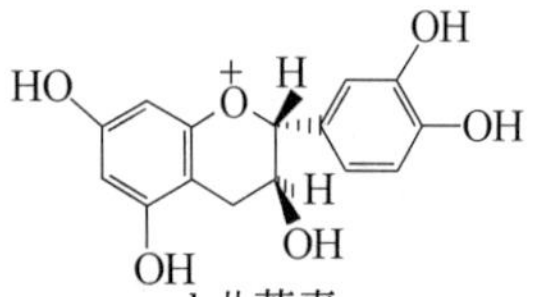

d-儿茶素 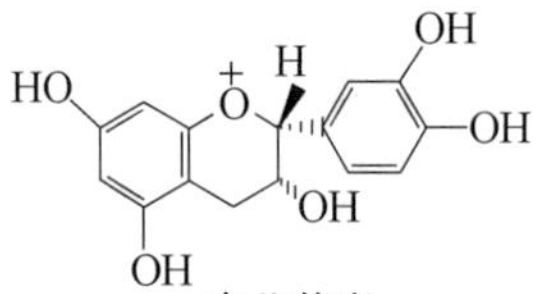　　　　　　i-表儿茶素 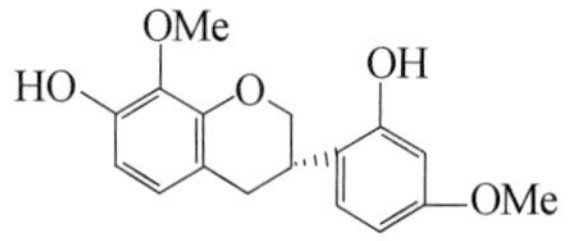　　　　　　(3R)-8-甲氧基包被剑豆酚

7. 双黄酮类

双黄酮类是由两分子黄酮、两分子二氢黄酮或一分子黄酮与一分子二氢黄酮以 C—C 键或 C—O—C 键连接形成的。目前已发现 100 多个双黄酮类化合物，常见的是由两分子芹菜素或其甲醚衍生物构成，根据其结合方式分为三类：3′，8″-双芹菜素型，如由银杏叶中分离到的白果素、银杏素、异银杏素、阿曼托黄酮；双苯醚型，如扁柏黄酮（桧黄素）由两分子芹菜素通过 4′-O-6″醚键相连接；6，8″-双芹菜素型，如野漆核果中的贝壳杉黄酮。

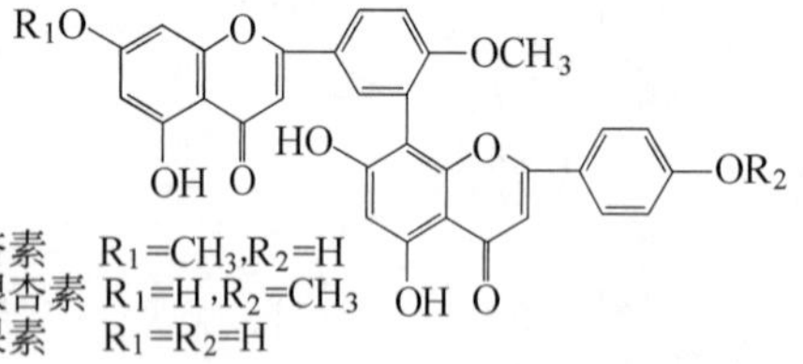

银杏素　　R₁=CH₃,R₂=H
异银杏素　R₁=H,R₂=CH₃　　　　　　　　　　　　扁柏双黄酮
白果素　　R₁=R₂=H

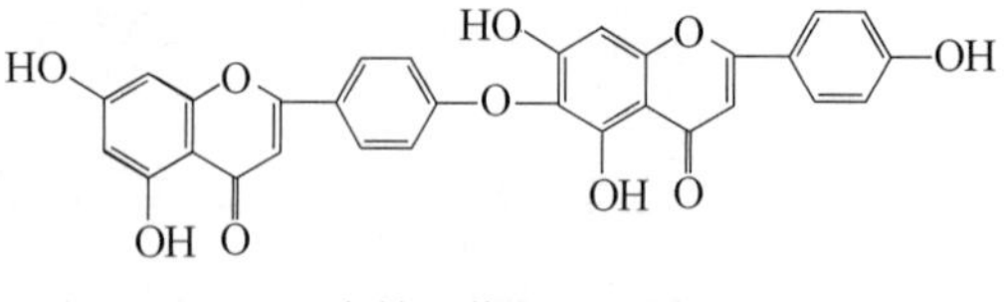

第三节　黄酮化合物的理化性质

一、性状

黄酮化合物多为结晶性固体，少数（如黄酮苷、花色苷及花色苷元）为无定形粉末，且熔

点高，多具有旋光性。在游离的苷元中，除二氢黄酮、二氢黄酮醇、黄烷及黄烷醇有旋光性外，其余都不具有旋光性。黄酮苷类由于结构中引入了糖分子，均有旋光性且多为左旋。

黄酮化合物的颜色与分子中是否存在交叉共轭体系及助色团（—OH，—OCH₃等）的类型、数目以及取代基的位置有关。通常黄酮、黄酮醇及其苷类显灰黄-黄色，查耳酮显黄-橙色，而二氢黄酮（醇）不具交叉共轭系统一般不显色，共轭链短的异黄酮显微黄色。花色苷及苷元的颜色与 pH 有关：一般 pH<7 时显红色，pH 8.5 时显紫色，pH>8.5 时显蓝色。表 8-2 列出了一些常见植物中黄酮类化合物的熔点。

表 8-2 部分常见植物中黄酮化合物的熔点

成 分	熔点/℃	成 分	熔点/℃	成 分	熔点/℃
5,7 二羟基色原酮	272~273	刺槐黄素	258~262	高良姜黄素	219~221
丁香色原酮	119~120	洋芫荽黄素	257~258	山奈黄素	280
甲基丁香色原酮	163	金圣草黄素	331	三叶豆黄素	285
前胡色原酮	210~212	柳穿鱼黄素	219	灰叶豆黄素	283~284
茵陈色原酮	226~228	蓟黄素	257	槲皮素	316~318
芒果素	264	胡麻黄素	300~301	鼠李黄素	294~296
白杨黄素	275	蜜橘黄素	154	异鼠李黄素	305
黄芩黄素	265	栀子黄素	263~265	洋槐黄素	325~330
芹黄素	347	木槿黄素	350	黑豆黄素	220
千层纸黄素	232	银杏黄素	344	甘石黄素	205
山核桃黄素	299~301	洋地黄黄素	178~179	酸橙黄素	141

二、 溶解度

黄酮类化合物的溶解度因结构以及在自然界材料中存在状态不同而有很大差异。影响其溶解性的主要因素包括但不限于以下几条：

1. 黄酮物质类型

一般游离苷元难溶或不溶于水，易溶于甲醇、乙醇、乙酸乙酯等有机溶剂及稀碱液。其中黄酮、黄酮醇、查耳酮等平面型分子，因分子间堆砌紧密，分子互相作用强，更难溶于水；而二氢黄酮及二氢黄酮醇等非平面分子，排列不紧密，分子结构中暴露出来的、可被水分子接近的位点更多，因此对水的溶解度比平面型分子要大。而对于花色苷元类，由于分子结构较大，分子内电荷不平衡，虽然也是平面型结构，却表现出较强的离子特点，亲水性较强，水溶性较高。

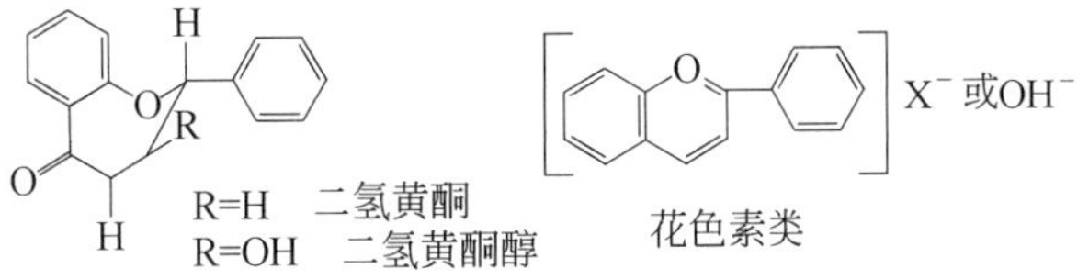

R=H 二氢黄酮
R=OH 二氢黄酮醇

花色素类

2. 黄酮分子结构衍生

对于同一个黄酮苷元，其分子上引入的羟基越多，水溶性越高，这跟羟基与水分子之间产生氢键作用的强烈程度呈正相关；与其相反的情况，黄酮苷元上引入的羟基经甲基化后，其作用末端被封闭，极性下降，则增加了其在有机溶剂中的溶解度。

3. 溶剂种类

黄酮糖苷较之黄酮苷元，其水溶性较强，而在有机溶剂中的溶解度相应较小。大多数黄酮苷易溶于水、甲醇、乙醇等强极性溶剂中，难溶或不溶于苯、氯仿等有机溶剂。当黄酮糖苷中糖基链条延长、黄酮苷的分子中电子云偏移更明显，极性也变强，水溶性变大。与其同时，糖基在黄酮苷元上结合位置不同，对黄酮苷的水溶性也有一定影响。例如在同样苷元上，槲皮素的 $3-O-$ 葡萄糖苷的水溶性大于 $7-O-$ 葡萄糖苷。

三、 酸碱性

1. 酸性

由于黄酮类化合物分子中，几乎每个环上都结合有一个或几个酚羟基，这些酚羟基上的氢离子有较强的解离倾向，因此显出一定的酸性，能溶于碱性水溶液、吡啶、甲酰胺等溶剂中。黄酮类化合物的酸性由酚羟基的数目及结合位置决定，一般性况下，黄酮化合物分子上各酚羟基电离强弱的顺序为：

$7,4'$ 位二羟基 >7 或 $4'$ 位单羟基 $>$ 其他位点酚羟基 >5 位羟基

$7,4'-$ 二羟基黄酮，在 $p-\pi$ 共轭效应的影响下使酸性增强，可溶于 $NaHCO_3$ 溶液中；$7-$ 或 $4'-$ 羟基黄酮类能溶于 Na_2CO_3 溶液中，而不溶于 $NaHCO_3$ 溶液中；具有一般酚羟基的黄酮类酸性较弱，可溶于 $NaOH$ 溶液中；仅有 $5-$ 羟基者，由于可与 $C-4$ 羰基形成分子内氢键，故酸性最弱，只溶于较高浓度的 $NaOH$ 溶液。此性质可用于提取分离及鉴定工作，例如可用 pH 梯度法来分离黄酮类化合物。

2. 碱性

黄酮类化合物因为分子中的 $\gamma-$ 吡喃酮环上的 $1-$ 位氧原子有未共用电子对，故表现出微弱的碱性，可与强无机酸如浓硫酸、浓盐酸等生成镁盐，但生成的镁盐极不稳定，遇水即分解。

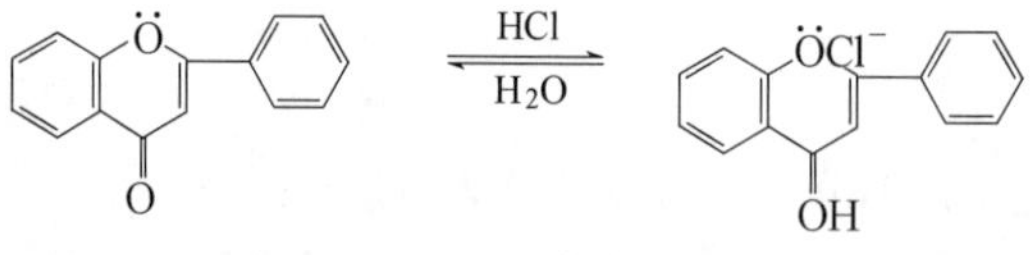

黄酮类化合物溶于浓硫酸中生成的镁盐常常表现出特殊的颜色，可用于黄酮类化合物的鉴别。某些甲氧基黄酮溶于浓盐酸中显深黄色，且可与生物碱沉淀试剂生成沉淀。

四、 显色反应

（一）可见光谱范围反应呈色

黄酮类化合物的基本骨架是 2-苯基色酮，其母核含有碱性氧原子，又往往带有酚羟基。因此既能与某些还原试剂产生颜色反应，又能与某些金属离子产生络合物，从而出现呈色结果，

这种呈色反应很多是在可见光谱范围发生的，经过试剂的显色作用，用肉眼就可以观察。利用这种呈色反应过程，可以对部分黄酮类化合物进行初步定性检测，如表8-3所示。

表8-3　　　　　　　　　　黄酮类化合物在可见光谱范围的显色

类别	黄酮	黄酮醇	二氢黄酮	查耳酮	异黄酮	橙酮
盐酸-镁粉	黄→红	红→紫红	红、紫、蓝	—	—	—
盐酸-锌粉	红	紫红	紫红	—	—	—
硼氢化钠	—	—	蓝→紫红	—	—	—
硼酸-柠檬酸	绿黄	绿黄*	—	黄		
乙酸镁	黄*	黄*	蓝*	黄*	黄*	—
三氯化铝	黄	黄绿	蓝绿	黄	黄	淡黄
NaOH 溶液	黄	深黄	黄→橙	橙→红	黄	红→紫红
浓硫酸	黄→橙*	黄→橙*	橙→紫	橙、紫	黄	红、洋红

注：表中标有"＊"的表示有荧光。

黄酮物质发生以上呈色反应的主要机理包括：

1. 还原反应

（1）盐酸-镁粉（或锌粉）反应　该反应是鉴定黄酮类化合物最常用的显色反应。将样品溶于1.0mL甲醇或乙醇中，加入少量镁粉（或锌粉）振摇，再滴加几滴浓盐酸，1~2min即可显色。多数黄酮、黄酮醇、二氢黄酮及二氢黄酮醇类化合物显橙红至紫红色，少数显紫至蓝色，当B-环上有—OH或—OCH₃取代时，呈现的颜色随之加深。但查耳酮、橙酮、儿茶素类则无该显色反应。异黄酮类除少数外，也不显色。由于花青素及部分橙酮、查耳酮等在浓盐酸作用下也会发生变色，故须预先做空白对照实验。盐酸-镁粉（锌粉）反应的机理，主要在分子异构过程中生成正碳离子。

（2）四氢硼钠（钾）反应　这是鉴别二氢黄酮类化合物专属性较高的反应。NaBH₄与二氢黄酮类化合物反应产生红至紫红色物质，而其他黄酮类化合物均不显色。显色试验具体的操作方法是在试管中加入0.1mL含有样品的乙醇溶液，再加等量2% NaBH₄的甲醇溶液，1min后，加浓盐酸或浓硫酸数滴，生成紫色至紫红色。此反应也可以在滤纸上进行。近来有报道，二氢黄酮可与磷钼酸试剂反应而呈棕褐色，也可作为二氢黄酮类化合物的特征鉴别反应。

2. 金属盐络合反应

分子中有邻二酚羟基结构的黄酮类化合物，可与许多金属盐类试剂如铝盐、铅盐、锆盐、镁盐等反应，生成有色络合物。

（1）铝盐常用试剂为 1% 的三氯化铝或硝酸铝溶液，适用于 5-羟基-4-羰基，或 3-羟基-4-羰基黄酮，处理样品置于紫外灯下时显鲜黄色荧光（$\lambda_{max} = 415nm$），但 4-羟基黄酮醇或 7,4-二羟基黄酮醇显天蓝色荧光。该反应可用于定性及定量分析。

（2）铅盐常用试剂为 1% 醋酸铅及碱式醋酸铅水溶液。可生成黄色至红色沉淀。黄酮类化合物与铅盐生成沉淀的色泽，因羟基数目及位置不同而异。其中，醋酸铅只能与分子中具有邻二酚羟基或兼有 3-OH、4-羰基或 5-OH、4-羰基结构的化合物作用，但碱式醋酸铅的沉淀能力要大得多，一般酚类化合物均可与之沉淀，据此不仅可用于鉴定，也可用于提取及分离工作。

（3）锆盐多用 2% 的氯氧化锆甲醇溶液，可用于鉴别 3-羟基或 5-羟基黄酮类化合物。在样品溶液中加入 2% 氯氧化锆的甲醇溶液，有 3-羟基或 5-羟基的黄酮类化合物则生成相应的黄色锆络合物，但二者对酸的稳定性不同，前者的稳定性大于后者（二氢黄酮醇除外），接着再加入 2% 的枸橼酸甲醇溶液，样液黄色不褪表示有 3-羟基存在；如黄色褪去，加水稀释后转为无色，表示无 3-羟基，但有 5-羟基存在。该反应也可在滤纸上进行，得到锆盐络合物呈黄绿色，并带荧光。

（4）镁盐反应可在滤纸上进行，常用醋酸镁甲醇溶液为显色剂。将供试液点于滤纸上，喷 1% 醋酸镁的甲醇溶液，加热干燥，在紫外灯下观察，二氢黄酮、二氢黄酮醇类显天蓝色荧光，若具有 C5-OH，色泽更为明显。而黄酮、黄酮醇及异黄酮类等则显黄色至橙黄色至褐色。故该反应可区别二氢黄酮（醇）与其他类型的黄酮化合物。

（5）氯化锶（SrCl₂） 在氨性甲醇溶液中，氯化锶可与分子中具有邻二酚羟基结构的黄酮类化合物生成绿色至棕色乃至黑色沉淀。具体方法是：取约 1mg 样品置于小试管中，加入 1mL 甲醇使之溶解（必要时可在水浴上加热），加入 0.01mol/L 氯化锶的甲醇溶液 3 滴，再加氨蒸气饱和的甲醇溶液 3 滴，若有绿色至棕色乃至黑色沉淀生成，表示结构中有邻二酚羟基。

（6）铁盐常用的试剂为三氯化铁水溶液，三氯化铁的水溶液或醇溶液常作为检识酚羟基的显色试剂，对黄酮专属性不强，除黄酮外，如蒽醌、香豆素等都显阳性反应，如为阴性反应，则有鉴别意义，说明不含黄酮类成分，因黄酮类化合物一般都含有酚羟基，但若为阳性反应，反而不能说明含有黄酮成分，还必须借助其他特征性反应加以验证。

3. 硼酸显色反应

在各类黄酮类化合物分子结构中，凡是具有 5-羟基黄酮及 2-羟基查耳酮类结构的分子，可与硼酸反应，生成亮黄色。通过该反应，可以大致区分多种黄酮类化合物。另外，对于黄酮类化合物的硼酸呈色反应，一般在草酸存在下，在显黄色的同时，可能会带绿色荧光结果；但在枸橼酸-丙酮存在条件下，则只显黄色而无荧光。

4. 碱性试剂显色反应

在日光及紫外光下，通过纸上斑点反应，观察样品用碱性试剂处理后的颜色变化，对于鉴别黄酮类化合物有一定的意义。其中，用氨蒸气处理呈现的颜色置于空气中很快就会褪去，但经碳酸钠水溶液处理后的呈色则不褪色。此外，利用对碱性试剂的反应还可帮助鉴别分子中的某些结构特征。例如：二氢黄酮类易在碱液中开环，转变成相应的异构体——查耳酮类化合物，从而显橙色至黄色；黄酮醇类化合物在碱液中先呈黄色，通入空气后变为棕色，据此可与黄酮类物质相区别；黄酮类化合物分子中有邻二酚羟基取代或3,4-二羟基取代时，在碱液中不稳定，易氧化为黄色至深红色乃至绿棕色沉淀。

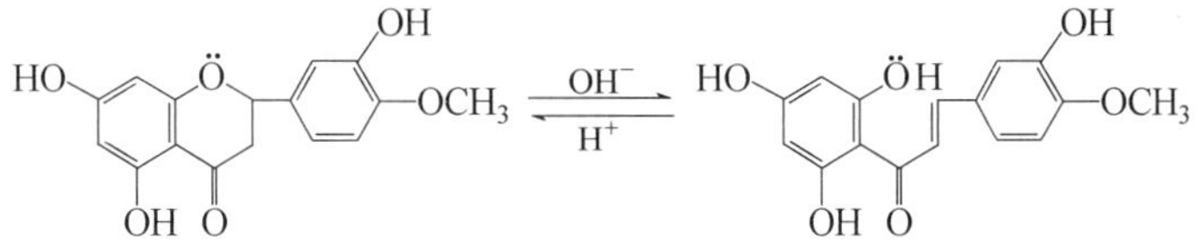

橙皮素　　　　　　　　　　　　　　　　橙皮查耳酮

（二）紫外光谱范围吸光值变化

有些黄酮和黄酮醇化合物结构中 A 环苯甲酰和 B 环肉桂酰都对紫外光具有吸收作用，因此使用紫外吸收光谱法可以帮助鉴定黄酮类物质类型。同时，通过在样品溶液中添加位移试剂，并观察吸收峰移动的情况，就可以确定黄酮类化合物分子上未被取代的羟基位置。常用位移试剂有：甲醇钠、乙酸钠、乙酸钠和硼酸、三氯化铝等。黄酮和黄酮醇具有相同的基本结构，以乙醇或甲醇为溶剂，其紫外光谱在 240~400nm 一般有两个主要吸收带，处于 300~400nm 区间吸收带被称为带Ⅰ，240~280nm 区的为带Ⅱ。分子中取代基的性质、位置和数目决定吸收带的波长、强度和谱形。两个生色基团 A 环苯甲酰和 B 环肉桂酰相互干扰，但一般认为带Ⅰ主要与 B 环肉桂酰衍生结构有关，带Ⅱ与 A 环苯甲酰衍生结构有关。

第四节　黄酮类化合物的提取工艺特性

一、黄酮类化合物的提取

黄酮类化合物在花、叶、果等组织中，一般多以黄酮苷的形式存在，而在根部坚硬组织中，则多为游离苷元形式存在。因此，不同部位黄酮的提取采取的方法不同。

1. 溶剂法提取

最初从植物材料中提取黄酮类物质，曾用到热水浸提法，如从槐花米中提取芦丁。但这种方法使易溶于水的各类杂质如蛋白质、单宁、淀粉、多糖等都一并被提取，使芦丁的纯化处理变得非常复杂，整体提取效率降低，因此现在已很少使用。

有机溶剂提取黄酮类化合物，主要是根据被提取物的性质及可能在提取过程中引入的杂质来选择适合的提取溶剂，苷类和极性较大的苷元，一般可用乙酸乙酯、丙酮、乙醇、甲醇或极性较大的混合溶剂进行提取。大多数黄酮苷元宜用极性较小的溶剂，如乙醚、氯仿、乙酸乙酯等来提取。目前工业生产中，乙醇和甲醇是最常用的黄酮类化合物提取溶剂，如 90%~95% 的乙醇水溶液可用于提取苷元，60% 的乙醇水溶液则适宜于提取苷类物质。提取过程常结合溶剂回流、加压渗透以及真空低温回收等处理，可提高提取效率。

黄酮类化合物分子中大多数都含有酚羟基，显弱酸性，易溶于碱性水而难溶于酸性水，因此可以用碱性水溶液（如饱和石灰水、5%碳酸钠或稀氢氧化钠溶液等）或碱性稀醇来提取，提取液加酸酸化后，黄酮类化合物即可沉淀析出。注：用碱性溶剂提取时，所用的碱浓度不宜过高，以免在强碱作用下破坏黄酮母核结构。当黄酮母核上有邻二酚羟基时，应加硼酸进行保护。

2. 微波辅助提取

微波辅助提取黄酮类化合物，主要影响因素有四个，即微波功率、处理时间、物料粉碎度及提取液与物料的比例。不同的植物材料所采用的微波功率差异较大。如雪莲黄酮提取的最佳功率为128W，葛根异黄酮提取的最佳功率为750W；提取时间以分钟计，最长不超过45min；粉碎目数多以100~300目为主，超过300目时，微波提取效率迅速下降，这可能是由于粉碎度加大时，形成的微孔束效应也加强，溶出的黄酮物质被"捕获"在微孔束中，使得溶出效应变差。图8-1为工业化微波连续萃取系统。

图 8-1　工业化微波连续萃取系统

3. 超声波辅助提取

超声波提取黄酮类物质时，主要影响因素有三个，即样品的初始温度、提取时间和超声功率，利用超声波从植物材料中提取黄酮时，样品温度多在60~80℃，提取时间在20~60min，超声波功率在104~315W。

4. 酶解法提取

对于细胞壁纤维素结构复杂、结合强度高的植物材料，使用传统的热、碱、有机溶剂等作用力很难有效破坏细胞壁，提取效率较低。如果恰当地利用特定纤维素酶类处理这些植物材料，可改变细胞壁的通透性，提高有效成分的溶出。工业上常采用复合酶解法，根据细胞壁结构特点，使用能促进细胞彼此解离的果胶酶，同时也使用对细胞壁纤维素产生破坏的纤维素酶，这样能使细胞壁疏松、破裂，减小传质阻力，使黄酮物质易于从细胞内溶出，提高提取效率。酶法提取黄酮的关键是提高破壁效率，因此酶的选配和复合是技术重点，表8-4列出了酶解法提取黄酮常用酶的类型及作用。

表 8-4　　　　　　　　　　　酶解法提取黄酮常用酶类型及作用

类型	种类	作　用
纤维素酶	C1 酶	破坏纤维素链的结晶结构
	Cx 酶	分解 β-1,4-糖苷键的纤维素酶
	β 葡糖苷酶	将纤维二糖、纤维三糖及其他低分子纤维糊精分解为葡萄糖
	原果胶酶	作用于原果胶内部结构或外部糖链，破坏其晶格
果胶酶	多聚半乳糖醛酸酶	有水前提下促进半乳糖醛酸链水解
	裂解酶	在 C-4 位通过反式消去作用裂解果胶聚合体
半纤维素酶	半纤维素酶	分解纤维素成纤维二糖，部分至葡萄糖

5. 超临界流体萃取

超临界二氧化碳萃取对极性较弱的黄酮苷元直接提取效果较理想，对于极性较强的黄酮苷类，常常在超临界二氧化碳中加入夹带剂改变整个萃取体系的极性，如乙醇、丙酮、甲醇等。由于黄酮类物质在 pH 为 8~9 时，其酚羟基易离子化，水溶性增强；在 pH 下降后，又容易去离子化，再次从溶液中析出。因此碱水也可作为一种提取黄酮的低成本"夹带剂"溶剂，工业化生产中用于粗提应用。

6. 亚临界萃取

超临界二氧化碳对许多极性强和相对分子质量大的黄酮苷溶解性差，提取效率不高。亚临界萃取正好能弥补这一不足，如可用亚临界水萃取黄酮。

二、黄酮类化合物的分离和纯化

黄酮类化合物的分离方法很多，其主要依据如下：①根据极性大小不同和吸附性差别，利用吸附（各种吸附柱——硅胶、氧化铝、聚酰胺等）或分配（如分配柱层析及逆流分配等）原理进行分离。②根据酸性强弱不同，利用梯度 pH 萃取法进行分离。③根据分子大小不同，利用葡聚糖凝胶分子筛进行分离。④根据分子中某些基团的特殊性质，利用金属盐络合能力不同等特点进行分离。在实际分离过程中，应根据混合物中各成分的具体情况，合理使用各种方法，以达到最佳分离效果。常用的分离纯化方法主要有硅胶、聚酰胺、葡聚糖凝胶柱层析、梯度 pH萃取、液滴逆流层析、高效液相层析等。

1. 柱层析法

分离黄酮类化合物常用的吸附剂或载体有硅胶、聚酰胺、氧化铝、氧化镁、硅藻土及纤维素等，其中以聚酰胺、硅胶最常用。

（1）硅胶柱层析　应用范围最广，主要适用于分离异黄酮、二氢黄酮、二氢黄酮醇及高度甲基化（或乙酰化）的黄酮及黄酮醇类。少数情况下，在加水去活化后，也可用于分离极性较大的化合物，如多羟基黄酮醇及其苷类等。

硅胶柱中各种溶剂的洗脱能力依次为：石油醚<四氯化碳<苯<氯仿（不含乙醇）<乙醚<醋酸乙酯<吡啶<丙酮<正丙醇<乙醇<甲醇<水。实际应用中，常用多元溶剂系统。分离黄酮苷元可用氯仿-甲醇混合溶剂作洗脱剂，分离黄酮苷类可用氯仿-甲醇-水或乙酸乙酯-丙酮-水混合溶剂作洗脱剂。

（2）聚酰胺柱层析　对黄酮类化合物的柱层析来说，聚酰胺是较理想的吸附剂，其吸附容量较高，分辨能力也较强，适用于分离各种类型的黄酮类化合物，包括黄酮苷及其苷元。层析用的聚酰胺主要有聚己内酰胺（Perlon）型、六次甲基二胺己二酸盐（Nylon）型及聚乙烯吡咯烷酮（Polyclar）型三种。它们都是通过分子中的酰胺羰基与黄酮类化合物分子上的酚羟基形成氢键而产生吸附作用，其吸附强度主要取决于黄酮类化合物分子中羟基的数目、位置及溶剂与黄酮类化合物或与聚酰胺之间形成氢键缔合能力的大小。

黄酮类化合物从聚酰胺柱上洗脱时有下列规律：①苷元相同时，洗脱先后顺序一般为：三糖苷>双糖苷>单糖苷>苷元。这是因为苷元相同时，糖基上的羟基越多，与洗脱剂形成氢键的概率越大，而糖基与洗脱剂形成氢键越多，就与聚酰胺吸附越弱，也就越容易被洗脱。②对于同样的洗脱条件，化合物中酚羟基数目越多，吸附能力越强，洗脱速度减慢。当分子中羟基数目相同时，羟基位置对吸附也有影响，羰基邻位羟基易与羰基形成分子内氢键，故聚酰胺对处于羰基间位或对位羟基的吸附力大于邻位羟基，洗脱顺序为：具有邻位羟基黄酮>具有对位或间位羟基黄酮。③分子中芳香化程度越高，共轭双键越多，则吸附力越强，故查耳酮往往比相应的二氢黄酮难于洗脱。不同类型黄酮类化合物，洗脱先后顺序一般为：异黄酮>二氢黄酮醇>黄酮>黄酮醇。对聚酰胺而言各种洗脱剂的洗脱能力由弱至强依次排列为：水<甲醇<丙酮<氢氧化钠水溶液<甲酰胺<二甲基甲酰胺<脲素水溶液。

（3）葡聚糖凝胶柱层析　对于黄酮类化合物的分离，主要用两种型号的凝胶：Sephadex-G型及Sephadex-LH20型，后者为羟丙基化的葡聚糖凝胶。

葡聚糖凝胶分离黄酮类化合物的机理是：①分离游离黄酮时靠吸附作用，黄酮物质上自由酚羟基越多，吸附越强，越难洗脱。②分离黄酮苷时靠分子筛作用。大分子难以进出柱材料，故洗脱较快，小分子进出柱材料内部频繁，洗脱较慢；因此洗脱时，黄酮苷类按相对分子质量由大到小的顺序流出。

表8-5中列出了几类黄酮化合物在Sephadex-LH20葡聚糖凝胶柱上以甲醇洗脱时的分离洗脱能力，表中V_e为洗脱样品时需要的溶剂总量或洗脱体积；V_o为柱子的空体积。V_e/V_o数值越小，说明化合物越容易被洗脱下来。通过列表可清楚看到：苷元的羟基数越多，V_e/V_o越大，越难以洗脱；而苷的相对分子质量越大，其上连结糖基的数目越多，则V_e/V_o越小，越容易洗脱。而葡聚糖凝胶柱层析中使用的洗脱剂要根据黄酮成分对象选择，常用的如碱性水溶液、氯化钠水溶液、甲醇、丁醇、乙醇以及其混合液，还有丙酮、氯仿等。

表8-5　　　　　　　　　　黄酮类化合物在葡聚糖凝胶上洗脱能力

黄酮类化合物	取代情况	V_e/V_o
芹菜素	5，7，4′-三羟基	5.3
木犀草素	5，7，3′，4′-四羟基	6.3
槲皮素	3，5，7，3′，4′-五羟基	8.3
杨梅素	3，5，7，3′，4′，5′-六羟基	9.2
山柰酚-3-半乳糖鼠李糖-7-鼠李糖苷	三糖苷	3.3
槲皮素-3-芸香糖	双糖苷	4.0
槲皮素-3-鼠李糖	单糖苷	4.9

（4）大孔吸附树脂柱层析　大孔吸附树脂分离黄酮化合物的原理主要利用大孔树脂的表面微小孔洞阻截，以及树脂分子与黄酮类化合物分子的酚羟基形成氢键缔合而产生的吸附作用，选择性地吸附黄酮类化合物，然后利用洗脱溶剂分子与黄酮类化合物形成氢键缔合能力更强的特性，将黄酮解吸、洗脱，从而达到分离纯化的目的。

大孔树脂用于黄酮分离时，多采用乙醇作为洗脱剂，将乙醇利用纯水调成不同浓度的溶液，进行连续梯度洗脱，并根据洗脱时间收集，可以收集不同组分的黄酮化合物。已有文献报道，国产D101树脂对银杏叶黄酮的吸附量约为2g/mL；曾有学者采用D101、DM301、AB-8、SP825大孔吸附树脂对山楂总黄酮进行纯化，结果发现D101、AB-8、DM301的静态吸附量能保证每克原材料达到95mg以上。大孔吸附树脂也很容易与其他方法联用来分离纯化黄酮类化合物。例如用聚酰胺和大孔树脂联用分离益母草总黄酮，壳聚糖和大孔树脂联用分离纯化葛根总黄酮，还有学者用陶瓷微滤膜与大孔吸附树脂联用精制苦参总黄酮等。

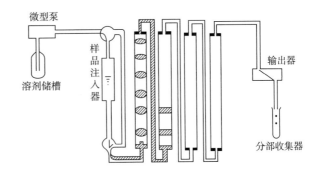

图 8-2　液滴逆流层析示意图

2. 液滴逆流层析

固体材料柱层析，分离含多羟基的黄酮化合物时，常因酚羟基与固体柱材料产生部分不可逆吸附而难以洗脱，连续使用的柱材料一方面吸附能力逐渐下降而难以再生，另一方面影响被分离黄酮的纯度。液滴逆流层析不需要固体载体，避免了这种不可逆吸附造成的损失。液滴逆流层析利用混合物中各组分在两种液相间分配系数的差异，由移动相形成液滴通过作为固定相的液柱来实现混合物的分离。液滴逆流层析适用于黄酮苷类的分离。常用的溶剂系统有氯仿-甲醇-水、氯仿-甲醇-丙醇-水等。

3. 膜分离

膜分离技术用于黄酮的分离纯化时，具有分离效率高、分离速度快、分离过程无相变、不易形成表面极化现象、无须添加化学试剂、成本低、无污染、低温操作等特点。有研究报道用超滤法处理银杏叶黄酮的乙醇粗提液，去除其中的蛋白质和糖类等杂质，纯化后黄酮含量可高达 45%。

4. 梯度 pH 萃取法

梯度 pH 萃取法适合于酸性强弱不同的黄酮苷元的分离。根据黄酮酚羟基数目及位置不同，其酸性强弱也不同的属性，将混合物溶于有机溶剂（如乙醚）后，依次用 5% $NaHCO_3$、5% Na_2CO_3、0.2% NaOH 及 4% NaOH 水溶液萃取来达到分离的目的。梯度 pH 萃取法萃取黄酮类化合物的一般规律如下：

$$酸性：\quad 7,4'-二OH \;>\; 7-或4'-OH \;>\; 一般酚-OH \;>\; 5-OH$$

溶于碳酸氢钠　　溶于碳酸钠　溶于不同浓度的氢氧化钠

第五节　黄酮类化合物提取实例

一、芸香苷的提取

芸香苷俗称芦丁，是槲皮素的 C_3—OH 与芸香糖缩合的二糖苷。纯芦丁是淡黄色细小扇形结晶，易溶于热乙醇、碱溶液、吡啶、乙酸乙酯等溶液；微溶于水，在冷水中溶解度 0.013%；

不溶于丙酮、乙醚、氯仿等溶剂中。

芦丁具有维生素 P 的作用，能维持血管的正常渗透压，降低血管脆性，缩短出血时间，已应用于临床治疗高血压症，也可作为心脏病患者的辅助药物。芦丁是天然黄色素，可作食品着色剂和抗氧化剂。

芦丁的提取常采用碱提取酸沉淀法，也可采用水溶剂浸提法。以槐花米和桉树叶为原料提取芦丁的方法分别如下。

1. 槐花米中芦丁的提取

水溶剂浸提法：将槐花米水洗后装入逆流浸出罐组中，加入热水并保持温度在 100℃ 进行逆流渗漉浸提，浸出液的出液系数常保持在 5 以下。浸出液冷却后即有芦丁粗品析出，一些树脂类杂质则凝固成棕黑色块状物浮集于滤液的表面。分离去除树脂块，收集芦丁用沸水反复处理可除去杂质，或以乙醇反复重结晶处理得纯品。

碱提取酸沉淀法：槐花米以水洗去杂质后加约 6 倍量水和适量硼砂煮沸，在搅拌下缓缓加入石灰乳调整 pH 达到 8~9，在此 pH 条件下煮沸 20~30min 后趁热过滤，滤渣加 4 倍量水再煮提 20~30min 趁热过滤并合并滤液，在 60~70℃ 下用盐酸调 pH 达到 5~6 后静置 24h 进行抽滤；用水将沉淀物洗至中性，60℃ 干燥得到芦丁粗品；用沸水重结晶，70~80℃ 干燥后得芦丁纯品。

2. 桉树叶中芦丁的提取

从桉树叶中提取芦丁的工艺流程可以按照如下过程进行：桉树叶 → 110℃ 干燥 → 粉碎、过筛 → 提取 → 过滤 → 40℃ 结晶 → 过滤 → 干燥 → 粗品。在实际实践中，将含水 75% 的桉树叶干燥到含水 12%~15%，加热温度不超过 110℃，加热时间也不应超过 30min，干燥好的叶子用粉碎机粉碎分级，使 95% 的桉树叶粉可以通过 40 目筛孔；过筛的叶粉在 5~6 倍量的沸水中提取 1h，过滤分离后用沸水洗涤滤饼，合并滤液；将约含 0.25% 芦丁的滤液冷却至 40℃，放置于结晶罐中静置 4h 后即有芦丁结晶析出，为促进结晶过程，也可以加入部分已经过纯化的芦丁用作结晶母种，获得结晶后用板框压滤机压滤去除大部分水分，弃去母液，将滤饼在干燥器中于 95℃ 下进行干燥，将干燥好的粗品芦丁进行粉碎，立即装入防潮袋和不锈钢桶中。产品芦丁的纯度达 95%~96%。残存在产品中的杂质主要是果胶和蛋白质，可以用 95% 乙醇纯化一次，得到纯度更高的芦丁。

二、 大豆异黄酮的提取

1. 大豆异黄酮组成及结构

大豆异黄酮主要来源于豆科植物的荚豆类，其中大豆中的含量较高。大豆异黄酮主要分布于大豆种子的子叶和胚轴中，种皮中含量极少。大豆中异黄酮共有 12 种，其中苷元占总重量的 2%~3%，包括金雀异黄素或称染料木素（Gen）、大豆素（Dai）和黄豆苷（Gly）；糖苷占总量的 97%~98%，主要以金雀异黄苷、大豆苷、丙二酰金雀异黄苷、丙二酰大豆苷形式存在。

大豆及其制品都含有异黄酮，大豆粉含 2014μg/g 干重，豆腐中为 531μg/g 干重，大豆分离蛋白含 987μg/g 干重，大豆浓缩蛋白中含 73μg/g 干重，速溶饮料中含 1918μg/g 干重。

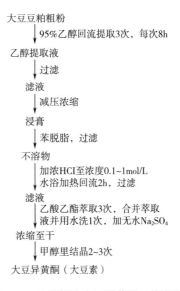

苷元　　　　　R$_1$　R$_2$
大豆异　　　　H　　H
金雀异黄素　　OH　H
黄豆苷　　　　H　　OCH$_3$

黄素苷　　　　　　　　R$_1$　R$_2$　R$_3$
大豆苷　　　　　　　　H　　H　　H
金雀异黄素　　　　　　OH　H　　OH
黄豆苷　　　　　　　　H　　OCH$_3$　H
σ·O-乙酰基大豆苷　　　H　　H　　COCH$_3$
σ·O-乙酰基染料木苷　　OH　H　　COCH$_3$
σ·O-乙酰基黄豆苷　　　H　　OCH$_3$　COCH$_3$
σ·O-丙二酰基大豆苷　　H　　H　　COCH$_2$COOH
σ·O-丙二酰基染料木苷　OH　H　　COCH$_2$COOH
σ·O-丙二酰基黄豆苷　　H　　OCH$_3$　COCH$_2$COOH

2. 大豆异黄酮的理化性质

（1）**颜色**　异黄酮共轭体系小，仅显微黄色、灰白色或无色，紫外线下多显紫色。大豆异黄酮中的 Gen 呈灰白色结晶，紫外灯下无荧光，而 Dai 呈微白色结晶，紫外灯下无荧光。

（2）**旋光性**　异黄酮的苷元不具旋光性，大豆苷及金雀异黄苷由于有糖基而具旋光性。

（3）**溶解性**　大豆异黄酮的苷元难溶或不溶于水，可溶于甲醇、乙醇、乙酸乙酯、乙醚等有机溶剂及稀碱液中，大豆异黄酮苷易溶于甲醇、乙醇、吡啶、乙酸乙酯及稀碱液中，难溶于苯、乙醚、氯仿、石油醚等有机溶剂，可溶于热水。

（4）**酸碱性**　大豆异黄酮具有酚羟基，显酸性，可溶于碱性水溶液及吡啶中。

（5）**显色反应**　与钠汞齐反应显红色；与锆盐-枸橼酸反应，金雀异黄素显黄色，而大豆素无色；与醋酸镁反应呈褐色。

3. 提取工艺

大豆总异黄酮的提取，主要根据被提取物的性质及伴存杂质的情况来选择合适的提取溶剂。若用新鲜大豆提取，则先要进行脱脂处理，而且处理温度不宜超过70℃。而实际生产中利用大豆制油后的残渣——豆粕，是提取大豆异黄酮的最佳原料。总的来说，对大豆异黄酮的苷类成分，一般用乙醇、乙酸乙酯、甲醇、丙酮、水或某些极性较大的混合溶剂，如甲醇与水（1∶1）来提取；而对苷元，则用极性较小的溶剂，如乙醚、氯仿、乙酸乙酯等提取。用乙醇提取大豆异黄酮的工艺如图8-3所示。

大豆豆粕粗粉
　↓95%乙醇回流提取3次，每次8h
乙醇提取液
　↓过滤
滤液
　↓减压浓缩
浸膏
　↓苯脱脂，过滤
不溶物
　↓加浓HCl至浓度0.1~1mol/L
　　水浴加热回流2h，过滤
滤液
　↓乙酸乙酯萃取3次，合并萃取
　　液并用水洗1次，加无水Na$_2$SO$_4$
浓缩至干
　↓甲醇里结晶2~3次
大豆异黄酮（大豆素）

图8-3　乙醇提取大豆异黄酮工艺流程

三、　橙皮苷的提取

橙皮苷是一种黄烷酮类糖苷。纯橙皮苷是白色针状晶体，略带苦味，熔点为258~262℃，分子式 C$_{28}$H$_{34}$O$_{15}$，相对分子质量为610，它是构成维生素P的成分，极易溶于吡啶，可以溶于乙醇或醋酸，不溶于乙醚、氯仿等。它的水解产物为橙皮素（$C_{16}H_{14}O_6$），仍属黄烷酮类化合物。

橙皮苷广泛存在于柑橘类果皮中，甜橙、酸橙、温州蜜橘、红橘和柠檬等果皮中都含有丰富的橙皮苷。橙皮苷能防止动脉粥样硬化、心肌梗死、流血不止、微血管脆弱等。磷酸化橙皮苷有抗妊娠作用，橙皮苷以及其他黄烷酮类化合物有治疗伤风感冒的功效。

橙皮苷不易溶于水，在水溶液中极易结晶析出，故提取较简单。粗提的方法是先将橙皮捣碎（或用已榨取香精油的残渣），然后用甲醇抽提，抽提液经过滤、静置使其结晶，从结晶分离出来的橙皮苷可进一步精制。精制的方法可采用溶剂法。因它不溶于一般溶剂中，除吡啶外，仍可采用热甲醇在提取器中有效地提纯，或者采用甲酰胺-水溶液进行再结晶加以提纯。橙皮苷的提取方法常用的有以下几种：

1. 碱-醇提酸沉法

可以在50g橙皮粉末中加入200mL已经调整pH达到13的乙醇-NaOH溶液，充分提取后进行减压抽滤，再将滤液用HCl调节pH并静置结晶，结晶后进一步减压抽滤，洗涤提取物至洗涤液无色，然后在70℃恒温烘干得到橙皮苷粗品。该方法是利用橙皮苷在碱性条件下转变为黄色橙皮苷，而黄色橙皮苷性质不稳定，遇酸会立即结晶析出这一特点，将原料中的橙皮苷分离出来，主要步骤包括：

（1）浸泡 将橙皮原料在碱性乙醇溶液中浸泡6~24h直至体系pH达到11时，果胶物质凝固，则橙皮苷大部分以黄色查耳酮溶解于碱性溶液中。一般是将橙皮磨碎后浸泡较好，碱可用清石灰液或清石灰乳，也可以用烧碱溶液。

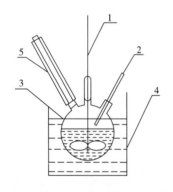

图8-4 橙皮苷碱-醇提取装置
1—搅拌器 2—温度计 3—乙醇溶液
4—恒温水浴槽 5—球形冷凝管

（2）减压抽滤 浸泡完毕的碱液要进行过滤，除去残渣，为减少无机盐类杂质含量，滤液要求透明且无细小颗粒。

（3）酸化 滤液用盐酸中和酸化，促使橙皮苷从溶液中结晶析出。一般控制提取液pH在4~5，否则，橙皮苷不能完全析出。

（4）保温、沉降 酸化后的溶液要加热保温，加速分子运动，利于橙皮苷结晶。一般控制温度为60~70℃，维持30~40min。保温后的溶液中有大量的灰白色或黄色结晶颗粒浮动，应使其自然沉降与溶液分离。

（5）分离、干燥 经过沉降后的溶液分为两层，上层是透明溶液，下层是橙皮苷结晶，吸取上层清液，将下层橙皮苷进行脱水分离。脱水后的橙皮苷要及时烘干，一般干燥温度应控制在80℃以下，水分含量低于3%为合格。橙皮苷碱-醇提取装置如图8-4所示。

2. 热水提取法

橙皮苷的提取也可以采用热水提取，同样将收集的橙皮原料进行粉碎，加入3~4倍水并煮沸30min左右，然后进行压榨过滤，将滤液进行真空浓缩，浓缩至原液浓度的3~5倍，转后将浓缩液转入低温（一般控制在0~3℃）进行静置，静置一段时间后会有类黄酮物质结晶析出，然后进行初步过滤分离得到橙皮苷粗品，反复用热水或一定浓度酒精对其进行纯化，最终得到纯度较高的橙皮苷产品。此方法操作简单，但相对于其他方法而言，除了明显的成本优势外，所得产物杂质多，纯度低，得率也不高。

3. 乙醇或甲醇法

利用乙醇或甲醇来提取橙皮苷时，将原料进行干燥并粉碎，然后直接用高浓度的例如95%的乙醇或甲醇浸渍原料，并在接近沸水浴中提取三次，每次提取时间控制在1 h左右，提取后进行过滤并将滤液合并，在减压蒸馏条件下回收有机溶剂，然后用盐酸调节提取液的pH达到4左右，在较低温度下静置过夜，加入少量的纯品橙皮苷作为晶种引导进行结晶，结晶后的粗橙皮苷产品，进行反复溶解、重结晶以进行纯化，最终得到橙皮苷纯品。此方法中所得橙皮苷的纯度高达94.7%，但这种工艺比热水提取法复杂，成本相对较高。该工艺生产周期长，对热敏性成分破坏较大，相当于牺牲提取率而保证了纯度。

四、 水飞蓟黄酮的提取

水飞蓟 [*Silybum marianum* (L.) Gaertn] 也称乳蓟，为菊科一年或两年生草本植物。其果实中含有水飞蓟素，有抗肝脏中毒和保护肝细胞等作用。水飞蓟黄酮是从水飞蓟种子的种皮中提取出的成分，呈黄色粉末或结晶状粉末，味苦。易溶于丙酮、乙酸乙酯、乙醇及甲醇、难溶于氯仿，不溶于水。

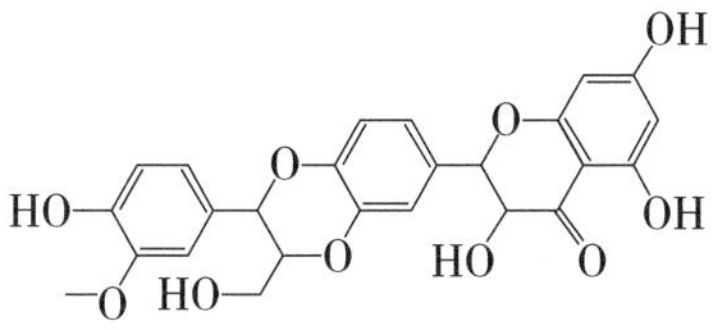

水飞蓟黄酮的提取方法有以下几种：

1. 乙酸乙酯超声波辅助提取

取水飞蓟果实去杂后碾压脱皮，用风选机分离种皮和种仁。分别收集种皮干燥后粉碎过40目筛网待用。将500g干燥水飞蓟种皮干粉，用石油醚（沸程30-60℃）脱脂8h过滤，滤渣再用石油醚脱脂4h得滤渣备用。将经过脱脂处理后的滤渣分3次在超声波辅助下用乙酸乙酯浸提，每次加入乙酸乙酯1000 mL，每次浸提8h，将3次得到的浸提液混合，在40℃减压浓缩，得到黄色粉末的水飞蓟素粗品。

2. 机械脱油溶剂萃取

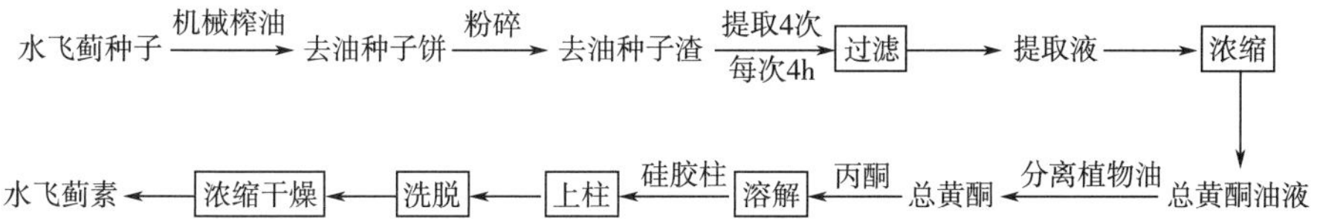

图8-5　水飞蓟黄酮的提取流程

榨油：将簸净、除去土石杂质的水飞蓟种子连续放入螺旋式榨油机料斗中进行机械榨油，出油率达26%，把去油后的种子饼粉碎，供提取用。

提取：将70kg粉碎的去油种子饼加进提取罐中，再加入160 kg工业乙醇升温搅拌，使其保持在（78±2）℃下提取4h，然后停止搅拌并进行静置，待固液两相分层后，用滤泵将上清液

（提取液）抽入周转罐，再向提取罐中抽入 160 kg 工业乙醇进行第二次提取。反复这样提取 4 次后，从提取罐下口放出残渣及余留的提取液，这部分成分进行进一步离心分离，将分出的液体合并返回到提取罐中的提取液，然后弃去离心残渣。

过滤、浓缩：在周转罐中，使提取液保温在 30℃，从该罐下放口放出，经热过滤器抽滤至浓缩罐中。在浓缩罐中减压蒸出乙醇进行回收，以便与后序进行配合循环使用。待无乙醇蒸出时，将浓缩液从下口放出转入敞口蒸发罐中继续浓缩、蒸发，以除去残留的乙醇和水分，然后将浓缩液冷却，冷却后上面会出现一层脂类物质。除去上层的油层，将浓缩液加热后溶于丙酮中，充分搅拌、过滤去除不溶性杂质，向滤液中加入适量硅胶，充分拌匀，使丙酮挥发，装入 80~120 目硅胶柱（上面塞有脱脂棉）。用醋酸乙酯反复洗脱，收集洗脱液至无色透明为止。洗脱液合并经浓缩后，每 100kg 该粗品中可得纯度为 90% 的水飞蓟素大约 1.5kg。

本章小结

黄酮类化合物是存在于植物的花、叶、果实等组织中的一大类化合物。其中大部分与糖结合成苷，一部分以游离形式存在。药理学与临床实践都表明：黄酮类化合物绝大部分具有显著的生理活性。黄酮类化合物不仅对心血管系统、消化系统具有生理作用，而且具有消炎、抗菌及抗病毒等作用，在临床上主要用于与毛细血管脆性和渗透性有关疾病的辅助治疗。它的保健功能在于调节毛细血管的渗透性和维持其完整件，具有降低毛细血管脆性，改善整个心血管系统血液循环的作用，对高血压、冠心病等疾病有一定的预防和治疗作用。

黄酮类化合物多为结晶性固体，少数为无定形粉末。黄酮类化合物的溶解度因结构及存在状态（苷或苷元、单糖苷、双糖苷或三糖苷）不同而有很大差异。一般游离苷元难溶或不溶于水，易溶于甲醇、乙醇、醋酸乙酯、乙醚等有机溶剂及稀碱液中。黄酮苷元引入羟基数越多，将增加其在水中的溶解度；而羟基经甲基化后，则增加在有机溶剂中的溶解度。黄酮类化合物在羟基糖苷化后，水溶性即相应加大，而在有机溶剂中的溶解度则相应减小。黄酮苷一般易溶于水、甲醇、乙醇等强极性溶剂中；但难溶或不溶于苯、氯仿等有机溶剂中。糖链越长，则水溶度越大。另外，糖的结合位置不同，对苷的水溶度也有一定影响。

黄酮类化合物因分子中多有酚羟基而显酸性，可溶于碱性水溶液、吡啶、甲酰胺及二甲基甲酰胺中。酚羟基数目及位置不同，酸性强弱也不同。此外，黄酮类化合物分子中吡喃酮环上的 1 位氧原子有未共用电子对，所以表现微弱的碱性，可与强无机酸，如浓硫酸、盐酸等生成锌盐，但生成的锌盐极不稳定，加水后即可分解。

黄酮类化合物与盐酸-镁粉、盐酸-锌粉、钠汞齐、四氢硼钠（钾）等发生呈色反应。此性质可用于鉴定黄酮类化合物。黄酮类化合物与铝盐、铅盐、锆盐、镁盐等金属盐类试剂可发生络合反应，生成有色络合物。这可用于黄酮类化合物的定性及定量分析。提取植物中黄酮类化合物一般分为原料处理、浸提、精制和分离四部分进行。原料处理包括干燥、粉碎等过程。如果原料中含有大量油脂、蜡及叶绿素等杂质，还要采用石油醚或己烷进行脱脂处理。这些处理有利于溶剂渗透和黄酮化合物的浸出，提高黄酮提取率。

黄酮化合物的浸提一般要根据黄酮化合物的存在形式选择浸提溶剂。大多数黄酮苷元宜用极性较小的溶剂，如氯仿、乙醚、醋酸乙酯等提取，而多甲氧基黄酮类游离苷元，甚至可用苯进行提取；黄酮苷类以及极性稍大的苷元（如羟基黄酮、双黄酮、橙酮、查耳酮等），一般可用丙酮、醋酸乙酯、乙醇、水或某些极性较大的混合溶剂进行提取，其中最常用的是甲醇-水（1∶1）或甲醇；一些多糖苷类则可以用沸水提取。实际工作中，常选用一种以上溶剂依次处理样品，可收到较好的浸提效果。浸提得到的黄酮粗提物需进行进一步精制纯化处理，以除去浸提过程中混入的杂质。常用的方法有溶剂萃取法、碱提取酸沉淀法、碳粉吸附法和铅盐法等。为得到某一类或某一种黄酮化合物，还需对精制纯化后的黄酮化合物进行分离。分离黄酮类化合物主要依据其极性大小不同、酸碱性强弱不同、分子大小不同及分子中存在某些特殊结构等性质进行。分离的方法有层析法（吸附层析、分配层析）、梯度 pH 萃取法、葡聚糖凝胶分子筛法、金属盐络合法等。

近十年黄酮物质研究逐渐深入，并从试验室阶段进入工业化量产的应用水平，一些新技术不断引入。更多相关信息，可以借助网络以及数据库来获得。

思考题

1. 黄酮类化合物分为哪些类型？
2. 黄酮类化合物主要的生物活性功效有哪些？
3. 黄酮化合物主要的理化性质有哪些？
4. 从植物中提取黄酮类化合物有哪些主要的方法？
5. 黄酮粗品的常用精制方法有哪些？
6. 黄酮类化合物分离纯化技术的主要依据有哪些？
7. 举例说明几种植物中总黄酮的一般提取分离工艺过程。

参考文献

1. 唐浩国. 黄酮类化合物研究［M］. 北京：科学出版社，2009
2. 张培成. 黄酮化学［M］. 北京：化学工业出版社，2009
3. 韩公羽. 植物药黄酮成分与生理生化活性［M］. 北京：中国书籍出版社，2010
4. 汤立军. 黄酮类发色体的合成与应用［M］. 沈阳：东北大学出版社，2011
5. 再帕尔阿不力孜. 天然产物研究方法与技术［M］. 北京：化学工业出版社，2010
6. 李俊生，吕佳佳，王兴慧，等. 黄芩总黄酮及其单体的溶解性及体外经皮渗透性能研究［J］. 中草药，2014，02：200-207
7. 王青，苗文娟，向诚，等. 乌拉尔甘草中黄酮类化学成分的研究［J］. 中草药，2014，01：31-36
8. 李富华，刘冬，明建. 苦荞麸皮黄酮抗氧化及抗肿瘤活性［J］. 食品科学，2014，07：58-63
9. 郑君，林晓春，陈育尧，等. 甘草总黄酮抑制慢性萎缩性胃炎大鼠胃黏膜腺体萎缩及机制研究［J］. 中国药理学通报，2014，01：113-117
10. 康亚兰，裴瑾，蔡文龙，等. 药用植物黄酮类化合物代谢合成途径及相关功能基因的研究进展［J］. 中草药，2014，09：1336-1341
11. 张黎明，李瑞超，郝利民，等. 响应面优化玛咖叶总黄酮提取工艺及其抗氧化活性研究［J］.

现代食品科技，2014，04：233-239

12. 李加兴，陈选，邓佳琴. 黄秋葵黄酮的提取工艺和体外抗氧化活性研究［J］. 食品科学，2014，10：121-125

13. 延玺，刘会青，邹永青，等. 黄酮类化合物生理活性及合成研究进展［J］. 有机化学，2008，09：1534-1544

14. 萨茹丽. 沙葱黄酮提取工艺优化、结构鉴定及相关生物活性研究［D］. 内蒙古农业大学，2014

15. 李珊珊，吴倩，袁茹玉，等. 莲属植物类黄酮代谢产物的研究进展［J］. 植物学报，2014，06：738-750

16. 蔡海霞，陈君，李萍. 一测多评法测定黄芪中4种异黄酮的含量［J］. 中国中药杂志，2010，20：2712-2717

17. 林建原，季丽红. 响应面优化银杏叶中黄酮的提取工艺［J］. 中国食品学报，2013，02：83-90

18. 王倩，常丽新，唐红梅. 黄酮类化合物的提取分离及其生物活性研究进展［J］. 河北理工大学学报（自然科学版），2011，01：110-115

19. 吴琼英，贾俊强. 柚皮黄酮的超声辅助提取及其抗氧化性研究［J］. 食品科学，2009，02：29-33

20. 胡忆沩等编著. 化工设备与机器（下册）. 北京：化学工业出版社，2010

第九章
皂苷提取工艺

学习目标

　　了解皂苷化合物的分类及生物活性；掌握三萜皂苷和甾体皂苷的结构类型、理化性质及鉴定方法；掌握皂苷及苷元的提取方法。

第一节　概述

　　苷（glycosides）又称配糖体，是由糖或糖的衍生物（如糖醛酸）的半缩醛羟基与另一非糖物质中的羟基以缩醛键（苷键）脱水缩合而成的环状缩醛衍生物。水解后能生成糖与非糖化合物，非糖部分称为苷元（aglycone），通常有酚类、蒽醌类、黄酮类等化合物。

　　皂苷（saponins）又称皂角苷或皂草苷，为苷类的一种。由于皂苷元具有不同程度的亲脂性，糖链具有较强的亲水性，使皂苷成为一种表面活性剂，其水溶液振摇时能产生大量持久的蜂窝状泡沫，与肥皂相似，故名皂苷，由皂苷元和糖、糖醛酸或有机酸组成。

　　皂苷广泛存在于植物中，超过90个科的植物中含有皂苷，Gubanov等对中亚的1730种植物进行了系统分析，发现1315种（76%）植物含有皂苷。皂苷主要存在于单子叶植物和双子叶植物中，尤以蔷薇科、石竹科、无患子科、薯蓣科、远志科、天南星科、百合科、玄参科和豆科等植物中含量较高，如薯蓣、知母、人参、甘草、商陆、柴胡、远志、桔梗等中药中均含有皂苷。此外，在一些海洋生物如海参、海星中也发现有皂苷存在。

　　组成皂苷的糖常见的有葡萄糖、半乳糖、鼠李糖、阿拉伯糖、木糖以及其他戊糖等单糖类。常见的糖醛酸有葡萄糖醛酸、半乳糖醛酸等。存在于中草药中的皂苷多数是由多分子糖或糖醛酸与皂苷元所组成的，这些糖或糖醛酸先结合成糖链的形式再与皂苷元缩合。由一串糖链与皂苷元分子中一个羟基缩合成的皂苷，称为单糖链皂苷（monodesmosidic saponins）；由两串糖链分别与一个皂苷元上两个不同的羟基同时缩合成苷则称为双糖链皂苷（bisdesmosidic saponins）。有的皂苷分子中的羟基和其他有机酸缩合成酯，这种带有酯键的皂苷称为酯皂苷（ester saponins）。植物体内存在的含多个糖分子的苷，称为一级苷，水解时可先脱去部分糖分子生成含糖分子较少的次级苷，次级苷进一步水解得糖与苷元。苷水解成苷元后，在水中的溶解度与疗效往往都大为降低，因此在采集、加工、贮藏与制造含苷类成分的中草药时，必须注意防止水解。例如在采集时尽量减少植物体的破碎，采集后尽快干燥，贮藏中保持干燥，提取时不要在水溶液或酸性溶液中长时间放置等。与皂苷共存于植物体内的酶，能够使皂苷酶解生成次级苷，可以促使单糖链皂苷的糖链缩短，也可以使双糖链皂苷水解成单糖链皂苷，特别是由羧基与糖结合的苷键容易酶解断裂。酸性水解甚至碱性水解也可能使皂苷转变为次级苷，这些次级苷一般称为次皂苷（prosapogenins）。

皂苷具有广泛的生物活性，研究显示其具有降血脂、降血压、降血糖、免疫调节、抗癌、抗炎、抗菌、抗病毒、溶血、杀软体动物、抗生育等活性作用。如桔梗和远志中的皂苷有祛咳止痰作用，人参中的皂苷有增强免疫功能的作用，甘草皂苷有脱氧皮质酮激素样作用，柴胡皂苷有抑制中枢神经系统和明显的抗炎作用，七叶皂苷具有抗渗出、抗炎、抗淤血的作用等。皂苷类化学成分是许多中药的有效成分，已得到了国内外的普遍重视。

第二节　皂苷结构与分类

根据已知皂苷元的结构，可将皂苷分为两大类：一类是皂苷元为螺旋甾烷类（C-27 甾体化合物）的甾体皂苷（steroidal saponins），另一类是皂苷元为三萜类的三萜皂苷（triterpenoidal saponins）。三萜皂苷又分为四环三萜、五环三萜和鲨烯类，植物中以五环三萜最多见。

一、　甾体皂苷

甾体皂苷（steroidal saponins）是一类以 C-27 甾体化合物与糖链结合的皂苷，因作为合成甾体激素、甾体避孕药的原料而著名。在植物中分布广泛，迄今已发现 10000 多种甾体皂苷类化合物，主要分布在百合科、薯蓣科、龙舌兰科、石蒜科、玄参科、菝葜科等植物中。许多常用中药如穿龙薯蓣、麦冬、知母、七叶一枝花、薤白等都含有大量的甾体皂苷。目前，甾体皂苷的主要用途是作为合成甾体激素及其有关药物的原料。例如，穿龙薯蓣（*Dioscorea nipponica*）的根茎，俗称穿地龙，既是生产治疗心血管疾病药物的主要药源，又是用于合成多种甾体激素类和避孕类药物的薯蓣皂苷元的重要原料之一。西部植物化学国家工程研究中心下属的化工厂以黄姜（*D. zingiberensis*）为原料生产的薯蓣皂苷元畅销国内外。蒺藜（*Tribulus terrestris*）的成熟干燥果实为常用中药，国内以蒺藜草茎叶为原料，开发出"心脑舒通"药物。国外开发出增强性功能的"Tribustan"和"Vitanune"以及软化血管的"Tribusaponin"等制剂，也是由蒺藜草茎叶的皂苷粗提物加工而成。由黄山药植物中提取的甾体皂苷制成的地奥心血康胶囊，内含8种甾体皂苷，对冠心病、心绞痛疗效显著。云南白药重楼分离得到的甾体皂苷 I 和Ⅳ对 P_{388}、KB 细胞均有显著抑制作用。

（一）C-27 甾体皂苷元的结构类型

甾体皂苷一般无羧基取代，故又称为中性皂苷。甾体皂苷元的基本骨架属于螺甾烷（spirostane）的衍生物。植物界存在的甾体皂苷元构型与天然甾醇相似，即甾体母核的 A/B 环有顺式和反式、B/C 环和 C/D 环均为反式，C17 位侧链为 β 构型。多数侧链中的 C22 和 C16 形成了一个骈合四氢呋喃环，C22 和 C26 通过氧原子形成一个六元含氧杂环，因此 C22 是 E 环与

F环共享的碳原子，以螺缩酮（spiroketal）的形式相连，从而构成了螺甾烷的基本骨架。按螺甾烷结构中C25构型和F环的环合情况，可将其分为（25S）-螺甾烷醇、（25R）-异螺甾烷醇、呋甾烷醇和变形螺甾烷醇及胆甾烷醇等类型。

1. 螺甾烷醇类

甾体皂苷元C25位甲基有二种差向异构体，若C25位甲基位于F环平面上的a键时，为β取向，其绝对构型为S型（25S），又称L型或neo型（25L或neo），即为（25S）-螺甾烷。由螺甾烷衍生的皂苷，属于螺甾烷醇皂苷类（spirostanol saponins）。若C-25位甲基位于F环平面下的e键时，为α取向，其绝对构型为R型（25R），又称D型或iso型（25D或iso），即为（25R）-异螺甾烷。由异螺甾烷衍生的皂苷，属于异螺甾烷醇皂苷类（isospirotanol saponins）。螺甾烷醇和异螺甾烷醇常共存于植物体中，由于25R型较稳定，所以25S型极易转化为25R型。

螺甾烷（C₂₅为S构型）　　　异螺甾烷（C₂₅为R构型）　　　螺甾烷醇

甾体皂苷元C-17侧链上有三个不对称碳原子（C20、C22和C25）。依照费歇尔投影式，即将氧原子和相应碳原子间的键打开（O—C26键和O—C16键），碳链直立地向背面投影，C-26-CH₂O[H]基指定向上，取代基在碳链左侧为β取向，右侧为α取向。

在甾体皂苷中，多数糖基和皂苷元C3位羟基相连，但也可与其他位羟基（如C1、C26等）成苷。有时糖基上可能连有乙酰基或磺酸基，皂苷元中的羟基还能与有机酸结合成酯。大多数甾体皂苷元C3位有羟基，且多为β构型，少数为α构型。若A/B环为反式，则C3位羟基为α取向（e键）较为稳定，如百合科萱草属药用植物萱草变种 Hemerocallis fulva var. kwanso 地上部分所含的萱草苷A（hemerosideA）。另外，C1、C2、C11、C12等其他位置上也可能有羟基取代。某些甾体皂苷元分子中还含有羰基和双键，羰基大多数位于C12位，是合成肾上腺皮质激素所需要的条件。双键一般在Δ⁵⁽⁶⁾，也可能在Δ⁹⁽¹¹⁾，并与C12位羰基构成为α，β不饱和酮基。

少数甾体皂苷元分子中的双键在Δ²⁵⁽²⁷⁾，如从龙舌兰科植物 Yucca schidigera 茎中获得一系列螺甾烷醇皂苷类成分，发现schidigera-saponinsAl~A3对一些酵母菌有较强的抑制生长作用，可用于防止食品变质。

薯蓣皂苷元（即薯蓣皂素）是异螺甾烷的衍生物，化学名为Δ⁵-异螺甾烯-3β-醇，为薯蓣科植物根茎中薯蓣皂苷（dioscin）的水解产物，是制药工业的重要原料。剑麻皂苷元是螺甾烷醇的衍生物，C12位有羰基，化学名为3β-羟基-5α-螺甾-12-酮，得自剑麻，是合成激素类药物的重要原料。

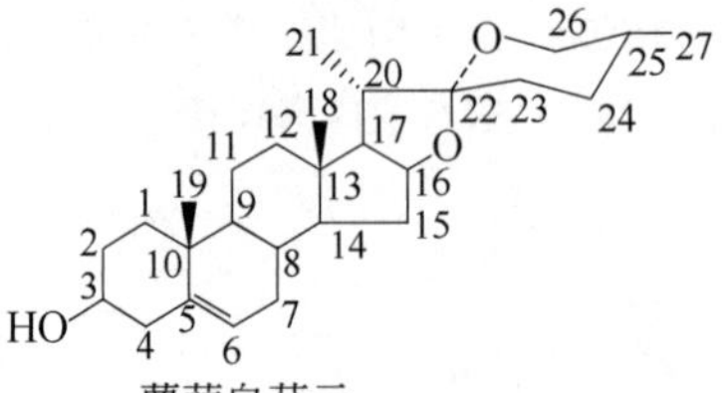

薯蓣皂苷元 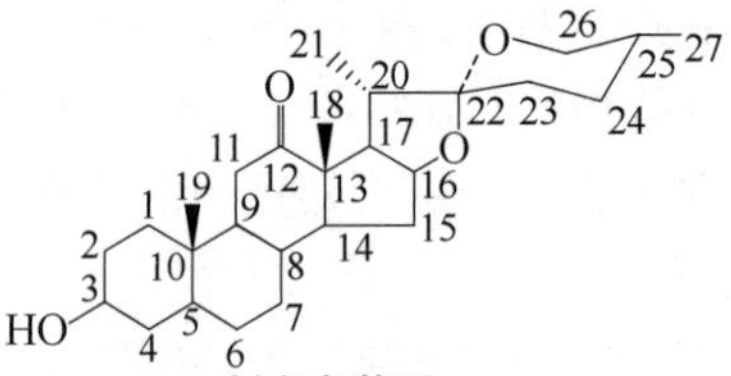　　　　　　剑麻皂苷元

2. 变形螺甾烷醇类

变形螺甾烷醇类（pseudospirostanols）又称伪螺甾烷醇类，是 F 环为四氢呋喃环的螺甾烷衍生物。天然的变形螺甾烷醇类皂苷并不多见，如从茄科植物 *Solanum aculeateissimun* 根中分离得到的纽替皂苷及其衍生物，可用于治疗支气管炎和风湿病。

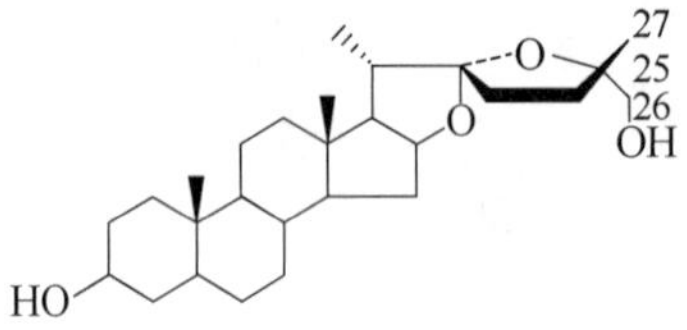

变形螺甾烷醇 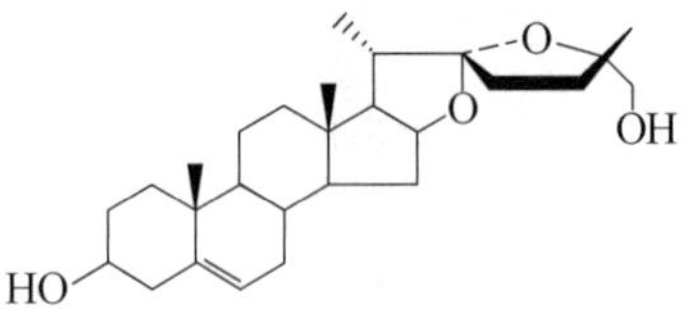　　　　　　纽替皂苷

3. 呋甾烷醇类

呋甾烷醇类（furostanols）属于 F 环为开链的螺甾烷衍生物，其 C22 位含有半缩酮 α-OMe 或 α-OH，有双键 $\Delta^{20(22)}$，所形成的皂苷称为呋甾烷醇苷，属于双糖链皂苷，迄今已发现了 200 多个，除了 C3 位以外，C26 位羟基常与 β-D-葡萄糖形成苷。例如，从蒺藜草中分离到的蒺藜新苷，以及从越南龙舌兰科药用植物南人参的根和块茎中分离到的 namonin E 都属于呋甾烷醇皂苷。

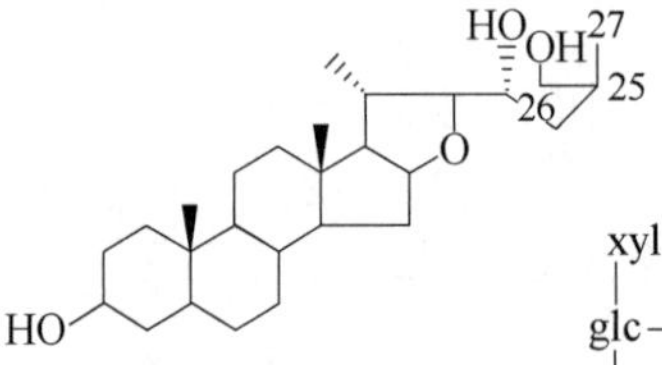

呋甾烷醇 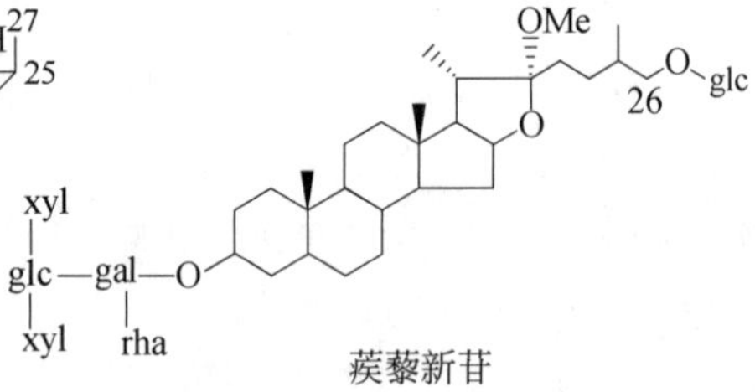　　　　　　蒺藜新苷

4. 胆甾烷醇类

从百合科虎眼万年青的鳞茎中分离到 3 个具有细胞毒性的胆甾烷糖苷，其中的 OSW-1 在体外具有极强的抗癌活性。另外，从百合科植物 *Galtonia candicans* 鳞茎中分离出 6 个胆甾烷双糖链苷，它们均属于 C17 脂肪侧链甾体皂苷。

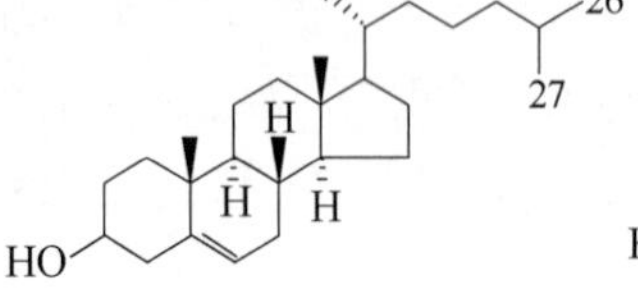

胆甾烷醇 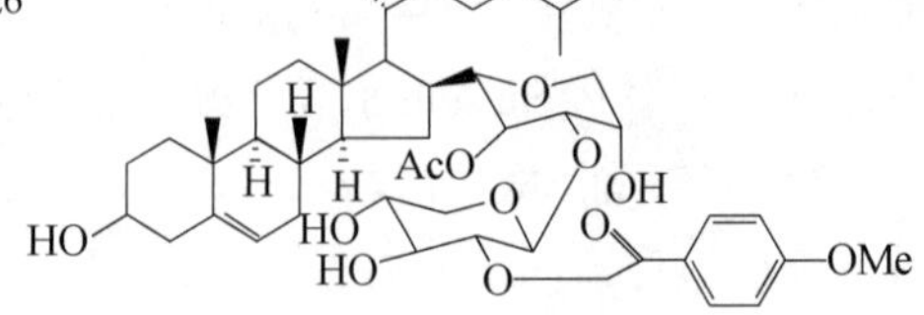　　　　　　OSW-1

（二）C-27 甾体皂苷元的结构特点

从上面 4 类甾体皂苷可以得出，甾体皂苷元的结构具有如下特点：

（1）分子结构中有 A、B、C、D、E、F 6 个环，其中 A、B、C、D 环为环戊烷骈合多氢菲的甾体母核，C17 位上侧链与 C16 位上环合成含氧五元杂环 E，C22 位上的侧链再环合成含氧六元杂环 F，E 环和 F 环以螺缩酮的形式连接，共同组成螺旋甾烷的结构。

（2）母核四个环的稠合方式为 A/B 环为顺式或反式，B/C 环和 C/D 环均为反式。

（3）17 位侧链为 β-构型，侧链中的 22 位和 16G 位形成一个骈合五元含氧杂环（E 环）。22 位和 26 位通过氧原子形成一个六元含杂环（F 环）。

（4）所有的甾体皂苷元在 C10、C13、C20 和 C25 位上都有一个甲基。C10、C13 位甲基为角甲基，均为 β 型；C20 位甲基为 α 型。F 环为椅式，C25 位的甲基有直立键和平伏键异构体，直立键的（S 构型）为螺甾烷，平伏键的（R 构型）为异螺甾烷，两种异构体常共存于植物中。

（5）分子结构中含有多个羟基，C3 位一般有一个羟基，为 β 型，常与糖结合成苷。除 C9 和季 C 外，其他 C 原子上都可能有羟基取代，可能为 β 型或 α 型。

（6）分子结构中常含有羰基和双键，羰基常在 C12 位上，少数在 C6 和 C11 位上。双键常在 $\Delta^{5(6)}$、$\Delta^{9(11)}$，也有 $\Delta^{25(27)}$ 位上的。

（7）甾体皂苷分子中一般不含羧基，呈中性，故甾体皂苷又称中性皂苷。

（三）强心苷类的结构类型

强心苷（cardiac glycosides）是存在于植物中的一类对心脏具有显著生理活性的甾体苷类化合物，是由具有甾核的强心苷元（cardiac aglycones）和糖缩合所产生的一类苷，是临床上治疗心力衰竭的重要药物，它们能选择性增强心肌收缩力，主要用于充血性心力衰竭及节律障碍等心脏疾病的治疗。强心苷存在于许多有毒的植物中，主要存在于百合科、萝摩科、十字花科、卫矛科、豆科、桑科、毛茛科、梧桐科、大戟科、玄参科、夹竹桃科等十几个科几百种植物中，特别以玄参科、夹竹桃科植物最普遍，主要存在于植物的果、叶、鳞茎或根中。植物界存在的强心苷种类很多，至今已达数百种，但用于临床的不过二三十种，常用的不过七种。

强心苷的结构比较复杂，强心苷元甾体母核四个环的稠合方式与甾醇不同，其中 B/C 环为反式，C/D 环为顺式，A/B 环稠合有反、顺两种构型，但以顺式居多。

α 在强心苷元甾核上，C3 和 C14 位都有羟基取代，大多为 3β 构型。C_{14}-OH 因为 C/D 环是顺式，均为 β 构型。除此以外，也可能出现 1β、2α、5β、11α、12α、12β、15β、16β-OH，其中 16β-OH 还可能与脂肪酸如醋酸、甲酸、异戊酸等成酯。强心苷元结构中若含有环氧基，一般位于 7 与 8β 或 8 与 14β 或 11 与 12β 位。甾核上如果存在羰基或双键，则羰基一般在 C11 和 C12 位，双键一般在 C4、C5 或 C5、C6 位。

强心苷元 C10 位上的取代基有 β 构型的甲基、醛基、羟甲基或羧基，但多数为甲基。C13 位上则均为甲基。C17 位侧链绝大多数是以 β 构型不饱和内酯环为其特征，可分为 α，β-不饱和五元-γ-内酯环和 α，β-、γ，δ-不饱和六元-δ-内酯环。依据这一结构特征，可将强心苷元分为两类，前者称为甲型强心苷元，后者称为乙型强心苷元，天然强心苷类大多属于甲型。甲型强心苷元以母核强心甾烯（cardenolide）命名，例如，毛地黄毒苷元为 3β，14-二羟基-5β-强心甾-20（22）-烯 [3β，14-dihydroxy-5β-card-20（22）-enolide]。乌沙苷元（uzarigenin）由于 A/B 环为反式稠合，故属异强心甾烯的衍生物，其化学名为 3β，14-二羟基-5α-强心甾-20（22）-烯 [3β，14-dihydroxy-5α-card-20（22）-enolide]。乙型强心苷元则以海葱甾

（scillanolide）或蟾蜍甾（bufanolide）二烯为母核，例如，海葱苷元（scillarenin）化学名为 3β，14-二羟基海葱甾-4，20，22-三烯［3β，14-dihydroxy-scilla-4，20，22-trienolide］。

强心苷中糖均与苷元 3-OH 成苷，可多至 5 个糖单元，以直链连接。除有葡萄糖、鼠李糖、6-去氧糖、6-去氧糖甲醚和五碳糖外，还有强心苷所特有的 2，6-二去氧糖、2，6-二去氧糖甲醚。在某些强心苷的糖中，还常有乙酰基，如乙酰洋地黄毒糖。

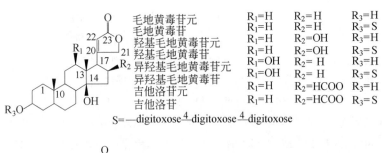

甲型强心苷元　　　　　　　　　乙型强心苷元

1. 甲型强心苷类

紫花毛地黄（*Digitalis purpurea*）和毛花洋地黄（*D. lanata*）中富含毛地黄强心苷。从紫花毛地黄叶中分离并鉴定出 30 多种甲型强心苷类化合物，均是由毛地黄毒苷元、羟基毛地黄毒苷元、异羟基毛地黄毒苷元、双羟基毛地黄毒苷元、吉他洛苷元等五种苷元与不同的糖缩合形成的，大多数是次级苷，如毛地黄毒苷、羟基毛地黄毒苷、异羟基毛地黄毒苷及吉他洛苷。

毛花洋地黄中的一级苷为毛花洋地黄甲、乙、丙，其中毛花洋地黄苷丙是主要成分。三种化合物的糖链相同，其中第三个毛地黄毒糖 C3 位有乙酰基，该乙酰基极不稳定，易被稀碱水解下来，去乙酰毛花洋地黄苷丙，即西地兰，为无色晶体，熔点 256~268℃，能溶于水、甲醇或乙醇，微溶于氯仿，几乎不溶于乙醚。

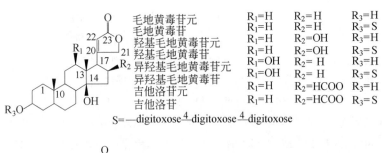

毛地黄毒苷元　　R₁=H　　R₂=H　　R₃=H
毛地黄毒苷　　　R₁=H　　R₂=H　　R₃=S
羟基毛地黄毒苷元　R₁=H　　R₂=OH　R₃=H
羟基毛地黄毒苷　　R₁=H　　R₂=OH　R₃=S
异羟基毛地黄毒苷元　R₁=OH　R₂=H　　R₃=H
异羟基毛地黄毒苷　　R₁=OH　R₂=H　　R₃=S
吉他洛苷元　　　R₁=H　　R₂=HCOO　R₃=H
吉他洛苷　　　　R₁=H　　R₂=HCOO　R₃=S
S＝—digitoxose—⁴digitoxose—⁴digitoxose

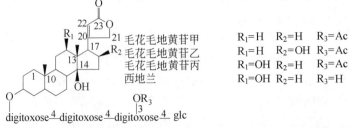

毛花毛地黄苷甲　R₁=H　　R₂=H　　R₃=Ac
毛花毛地黄苷乙　R₁=H　　R₂=OH　R₃=Ac
毛花毛地黄苷丙　R₁=OH　R₂=H　　R₃=Ac
西地兰　　　　　R₁=OH　R₂=H　　R₃=H
digitoxose—⁴digitoxose—⁴digitoxose—⁴glc

从 *Strophanthus gratus* 的成熟种子中分离得到的 G-毒毛旋花子苷，又称乌本苷，也属于甲型强心苷类，该化合物是乌本苷元的 L-鼠李糖苷，为速效强心苷，是测定强心苷生物效价的标准品。非洲产的康毗毒毛旋花（*Strophanthus kombe*）的种子中的毒毛旋花子强心苷，如 K-毒毛旋花子苷、K-毒毛旋花子次苷-β、加拿大麻苷，均是毒毛旋花子苷元的衍生物。民间草药桂竹糖芥具有强心利尿、健脾和胃的功效，从其种子中分离到 13 个甲型强心苷类化合物，其中有 11 种对强心活性指标腺苷三磷酸酶有一定抑制活性。

2. 乙型强心苷类

乙型强心苷类化合物存在于百合科、毛茛科、景天科、楝科、檀香科 6 个科中。以百合科分布最丰富，现已发现了 100 多种。例如，海葱中海葱苷 A 等，而海葱的变种，即红海葱中主要杀鼠剂成分红海葱苷，其毒性是海葱苷 A 的 300~500 倍。

中药蟾酥是由蟾蜍科动物中华大蟾蜍或黑眶蟾蜍的皮下分泌物经加工而成。古今验方广泛应用蟾酥拔毒消肿、定痛杀虫、强心利尿。现已有蟾酥镇痛膏、蟾酥注射液、复方蟾皮胶囊等制剂应用于临床，具有抗肿瘤、镇痛、利水消肿、增强机体免疫力等作用。蟾酥主要以蟾蜍二烯羟为生物活性成分，其毒性成分为蟾毒配基类和蟾蜍毒素类，前者属乙型强心苷族类化合物，即蟾蜍二烯类酯，有 20 余种，对 KB 和 HL-60 癌细胞生长有抑制活性作用，例如，3β-甲酰氧脂蟾毒配基、19-氧蟾毒灵、19-氧去乙酰基华蟾毒精、6α-羟基华蟾毒精及 1β-羟基蟾毒灵等。

3β—甲酰氧脂蟾毒配基	R₁=HCO,	R₂=CH₃,	R₃=H,	R₄=H

3β—甲酰氧脂蟾毒配基　　R₁=HCO，R₂=CH₃，R₃=H，　R₄=H
19—氧去乙酰基华蟾毒精　R₁=H，　R₂=CHO，R₃=H，　R₄=OH
6α—羟基华蟾毒精　　　　R₁=H，　R₂=CH₃，R₃=OH, R₄=OAc
蟾脂毒配基　　　　　　　R₁=H，　R₂=CH₃，R₃=H，　R₄=H

1β-羟基蟾毒灵的 3-位羟基与辛二酰、丁二酰、己二酰、庚二酰精氨酸分别结合成酯及硫酸酯类化合物，易分解为蟾毒配基。如从蟾皮乙醇提取物的水溶性部位分离到脂蟾毒配基-3-丁二酰精氨酸酯。该类成分有较强的强心作用，但毒性也较强，其中以脂蟾毒配基的毒性最小，具有强心、升压、呼吸兴奋作用，临床用作心力衰竭、呼吸抑制的急救药。

二、　三萜皂苷

三萜皂苷（triterpenoid saponins）是由三萜类化合物与糖结合形成的苷类物质，三萜类化合物为其苷元，三萜皂苷元是由 30 个碳原子组成的四环三萜或五环三萜的衍生物，少数的为 31、32 个碳原子，常见的糖有葡萄糖、半乳糖、木糖、阿拉伯糖、呋糖、鼠李糖、葡萄糖醛酸、半乳糖醛酸，另外还有鸡纳糖、芹糖、乙酰糖和乙酰氨基糖等，多数糖为吡喃型糖，但也有呋喃型糖。有些苷元或糖上还有酰基等。这些糖多以低聚糖形式与苷元成苷，成苷位置多为 3 位或与 28 位羧基成酯皂苷，另外也有与 16、21、23、29 位等羟基成苷的。三萜皂苷元分子结构中多含有羧基，故三萜皂苷又称酸性皂苷。三萜皂苷在豆科、五加科、葫芦科、毛茛科、石竹科、伞形科、鼠李科、报春花科等植物分布较多。

（一）四环三萜皂苷

四环三萜（tetracyclic triterpenoids）在生源上可视为由鲨烯变为甾体的中间体，大多数结构和甾醇很相似，亦具有环戊烷骈多氢菲的四环甾醇。在 4、4、14 位上比甾醇多三个甲基，也有认为是植物甾醇的三甲基衍生物。四环三萜皂苷元的 30 个碳原子组成 A、B、C、D 四个环，除含有 30 个碳的化合物外，还有 31 个碳和 32 个碳的衍生物。大多数结构与甾醇相似，也具有环戊烷骈合多氢菲的甾体母核，但在 4 个环的 C_4、C_{14} 上比甾醇多 3 个甲基取代，比五环三萜少一个环。根据侧链的位置不同，有羊毛甾烷型（Lanostanes）、达玛甾烷型（Dammaranes）、葫芦烷型（Cucurbitanes）、环阿吨烷型（Cycloartanes）、甘遂烷型（Tirucallanes）、楝烷型（Meliacanes）等类型。

1. 羊毛甾烷型

羊毛甾烷型的结构特点是 A/B、B/C、C/D 环均为反式；母核上有 5 个甲基，C_{10}、C_{13} 位上有 β-CH_3，C_{14} 位上有 α-CH_3；C_{20} 为 R 构型；C_{17}-侧链为 8 个碳原子的烃，β 构型；20 位均为 R 构型，即其侧链构象为：10β、13β、14α、17β。此外，羊毛甾烷型四环三萜，除含 30 个碳外，近年还发现含 27 碳，24 碳的基本骨架，其结构类型的确定是依据 10、13、14、17 位构型，在这几个位置的构型与羊毛甾醇相同。

中药黄芪、灵芝、猪苓、茯苓等均含有多种羊毛甾烷型三萜皂苷成分。如茯苓酸（pachymic acid）、黄芪皂苷Ⅴ等，灵芝中分离出的四环三萜化合物达 100 余个，在海洋生物如海星、海参中也有此类成分。

羊毛甾烷　　　　　　　　　　黄芪皂苷Ⅴ

2. 达玛烷型

达玛烷型四环三萜的结构特点是 A/B、B/C、C/D 环均为反式，有 8β-CH_3，10β-CH_3，13β-H，14α-CH_3，C17-位有 β 侧链，C20 构型为 R 或 S。达玛烷型四环三萜皂苷主要分布在五加科、葫芦科、鼠李科等植物中，如人参、三七、酸枣、大枣、绞股蓝等植物中均含有多种达玛烷型三萜皂苷成分。

人参为五加科植物人参（*Panax ginseng C.A.*）的干燥根，具有显著的生物活性和药理作用，能兴奋大脑皮层、血管运动中枢和呼吸中枢；能调节糖代谢，有调节血糖水平的作用；具有刺激肾上腺皮质机能以及对性腺的刺激作用等。人参根含总皂苷量约 4%，其须根含皂苷量较主根为高。总皂苷中有人参皂苷 Ro、Ra、Rb$_1$、Rb$_2$、Rc、Rd、Re、Rf、Rg$_1$、Rg$_2$、Rg$_3$ 及 Rh 等。其中以人参皂苷 Rb 群和 Rg 群的含量较多，Ra、Rf 和 Rh 的含量都很少。

根据皂苷元的结构式不同，可将人参皂苷分为三种类型。A 型、B 型皂苷元属于四环三萜，C 型皂苷则是五环三萜的衍生物。人参中四环三萜皂苷元属达玛烷型，是达玛烯二醇Ⅲ的衍生物，结构特点为 C8 上有一角甲基，C13 是 β-H，C_{20} 的构型为 S，A 型皂苷元称为 20（S）-原人参二醇，存在于人参皂苷 Rb$_1$、Rb$_2$、Rc 中。B 型皂苷元称为 20（S）-原人参三醇，存在于人参皂苷 Rg$_1$ 中。

这些皂苷的性质都不稳定，用酸水解时，C20 位的构型容易发生变化，转变为 R 构型，侧链受热能环合，所以当这两种类型的皂苷，混酸加热水解时，生成的皂苷元已经异构化为人参二醇或人参三醇。这类皂苷多数为无色晶体，少数为粉末状，能溶于水，属双糖链皂苷。

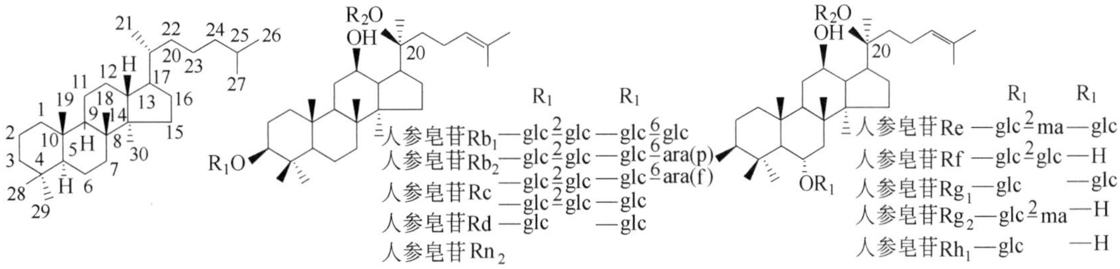

达玛甾烷　　20(S)原人参二醇皂苷　　20(S)原人参二醇皂苷

由于上述原因，水解时应采用缓和水解，例如：用5%的稀醋酸，于70℃下水解4h，只能使C20位苷键断裂，生成难溶于水的次级苷。再进一步水解则C3位苷键断裂。若要得到真正的苷元，需要采用温和方法进行水解，如用过碘酸氧化开裂法等。

鼠李科植物酸枣（*Zizyphus spinosa*）的成熟种子含有镇静、安定作用的酸枣仁皂苷A和B（jujubosides A，B）。酸枣仁皂苷A经蜗牛酶或橙皮苷酶部分酶解失去一分子葡萄糖而转化为酸枣仁皂苷B，再经温和降解反应，可得到真正的酸枣仁皂苷元。

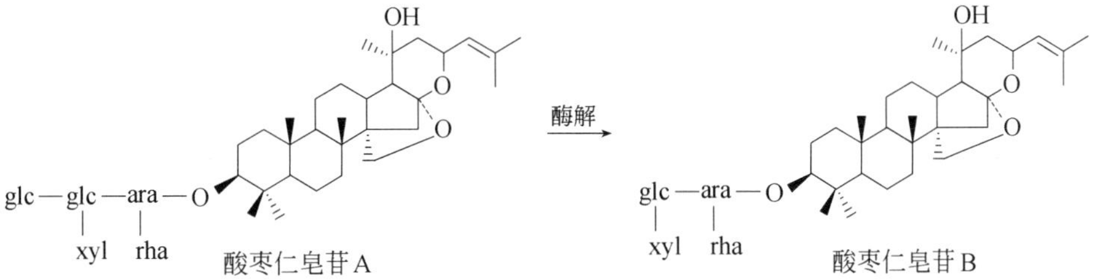

酸枣仁皂苷A　　酶解　　酸枣仁皂苷B

3. 葫芦烷型

葫芦烷型四环三萜类化合物的基本骨架，除A/B环上的取代和羊毛甾烷不同，有8β-H、9β-CH₃、10α-H外，其余结构与羊毛甾烷的一样。

葫芦烷型化合物是葫芦科植物的主要特征性成分。至1995年已发现260多个化合物，分属于18种结构类型，大多分布在葫芦科植物中，茜草科、花葱科、梧桐科、瑞香科、杜英科、大戟科等少数植物中也有存在，其中葫芦烷型化合物主要有葫芦苦素类和罗汉果甜素类。

葫芦科许多属植物中所含的苦味成分总称为葫芦苦素类（cucurbitacins）。例如，由雪胆属植物曲莲（*Hemsleya amabilis*）根中分离得到的雪胆甲素和乙素（cucurbitacin Ⅱa、Ⅱb）是两个葫芦烷型化合物，具有抗菌消炎、清热解毒作用，临床用来治疗急性痢疾、肺结核、肠炎、慢性气管炎，效果显著。葫芦苦素B和D存在于秋海棠科植物 *Begonia heracleifolia* 根茎中，并有较强的抗肿瘤和免疫细胞增殖作用。

罗汉果是重要的镇咳、清热中药。罗汉果苷是葫芦科植物罗汉果果实中所含的葫芦烷型三萜皂苷，其主要成分为罗汉果甜素Ⅴ（mogroside Ⅴ），约占鲜果的0.5%。其0.02%水溶液的甜度大约是蔗糖的257倍，属天然食疗低热能甜味剂，是糖尿病患者理想的甜味物质。

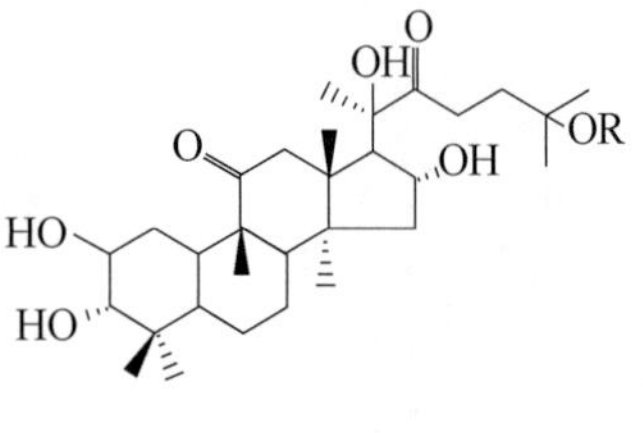

雪胆甲素(R=Ac)
雪胆乙素(R=H)

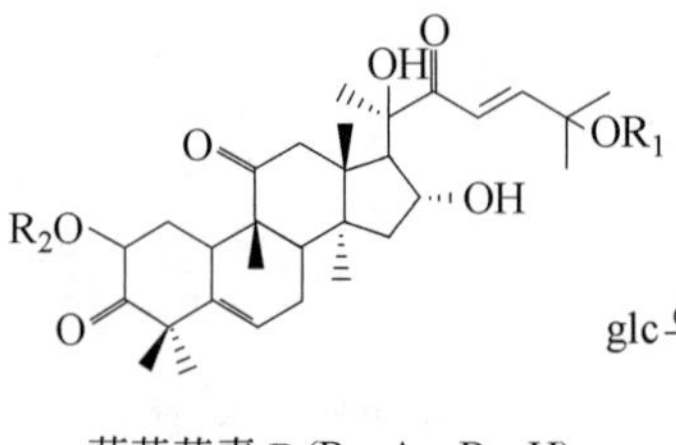

葫芦苦素 B(R₁=Ac,R₂=H)
葫芦苦素 D(R₁=R₂=H)

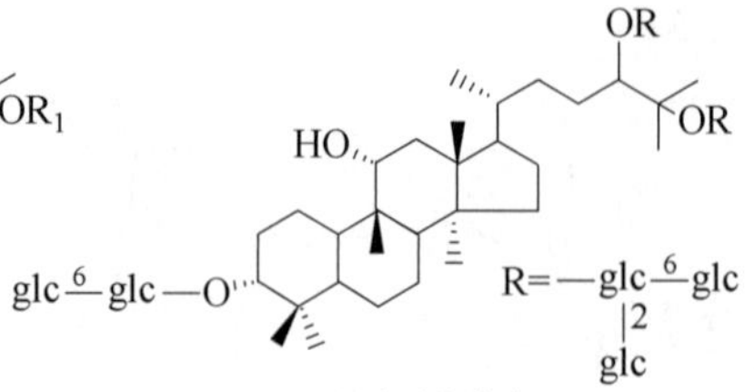

罗汉果甜素 V

4. 环阿屯烷型

环阿屯烷型三萜皂苷元的结构特征是 C-9 和 C-19 之间形成二元环，从而使其成为一类特殊的四环三萜化合物；环阿屯烷与羊毛甾烷的基本碳骨架相似，即母核 A/B，B/C，C/D 环系为反、顺、反式；A 环呈椅式构象，B 环呈半椅式构象，C 环呈扭船式构象，D 环呈信封式构象；C-17 位的侧链为 β 构型，侧链部分一般是 8 个碳的链状结构，但也有些环阿屯烷型三萜化合物的侧链含 7、9~12 个碳。由于侧链上的羟基之间以及与 D 环上 C-16 位的羟基间脱水缩合，因而形成不同的五元环、六元环或螺环侧链。环阿屯烷型三萜广泛分布于豆科（其中黄芪属居多）、木兰科、毛茛科和菊科等 38 科 63 属植物中，迄今大约有 500 余个。

黄芪（*Astragalus membranaceus*）有补气、强壮、利尿之功效，从其根中分离出 20 多个环阿屯烷型单糖链、双糖链或三糖链的三萜皂苷，多数皂苷的皂苷元均为环黄芪醇（cycloastragenol），其化学名称为（20*R*，24*S*）-3α，6α，16β，25-四羟基-20，24-环氧基-9，19-环阿屯烷。黄芪苷Ⅶ（astragaloside Ⅶ）则是自然界发现的第一个三糖链三萜苷。当这些皂苷在酸性条件下进行水解后，除得到环黄芪醇外，亦获得黄芪醇，这是由于环黄芪醇结构中环丙烷极易被酸裂环之故。由于黄芪醇不是真正的皂苷元，因此一般采用两相酸水解或酶水解，避免环的开裂。

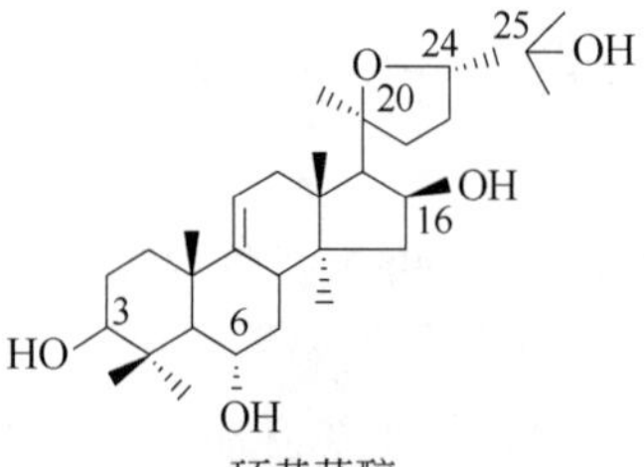

环黄芪醇

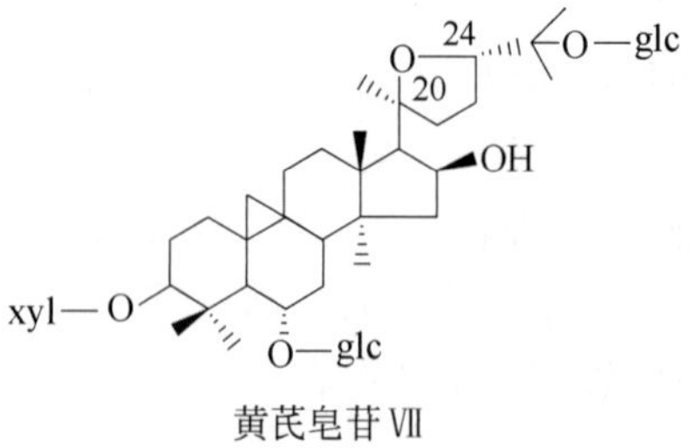

黄芪皂苷Ⅶ

5. 甘遂烷型

甘遂烷型三萜是一类具有四环体系的三萜类化合物，母核结构有 5 个角甲基，分别是 18α、28α、19β、29β 和 30β；C17 边链为 α 构型；C20 甲基呈 β 构型；A/B，B/C，C/D 环均为反式，这是甘遂烷型区别于达玛烷型和羊毛甾烷型等四环三萜的典型结构特征。这一类化合物由于母核上含氧取代都比较少，而且四环母核体系结构比较固定，变化较少，呈刚性结构，故该类型的化合物极性比较小，唯一可变的就是 C17 边链，可以成环、成长链、降碳、甲基可以氧化成醛或羧酸等。

从藤桔属植物 *Paramlgnya monvphylla* 的果实分离得到的甘遂烷型三萜 3-oxotiruclla-7，24-

dine-23-ol。

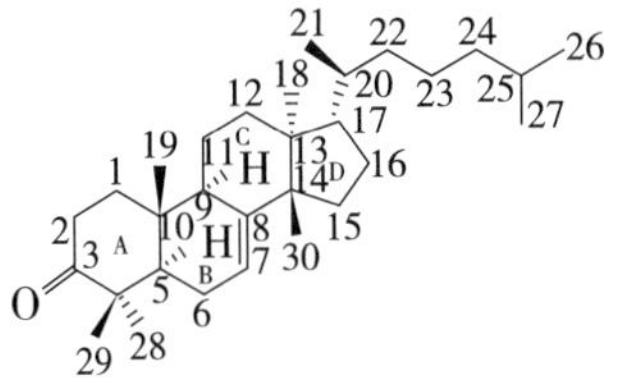

甘遂烷型三萜母核结构 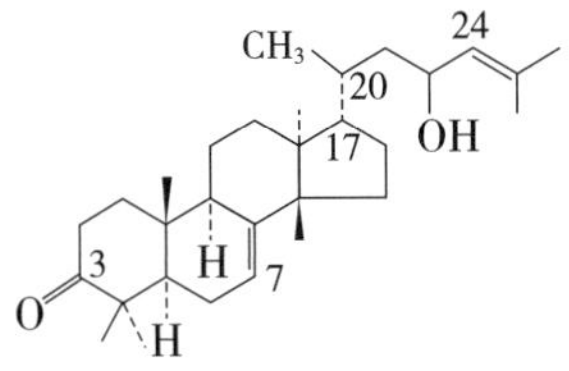　　　　　　3-oxotiruclla-7,24-dine-23-ol

6. 棟烷型

棟科棟属植物苦棟果实及树皮中含多种三萜成分，具苦味，总称为棟苦素类成分，其由 26 个碳构成，属于棟烷型，其 A/B、B/C、C/D 均为反式；骨架由 26 个碳原子组成；8、10 位有 β 构型角甲基；13 位有 α 构型角甲基；4 位有两个甲基；17 位有 α-侧链。

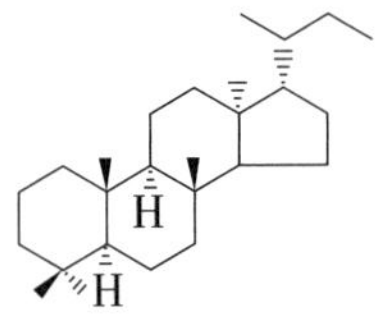

棟烷型 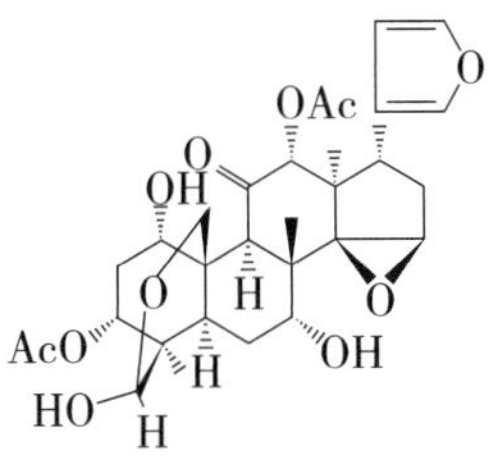　　　　　　　　三萜川棟素

棟烷型三萜大量存在于棟科棟属植物中，具有苦味及昆虫拒食作用。苦棟果实提取物作为昆虫拒食剂已商品化。从棟科植物川棟（*Azadirachta toosendan*）的果实、根皮、树皮中分离得到的川棟素和异川棟素均被用作驱蛔虫药，有效率达 90% 以上，异川棟素的毒性比川棟素大。

棟烷型三萜化合物氧化程度很高，结构复杂，有时需利用单晶 X 射线确定其结构。

（二）五环三萜皂苷

五环三萜皂苷元的 30 个碳原子组成 A、B、C、D、E 五个环，根据 E 环的取代基形式不同又有 β-香树脂型（Oleananes）、α-香树脂型（Ursanes）、羽扇豆型（Lupanes）、木栓烷型（Friedelanes）等 15 种以上类型。

1. β-香树脂型

β-香树脂型皂苷又称齐墩果烷型皂苷，多为齐墩果酸的衍生物，其基本碳架为多氢蒎的五环母体，A/B 环、B/C 环、C/D 环均为反式，D/E 环多为顺式。母体上有 8 个甲基，C10、C8、C17 上甲基为 β 型，C14 上的甲基为 α 型，C4 和 C20 为偕二甲基取代。C3 大多为 β-羟基取代，并与糖结合成苷。此外，分子中还可能有其他取代基，如双键多在 $\Delta^{11(12)}$，羰基多在 C11 位上，羧基和羟甲基是由甲基氧化而来的，故位置往往是在原甲基取代位置上，常在 C28、C30、C24 位上。

含有 β-香树脂型皂苷的中药主要有柴胡、桔梗、甘草、连翘、槲寄生、商陆、人参、远志、牛膝等。如最具代表性的齐墩果酸游离存在于青叶胆、女贞子、油橄榄等许多植物中，但在多数情况下以苷的形式存在。齐墩果酸是柴胡、商陆、远志等许多中药的主要成分，其具有降转氨酶作用，能促进肝细胞再生，防止肝硬变等，是治疗急性黄疸性肝炎和慢性迁延性肝炎的有效药物。

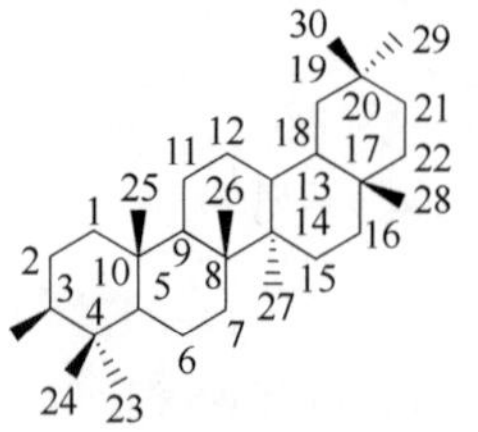

齐墩果烷 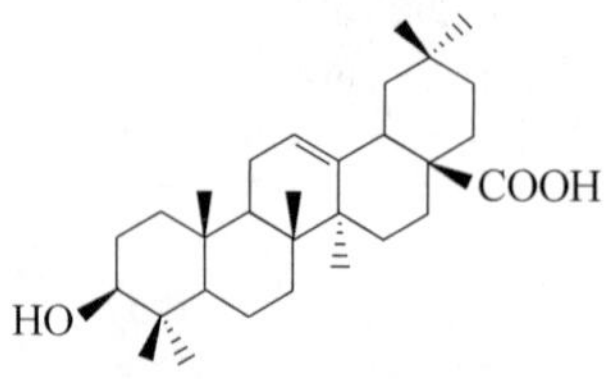　　　　　　　　　　　　齐墩果酸

甘草的主要成分是具有甜味的甘草甜素即甘草皂苷，它是由甘草次酸与两分子葡萄糖醛酸结合而成，又称甘草酸。甘草属植物中皂苷的苷元均为甘草次酸，只是两分子葡萄糖醛酸的连接位置或构型有差异。如黄甘草中的甘草皂苷、甘草酸均可经酸水解生成甘草次酸。甘草次酸有促肾上腺皮质激素（ACTH）样作用，临床上用于抗炎和治疗胃溃疡，但只有 18-βH 的甘草次酸才有此活性，18-αH 者无此活性。

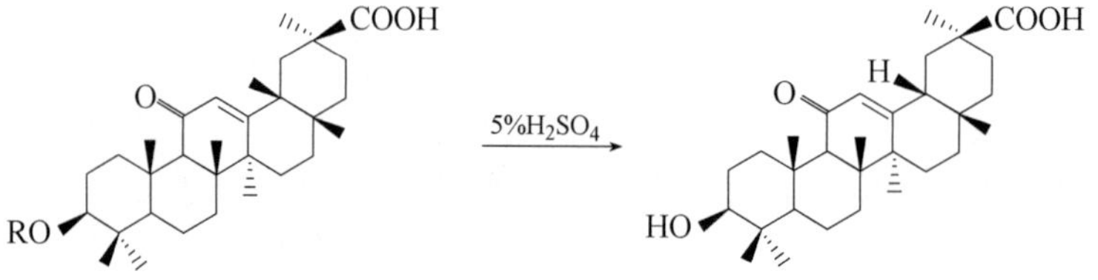

甘草皂苷　R=glcUA(1-4)glcUA-
甘草酸　　R=glcUA(1-2)glcUA-

甘草次酸

2. α-香树脂型

α-香树脂型三萜皂苷元大多是乌苏酸的衍生物，故又称乌苏烷型。其结构与 β-香树脂型的不同点在于 E 环上两个甲基（C29、C30）中的 C29 甲基在 C19 位上而不在 C20 位上。

乌苏酸又称熊果酸，在植物界分布较广，如在熊果叶、栀子果实、女贞叶、车前草、石榴叶和果实中均有存在，具有镇静、抗炎、抗菌、抗糖尿病、抗溃疡、降低血糖等多种生物学效应，近年来还发现熊果酸具有抗致癌、抗促癌、诱导 F9 畸胎瘤细胞分化和抗血管生成作用。许多中药中含 α-香树脂型皂苷衍生物，如地榆、车前草、槲寄生、连钱草等。

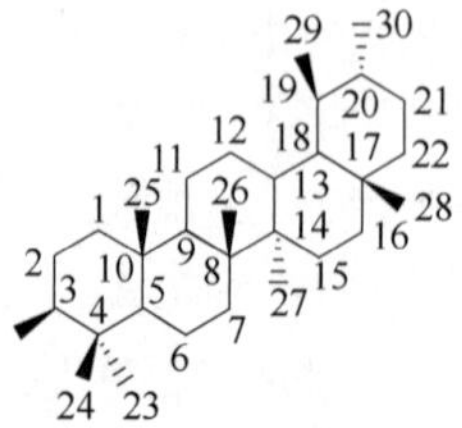

乌苏烷 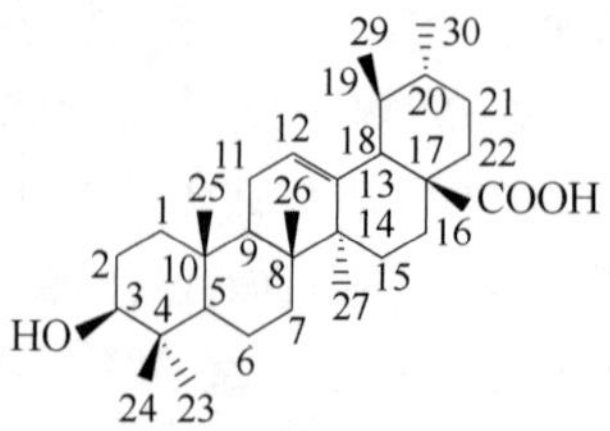　　　　　　　　　　　　　乌苏酸

台湾的枇杷属植物 *Eriobotrya deflexa* 为直立灌木，其叶有化痰止咳的功效，已从中分离出具有免疫调节作用的乌苏烷类化合物 1β，2α，19α-三羟基-3-氧-12-乌苏烯-28-酸、1β-羟

基-2-氧坡摸醇酸、2-氧坡摸醇酸和2α，19α-二羟基-3-氧-12-乌苏烯-28-酸。

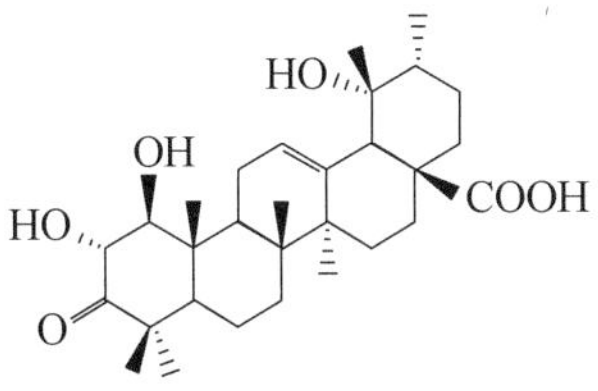

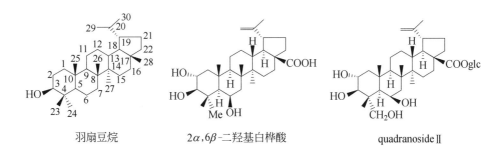

1β,2α,19α-三羟基-3-氧-12-乌苏烯-28-酸   1β-羟基-2-氧坡摸醇酸

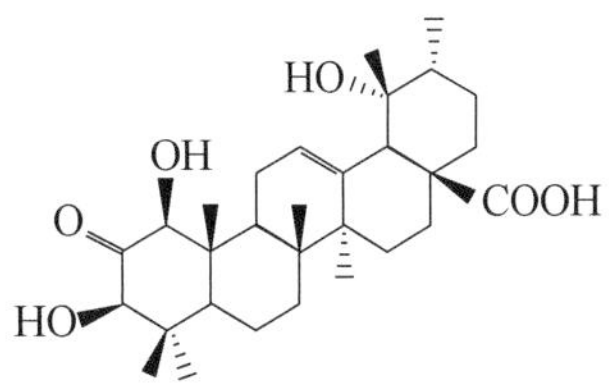

积雪草是伞形科植物 *Centella asiatica* 的全草，其粗皂苷是一种创伤愈合促进剂。从中分离出多个皂苷，大多为乌苏酸衍生的酯苷。主要成分是积雪草酸和径基积雪草酸的酯苷——积雪草苷和羟基积雪草苷。

3. 羽扇豆烷型

属于羽扇豆烷型皂苷的中药成分较少，多呈游离状态存在于植物中，它的结构特点是 E 环为五元环，即 C_{21} 位置直接与 C_{19} 位相连，而 C_{20}、C_{29}、C_{30} 则形成不饱和侧链（异丙烯基），A/B、B/C、C/D、D/E 环均为反式，羽扇豆种子中存在的羽扇豆醇，酸枣仁中的白丰桦脂醇和白桦脂酸都是羽扇豆烷型三萜，此外，在白头翁（毛茛科）、爵床科植物老鼠筋及紫草科植物破布木中也含有多种羽扇豆烷型三萜皂苷，其皂苷元为23-羟基白桦酸。

在朝鲜，榆科植物 *Ulmus davidiana* var. *japonica* 的茎、根皮常作为中药来治疗水肿、类风湿关节炎、癌症等疾病，从中分离的羽扇豆烷型三萜酯类化合物 ulmicinA～E，其对谷氨酸诱发的神经毒性都具有保护活性。中药地榆（*Sanguisorba officinalis*）具有凉血止血的功效，其中含有地榆皂苷 B、E 是乌苏酸的酯苷。

使君子科药用植物为东南亚特有树种，越南民间用作治疗痢疾、驱蛔虫、抗肝炎剂，其种子中的肝保护有效成分 2α，6β-二羟基白桦酸、6β-羟基白桦酸、quadranoside II 也属于新的羽扇豆烷型三萜化合物。

羽扇豆   2α,6β-二羟基白桦酸   quadranoside II

4. 木栓烷型

木栓烷型是由齐墩果烯经甲基移位转变而来，其结构特征：5、9、13、14、17 位各有一角甲基，20 位取代两个甲基，4 位取代一个甲基，各环的稠合方式同齐墩果烷。

从雷公藤（*tripterygium wilfordii*）中分离得到的雷公藤酮，其是失去 25 甲基的木栓烷型衍生物，对类风湿疾病有独特疗效。

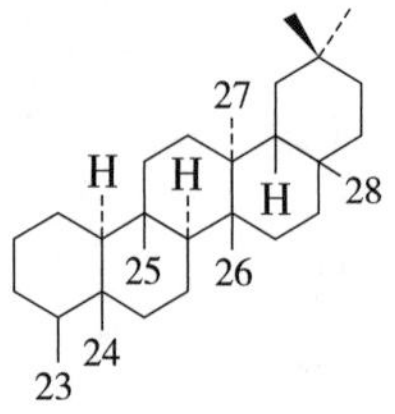

木栓烷 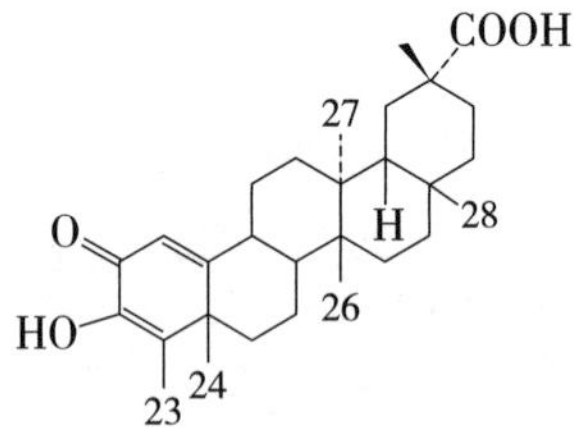   雷公藤酮

第三节　皂苷理化性质及鉴定

一、物理性质

1. 性状

皂苷分子大，不易结晶，大多为白色或乳白色无定形粉末，仅少数为结晶体，如常春藤皂苷为针状结晶。皂苷元大多有完好的结晶。近年来由于分离技术发展较快，纯度高的皂苷也有呈晶形的。如过去认为是单一成分的无定形洋地黄皂苷（digitonin，得自洋地黄叶），现已证明为复杂混合物，并由其中分离出五种单一结晶形皂苷。皂苷还多具有吸湿性。

2. 味道

多数皂苷具有苦而辛辣味，其粉末对人体各部位的黏膜均有强烈的刺激性，尤其鼻内黏膜最敏感，吸入鼻内能引起喷嚏。因此口服某些皂苷，能刺激消化道黏膜，用于祛痰止咳。而有的皂苷没有这样的性质，例如甘草皂苷有显著而强烈的甜味，对黏膜的刺激性也弱。

3. 溶解性

多数皂苷含有多个糖基，极性较大，易溶于水、溶于含水醇（甲醇、乙醇、丁醇、戊醇等）、热甲醇和热乙醇中，几乎不溶或难溶于乙醚、苯、丙酮等极性小的有机溶剂。皂苷在含水正丁醇或戊醇中溶解度较好，且又能与水分成二相，可利用此性质从水溶液中用丁醇或戊醇提取皂苷，使其与糖、蛋白质等亲水性成分分开。

皂苷水解成次级皂苷后，在水中的溶解度就降低，易溶于中等极性的醇、丙酮、乙酸乙酯中；皂苷完全水解成苷元后其亲脂性强，不溶于水而溶于石油醚、苯、乙醚、氯仿等低极性有机溶剂中。

4. 表面活性作用

皂苷有降低水溶液表面张力的作用，它的水溶液经强烈振摇能产生持久性的泡沫，不因加热而消失。当皂苷分子中亲脂性的皂苷元部分和亲水性强的多糖部分达到适当配比时，就能表现出表面活性，即产生泡沫和作为乳化剂，代替肥皂用作清洁剂、去垢剂。若配比不恰当，亲水性部分强于亲脂性，或亲脂性强于亲水性，分子内部失去平衡，表面活性作用就不易表现出来。所以有不少皂苷没有起泡性或起泡性很弱，如甘草酸的起泡性很弱，薯蓣皂苷、纤细薯蓣皂苷等难溶于水或不溶于水，混水振摇时自然不易产生泡沫。

由于皂苷的起泡性持久且不因加热而消失，故可利用此性质区分皂苷与蛋白质。试验操作如下：取植物粉末 1g，加水 10mL，煮沸 10min 后过滤，将滤液于试管内强烈振摇，产生持久性泡沫（15min 以上）即为阳性反应，说明含有皂苷。而含蛋白质和黏液质的水溶液虽也能产生泡沫，但不能持久，很快即消失。此试验常称为泡沫试验或起泡试验。

皂苷水溶液振摇后的起泡性与溶液的 pH 有关。中性皂苷的水溶液在碱性条件下能形成稳定的泡沫，而在酸性条件下形成的泡沫则不稳定；酸性皂苷的水溶液在酸或碱性条件下形成的泡沫稳定性相同。可利用此性质鉴别甾体皂苷和三萜皂苷。实验操作为：取两支试管，一管加入 0.1mol/L 的盐酸溶液 5mL，另一管加入 0.1mol/L 的氢氧化钠溶液 5mL，再各加入植物样品水溶液，使酸管 pH 为 1，碱管 pH 为 13，强烈振摇，如两管所形成泡沫高度相同，则样品含三萜皂苷；如碱管的泡沫较酸管的泡沫高数倍，则样品中含甾体皂苷。

5. 熔点与旋光性

皂苷的熔点都很高，常在融熔前就分解，因此大多无明显熔点，一般测得的都是分解点，多在 200~350℃。甾体皂苷元的熔点随着羟基数目增加而升高，单羟物都在 208℃ 以下，三羟物都在 242℃ 以上，多数双羟基或单羟酮类介于二者之间。三萜皂苷元除羟基、酮基外，含羧基的皂苷熔点很高，如齐墩果酸、商陆酸等。

测定旋光度对判断皂苷的结构有重要意义，皂苷都有旋光性，一般甾体皂苷及其苷元的旋光度几乎都是左旋，且旋光度和双键之间有密切关系，未饱和的苷元或乙酰化合物比相应的饱和的化合物的旋光度小。

6. 溶血作用

皂苷的水溶液大多数能破坏红细胞而有溶血作用，这是因为多数皂苷能与红细胞壁上的胆甾醇结合，生成不溶于水的分子复合物沉淀，破坏了红细胞的正常渗透，使红细胞内渗透压增加而产生崩解，从而导致溶血现象。若将皂苷水溶液注射入静脉中，毒性极大，通常称皂苷为皂毒类（sapotoxins），就是指皂苷类成分有溶血作用而言的。因此含皂苷的药物一般不能用于静脉注射，皂苷水溶液肌肉注射也易引起组织坏死，故一般不做成注射剂，口服则无溶血作用。各类皂苷的溶血作用强弱不同，可用溶血指数表示皂苷的溶血程度。溶血指数是指在一定条件下能使血液中红细胞完全溶解的最低溶血浓度，例如薯蓣皂苷的溶血指数为 1：40000，甘草皂苷的溶血指数为 1：4000。

并不是所有皂苷都能破坏红血球而产生溶血现象，例如人参总皂苷就没有溶血作用，但是经分离后，B 型和 C 型的人参皂苷具有显著的溶血作用，而 A 型人参皂苷则有抗溶血作用。某些双糖链皂苷包括甾体皂苷和三萜皂苷没有溶血作用，可是经过酶解转为单糖链皂苷就具有溶血作用。还有一些酯皂苷具有溶血作用，若 E 环上酯键被水解，生成物虽仍是皂苷，但却失去了溶血作用。皂苷元一般无溶血作用。

溶血试验：取滤纸一片，滴加 1% 皂苷水溶液 1 滴，干燥后，喷雾血球试样（取羊或兔血一份，用玻棒搅和，除去凝集的血蛋白，加 pH 7.4 磷酸盐缓冲液七份稀释所得），数分钟后，能观察到红色的背底中出现白色或淡黄色斑点（皂苷原点处），说明皂苷破坏了红血球而失去了红色。

要判断溶血作用是否由皂苷引起，可用结合胆甾醇沉淀法。如沉淀后的滤液无溶血作用，而沉淀分解后有溶血活性，说明是皂苷引起的溶血现象，从而可排除植物的提取液中其他成分如树脂、脂肪酸、胺类、挥发油等的干扰。

7. 酸碱性

有的皂苷呈中性，称为中性皂苷，大多数甾体皂苷属于中性皂苷，因为甾体皂苷中尚未发现带有羧基的，糖醛酸与甾体皂苷元结合成分还未见到。与强心苷共存于中草药中的皂苷几乎都是甾体的中性皂苷。某些三萜皂苷也呈中性，例如人参皂苷、柴胡皂苷等。

有的皂苷呈酸性，称为酸性皂苷，多数三萜皂苷属于酸性皂苷。酸性皂苷分子带有的羧酸基可以来自皂苷元部分，也可以是糖醛酸部分中的羧基，在植物中常与无机金属离子如钾、钙、镁等结合成盐而存在。

二、 化学性质

1. 沉淀反应

（1）与金属盐类试剂的沉淀反应 皂苷的水溶液或稀醇溶液可以和一些金属盐类如铅盐、钡盐、铜盐等产生沉淀。酸性皂苷的水溶液加入硫酸铵、醋酸铅或其他中性盐类即生成沉淀。中性皂苷的水溶液则需加碱式醋酸铅等碱性盐或氢氧化钡等才能生成沉淀。利用这一性质可以进行皂苷的提取和分离。

（2）与胆固醇的沉淀反应 甾体皂苷的水溶液可与胆甾醇生成难溶于水的分子复合物沉淀，生成的分子复合物在乙醚中回流又可以分解，胆甾醇可溶于醚，而皂苷不溶，据此可将甾体皂苷从提取液中分离出来。三萜皂苷与胆甾醇也可生成复合物，但很不稳定，利用此性质可分离甾体皂苷和三萜皂苷。

2. 水解反应

（1）酸水解

①温和酸水解：用稀酸（0.02~0.05mol/L 的盐酸或硫酸）在含水醇溶液中经短时间加热回流，可水解去氧糖的苷键，因为 2-羟基糖的苷键在此条件下不易断裂。

②剧烈酸水解：要使皂苷所含的 2-羟基糖的苷键断裂，需用剧烈条件进行水解，一般用 2~4mol/L 的盐酸或硫酸，有时还需加热加压。由于水解条件剧烈，常使生成的皂苷元发生脱水、环合、双键移位、取代基移位、构型转化等变化，这样得到的不是真正的皂苷元，而是人工次生物。为得到原生皂苷元，可采用酶水解或 Smith 降解。

（2）酶解 酶的水解有一定专属性，不同的酶作用于不同性质的苷键。紫花毛地黄叶中存在的紫花苷酶，只能使紫花毛地黄苷 A 和 B 脱去 1 分子葡萄糖，依次生成毛地黄毒苷和羟基毛地黄毒苷。

蜗牛酶为一混合酶，几乎能水解所有苷键，能将强心苷分子中的糖逐步水解，直到获得苷元。毛花毛地黄苷和紫花毛地黄苷，用紫花苷酶酶解，其酶解速度不同，前者糖基上有乙酰基，对酶作用阻力大而水解较慢，后者水解快。苷元类型不同，被酶解的难易程度也不同，如乙型强心苷比甲型强心苷易被酶解。

3. 显色反应

由于皂苷的苷元是甾体或三萜的衍生物，因此，凡对甾体和三萜显色的试剂都可以和皂苷产生颜色反应。常见的显色反应有如下几种类型。

（1）醋酐-浓硫酸反应（Liebermann-Burchard 反应） 取少量皂苷样品溶解于酸酐或氯仿中，加入浓硫酸-醋酐试剂，能产生颜色变化，呈现黄→红→蓝→紫→绿的颜色变化。甾体皂苷在颜色变化中最后呈现绿色，而三萜皂苷只能转变为红色、紫色或蓝色，不出现绿色，利用此反应可大致区别甾体皂苷和三萜皂苷。

（2）三氯醋酸反应（Rosen-Heimer反应） 将含皂苷样品的氯仿溶液滴在滤纸上，滴加或喷雾三氯醋酸溶液，加热，生成红色并渐变为紫色。甾体皂苷反应快，只需加热至60℃即生成红色并渐变为紫色。在同样情况下，三萜皂苷必须加热到100℃才能显色，也生成红色转紫色。此显色反应可用于皂苷的纸色谱显色。

（3）氯仿-浓硫酸反应（Salkowski反应） 将皂苷样品溶于氯仿，加入浓硫酸后，在氯仿层呈现红或蓝色，浓硫酸层有绿色荧光出现。

（4）冰醋酸-乙酰氯反应（Tschugaeff反应） 将皂苷样品溶于冰醋酸中，加入乙酰氯数滴及氯化锌结晶数粒，稍加热，则呈现淡红色或紫红色。

（5）五氯化锑反应（Kahlenberg反应） 皂苷与五氯化锑的氯仿溶液反应呈紫色。

由上述反应可以看出，皂苷所用的显色试剂和用在强心苷和甾醇上的一样，都是一些酸类，如硫酸、盐酸、磷酸、三氯醋酸，也包括一些广义的Lewis氏酸类，如三氯化锑、二氯化锌等。这些酸的作用原理主要包括皂苷水解成苷元、羟基脱水成双键、双键移位、分子间缩合、使脂环上产生共轭双键而与浓硫酸等反应而呈现多种不同的色调，或在紫外光下呈现荧光。显色反应的快慢主要决定脂环上原来存在的双键的多少、羟基的多少，脂环上原有共轭双烯的呈色很快，环上只有孤立双键的呈色慢，完全饱和、羟基又少的不呈色。甾体皂苷的显色反应比三萜皂苷快，因为三萜脂环上的碳原子甲基取代多而变化稍慢。

三、 皂苷的鉴定

1. 薄层色谱

皂苷的极性较大，亲水性较强，选用分配薄层色谱效果较好。亲水性强的皂苷一般要求硅胶的吸附活性较弱一些，展开剂的极性要大些，才能得到较好的效果。常用的展开剂系统有：氯仿-甲醇-水（65∶35∶10）下层、水饱和的正丁醇、丁醇-醋酸乙酯-水（4∶1∶5）、醋酸乙酯-吡啶-水（3∶1∶3）、醋酸乙酯-醋酸-水（8∶2∶1）、氯仿-甲醇（7∶3）等。

亲酯性皂苷和皂苷元的极性较小，用吸附薄层或分配薄层均可。以硅胶为吸附剂，展开剂的亲脂性要强些，才能适应皂苷元等的强亲脂性。常用的展开剂系统有：环己烷-醋酸乙酯（1∶1）、苯-醋酸乙酯（1∶1）、苯-丙酮（1∶1）、氯仿-醋酸乙酯（1∶1）、氯仿-丙酮（95∶5）等。

薄层色谱的显色剂常用三氯醋酸、浓硫酸或50%硫酸、三氯化锑或五氯化锑、醋酐-浓硫酸、25%磷钼酸等。

2. 纸色谱

亲脂性的皂苷和皂苷元，用纸色谱鉴定时常采用反相色谱，一般多用甲酰胺为固定相，氯仿、苯或它们的混合溶液预先被甲酰胺饱和后作为移动相。

皂苷的亲脂性如果比较弱，则需要相应地减弱移动相的亲脂性，例如氯仿-四氢呋喃-吡啶（10∶10∶2）（下层，预先被甲酰胺饱和）或氯仿-二氧六环-吡啶（10∶10∶3）（下层，预先被甲酰胺饱和）。

对于亲水性强的皂苷，用纸色谱时采用正相色谱，以水为固定相，但要求溶剂系统的亲水性也较大，例如：醋酸乙酯-吡啶-水（3∶1∶3）、丁醇-乙醇-25%氨水（10∶2∶5）、丁醇-乙醇-15%氨水（9∶2∶2）等。

后两种溶剂系统适用于酸性皂苷的层析。这种以水为固定相的纸色谱法，缺点是不易得到集中的色点，因此对亲水性强的皂苷，硅胶薄层色谱法较纸色谱法的效果好。

纸色谱的显色剂常用三氯醋酸、浓硫酸或 50% 硫酸、三氯化锑或五氯化锑、醋酐–浓硫酸、25% 磷钼酸等。

3. 起泡试验

利用皂苷水溶液经剧烈振摇后可产生大量持久性泡沫的性质，取样品水溶液 1~2mL，置于试管中，强烈振摇 2min，如产生大量持久性的泡沫，再加入乙醇或将溶液加热后振摇，如仍产生大量持久性泡沫，表明样品中可能含有皂苷。

4. 溶血试验

利用皂苷的溶血性，取处理后的样品溶液滴于滤纸上，干燥后，喷红细胞悬液，数分钟后，如果在红色背底中出现白色或淡黄色斑点，表明样品中可能有皂苷。

第四节　皂苷提取工艺特性

一、　皂苷的提取

（一）总皂苷的提取

根据皂苷的性质和结构情况，皂苷的提取可采用溶剂提取法。皂苷的亲水性较强，提取溶剂可用极性大的水或乙醇、甲醇。皂苷的分子结构中可能含有羧基，呈酸性，可与碱反应成盐而溶于水，所以也可用碱水作为提取溶剂。应根据原料的性质和皂苷的成分及结构，选择不同的浸提溶剂，在工业生产上常用的浸提溶剂有水、稀乙醇和乙醇三种。

1. 水提取法

对极性较大、可溶于水、几乎不溶于乙醇的皂苷，可用水浸提。对淀粉含量少、所含皂苷的表面张力较小的原料用水或碱性水溶液作浸提溶剂较好。中性皂苷用水作浸提溶剂，而酸性皂苷以稀碱水作浸提溶剂较为合适。对某些难溶于冷水而易溶于碱性水溶液的酸性皂苷，也可采用碱性水溶液浸提，浸提后可再向水浸提液中加酸酸化，使皂苷又沉淀析出，在工业上提取甘草酸时就采用这种方法。用该方法浸提皂苷可加热，也可冷浸。用水作浸提溶剂时要特别注意控制出液系数，因为浸提液的体积太大会大大提高生产成本，降低提取产品的收率。

2. 稀乙醇浸提法

稀乙醇的浓度一般控制在 20%~70%，可根据原料的性质、皂苷的成分和结构进行选择。一般常用 60% 的稀乙醇。这种浸提溶剂较适合含淀粉高的原料，特别适用于难溶于水的中性皂苷的浸提。用稀乙醇浸提可防止皂苷起泡，同时还可减少水溶性杂质和脂溶性杂质的浸出。

3. 乙醇浸提法

对极性较小、难溶于水或很难以稀乙醇浸提的皂苷可用乙醇作溶剂浸提。对极性较大的皂苷用水或稀乙醇浸提而杂质太多时也可用乙醇浸提。本法的优点是浸提液中水溶性杂质较少，缺点是浸提液中的脂溶性杂质较多，但是这些脂溶性杂质可在回收乙醇、加热将皂苷溶解于水后析出并被除去。

对某些含脂溶性杂质较多的植物原料或为了简化精制、分离总皂苷的程序，可用轻汽油、苯或氯仿先将脂溶性杂质浸提出来后，再用乙醇浸提皂苷，对浸提液进行浓缩、回收乙醇，冷却后即可析出总皂苷的沉淀物。该方法的优点是浸提物中皂苷的含量高、杂质少、精制较简单。

（二）皂苷元的提取

皂苷元的提取，可先将植物原料中的皂苷水解成皂苷元，用亲脂性有机溶剂提取；或者提取到皂苷后再水解生成皂苷元，需要注意的是皂苷水解生成皂苷元时的水解条件。提取皂苷元常用的溶剂有汽油、乙醚、氯仿、石油醚、苯等低极性有机溶剂。

二、　总皂苷的精制和分离

经提取所得的皂苷中还含有一定量的杂质，需进一步将其除去，即精制；经精制所得的皂苷往往还是一些结构近似的混合皂苷，要得到皂苷的单体还需进一步的分离。从植物的浸提液中精制或分离总皂苷的方法有溶剂萃取法、调节溶剂极性沉淀法、重金属盐沉淀法、透析法、氧化镁吸附法、胆甾醇沉淀法、色谱法等。

1. 透析法

利用皂苷分子较大、不易通过半透膜的性质而与小分子化合物分离。如用水或稀乙醇浸提所得的浸提液含有大量无机盐时，在适当浓缩或回收乙醇后，用透析法可除去无机盐，使浸提液被净化。

2. 溶剂萃取法

用水浸提的皂苷水溶液中含有大量杂质，为了将水溶液中的皂苷从水溶液中分离出来，先将水浸提液浓缩到小体积，然后用一些极性较大但又可与水分层的有机溶剂，如正丁醇或戊醇，用逆流萃取法把水溶液中的皂苷萃取出来，使皂苷与水溶性杂质分离。将萃取液输入减压蒸馏罐，回收丁醇即得粗总皂苷。操作时常在水溶液中加一定量的氯化钠起盐析作用，有利于皂苷和水溶性杂质的分离。

3. 调节溶剂极性沉淀法

利用不同皂苷的极性大小不同，在不同极性的溶液中溶解度不同的性质，改变溶剂的极性，使皂苷沉淀析出。该方法对水浸提液、稀乙醇浸提液或乙醇浸提液有不同的处理方法，分别介绍如下：

（1）水浸提液的处理方法　将含皂苷的水浸提液输入到减压浓缩罐中蒸发浓缩到较小的体积，加乙醇并使其浓度达60%~70%，使水溶性杂质沉淀析出，过滤除去沉淀。将滤液输入到减压浓缩罐中回收乙醇，水溶液蒸发、喷雾干燥得粗总皂苷。将粗总皂苷再溶于热乙醇达近饱和状态，冷却，从乙醇溶液中析出部分总皂苷，过滤得部分皂苷。再向乙醇过滤液中加入苯或轻汽油调节皂苷乙醇溶液的极性，可又析出部分总皂苷。

（2）稀乙醇浸提液的处理方法　将稀乙醇浸提液输入到减压蒸馏罐中回收乙醇，将回收乙醇后的皂苷水溶液减压浓缩、喷雾干燥得粗总皂苷。将粗总皂苷溶于热乙醇并使达到近饱浓度，冷却析出部分总皂苷，过滤得部分总皂苷。收集乙醇滤液，向其中分次加入一定数量的苯或轻汽油，调节溶液的极性使皂苷析出，过滤，又得到部分总皂苷。合并各次所得皂苷，干燥得总皂苷。

（3）乙醇浸提液的处理方法　先将乙醇浸提液输入到减压蒸馏罐中，回收乙醇后，分次加入一定数量的苯或轻汽油等低极性有机溶剂，调节乙醇溶液的极性，析出皂苷的沉淀物，过滤、干燥得总皂苷。

4. 铅盐沉淀法

利用此法可以分离酸性皂苷和中性皂苷。将粗皂苷溶于少量乙醇中，加入过量 20%~30% 中性醋酸铅溶液，搅拌使酸性皂苷沉淀完全，滤取沉淀。在加入醋酸铅时，一般易加入过量醋酸铅溶液，使醇液中含有过量铅离子（检查铅离子的方法：取滤液少许，滴加铬酸钾试液有黄色沉淀产生）。于滤液中加入过量 20%~30% 碱性醋酸铅溶液，中性皂苷又能沉淀析出，滤取沉淀。然后将所得沉淀分别溶于水或稀乙醇中进行脱铅处理，脱铅后将滤液再减压浓缩，残渣溶于乙醇中，加入轻汽油或苯析出皂苷的沉淀物，即得酸性和中性皂苷两个组成部分。

5. 氧化镁吸附法

粗皂苷中往往含有糖、鞣质、色素等杂质，这些杂质可被氧化镁吸附。可于粗皂苷的水溶液或稀乙醇溶液中加入新鲜煅制的氧化镁粉末，搅拌均匀、蒸发、干燥，再以乙醇进行洗脱。皂苷可被洗脱下来，而杂质则被留在氧化镁中。洗脱液回收乙醇浓缩到较小体积，冷却后析出皂苷，过滤得部分皂苷，再向过滤后的乙醇溶液中分次加入一定数量的轻汽油或苯等有机溶剂，调节溶液的极性可析出皂苷，过滤、合并各部分皂苷，干燥得总皂苷。被吸附的杂质和氧化镁可煅烧后回收氧化镁，以重复使用氧化镁而降低生产成本。

6. 胆固醇沉淀法

由于甾体皂苷可与胆固醇生成难溶的分子复合物，利用此性质可使甾体皂苷与其他水溶性成分分离，达到精制的目的。可先将粗皂苷溶于少量乙醇中，再加入胆固醇的饱和乙醇溶液，至不再析出沉淀为止（混合后需要稍加热），滤取沉淀，用水、醇、苯或轻汽油顺次洗涤以除去糖类、色素、油脂和游离的胆固醇等，残留物即为较纯的皂苷。

不仅胆固醇，凡是 C_3—OH 为 β-型的固醇，如 β-谷固醇、豆甾醇和麦角固醇等均可与很多皂苷结合，生成难溶的分子复合物。固醇的结构与皂苷形成复合物的关系有下列一些规律：凡固醇有 3β-OH 者，或 3β-OH 经酯化或成苷者，就不能与皂苷形成难溶性的分子复合物；凡甾醇有 3β-OH 者，有 A/B 环反式稠合（5α-H）或 $\Delta5$ 的平展结构者，与皂苷形成分子复合物的溶解度最小；三萜皂苷与胆甾醇形成的分子复合物不如甾体皂苷与胆甾醇间形成的复合物稳定。

上述性质可以应用于皂苷的精制或分离。在原料中，有的皂苷可能与与其共存的固醇化合物形成复合物，而不能被稀醇或醇所浸提，这在提取皂苷时应加以注意。

7. 吉拉尔腙法

分离含有羰基的甾体皂苷元，常用季铵盐型氨基乙酰肼类试剂如吉拉尔 T（Girard T）或吉拉尔 P（Girard P）两种试剂。这类试剂在一定条件下与含羰基的甾体皂苷生成腙，而与不含羰基的皂苷元分离。形成腙的皂苷元又可在适宜的条件下，恢复到原来的皂苷元形式，故该法适用于混合皂苷元的分离。通常将样品溶于乙醇中，加醋酸到 10% 的浓度，室温放置或水浴上加热即成。在反应混合物中加乙醚并轻轻振摇，除去非羰基的皂苷元。水溶液过滤后添加盐酸，稍稍加热则由酮基形成的酰腙就分解，从而得到含羰基的皂苷元。

8. 乙酰化精制法

皂苷的亲水性多数较强，极性大，夹带杂质亦多。若将水溶性大的粗皂苷制成乙酰化衍生物后，增大其亲脂性，可以溶于低极性溶剂，无论是脱色、层析、重结晶都比较容易，待纯化后再水解去乙酰基恢复原来的皂苷形式。一般是将粗皂苷干粉经醋酐等试剂乙酰化，制备成乙酰化皂苷，溶于乙醚，用水洗去极性大的杂质，乙醚浓缩后再溶于乙醇，加活性炭脱色，或经氧化铝、硅胶等柱层析得乙酰化皂苷的单体。单体经碱液水解［常用 Ba（OH）$_2$，通 CO_2 除去过量钡］而获得纯皂苷。

9. 层析法

目前广泛采用湿法柱层析，多用中性氧化铝或硅胶为吸附剂，洗脱时多用混合溶剂，例如分离混合甾体皂苷元的方法是先将样品溶于含 2% 氯仿的苯中，上柱后用此溶剂洗出单羟基皂苷元，再用含 2% 氯仿的苯可洗出单羟基且具酮基的皂苷，然后用含 10% 甲醇的苯则可洗出双羟基皂苷元。

采用分配柱层析法分离皂苷元的效果多数要比吸附柱层析法好。分配柱层析多用低活性的氧化铝或硅胶作吸附剂，以不同比例的氯仿-甲醇或其他极性较大的有机溶剂洗脱。如由人参总皂苷中分离几种含量较多的人参皂苷的层析法。又如从远志的根中分离四种单一的皂苷（远志皂苷 A、B、C 和 D），就应用了硅胶分配柱层析法，用 3% 草酸水溶液为固定相，氯仿-甲醇-水（26∶14∶3）为移动相，达到了较好的分离效果。分离出的四种远志皂苷，其中以皂苷 B 和 C 含量最高，皂苷 D 次之，皂苷 A 最低。在进行分配柱层析前，还可先用胆甾醇沉淀法精制总皂苷。

10. 液滴逆流层析法（DCCC）

液滴逆流层析法分离效能高，有时可将结构极其近似的成分分离开。例如柴胡皂苷 a 和 d 的结构基本一致，只是 C16—OH 的构型不同（皂苷 a 是 β-OH，皂苷 d 是 α-OH），用一般柱层析法难以分离，采用 DCCC 法则可将 a 和 d 分离，并能测定其含量。分离方法为：柴胡根细粉用含有 2% 吡啶的甲醇回流提取 3 次，提取液浓缩后悬浮于水中，用水饱和的正丁醇提取 5 次。丁醇层用水洗、浓缩后溶于少量甲醇，再加入乙醚中，析出粗皂苷。将粗皂苷用 DCCC 分离，溶剂系统为氯仿-苯-醋酸乙酯-甲醇-水（45∶2∶3∶60∶40），以上行法分离。溶剂系统的下层作为固定相，充满整个 DCCC 管，而上层作为流动相。洗脱液用收集器分成 320 份，每份 3 克。35~48 组分得柴胡皂苷 C，155~195 组分得柴胡皂苷 a，235~300 组分得柴胡皂苷 d。分离出的皂苷在硅胶 GF254 板上与柴胡皂苷标准品进行比较鉴别，合并同一组分［展开剂为醋酸乙酯-乙醇-水（8∶2∶1）］。

柴胡皂苷 a、c 和 d 的定量测定，可根据标准曲线和皂苷的光密度值来计算，即柴胡皂苷 C 的光密度 1 等于 250μg，柴胡皂苷 a 和 d 的光密度 1 等于 400μg。

第五节　皂苷提取实例

一、人参皂苷

人参为五加科植物人参（*Panax ginseng C.A.*）的干燥根，具有显著的生物活性和药理作用，能兴奋大脑皮层、血管运动中枢和呼吸中枢；能调节糖代谢，有调节血糖水平的作用；具有刺激肾上腺皮质机能以及对性腺的刺激作用等。

1. 人参皂苷的组成成分及结构

人参根含总皂苷量约 4%，其须根含皂苷量较主根为高。总皂苷中有人参皂苷 Ro、Ra、

Rb$_1$、Rb$_2$、Rc、Rd、Re、Rf、Rg$_1$、Rg$_2$、Rg$_3$及 Rh 等。其中以人参皂苷 Rb 群和 Rg 群的含量较多，Ra、Rf 和 Rh 的含量都很少。根据碳骨架的不同，人参皂苷可分为齐墩果烷型和达玛烷型两类。其中齐墩果烷型皂苷以齐墩果酸为皂苷元；达玛烷型皂苷则以原人参二醇和原人参三醇为皂苷元。达玛烷型苷元由糖基转移酶催化不同的糖基修饰，从而产生了不同种类的达玛烷型皂苷。二醇型皂苷包括 Rb1、Rd、F2、Rg3 等；三醇型皂苷包括 Re、Rg1、Rf、Rh1 等。目前已经分离得到的各种人参皂苷可达 300 多种。

	R$_1$	R$_1$
人参皂苷Rb$_1$	—glc$\xrightarrow{2}$glc	—glc$\xrightarrow{6}$glc
人参皂苷Rb$_2$	—glc$\xrightarrow{2}$glc	—glc$\xrightarrow{6}$ara(p)
人参皂苷Rc	—glc$\xrightarrow{2}$glc	—glc$\xrightarrow{6}$ara(f)
人参皂苷Rd	—glc$\xrightarrow{2}$glc	—glc
人参皂苷Rh$_2$	—glc	—glc

	R$_1$	R$_1$
人参皂苷Re	—glc$\xrightarrow{2}$rha	—glc
人参皂苷Rf	—glc$\xrightarrow{2}$glc	—H
人参皂苷Rg$_1$	—glc	—glc
人参皂苷Rg$_2$	—glc$\xrightarrow{2}$rha	—H
人参皂苷Rh$_1$	—glc	—H

人参皂苷Ro R=葡萄糖醛酸$\xrightarrow{2}$葡萄糖

2. 人参皂苷的性质

人参总皂苷大多为白色无定形粉末或无色结晶，味微甘苦，有吸湿性。易溶于水、甲醇、乙醇，可溶于正丁醇、醋酸、乙酸乙酯，不溶于乙醚、苯等亲脂性有机溶剂。多呈右旋，水溶液振摇后可产生大量持久性泡沫。人参总皂苷无溶血作用，分离后，B 型和 C 型人参皂苷有显著的溶血作用，而 A 型人参皂苷有抗溶血作用。在缓和条件下被水解，例如用 5% 稀醋酸于 70℃加热 4h，C$_{20}$位键能断裂生成难溶于水的次级苷（指 A 型及 B 型皂苷）。

3. 人参皂苷的提取分离

人参皂苷的提取可以按皂苷的常规提取方法来进行。各单体的结构近似，用一般的分离方法很难分离，常采用反复通过硅胶色谱柱的操作来分离人参皂苷单体化合物。下面分别介绍从人参茎叶和人参根中提取皂苷的方法。

（1）从人参茎叶中提取人参总皂苷　取干燥人参茎叶，粉碎成 20 目粗粉。将人参茎叶粗粉装入逆流浸提罐组中，先以沸水浸提并使酶灭活，浸提液的出液系数控制在 5 以下。逆流浸提液泵入到薄膜蒸发罐中，减压浓缩至浓缩液的体积和原料的质量之比为 1∶1（V/W），如有沉淀应过滤除去。

上述浓缩液在不断搅拌下慢慢加入乙醇，使乙醇在浓缩液中达 70% 后，析出大量沉淀物，静置、过滤，将沉淀物以 70% 乙醇洗涤两次。滤液与洗液合并，减压回收乙醇并浓缩到相当于原料质量的 1/2（V/W），以正丁醇用塔式逆流连续萃取器进行逆流萃取，萃取液用水洗涤两次以除去水溶性杂质。再将正丁醇萃取液通过活性炭柱（活性炭的量为正丁醇质量的 0.5%），然后再将正丁醇通过氧化铝柱（柱中中性氧化铝为正丁醇质量的 3%~6%），二柱串联通过。

通过两个柱的丁醇泵入到减压浓缩罐中，减压回收丁醇至小体积，在不断搅拌下加入苯或轻汽油，析出皂苷，过滤、真空干燥得人参茎叶皂苷。用这种方法提取的人参茎叶总皂苷的纯度可达 70%。

（2）从人参根中提取人参总皂苷及各单体的分离　人参根以粉碎机粉碎成 20 目的粗粉，将人参粗粉装入逆流渗漉浸提器中，以乙醇进行逆流渗漉浸提，浸提液的出液系数控制在 5 以下。乙醇浸提液输入到减压蒸馏罐中，减压浓缩到小体积加水、加热、减压回收完乙醇，将乙醇浸提物转溶于水。放出水溶液，冷却，以氯仿或苯进行逆流萃取，除去脂溶性物质。被萃取脱脂的人参皂苷水溶液，再以正丁醇进行逆流萃取人参皂苷。丁醇萃取液输入到减压蒸馏罐中，减压回收丁醇到小体积，加入轻汽油或苯调节丁醇的极性，使皂苷析出、过滤、减压真空干燥，得人参总皂苷。将总皂苷反复用硅胶色谱分离，可得到人参皂苷的各单体化合物。提取流程如图 9-1 所示。

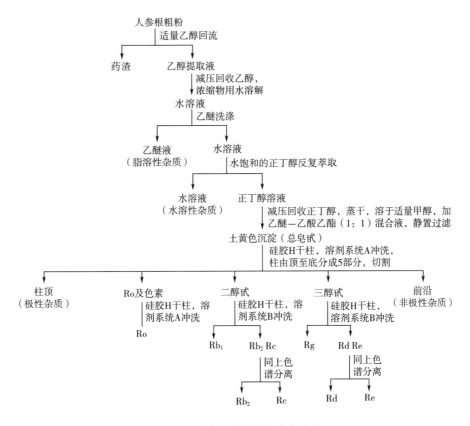

图 9-1　人参皂苷的提取分离流程

注：溶剂系统 A：氯仿-甲醇-水（65：35：10 下层）；溶剂系统 B：正丁醇-乙酸乙酯-水（4：1：2 下层）。

（引自：杨红主编．中药化学实用技术．2013）

二、 甘草皂苷

甘草皂苷（glycyrrhizin）又称甘草酸（glycyrrhizic acid），是甘草（*Glycyrrhiza uralensis*

Fisch.）的根、根茎或欧甘草（*G. glabra* L.）的根及根茎中的主要成分，也是有效成分，在甘草中的含量 7%～10%，味极甜，又称甘草甜素。由冰醋酸中结晶出的甘草皂苷为无色柱状结晶，熔点约 220℃（分解），$[\alpha]_D^{27}$ +46.2°（乙醇），易溶于热水，可溶于热稀乙醇，几乎不溶于无水乙醇或乙醚，其水溶液有微弱的起泡性及溶血作用。甘草皂苷多以钾盐或钙盐的形式存在于甘草中，其盐较易溶于水，于水溶液中加稀酸即可析出游离的甘草酸，因其难溶于酸性冷水，甘草酸可沉淀析出，这种沉淀又极易溶解于稀氨水中，故常用作甘草皂苷的提取溶剂。

甘草皂苷与 5% 稀硫酸在加压情况下加热至 110～120℃ 进行水解，生成 2 分子葡萄糖醛酸及 1 分子甘草皂苷元，后者又称甘草次酸（glycyrrhetinic acid）。

甘草次酸有两种构型，一种为 18α-H 型，呈小片状结晶体，熔点 283℃，$[\alpha]_D^{20}$ +140°（乙醇），另一种是 18β-H 型，为针状结晶，熔点 296℃，$[\alpha]_D^{20}$ +860°（乙醇），这两种结晶均易溶于乙醇或氯仿。

甘草酸和甘草次酸都具有促肾上腺皮质激素（ACTH）样的生物活性，临床作为抗炎药，并治疗胃溃疡病。但是只有 18β-H 型的甘草次酸才具有 ACTH 样的作用，18α-H 型则没有此种生物活性。

提取甘草酸要分二步，第一步先提取粗甘草酸，第二步再将甘草酸制备成甘草酸单钾盐，才能得到较纯的产品。

1. 粗甘草酸的提取

将甘草粉碎成粗粉，将粗粉装入逆流渗漉浸提器中。先加稀氨水浸湿，使甘草酸转变为铵盐，再以水进行逆流渗漉浸提，浸提液的出液系数控制在 5 以下。收集浸提液，加硫酸酸化产生大量沉淀物。过滤滤取沉淀物，收集滤液减压浓缩，再冷却又析出沉淀物，过滤滤取沉淀物。合并沉淀物以框式离心机甩干后，再以真空干燥得粗甘草酸。

2. 甘草酸单钾盐的制备

将粗甘草酸溶解于热丙酮，滤除丙酮不溶物。放置冷却，在搅拌条件下加入 20% KOH 乙醇液至弱碱性，放置析出结晶，过滤得甘草酸三钾盐，干燥、粉碎后加冰醋酸热溶解，放冷析出结晶，过滤，再以 7% 乙醇重结晶，得甘草酸单钾盐的纯品。

重结晶后的甘草酸单钾盐纯品含有 5 分子结晶水，呈针状结晶，熔点 212～217℃（分解），$[\alpha]_D^{20}$ +46.9°（40% 乙醇），易溶于稀碱溶液，可溶于冷水（1∶50），难溶于甲醇、乙醇、丙酮、乙酸。

由甘草酸单钾盐制备甘草次酸的提取流程如图 9-2 所示。

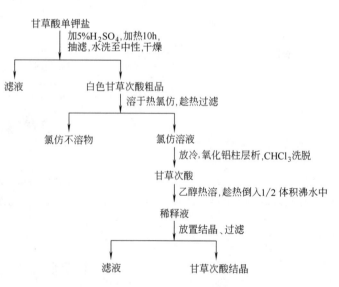

图 9-2　甘草次酸的提取流程

三、 西洋参皂苷提取

西洋参（Panax quinquefolium L.）系五加科人参属植物，原产于北美的加拿大和美国，由于其具有广泛的生物活性、独特的药理作用，多年来一直深受世界各国人民的喜爱。西洋参的化学成分包括皂苷类、挥发油类、氨基酸类和聚炔类等，长期的研究已经证明西洋参的主要有效成分是人参皂苷，中外学者已从原产和引种的西洋参中分离鉴定出 3 种皂苷元：达玛烷型、齐墩果烷型、奥克梯隆醇型。

现已从西洋参中分离鉴定出来的人参皂苷共计 60 种，其中根中 23 种，芦头中 4 种，茎叶中 22 种，果中 11 种。各种皂苷的含量、存在部位不尽相同，且药理作用有的相似、有的相反。西洋参根不同组织部位中皂苷的含量测定表明，人参皂苷主要分布于韧皮部和周皮中，特别集中于树脂道中，木质部中含量较少，西洋参中的人参皂苷含量与韧皮部的面积呈正比；西洋参不同生育期限的增长动态及人参皂苷含量变化的研究表明，休眠期人参皂苷的含量较高，展叶后至盛花期含量明显下降。根中人参皂苷的积累随着参龄的增长而逐年增加，生长第 4 年参根中人参皂苷含量可达 6.36%，与原产美国同年生的参根中人参皂苷含量没有明显差异。

在西洋参根、茎、叶、花和果实中，鉴于各种皂苷的含量多少、比例不同，故对各部位总皂苷的使用范围应有所选择。经测定，倒苗后的茎、叶及大田茎叶中皂苷含量分别约为 4 年生主根的 1、3.5 及 2 倍，再开发利用价值颇高。从西洋参茎叶中提取总皂苷的工艺流程见图 9-3 所示。

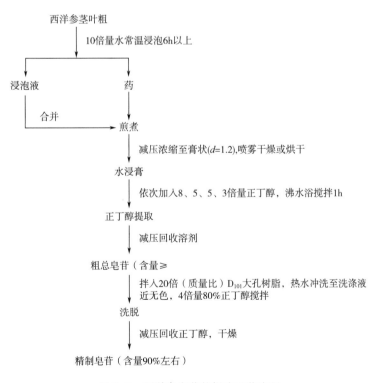

图 9-3 西洋参皂苷的提取工艺流程

（引自：宋小妹，唐志书主编. 中药化学成分提取分离与制备 . 2019）

本章小结

皂苷是由皂苷元和糖、糖醛酸或无机酸形成的一类复杂的苷类化合物，其水溶液在振摇时能产生大量持久的蜂窝状泡沫，有降低液体表面张力的作用，可以乳化油脂，用作去垢剂。

组成皂苷的糖常见的有葡萄糖、半乳糖、鼠李糖、阿拉伯糖、木糖以及其他戊糖等单糖类。常见的糖醛酸有葡萄糖醛酸、半乳糖醛酸等。由一串糖链与皂苷元分子中一个羟基缩合成的皂苷，称为单糖链皂苷；由两串糖链分别与一个皂苷元上两个不同的羟基同时缩合成苷则称为双糖链皂苷。有的皂苷分子中的羟基和其他有机酸缩合成酯，这种带有酯键的皂苷称为酯皂苷。植物体内的酶能使皂苷酶解生成次苷，可以促使单糖链皂苷的糖链缩短，也可以使双糖链皂苷水解成单糖链皂苷，这些次级苷一般称为次皂苷。

根据已知皂苷元的结构，可以将皂苷分为两大类，一类为甾体皂苷，另一类为三萜皂苷。甾体皂苷主要有 C-27 甾体皂苷和强心苷两大类，C-27 甾体皂苷分为螺甾烷醇类、变形螺甾烷醇类、呋甾烷醇类、胆甾烷醇类等类型；强心苷分为甲型强心苷和乙型强心苷。三萜皂苷又分为四环三萜和五环三萜两类，而以五环三萜最为多见，根据 E 环的取代基形式不同分为 β-香树脂型（又称齐墩果烷型）、α-香树脂型（又称乌苏烷型）、羽扇豆型等类型。

皂苷的性状大多为白色或乳白色无定形粉末，仅少数为结晶体，皂苷元大多有完好的结晶；皂苷多具有吸湿性。多数皂苷具有苦而辛辣味，其粉末对人体各部位的黏膜均有强烈的刺激性。多数皂苷易溶于水、含水稀醇、热甲醇和热乙醇中，几乎不溶或难溶于乙醚、苯、丙酮等极性小的有机溶剂；皂苷水解成次级皂苷后，在水中的溶解度就降低，易溶于中等极性的醇、丙酮、乙酸乙酯中；皂苷完全水解成苷元后其亲脂性强，不溶于水而溶于石油醚、苯、乙醚、氯仿等低极性有机溶剂中。皂苷有降低水溶液表面张力的作用，它的水溶液经强烈振摇能产生持久性的泡沫，不因加热而消失。皂苷的熔点都很高，大多无明显熔点；皂苷都有旋光性，一般甾体皂苷及其苷元的旋光度几乎都是左旋，且旋光度和双键之间有密切关系，未饱和的苷元或乙酰化合物比相应的饱和的化合物的旋光度小。多数皂苷具有溶血作用。大多数甾体皂苷属于中性皂苷，多数三萜皂苷属于酸性皂苷。

利用皂苷能与金属盐类试剂、胆甾醇发生沉淀反应的性质，可分离甾体皂苷和三萜皂苷。皂苷可进行酸水解或酶水解而生成皂苷元。皂苷可分别与醋酐-浓硫酸、三氯醋酸、氯仿-浓硫酸、冰醋酸-乙酰氯、五氯化锑反应而显示不同的颜色，据此可对皂苷进行鉴别。

总皂苷的提取可根据皂苷的性质和结构情况，采用水提取法、稀乙醇浸提法、乙醇浸提法等溶剂提取法；皂苷元的提取，可先将植物原料中的皂苷水解成皂苷元，用亲脂性有机溶剂提取；或者提取到皂苷后再水解成皂苷元。提取皂苷元常用的溶剂有乙醚、氯仿、石油醚、苯等低极性有机溶剂。

总皂苷的精制和分离有溶剂萃取法、调节溶剂极性沉淀法、重金属盐沉淀法、透析法、氧化镁吸附法、胆甾醇沉淀法、色谱法等。

皂苷有多方面的生物活性，如抗菌、抗炎活性、抗肿瘤活性、降血脂作用、杀软体动物活性、抗生育作用、溶血作用、增强机体免疫功能、抑制膜脂过氧化作用、防止血栓形成、祛咳止痰等作用。皂苷类化学成分是许多中、西药的有效成分，已得到了国内外的普遍重视和广泛应用。

🔍 **思考题**

1. 皂苷有哪些特殊性质？如何检识一种药材中是否含有皂苷？
2. 为什么以皂苷为主要成分的中药材一般不用作注射剂？
3. 如何区别甾体皂苷与酸性皂苷？
4. 人参在加工炮制中可能影响药材质量的环节有哪些？
5. 试述在皂苷粗提取物中，依次分离皂苷与水溶性杂质、中性皂苷与酸性皂苷及极性有差异的皂苷可采用的方法有哪些？

参考文献

1. 徐怀德编写. 天然产物提取工艺学. 北京：中国轻工业出版社，2006
2. 陈蕙芳主编. 植物活性成分辞典. 北京：中国医药科技出版社，2001
3. 谭仁祥等. 植物成分分析. 北京：科学出版社，2002
4. 匡海学主编. 中药化学（第十版）. 北京：中国医药科技出版社，2017
5. 张秀琴主编. 中药化学. 北京：中国医药科技出版社，2000
6. 徐任生主编. 天然产物活性成分分离. 北京：科学出版社，2012
7. 姚新生主编. 天然药物化学（第三版）. 北京：人民卫生出版社，2002
8. 周维善，庄治平主编. 甾体化学进展. 北京：科学出版社，2002
9. 吴立军主编. 天然药物化学（第六版）. 北京：人民卫生出版社，2011
10. 杨其蕴主编. 天然药物化学. 北京：中国医药科技出版社，2002
11. 吴剑锋主编. 天然药物化学（第二版）. 北京：高等教育出版社，2012
12. 杨宏健主编. 天然药物化学（第二版）. 北京：科学出版社，2014
13. 全国医药职业技术教育研究会编写. 中药化学实用技术. 北京：化学工业出版社，2004
14. 杨红主编. 中药化学实用技术. 北京：人民卫生出版社，2013
15. 罗永明，饶毅著. 中药化学成分分析技术与方法［M］. 北京：科学出版社，2018
16. 邱峰主编. 天然药物化学. 北京：清华大学出版社，2013
17. 谭仁祥等. 甾体化学. 北京：化学工业出版社，2009
18. 何昱主编. 中药化学. 北京：科学出版社，2017
19. 杨世林，严春艳主编. 天然药物化学（案例版，第2版）. 北京：科学出版社，2017
20. 尹莲主编. 天然药物化学（第二版）. 北京：中国医药科技出版社，2017
21. 宋小妹，唐志书主编. 中药化学成分提取分离与制备. 北京：人民卫生出版社，2009
22. 裴月湖，娄红祥主编. 天然药物化学（第7版）. 北京：人民卫生出版社，2016
23. 阮汉利，张宇主编. 天然药物化学. 北京：中国医药科技出版社，2016
24. 孔令义主编. 天然药物化学. 北京：中国医药科技出版社，2015

第十章
油脂类化合物提取工艺特性

学习目标

掌握油脂的定义、种类、理化特性；掌握油脂的提取原理、提取工艺及基本操作；了解微生物脂类、动物脂类及植物脂类的提取方法，特别是功能性脂肪的提取方法及其特性。

第一节　概述

在人体和动植物组织成分中，含有油脂和类脂，它们总称为脂类。油脂（脂肪和油）是甘油和高级脂肪酸生成的酯。我们日常食用的动、植物油，如猪油、牛油、豆油、花生油均属于此类。类脂是结构或理化性质类似于油脂的物质，主要包括磷脂、糖脂、蜡、固醇和甾族化合物。脂类化合物都能被生物体所利用，是构成生物体的重要成分，也是食品、制药和化工等行业中的重要原料。

油脂类化合物可分为天然油脂和类脂两大数。天然油脂是由直链脂肪酸与甘油组成的酯类化合物，主要由动物脂肪和植物油两大类组成。类脂系指与油脂在结构或性质上相类似的化合物，如蜡类、磷脂、霍霍巴油、萜类挥发油、甾体化合物，如胆汁酸、胆固醇等。它们广泛存在于自然界中，是人类和动物赖以生存的重要营养成分之一，也是食品、制药和化工等行业中的重要原料。

一、油脂类化合物的分类

99%的植物和动物脂类都是脂肪酸甘油酯，习惯上将它们称为脂肪和油。表 10-1 是脂类按其结构组成的一般分类。这种分类只能作为一种引导。有时磷酸酰基甘油与鞘磷脂类由于含有磷酸可归入磷脂类；脑苷脂类与神经节苷脂类由于含有糖而归入糖脂类，鞘磷脂类与糖脂类由于含有鞘氨醇也可归入鞘脂类。

（一）简单脂类

简单脂类包括油脂与蜡。油脂为高级脂肪酸的甘油酯。通常把常温下呈液态的油脂称为脂肪油，呈固态或半固态的油脂称为脂肪。天然存在的蜡，分为真蜡与非脂成分两类。真蜡是由高级脂肪酸和高级一元醇（$C_{24} \sim C_{36}$）结合而成的脂类。非脂成分的蜡类包括高级醇、甾醇和烃类等。

表 10-1 脂类的分类

主类	亚类	组成
简单脂类	酰基甘油	甘油+脂肪酸
	蜡	长链醇+长链脂肪酸
复合脂类	磷酸酰基甘油（或甘油磷脂）	甘油+脂肪酸+磷酸盐+其他含氮基团
	鞘磷脂类	鞘氨醇+脂肪酸+磷酸盐+胆碱
	脑苷脂类	鞘氨醇+脂肪酸+糖
	神经节苷脂类	鞘氨醇+脂肪酸+复合的碳水化合物部分（含唾液酸）
衍生脂类	符合脂定义的物质，但不是简单或复合脂类	实例：类胡萝卜素、类固醇、脂溶性维生素

脂肪是由甘油和脂肪酸组成的三酰基甘油酯，脂肪酸按其饱和度可以分为三大类：饱和脂肪酸（saturated fatty acid，SFA）、单不饱和脂肪酸（monounsaturated fatty acid，MUFA）和多不饱和脂肪酸（polyunsaturated fatty acid，PUFA）。不同食品中脂肪所含脂肪酸的种类和含量不一样，脂肪的性质和特点主要取决于其中的脂肪酸。大量研究表明，食物中脂肪酸的种类、比例与人体的营养需求密切相关。

1. 支链脂肪酸（branched chain fatty acids，BCFA）

脂肪酸是一类长链的羧酸。可能呈饱和（没有双键）或不饱和（携有双键）。一般多为直链，有的亦会出现支链。BCFA 主要有 iso-C14：0、iso-C15：0、anteiso-C15：0、iso-C16：0、iso-C17：0、anteiso-C17：0，比如 iso-C15：0、anteiso-C15：0 其结构如下：

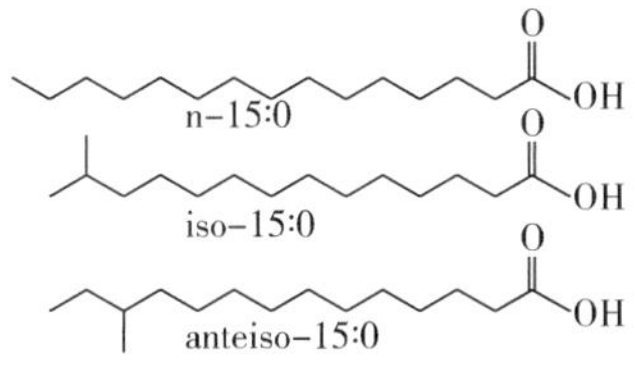

BCFA 在植物中含量很低，主要存在于动物的液体乳与组织中，特别是在婴儿的胎脂中含量很高。人乳中 BCFA 含量为 1.5%，牛乳含量为 2.0%，牦牛乳含量为 4.07%~7.49%，且随着泌乳期的不同，含量呈显著性差异。GC/MS 分析牦牛乳支链脂肪酸及其他脂肪酸分布见图 10-1。

最近的研究结果表明，50% 的 BCFA 存在于细胞膜上，能显著降低熔点，提高细胞膜流动性，同时 BCFA 具有抗癌作用。BCFA 的合成主要来源于以下：

（1）瘤胃微生物 乳脂中的 BCFA 主要来源于瘤胃的细菌、原虫、真菌，原虫与瘤胃中其他微生物有着复杂的联系，在蛋白质和碳水化合物的消化过程中具有重要的作用。瘤胃微生物的 BCFA 合成有两个来源：一是重新合成；二是吸收日粮中前体物分子，然后再合成。Giotis 等（2007）发现细菌合成 BCFA 可增加其在低温及低 pH 环境下的存活率。Elizabeth（2012）阐述

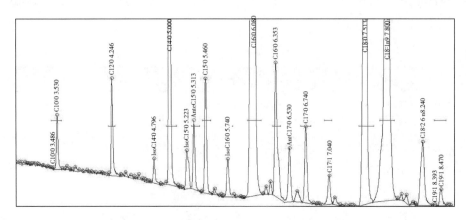

图 10-1　GC/MS 分析牦牛乳支链脂肪酸及其他脂肪酸分布图

了微生物合成 BCFA 的主要途径是日粮中氨基酸的去胺基和脱羧反应，即以亮氨酸、异亮氨酸、缬氨酸为前体物质合成支链酮酸、乙酰辅酶 A、3-甲基丁酰辅酶 A、2-甲基丁酰辅酶 A、异丁酰辅酶 A。延长乙酰辅酶 A 可合成支链 C15：0、支链 C17：0、反异构支链 C15：0、反异构支链 C17：0、支链 C14：0、支链 C16：0，支链挥发性酸包括 3-甲基丁酸、2-甲基丁酸和异丁酸，它们能形成相应的酰基辅酶 A，延长其碳链即形成 BCFA。

瘤胃原虫也能合成 BCFA 的前体物质，比如合成支链氨基酸和挥发酸，同时，BCFA 对其生长发育具有重要作用。Marina Kniazeva（2012）在 *Genes & Development* 杂志上发表的论文，阐述了 BCFA 对于秀丽隐杆线虫的生长发育具有重要的作用。

（2）乳腺组织合成　Keeney（1962）的研究阐明，乳腺细胞对 BCFA 的合成能力是有限的。但 Dewhurst 等（2007）比较牛乳及十二指肠的脂肪酸分布，发现牛乳中的 C15：0、C17：0、iso C17：0 明显高于十二指肠的含量。Vlaeminck 等（2006）发现乳脂中具有奇数碳原子的直链脂肪酸的含量要高于十二指肠中的吸收量，这表明奇数直链脂肪酸可在乳腺细胞中部分合成。且乳脂中 anteisoC17：1（反异构 C17：1）含量高于小肠中流量，但 anteisoC15：0（反异构 C15：0）含量与小肠中含量没有较大差异。这表明反式异构脂肪酸可在乳腺细胞中部分合成，但合成能力有限（Fievez 等，2003）。当山羊及乳牛的乳房中灌注丙酸盐时，乳房合成支链脂肪酸的含量明显增加。

（3）直接来源于饲料　BCFA 主要来源于瘤胃微生物的合成，但饲料中的 BCFA 也不可忽视，乳脂中 BCFA 有少量直接来源于饲粮，主要有黑燕麦、玉米，见表 10-2（Elizabeth 2012）。

表 10-2　　　　饲料中奇数碳原子的直链脂肪酸和支链脂肪酸组成（g/kg 干重）

脂肪酸组成	黑麦草干草	黑麦草鲜草	苜蓿饲料	玉米饲料	草饲料	红花苜蓿饲料	浓缩混合饲料 1	浓缩混合饲料 2
支链 C15：0	0.16	0.01	NR[7]	NR[8]	0.01	NR	NR	NR
反异构支链 C15：0	0.82	1.10	NR	NR	0.04	NR	NR	NR
C15：0	0.73	0.02	NR	0.06	0.06	0.13	0.14	0.11

续表

脂肪酸组成	黑麦草干草	黑麦草鲜草	苜蓿饲料	玉米饲料	草饲料	红花苜蓿饲料	浓缩混合饲料1	浓缩混合饲料2
支链 C17：0	0.30	0.01	NR	NR	0.01	NR	0.08	NR
反异构支链 C17：0	0.07	0.03	NR	0.07	0.01	NR	0.08	0.07
C17：0	0.47	0.03	1.05	0.22	0.04	0.10	0.10	0.12
脂肪总量	1.3	3.5	20.9	3.3	30.7	31.8	4.0	4.5

2. 多不饱和脂肪酸

多不饱和脂肪酸（PUFA）又称多烯酸，是指含有两个或者两个以上非共轭顺式双键，碳链长度为16~22个碳原子的直链脂肪酸，双键愈多，不饱和程度愈高。与人类健康密切相关并具有重要生物学意义的主要是 $\omega-3$ 和 $\omega-6$ 系列，很多情况下，这两个系列的 PUFA 在功能上相互协调制约，共同调节着生物体的生命活动。随着科学的发展，某些多不饱和脂肪酸的生理功能进一步被认识，特别是以二十二碳六烯酸（DHA）、二十碳五烯酸（EPA）和一般植物油中的亚油酸（常与亚麻酸共存）等为代表的多不饱和脂肪酸，以及目前已越来越引起人们重视的共轭亚油酸（CLA）。

临床表明，PUFA 具有抗炎症、抗肿瘤、调节血脂、提高免疫力、预防心血管疾病及治疗精神分裂病等多种生理功能。

（二）复合脂质

复合脂质是分子中含氮、磷或糖等其他基团的脂肪酸酯，是甘油的衍生物。按组成可分为磷脂、糖脂与蛋白质酯。其中磷脂为甘油与脂肪酸以及磷酸化合物结合而成的脂类，最重要的是卵磷脂与脑磷脂。我国已从大豆中大量提取卵磷脂供药用。

食品脂类中最丰富的一类是酰基甘油类，它是动植物脂肪和油的主要组成，在传统上可将酰基甘油类再分成下述的亚类：

（1）乳脂肪　这一类脂肪存在于反刍动物特别是乳牛的乳中。虽然乳脂肪中主要的脂肪酸是棕榈酸、油酸与硬脂酸，但是在动物脂肪中，这种脂肪具有独特的性质，它含有相当数量的 C_4、C_{12} 短链酸以及少量的支链和奇数酸。

（2）月桂酸　这类脂肪存在于某些品种的棕榈树中，其特点是月桂酸的含量较高（40%~50%），C_6、C_8 和 C_{30} 脂肪酸含量中等，不饱和酸的含量低以及熔点较低等。

（3）植物脂　这类脂肪存在于各种热带树木的种子中，它具有熔点范围窄的特点，这主要是由在三酰基甘油分子中脂肪酸的排列所造成的。虽然饱和脂肪酸与不饱和脂肪酸之比较大，但是没有三饱和甘油酯。这类植物脂被广泛用于制造糖果，其中可可脂是该类脂肪中最重要的一种。

（4）油酸-亚油酸　这类脂肪是最丰富的，其中最重要的是棉籽油、玉米油、花生油、向日葵油、红花油、橄榄油、棕榈油以及麻油。

（5）亚麻酸　豆油、麦胚油、大麻籽油与紫苏子油等含有大量的亚麻酸，其中豆油最为重要。在这些油中，大量的亚麻酸会引起异味问题，称为变味。

（6）动物脂肪　这类脂肪是由家畜（例如猪与牛）的贮存脂肪组成，它们都含有大量的 C_{16} 与 C_{18} 脂肪酸，中等含量的不饱和脂肪酸，其中最多的是油酸与亚油酸，以及少量的奇数酸。这类脂肪还含有数量可观的完全饱和的三酰基甘油，并具有相当高的熔点。

（7）海生动物油　这些油一般含有大量的长链多不饱和脂肪酸，其中双键的数目可多达 6 个，它们通常含有丰富的维生素 A 与维生素 D。由于它们的高度不饱和性，所以比其他的动植物油更容易氧化。

二、油脂类化合物的组成

1. 油脂的化学组成

油脂系高级脂肪酸的甘油酯类化合物，是甘油与脂肪酸的一酯、二酯和三酯，其中甘油三酯最为重要。通式如下：

$$
\begin{array}{l}
CH_2-COOR_1 \\
CH-COOR_2 \\
CH_2-COOR_3
\end{array}
$$

R_1、R_2 和 R_3 可以相同或不同。脂肪酸大部分为直链结构，碳原子偶数。脂肪油中多为不饱和脂肪酸，一般为 $C_{10} \sim C_{14}$；而脂肪中多为饱和脂肪酸，一般为 $C_2 \sim C_{26}$。饱和脂肪酸的棕榈酸、桂酸与硬脂酸等分布最广，通式为 $C_nH_{2n+1}COOH$。动物脂肪中多含饱和脂肪酸，而植物油中多为不饱和脂肪酸。这些不饱和脂肪酸都是人体所必需的。常见脂肪酸见表 10-3。

表 10-3　　　　　　　常见油脂的脂肪酸结构特征

类型	名称	分子式	结构特征
饱和脂肪酸	月桂酸	$CH_3(CH_2)_{10}COOH$	十二碳
	软脂酸	$CH_3(CH_2)_{14}COOH$	十六碳
	硬脂酸	$CH_3(CH_2)_{16}COOH$	十八碳
	花生酸	$CH_3(CH_2)_{18}COOH$	二十碳
不饱和脂肪酸	油酸	$CH_3(CH_2)_7CH=CH(CH_2)_7COOH$	十八碳，一个双键
	亚油酸	$CH_3(CH_2)_4CH=CHCH_2CH=CH(CH_2)_7COOH$	十八碳，二个双键
	亚麻油酸	$CH_3CH_2CH=CHCH_2CH=CHCH_2CH=CH(CH_2)_7COOH$	十八碳，三个双键
	桐油酸	$CH_3(CH_2)_3-(CH=CH)_3-(CH_2)_7COOH$	十八碳，三个共轭双键
	蓖麻油	$CH_3(CH_2)_5-CH-CH_2CH=CH(CH_2)_7COOHOH$	十八碳，一个双键，一个羟基

此外，还有羟基脂肪酸，如蓖麻油酸；环状脂肪酸，如大风子油酸。

$$CH_2(CH_2)_5CHOH-CH_2-CH=CH-(CH_2)_7COOH$$
蓖麻油酸

$$\pentagon-(CH_2)_{12}-COOH$$
大风子油酸

油脂中还有一些是由长链脂肪酸和非甘油结合而成的酯，如薏苡仁酯，它是由不饱和脂肪酸（顺式十六烯酸和反式十八烯酸）与 2，3-丁二醇生成的酯。此外，油脂中还含有少量蜡、碳水化合物、磷脂、胆固醇、色素和维生素 A、D、E、K 等成分。

2. 类脂的化学组成

类脂主要是指在结构或性质上与油脂相似的天然化合物。它们在动植物界中分布较广，种类也较多，主要包括蜡、磷脂、萜类和甾族化合物等。

（1）蜡　天然蜡的主要成分就是高级脂肪酸与高级一元醇形成的单酯。蜡结构中最常见的脂肪酸是软脂酸和二十六碳酸；最常见的醇是十六、二十六和三十醇。此外，蜡中还含有少量游离高级脂肪酸、游离高级脂肪醇和高级烷烃等成分。

植物蜡多存在于叶、果实、茎和枝的表面。药用蜡多为动物蜡，如虫白蜡、羊毛脂、鲸蜡、蜂蜡等。蜂蜡是由软脂酸与蜂蜡醇（三十碳醇）形成的酯（$C_{15}H_{31}COOC_{30}H_{61}$），它是来自工蜂腹部蜡腺中排泄的分泌物；虫蜡，又称白蜡，是虫蜡酸与虫蜡醇形成的酯（$C_{25}H_{51}COOC_{26}H_{53}$），它是寄生于女贞树上的白蜡虫的分泌物；鲸蜡是软脂酸和鲸蜡醇（十六碳醇）生成的酯（$C_{15}H_{31}COOC_{16}H_{33}$），是抹香鲸的头部提取物；羊毛脂，其名称作脂，但实际上也是一种蜡，是由硬脂酸、油酸及十六酸等分别与胆固醇或蜡醇形成的酯。它是附着在羊毛上的油状分泌物，是羊毛碱洗过程中的副产品。此外，少数药用植物蜡，如巴西棕榈蜡的主要成分是由蜡酸（三十酸）与蜡醇（$C_{25}H_{53}OH$）或蜂蜡醇（$C_{30}H_{61}OH$）形成的酯，可从巴西棕榈叶中提取制得；霍霍巴油也是一种蜡，是由 36~48 碳高级脂肪酸与 18~22 碳饱和醇或不饱和烯醇组成的酯，其化学式为 RCH_2COOR；此外，在各种油脂精炼过程中所得到的糠蜡和玉米蜡也均属于此类。

很大一部分蜡用于生产蜡烛。蜡可以使鞋油产生光泽并保护革面。蜡因具有拒水、防潮、防腐和产生光泽的效果，所以在各种家具、地板、车辆等上光保护剂中也广为应用。蜡也是生产化妆品的重要原料之一。用它可以制成油溶性润肤剂、脸部清洁霜、唇膏、发膏等。蜡在造纸工业中应用也很广，用它可以制作各种食品、糖果、冷饮的包装蜡纸、彩光蜡纸、复写纸、打字蜡纸、不干胶隔层纸、绝缘纸、抗霉防蛀纸等。不同的蜡产品，其化学成分和物理性质又各不相同，因此，被广泛地应用于食品、医药、日用化学、皮革、纺织、农业等领域。

（2）磷脂　按其化学结构，磷脂是含磷酸根的单脂衍生物，按其分子结构组成可分为甘油磷脂和神经鞘磷脂两类。在前者中，构成甘油醇磷脂的醇是甘油，它的两个羟基为脂肪酸所替换；后者是被磷酸及含氮碱类化合物或肌醇所取代。它的结构是磷酚二甘油脂肪酸酯。其磷酚主要是磷酸胆碱、磷酸胆胺、磷酸肌醇等。其分子结构如下：

$$
\begin{array}{l}
CH_2OCOR_1 \\
|\\
CHOCOR_2 \quad O \\
|\qquad\qquad\ \|\\
CH_2O\!-\!\!-\!\!-\!\!P\!-\!OCH_2CH_2N(CH_3)_3 \\
\qquad\qquad\quad |\\
\qquad\qquad\quad O
\end{array}
$$

甘油醇磷脂主要有如下几种：卵磷脂（磷脂酚胆碱，Phosnhatidylchol ines，PC）、脑磷脂（磷脂酚乙醇胺，Phosphatid ethanolamines，PE）、肌醇磷脂（磷脂酚肌醇，Phosphatidyl inostols，PD）、丝氨酸磷脂（磷脂酚丝氨酸，Phosphatidyl serines，PS）。此外还有磷脂酰甘油、二磷脂酰甘油、缩醛磷脂、溶血磷脂等。

磷脂天然存在于人体所有细胞和组织中，也存在于植物蛋白、种子和根茎中。它是由两分子脂肪酸和一分子磷酸或取代磷酸与甘油缩合成的复合类脂。磷脂是一种生物活性物质，具有优良的乳化性、抗氧化性、分散性和保鲜等性能，在食品饮料、医药、饲料、农业、日用化工、塑料和橡胶工业、轻工、皮革、涂料等行业均有广泛应用。

（3）萜类化合物　萜类化合物种类很多，其结构类别也不尽相同，但它们都可以看作是由两个或两个以上异戊二烯分子按不同方式首尾相连而成，此即称为萜类化合物结构的异戊二烯规律。其结构形式有开链式、环状式、饱和与不饱和烃类及其含氧衍生物，如醇、醛、酮等。根据它们的异戊二烯分子的单位数又可将其分为单萜（由两分子异戊二烯组成），以下按每增加一个异戊二烯单位，依次称之为倍半萜、二萜、三萜、四萜及多萜。在自然界中，单萜和倍半萜类是挥发油的主要成分；二萜以上多为植物的树脂、皂甙或色素的主要成分。单萜化合物又分为链状单萜（月桂烯、柠檬醛等）、单环单萜（柠檬烯、薄荷醇等）和双环单萜（松节油、龙脑、樟脑等）三类。倍半萜类主要包括合欢醇、山道年等；二萜类主要有植醇、维生素 A 和松香酸；甘草次酸属于五环三萜类；胡萝卜素则为四萜类。

迄今已从动物、植物和微生物中分离了 4 万多种萜类化合物。植物中的萜类化合物按其在植物体内的生理功能可分为初生代谢物和次生代谢物两大类。初生代谢萜类化合物包括赤霉素、甾体、胡萝卜素、植物激素、多聚萜醇、醌类等。这些化合物在保证生物膜系的完整性、光保护、植物生长发育进程及细胞膜系统上的电子传递等功能方面具有重要作用。次生代谢萜类化合物通常具有重要的商业价值，常被用作食品添加剂、农药和药物等。

（4）甾体化合物　胆固醇、胆汁醇、维生素及各类甾体激素均属此类。其基本结构是环戊烷骈多氢菲的母核及三个侧链，亦叫甾体母核。胆固醇是含有 27 个碳原子的胆甾醇，其化学名称为胆甾 5-烯-3-β-醇。它存在于人和动物体中，尤以动物脑、蛋黄及油脂中含量最高。胆固醇在化妆品中应用比较广泛，也是合成维生素 D 的重要原料。胆汁酸是含有 24 个碳原子的胆烷酸。在动物胆汁中，胆汁酸一般都是与甘氨酸或牛磺酸以肽键结合成胆盐，并以不同比例存在于动物胆汁中。

三、　油脂及类脂化合物的特性与功能

（一）油脂的特性与功能

1. 物理特性

天然油脂在室温下可以是液态、半固态或固态。油脂是一种混合物，均无固定的熔点和沸点。油脂不溶于水和冷醇，微溶于热水和极性溶剂，易溶于乙醚、氯仿、四氯化碳、苯和正己烷等非极性溶剂，不具挥发性。油脂的相对密度均小于 1，而有些油脂的相对密度很接近，甚至相等，如牛油、羊油和椰子油的相对密度都是 0.86。具有较固定的折光率。当油脂加热到高温时，其中的甘油分解会产生具刺激臭气的丙烯醛气体。

2. 化学特性

油脂在空气中久置易发生氧化，俗称"酸败"。油脂氧化后可产生过氧化物、酮酸和醛等，不能再供药用或食用。油脂酸败不仅会造成食品外观、滋味、气味的变化，而且会降低其内在质量和营养价值，甚至产生有害物质，引起食物中毒。药典中规定用酸值、皂化值、羟值与碘值等来鉴定油脂的品质。天然油脂的化学特性主要表现为：

（1）皂化反应　天然油脂在酸、碱或酶（人体内的胰脂酶）的作用下都可发生水解，生成三分子脂肪酸和一分子甘油。如在碱性条件下将其水解，则可生成三分子脂肪酸盐（即肥皂）和一分子甘油，此反应称为皂化。使1g油脂完全皂化所需的氢氧化钾的毫克数，称为皂化值。根据皂化值可以计算出油脂的平均相对分子质量，油脂的平均相对分子质量越大，单位质量油脂的摩尔数就越小，其皂化值也就越小。

（2）加成反应　天然油脂中不饱和脂肪酸的双键，在镍等催化剂的作用下，可与氢发生加成反应，生成氢化油（饱和油）。此过程提高了分子中的饱和度，可使原来的液态油转化为固态或半固态的脂，从而提高了油脂的抗氧化性和耐热性，延长其贮存期。在高温高压下用亚铬酸铜（$CuCr_2O_4$）催化，可将油脂中脂肪酸的不饱和键和羧基一同加氢还原，生成一分子甘油和三分子饱和脂肪醇。另外，油脂中的碳不饱和双键也可以与卤素发生加成反应。因此，利用油脂与碘的加成反应可以检测油脂的不饱和度。通常把100g油脂所吸收碘的克数称为碘值，而碘值与油脂的不饱和度呈正比关系。

（3）氧化反应　油脂中的不饱和双键，在空气或微生物的影响下可发生氧化反应。首先，空气中的氧与油脂中的双键起加成反应，生成过氧化物，再继续氧化分解生成具有特殊臭味或异味的小分子醛、酮、酸等产物，此过程即为酸败。一般用酸值来表示油脂的酸败程度。酸值系指1g油脂所需氢氧化钾的毫克数，酸值越大，表示油脂的酸败程度越高。

（4）油脂的干性　有些油脂长久暴露于空气中可生成一层硬而有弹性的膜，此现象即叫作干性。一般油脂分子中有共轭双键体系的，易产生干性，且共轭双键的数目越多，其干性也就越强。因此，根据油脂干性的程度不同，可将其分为干性油（如桐油、亚麻油）、半干性油（如棉籽油）和非干性油（如猪油、花生油等）。油脂的干性过程可能是其分子结构中的共轭双键被空气中的氧氧化后进一步发生聚合反应，生成了高分子聚合物并形成固态薄膜所致。

3. 油脂的功能

天然油脂作为人类生存所必需的营养素之一，具有给机体提供能量、促进机体组织和细胞的发育与生长等功能。此外，由于天然油脂的化学组成与人体皮肤脂肪性表面膜的组成相近，故天然油脂及其衍生物作为化妆品原料用于霜、乳、膏等化妆品的基质中，可形成一层分子膜，降低了皮肤的失水力，从而具有滋润皮肤、防止皮肤粗糙、增强其弹性、延缓皮肤老化、促进美容护肤和护发等多种功能。大多数油脂在医药上作为油注射液、软膏和硬膏的赋形剂，有些油脂与含油脂的生药具特殊生理活性，如鱼肝油可补充人体所需的维生素A和维生素D，蓖麻油能泻下，郁李仁、大麻仁能润肠，大风子油用于麻风病，红花子油可降低胆固醇，麻油则有清凉皮肤、消炎和镇痛等功能。《中国药典》收载了茶油、香果脂、蓖麻油与麻油等脂类物质供药用。

（二）类脂的特性与功能

1. 蜡的特性与功能

蜡类性质稳定，一般不溶于水，易溶于石油醚、氯仿、乙醚等非极性溶剂，不被碱水溶液皂化，灼热不产生丙烯醛，也不易酸败。这些性质可用于区别油脂与蜡。蜡的化学性质比较稳定，不易水解，在体内也不能被酶水解，故它们无营养价值。蜡一般需在碱性条件下才能被水解，并生成脂肪酸钠和高级脂肪醇。常见蜡的物理常数见表10-4。

表 10-4　　　　　　　　　　　　蜡类化合物的物理常数

名称	相对密度	熔点/%	皂化值	碘值
虫蜡	—	80~83	—	—
鲸蜡	0.806~0.816	42~46	119~135	3~8
蜂蜡	0.914~0.970	62~65	88~103	6~15
羊毛脂	0.941~0.970	31~43	77~130	15~29
巴西棕榈蜡	0.990~0.999	83~90	79~83	8~14
霍霍巴油	0.864~0.872	—	92~96	84~87

蜡是日化工业中用途比较广泛的天然原料，它们具有性能稳定，使膏、霜、乳等剂型的基质均匀细腻、柔软且易成型，以及护肤、防止皮肤干裂等功能。

2. 磷脂的特性与功能

磷脂为无臭或略带气味的流动液态黏稠状物质，通常以内盐形式存在，属于非极性化合物，故可溶于一些非极性溶剂和植物油中。磷脂在水中溶解度很小，也不溶于丙酮等极性溶剂。磷脂分子结构中有两个脂肪酸链为疏水基，而磷酸和胆碱等基团则为亲水基。

磷脂是一类性能优良的乳化剂。在化妆品中，它具有吸附、形成胶团、乳化、生成液晶和脂质体、分散、润湿、渗透、保湿、软化、润肤、稳定剂型、护肤美发、促进皮肤吸收、营养皮肤和头发、防止皮肤衰老、加速皮肤伤口愈合等一系列功能。

3. 萜类与甾体化合物的特性与功能

大多数萜类具有挥发性而带有香味，不溶于水，能溶于非极性溶剂。其品种较多，性能各异。通常，甾体化合物的性能比较稳定，因其结构上的差异，其理化性质也不尽相同。此类化合物在医药上应用比较广泛，主要有利胆、消炎、降血脂、乳化脂肪、强心和调解机体激素水平等功能。萜类与甾体化合物一般具有清凉、驱风、驱虫、防腐、醒脑、止痒、抗菌消炎和镇痛等生理功能。

第二节　油脂类化合物的提取工艺特性

油脂除了三酰甘油酯外，还包括脂肪酸、磷脂、甾醇、萜烯、脂肪醇、类胡萝卜素、脂溶维生素、脂溶色素等物质。通常情况下，从天然产物中提取到的往往是多种油脂类化合物的混合体。考虑到本书的内容特点，涉及到精油、萜类化合物及甾体化合物的提取工艺请参考本书其他章节的相应内容，在此不做赘述。

油脂的提取多采用低沸点溶剂直接萃取，或用酸碱破坏有机物（碳水化合物、蛋白质等）后，再用溶剂萃取或离心分离。目前可用于油脂提取的方法主要有：索氏抽提法、皂化法、酸性乙醚抽提法、碱性乙醚抽提法以及快速法等。索氏抽提法是经典方法，比较准确，但费时间和溶剂，且需专用的抽提器；快速法一般准确度较差，但简便快速；皂化法介于两者之间。近年发展起来的超临界 CO_2 萃取技术无溶剂残留、活性物质不受破坏，可以满足热敏物质的提取，但它的设备投资较大，操作成本较高，因而推广应用受到一定限制。

一、 微生物油脂的提取工艺特性

传统的食用油脂，主要来源于动物或油料植物。随着科技的发展，科学家们借助生物工程技术，通过微生物体内生物合成的方法制取微生物油脂，为开辟新的油脂资源闯出了一条新路。

（一）微生物油脂的生产特点

生产微生物油脂具有许多优点：微生物的生长周期短、微生物适应性强、增殖率高、菌体干基含油率高（可达70%以上）；微生物培养基可以利用多种碳源，诸如淀粉、糖类，特别是利用粮油、食品加工后的废弃物，这对降低成本、环境保护均有现实意义；能实现连续化生产，比农业生产所需劳动力少，微生物培养可以在占地有限的设备上进行而得到高产，不受季节和气候变化的限制，能精确地计划微生物的产量，而且能连续生产。微生物发酵过程所产生的油脂，在组成成分上类似植物油，主要有中性油脂、游离脂肪酸、类脂物及不皂化物，其中亚油酸、γ-亚麻酸、二十碳五烯酸、二十二碳六烯酸等多不饱和脂肪酸具有特殊的生理功能。

（二）微生物油脂的生产

1. 主要原料

①碳源为葡萄糖、果糖、蔗糖、石蜡以及C16~C20烷烃等；②氮源为胺盐、尿素等；③无机盐类为氯化钾、硫酸镁等。工业化生产常使用亚硫酸纸浆废液、木材糖化液、废糖蜜以及食品工业、淀粉工业的废料废液等，开展综合利用。

2. 培养方法

大规模的培养方法有液体培养法、固体培养法和深部培养法三种。工业化生产采用深部培养法居多。每一种培养法都必须注意影响形成油脂的各种因素。

3. 影响微生物油脂形成的主要因素

菌种选育是生产微生物油脂产品的关键，而温度、培育时间、pH、C/N比以及孢子数量等，又是影响各类菌种产油率的重要因素，必须综合考虑。

（1）温度 一般与微生物生长适温相一致，大多在25~30℃。温度会影响到油脂的组成。温度较低时，不饱和脂肪酸含量会增加；当温度超过50℃时，油脂系统（即生成的油脂需要消耗媒质中的糖源量,%）和产量都将减少。

（2）培育时间 菌体含油率随培育时间的变化而有很大的差别，须确定最佳培育期。

（3）糖浓度与C/N比 是影响菌体含油率最大的因素。一般氮源的作用是促进细胞的生长。无机氮有利于产生不饱和脂肪酸；有机氮则有利于细胞增殖。低C/N比有利于菌丝体产量的提高；高的C/N比则能促进细胞内油脂的合成，必须通过试验进行调节。

（4）pH 一般情况下，最佳pH与菌种最适生长pH是一致的。

4. 油脂分离与精制工艺

常规工艺包括原料（干菌体）的制备、预处理、压榨、油脂浸出、毛油精炼等工序。

（1）原料（干菌体）的制备 制备流程如图10-2所示。

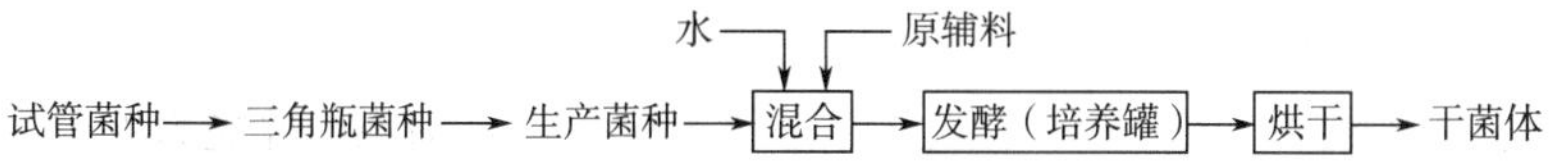

水 原辅料

试管菌种 ⟶ 三角瓶菌种 ⟶ 生产菌种 ⟶ 混合 ⟶ 发酵（培养罐）⟶ 烘干 ⟶ 干菌体

图10-2 微生物干菌体制备流程

（2）样品前处理　由于油脂多包含在菌体细胞内，部分与菌体细胞蛋白质或糖类物质结合而形成脂蛋白或脂多糖，因此在提取油脂时存在一定的难度，只有对产油微生物细胞进行必要的前处理，才有利于油脂的提取。微生物油脂的前处理工艺主要有四种：干菌体磨碎法、干菌体稀盐酸共煮法、菌体自溶法及菌体蛋白变性法。目前国内外研究者们多采用干菌体磨碎法进行菌体细胞的前处理。

要从产油微生物中提取油脂，可以按照以下三种方法之一，或者结合使用，对菌体进行前处理：

①酸处理：取一定量的菌体，用 40 倍体积的 1mol/L 盐酸配制成菌悬液，121℃下维持 10min，使细胞壁水解，达到破壁的目的。

②反复冻融：将菌体置于-20℃冷冻过夜后取出融化，反复冻融 3 次，通过慢速冷冻过程中细胞体内生成的大冰晶及反复冻融的过程来破坏细胞壁。

③超声波破壁：在超声波清洗器中加入水，将菌体悬液置于玻璃烧杯内，以水为介质，处理 15min，通过超声波高频振动产生的空穴效应达到破壁的目的。

不同前处理方法对菌体细胞壁的破坏程度不同，酸处理和超声波处理效果较好。

（3）预榨（压榨）、浸出制油　工艺过程如图 10-3 所示。

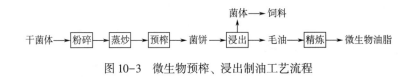

图 10-3　微生物预榨、浸出制油工艺流程

（三）微生物油脂的提取工艺特性

微生物油脂可采用酸热法、索氏提取法、超临界 CO_2 萃取法、有机溶剂法等。具体方法及特点如下：

（1）酸热法　发酵液离心集菌，菌体沉淀按每克菌 6mL 的比例加入 4mol/L 盐酸，振荡混匀，室温放置 30min 后，沸水浴 3min，20℃速冷，加入 2 倍体积氯仿：甲醇（1：1）提取液，充分振荡后，5000r/min 离心 5min，取氯仿层，加等体积的 1g/L 氯化钠溶液，混匀，5000r/min 下离心 5min，取氯仿层，挥发除去氯仿即得油脂。

（2）索氏提取法　发酵液离心集菌，菌体沉淀于 100℃烘干，研成粉末后装入索氏提取器，石油醚加热回流提取 6h，旋转蒸发去除石油醚即得油脂。

（3）超临界 CO_2 萃取法　发酵液离心集菌，菌体沉淀于 100℃烘干，研成粉末后装入萃取管，萃取压为 40MPa，选用 250mL/min 限流管。萃取室温度 45℃，分离室温度 5℃，萃取时间 50min，所得油脂品质高。

（4）有机溶剂法　发酵液离心集菌，菌体沉淀按每克菌体 3mL 的比例加入氯仿：甲醇（1：2）提取液，充分振荡 2min，再加入 1mL 氯仿，振荡混匀，加 1.5mL H_2O，振荡混匀后 5000r/min 离心 5min，取氯仿层，加等体积 1g/L 氯化钠溶液，混匀，5000r/min 离心 5min，取氯仿层，挥发除去氯仿即得油脂。

有机溶剂法最为简便易行，但油脂提取效果最差，原因是细胞破碎能力差，故而不能有效提取细胞内油脂。酵母菌的细胞壁较霉菌脆弱，易于被破坏，故有机溶剂法提取酵母菌油脂的效果较霉菌好。在多不饱和脂肪酸高产菌株的诱变筛选中，菌株油脂含量是菌株取舍的重要指标之一，有机溶剂法显然不适合菌株筛选之用。在工业大生产中，经球磨机或高压匀浆处理后的破碎菌体，可以考虑采用有机溶剂浸提油脂。常见的溶剂主要有乙醚、异丙醚、氯仿、乙醚-乙醇、石油醚、氯仿-甲醇等。磨碎的微生物干菌体由于颗粒较细，浸提时溶剂渗透性极差，混合油不易沥出，因此在浸提前可对干菌体进行造粒处理，这样能提高浸出设备利用率，混合油中粉末少，毛油质量好，浸出系统管道不易堵塞。需要注意的是，造粒时须严格控制温度，最好不高于50℃，以防止油脂氧化，浸提后通过减压蒸发回收溶剂。

索氏法是油脂提取中最常用的方法。该方法油脂得率最高，但耗时也最长，样品需先经烘干处理，样品的需要量也大。高产菌株的诱变筛选中，多采用摇瓶小量发酵，每批样品处理量很大，索氏法难于满足菌株初筛的要求。如在高产菌株的复筛及培养条件的优化时，索氏法因其准确高效的特点，可考虑作为首选方法。

酸热法是参考胡萝卜素提取的方法建立的一种新的油脂提取方法。该方法处理菌体，主要是利用盐酸对细胞壁中糖及蛋白质等成分的作用，使原来结构紧密的细胞壁变得疏松，再经沸水浴及速冻处理，使细胞壁进一步被破坏，有机溶剂可有效地浸提出细胞中的油脂。酸热法将细胞破碎与油脂提取结合在一起，提取能力大大加强，油脂提取效果与 SCF-CO$_2$ 法相近。该方法操作简便、快速，样品不需任何处理，单位时间内可处理大量样品，极为适合菌株筛选之用。该方法提取的油脂中，必需脂肪酸含量较索氏法及 SCF-CO$_2$ 法提取的油脂高，可能是酸热处理可使细胞膜中富含多不饱和脂肪酸的脂类更多地被提取出来。该方法提取的油脂的脂肪酸组成中，较索氏法及 SCF-CO$_2$ 法提取的油脂缺少 C$_{20:3}$。

SCF-CO$_2$ 法提取微生物油脂的效果虽较索氏法略差，但油脂的脂肪酸组成及含量相近，且样品需要量小，样品处理能力较索氏法大为提高。

二、 动物油脂的提取工艺特性

可用于从动物原料中提取脂质的方法有液-液萃取法、干柱法、超临界流体萃取法和熬制法。熬制法根据脂肪炼制过程中加水与否，又分为干炼法、湿炼法和酶解法。

（一）液-液萃取法

1. 氯仿/甲醇法

1957 年，Folch 等首先提出了从动物组织中提取脂质的氯仿/甲醇法。样品用 20 倍体积的氯仿/甲醇（2∶1，体积比）均质，粗提物中加入 0.2 倍体积的无机盐溶液，充分混合后静置分层。所有脂质留存于下层氯仿相，而非脂成分转入上层甲醇-水相。分出氯仿相，挥去溶剂，可获得较纯净的脂质。获得较高提取效率的关键是维持适当的氯仿-甲醇-水的比例，均质时三者的体积比为 1∶2∶0.8；冲稀后三者的体积比为 2∶2∶1.8。在这两个比例下对脂质的提取效率最高、氯仿与甲醇-水分离效果最好，没有非脂成分影响。氯仿/甲醇法提取效率高，获得的脂质提取物纯净，不仅能提取游离脂，对结合脂的提取也十分有效。因该法准确可靠（加标回收为 93.8%～98.3%），1983 年，AOAC 将氯仿/甲醇法确定为测定食品中脂肪的正式方法。

尽管氯仿/甲醇法作为公认方法或传统方法受到了广泛应用，但近年来也发现它存在一些局限性：①氯仿是一种可疑的致癌物，甲醇能损害视神经；②操作过程繁琐费时；③溶剂消耗量大。

2. 二氯甲烷/甲醇法

为了避免使用毒性强的氯仿，可用性质与氯仿相近，但毒性小得多的二氯甲烷代替氯仿。该法适于动物性油脂的提取，且，用二氯甲烷/甲醇为提取剂时，分层更迅速，界面更清晰，精密度更好。二氯甲烷/甲醇法与氯仿/甲醇法操作步骤相同，溶剂消耗量及提取效率相近，但前者在一定程度上减小了试剂毒性。

（二）干柱法

液-液萃取法需多次萃取，转移，提取物容易被污染、损失，且过程复杂，分析周期长。为简化操作，缩短分析时间，Maxwell 等发展了干柱法，即使用 30cm×35mm 玻璃层析柱，先装入 Celite 545/CaHPO$_4$ · 2H$_2$O（9:1）为非脂成分捕集物，再将样品、无水 Na$_2$SO$_4$、Celite 545 按一定比例顺序研磨成均匀粉末，装入柱中，然后以 150mL 二氯甲烷/甲醇（9:1，体积比）混合溶剂进行洗脱。脂质被完全洗脱而非脂成分留于柱上。洗脱时间为 1.5h。他们测定了 15 个肉及肉制品样品的脂肪含量，并与氯仿/甲醇法进行了对比。两方法对牛肉、猪肉样品中磷脂及总脂肪的测定结果十分相近，表明干柱法准确可靠。后来，Maxwell 等又采用类似操作测定了牛奶脂质。与上述方法不同的是，先用 125mL 二氯甲烷洗脱中性脂，再用 150mL 二氯甲烷/甲醇（9:1，体积比）洗脱极性脂，洗脱时间为 2h。干柱法测定牛奶脂质克服了氯仿/甲醇法产生的乳浊液的问题。

干柱法与氯仿/甲醇法相比，脂质的纯度及提取效率相近，但干柱法操作简便，溶剂毒性小，分析周期短，还可分段洗脱不同脂质；缺点是填料及洗脱液用量大。

（三）超临界流体萃取法

Lembke 等应用超临界流体萃取技术，成功地测定了肉及奶酪制品中总脂肪含量。最佳萃取条件是：压力 41MPa，温度 40℃，流速 750 mL/min，平均回收率大于 95%，分析时间为 35min。King 等设计的超临界流体萃取仪器，可实现对 6 个样品的同时提取，能在 15min 内快速完成脂质测定。Snyder 等采用连续的 SFE 技术并结合酶催化的酯交换反应，快速测定了肉类样品中总脂肪含量。SFE 提取效率高，速度快，没有污染，但需要特殊装置。

（四）熬制法

干法熬制是在加工过程中不加水或者水蒸气，可在常压、真空和压力下进行；而湿法熬制工艺中，脂肪组织是在水分存在的条件下被加热的，通常温度较干法低，得到的产品颜色较浅，风味柔和。目前，干法和湿法连续熬制工艺得到了长足发展，并可以通过低温连续熬制生产，从而得到颜色浅、风味较好、游离脂肪酸含量低的高品质食用油。

1. 干炼法

干炼法又分为直接熔炼法、蒸汽熔炼法及真空熔炼法三种。

（1）直接熔炼法　是用特制的或普通锅直接加热，适用于无蒸汽设备的小型工厂。炼制温度一般不超过 120℃，熔炼时间视原料而不同。此法的缺点是受热不均匀，易使油渣变焦而降低成品质量。

（2）蒸汽熔炼法　采用双层敞口锅，锅上装有搅拌机，熔炼时将蒸汽通入双层锅的夹层中供热，加料后温度维持在 65~75℃约 1h，当大部分脂肪析出后，再将温度提高到 80~90℃，维持 20min，使绝大部分脂肪从原料中分离出来，这种方法熔炼的油脂质量较高。

（3）真空熔炼法　一般为卧式密闭夹层锅，热能以蒸汽由夹层中供给，锅内装有搅拌器，锅顶部有装料口，装料口上接有真空泵和排气管。真空熔炼法不但无外加水分，而且原料中的绝大部分水分被蒸发，熔炼的油脂和油渣不含水分。真空熔炼温度不超过70℃，熔炼过程还有脱臭作用，故此法炼制的油脂质量好。

2. 湿炼法

熔炼前向锅内加水，并使蒸汽直接通入原料锅内加热。其特点是产品异味少，色泽白。湿法熔炼分为常压熔炼法、高压熔炼法和离心连续熔炼法三种。

（1）常压熔炼法　一般在普通开口锅中进行，锅底装有蛇形蒸汽管，管上有排气孔，内通蒸汽。蒸汽除作为热源外，尚有搅拌作用。锅的容量有500~2000kg不等。熔炼前先加水，使水平面高出蛇形蒸汽管2~3cm，以避免原料中蛋白质受高温作用而变性黏附。投料后应在1h内加热至60~70℃。若熔制仍可食用的次等原料，应加热至90~100℃，然后维持2.5~3h。

（2）高压熔炼法　该法只适用于有条件食用的次等原料，将原料放入密闭的高压锅，在112kPa压力下，熔炼1.5~2h，停止加热，再盐析1~1.5h，即可分离。

（3）离心连续熔炼法　将生脂肪放入离心连续炼油系统中，经过机械搅碎，蒸汽加热溶化，再用离心力的原理，将油脂中的渣、水、油分开，炼出的油脂可达到特级或一级标准的精制动物油脂。目前，此炼制法在我国肉联厂被普遍应用。

3. 酶解法

酶解法是利用蛋白酶对蛋白质进行水解，破坏蛋白质和脂肪的结合，从而释放出油脂。由于酶解法提取动物油脂的工艺条件温和，提取效率高，且蛋白酶水解产生的酶解液能被充分利用，是提取动物油脂的较好方法。目前酶解法主要用于一些功能性油脂（亚麻籽油、葡萄籽油等）的提取，在动物油脂提取方面应用最多的是鱼油。

三、　植物油脂的提取方法

植物油脂的主要来源是植物含油种子。油脂主要存在于油料细胞的液泡中，还有部分油与蛋白质、多糖等大分子化合物相结合，存在于细胞质中。要把油脂提取出来，首先要把油料细胞壁破坏。细胞壁由两层组成，一层是由果胶、半纤维素、蛋白质和纤维素构成的复合层，另一层是由纤维素和半纤维素组成，在整个细胞壁中，纤维素和半纤维素的量占到52%左右。油料种子在富含油脂的同时，一般还含有丰富的蛋白质。因此，在提取油脂的同时，必须考虑操作条件对蛋白质性能的影响及提油后如何充分利用蛋白质的问题。

当前，世界范围内植物油的制备方法主要有机械法、浸出法与水剂法三种。传统植物油提取工艺主要有压榨法和浸出法两种。反胶束萃取技术、超声波处理法目前还处于实验室研制阶段。

（一）机械法

凡利用机械外力的挤压作用，将油料中油脂提取出来的方法均称为机械法取油（也称为压榨法）。它有多种形式，如水压机榨、螺旋挤压机榨以及离心式挤压分离提油等，其中常用的是螺旋挤压机榨法。制油过程一般为：油料 → 预处理（清理、脱皮剥壳） → 制坯（轧坯、调质、蒸炒、膨化成型） → 压榨（一次或两次）或预榨 → 毛油和饼。

机械法虽然是一种古老的制油方法，出油率也不如溶剂浸出法高，而且油饼的利用受到高温热处理影响食用品质的限制，生产过程相对动力消耗较大，但它却具有工艺简单灵活、适应性强等特点。因而此法依然广泛应用于小批量、多品种或特种油料的加工。尤其对于高油分油料的预榨–浸出工艺有着广阔的应用前景。此外，压榨油风味独到、无溶剂残留，是深受消费者青睐的绿色食品。

（二）浸出法

凡利用某些有机溶剂（如轻汽油、工业己烷、丙酮、无水酒精、异丙醇、糠醛）"溶解"油脂的特性，将料坯或预榨饼中的油脂提取出来的方法，称为萃取法即浸出法。浸出法得到的油脂，需经过脱脂、脱胶、脱水、脱色、脱臭、脱酸后加工成成品油。

1. 浸出法制油的基本过程

浸出法制油是应用萃取的原理，选用某种能够溶解油脂的有机溶剂，经过对油料的接触（浸泡或喷淋），使油料中的油脂被萃取出来的一种制油方法。其基本过程是：把油料坯（或预榨饼）浸于选定的溶剂中，使油脂溶解在溶剂内（组成混合油），然后将混合油与固体残渣（粕）分离，混合油再按不同的沸点进行蒸发、汽提，使溶剂汽化变成蒸气与油分离，从而获得油脂（浸出毛油）。溶剂蒸气则经过冷凝、冷却回收后继续使用。粕中亦含有一定数量的溶剂，经脱溶烘干处理后即得干粕，脱溶烘干过程中挥发出的溶剂蒸气仍经冷凝、冷却回收使用。

2. 浸出法制油的优点

浸出法与机械法相比，其突出优点是出油效率高（94%～99%）、干粕残油率低（1%左右），同时还能制取低变性脱脂粕和优质毛油。此外，该工艺过程能实现高度连续化、自动化控制，使之具有劳动强度低、生产率高、能耗低等优点，是机械法所不及的。但也存在溶剂固有的易燃易爆的危险，同时，油粕中残留的溶剂有害健康。

3. 浸出法制油工艺

（1）浸出法制油工艺的分类

按操作方式将浸出法制油工艺分为间歇式浸出和连续式浸出。

①间歇式浸出：料坯进入浸出器，粕自浸出器中卸出，新鲜溶剂的注入和浓混合油的抽出等工艺操作，都是分批、间断、周期性进行的。

②连续式浸出：料坯进入浸出器，粕自浸出器中卸出，新鲜溶剂的注入和浓混合油的抽出等工艺操作，都是连续不断进行的。

按接触方式将浸出法制油工艺分为浸泡式浸出、喷淋式浸出和混合式浸出。

①浸泡式浸出：将料坯浸泡在溶剂中完成浸出过程的制油方法。

②喷淋式浸出：溶剂呈喷淋状态与料坯接触而完成浸出过程。

③混合式浸出：喷淋与浸泡相结合的浸出方式。

按生产方法可分为直接浸出和预榨浸出。

①直接浸出：直接浸出也称"一次浸出"，是将油料经预处理后直接进行浸出制油的工艺过程。此工艺适合于加工含油量较低的油料。

②预榨浸出：指将油料先榨取出部分油脂，再将含油较高的饼进行浸出的工艺过程。此工艺适用于含油量较高的油料。

（2）浸出工艺的选择及工艺流程　浸出生产能否顺利进行与所选择的工艺流程关系密切，它直接影响到油厂投产后的产品质量、生产成本、生产能力和操作条件等诸多方面。因此，应该选用既先进又合理的工艺流程。

①根据原料的品种和性质进行选择：根据原料品种的不同，采用不同的工艺流程，如加工

棉籽，其工艺流程为：棉籽 → 清洗 → 脱绒 → 剥壳 → 仁壳分离 → 软化 → 轧坯 → 蒸炒 → 预榨 → 浸出 。

若加工油菜籽，工艺流程则是：油菜籽 → 清选 → 轧坯 → 蒸炒 → 预榨 → 浸出 。

根据原料含油率的不同，确定是否采用一次浸出或预榨浸出。如上所述，油菜籽、棉籽仁都属于高含油原料，故应采用预榨浸出工艺。而大豆的含油量较低，则应采用一次浸出工艺：大豆 → 清选 → 破碎 → 软化 → 轧坯 → 干燥 → 浸出 。

②根据产品和副产物的要求进行选择：对产品和副产物的要求不同，工艺条件也应随之改变，如同样是加工大豆，大豆粕要来提取蛋白粉，就要求大豆脱皮，以减少粗纤维的含量，相对提高蛋白质含量，工艺流程为：

大豆 → 清选 → 干燥 → 调温 → 破碎 → 脱皮 → 软化 → 轧坯 → 浸出 → 浸出粕 → 脱溶 → 烘烤 → 冷却 → 粉碎 → 高蛋白大豆粉。

③根据生产能力进行选择：生产能力大的油厂，有条件选择较复杂的工艺和较先进的设备；生产能力小的油厂，可选择比较简单的工艺和设备。如日处理能力 50t 以上的浸出车间可考虑采用石蜡油尾气吸收装置和冷冻尾气回收溶剂装置。

4. 油脂浸出

（1）工艺流程

料坯（或预榨饼）→ 存料箱 → 封闭绞龙 → 浸出器 →混合油（溶剂从上方进入浸出器，湿粕从下方排出）

油料经过预处理后所成的料坯或预榨饼，由输送设备送入浸出器，经溶剂浸出后得到浓混合粕和湿粕。

（2）浸出设备　浸出系统的重要设备是浸出器，其形式很多。

间歇式浸出器常用的是浸出罐。连续式浸出器有平转式浸出器、环形浸出器、卫星式浸出器、履带式浸出器等。其中，应用较多的是平转式浸出器。固定栅板式平转浸出器是目前国内外较为先进并得到普遍应用的一种连续式浸出设备，该设备适用于一般油料的浸出。

5. 湿粕的脱溶烘干

从浸出器卸出的粕中含有 25% ~ 35% 的溶剂，为了使这些溶剂得以回收和获得质量较好的粕，可采用加热法以蒸脱溶剂。脱溶后的料粕多采用高料层蒸烘机烘干。

6. 混合油的蒸发和汽提

（1）工艺过程　混合油过滤 → 混合油贮罐 → 第一蒸发器 → 第二蒸发器 → 汽提塔 → 浸出毛油 。

从浸出器泵出的混合油（油脂与溶剂组成的溶液），须经处理使油脂与溶剂分离。分离方法是利用油脂与溶剂的沸点不同，首先将混合油加热蒸发，使绝大部分溶剂汽化而与油脂分离。

然后，再利用油脂与溶剂挥发性的不同，将浓混合油进行水蒸气蒸馏（即汽提），把毛油中残留溶剂蒸馏出去，从而获得含溶剂量很低的浸出毛油，但是在进行蒸发、汽提之前，须将混合油进行"预处理"，以除去其中的固体粕末及胶状物质，为混合油的成分分离创造条件。

（2）过滤　让混合油通过过滤介质（筛网），其中所含的固体粕末即被截留，得到较为洁净的混合油。处理量较大的平转型浸出器内，在第Ⅱ集油格上装有帐篷式过滤器，滤网规格为100目，浓混合油经过滤后再泵出。

（3）离心沉降　现多采用旋液分离器来分离混合油中的粕末，它是利用混合油各组分的重量不同，采用离心旋转产生离心力大小的差别，使粕末下沉而液体上升，达到清洁混合油的目的。

（4）混合油的蒸发　蒸发是借加热作用使溶液中一部分溶剂汽化，从而提高溶液中溶质的浓度，即使挥发性溶剂与不挥发性溶质分离的操作过程。混合油的蒸发是利用油脂几乎不挥发，而溶剂沸点低、易于挥发的特性，用加热使溶剂大部分汽化蒸出，从而使混合油中油脂的浓度大大提高的过程。

在蒸发设备的选用上，油厂多选用长管蒸发器（也称"升膜式蒸发器"）。其特点是加热管道长，混合油经预热后由下部进入加热管内，迅速沸腾，产生大量蒸气泡并迅速上升。混合油也被上升的蒸气泡带动拉曳为一层液膜沿管壁上升，溶剂在此过程中继续蒸发。由于在薄膜状态下进行传热，故蒸发效率较高。

（5）混合油的汽提　通过蒸发，混合油的浓度大大提高。然而，溶剂的沸点也随之升高。无论继续进行常压蒸发或改成减压蒸发，欲使混合油中剩余的溶剂基本除去都是相当困难的。只有采用汽提，才能将混合油内残余的溶剂基本除去。

汽提即水蒸气蒸馏，其原理是：混合油与水不相溶，向沸点很高的浓混合油内通入一定压力的直接蒸汽，同时在设备的夹套内通入间接蒸汽加热，使通入混合油的直接蒸汽不致冷凝。直接蒸汽与溶剂蒸气压之和与外压平衡，溶剂即沸腾，从而降低了高沸点溶剂的沸点。未凝结的直接蒸汽夹带蒸馏出的溶剂一起进入冷凝器进行冷凝回收。其设备有管式汽提塔、层碟式汽提塔、斜板式汽提塔。

7. 溶剂蒸气的冷凝和冷却

（1）工艺流程　溶剂蒸汽的冷凝与分离如图 10-4 所示。

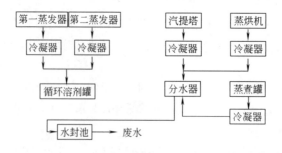

图 10-4　溶剂蒸汽的冷凝分离流程

由第一、第二蒸发器出来的溶剂蒸气因其中不含水，经冷凝器冷却后直接流入循环溶剂罐；由汽提塔、蒸烘机出来的混合蒸气进入冷凝器，经冷凝后的溶剂、水混合液流入分水器进行分水，分离出的溶剂流入循环溶剂罐，而水进入水封池，再排入下水道。

若分水器排出的水中含有溶剂，则进入蒸煮罐，蒸去水中微量溶剂后，经冷凝器出来的冷凝液进入分水器，废水进入水封池。

（2）溶剂蒸气的冷凝和冷却　所谓冷凝，即在一定的温度下，气体放出热量转变成液体的过程。而冷却是指热流体放出热量后温度降低但不发生物相变化的过程。单一的溶剂蒸气在固定的冷凝温度下放出其本身的蒸发潜热而由气态变成液态。当蒸气刚刚冷凝完毕，就开始了冷凝液的冷却过程。因此，在冷凝器中进行的是冷凝和冷却两个过程，事实上这两个过程也不可能截然分开。两种互不相溶的蒸气混合物——水蒸气和溶剂蒸气，由于它们各自的冷凝点不同，因而在冷凝过程中，随温度的下降所得冷凝液的组成也不同。但在冷凝器中它们仍然经历冷凝、冷却两个过程。目前常用的冷凝器有列管式冷凝器、喷淋式冷凝器和板式冷凝器。

（3）溶剂和水分离　来自蒸烘机或汽提塔的混合蒸气冷凝后，其中含有较多的水。利用溶剂不易溶于水且比水轻的特性，使溶剂和水分离，以回收溶剂。这种分离设备称为"溶剂-水分离器"，目前使用得较多的是分水箱。

（4）废水中溶剂的回收　分水箱排出的废水要经水封池处理。水封池要靠近浸出车间，水封池为三室水泥结构，其保护高度不应小于0.4m，封闭水柱高度大于保护高度2.4倍，容量不小于车间分水箱容积的1.5倍，水流的入口和出口的管道均为水封闭式。

在正常情况下，分水器排出的废水经水封池处理，但当水中夹杂有大量粕屑时，对呈乳化状态的一部分废水，应送入废水蒸煮罐，用蒸汽加热到92℃以上，但不超过98℃，使其中所含的溶剂蒸发，再经冷凝器回收。

8. 自由气体中溶剂的回收

自由气体中溶剂的回收工艺流程见图10-5。

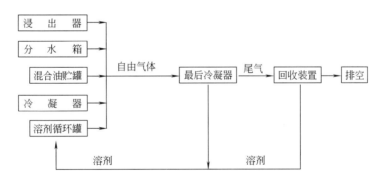

图10-5　自由气体中溶剂的回收工艺流程

空气可以随着投料进入浸出器，并进入整个浸出设备系统与溶剂蒸气混合，这部分空气因不能冷凝成液体，故称为自由气体。自由气体长期积聚会增大系统内的压力而影响生产的顺利进行。因此，要从系统中及时排出自由气体。但这部分空气中含有大量溶剂蒸气，在排出前需将其中所含溶剂回收。来自浸出器、分水箱、混合油贮罐、冷凝器、溶剂循环罐的自由气体全部汇集于空气平衡罐，再进入最后冷凝器。某些油厂把空气平衡罐与最后冷凝器合二为一。自由气体中所含的溶剂被部分冷凝回收后，尚有未凝结的气体，仍含有少量溶剂，应尽量予以回收后再将废气排空。

9. 浸出车间工艺技术参数

（1）进浸出器料胚质量　直接浸出工艺，料坯厚度为 0.3mm 以下，水分 10% 以下；预榨浸出工艺，饼块最大对角线不超过 15mm，粉末度（30 目以下）5% 以下，水分 5% 以下。

（2）料坯在平转浸出器中浸出，其转速不大于 100r/min；在环型浸出器中浸出，其转速不小于 0.3r/min。

（3）浸出温度　50~55℃。

（4）混合油浓度　入浸料坯含油 18% 以上者，混合油浓度不小于 20%；入浸料坯含油大于 10% 者，混合油浓度不小于 15%；入浸料坯含油大于 5%、小于 10% 者，混合油浓度不小于 10%。

（5）粕在蒸脱层的停留时间，高温粕不小于 30min；蒸脱机气相温度为 74~80℃；蒸脱机粕出口温度，高温粕不小于 105℃，低温粕不大于 80℃。带冷却层的蒸脱机（DTDC）粕出口温度不超过环境温度 10℃。

（6）混合油蒸发系统　汽提塔出口毛油含总挥发物 0.2% 以下，温度 105℃。

（7）溶剂回收系统　冷凝器冷却水进口水温 30℃ 以下，出口温度 45℃ 以下。凝结液温度 40℃ 以下。

10. 油脂浸出成套设备

油脂浸出成套设备包括进料刮板、存料箱、封闭搅龙、平转浸出器等浸出设备；湿粕刮板输送机、密封搅龙、蒸烘脱溶机、出料风运系统等物料脱溶设备；混合油罐、长管蒸发器、汽提塔、旋液分离器等混合油蒸发设备；大小冷凝器、自动分水箱、空气平衡罐、尾气吸收塔、溶剂周转罐等溶剂回收处理设备；以及防爆电器电机系统、各类阀门泵类。

（三）水剂法

凡利用油料中的非油成分对油和水"亲和力"的差异，同时利用水、油密度不同，将油脂与蛋白质等用物理法分离的方法统称为水剂法。应指出用水作溶剂只不过是以水溶解蛋白质或其他水溶性胶体物质，或使蛋白质吸水膨胀，而不是萃取油脂。显然，与浸出法相比，它具有工艺简单、安全可靠且经济的特点，但也存在着出油率较低、分离较困难等弱点。水剂法有水代法和水浸法两种形式。

1. 水代法

水代法就是把热水（90℃ 以上，用量 1∶2~1∶2.5）加到磨成浆状的料酱中，使蛋白质微粒吸水膨胀，并借助两者的密度差，采用震荡方式进行油脂分离的方法，即所谓"以水代油"法。基本生产过程如下。

油料 → 清理水选 → 炒籽 → 扬烟磨浆 → 兑浆搅油 → 震荡分油 → 撇油和除渣。

水代法的突出优点是能保持油脂的特有风味，如芝麻油、浓香花生油等。应用现代技术（如水酶法生物预处理技术、三相离心分离技术、节能瞬时干燥技术等），解决油、渣分离，水渣脱水干燥等难题，实现"水代法"制油工艺现代化已成为可能。除芝麻、花生外，水代法还可以应用于葵花籽仁、油菜籽仁、油桐籽仁、蓖麻籽、玉米胚芽等多种高油分软质油料的制油。

2. 水浸法

水浸法又称水溶法，即利用水或稀碱液能溶解油料中可溶性蛋白质、糖类等特性，继而调节溶解液的酸碱度，使之达到蛋白质沉淀所必须的等电点（pH 4.2~4.6）后，进行沉淀、离心分离以及喷雾干燥等工序，去除蛋白质并分离出油脂的一种特殊方法。基本工艺过程如下。

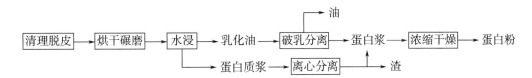

水浸法与水代法的区别在于水温低（60~65℃）、加水量大（1∶6~1∶15），而且以提取蛋白质（浓缩蛋白或分离蛋白）为主要目的。所以它能应用于多种油料，如大豆、棉仁、花生仁、葵花籽仁、卡诺拉菜籽等。

（四）酶法提取植物油脂

油料细胞壁结构的破坏也可通过酶解作用进行，并且，温和的酶处理条件在提高油脂的品质、提取率以及提高副产物质量等方面存在优势。在机械处理的基础上用酶处理植物油料，酶的降解作用使油料细胞进一步被"打开"，而且酶对脂蛋白、脂多糖等复合体具有分解作用，从而提高油的得率。使用的酶种类有：纤维素酶、半纤维素酶、果胶酶、蛋白酶、多聚葡糖酶、淀粉酶及微生物混合酶系等。

对于不同的油料种类、酶种类、酶处理方式以及提油工艺等，油脂提取率的提高幅度相差较大，如，加入酶后可可豆的提油率可高达70%~80%，而对照只有12%~19%。但是，同样采用酶处理有机溶剂提油工艺，棉籽的提油率可提高20%，而蓖麻和葵花籽的提油率提高幅度不足10%。酶法提油成本高，作用效果在不同油料与工艺间相差较大。

酶法提油工艺分为四种，即水相酶解水提油工艺，水相酶解有机溶剂萃取提油工艺，油料低水分酶解压榨提油工艺和油料低水分酶解溶剂浸出提油工艺。

1. 水相酶解水提油工艺

油料在水相中进行酶解，以水为溶剂来提取油脂，又称水酶法工艺。水酶法工艺是在水代法提油工艺基础上发展起来的，也是至今研究得最多的酶法工艺。油料经研磨后调适当的固液比，加入酶进行酶解，酶解结束后固液分离，液相为油和水的混合物，其中包含少量水溶性蛋白质，蛋白质可通过等电点沉淀方法除去，液相进一步浓缩，破乳化，分离得油脂。工艺路线如下：

油料→ 清理破碎 → 浸泡磨浆 → 热处理 → 酶降解 → 固液分离 → 液相沉淀蛋白质 → 浓缩破乳 → 分离得油 。

水相酶解水提油工艺与水代法提油相比，后者得油率低，通常只有30%~40%，因为在高水分环境中长时间处理，油的品质也不好。此外，为了提高油的分离效果，往往要采用高温焙烤原料、加沸水入磨以及采用高速离心分离等办法，不但能耗高，且对油脂及副产物的品质也有极大的影响。如果在水代法中加入酶，可利用酶解作用进一步打破水磨时未能破坏的油料细胞，同时也打破了油料中原有的脂蛋白和脂多糖等复杂大分子结构，使更多的油释放出来，酶解还有破除油和蛋白质等物质在水相中产生的乳化作用，使油脂的分离更容易，提油率明显升高。另外，由于酶的作用条件较温和，油和脱脂后的粕（渣）的品质也大大提高。

总的来说，水相酶解水提油工艺所用温度较低，能耗也低，油料中的蛋白质变性少，可同时获得优质植物油脂和植物蛋白质，在高蛋白质油料的取油工艺中显示出一定的优越性。因此，该工艺有望取代传统的压榨法和溶剂浸出法，用于花生、大豆、葵花籽、棉籽、菜籽等油料的加工。

2. 水相酶解有机溶剂萃取提油工艺

油料在水相与酶作用，加入有机溶剂来萃取油脂，然后分离水相与有机相，有机相真空回收溶剂得油脂。该工艺方法又分两种：一种是有机溶剂在酶解时加入，酶解和萃取是同时进行的；另一种是有机溶剂在酶解结束后加入，与水酶法相似，只是在分离油脂时采用了有机溶剂萃取分离法。工艺路线如下：

油料 → 水磨（热处理） —（加溶剂）→ 酶解 —（加溶剂）→ 过滤除固形物 → 离心分离两相 → 有机相回收溶剂 → 油脂。

有机溶剂的加入，主要使酶解释放出来的油分散于与水不溶的有机相中，以增加取油的效果，同时也使油、蛋白（固相）和水（液相）更易于分离。有机溶剂在酶解前或酶解后加入，提油效果相差不大，在酶解前加入会使油的得率高些。该方法适用于油料果实和种子的提油，在菜籽提油中更具重要意义，一方面可保证油脂有较高的提出率，另一方面可使油料中的有害成分进入废水中，分离出来的蛋白更可以食用或作饲料。

3. 低水分酶解压榨提油工艺

油料经破碎、加热杀灭自身酶系后，调整水分至 20%~30%，外加酶处理，处理完后对油料进行干燥，调节入榨水分，再进行压榨取油。

工艺路线为：油料 → 清理 → 破碎或轧坯 —（热处理）→ 调整水分 → 酶处理 → 干燥 → 压榨 → 油脂。

该工艺的特点是，酶解作用不是在水相进行的，而是在一定湿度的油料固体表面进行的，酶处理结束后经干燥去除了大部分水分，可减少油水分离的工序，并且没有废水产生。压榨可采用冷榨法，也可用热榨法，热榨法比冷榨法提油效果好些，但冷榨法对蛋白质的影响小，有利于油料的综合利用。油料经酶处理后，提油率的提高还是很明显的，Sosulski 对 canola 菜籽的试验表明，酶处理后提油率为 90%~93%，而对照组（不加酶）只有 72%。但此工艺只适于油料种子的取油，而且为了减轻干燥脱水的负担，酶解作用通常在低水分含量下进行，酶解效率较低。

4. 低水分酶解溶剂浸出提油工艺

该工艺与低水分酶解压榨工艺相似，油料经清理后破碎或轧坯，经热处理灭酶，调整水分至 25%~40%，加酶处理，酶解结束后干燥油料，至水分 15% 左右，用有机溶剂浸出油脂，真空汽提回收溶剂。此法适用于果实和种子的提油。

工艺路线为：油料 → 清理 → 破碎或轧坯 —（热处理）→ 调整水分 → 酶处理 → 干燥 → 有机溶剂浸出 → 回收溶剂 → 油脂。

与酶解后压榨工艺相比，溶剂的使用会使得油率更高；经酶解后，油料中的油更易浸出，提油时间也可缩短。但同样的问题是，酶在低水分下的作用效果较差，且不均匀，酶解后需要干燥到更低的水分含量，以便于溶剂的浸提。

（五）其他提取方法

1. 反胶束萃取技术

用反胶束系统萃取分离植物油脂和植物蛋白质的基本工艺过程为，将含油脂和蛋白质的原料溶于反胶束体系，蛋白质增溶于反胶束极性水池内，同时油脂萃取入有机溶剂中，这一步称为前萃；然后通过调节水相的离子强度等，使蛋白质转入水相，离心分离，实现反萃。该方法将传统工艺的提油得粕再脱溶的复杂冗长流程，改进为直接用反胶束系统分离油脂和蛋白质，工艺过程大为缩短，能耗大为降低。反胶束分离过程中，蛋白质由于受周围水层和极性头的保护，不会与有机溶剂接触，从而不会失活，避免了传统方法中蛋白质容易变性的缺点。国内在大豆、花生的反胶束萃取提油技术上做了一些研究，如用反胶团提取大豆中的蛋白质和豆油，大豆蛋白质的萃取率最高达96.9%，豆油的萃取率为90.5%，这些研究为反胶束法用于分离植物油脂提供了一定的理论基础。

2. 超声波处理法

超声波空穴效应使界面扩散层上分子扩散加剧，在油脂提取中加快油脂渗出速度，提高出油率。超声波在生物活性物质的提取方面已有广泛应用，在油脂提取方面尚处于探索阶段，国内现已有葵花籽、猕猴桃籽、松子油、苦杏仁油超声波提取方面的报道。

（六）油脂的精炼

一般提取所得油脂中除含甘油三酯以外，还含有其他成分，浸出法所得油脂中，尤其如此。精炼的目的是去掉杂质、保持油脂生物性质、保留或提取有用物质。毛油中杂质主要有三类（图10-6）：不溶性固体杂质（包括泥沙、饼粕粉末、纤维等）、胶溶性杂质（包括色素、生育酚、维生素等）和挥发性杂质（包括水分、酚类、烃类溶剂、臭味物质等）。

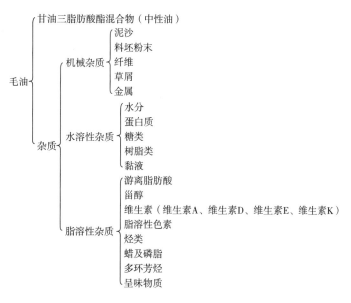

图 10-6 毛油的组成

1. 油脂精炼的目的和方法

毛油中杂质的存在，不仅影响油脂的食用价值和安全贮藏，而且给深加工带来困难。精炼的目的是将其中对食用、贮藏、工业生产等有害无益的杂质除去，如棉酚、蛋白质、磷脂、黏液、水分等，而有益的"杂质"，如生育酚等要保留，得到符合一定质量标准的成品油。

根据操作特点和所选用的原料，油脂精炼的方法分为机械法、化学法和物理化学法三种。这些精炼方法往往不能截然分开。有时采用一种方法，同时会产生另一种精炼作用。例如碱炼（中和游离脂肪酸）是典型的化学法，然而，中和反应生产的皂角能吸附部分色素、黏液和蛋白质等，并一起从油中分离出来。

2. 机械法精炼

（1）沉淀　沉淀是利用油和杂质的相对密度不同，借助重力的作用，达到自然分离的方法。沉淀设备有油池、油槽、油罐、油箱和油桶等容器。沉淀时，将毛油置于沉淀设备内，一般在20~30℃温度下静置，使之自然沉淀。虽然沉淀法的设备简单、操作方便，但其所需的时间很长（有时要10多天），又因水和磷脂等胶体杂质不能完全除去，油脂易产生氧化、水解而增大酸值，影响油脂质量。

（2）过滤　过滤是将毛油在一定压力（或负压）和温度下，通过带有毛细孔的介质（滤布），使杂质截留在介质上，让净油通过而达到分离油和杂质的一种方法。过滤所用设备有箱式压滤机、板框式过滤机、振动排渣过滤机和水平滤叶过滤机。

（3）离心分离　离心分离是利用离心力分离悬浮杂质的一种方法。常用于离心分离设备的是卧式螺旋卸料沉降式离心机。

3. 水化法精炼

水化是指用一定数量的热水或稀碱、盐及其他电解质溶液加入毛油中，使水溶性杂质凝聚沉淀而与油脂分离的一种去杂方法。水化时，凝聚沉淀的水溶性杂质以磷脂为主。

水化也分为间歇法和连续法：间歇法在水化锅中进行，静置分层后分离出磷脂及胶溶物；连续法则是在特殊喷射式水化器内进行真空进料，直接升温，剧烈混合，使水化过程连续而高效。至于水化器结构的选择，则主要取决于油水混合、水化剂和产量等因素。

决定水化效果的有三个要素：水化剂及其用量；水化温度和搅拌速度。

（1）工艺流程（图10-7）

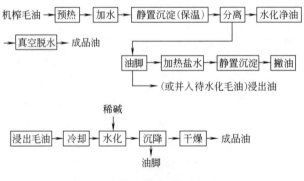

图10-7　水化法精炼油脂的工艺流程

（2）设备　目前广泛使用的水化设备是水化锅。一般油厂往往配备2~3只水化锅，轮流使用，也可作为碱炼（中和）锅使用。

（3）操作参数

①间歇式脱磷加水量为胶质含量的 3~5 倍；连续式脱磷加水量为油量的 1%~3%。

②温度常采用 70~85℃，搅拌速度应能变动，间歇式的应至少有两种速度选择。

③酸类添加量为油量的 0.05%~0.10%。连续式脱磷设备因胶质分离时带有少量杂质，大型厂宜采用排渣式离心机，以省去清洗碟片的时间。水化脱磷时，处理量小于 20t/d 的宜采用间歇式设备；处理量大于 20t/d 的应采用连续式设备。

4. 碱炼法

碱炼是用碱中和游离脂肪酸，并同时除去部分其他杂质的一种精炼方法。常用的碱是烧碱。烧碱能中和毛油中游离脂肪酸，使之生成钠皂（通称为皂角），它在油中成为不易溶解的胶状物而沉淀。皂角具有很强的吸附能力，使相当数量的其他杂质（如蛋白质、黏液、色素等）吸附、沉淀下来，甚至机械杂质也不例外。毛棉油中所含的游离棉酚可与烧碱反应，变成酚盐。这种酚盐在碱炼过程中更易被皂脚吸附沉淀，因而能降低棉油的色泽，提高精炼棉油的质量。

（1）工艺流程 有间歇式和连续式两种碱炼法，而前者又可分为低温和高温两种操作方法。对于小型油厂，一般采用的是间歇低温法。

①间歇式碱炼工艺流程（图 10-8）：

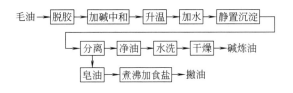

图 10-8 间歇式碱练工艺流程

②连续式碱炼：连续式碱炼即生成过程连续化。其中有些设备能够自动调节，操作简单，生产效率高，此法所用的主要设备是高速离心机，常用的有管式和碟式高速离心机。

（2）工艺参数

①从处理量来考虑，小于 20t/d 的宜采用间歇式碱炼，大于 20t/d 的应采用连续式碱炼。

②根据油的酸价（加入其他酸时也包括在内）、色泽、杂质和加工方式，通过计算和经验来确定碱液的浓度和用量，碱液浓度一般为 10~30°Bx，用量一般为理论值的 20%~40%。

③间歇式碱炼应采用较低的温度。设备应有二级搅拌速度。

④连续式碱炼可采用较高的温度和较短的混合时间。在采用较高温度的同时，必须避免油与空气的接触，以防止油的氧化。

⑤水洗作业可采用二次水洗或一次复炼和一次水洗，复炼宜用淡碱，水洗用水应为软水，水量一般为油重的 10%~20%，水洗温度 80~95℃。

⑥脱水后油的干燥应采用真空干燥，温度 85~100℃，真空残压 4000~7000Pa，干燥后的油应冷却至 70℃以下才能进入后续工序。

5. 塔式炼油法

塔式炼油法又称泽尼斯炼油法。该法已用于菜籽油、花生油、玉米胚油和牛羊油等的碱炼，同时也适用于棉籽油的第二道碱炼。一般的碱炼法是碱液分散在油相中和游离脂肪酸，即油包水（W/O）型。塔式炼油法是使油分散通过碱液层，碱与游离脂肪酸在碱液中进行中和，即水包油（O/W）型。塔式炼油法由毛油脱胶、脱酸、脱色三个阶段组成，其工艺过程见图10-9。

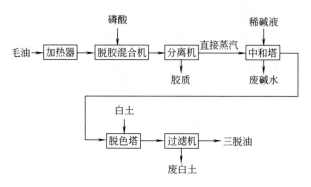

图 10-9　塔式炼油的工艺流程

6. 物理精炼

油脂的物理精炼即蒸馏脱酸，系根据甘油三酸酯与游离脂肪酸（在真空条件下）挥发度差异显著的特点，在较高真空（残压600Pa以下）和较高温度下（240~260℃）进行水蒸气蒸馏的原理，达到脱除油中游离脂肪酸和其他挥发性物质的目的。在蒸馏脱酸的同时，也伴随有脱溶（对浸出油而言）、脱臭、脱毒（米糠油中的有机氯及一些环状碳氢化合物等有毒物质）和部分脱色的综合效果。

油脂的物理精炼适合于处理高酸价油脂，例如米糠油和棕榈油等。精炼工艺包括毛油预处理与蒸馏脱酸两部分。预处理包括毛油的除杂（机械杂质）、脱胶（磷脂和其他胶黏物质）和脱色，使毛油成为符合蒸馏脱酸工艺条件的预处理油。蒸馏脱酸主要包括油的加热、冷却、蒸馏和脂肪酸回收等工序。物理精炼的工艺流程见图10-10。

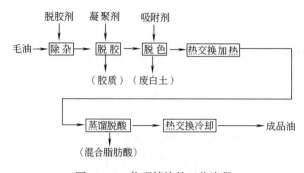

图 10-10　物理精炼的工艺流程

物理精炼使用的主要设备有除杂机、过滤机、脱胶罐、脱色罐、油热交换罐、油加热罐、蒸馏脱酸罐、脂肪酸冷凝器和真空装置等。

7. 脱溶

脱溶后油中的溶剂残留量应不超过 50mg/L。目前，国内外采用最多的是水蒸气蒸馏脱溶法。脱溶在较高温度与较高的真空条件下进行，其目的是提高溶剂的挥发性，保护油脂在高温下不被氧化，降低蒸汽的耗用量。

（1）间歇式脱溶工艺　水化或碱炼后的浸出油→脱溶→冷却→成品油。

（2）连续式脱溶工艺　如图 10-11 所示。

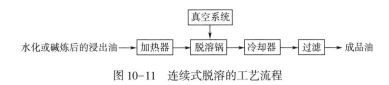

图 10-11　连续式脱溶的工艺流程

8. 脱色

（1）脱色目的　各种油脂都带有不同的颜色，这是因为其中含有不同的色素所致。例如，叶绿素使油脂呈墨绿色；胡萝卜素使油脂呈黄色；在贮藏中，糖类及蛋白质分解而使油脂呈棕褐色；棉酚使棉籽油呈深褐色。在前面的精炼工序中虽可同时除去部分色素，但还不能达到产品品质要求，必须经过进一步脱色处理。

（2）脱色方法　油脂脱色的方法有日光脱色法（又称氧化法）、化学药剂脱色法、加热法和吸附法等。目前应用最广的是吸附法，即将某些具有强吸附能力的物质（酸性活性白土、漂白土和活性炭等）加入油脂，在加热情况下吸附除去油中的色素及其他杂质（蛋白质、黏液、树脂类及肥皂类）。吸附脱色同样有间歇和连续两种工艺，国内油脂加工企业广泛使用间歇工艺，美、德、俄和澳大利亚等国普遍使用连续工艺。连续法脱色工艺不但设备产能大、吸附剂用量小，而且脱色稳定高效、油品外观质量好。

（3）工艺流程　间歇脱色即油脂与吸附剂在间歇状态下通过一次吸附平衡而完成脱色过程的工艺。油脂经贮槽转入脱色罐，在真空下加热干燥后，与吸附剂在搅拌下充分接触，完成吸附平衡，然后经冷却油泵泵入压滤机分离吸附剂。过滤后脱色油汇入贮槽，借真空吸力或输油泵转入脱臭工序，压滤机中的吸附剂滤饼则转入处理罐回收残油。

9. 脱臭

（1）脱臭的目的　纯粹的甘油三脂肪酸酯无色、无气味，但天然油脂都具有自己特殊的气味（也称臭味）。气味是氧化产物进一步氧化生成过氧化合物，分解成醛而使油呈味。此外，在制油过程中也会产生臭味，例如溶剂味、肥皂味和泥土味等。除去油脂特有气味（呈味物质）的工艺过程就称为油脂的"脱臭"。

（2）脱臭的方法　目前国内外应用最广、效果最好的是真空蒸汽脱臭法。真空下脱臭能有效降低臭味物质的沸点，而且还能使其体积迅速增加，增加气泡的工作表面，使蒸发系数猛增，脱臭时间大为缩短，油脂水解减少，所得油品质量更好。

真空蒸汽脱臭法是在脱臭锅内用过热蒸汽（真空条件下）将油内呈味物质除去的工艺过程。真空蒸汽脱臭的原理是水蒸气通过含有呈味组分的油脂，汽-液接触，水蒸气被挥发出来的臭味组分所饱和，并按其分压比率选出而除去。

（3）脱臭工艺参数

①间歇脱臭油温为 160~180℃，残压为 800Pa，时间为 4~6h，直接蒸汽喷入量为油重的 10%~15%。

②连续脱臭油温为 240~260℃，时间为 60~120min，残压在 800Pa 以下，直接蒸汽喷入量为油重的 2%~4%。

③柠檬酸加入量应小于油重的 0.02%。

④导热油温度应控制在 270~290℃ 范围内。

10. 脱蜡

在温度较高时，蜡以分子分散状态溶解于油中。当温度逐渐降低时，会从油相中结晶析出，使油呈不透明状态而影响油脂的外观。同时，含蜡量高的油脂吃起来糊嘴，影响食欲，进入人体后也不能为人体消化吸收，所以要将其除去。脱蜡与脱胶、脱酸、脱色、脱臭工艺密切相关，是制取高级油脂必不可少的一道工序。油脂脱蜡就是通过强制冷却将液体油中所含的高熔点的蜡与高熔点的固体脂析出，再采用过滤或离心分离方法将其除去的过程。目前国内外主要有传统的脱蜡工艺、脱酸-脱蜡工艺、低温脱酸脱蜡工艺、精细抛光过滤脱蜡工艺等。

四、植物磷脂的提取

（一）植物磷脂的提取

磷脂广泛存在于动植物体内，特别是大豆、棉籽、玉米、葵花籽和油菜籽等植物中含有较多的磷脂。因而，从植物毛油中提取磷脂已成为国内外研究的热点课题之一。

1. 提取原理

磷脂一般采用水化法制得。磷脂能吸水膨胀形成胶体状态，而在油脂中溶解度大大降低，利用磷脂的这种特性将其与油脂分离。

2. 提取流程

提取植物磷脂的基本流程：油胶──→ 预处理 ──→ 提取 ──→ 纯化 。

3. 操作过程

（1）油胶的预处理　油厂排放的油胶中含有 50% 左右的水分，极易在细菌作用下酸败，因而用于提取磷脂的油胶通常首先进行浓缩，制成含水量<1%，丙酮不溶物>60%，含油 35% 左右的毛磷脂。这样的毛磷脂可存放一年而不变质。

（2）磷脂的提取　磷脂的提取方法主要有有机溶剂萃取法和超临界 CO_2 萃取法。通过将油脂等杂质萃出，而得到丙酮不溶物含量达 95% 以上的纯净的粉末状磷脂。

①有机溶剂萃取法：有机溶剂萃取法是根据磷脂不溶于醋酸甲酯、丙酮等有机溶剂的特点，将原料中可溶于其中的油脂等杂质去除，而得到磷脂产品。现在一般使用丙酮多步萃取法，为使产品中丙酮不溶物含量>95%，至少要用丙酮萃取 4 次。产品中残留的丙酮，会导致磷脂在贮藏过程中变质，还容易产生有毒的异亚丙基丙酮，因而必须控制产品中丙酮残留量<50μg/L。

②超临界 CO_2 萃取法：以超临界 CO_2 为溶剂，将原料中油脂等非极性和弱极性杂质除去，从而得到高纯度的磷脂。操作压力达 30MPa 左右，而操作温度仅为 40~60℃，不会使磷脂受热变质。通过一次萃取操作，即可使丙酮不溶物含量达 98%。

③有机溶剂提取无机盐复合沉淀法：该法是利用卵磷脂可与某些无机盐生成沉淀的性质，用有机溶剂把卵磷脂从磷脂中提取出来，再与 $ZnCl_2$ 等无机盐生成盐而沉淀，从而达到与其他磷

脂分离、除去蛋白质和脂肪的目的。

④色谱分离法：可用薄层色谱法、柱色谱法及高效液相色谱法从大豆油中分离卵磷脂。

（二）浓缩磷脂的提取

磷脂产品有浓缩磷脂、流质磷脂、精制大豆磷脂、卵磷脂和脑磷脂等。其中浓缩磷脂又是制取其他磷脂产品的原料，一般从豆油中提取。根据毛油来源、产品规格及所用设备不同，有间歇法及连续法制取几种工艺。

1. 间歇法浓缩磷脂

（1）机榨毛油　将毛油预热到 60~65℃，过滤去除杂质，在 50~60℃ 油中加入 60℃ 以上的热水，水量为毛油中磷脂含量的 3.5~4 倍，加水后，在 70~80r/min 转速下搅拌 20~30min，使磷脂充分水化，待絮状沉淀生成后，降低转速，离心分离或静置沉淀 5h 后，放出油脚。亦可用湍流法（喷射型混合器或超声波）使油水强烈混合，水化作用迅速并可降低油中残留磷脂量。如水化前加入相当于油量 0.2%~0.8% 的无水醋酸，搅拌升温至 60℃，5min 后再进行水化，可使油中胶质全部分离，不仅能提高油质量，同时能提高磷脂的得率。水化油脚是浓缩磷脂的原料，由于含水量高，极易发酵酸败，需及时浓缩处理。浓缩时油脚中的丙酮不溶物含量在 5% 左右为宜。为此，可采用分段浓缩，第一次浓缩到含水 15%~20% 时，停止搅拌加热、静置分层。分出上层油后，继续加热搅拌，浓缩至水分 <5%。用此法生产的磷脂为棕色半固体，丙酮不溶物 >6% 以上，此为工业级产品。用 30% 过氧化氢处理浓缩物 1h，然后把未起反应的过氧化氢用过氧化氢酶分解，过量酶在 70~75℃ 下钝化，浓缩磷脂以 1:1 或 1:2 的比例再溶于精炼油或氢化油中，得到浅棕色成品，可用于食品工业。

（2）汽提后的浸出毛油　此类毛油因夹带水分，使部分磷脂吸水形成油脚，造成过滤困难。为此，这种毛油要首先经真空脱水罐（$T<100℃$、$9.3×10^4$ Pa）脱水、过滤后再去水化，得到的油脚再送至磷脂脱水罐进行真空脱水（$T<120℃$、$9.3×10^4$ Pa），油脚变稀后，改用 90℃ 热水加热，直至没有水流时，停止抽真空。加入油脚量 2%~2.5%、浓度 30% 的过氧化氢，50℃ 热水加热，密闭脱色，再在 60~70℃ 热水加热下继续脱水，至无水滴出为止。此法生产的大豆磷脂丙酮不溶物 60%~63%，乙醚不溶物 <0.4%，水分 <1%，酸价 <38%，20℃ 时保持自然流动状态。

2. 连续法浓缩磷脂

先在水化罐内水化、沉淀，用管式离心机分出磷脂，进入中间缓冲罐，再经齿轮泵送入转子薄膜蒸发器，在热力和真空作用下，其中的水分迅速蒸发，浓缩磷脂流入卸料室，进入收集罐中。该工艺要求浓缩真空 $>9.3×10^4$ Pa，温度 100~110℃。如果进入连续浓缩机之前的粗磷脂水分含量较高，可采用盘管加热器进行预脱水，当粗磷脂水分 <35%、油脂 <20%、磷脂含量 40% 时即可停止脱水，再按上述方法进行连续浓缩。

第三节　油脂类化合物的提取实例

一、微生物源脂质的提取

与动、植物油生产相比，微生物油脂生产具有许多优点：微生物细胞增殖快、生长周期短；微生物生长所需原料丰富，且能利用农副产品及食品工业、造纸工业中产生的废弃物，起到保护环境的作用；所需劳动力少，同时不受季节、气候变化限制；能连续大规模生产，降低成本；利用细胞融合、细胞诱变等方法，能使微生物产生更符合人体需要的高营养油脂或某些特定脂肪酸组成的油脂，如 EPA、DHA、类可可脂等。微生物油脂一般按如下工艺生产：

$$\boxed{筛选菌种} \rightarrow \boxed{菌种扩大培养} \rightarrow \boxed{收集菌体} \rightarrow \boxed{干菌体预处理} \rightarrow \boxed{油脂提取} \rightarrow \boxed{精制}$$

以破囊壶菌中脂质的提取为例。破囊壶菌是一种单细胞、异养的海洋真菌。近年来研究发现其脂质脂肪酸组成中多不饱和脂肪酸含量丰富，特别是二十碳五烯酸（EPA）和二十二碳六烯酸（DHA）。多数破囊壶菌脂质中多不饱和脂肪酸含量高达 60% 以上，而且脂肪酸组成简单，利于分离纯化，因此，被认为是生产多不饱和脂肪酸非常有前景的微生物。

（一）超声波破碎菌体

称取适量菌体于 10mL 试管中，加无菌水配成需要的细胞浓度，试管置于 25℃ 水浴恒温，然后进行超声波破碎。破囊壶菌在光学显微镜下观察为规则圆形，经超声波破碎后，囊壁破裂或形状变得不规则，很容易区分。细胞破碎条件为：超声波输出功率 500W、细胞浓度 12%、超声波每次处理时间 2s、超声波处理次数 150 次、间隙时间 4s。

（二）脂质提取

破囊壶菌的脂质除了部分分布于细胞膜外，大部分主要在细胞内，特别是对于湿细胞，有机溶剂难以进入细胞将脂质萃取出来，因此，氯仿-甲醇法萃取未破碎的细胞，其脂质含量较低。采用超声波将细胞破碎后，细胞内容物完全暴露于萃取溶剂中，脂质易于被萃取，此时氯仿-甲醇法测得的脂质含量很高，比细胞未破碎时提高 60%。

二、 动物油脂类化合物的提取

（一）羊毛脂中胆甾醇的提取

羊毛脂是由羊皮脂腺分泌且黏附于羊毛毛被中的酯类物质的多组分混合物，可从羊毛清洗废液中回收而得。粗羊毛脂是一种褐色、有臭味的黏稠物，精制后为黄色半透明、油性的黏稠软膏状半固体。羊毛脂几乎不溶于水，但可吸收相当于其自身重量 2 倍的水分，易溶于醚、苯、氯仿、丙酮和石油醚，难溶于冷醇，熔点 38~42℃。

羊毛脂与普通动植物油脂不同，它不含甘油，主要是由脂肪酸与大致等量的脂肪醇、甾醇、三甲基甾醇等所形成的酯，另外含有少量游离酸、游离醇以及烷烃等。从羊毛脂中可分离出脂肪酸 130 多种，其中直链脂肪酸和支链脂肪酸分别约占脂肪酸总量的 23% 和 77%；从羊毛脂中可分离出的醇有 70 种左右，可分为脂肪醇、固醇和三甲基固醇三类，分别约占醇总量的 25%、40%、25%~30%。

羊毛脂中含有 10%~20% 的胆固醇。胆固醇可广泛用于化妆品、乳化剂、医药等各个方面。从羊毛脂中提取胆甾醇有生物法和化学法两种。

1. 生物提取法

生物提取法就是通过微生物作用从羊毛脂中提取胆固醇。用大豆曲霉或稻曲霉在 pH 6.5 的环境中对羊毛脂进行摇瓶培养 72h 后，用乙酸乙酯或苯作溶剂萃取出胆甾醇；也可用羊毛脂作为碳源用煤油溶解，在绿脓杆菌或假单胞菌培养介质中控制 pH 为 6.5~8.5，进行有氧培养，也能分离出胆固醇。该类方法需严格的生物化学环境及相应的生化设备，收率低，且不易于工业化。

2. 化学提取法

这是国内外研究较多、应用较广的方法。主要是将羊毛脂皂化后，再从不皂化物或羊毛脂醇中提取胆固醇。其过程大体可分为羊毛脂的皂化和胆甾醇的提取两个阶段。

（1）羊毛脂的皂化 羊毛脂中最主要的成分是羊毛脂醇和高级脂肪酸形成的酯，通过皂化可得到游离的醇和皂。

①用二价金属（氢）氧化物皂化：在高温高压下用二价金属的氧化物或氢氧化物的浓缩水悬浊液皂化羊毛脂，所得到的皂化产物用低级醇或酮直接萃取，可分离羊毛酸皂和羊毛脂醇。

②直接在碱水溶液中皂化：用氢氧化钠或氢氧化钾的（浓缩）水溶液皂化羊毛脂，皂化产物可先盐析，再用低级醇、酮或酯萃取分离，也可用氯化钙先将羊毛酸钠皂或钾皂转化为钙皂后萃取分离。

③在碱醇溶液中皂化：该路线采用氢氧化钠（或钾）在低级醇（常常为乙醇）中对羊毛脂进行皂化，再用苯对皂化产物进行萃取分离。由于氢氧化钠（或钾）在低级醇中也有较高的溶解度，而羊毛脂在温度较高的低级醇中也有一定的溶解度，这样羊毛脂就可以在溶解状态下与溶解的碱进行皂化反应。该方法用乙醇代替水，提高了皂化反应速度和皂化率，但乙醇的回收量较大，成本增加。在萃取分离过程中，溶剂苯具有较大的毒性，且分离时同样存在乳化的不利影响。

④在碱水溶液中加入助剂皂化：该路线采用在碱水溶液中加入助剂来促进对羊毛脂的皂化，然后用卤代烃或石油醚对皂化产物实现萃取分离。与直接在碱水溶液中皂化相比，所加入的助剂对羊毛脂有一定的溶解，可以促使皂化反应诱导期缩短，从而加快皂化反应；有溶解羊毛酸钠盐或钾盐的能力，有利于皂膜破裂，促使皂化反应完全；降低反应物系黏度，有利于分子碰撞，从而加快反应进行。因而，该路线的皂化效果较好，成本也较低，但直接对羊毛酸钠盐和羊毛脂醇的混合物进行萃取分离，容易乳化，分离效果欠佳。

（2）胆固醇的提取 国内外对于羊毛脂中胆固醇提取的相关研究有以下五类方法。

①溶剂选择结晶法：溶剂选择结晶法是利用各组分在特定溶剂中溶解度的差异来实现的。大多采用甲醇、冰醋酸和丙酮三种溶剂对羊毛脂醇中各组分进行分步冷却结晶。该类方法的优点在于过程简单，适合于工业化应用。但是要取得较好的分离效果和较好的收率，必须要确定结晶步骤中所使用的溶剂及结晶顺序、各种溶剂的用量、冷却温度的优化值，掌握适宜的冷却速度，并用相应的仪器进行严格控制。

②色谱法：是通过对羊毛脂醇中各组分进行选择性吸附来实现胆固醇的提取。其中柱色谱在研究中应用得较多，所用的较好填料为硅胶，洗脱液和溶解样品的溶剂相同，均为庚烷与丙酮的混合液。由此得到胆固醇的收率可达90%以上，纯度可达70%以上。该方法所得到的产品收率较高，产品纯度经重结晶后至少可达到90%以上。

③溴化法：原理是先使溴与胆固醇形成微溶的胆固醇二溴化物，过滤沉淀，将沉淀除溴后得到胆甾醇。该方法收率偏低，工业应用的价值不大。

④配合法：国内外对于该类方法的研究较多，包括与中性试剂（毛地黄皂苷、脲、肟等）的配合、与酸性试剂（乙二酸、丁二酸、氯化氢、高氯酸和六氟磷酸、吡啶-三氧化硫等）的配合、与无机金属盐（金属氯化物、碘化钠、磷酸氢二钠、硝酸锰、硝酸铝、溴化钙等）的配合三类。在配合物中，相对具有工业应用价值，且在国外已投入工业生产的配合试剂是无机金

属盐，尤其是金属氯化物。相对于其他配合试剂，金属氯化物对于羊毛脂中的胆甾醇具有较好的选择性与配合收率。用得较多的金属氯化物是氯化钙和氯化锌。将羊毛脂醇与该金属氯化物在有机溶剂中进行配合，再将配合物水解即可得到胆固醇。该方法在国外已经投入生产，证明其有工业发展的优势。

⑤分子蒸馏法：是将羊毛脂皂化后得到的不皂化物或羊毛脂醇在高真空下用分子蒸馏进行分离纯化，得到胆固醇和羊毛甾醇。该分子蒸馏法对设备及操作条件要求较高，工厂化生产有较大的困难。

3. 操作实例

（1）羊毛脂的皂化　在装有机械搅拌器、温度计、回流冷凝管装置的反应器中加入 6kg 氢氧化钠、30L 水、150L 乙醇，恒温水浴加热至回流（温度 77~78℃），搅拌，15~20min 内滴加 50kg 熔化的棕黑色羊毛脂，回流反应 8h，得棕黑色皂化产物。

（2）醇皂的分离　将反应混合物温度调至 60~65℃，用盐酸调 pH 至 8.5。先常压后减压蒸除乙醇。加入 5.6kg 氯化钙、80L 水，在 25℃搅拌反应 30min，得黄色混合物。加入 200L 水，室温搅拌水洗，升温至 70℃左右，分出水层。重复水洗 8~9 次，至洗液中无 Cl⁻ 为止。60℃烘烤 2h 脱水，用 600L 乙醇回流萃取 1.5h，趁热抽滤。滤饼重复萃取一次。合并萃取液，蒸去乙醇，并在 60℃烘除残存溶剂，冷却得棕黄色粗羊毛脂醇 26.5kg。滤饼烘干，得土黄色羊毛酸钙皂。

（3）胆固醇配合物的形成　在反应器中加入 30kg 熔化的棕黄色羊毛脂醇（胆固醇含量为 21%）、210L 乙醇、12.7kg 无水氯化钙，加热搅拌至回流，反应 3h。先常压后减压除去乙醇，得黄色固体。

（4）配合物的提纯　在黄色固体中加入石油醚 120L、乙醇 10L，搅拌加热至回流，保持 1h。然后以 10℃/h 的速度冷却，同时保持缓慢搅拌（60r/min）。冷却至 15℃保温 1h，析出黄色颗粒状固体。抽滤，用少量石油醚洗涤滤饼，即得该胆固醇-氯化钙配合物。50℃烘干，冷却，得 9.6kg 淡黄色固体。

（5）配合物的水解及胆固醇的提纯　在反应器中加入研碎的 3kg 配合物、300L 水，在 15℃搅拌水解 1h，过滤，得乳黄色或白色固体，水洗两次，50℃烘干。用乙醇重结晶，得到白色片状晶体。

上述工艺过程中的适宜操作条件：氢氧化钠用量为 1.8 倍理论碱量，皂化助剂为 80% 乙醇溶液，羊毛脂加入醇碱液中进行反应，皂化温度 77~78℃，皂化产物调 pH 至 8.5，蒸除乙醇；与蒸余物反应过程中，氯化钙：初始羊毛脂=0.11：1，反应温度 25℃，反应时间 30min；水洗至无 Cl⁻，60℃烘烤脱水，萃取溶剂为乙醇，且乙醇：初始羊毛脂=12：1，萃取温度 78℃，萃取时间 1.5h，重复萃取一次，合并萃取液蒸除乙醇得羊毛脂醇。

从羊毛脂醇中提取胆固醇，配合溶剂为乙醇，配合温度 78℃，氯化钙：胆固醇=7：1，配合时间 3h；蒸除乙醇，加入石油醚-乙醇混合溶剂提纯配合物，且混合溶剂：羊毛脂醇=4.3：1，提纯时间 1h，缓慢冷却至 15℃保温，滤出固体物，50℃烘干。用水直接进行配合物的水解，水：配合物=100：1，水解温度 15℃，过滤得粗产品，再用乙醇重结晶得白色胆固醇晶体。

（二）鱼油中多烯脂肪酸的提取

多烯脂肪酸（PuFA，主要为 EPA、DHA），以深海鱼体内含量较高。随着人们对深海鱼油的广泛重视，EPA 和 DHA 对人体的医疗保健作用也越来越受关注。国内外已研制出多种制备方法和多种鱼油产品。

下面介绍一种综合采用盐析法、低温冷冻法、尿素包合等方法从鱼油中提取多烯脂肪酸的方法。

1. 采用盐析法提取总脂肪酸（FA）

取鱼油量 1/4 的 KOH，溶于 95% 乙醇中，制成 2% 的乙醇液盛于烧瓶内，加入鱼油，在氮气流下加热回流 20~90min，使完全皂化。皂化程度检查用硅胶 G 薄层层析法，以甘油三酯斑点消失判断皂化完全。皂化液于室温静置 4~12h，减压抽滤，除去饱和脂肪酸钾盐结晶。滤液于一定温度下静置 24h，再抽滤，向滤液加鱼油量 3~5 倍石油醚提取不皂化物，振摇、静置分层，除去石油醚层，下层液以 4mol/L 盐酸或 30% 硫酸调 pH 至 1~2，搅拌，静置后，收集上层液，得粗总脂肪酸，脱水后减压蒸馏（或通 N_2 蒸馏）乙醇后，得总脂肪酸。

2. 用尿素包合法制取多烯脂肪酸（PUFA）

以总脂肪酸重 2~5 倍量尿素，加入总脂肪酸（g）12 倍量无水乙醇（mL）中，加热使溶解，在不断搅拌下加入总脂肪酸（如用尿素包合，总脂肪酸可不做脱乙醇处理），加热（60~65℃）至溶液澄清，室温搅拌 3h 进行一次尿素包合，静置 24h，抽滤，除去尿素包合物结晶。另取 3 倍量乙醇加半量尿素，搅拌（必要时加热）使溶解，与滤液合并，室温搅拌进行二次包合，静置 6h，于一定温度放置 24h，抽滤，滤液每 100mL 加水 300mL、2mol/L 盐酸 70mL，搅拌 2h，静置后收集上层油样液，水洗数次后，以无水硫酸钠干燥，得多烯脂肪酸。

对于质量要求不同的产品，推荐使用以下几种方法：

（1）生产 DHA+EPA 含量≥30% 的产品　皂化液常温放置，不进行尿素包合。

（2）生产 DHA+EPA 含量≥40% 的产品　皂化液 -2~-1℃ 放置，不进行尿素包合。

（3）生产 DHA+EPA 含量≥50% 的产品　皂化液 -20℃ 放置，不进行尿素包合。

（4）生产 DHA+EPA 含量≥70%，其中 DHA 含量≥60% 的产品　皂化液常温放置，两次尿素包合，包合液 -20℃ 放置。

（5）生产 DHA+EPA 含量≥75%，其中 DHA 含量≥50%，EPA 含量≥25% 的产品　皂化液 -2~-1℃ 放置，一次尿素包合，包合液 -2~-1℃ 放置。

以上工艺中皂化液的酸化，所用酸为 30% H_2SO_4 或 4mol/L HCl，实验证明，用 H_2SO_4 酸化，下层溶液混浊，甚至有絮状沉淀，可能为 H_2SO_4 与甘油的复合物；用 HCl 则下层清亮，易于分离总 FA。

（三）蛋黄卵磷脂的提取

磷脂分布很广，生物体细胞组织中都含有磷脂。蛋黄和植物种子是富含磷脂的主要原料，蛋黄中约含磷脂 10%，蛋黄磷脂的构成如表 10-5 所示。

表 10-5　　　　　　　　　　　　　　卵黄磷脂的构成

磷脂种类	构成/%	磷脂种类	构成/%
卵磷脂（PC）	73.0	溶血脑磷脂（LPE）	2.1
脑磷脂（PE）	15.5	缩醛甘油脂（PG）	0.9
溶血卵磷脂（LPC）	5.8	肌醇磷脂（PI）	0.6
神经鞘磷脂（SPM）	2.5		

随着卵磷脂的需求量不断增大，已经形成了许多成熟、有效的提取纯化方法。

（1）有机溶剂法　这是目前应用最广泛的方法，适用于从各种天然物中提取卵磷脂，只是对不同原料，溶剂的选取稍有不同。该方法主要是利用有机溶剂对卵磷脂的良好溶解性进行提取。

从新鲜蛋黄中提取卵磷脂的基本过程为：蛋黄中加入一定量95%乙醇，混匀后，静置一定时间，加入乙醚，浸渍一定时间后过滤，将滤渣再用同样溶剂浸泡，合并二次浸渍液，低温减压和 N_2 保护下浓缩至近干，向浓缩物内加入丙酮除杂，卵磷脂就沉淀出来，过滤，水浴蒸干后即得蛋黄卵磷脂粗品。

其具体的操作过程为（图10-12）：首先将蛋黄均质放入带塞瓶中备用，称取一定量的均质蛋黄放入洁净的带塞三角瓶中，加入一定量的乙醇，搅拌 30min 后，静置一定时间；然后加入 1/3 乙醇用量的乙醚，搅拌 15min 后，静置相同的时间；接着过滤；滤渣进行二次提取，加入乙醇与乙醚的混合液（体积比为3∶1），无须搅拌，静置浸渍相同时间；第二次过滤，合并二次滤液，低温减压浓缩至少量，加入一定量丙酮除杂，卵磷脂即沉淀出来，过滤，滤饼用丙酮冲洗几次，至冲洗液无色，即得到卵磷脂粗品，在真空干燥箱中干燥后，充入 N_2 放入冰箱保存。

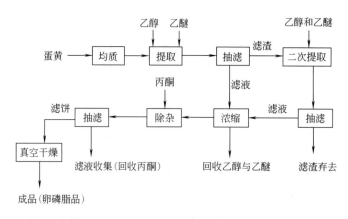

图 10-12　有机溶剂法提取卵磷脂工艺流程

（2）无机盐复合沉淀法　是利用无机盐和卵磷脂可生成沉淀的性质，将卵磷脂从有机溶剂中分离出来，再用适当溶剂萃取出无机盐。其操作是：把粗大豆卵磷脂溶于无水乙醇中，滴加 60% 的 $ZnCl_2$ 水溶液，待生成乳白色沉淀，分离出沉淀溶于氯仿，再用30%乙醇萃取除去 $ZnCl_2$，有机层蒸去氯仿，用乙醚、丙酮清洗沉淀，蒸去乙醚，得卵磷脂产品，产率为65.5%。该方法简便、无毒、成本低，产品纯度达到82%。再经中性氧化铝柱层析，用无水乙醇作洗脱剂，可得精制卵磷脂，含磷脂酰胆碱（PC）为90%以上。

（3）乙酸乙酯纯化法　将粗磷脂溶于乙酸乙酯中，将溶液冷却至10℃，然后离心分离沉淀，可以得到纯度很高的磷脂，其中卵磷脂含量50.8%。由于乙酸乙酯是安全溶剂，用这种纯化技术得到的产品可以用于食品、医药及化妆品。

（4）超临界 CO_2 萃取法　以超临界 CO_2 提取卵磷脂的操作是：以蛋黄粉为原料，在25~ 35MPa，45~75℃下，用超临界 CO_2 抽取 2~3h，抽提出中性脂质，得到的蛋黄粉在常温下用 3%~5% 的95%乙醇抽提，然后去除乙醇，可得高纯度的卵磷脂。

三、　植物中油脂类化合物的提取

（一）大豆油的提取

大豆属于一种优质高蛋白油料，含油 15.5% ~ 22.7%，而含蛋白质 30% ~ 45%（干基 50% 以上），且含种皮 7% ~ 10%，胚芽与胚轴 2% ~ 2.5%（含油 11%，油中亚麻酸比例高达 23.7%）。由于大豆是一种低含油量的油料，目前，普遍采用直接浸出法或一次压榨法，得到大豆油和饲用饼粕。

大豆油中亚油酸（20% ~ 60%）、α-亚麻酸（4% ~ 13%）含量较高，具有很高的营养价值，但稳定性较差，提取油脂时应加以保护。

1. 大豆油的提取工艺流程

基本工艺流程如图 10-13 所示。

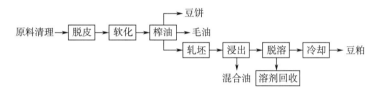

图 10-13　大豆油的提取工艺流程

2. 生产工艺

（1）清理　清理的目的是清除杂质、分清优劣、提高品质、增加得率、安全生产、提高能力。衡量清理效果的主要指标通常是用清理后油料中的最大含杂率和下脚料中的含籽率来表示。杂质清理可供选择的主要方法有筛选、风选、磁选与水选四种。大豆筛选时，用于筛除大杂所用筛板孔型为圆形，直径=Φ80 mm；筛网孔型为方形，规格为 3 目。筛选小杂时，所用筛板孔型为圆形，直径=Φ2.4 mm；筛网孔型为方形，规格为 8 目。

（2）大豆脱皮　为了制取蛋白质含量较高的饲用大豆脱脂粕，或生产低变性食用大豆蛋白原料，脱皮已成为大豆预处理不可缺少的工序。脱皮后提取的油脂品质高、色泽浅、酸价低、含蜡量低，饼粕蛋白质含量相应提高；可降低加工过程中的设备损耗、节省动力，使单机原料处理量相应提高；分离出来的皮壳，还可以利用其有效成分加以综合利用，如可以利用大豆皮来提取植酸。衡量大豆脱皮效果的主要指标是大豆经脱皮后所得仁占大豆总质量的百分比。一般要求剥壳率（即破壳率）越高越好（约 100%）；粉末度少（1% ~ 5%）；热变性低。其中脱皮率的高低，一般可按照产品蛋白质含量要求确定其指标。

实践证明，采用烘干、贮存缓苏、破碎、吸风去皮脱皮工艺行之有效。

大豆种皮含量约 8%，主要成分为纤维素、碳水化合物，几乎不含油脂，仁中则以油脂与蛋白质为主。整粒大豆皮、仁结合紧密。脱皮时，必须首先解除皮仁间的结合力，然后将皮仁有效分离。

操作时，可通过调节水分使大豆形成皮仁水分差，即利用皮、仁吸水（或烘干）程度的不同造成可塑性的差别而脱开。一种方法是调节水含量至 10% 左右，在室温下贮存（24~72h）进行"缓苏"，可使皮仁缓慢松脱，称为"冷脱皮"，时间较长。另一种方法是对大豆原料进行热风快速加热，使水分含量降至有利于破碎的 9% ~ 10%，此时皮、仁温差大，皮已经脱水变脆，而仁未及脱水、升温而韧性好，有利于脱皮。此法不需"缓苏"、时间短（约 20min），称为"热脱皮"。还有一种方法是先将大豆在流化床内加热（20 min）升温到 60℃左右，然后用 70~80℃的热风吹 1min，使豆皮迅速爆裂，此法称为"POP 爆裂法"。

脱皮后的大豆要求皮仁密度差大；破碎度小（皮碎而仁大，一般为 2~4 瓣）；分离方法合理。

（3）破碎与软化

①破碎：大豆需破碎成一定大小的颗粒，才能使轧坯、成型、压榨等后续工序有效进行。对破碎的一般要求是：颗粒度均匀、大小适当、粉末少而不出油。大豆一般适用于齿辊式（YPSG 25×100，150t/d）或圆盘剥壳机（约 100t/d）进行破碎，入机水分为 10%~15%（YPSG 40×150，450t/d，2×22kW），破碎度为 4~8 瓣，通过筛眼为 20 目（测粉末度），粉末含量小于 10%。

②软化：就是将油料调节到适宜的水分和温度，使其增加"可塑性"，具备最佳的轧坯条件。软化的主要作用在于能防止轧坯时粉末过多或者黏辊，同时，也能对油料进行适度调质，如蛋白质部分变性、分解某些有害物质。软化方法有两种：加水升温与升温去水。大豆一般适用于前者。软化工序采用的设备是将加水（通直接蒸汽）湿润、烘干两部分结合而成。大豆的软化工艺条件是：软化前水分 11%~12%，软化后水分 14%~16%，软化后温度 75~90℃；软化时间 10~20min；轧坯厚度<0.3mm。

（4）成型制坯　成型制坯是在制油工序前决定出油率高低的关键步骤之一。入榨或入浸料坯成型的基本要求包括：①油籽细胞破碎充分、足够高温以促进油脂凝聚；②型坯具有最佳的低水分含量，形成良好的可塑性结构，结实而富含毛细管通道，有利于出油；③在确保能提高出油效率的同时，也必须考虑型坯中的抗营养因子的消除和有效成分（如蛋白质）营养价值的保持。

大豆一般采用湿润蒸炒成型法。蒸炒的作用在于：①能充分破坏油籽细胞；②使蛋白质充分凝固变性而"变硬"，提高承受压力的能力，也有利于油脂的凝聚；③湿热作用也使磷脂吸水膨胀、蛋白质变性后在油中的溶解度降低，油质变清，钝化解脂酶防止酸价上升；④一般蒸炒结果以高温、低水分"熟坯"的可塑性来适应承受压榨出油所必需的压力；⑤蒸炒的副作用有油脂易氧化、色素和类脂物溶于毛油中使油色变深、蛋白质变性、棉酚结合不利于综合利用等。

大豆湿润蒸炒的主要工艺参数是：蒸炒锅内的湿润水分为 16%~20%，温度 100℃，出料水分 5%~7%，出料温度 110℃；榨油机炒锅中一次压榨时的水分为 1.5%~2.8%，温度 128~130℃。

（5）机榨法制油工艺　大豆油的压榨法生产一般采用螺旋榨油机。在压榨的过程中，由于旋转着的螺旋轴在榨膛内的推进作用，使榨料连续地向前推进；同时，由于榨螺螺旋导程的缩短或根圆直径逐渐增大，使榨膛空间体积不断缩小而产生压榨作用。在这一过程中，一方面推进榨料，另一方面将榨料压缩后的油脂从榨笼缝隙中挤压流出。同时，将残渣压成饼块从榨轴末端不断排出。整个压榨过程一般分为三个阶段：进料预压（低压）段；主压榨（高压出油）段；成饼沥干（稳压）段。具体操作过程包括以下几个方面：

①榨料的准备：即借助辅助炒锅调节入榨水分与温度。

②开车准备：备料，检查传动零部件、空运转及润滑情况，预留出饼缝隙，根据油料品

种、出油率要求检查和调整四档出油段的缝隙，投干料磨车预热等。

③开车：包括调节流量、出饼厚度，待出油正常后，注意检查并调节各项参数使之符合规定的操作指标，排除机械故障；注意出油位置、排油与出饼情况是否正常。

④正常停车：首先停止进料，同时放松进出饼口，然后喂入少量干饼将榨膛内的榨料排尽为止。

（6）浸出榨油工艺　浸出榨油效果不仅与所用溶剂特性有关，而且还与料坯的结构与性质，浸出方式与浸出阶段数，浸出工艺条件等有关。

浸出时要求：①油籽细胞破坏越彻底越好。在采用浸出法榨油工艺时，大豆原料一般采用膨化成型浸出，这是因为良好的型坯使油籽细胞破坏彻底，有利于溶剂的渗透及油脂的扩散，对提高出油率至关重要。②料坯薄而结实、粉末度小而空隙多。浸出时间（速率）与料坯厚度的 2.5 次方成正比，大豆轧坯浸出时，坯厚从 0.4~0.5mm 改成 0.3mm 时，其产量即可从 30t/d 提高到 50t/d。粉末度小、多孔而结实的膨化料比轧坯料更佳。③适宜的料坯水分。一般溶剂只能溶解油脂而不溶于水（醇类除外），水分高了，溶剂就不容易渗透到细胞内部溶解油脂。如果采用正己烷为溶剂时，大豆的适宜水分含量约为 14%；以三氯乙烯为溶剂时，适宜水分为 12%~13%。④温度要适当得高。浸出温度高，油脂黏度低、流动性好，浸出效率高。但要注意浸出温度不得超过溶剂的沸点温度，即又要接近此沸点温度。大豆直接浸出时，温度选择在 52.5~57.5℃较为适宜。

浸出方式，即油脂浸出过程中溶剂与料坯的接触方式。一般分为浸泡式、渗滤式与混合式三种。最佳方式应该是浸泡和渗滤相结合的"混合式"，其浸出效率最高。

浸出时，若采用膨化成型的料坯（如大豆直接浸出），料层厚度可达 2.5~3.5m。溶剂的喷淋量可达料坯流量（即处理量）的 40%~100%，渗透速率要求大于 0.5cm/s，对于膨化成型料坯可高达 2.0~3.0cm/s。经浸提后的料坯在浸出器内的沥干时间一般为 8~25min。

（7）混合油的处理　混合油分离主要是利用油和溶剂的沸点不同，通过蒸汽加热，将溶剂挥发通过冷凝系统回收再循环使用。分离后的豆油再去进行精炼。混合油一般要经过二次加热蒸发、一次汽提，才能达到毛油质量。

（8）油脂精炼　大豆油的精炼与植物油脂的精炼方法与过程基本相似，在此不做赘述。此处介绍大豆油生产中一种新型的酶法脱胶工艺（图 10-14）。采用酶法脱胶工艺的优点有：可免去水洗工序，从而避免了因水洗造成的油损耗；碱炼的损耗降低；离心分离后的油脚量大大减小，且油脚的干基含油量很低；白土的用量降低，从而减少了白土吸附造成的油损耗。

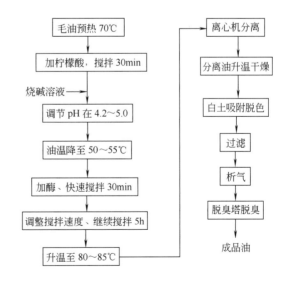

图 10-14　大豆油生产中的酶法脱胶新工艺

[引自：周红茹. 大豆油酶法脱胶的应用实践.
中国油脂. 2005，30（6）：29-30]

（二）花生油的提取

花生除直接加工成食品食用外，主要用于制油。目前从花生中提油的方法主要有压榨法、溶剂浸出法和水酶法等。

（1）压榨法　同大豆压榨法制油类似，不做赘述。

（2）溶剂浸出法　是利用正己烷浸泡或喷淋料坯或预榨饼，使花生中油脂被萃取出来的方法。通常先用螺旋榨油机预榨出部分油脂，然后用溶剂浸出法把残油浸出，可大大减少有机溶剂的用量，且预榨部分油脂具有较好风味。

（3）水酶法　花生油脂通常与蛋白质、碳水化合物等大分子结合构成脂蛋白、脂多糖复合体的形式存在于花生子叶的油细胞中，先用机械破碎法将油料组织细胞结构和油脂复合体破坏，再利用纤维素酶、果胶酶和蛋白酶等处理。纤维素酶、果胶酶可分别降解油料细胞壁的纤维素骨架和细胞间黏连，使油料细胞内油脂和蛋白质等有效成分充分游离，提高胞内物质提取率；蛋白酶可解除蛋白质大分子对油脂分子的束缚，提高油与蛋白分离效果，降低蛋白质中残油率。

水酶法制取花生油工艺效率较高，也最常见，它是在油料破碎后加水，以水作为分散相，油料在水相中进行酶解，使油从固体粒子中分离出来的过程。刘志强等采用水相酶解法从花生中提取油脂与蛋白质，研究发现：在加酶量 0.3%、酶反应时间 4h、pH 6.4、温度 49℃ 条件下，花生油和花生蛋白质得率分别达 95.4% 和 74.6%；而传统水剂法的油和蛋白质提取率分别为 86% 和 67%。该法与水剂法相比能显著提高油和蛋白质得率，且使用纤维素酶、果胶酶、蛋白酶的复合酶效果比单一酶好。AparnaSharma 等对水酶法从花生中提取花生油进行了研究，结果表明：ProtizymeTM（由最适 pH 分别为 3~4 的酸性酶、5~7 的中性酶和 7~10 的碱性酶所组成的蛋白酶复合物）水解效果优于胰蛋白酶和木瓜蛋白酶，在加酶量 2.5%、pH 4.0、温度 40℃、水解时间 18h、恒定搅拌 80r/min 条件下，花生油得率为 86%~92%。

在水酶法提油过程中，花生蛋白吸附到油-水界面上，油滴周围形成黏弹性的膜，为乳状液提供空间和静电稳定作用，使乳状液十分稳定，致使油脂很难从体系中分离出来。因此，水酶法提油工艺中对乳状液进行破乳是一个重要步骤。破乳越彻底，油回收率越高。常用的破乳方法有物理机械法、物理化学法和电力作用三类。物理机械法有离心分离、超声波处理、加热等；物理化学法主要是通过加入无机酸、盐或者高分子絮凝剂等改变乳状液界面膜的性质以达到破乳目的；电力作用是利用高压电势促进乳状液中带电液滴聚结。

（三）小麦胚芽油的提取

小麦胚芽是小麦籽粒的一部分，含有丰富的蛋白质、脂肪、多种维生素、矿物质，被营养学家们誉为"人类天然的营养宝库"。小麦胚芽的脂肪含量超过 10%，从营养学上看，小麦胚芽的油脂在组成上是非常理想的，小麦胚芽油中除含有 84% 的不饱和脂肪酸外，还含有 1.38% 的磷脂及 4% 的不皂化物。其中的亚油酸是人体三种必需脂肪酸中最重要的一种，对调节人体血压、降低血清胆固醇、预防心血管疾病有重要作用。小麦胚芽油中的植物甾醇可抑制胆固醇在机体内吸收，卵磷脂具有软化血管、增强血管弹性、防止血栓形成等作用。

小麦胚芽油中还含有多种维生素，主要有 B 族维生素和维生素 E 两大类。小麦胚芽中所含的维生素 E 是全价的维生素 E，其中 α 体和 β 体的含量约各占 60% 和 35%。天然维生素 E 能防止人体衰老，预防高血压、癌症等多种疾病。

因此，小麦胚芽油不仅仅是简单的食用油脂，还可作为一种功能性食品。小麦胚芽中所含的维生素 E 比其他植物丰富，是天然维生素 E 的最佳供给源，而天然维生素 E 是一种极其宝贵的营养素，对保证人体健康有重要作用。

就常用植物油脂的提取方法来看，有机溶剂萃取法和化学处理法虽然工艺设备简单，萃取费用低，但天然维生素E损失大，都存在化学残留问题；吸附法设备较简单，天然维生素E的损失较少，但吸附剂再生困难。超临界流体萃取技术是近年来新兴的现代分离技术，尤其是CO_2流体作为溶剂具有无毒、无害、无残留、无污染、惰性环境、可避免产物氧化等优点，更适合应用于食品行业。在此，我们重点介绍超临界CO_2萃取法。

在用超临界CO_2萃取小麦胚芽油时，对其萃取率产生重要影响的因素主要有萃取时间、CO_2流量、萃取温度和萃取压力。当萃取压力较高时，随着萃取时间的延长，萃取率也在增加，在较短的时间内，小麦胚芽油已基本被完全萃取出来，一般情况下，1h即可；当萃取压力较低时，延长时间有利于萃取率的提高。CO_2流量的变化对萃取率的影响主要有两个方面：一方面由于流量的增加，超临界流体在萃取缸中停留时间相应减少，不利于萃取率的提高；但另一方面随着流量的增加，超临界流体通过料层的速度加快，与物料的接触搅拌作用相对增强，传质系数和传质面积都相应增大，从而提高传质速率，使之能较快地达到平衡溶解度，有利于提高萃取率。温度对萃取率的影响也有两个方面：一方面温度增加，分子的扩散系数增大，流体的黏度下降，使传质系数增加，有利于萃取；另一方面温度增加，流体的密度减小，溶质的溶解度下降，不利于萃取。当温度一定时，随着压力的增大，萃取率也会不断增大。但是，压力不能随意增大，因为操作压力的增加对设备的要求也提高，从而导致设备投资和操作费用的大幅度增加，所以实际操作采用的萃取压力并非越大越好。

小麦胚芽油超临界CO_2萃取的适宜条件为：压力25~40MPa，温度45~55℃，CO_2流量15L/h，萃取时间1h。在将小麦胚芽油与CO_2分离时，萃取压力与分离压力之间的压力差越大，萃取效果越好；一定压力下，随着分离温度的升高，CO_2密度降低，CO_2携带物质的能力降低，很容易使小麦胚芽油分离出来。考虑到生产成本及萃取条件，将小麦胚芽油与CO_2分离的较佳条件为：压力6~8MPa，温度45~55℃。

（四）菜子油磷脂的提取

1. 提取工艺流程

基本工艺流程如图10-15所示。

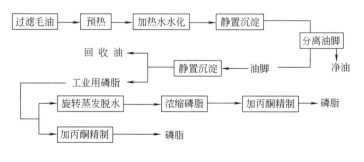

图10-15　菜籽油磷脂的提取工艺流程

2. 操作方法

（1）预热　将经称重后过滤的毛油加入水化锅，在搅拌下加热升温至55℃（最高不超过60℃）。

（2）加水水化　在经预热的菜籽毛油中加入略高于油温的热水，使油温升至80℃左右。加水速度快慢应随磷脂吸水快慢而定，若磷脂粒呈悬浮状态，不易成絮状沉淀，则加水速度要快；反之，则要慢。

（3）静置沉淀　水化完后，为了防止磷脂在静置沉淀过程中夹带较多中性油，应保温在80℃左右，时间约4h，再冷却静置沉淀6~8h，分离油脚。

（4）加热盐析　水化后沉淀的磷脂呈透明状和白糊状两态。透明状磷脂含油不多，但含水达70%以上。故盐析目的主要是析出水分，而白糊状磷脂中含油较多，可继续水化。

（5）丙酮萃取　取以上粗磷脂在25.5℃的温度下强烈搅拌，并在2min内加入丙酮，然后再搅拌10~30min，停止搅拌后，把混合液泵入萃取塔，滤出下层棕色物，为第一次萃取产物。再以上法进行第2、3、4次萃取得到去油磷脂。

（6）干燥　将去油磷脂转入减压蒸发器中进行浓缩，温度控制在70~80℃，得精制磷脂。

直接用粗磷脂加丙酮萃取法制取去油磷脂的条件为：菜籽油水化加水量为油量的85%，水化温度为70~80℃，水化时间60min，搅拌速度80r/min，第一次加丙酮量为10：1，萃取时间30min。

（五）大豆卵磷脂的提取

在各种油料种子中，大豆中的磷脂含量最高，为2%~3%。工业级卵磷脂多数从大豆油下脚料中提取。一般油脂中油脚含量在1%以下，并无回收的经济价值；而大豆粗油中油脚含量为原油量的1.5%~3%。通常在粗油中加适量软水（约为粗油量的2%），于60~80℃加热搅拌15~30min（批式法），再离心分离即得胶质（油脚）和脱胶油。胶质呈黏稠泥状，水分含量约25%，经脱水干燥后，固态磷脂（丙酮不溶物）占60%~70%，甘油酯（即丙酮可溶物）占30%~40%。利用丙酮纯化可得浓度90%~95%的磷脂，再利用酒精等溶剂分离、柱层析、乙酰化或利用磷脂酶A水解等，可得到应用于W/O或O/W型食品及化妆品的添加剂。其提取工艺过程见图10-16。

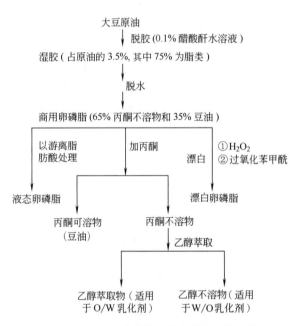

图10-16　大豆油中提取卵磷脂的工艺流程

四、藻类中油脂化合物的提取

螺旋藻含有丰富的不饱和脂肪酸，如γ-亚麻酸和花生四烯酸，常以半乳糖脂形式存在，是体内能够控制多种基本功能的重要激素的前体，也是合成治疗动脉粥样硬化和冠心病药物的前体。从螺旋藻中提取类脂的方法有氯仿-甲醇冷提法和丙酮-水系统热提法。

1. 操作方法

（1）氯仿-甲醇冷提法 在通风橱内，向藻粉中加入一定体积比的甲醇-氯仿-水混合溶液，均匀混合 2min，再加入一定量的氯仿，继续均匀混合 30s，然后加入一定量的蒸馏水混合 30s，静置、在 4.0×10^4 Pa 下通过 1 号砂蕊漏斗真空吸滤，在滤液中加 0.1% 的氯化钠溶液至完全分层，分出氯仿层，用无水硫酸钠干燥，在氮气流保护下蒸干，加入无水乙醚萃取，除去乙醚不溶物，蒸除乙醚，得类脂。

（2）丙酮-水系统热提法 在干燥藻粉中加入不同比例的丙酮和水，通入氮气回流，抽滤，滤液再加一定量的丙酮回流，抽滤，合并滤液，在氮气流保护下浓缩，加等体积的无水乙醚萃取，除去乙醚，得类脂。

2. 操作条件

（1）氯仿-甲醇-水的体积比 按 1:2:0.8 体积比的氯仿-甲醇-水系统作浸提溶剂，再按 2:2:18 的体积比冲稀提取效果较好，且所用溶剂体积较少。根据相图分析，氯仿、甲醇、水的体积比为 1:2:0.8 时，处于单相区，此时浸提效果最好。冲稀时，氯仿、甲醇、水的体积比为 2:2:1.8 时，处于两相区，水醇层与氯仿层分离明显。经过此法提取以后，残留在水-醇层的类脂占总量的 4% 左右。

（2）丙酮-水的比例 用丙酮-水系统热提法提取时，适用的条件为：含水量 20%~30% 的丙酮浸提，溶剂量的适用量为每克藻粉用 8mL 含水 25% 的丙酮，回流时间为 0.5h 时较适宜。

3. 提取方法特点

甲醇-氯仿溶剂系统提取法的优点是冷提，可减少不饱和脂肪酸的氧化，缺点是溶剂毒性大，操作不便，浸提后乳化现象严重，分层较慢。丙酮-水系统热提法的优点是操作方便，溶剂毒性小，更适合于工业化生产，缺点是在 65℃ 下回流，虽用氮气流保护，但仍有部分不饱和脂肪酸会被氧化。

本章小结

油脂和类脂总称为脂类。油脂（脂肪和油）是甘油和高级脂肪酸生成的酯，类脂是构造或理化性质类似于油脂的物质。脂类化合物的共同特征是：难溶于水而易溶于乙醚、氯仿、丙酮、苯等有机溶剂；都能被生物体所利用，是构成生物体的重要成分。

油脂系高级脂肪酸的甘油酯类化合物，广泛存在于动植物的组织和细胞中，尤以植物的种子内含量较高。动物脂肪中多含饱和脂肪酸，而植物油中多为不饱和脂肪酸。类脂主要包括蜡、磷脂、萜类和甾族化合物等。

天然油脂在室温下可以是液态、半固态和固态，均无固定的熔点和沸点。油脂微溶于热水和极性溶剂，易溶于乙醚、氯仿、四氯化碳、苯和正己烷等非极性溶剂。类脂中的蜡一般不溶于水，易溶于石油醚、氯仿、乙醚等非极性溶剂。磷脂可溶于一些非极性溶剂和植物油中，但在水中溶解度很小，也不溶于丙酮等极性溶剂。大多数萜类具有挥发性而带有香味，不溶于水，能溶于非极性溶剂。

油脂的提取多采用低沸点溶剂直接萃取，或用酸碱破坏有机物（碳水化合物、蛋白质等）后，再用溶剂萃取或离心分离。目前可用于油脂提取的方法主要有：索氏抽提法、皂化法、酸性乙醚抽提法、碱性乙醚抽提法以及快速法等。在各种方法中，有机溶剂法最为简便易行，但油脂提取效果最差。在工业大生产中，经球磨机或高压匀浆处理后的破碎菌体，可以考虑采用有机溶剂浸提油脂。索氏抽提法是油脂提取中最常用的方法，油脂得率最高，但耗时也最长，样品需先经烘干处理，样品的需要量也大。超临界 CO_2 萃取可在常温下操作，能有效防止提取物氧化分解、无溶剂残留、安全性高，但需具有专门的仪器设备。

要从微生物中提取脂类化合物，必须对微生物细胞进行必要的前处理。前处理工艺主要有：干菌体磨碎法、干菌体稀盐酸共煮法、菌体自溶法及菌体蛋白变性法。目前多采用干菌体磨碎法进行菌体细胞的前处理。

可用于从动物原料中提取脂质的方法有液–液萃取法、干柱法和超临界流体萃取法。

目前，从油料种子中制取植物油的主要方法是压榨法和浸出法。在压榨或浸出之前，要先对油料进行破碎、轧坯、烘烤或蒸炒等处理，以机械和热力的手段破坏油料细胞结构，达到有利的出油条件。水代法常用于油果类中油脂的提取。酶法提油是一种较为温和、有效的提取方法，其工艺可分为四种，即水相酶解水提油工艺、水相酶解有机溶剂萃取提油工艺、油料低水分酶解压榨提油工艺和油料低水分酶解溶剂浸出提油工艺。

磷脂是细胞的组成成分，广泛分布于动植物体内，具有广泛而重要的生理作用。从富含磷脂的油料植物中提取磷脂具有更强的实用价值。要提取植物磷脂，需先制备油胶，再对油脂进行预处理，然后从中提取、纯化植物磷脂。预处理的方法主要有：漂白防腐和浓缩。提取植物磷脂的方法主要有有机溶剂萃取法和超临界 CO_2 萃取法。有机溶剂萃取法是根据磷脂不溶于醋酸甲酯、丙酮等有机溶剂的特点，利用这些溶剂将原料中可溶于其中的油脂等杂质去除，而得到磷脂产品，一般使用丙酮多步萃取法。超临界 CO_2 萃取法可将原料中油脂等非极性和弱极性杂质除去，从而得到高纯度的磷脂。要获得各种纯磷脂，主要有有机溶剂分提法、层析法和高效液相色谱法等。制备浓缩磷脂的方法主要有间歇法及连续法制等工艺。

🔍 思考题

1. 什么是油脂类化合物？
2. 提取分离油脂类化合物的方法有哪些？其优缺点及适用对象如何？
3. 什么是酶法提取植物油脂？它有什么特点？影响其提取效果的因素有哪些？
4. 在提取脂类化合物前，需对原料进行怎样的处理？
5. 举例说明微生物脂类、动物脂类及植物脂类的提取方法。

参考文献

1. 宋永波. 天然植物油脂在化妆品中的应用. 日用化学品科学, 2009, 32 (08): 4-5+9
2. 李凡正, 高新蕾, 刘晔. 真菌油脂含量快速测定方法. 中国油脂, 2010, 35 (09): 70-73
3. 尹佳. 高山被孢霉高产 EPA 的研究 [D]. 武汉轻工大学, 2016
4. 杜玉兰, 黎庆涛, 楚文靖, 等. 超声波破碎鼠尾藻细胞对脂质提取率的影响. 食品工业科技, 2008, (04): 146-148

5. 盛哲良，朱鸶，徐继林，等．废弃植物油对破囊壶菌生产多不饱和脂肪酸的影响．宁波大学学报（理工版），2017，30（02）：6-10

6. 董斌．螺旋藻藻蓝蛋白与多糖的一步法提取［D］．四川大学，2001

7. 张朋．鱼油的提取及其纳米脂质体的制备和性质研究［D］．南昌大学，2013

8. 黄佳琪．海洋水产品中缩醛磷脂的分离纯化及活性探究［D］．中国海洋大学，2015

9. 王兰．太平洋磷虾脂质和虾青素的提取工艺优化及成分分析［D］．中国海洋大学，2013

10. 严汉彬，林岚岚，丁力行，等．微波提取肉桂油树脂及其微胶囊化的研究．粮油加工，2010，（05）：21-23

11. 张高阳．大豆磷脂酶D对大豆结瘤过程和种子油脂代谢的影响［D］．华中农业大学，2017

12. 王瑛瑶，王璋，罗磊．水酶法提花生油中乳状液性质及破乳方法．农业工程学报，2008，24（12）：259-263

13. 王瑛瑶，黄瑶，栾霞，等．水酶法工艺对不同植物油品质特性的影响．中国油脂，2014，39（04）：5-9

14. 田育苗．蛋黄卵磷脂纯化工艺研究［D］．北京化工大学，2013

15. 韩宗元，李晓静，江连洲．水酶法提取大豆油脂的中试研究．农业工程学报，2015，31（08）：283-289

16. 赵宗保，胡翠敏．能源微生物油脂技术进展．生物工程学报，2011，27（03）：427-435

17. O·R·菲尼马著，王璋等译．食品化学（第二版）．北京：中国轻工业出版社出版，1991

18. 周红茹．大豆油酶法脱胶的应用实践．中国油脂，2005，30（6）：29-30

19. 倪增德编著．油脂加工技术，北京：化学工业出版社，2003

20. Yang Z, Liu S, Chen X, et al. Induction of apoptotic cell death and in vivo growth inhibition of human cancer cells by a saturated branched-chain fatty acid. Cancer Research, 2000, 60: 505-509

21. Keeney M, I Katz, M. J. Allison. On the probable origin of some milk fat acids in rumen microbial lipids. Journal of the American Oil Chemists Society, 1962, 39 (4): 198-201

22. Mrf, Lee. Effect of forage : concentrate ratio on ruminal metabolism and duodenal flow of fatty acids in beef steers. Animal Science, 2007, 82 (1): 31-40

23. Vlaeminck, B. Effect of forage：concentrate ratio on fatty acid composition of rumen bacteria isolated from ruminal and duodenal digesta. Journal of Dairy Science, 2006, 89 (7): 2668-2678

24. Giotis, Efstathios S. Role of Branched-Chain Fatty Acids in pH Stress Tolerance in Listeria monocytogenes. Appl Environ Microbiol, 2007, 73 (3): 997-1001

25. 孙万成，罗毅皓，刘祥军．不同泌乳期牦牛乳中奇数与支链脂肪酸的分布研究．食品科学，2015，36（6）：198-201

26. 李先碧．一种小型超临界CO_2萃取装置的开发与实验研究［D］．重庆大学，2007

CHAPTER

第十一章
天然产物提取分离案例

11

了解紫杉醇和银杏黄酮的化学组成及其应用；理解并掌握紫杉醇和银杏叶黄酮提取的原理和关键技术；能灵活运用基本提取分离技术与方法设计天然产物提取分离方案。

第一节 抗癌药物紫杉醇提取分离

一、紫杉醇及其衍生物概述

紫杉醇（1，paclitaxel，商品名 Taxol）是继青霉素之后天然药物成功开发应用的又一杰出范例，也是近四十年来发现的最有效的抗癌药物之一。紫杉醇是从太平洋紫杉（Pacific Yew，又称短叶红豆杉，*Taxus brevifolia*）树皮中分离鉴定的紫杉烷类二萜天然化合物，历经 30 余年研究后于 1992 年被美国食品和药物管理局（FDA）正式批准为抗癌新药，后被广泛用于卵巢癌、乳腺癌、肺癌、大肠癌、恶性黑色素瘤、头颈部癌、淋巴瘤、脑瘤以及类风湿性关节炎的治疗。其后，其半合成衍生物多烯紫杉醇（2，Taxotere，商品名 Docetaxel）和卡巴他赛（3，Cabazitaxel，Jevtana®）也相继投入市场，多烯紫杉醇是由红豆杉叶提取物中的 10-去乙酰巴卡亭Ⅲ（4）经结构修饰合成而来，卡巴他赛则是多烯紫杉醇的 7,10-二甲醚产物。目前，紫杉醇类抗癌药物在肿瘤药物治疗中占据着重要地位，市场销售也高居榜首，围绕紫杉醇的基础和应用研究依然是医学、化学、生物学和商业领域的热点。

紫杉醇的化学结构新颖复杂，属于 6/8/6/4 四环稠和类型的紫杉烷二萜，即两个六元碳环中间夹着 1 个八元碳环并连在一起构成了核心骨架。其分子共有 11 个手性中心和多个官能团，在 C4 和 C5 之间有一个四元氧环，C13 连接了一个酰胺的酯基，C10 和 C4 各有一个乙酰基，C2 有一个苯甲酰基，C9 位是一个羰基，C1 和 C7 各有一个羟基。10-去乙酰巴卡亭Ⅲ（4,10-deacetyl baccatin Ⅲ）则是紫杉醇和多烯紫杉醇半合成的原料。多烯紫杉醇与紫杉醇的结构极其相近，只是紫杉醇母核的 C10 上的乙酰基被羟基取代，侧链 3′位的 *N*-苯甲酰基被 *N*-叔丁氧羰基取代，卡巴他赛即是多烯紫杉醇的 7,10-二甲醚产物。紫杉醇、多烯紫杉醇、卡巴他赛和 10-

去乙酰化卡巴亭亚的结构见图 11-1。

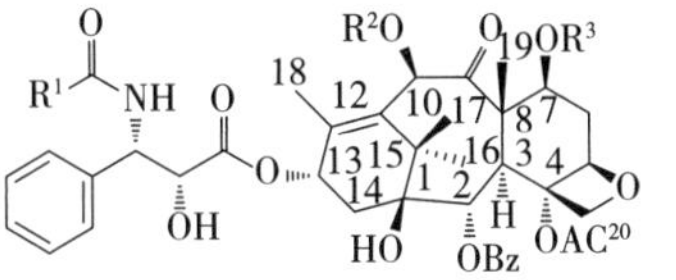

1 R^1 = Ph, R^2 = Ac, R^3 = H
2 R^1 = t-BuO, R^2 = H, R^3 = H
3 R^1 = t-BuO, R^2 = CH_3, R^3 = CH_3
4 R^1 = H, R^2 = H, R^3 = H

图 11-1　紫杉醇（1）、多烯紫杉醇（2）、卡巴他赛（3）和 10-去乙酰化巴卡亭Ⅲ（4）的结构

紫杉醇类药物成功的关键在于其独特的抗肿瘤作用机理，紫杉醇是首个发现的与微管蛋白聚合体相互作用的药物化合物。它可以通过促进微管蛋白聚合生成微管，使得微管和微管蛋白之间的动态平衡失调。微管是真核细胞的一种组成成分，它是由两条类似的多肽（α 和 β）为单位构成的微管蛋白二聚体形成的。正常情况下，微管蛋白和组成微管的微管蛋白二聚体存在动态平衡，而紫杉醇可使两者之间失去动态平衡，导致细胞在有丝分裂时不能形成纺锤体和纺锤丝，抑制了细胞分裂和增殖，使癌细胞停止在 G2 期和 M 期，直至死亡，进而起到抗癌作用。事实上，与细胞有丝分裂密切相关的微管蛋白几乎普遍存在于所有真核细胞中，它们能可逆性聚合成微管，染色体的分离需要借助这些微管。有丝分裂后，这些微管又重新解聚成微管蛋白。纺锤状微管短暂的瓦解能优先杀灭异常分裂的细胞，一些重要的抗癌药物如秋水仙碱（colchicin）、长春碱（vinblastine）、长春新碱（vincristine）等就是通过阻止微管蛋白重聚合而起到抗肿瘤作用的。与抗有丝分裂抗肿瘤药物相反，紫杉醇是通过与微管紧密地结合，使它们稳定而起作用。最近研究发现紫杉醇除了具有上述抑制肿瘤细胞有丝分裂的功能外，还具有强大的促进肿瘤凋亡的能力，这是由于其影响了参与细胞凋亡的酶类并激活了与细胞凋亡有关的蛋白质的活性。

多烯紫杉醇是第二代紫杉烷类抗癌药的代表，其细胞毒作用机理与紫杉醇相同。但其抑制微管解聚、促进微管二聚体聚合成微管的能力是紫杉醇的 2 倍。多烯紫杉醇的 IC_{50} 值（肿瘤细胞存活减少 50%）为 4~35ng/mL。在相同的键合位点上，多烯紫杉醇与紫杉醇似乎存在着竞争抑制，但是多烯紫杉醇的亲和性为紫杉醇的 2 倍，这也是其药效更高的原因。在体外抗癌活性试验中，已证实多烯紫杉醇活性可达紫杉醇的 10 倍。除此之外，多烯紫杉醇还具有较好的生物利用度，更高的细胞内浓度，更长的细胞内滞留时间。多烯紫杉醇以其较紫杉醇更好的水溶性及优异的抗癌广谱性日益受到人们的关注。它不仅对乳腺癌、肺癌有很好的疗效，而且对头颈癌症、胃癌、胰腺癌及软组织肿瘤的患者也具有较好的疗效。同时，多烯紫杉醇与某些抗肿瘤药物联合使用时，还具有协同抗肿瘤作用。在Ⅱ期临床研究中发现对于接受过其他药物治疗效果不理想的患者，多烯紫杉醇单药化疗的总有效率也能达到 47%。

卡巴他赛是于 2010 年和 2011 年先后在美国和欧洲上市的第三代紫杉醇类抗癌药物，主要用于治疗激素抵抗性前列腺癌。相比于紫杉醇和多烯紫杉醇，其与 P-糖蛋白（P-gp）1 亲和力低，易于透过血脑屏障，从而对多烯紫杉醇产生耐药性的肿瘤有良好的抗肿瘤活性，是临床治疗晚期抗激素型前列腺癌的首选药物。

二、紫杉醇药物的需求与制备

（一）紫杉醇需求

癌症是威胁人类健康和生命的全球头号杀手。据世界卫生组织（WHO）统计，目前全球每年新增及死亡癌症患者均为 1000 万人左右；预计到 2020 年，发达国家的癌症病人总数将增长 29%，发展中国家的癌症病人总数将增长 73%，全球新发恶性肿瘤患者将达到 1500 万。在我国，随着人口老龄化的加重，环境污染的加剧和生活、工作压力的增加，癌症的发病率和死亡率均处于高发阶段，每年新发癌症病例 200 万~230 万，因癌死亡病例 120 万~150 万，占我国居民死亡比例的 1/5，预计在 2020 年将有 550 万新发癌症病例。

紫杉醇类药物独特的抗癌机制和明显的疗效，使其在投放市场以来一直高居抗癌药物市场榜首，2000 年达到销售最高峰 15.82 亿美元，原料市场约在 2 亿美元。在 2000 年之前，世界紫杉醇市场 90% 被当时美国施贵宝公司垄断，随着紫杉醇专利期满，现在全球有 100 多家公司可以生产紫杉醇原料药及制剂产品，但目前世界最大紫杉醇销售市场仍是美国。国外相关统计分析显示，美国与加拿大两国每年消耗了全球紫杉醇原料药总产量的 58%，欧洲国家共计消耗全球紫杉醇原料药的 20%，亚太地区和南美洲占 14%，其他国家和地区占 8%。遗憾的是，由于紫杉醇有限的供应量，全球仅有 5% 的患者正在接受紫杉醇产品的治疗。面对巨大的市场需求，紫杉醇的有效需求量正以每年 100% 的速度增长，在紫杉醇需求快速增长的同时，紫杉醇、多烯紫杉醇和卡巴他赛的药源解决途径成为关注的焦点。

（二）紫杉醇类药物的制备方法

目前，获得紫杉醇的方法有：化学全合成、微生物发酵与转化、植物组织培养、化学半合成和天然提取 5 种方法。前两种方法基本处于实验室探索阶段，由于产率较低，工艺尚不成熟，还不具备商业应用价值，所以紫杉醇原料药物的供应仍依赖天然提取和人工半合成两大制备方法。各种制备方法要点如下：

1. 紫杉醇的化学全合成

紫杉醇结构中含有 6/8/6/4 的复杂环骨架及 12 个手性中心，该化合物的化学全合成无疑是一个巨大而诱人的挑战。在过去的 40 年里，来自 13 个国家的 30 多个研究者分别围绕紫杉醇结构单元的合成开展了大量的工作，但紫杉醇的首次成功合成是由 Holton 实验室耗时 12 年于 1994 年完成的，随后的三四年中，Nicoloau 研究组（1994）、Danishefsky 研究组（1994）、Wender 研究组（1997）、Kuwajima 研究组（1997）、Mukaiyama 研究组（1997），也相继报道了其全合成结果。迄今报道了 6 条紫杉醇的全合成路线和 2 条表全合成路线。紫杉醇的化学全合成对现代有机合成有着重要的意义，但其步骤繁多、反应条件苛刻及产率偏低的特点，制约了紫杉醇的规模化生产，随着有机合成的不断发展和科学家的不懈努力，可以预料在不久的将来，紫杉醇的化学全合成定能够实现工业化，极大地推动人类的健康事业。下面对各种化学合成的基本特点做简单介绍。

（1）Holton 合成法　该法的起始点是一个已能进行化学合成的倍半萜化合物氧化绿叶烯（Pachioulene oxide，商品名 Pachino），它具有与天然紫杉烷一致的 C-1 和 19-CH$_3$ 的构象。该法通过独特的碎片反应生成 B 环，进而再合成六元 C 环。由于该法的合成途径是 A 环 → AB 环 → ABC 环，故又称线性合成途径。该路线的起始物 Pachino 含有较多的碳原子和两个手性中心，又利用了收率较好的多个不对称合成反应，所以最终以较高的收率（从 Pachino 计算为 4%~5% 环）合成了紫杉醇。

（2）Nicoloau 合成法　Nicoloau 小组采用的是 A+C → ABC → ABCD 汇聚式合成策略。即先通过 Diels-Alder 反应立体专一性地合成 A 环和 C 环，再利用 Shapiro-McMurry 偶联反应合成八元 B 环从而构建 ABC 环系，最后通过引入 D 环、连接边链，完成紫杉醇的合成。

（3）Danishefsky 合成法　该路线大体也属于"汇聚式"策略，即 C → CD + A → ABCD 的合成路线，以 Wieland-Miescher 酮作为 C 环片段起始物，在其上构建四元氧环（D 环），形成CD 环系及 C7 和 C3 位手性中心。以易得的三甲基环己烷-1,3-二酮作为起始物合成 A 环片段，然后偶联 CD 环片段和 A 片段，随后利用 Heck 反应成功实现 C10 位和 C9 位的连接与 B 环的闭合，完成 ABCD 环的构建，最后完成其他官能团的转化和侧链连接，得到目标产物。

（4）Wender 合成法　Wender 方法共经 37 步反应，是目前全合成紫杉醇的最短合成途径。该方法也采用了直线合成战略，即由含 A 环化合物合成含 AB 环化合物，然后构建含 ABC 环化合物，最后完成 ABCD 环的合成。但 Wender 合成法的起始原料是马鞭草烯酮（Verbenone），该原料可提供紫杉醇母核骨架中 20 个碳中的 10 个碳原子。经过若干步反应将马鞭草烯酮转化为含 A 环骨架构建，紧接着构建完成了 AB 环。然后通过在 C3 位上进行一系列反应，并通过醇醛缩合完成了 C 环的构建。再通过 C5 位溴代、C4 和 C20 臭氧化完成了含氧 D 环的构建，最后得到了巴卡亭 Ⅲ，再完成 C10 乙酰化及与侧链的加成反应等，最终完成了紫杉醇的全合成。

（5）Kuwajima 合成法　Kuwajima 合成法采用了 A+C → AC → ABC → ABCD 的汇聚法合成路线，以炔丙醇（propargyl alco-hol）为起始物，经过 16 步反应制备了含 A 环体系的化合物，再与含 C 环结构的合成子耦合得到含 AC 环的中间体，在此基础上经过一个环化反应完成八元B 环的构建，从而得到含 ABC 环骨架的中间体，C19 甲基通过一个环丙烷中间体引入，形成环氧丙烷的 D 环而得到巴卡亭Ⅲ，链接 C13 位和侧链获得紫杉醇。

（6）Mukaiyama 合成法　该方法报道于 1998 年，采取的是直线-汇聚联合战略合成紫杉醇路线，即 B → BC → ABC → ABCD。以 L-serine 为起始原料，经过环化等多步反应合成含 B 环的中间体，然后依次在 B 环上连接 C 环和 A 环构建含 ABC 环骨架的化合物，进而继续反应得到含 ABCD 环的化合物，最终完成目标化合物的合成。该合成路线中涉及了多步醇醛缩合反应，以及片呐醇偶联和列福尔马茨基反应各一步。

（7）紫杉醇的表全合成　已报道了 2 条紫杉醇的表全合成路线。第 1 条路线是报道于 2006年的 Takahashi 外消旋表全合成法，该法以牻牛儿醇为起始原料，经过收敛合成 A+C →ABC → D 的策略合成了无旋光活性的巴卡亭Ⅲ。另 1 条路线是最近报道的 Masahisa 表全合成法，该方法主要利用钯催化紫杉醇合成中间体中 C-9 甲基酮片段烯基化，链接 C11 位高效构建B 环，其产率高达 96%，有效克服了前述多条汇聚式全合成路线中 B 环构建的难度，随后再依据 Nicoloau 路线得到紫杉醇。

2. 微生物发酵法

微生物发酵与转化开辟了另外一条生产紫杉醇的途径。早在 1993 年，《科学》杂志上首次报道了从太平洋紫杉中分离到一株内生真菌（*Taxomyces andreonae*），并证明该菌株可以发酵培养产生紫杉醇；用其培养三周，紫杉醇产量可达 24~50 ng/L，虽然产量很低，但这一开拓性的探索和其巨大的潜在商业价值，极大激发了大家从内生真菌中寻求紫杉醇的兴趣。到 2014 年，已从以红豆杉属植物为主的多种宿主植物中分离了 40 多株可产紫杉醇的内生真菌，另外发现少量植物致病或腐生真菌也具有合成紫杉醇的能力。其中隶属 *Metarhizium anisopliae* 和 *Cladosporium cladosporioides* MD2 的几株真菌最具潜力，其紫杉醇的产量可达到 800mg/L。与此同时，众多学者利用基因工程与 DNA 重组技术，将紫杉醇的合成酶关键基因导入产紫杉醇的真菌中，构建高产紫杉醇的工程菌，以提高紫杉醇的产量。2012 年《科学》杂志报道，在大肠杆菌（*E.coli*）中通过优化异戊二烯合成途径，成功地实现了发酵生产紫杉醇的关键性前体化合物紫杉二烯（taxadiene），产量可达 1g/L。由于发酵培养的紫杉醇含量较低，近期实现商业化生产的可能性仍然较小。美国的 Cytoclonal 制药公司和加拿大的 Novopharm 公司正致力于开发利用真菌生产紫杉醇的技术。

3. 植物组织培养法

植物组织培养又称离体培养，具有培养条件可控、易于工业化生产等优势，在药物、食品和农业等领域有着广泛的应用。应有红豆杉组织细胞培养技术是提高紫杉醇产率、保护稀缺资源红豆杉、解决紫杉醇药源紧缺的有效方法。国内外已在紫杉醇的组织培养方面取得了明显进展，在红豆杉细胞系的建立、悬浮培养条件的研究、生物反应器培养以及紫杉醇合成代谢调控方面积累了大量经验，通过优化培养条件、筛选高产细胞系和添加前体等策略，可有效提高紫杉醇的含量。目前，美国 Python Biotech 、ESCAgenetic 公司、韩国 Corean Samyang Genex 和德国 Nattermann 公司先后均成功通过生物反应器培养红豆杉细胞进行紫杉醇的规模化生产。紫杉醇的植物细胞悬浮培养流程见图 11-2。

图 11-2　紫杉醇的植物细胞悬浮培养流程

（以固体培养基从紫杉醇诱导愈伤组织后，转入摇瓶液体培养基进行悬浮细胞，最终放大发酵规模进行工业化生产）

4. 紫杉醇的半合成

目前，紫杉醇的工业化制备是依靠半合成制备实现的。红豆杉属植物富含紫杉烷类二萜化合物，已报道的多达 500 个，其中紫杉醇的含量很低（0.001% ~ 0.05%），而 10-去乙酰巴卡亭Ⅲ（4）的相对含量较高（1kg 欧洲红杉鲜叶可产 1g），且容易分离提取，后者自然成为紫杉醇半合成的理想原料。通过选择性保护 10-去乙酰巴卡亭Ⅲ中 C7 和 C10 位的羟基，然后在 C13 羟基上接上具有光学活性的侧链，再去掉保护基团得到紫杉醇。从目前来看，半合成是最具有实用价值的制备方法，并且通过半合成研究可以获得有关紫杉醇类似物构效关系的信息，对紫杉醇进行结构改性以寻找活性更大、毒副作用小等有所不同或更广的抗癌药物。

5. 从天然植物中提取紫杉醇

早期获取紫杉醇的方法是从红豆杉属植物中提取，整个过程包括采集、干燥、破碎、研磨、浸取、萃取、层析分离纯化等多个步骤。获取纯品紫杉醇比较困难，原因在于紫杉醇、三尖杉宁碱和 7-表-10-去乙酰基紫杉醇在 HPLC 中保留时间非常接近。另外，紫杉醇在高于 60℃或在酸、碱性环境中都会发生降解。紫杉醇的提取原料已从树皮转向可再生资源枝叶，其分离纯化紫杉醇的技术研究对紫杉醇整体开发具有很大价值。

（三）多烯紫杉醇和卡巴他赛的制备方法

多稀紫杉醇和卡巴他赛均是紫杉醇的非天然类似物，是以 10-去乙酰巴卡亭-Ⅲ为前体通过半合成修饰获得。前体化合物 10-去乙酰巴卡亭-Ⅲ 原料易得，可从红豆杉的树叶中提取分离（1g/kg 新鲜树叶），更重要的是叶子可以再生（一年可采摘四次），只要进行合理采摘，不会对资源造成破坏。半合成法制备多烯紫杉醇主要步骤为先用化学方法合成侧链，然后与具有三环二萜结构的母体 10-去乙酰巴卡亭-Ⅲ 对接。用半合成方法还可分别对其侧链与母体进行结构改造，如进一步增加其水溶性与抗癌活性，从而设计出更加高效低毒的紫杉烷类抗癌新药，如卡巴他赛。

大量研究表明，多烯紫杉醇的侧链 N-叔丁氧羰基-（2R，3S）-3-苯基异丝氨酸是其抗癌活性的必需基团，它对抑制细胞微管解聚是十分必要的。（2R，3S）-3 苯基异丝氨酸作为多烯紫杉醇侧链的基本骨架，可以通过进一步反应合成多烯紫杉醇线形或环状侧链。它的制备方式多种多样，其中最具有实际生产价值的就是 β-内酰胺的合成路线，并且在应用中得到不断的发展。

三、　紫杉醇抗癌药物的研究领域

紫杉醇类自发现以来，持续吸引着无数学者的关注，新的研究成果也不断涌现，包括寻找新的生物资源、化学全合成、半合成、衍生物制备、生物转化、生物合成、构-效关系研究、作用机制研究、药理学和药效学研究等。然而，仍有许多尚未解决的问题困扰着紫杉醇研究者们。这些问题主要集中在紫杉醇和多烯紫杉醇的水溶性制剂，紫杉醇和多烯紫杉醇的半合成收率提高和成本的降低，以及如何提高植物细胞培养过程中紫杉醇的合成量等，因此而形成的若干活跃的研究领域如下：

（1）紫杉醇供需矛盾突出，其工业化来源问题依然是亟待解决的技术难题，虽然如前所述紫杉醇可以通过 5 种途径获得，但在大规模生产中仍然存在不足，随着生物技术和合成技术的进步，相信在紫杉醇和多烯紫杉醇的半合成技术、从植物中提取紫杉醇的分离纯化工艺、大规模细胞培养生产紫杉醇技术等重点内容会有大的突破。

（2）紫杉醇类化合物的构效关系及新剂型的研究。由于紫杉醇独特的抗癌机制，寻找紫杉醇的类似物已成为研究者关注的热点，解决其水溶性及开发新剂型具有非常大的意义。如一种人类蛋白、白蛋白结合型紫杉醇（Abraxane）于 2005 年首次被美国批准用于乳腺癌治疗；2013年，FDA 宣布批准 Abraxane 联合吉西他滨用于转移性胰腺癌的一线治疗等。

（3）紫杉醇类药物作用机制的认识及临床问题的解决。如：药物抑制作用、神经毒性、HSRs 现象、心肌毒性、最优剂量使用方案和与其他活性药品的混合运用等。

四、　紫杉醇提取分离纯化工艺

如前所述，目前紫杉醇药物的获得主要依赖植物提取和人工半合成的方法，从红豆杉植物可以提取分离到紫杉醇及其衍生物巴卡亭Ⅲ和 10-去乙酰巴卡亭Ⅲ等。由于紫杉醇在植物中含量低，对分离条件敏感，且易受其他杂质成分的干扰，紫杉醇的提取纯化难道大、周期长，产率低。因而，高效分离纯化紫杉醇依旧是科技工作者和医药企业所追求的核心目标。

在 1962 年发现太平洋紫杉 [Taxus brevifolia（Pacific Yew）] 树皮粗提物的抗肿瘤活性后，美国三角研究所 Monroe Wall 博士于 1965 年利用活性追踪的方法对大量太平洋紫杉样品进行了富集纯化。先将树皮浸于乙醇溶液中制备粗提取物后，在氯仿-水萃取体系中分相萃取，再将氯仿萃取相通过 400 根管的 Craig 逆流分配色谱，得到纯度较高的紫杉醇 0.5g。随后综合利用

Florid、Sephadex LH-20 和硅胶柱层析等法对氯仿部分进行了分离纯化，最终在水-甲醇体系中经重结晶获得了紫杉醇针状晶体，至此在 1971 年紫杉醇的化学结构最终得到阐明。在 1992 年紫杉醇被 FDA 正式批准为抗癌新药后，伴随其需求的直线上升，不同的分离纯化方法被用于紫杉醇的富集，多种分离纯化新工艺相应而生。本节在对前人的研究工作进行总结的基础上，探讨了紫杉醇的正反相色谱行为及其影响因素，以及紫杉醇烷类物质结构对色谱过程的影响。

（一）紫杉醇分离纯化的制约因素

紫杉醇优异的抗癌功效和巨大的市场为紫杉醇提取工业提供了源源不断的动力，但从红豆杉树植物中制备紫杉醇也存在诸多的制约因素，需要在确定提取工艺时特别注意。

1. 红豆杉植物资源保护问题

红豆杉是红豆杉科（Taxaceae）红豆杉属（*Taxus*）植物的总称，该属植物大约有 12 种，在全世界自然分布极少，主要分布于北半球温带、寒温带及热带、亚热带高山地区，我国有 6 种 1 变种，即中国红豆杉（*T. chinensis*）、云南红豆杉（*T. yunnanensis*）、西藏红豆杉（*T. wallichiana*）、东北红豆杉（*T. cuspidata*）、密云红豆杉（*T. fuana*）、苏门答腊红豆杉（*T. sumatraana*）和南方红豆杉（*T. chinensis var. mairei*），分布于西南、东北、华中、华南及华东地区。红豆杉起源于古老的第三纪，是第四世纪冰川后遗留下来的世界珍稀濒危植物，被称为植物王国里的活化石，世界各国均已将其列入保护树种。我国于 1999 年 8 月 4 日将红豆杉属植物全部列入国家一级保护植物。由于红豆杉种群竞争力弱、天然更新缓慢和地理分布局限等客观因素，导致红豆杉属植物资源储存量日渐稀少，尤其是随着抗癌新药紫杉醇的开发利用，对天然红豆杉属植物的需求日益增大，致使其野生资源遭到了严重的非法破坏，个别种已经极度濒危。因此，紫杉醇类天然药物的提取应坚决制止对野生植物资源的直接采集利用，而应依赖于人工种植资源。

红豆杉属植物种类稀少，野生资源弥足珍贵，可喜的是红豆杉具有悠久的人工种植历史和广阔的栽培地域，目前有 200 余个栽培品种，为大规模人工种植奠定了基础。人工栽培红豆杉成为目前解决紫杉醇来源的较好途径之一，通过人工选育可以有效提高栽培品种中的紫杉醇含量。如曼地亚红豆杉（*T. xmedia*），通过栽培选育已发展到 10 多个品系，其中 *T. mediacv* Hick-sii 品系是美国 FDA 批准可以用作提取紫杉醇的红豆杉之一。4~5 年生红豆杉的叶子和树皮中紫杉醇的含量与生长 70~80 年天然红豆杉树皮中紫杉醇的含量相当，因此，人工栽培红豆杉的树叶是可持续利用紫杉醇的原料资源。

2. 紫杉醇在原料中含量很低，且易受其他类似物干扰

天然次生代谢产物在其生产生物体中通常含量偏低，且因品种、环境、季节、树龄、性别、组织部位、原料储藏方式不同，其次生产物种类和含量存在明显的差异和独特性。这也体现在红豆杉植物中紫杉醇分布和含量差异很大。一般情况下，阴湿环境生长的红豆杉紫杉醇含量较高，冬季一般是紫杉醇及其衍生物总含量最高的季节，树龄的增加有利于紫杉醇含量的提高，性别不同的红豆杉紫杉醇的含量没有显著差异，根和皮部的紫杉醇含量较高，阴干和低温保藏能有效地减缓紫杉醇的分解速度。从我国 5 种红豆杉植物各部位紫杉醇含量的分布情况（表 11-1），可以看出不同树种之间根和皮中紫杉醇含量差异明显，枝和叶则差异不大。其中以云南红豆杉树皮中紫杉醇含量最高，其次是南方红豆杉和曼地亚红豆杉，其他树种相对较低；曼地亚红豆杉根中紫杉醇含量最高，其次是云南红豆杉和东北红豆杉。云南红豆杉和东北红豆杉叶中紫杉醇的含量较高，而云南红豆杉和曼地亚红豆杉枝中紫杉醇含量相对较高。

表 11-1　　　　　　　　　不同树种红豆杉各部位紫杉醇含量分布

种类	不同部位平均含量/%				各部位平均含量/%
	叶	枝条	根	树皮	
中国红豆杉（*T. chinensis*）	0. 014	0. 017	0. 041	0. 054	0. 032
云南红豆杉（*T. yunnanensis*）	0. 017	0. 021	0. 068	0. 093	0. 050
西藏红豆杉（*T. wallichiana*）	0. 012	0. 016	0. 039	0. 068	0. 034
东北红豆杉（*T. cuspidata*）	0. 017	0. 014	0. 060	0. 079	0. 043
南方红豆杉（*T. chinensis var. mairei*）	0. 015	0. 018	0. 053	0. 088	0. 044
曼地亚红豆杉（*T. x media*）	0. 014	0. 020	0. 071	0. 080	0. 046

目前，已发现的天然紫杉烷类二萜化合物多达 500 多种，依据其环的稠和方式，分为 12 种基本骨架类型。紫杉醇类 6/8/6 型的紫杉烷类二萜占大多数，其中与紫杉醇结构相近的有三尖三宁碱、7-表-10-去乙酰基紫杉醇、7-表紫杉醇、10-去乙酰基紫杉醇、巴卡亭Ⅲ等，表 11-2 和表 11-3 分别研究了云南红豆杉树皮和叶中紫杉醇和 4 种相似化合物的含量，不难看出，这几种相似化合物在体外的含量比较相近，加之相似的结构导致它们的色谱行为也非常相似，使得紫杉醇与其他类似物的分离格外困难。

表 11-2　　　　　云南红豆杉树皮（干）中紫杉醇及其类似物的含量　　　　　单位:%

样品	方法	10-去乙酰基巴卡亭Ⅲ	巴卡亭Ⅲ	三尖杉宁碱	7-表-10 去乙酰基紫杉醇	紫杉醇
B1（199503）	梯度	—	—	0.0182	0.0028	0.0352
	等梯度	—	—	0.0195	0.0031	0.0368
B2（199507）	梯度	0.0063	0.0042	0.0033	0.0052	0.0472
	等梯度	—	—	0.0319	0.0039	0.0450
B3（199511）	梯度	—	—	0.0145	0.0038	0.0566
	等梯度	—	—	0.0138	0.0030	0.0532
B4（199605）	梯度	0.0101	0.0053	0.0221	0.0252	0.0389
	等梯度	—	—	0.0230	0.0241	0.0360

注：样品栏括号内数字表示取样日期。

表 11-3　　　　　云南红豆杉树叶（干）中紫杉醇及其类似物的含量　　　　　单位:%

样品	方法	10-去乙酰基巴卡亭Ⅲ	巴卡亭Ⅲ	三尖杉宁碱	7-表-10 去乙酰基紫杉醇	紫杉醇
N1（199506）	梯度	0.0875	0.0241	0.0045	0.0028	0.0077
	等梯度					0.0068
N2（199510）	梯度	0.0149	0.0135	—	—	0.0034
	等梯度					0.0032

续表

样品	方法	10-去乙酰基巴卡亭Ⅲ	巴卡亭Ⅲ	三尖杉宁碱	7-表-10去乙酰基紫杉醇	紫杉醇
N3（199604）	梯度	0.0121	0.0115	—	—	0.0098
	等梯度	—	—	—	—	0.0105

注：样品栏括号内数字表示取样日期。

3. 紫杉醇的性质不稳定

许多活性天然产物一旦离开机体，极易分解或被破坏，在分离纯化过程中需格外小心。纯品紫杉醇不稳定，受温度、有机溶剂、酸、碱等环境条件的影响，易降解或异构生成其他紫杉醇烷类物质。如紫杉醇在强酸性或弱碱性环境条件下会降解为巴卡亭Ⅲ或发生表位异构生成7-表紫杉醇；温度较高时也会发生降解反应，生成相应的分子或更小的物质。

4. 实际应用对紫杉醇的纯度要求很高

紫杉醇作为药品有严格的质量标准，特别是对杂质有极高的要求。在使用时对其纯度要求很高，一般要大于98.5%。

受限于上述诸多不利因素，应用多种现代分离纯化技术，开发高效、经济、环保的紫杉醇分离纯化工艺，越来越成为紫杉醇研究者们关注的焦点。

（二）紫杉醇的分离工艺

一般来说，紫杉醇的分离工艺可以分为前处理、粗提和纯化三个阶段，分离纯化过程见图11-3。

（三）样品的预处理

在着手提取紫杉醇的时候，首先应该做充分的文献调研、植物种类鉴定和适当的样品前处理。植物样品在鉴定后有必要保存标本，以便查证。红豆杉植物在用溶剂浸提前一般要经过干燥和破碎处理。有研究表明，紫杉醇和三尖杉宁碱在烟草干燥房、暖房、烘箱、冷冻干燥等条件下几乎没有损失，而在暗房和实验室条件下当干燥时间延长 10~15h 后，所有紫杉烷类化合物均有损失。在

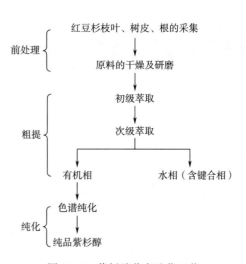

图11-3 紫杉醇分离纯化工艺

微生物发酵法生产紫杉醇中，常用乙酸乙酯从发酵液和菌丝中萃取。

（四）紫杉醇的检测方法

为了研究紫杉醇及紫杉烷类化合物在植物体或其他样品中的分布，指导分离纯化以及药物代谢过程，已建立了许多定性定量方法，如色谱法、免疫学方法、毛细管电泳和细胞生物学方法等。其中，HPLC和薄层层析是分离纯化的有效方法。

紫杉醇的 HPLC 分析始于20世纪80年代末，研究对象涉及了植物、植物细胞、真菌发酵以及人体血液等（表11-4），绝大多数使用的是紫外检测器，检测波长多为 225~230nm，检测

限为 μg/mL 级。正相、反相色谱均有应用，广泛应用的普通填料主要有 ODS（C_{18}）、氰基柱和苯基柱。采用的流动相通常为乙腈-水或甲醇-水溶剂体系，在流动相中加入磷酸盐缓冲溶液（或醋酸铅），或采用乙腈-甲醇-水溶剂体系，均可改善分离效果。此外，梯度洗脱方式也被广泛应用，收到了良好效果。

表 11-4　　　　　　　　　HPLC 法在紫杉醇分析检测和分离纯化中的应用

样品	固定相	流动相
树皮、针叶	多孔石磨碳柱	二氧环己烷-水（46∶54）
血浆、尿液	Octyl（C_{18}）	乙腈-甲醇-水（41∶5）
细胞培养物	ODS（C_{18}）	乙腈-水（52.5∶47.5）
血浆、尿液	ODS（C_{18}）	甲醇-水（13∶7）
血浆、细胞培养物	ODS（C_{18}）	乙腈-水（49∶51）
血浆	ODS（C_{18}）	甲醇-二氯甲烷（梯度）
细胞培养物	ODS（C_{18}）	乙腈-甲醇-水（1∶4∶5）
注射针剂	ODS（C_{18}）	乙腈-42mmol/L 醋酸铵（2∶3）
愈伤组织	ODS（C_{18}）	乙腈-水-三氯乙酸（梯度）
愈伤组织	ODS（C_{18}）	乙腈-甲醇-水（35∶25∶45）
注射针剂	Phenyl，diphenyl，PFP	乙腈-水（梯度）
树皮、针叶	Cyano（CN）	乙腈-甲醇-0.1mol/L 醋酸铵（26.5∶26.5∶47）
注射针剂	Metachem Taxsil	乙腈-水-甲醇（梯度）
愈伤组织	Phenomenx Taxsil	乙腈-水（52.5∶47.5）
注射针剂	Whatman TAC-1 PFP	乙腈-水（梯度）
细胞培养物	Zorbax SW Taxsli	庚烷-甲醇（1∶1）

此外，在实际的提纯过程中，薄层色谱法（TLC）以操作方便和设备简单的特点，可方便快速地指导紫杉醇的分离纯化，可以用二氯甲烷∶甲醇（95∶5，体积比）、甲醇∶氯仿（1∶12）等混合溶剂作为展开剂，于紫外分析仪 254nm 下显示定位。

（五）紫杉醇粗提工艺

紫杉醇易溶于氯仿、二氯甲烷、乙酸乙酯、乙醇和甲醇等极性溶剂，难溶于水。因此，紫杉醇的粗提物制备通常利用有机溶剂提取法，该过程可分为初级萃取和次级萃取两个阶段，萃取阶段采用不同的溶剂可以有效除去部分杂质，不同时期研究者对这两个过程的研究结果于表 11-5 所示。

表 11-5　　　　　　　　　　　　　　萃取溶剂研究结果

研究者	年份	初级溶剂	次级溶剂	红豆杉树种	植株部位
M. X. Wani	1971	MeOH	Mc/H_2O	*T. brevifolia*	树皮
R. C. Powell	1979	EtOH	—	*T. wallichiana*	树根树干

续表

研究者	年份	初级溶剂	次级溶剂	红豆杉树种	植株部位
C. H. O. Huang	1986	MeOH	Mc/H₂O	*T. brevifolia*	树皮
L. X. Xu	1989	MeOH/Mc	—	*T. Chinensis*	嫩芽树干
N. Vidensek	1990	MeOH	Mc/H₂O	*T. spp*	树皮
S. D. Harvey	1991	MeOH	Mc/H₂O	*T. brevifolia*	嫩芽树干
S. H. Hoke	1992	EtOH	Mc/H₂O	*T. spp*	树皮嫩芽
A. G. Fett Neto	1992	MeOH/Mc	Hex	*T. cupidata*	嫩芽树枝
W. Fang	1993	MeOH		*T. cupidata*	树皮树枝
M. G. Nair	1994	EtOH/H₂O	EtOAc	*T. ×media*	细胞发酵液
K. V. Rao	1995	MeOH	Chlf	*T. brevifolia*	树皮心木

注：MeOH 为甲醇、EtOH 为乙醇、Chlf 为氯仿、EtOAC 为乙酸乙酯、Hex 为正己烷、MC 为二氯甲烷。

在传统的有机溶剂萃取中，用于提取紫杉醇的初级萃取剂是乙醇（甲醇）和水，采用的甲醇和二氯甲烷（95：5）混合溶剂，萃取时间 35~60min；采用纯甲醇，所需萃取时间则为 16~48h。近年来，超声和微波等辅助萃取技术的应用极大地缩短了初级萃取的时间，如超声辅助萃取达到平衡的时间为 20~40min。另外超声和微波等技术可使试验在较低温下进行，避免紫杉醇高温下降解或异构而降低了其回收率。

次级萃取中主要利用单一溶剂或混合溶剂对初级萃取物进行液液萃取，如氯仿-水、二氯甲烷-水或者乙酸乙酯-丙酮（1：1）体系萃取，其中单一溶剂以甲醇提取效果最好，混合溶剂则以乙酸乙酯-丙酮（1：1）提取的效果较好，紫杉醇富集于有机相中。一般是在初级萃取物中加入二氯甲烷和水的混合物，即液液萃取，因为该方法可以有效地除去萃取液中 50%（质量分数）的非紫杉醇烷类物质。初级萃取物中加入低级性溶剂如正己烷或用活性炭处理，可除去一部分色素和蜡质。此外，还可以采用固相浸取法、超临界流体萃取法、膜分离法和树脂层析法进行紫杉醇的次级萃取，通过这几种现代方法处理，不仅可以提高次级萃取物中紫杉烷类物质的浓度、去除杂质，减轻了后续色谱分离的负担，而且省时、省溶剂，减少了环境的污染。

另外，紫杉醇除了以游离的状态存在外，还可以与糖基结合存在于植物体内。由于紫杉醇的糖基化可使其水溶性大大提高，因此使用有机溶剂体系萃取会漏掉进入水相的结合紫杉醇等。使用酶法水解或氧化铝柱处理，可不同程度提高紫杉烷类化合物的含量。

（六）紫杉醇的纯化工艺

将红豆杉植物或细胞培养物的粗提物进一步纯化是获得纯品紫杉醇的关键步骤，该步骤的核心程序是色谱分离纯化。

HPLC 用于紫杉醇的纯化分析始于 20 世纪 80 年代末。研究证明氰基建合硅胶柱可成功地用于分离两种以上结构非常相似的紫杉烷类物质：紫杉醇和三尖杉宁碱。具体的洗脱方式为等速梯度洗脱，洗脱液为正己烷和异丙醇。该法分离效果好，分离所需时间短，但是柱体积较小，只能算作半制备色谱。人们研究开发了反相高效液相色谱，采用十八烷基硅胶作为填料，甲醇、丙酮和水（30：30：40）为洗脱液恒速洗脱。该法同样具有分离效率高的优势，不足之处仍在于柱体积小、不易进行工业化操作。

有学者在分离加拿大红豆杉的根和树皮中的紫杉醇时，使用了重结晶技术和反相色谱技术相结合的方法。首先利用重结晶技术从粗提物中分离出了10-DAB和9-去羟基-13-乙酰基-巴卡亭Ⅲ，再用反相高效液相色谱分离其他紫杉烷类物质，从而避免了在分离纯化阶段多次使用色谱柱。用这些填料的HPLC柱，虽然可以实现紫杉醇和三尖三宁碱的分离，但却不能有效分离出另一个非常难以分离的物质7-表-10-去乙酰基紫杉醇。为解决这一难题，已开发出包括联苯、五氟苯（PFP）在内的各种新型填料。这些专门用于紫杉醇烷类化合物分析用的HPLC柱，在测定紫杉醇含量时，排除了杂质干扰，使得测定结果更准确可信，具有很好的分离效果。但却有一个共同的缺点，即处理量小，难以用于制备。

随着紫杉醇市场需求的不断扩大，工业化规模的分离工艺日益受到重视，分离工艺的经济性显得十分重要，所以研究者又开发了常压和中压正相和反相制备色谱技术，进一步完善了分离工艺。Rao发明了制备型反相色谱技术，将这种技术和重结晶技术相结合，能简化紫杉醇分离纯化过程，使得只使用一次色谱分离就能得到良好的分离效果。该项研究中建议使用的色谱柱是交联有C_8或C_{18}烷基链的硅胶柱，流动相为乙腈-水或甲醇-水溶液。Nair等研究者采用正相制备色谱分离细胞发酵液，最终可获得纯度很高的紫杉醇。Wu等分别对正相和反相色谱的装填物质进行了研究，开发了一种新型高选择性的色谱柱装填物SW Taxane，使得分离效率大大提高。

除了以上几种分离方法外，用于紫杉醇烷类物质分离的方法还有高速逆流色谱法、毛细管凝胶电泳色谱和免疫亲和色谱等多种现代方法。Chiou等人使用循环的高速逆流色谱分离紫杉醇和三尖杉宁碱的混合物，循环两次后，两种物质谱峰的分离度由0.7上升至1.27。有研究者利用胶囊电泳色谱分离紫杉醇和它的6种类似物时发现，使用此种方法能在15min内将这7种紫杉烷类物质成功地分开。有人用毛细管凝胶电泳色谱分离紫杉醇和14种相关的紫杉烷类似物，也取得了很高的效果。分离时用含有表面活性剂（十四烷基黄酸钠）的乙腈水溶液作为缓冲剂。乙腈在其中的作用没有明确，但如果没有这种有机调节剂就不能实现对15种物质的分离。这几种方法虽然具有高效的分离效率等优点，但由于处理量微小，操作复杂，大规模使用仍然受限。

五、 正相色谱过程为核心的紫杉醇分离纯化工艺

正相色谱具有固定相价格低廉、溶剂回收简单和能耗低等特点，在天然产物提取过程中有着广泛的应用，也是紫杉醇分离纯化工艺中普遍采用的方法。

（一）粗提物制备

用甲醇、乙醇或二氯甲烷-甲醇（1∶1）对云南红豆杉树皮进行浸提，得到起始浸提物，溶剂回收，得到浸膏，用二氯甲烷-水或氯仿-水进行分配萃取，最后处理有机相，得到含紫杉醇大约1%的浸膏。对浸膏进行HPLC检测，分析谱图发现有紫杉醇物质峰，溶解浸膏粉的溶剂为甲醇（色谱纯）。因有一些杂质在227 nm波长处没有吸收，造成谱图中紫杉醇的面积百分比分数高于实际情况，外标法测定浸膏粉中紫杉醇的含量为1.02%。

作为工业放大的需要，实验中涉及的有机溶剂均为市售的工业级，使用时蒸馏除去不挥发残留。实验用硅胶300~400目，拌样用硅藻土150目；色谱柱为玻璃柱。

分析检测用TLC法结合HPLC法，TLC法采用E. MERCK公司生产的铝制60 F_{254}硅胶板，板上

硅胶厚度 0.2 mm，HPLC 流动相为甲醇-水（65∶35）或乙腈-水（47∶53），流速 1.0mL/min，双波长检测，检测波长 227 nm、233 nm。

（二）柱前预处理

经过液液初步萃取制备的有机相浸膏样品仍然含有大量杂质，它们在液相色谱固定相上的竞争性吸附或不可逆吸附会导致固定相用量增加，目标产物的分离度降低，分离效率低下等。因此，在分离纯化的早期阶段就使用色谱过程是不经济的。对样品选择合适的方法进行预处理，提高目标产物的浓度，在提高效率和操作控制方面都会带来方便。

1. 固-液浸取

浸膏样品来源于树皮、枝叶或植株体的其他部位，除含量很低的目标产物紫杉醇外，还含有各种类型的极性和非极性杂质。一些低极性或非极性杂质如焦油等，会黏附在作为色谱固定相的硅胶上，使硅胶失去吸附力，而且随流动相运动被洗脱下来，会给洗脱馏分的干燥带来困难。对于这类杂质，可用一些低极性的醚类和烷类有机溶剂进行固-液萃取除去。用石油醚（60%~90%）对浸膏进行固-液萃取，以浸膏 5 倍（mL/g）体积的石油醚萃取效果最好。对浸膏进行匀浆搅拌与否，杂质浸出的百分率差别很大，搅拌的效果显著。但是，搅拌后沉淀颗粒过细，过滤有困难，需预先在过滤设备上预涂一层硅藻土或其他类型的助滤剂帮助过滤。

固-液浸取中的有机溶剂也可用正己烷或环己烷代替，具有相似的效果。综合以上研究，可得固-液浸取除去非极性杂质的优化条件是：匀浆搅拌，按体积质量比 5 倍体积的石油醚可除去 10%~12% 的杂质。固-液浸取过程目标产物紫杉醇的收率接近 100%。

2. 碱洗

浸膏中含有的鞣酸等酸性杂质，可和碱液发生类似皂化的反应，生成易溶于水的物质，从而可用水洗涤除去。但紫杉醇在碱性环境中极其不稳定，会裂解成巴卡亭Ⅲ和其他一些物质。而用乙酸乙酯作溶剂，用 1mol/L 的 NaOH 溶液裂解紫杉醇制备少量巴卡亭Ⅲ的过程中，发现紫杉醇没有发生变化，表明用乙酸乙酯醋作溶剂的水解反应能够屏蔽紫杉醇的裂解反应。这一研究结果为紫杉醇浸膏样品的碱洗奠定了理论基础。

碱洗过程具体步骤为：用 10 倍体积（mL/g）乙酸乙酯溶解适量浸膏；加入等体积 1mol/L 的 NaOH 溶液，搅拌 10~20min；分相后有机相用 0.5 倍 NaOH 溶液体积的蒸馏水洗涤两次。其中第二次洗涤常伴有乳化现象，需加入适量盐帮助分相或直接用盐水洗涤，过程中乙酸乙酯因水解大约损失一半；洗涤后有机相用无水 Na_2SO_4 进行脱水，根据后面工序的需要减压浓缩至 25%~35% 的有机相体积。这一步骤可去除最高达 60% 的杂质（以石油醚固液浸取后干浸膏量为基准），因乙酸乙酯少量溶于水使紫杉醇有所损失，收率在 97% 左右。

3. 己烷沉淀

将碱洗后得到的浸膏样品溶解在一种极性较强的溶剂中，向其中缓缓滴入己烷（正己烷或环己烷）溶剂，可以使一些石油醚不能萃取除去的低极性杂质留在母液中，而将紫杉醇等目标产物沉淀下来。溶解浸膏样品的溶剂可以是丙酮、二氯甲烷或乙酸乙酯，为方便工艺的前后衔接，以乙酸乙酯为好。沉淀时，向紫杉醇的乙酸乙酯溶液中加入 6~10 倍体积的己烷，紫杉醇可沉淀完全。

（三）色谱纯化

1. 一次层析

经过上述柱前初步除杂后，乙酸乙酯相中目标产物紫杉醇的含量已经接近 5%，除一些难以去除的色素外，杂质含量主要是一些紫杉烷类化合物，其中不乏价值很高的紫杉醇类似物如三尖杉宁碱、10-去乙酰基紫杉醇、巴卡亭Ⅲ等，同样需要分离纯化。因为目标产物的含量还很低，尤其伴随有结构性质相似的类似物三尖杉宁碱，一次层析将紫杉醇纯化到预定的纯度难度很大，而且也不经济。比较合理的方法是，先用一个层析过程粗分一下，使富集的馏分中目标产物有较高的含量，为进一步分离纯化奠定基础。因为这步层析仅是粗分，对色谱柱高径比的要求不是太大，硅胶用量也不必太高，而且可以使用较高的洗脱速度。

（1）**洗脱体系**　采用极性较强的溶剂和极性较低的溶剂混合调整极性来改变洗脱强度。因为浸膏样品中紫杉烷类物质种类多，极性差别很大，以梯度洗脱较为合适。但连续梯度操作非常烦琐，考虑到实际操作的方便，采用分段梯度操作最为适宜。流动相溶剂可以选择己烷-丙酮、二氯甲烷-丙酮、己烷-乙酸乙酯、二氯甲烷-乙酸乙酯或氯仿-甲醇体系等，但从溶剂回收难易、洗脱强度大小、固定相循环使用和溶剂毒性等方面综合考虑，流动相以己烷-丙酮为优。

（2）**样品制备**　经己烷沉淀后的浸膏样品在己烷-丙酮作为流动相的洗脱剂中溶解度不是很大，以固态上样法较为合适。将样品按1∶10（g/mL）的比例溶解在丙酮中，然后加入5倍量（以浸膏样品质量为基准）的硅藻土，拌匀后自然风干，如果果量较大，可将该混合物在40℃下用旋转蒸发仪蒸干，得到固态样品。用时加到色谱柱上部。洗脱之前，可在样品上端覆盖一层粗沙或玻璃珠，以防止样品界面被破坏。

（3）**洗脱模式**　可先用干柱色谱法对分段梯度洗脱过程进行初步估计，根据目标产物在柱中的位置确定洗脱模式。色谱柱是一根容量为10mL的小针管，内径10mm，高接近7cm，上样量0.1g，溶于1mL丙酮，拌入0.5g硅藻土，风干，柱内硅胶分段洗脱后用TLC分析确定色斑位置。在己烷-丙酮为8∶2时，紫杉醇的谱点几乎不移动；到7∶3时，紫杉醇能够被洗脱，但谱点移动速度很慢；如果己烷-丙酮体积比加大到6∶4，紫杉醇斑点接近柱出口端，表示6∶4的己烷-丙酮对紫杉醇有足够的洗脱强度。至此，洗脱结构可初步设定为，以8∶2或7∶3的己烷-丙酮起始，洗脱一些吸附能力较差的色素和一些极性较低的紫杉烷类物质，以6∶4完全洗脱紫杉醇后结束。为使谱带更好地分离，可以根据实验结果在中间加入合适的梯度。考虑到有一些极性很强的紫杉烷类物质如10-DAB等，可在6∶4的梯度结束后再接一个洗脱强度更大的梯度以回收副产物，最后用纯丙酮顶洗硅胶循环使用。

在洗脱模式初步确定后，需用小规模的实验进一步确定。一次层析中洗脱模式的优化选择为：2BV（Bed Volumn）70∶30 +3BV 65∶35 +3BV 60∶40 正己烷-丙酮。最后，根据浸膏样品中回收副产物要求，可适当再增加洗脱梯度。

（4）**固定相用量**　一次层析过程中固定相的合适用量可以用硅胶和处理的浸膏质量比作为参数进行表征。硅胶用量太小，分离效率低，各馏分之间交叉较多，难以进行下一步分离；而硅胶用量太大，在达到粗分的前提下又会造成浪费。按照下一步结晶的标准，该步层析中要求目标产物紫杉醇的纯度要在30%以上，而且要求紫杉醇所在馏分和前后馏分的交叉要尽可能小，否则影响一次操作的收率。研究发现，一次层析过程中，硅胶用量与浸膏质量比以10∶1为佳。

（5）**柱切换技术**　为解决大规模生产时频繁拆装色谱柱对生产的影响，常采用柱切换技术来解决换柱问题。将色谱柱设计成两段，一段较短粗，负载浸膏样品的硅藻土，另一段高径比较大，是层析过程的有效段。洗脱过程中在线或间隔检测洗脱液，发现负载样品的柱段中没有目标产物时，可用一个转换阀直接将流动相导入层析过程的有效段，同时拆装样品柱，负载下一次样品。由于承载样品用的硅藻土是一种失活的吸附剂，少量流动相便可以将目标产物洗脱完全。当硅藻土用量和浸膏比为 5：1 时，按前面优化的洗脱结构，用 3BV 硅藻土床层体积的流动相便可以将目标产物完全洗脱。层析因硅胶的不可逆吸附使目标产物有所损失，收率约为 95%。

2. 一次结晶

粗分后目标产物能否进行结晶是衡量粗分效果的标准。结晶体系可以是甲醇–水或乙醇–水，但乙醇对紫杉醇的溶解能力较差，处理量小，以甲醇–水体系较佳。将一次层析中含目标产物紫杉醇的馏分蒸干后，按 8 mL/g 的比例溶解在甲醇中，同时在搅拌的情况下缓缓滴入 1/3 甲醇体积的双蒸水，冷却 48h 以上可得呈白色发黄的针状晶体，紫杉醇的纯度可达 50%~70%，收率 95% 以上。将结晶后母液用适量乙酸乙酯萃取，脱水蒸干，与下一批物料累积循环处理，可提高总收率。

3. 溴加成

三尖杉宁碱是紫杉烷类物质中结构和性质与紫杉醇最为相似的物质，非常难以分离，用化学反应的方法将三尖杉宁碱的性质改变而保持紫杉醇的性质不发生改变，使得二者容易分离。Kingston 等尝试用 OsO_4 处理紫杉醇与三尖杉宁碱的混合物，发现 OsO_4 能选择性地氧化三尖杉宁碱，使之成为醇，而紫杉醇却不受影响，这种方法有较好的效果，可使紫杉醇的纯度达到 95%，但因毒性大而不能应用于实践。Murray 改良法采用含 1%~10% O_3 氧化后，加入吉拉德氏酰肼–ACOH 混合物使三尖杉宁碱氧化物最后通过选择性沉淀或用乙酸乙酯–水等萃取，就可以把紫杉醇分离出来，可使紫杉醇的纯度达到 97.5%。除了用氧化法外，又发现用溴加成的方法可分离紫杉醇和三尖杉宁碱的混合物。

从三尖杉宁碱和紫杉醇的侧链结构可以看出，三尖杉宁碱的侧链结构中由于酰胺的影响，$C_7'-C_8'$ 的双键 π 电子云向 C_6' 乃至 C_5' 方向偏移而有利于溴的进攻；而紫杉醇侧链的这一位置系一苯环，相对于 C，其电子云密度比较均匀而稳定。在温和条件下，三尖杉宁碱易发生溴加成，而紫杉醇则无此反应。利用三尖杉宁碱和紫杉醇结构中的这一差异，采用溴加成的方法改变三尖杉宁碱的侧链结构，从而改变其分子的极性，可大大降低三尖杉宁碱和紫杉醇分离的难度。反应是可逆的，在乙酸条件下，用锌粉就可以将三尖杉宁碱还原回来。这一点是溴氧化工艺不可比拟的。

溴加成具体的操作为：按 1：30（g/mL）的比例将一次层析得到的粗品加入氯仿中溶解，搅拌情况下快速滴入少量溴素，室温下反应 5min 停止；用 10% 的 $Na_2S_2O_3$ 溶液淋洗去除未反应掉的溴素；用水或盐水淋洗两次，无水硫酸钠脱水后蒸干，样品进入下步工序。经溴加成前后样品图谱的比较，溴加成的收率达 95%。溴加成工序可以放在一次结晶之前，但因杂质多而反应时间较长。反应以在氯仿中进行为好，且氯仿中要加入乙醇作稳定剂，否则易分解产生光气。

4. 二次层析

三尖杉宁碱经溴加成后的产物 2″,3″-二溴三尖杉宁碱极性发生了变化，需再经一次硅胶色谱柱实现和紫杉醇的分离。己烷–乙酸乙酯可以选作洗脱体系。这时候样品中的杂质除一些色素和 2″,3″-二溴三尖杉宁碱外，还常常含有紫杉醇的手性异构体 7-表紫杉醇，它 7 位的基团和紫杉醇呈手性异构，性质非常相似。研究发现，当色谱柱的高径比在 8：1 以上，干法装柱，固定相硅胶用量和样品的质量比为 30：1 时，紫杉醇和 7-表紫杉醇能够实现较好的分离。洗脱模式以己烷–乙酸乙酯 60：40（3BV）–55：45（2BV）–50：50（5BV）为佳。从最初的石油醚固液萃取到溴加成后，样品量已经很小，所以二次层析过程中的固定相用量和溶剂消耗在经济上都是可以接受的。二次层析后紫杉醇的纯度在90%以上，收率接近95%。

5. 二次结晶

二次层析后样品中的少量杂质可以通过二次结晶的方法进一步提纯，结晶体系为甲醇-水，结晶条件和一次结晶相同。对于没有交叉的紫杉醇馏分，二次结晶可以使紫杉醇纯度达到98.5%以上，收率大于95%。如果需要进一步提高纯度，可用甲醇-水体系再结晶一次。

（四）分离纯化工艺

综合以上研究结果，以正相色谱过程为核心的紫杉醇纯化工艺过程为石油醚固液萃取、碱洗、己烷沉淀、一次层析、一次结晶、溴加成、二次层析和二次结晶8道工序，图11-4是工艺流程的详细描述。流程中有些步骤不是必需的，比如己烷沉淀因使用溶剂量很大，可以根据实际情况决定是否采用。另外，一些工序可以互换，比如一次结晶和溴加成，可以先进行溴加成，再结晶，二者相比，各有利弊。一个操作周期的收率在70%左右，如果将工序中间累积的一些含目标产物的物料循环加工，可以提高总收率，但这可能并不经济，需要深入分析才能决定。按照以上工艺过程，以10g紫杉醇含量为1%的浸膏进行小试，经50mL石油醚固液萃取；90mL乙酸乙酯溶解、过滤，90mL 1mol/L的NaOH洗涤，90mL蒸馏水分两次淋洗；有机相用无水硫酸钠脱水后浓缩；拌入25g硅藻土、风干；上样进行一次层析，硅胶用量50g；结晶一次后按本节的描述做溴加成反应；再经二次层析、结晶，最后获得纯品紫杉醇69.64mg，纯度99.03%，收率69%。

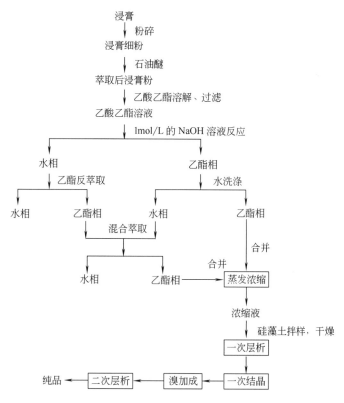

图11-4 紫杉醇正相为核心的分离纯化工艺流程

六、 反相色谱过程为核心的紫杉醇分离纯化工艺

在紫杉醇研究初期，反相色谱的应用主要体现在高效液相色谱方面，多用于样品的分析检测。1996 年，刘开录报道了用一类多孔型聚苯乙烯-二乙烯基苯高分子微球作固定相反相分离纯化紫杉醇的工艺过程，选择的流动相为丙酮-水或甲醇-水，梯度洗脱，用三步柱色谱过程能够使紫杉醇和其他一些类似物质如巴卡亭Ⅲ、三尖杉宁碱等得到纯化。1999 年的一份美国专利报道了一种联苯色谱用树脂作固定相对紫杉烷类物质进行色谱分离的过程，紫杉醇的纯度可以超过 98.5%，此外，10-去乙酰基紫杉醇、7-表紫杉醇、三尖杉宁碱、巴卡亭Ⅲ、巴卡亭Ⅴ、7-表-DAB、DAB 和 9-去羟-13-去乙酰基巴卡亭Ⅲ（DHB）等可以同时得到纯化。差不多同时，国内学者卢大炎等研究了用活性炭作固定相的反相色谱分离纯化紫杉醇的工艺过程。虽然目前反相色谱分离纯化紫杉醇的工艺尚没有工业化的报道，但相对于正相色谱工艺，反相色谱无疑有着很多优点。首先，它不消耗大量的有机溶剂，对环境污染较小；而且，人们在开发反相填料时专门引入的一些特定的键合相使反相填料有着更好的选择性，在克服正相硅胶的不可逆吸附造成目标产物回收率低方面也很有价值。因此，研究开发一种反相色谱分离纯化紫杉醇的工艺确实很有现实意义。

浸膏样品如前。丙酮、甲醇、乙酸乙酯均为分析纯；色谱柱订做，柱参数是 ϕ10mm×100mm、ϕ20mm×200mm 和 ϕ30mm×300mm 系列，柱参数中的直径均指内径；大孔吸附树脂 D4020；多孔型聚苯乙烯-二乙烯基苯树脂 D952，100~150 目；硅藻土，外观乳白色，150 目。

分析检测用 HPLC 法，流动相甲醇-水（65：35）或乙腈-水（47：53），色谱纯；色谱进样量 10μL，流速 1.0 mL/min，双波长检测，检测波长 227nm、233nm 。

样品干燥使用冷冻干燥机，溶剂回收使用旋转蒸发器。配套设备有 SHB-Ⅲ 型循环水式多用真空泵。

（一）工艺过程

1. 一次柱层析

紫杉醇样品浸膏中含有大量色素和极性较大的杂质，一次柱层析过程实际是样品的一个富集过程，先用浓度较低的丙酮水溶液或甲醇水溶液将在反相固定相上吸附性能较弱的强极性杂质除去，再用合适浓度的洗脱液洗下目标产物，将吸附性能较强的一些色素和非极性杂质留在柱上，从而达到提高目标产物浓度、方便进一步处理的目的。一次柱层析使用的固定相是大孔吸附树脂 D4020，吸附容量大，机械稳定性好而且颗粒直径较大，床层压降小，适合较高流速下操作，有利于提高层析效率。同时试用的树脂还有 X-5、S-8 和 D072 等，但富集目标产物紫杉醇的性能均不如 D4020。

（1）树脂预处理　工业级新树脂使用前必须进行预处理，以去除树脂中所含的少量低聚物、有机物及有害离子，具体的处理步骤为：

①清洗色谱柱，保持柱内无水；

②先于柱内加入相当于装填树脂体积 0.4~0.5 倍的乙醇或甲醇，然后将新树脂投入柱中，使其液面高于树脂层面约 0.3m 处，浸泡 24h；

③用 2BV 乙醇或甲醇，以 2BV/h 的流速通过树脂层，并浸泡 4~5h；

④用乙醇或甲醇，以 2BV/h 的流速通过树脂层，洗至流出液加水不呈白色浑浊为止，并用水以同样流速洗净乙醇或甲醇；

⑤用 2BV 的 5% HCl 溶液，以 46BV/h 的流速通过树脂层，并浸泡 2~4h。而后用水以同样流速洗至出水 pH 为中性；

⑥用 2BV 的 2% NaOH 溶液，以 4~6BV/h 的流速通过树脂层，并浸泡 2~4h，而后用水以同样流速洗至出水 pH 为中性；

⑦用丙酮或甲醇充分洗涤溶胀，用开始洗脱的流动相洗出有机溶剂，平衡色谱柱。

（2）样品制备　将紫杉醇浸膏样品按 0.1g/mL 溶于丙酮或甲醇中，充分溶解后，过滤，加入浸膏 5 倍量（质量比）的硅藻土或 3 倍量丙酮或甲醇浸泡过的 D4020 树脂，拌匀后干燥，做成上柱的样品。

（3）柱层析过程　固定相按 10~15 倍（质量比）样品装柱，样品用开始层析时的流动相浸泡，加于柱顶。以 40% 的丙酮水溶液开始层析，3BV 后，继续用 50% 和 60% 的丙酮水溶液进行洗脱，洗脱线速度控制在 2cm/min 左右，最后用纯丙酮进行顶洗，清洗树脂循环使用。洗脱的同时，分段收集洗脱液进行编号，HPLC 进行分析。结果表明，目标产物紫杉醇基本集中在 60% 的馏分，因而，将这部分收集进行下一步处理，其他馏分视其价值另行处理。层析的流动相也可以选用甲醇水溶液，效果相仿。这一步骤样品中目标产物几乎无损失，收率接近 100%。

2. 液液萃取

一次层析后，紫杉醇所在馏分颜色发黑，表示馏分中还含有大量的色素和其他杂质，而且，洗脱液含水，使之难以进行下一步处理。通过乙酸乙酯萃取，将含紫杉醇的馏分于旋转蒸发器上浓缩除去部分丙酮后，加入等体积的乙酸乙酯萃取三次，除去色素等水溶性杂质，提高紫杉醇的纯度。

3. 碱洗

将萃取工序得到的乙酸乙酯相进行浓缩，加入等体积 1mol/L 的 NaOH 溶液，依前面的描述进行操作。碱洗后，乙酸乙酯相的颜色从黑色变成红色，表明已去掉大部分杂质。碱洗后的有机相用无水 Na₂SO₄ 脱水，旋转蒸发浓缩，进入下一道工序。

4. 二次柱层析

将碱洗后的样品用丙酮溶解，拌入 5 倍量的硅藻土干燥，做成样品。用 40% 的丙酮水溶液浸泡树脂 D952，湿法装柱，树脂用量为样品量的 30 倍（干基）。样品加在柱顶，洗脱以 40%（体积比）的丙酮水溶液开始，中间连续用 50%、60% 的丙酮洗脱杂质，以 70% 丙酮水溶液洗脱目标产物紫杉醇。洗脱线速度控制在 1.0 mL/min，洗脱各用 3BV，最后丙酮淋洗，回收树脂循环使用。这一过程主要实现紫杉醇和三尖杉宁碱的分离，样品的前交叉使一次操作紫杉醇的收率在 85% 左右。二次柱层析的流动相也可以使用甲醇水溶液，但洗脱梯度要增加至 80%。

5. 结晶

将上一工序含紫杉醇的洗脱液减压浓缩，除去部分丙酮，乙酸乙酯萃取三次，萃取液用无水 Na₂SO₄ 脱水，浓缩干燥。干燥样品甲醇溶解，按前面叙述的条件结晶 48h，紫杉醇纯度可达 98%，总收率在 65% 以上。

（二）小试结果

以反相色谱过程为核心的紫杉醇分离纯化工艺可以小结为：一次柱层析→液液萃取、碱洗→二次柱层析→结晶，共 5 道主要工序。其中最后一步结晶可根据要求进行重结晶，以进一步提高纯度。

以 10g 紫杉醇含量为 1.02% 的市售浸膏为样品进行小试。一次柱层析粗提后经液液萃取、碱洗，无水 Na_2SO_4 脱水、浓缩干燥后得到含紫杉醇 40.4% 的样品 0.20 g；所得样品溶于 2.5mL 丙酮，拌入 1.3g 硅藻土，自然风干做成层析用样品，经二次层析，结晶后得到紫杉醇白色针状结晶 67.3mg，纯度 98.6%，收率 67%，基本能够反映工艺过程的描述。

（三）工艺过程的副产物

根据 HPLC 分析结果，在以 50% 和 60% 的丙酮水溶液洗脱时可分段收集到富含 DAB、7-表-DAB、巴卡亭Ⅲ、10-去乙酰基紫杉醇和三尖杉宁碱等副产物的馏分。目标成分相互掺杂或和一些未知成分掺杂在一起，纯度在 30%~60% 不等，可以通过结晶或其他方法另行分离。

七、 基于正反相联用的紫杉醇纯化工艺

1. 样品处理与提取

由于紫杉醇具有热敏性，粉碎室内的温度一般不能超过 60℃，因而采用功率和容量尽量大的粉碎机，粉碎的粒度以 40 目左右为宜。采用两只 $3m^3$ 的静态浸取釜。每只釜每次加入原料 500kg，用 95% 乙醇浸取三次，乙醇加入量分别为 2700L、1600L 和 1500L，每次浸取时间为 24h。为了减少真空浓缩的负荷，第 2、3 次的浸取液用作下一釜第 1 次浸取的溶剂。浸取液在 45℃ 以下真空浓缩至糖浆状的浸膏，共得约 1100 kg。为了检验三次浸取是否充分，取小量三次浸取后的残渣进行第 4 次浸取，浸取液经碘化铋钾试剂检验已基本不含紫杉醇。

2. 液-液分配萃取

由于乳化的原因，液-液分配步骤是本工艺的难点，且严重影响产物的收率和成本。采用体积为 350L、锥形底、带搅拌和外循环的液液分配器，用氯仿萃取 5 次。具体操作如下：50L 浸膏中加入 100~150L 水（加水过多会出现严重的乳化，太少会使萃取过程分层困难），依此加入氯仿 50L、20L、15L、10L 萃取，每次搅拌时间 30min，静止 2h。乙醇浸取浸膏中的乙醇浓度是影响液-液分配的关键。由于乙醇浸取浸膏中乙醇浓度控制较困难，使小试实验结果与放大试验差别较大，操作时应根据具体情况调节乙醇的含量，使液-液分配器中水相的乙醇浓度控制在 10%~15%（体积分数）。经萃取的氯仿溶液在 40℃ 以下真空浓缩，并按固含量：硅胶（60~100 目）为 1:3 的比例拌样、蒸干，供柱层析步骤使用。小量母液经第 6 次氯仿萃取，用 TLC 分析表明已基本不含紫杉醇。

3. 硅胶柱正相层析

硅胶柱层析是本工艺的关键步骤。采用不锈钢层析柱内径为 22cm、高为 160cm，体积约 60L；流动相槽可承受 1MPa 压强，流动相通过真空泵吸入槽内。样品经干法上柱、梯度洗脱、经三次分离效果最佳，此时溶剂和硅胶的用量最少。流动相流速为 0.8L/min。三次过柱采用的空白硅胶目数增加、空白硅胶与拌样硅胶之比增大，而流动相的极性下降。以第二次过柱为例说明如下。第二次过柱共加入 280L 流动相，收集到 85 瓶（每瓶体积为 3L）约 255L 流出液。经 TLC 检测合并流出液可分为 6 个馏分，其中馏分 1（35 瓶）为轻组分，不含紫杉醇，馏分 2（9 瓶）为轻组分和紫杉醇的混合物，馏分 3（12 瓶）为紫杉醇，馏分 4（7 瓶）为紫杉醇和后馏分（主要成分为 10-DAB）的混合物，馏分 5（18 瓶）为后馏分，馏分 6（最后 4 瓶）为不含 10-DAB 的后馏分。馏分 3 经真空浓缩拌样后进行第 3 次过柱，馏分 2 和馏分 4 经真空浓缩拌样后重新进行第 2 次过柱，馏分 5 和 6 经真空浓缩后用于分离其他成分，如馏分 5 用于分离 10-DAB、10-DAT、BaccatinⅢ 等。第 1 次和第 3 次过柱的操作与第 2 次类似，但第 1 次过柱各个成分间分得不够清晰，大部分馏分含有紫杉醇，第 3 次过柱得到的紫杉醇馏分真空浓缩至

干后送脱色步骤。

4. 活性炭脱色

用一根直径为 8cm、高为 60cm 的柱子进行脱色试验。经三次柱层析得到的紫杉醇馏分浓缩物，溶于甲醇中（1g 浓缩物 60mL 甲醇），以 3～4mL/min 的流速流过经水洗、甲醇洗的活性炭柱子，从流出液的颜色来判别是否穿透。试验证明每克浓缩物脱色需 3g 活性炭。

5. 重结晶

由于紫杉醇不溶于水，因此可通过向脱色流出液中加水的方法结晶出紫杉醇，加水量随溶液中产物的浓度不同而变化，应控制在溶液微显混浊时停止加入，静置一夜后可得白色棉花状结晶。结晶产物经过滤后用甲醇-水重结晶二次，最后经真空干燥后共得到白色针状结晶物 680g，经 HPLC 分析，紫杉醇含量为 62.5%（wt），总收率为 70.8%。

6. 制备型高压液相二次纯化

利用制备型高压液相色谱再次纯化，紫杉醇纯度可达 95% 以上。

八、 紫杉烷类物质结构对色谱过程的影响

紫杉烷类物质是一类结构非常复杂的化合物，在它的三环二萜基本骨架和侧链上的一些基团均可以被修饰，修饰后产生一些结构相似但性质相异的化合物。研究中发现，母核有差异的紫杉烷类化合物和侧链有差异的紫杉烷类化合物的色谱行为表现出很大的不同。深入研究紫杉烷类物质结构对色谱过程的影响，对提出新的分离纯化工艺或有目的地改进旧的分离纯化工艺具有重要的参考价值。

1. 母核结构对紫杉烷类物质色谱过程的影响

一般地讲，正相色谱过程物质的保留时间和反相色谱过程相反。在正相色谱过程分离纯化紫杉醇工艺中，巴卡亭 V 应较紫杉醇晚流出。但实际上，巴卡亭 V 是从馏分 26～33 中分离得到，而紫杉醇的富集馏分为 43～51。如果色谱柱较短或洗脱速度较快，两者还会有一定的交叉馏分。这种现象不能简单地从物质的极性得到解释。对比两种化合物可以发现，两者的结构虽然差别较大，但主要在侧链上，巴卡亭 V 没有侧链，紫杉醇却有一条完整的侧链，除此之外，两者的母核结构非常相似，仅在 7 位羟基上有异构现象。因而可以认为，母核结构是紫杉烷类物质正相色谱过程的主要影响因素。再比较一下巴卡亭 V 和 10-DAB，除了 7 位上的羟基有异构外，10-DAB 的 10 位发生了脱乙酰化，两者在母核上有较大的差别，正相色谱行为应有较大的差异，实际情况是 10-DAB 从中试馏分的 61～67 中得到，证实了母核结构主要影响正相色谱过程的推断。另外，正相色谱过程对紫杉醇和三尖杉宁碱的分离非常困难，这正和两者侧链虽有差异，但母核完全相同的特征有关。7-表-10-去乙酰基紫杉醇与紫杉醇差别在母核，所以正相色谱可以分离。

2. 侧链结构对紫杉烷类物质色谱过程的影响

尽管巴卡亭 V 和紫杉醇在正相色谱过程中保留时间相近，但回到反相色谱过程，两者却呈现很大的差异，而从物质结构上，巴卡亭 V 和紫杉醇的差异主要在侧链，因而可以说侧链的性质差异主要影响紫杉烷类物质的反相色谱行为。对比巴卡亭 V 和 10-DAB，尽管两者母核的性质差别较大，但在反相色谱过程中，两者的保留时间却很接近，也说明母核对紫杉烷类物质反相色谱行为的影响较小，而侧链才是影响这一行为的主要因素。7-表-10-去乙酰基紫杉醇与紫杉醇侧链相同，所以反相色谱保留时间接近。

3. 紫杉醇分离纯化的优化策略

从以上讨论知道，母核结构主要影响紫杉烷类物质的正相色谱行为，而侧链结构则控制着紫杉烷类物质的反相色谱特征，因此，正反相色谱联用才是色谱过程分离纯化紫杉醇的最佳工艺选择。先经正相色谱过程，将紫杉烷类物质中一些和紫杉醇在母核结构上有较大差异的类似物如 10-DAB、10-脱乙酰基紫杉醇等分离除去；然后经过化学反应，在三尖杉宁碱的侧链双键上进行修饰，使其侧链的性质和紫杉醇相比差异更大，从而通过反相色谱工艺分离除去三尖杉宁碱反应后的产物和少量的巴卡亭 V。当然也可以先进行反相色谱工艺，但粗原料进行化学反应时反应条件不易控制，先进行正相色谱过程为佳。

第二节　银杏叶黄酮的提取分离

银杏（*Gingko biloba* L.）又称白果树、公孙树或鸭脚树，落叶乔木，属裸子植物银杏门唯一现存物种，是植物界的"活化石"。我国是银杏树种的起源和分布中心。

银杏全身是宝，银杏集食品、饮料、药材、木材、化妆品等原料和环境美化、绿化于一体，其叶、花、果、材都可以被人类利用。据《本草纲目》记载，银杏具有敛肺平喘，止遗尿、白带的作用。《食疗本草》中记载，银杏叶可用于心悸怔忡、肺虚咳喘等病症。银杏含有黄酮类化合物、银杏萜内酯、有机酸类、酚类、聚戊烯醇类、甾体化合物及营养元素等，具有防治高血压、高脂血症、冠心病、心绞痛等心脑血管疾病、急慢性脑机能不全及其后遗症、阿尔茨海默氏病（老年性痴呆）、糖尿病和青光眼等功效。2013 年，国内医院脑血管及抗痴呆药物市场已达到 225 亿元，同比上一年增长率为 14.55%，其中银杏叶提取物制剂市场占据了 20%。

目前，国际上通用的银杏提取物（GBE）指标采用德国 Schwabe 公司的专利 EGb761 要求（总银杏黄酮苷含量≥240g/kg，总银杏内酯≥60g/kg，总银杏酚酸含量≤5mg/kg）；但欧美部分国家要求银杏酚酸的含量低于 1 mg/kg。美国于 2008 年大幅度提升了银杏叶提取物标准，2008 版美国药典 6（USP31-NF26 增补 1）中规定，银杏叶制剂中银杏总黄酮含量在 20.0～270.0g/kg，银杏内酯总量则要达到 54.0～120.0g/kg。

一、 银杏叶黄酮类化合物组成

黄酮类是含有 C_6—C_3—C_6 基本碳骨架的一类化合物，通常以游离态（苷元）和糖苷的形式广泛分布于植物中，具有多种多样的生理活性。该类物质也是银杏中的主要有效成分之一，在银杏叶中含量为 250～590g/kg，其含量差异与栽培环境和生长期等多种内外因素相关，目前，从银杏叶提取物中已分离鉴定的黄酮类化合物有 40 种，根据分子结构不同，可分为四大类：

（1）单黄酮　银杏叶中现已发现 10 种单黄酮，分别是槲皮素（quercetin）、山奈素（kaempferol）、异鼠李素（isorhamnetin）、杨梅素（myricetin）、芹菜素（apigenin）、木犀草素（luteolin）、三粒小麦黄酮（tricetin）、柽柳黄素（Tama）、4′-甲氧基芹菜素（4′-Ome apigenin）和 3′-甲基杨梅素（3′-methylmyricetin）等。其中槲皮素、山奈素和异鼠李素是其主要成分，被作为银杏制剂质量控制的主要指标之一，是治疗心脑血管系统疾病的有效成分。

（2）双黄酮　双黄酮即由两分子黄酮母核通过 C—C 键聚合而成的一类二聚体化合物，通常是除松科以外裸子植物的特征性化学成分。已从银杏叶中分离鉴定了 8 个双黄酮类分子，即银杏素（ginkgetin）、异银杏素（isogenkgetin）、穗花杉双黄酮（amentofiavone）、7 甲氧基穗花杉双黄酮（7-methoxyamentoflavone）、金钱松双黄酮（sciadoputydin）、去甲银杏双黄酮（bilobetin）、5′-甲氧基去甲银杏双黄酮（5′-methoxybilobetin）、甲氧基白果黄素（sequojaflavone）。这 8 种双黄酮分子结构皆是以芹菜素 3′、8″位碳链相连接而成的二聚体，含有 1~3 个甲氧基。有研究表明该类分子具有抗炎、抗组织胺的作用，其活性随甲氧基的增加而降低。

（3）儿茶素类 儿茶素类化合物具有治疗肝中毒和抗肿瘤活性。银杏叶中的儿茶素类化合物有 6 种，即儿茶素（catechin）、表儿茶素（epicatechin）、没食子酸儿茶素（gallocatechin）、表没食子儿茶素（epigallocatechin）、4′,8″-儿茶素没食子儿茶素（4′,8″-catechingallocatechin）和 4′,8″-没食子儿茶素没食子儿茶素（4′,8″-gallocatechingallocatechin）。

（4）黄酮苷 现已知的银杏黄酮苷有 17 种，其苷元包括了槲皮素、山柰素、异鼠李素、杨梅素、芹菜素和木犀草素等，其结构中均含有 5，7，4′-三羟基，通常是 3-OH 连接糖基，糖基可以是单糖、双糖、三糖，大多数为葡萄糖和鼠李糖。

二、 银杏叶黄酮定量测定方法

银杏叶黄酮的含量是其标准粗提物的关键质量控制指标，通常要求其黄酮苷含量不低于 24%。但目前，银杏黄酮类化合物的测定国内外还没有统一的控制质量标准，常用紫外分光光度法、气相色谱法、HPLC-UV 法、薄层扫描法、库仑滴定法、毛细管电泳法等。

1. 紫外分光光度法

黄酮类化合物具有 1,3-二苯基丙烷结构，且含氧 C 环关环，具有紫外吸收。大多数黄酮类化合物在甲醇中的紫外吸收光谱由两个主要吸收带组成（图 11-5）。出现在 300~400nm 的吸收带称为带 I，出现在 240~280nm 的吸收带称为带 II。不同类型的黄酮化合物的带 I 或带 II 的峰位、峰形和吸收强度不同，因此从紫外光谱可以推测黄酮类化合物的结构类型。在银杏黄酮的研究中，通常以 B 环对应的 350~370nm 吸光度为测定依据，药典银杏黄酮苷元的紫外检测波长分别是 360 nm 和 370nm。如以槲皮素、芦丁为标准品时最大吸收峰分别为 370nm 和 360nm，槲皮素在溶液浓度 4~20μg/mL，芦丁在 8~24μg/mL 范围内符合比耳定律。

为进一步提高反应灵敏度，国内外使用最多的方法是"络合-分光光度法"。黄酮母核在 $NaNO_2$ 的碱性溶液中，与 Al（NO_3）$_3$ 络合后产生黄色络合物，以芦丁为标准溶液，用分光光度计在 510nm 处测定吸光度，计算浸取液中黄酮的含量及浸出率。上官小东等提出了钨酸钠-分光光度法测定药物制剂中银杏黄酮含量的新方法，该法基于银杏黄酮能与钨酸钠反应生成黄色的钨酸酯，该物质在 304nm 处有最大吸收，其线性范围为 4~120μg/mL。紫外分光光度计法测试设备廉价，操作简便易学，在多种天然产物的含量测定中有着广泛的应用。但是，GBE 中花青素、鞣酸及其他酚类成分的干扰，使得紫外分光光度法的测定结果往往高于实际含量，因此在实际工作中，应综合考虑测定样品的组成情况，选择适当的方法进行银杏黄酮的分析。

2. 近红外光谱法

近红外光谱（NIR）是介于可见光和中红外之间的 780~2526nm 区域的电磁辐射波，是人们在吸收光谱中发现的第一个非可见光区。近红外光谱区与有机分子中含氢基团（O—H、N—H、C—H）振动的合频和各级倍频的吸收区一致，通过扫描样品的近红外光谱，可以得到样品中有机分子含氢基团的特征信息，而且利用近红外光谱技术分析样品具有方便、快速、高效、

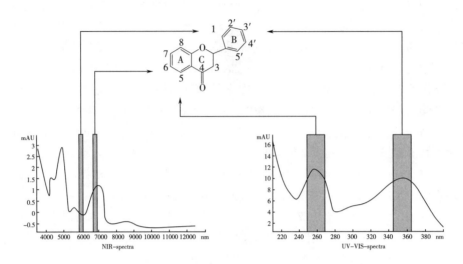

图 11-5　黄酮骨架中 A 环和 B 环对应的近红外和紫外吸收

（引自：Liu, X. -G., et al., Advancement in the chemical analysis and quality control of flavonoid in Ginkgo biloba. J. Pharm. Biomed. Anal., 2015, 113：212~225）

准确和成本较低，不破坏样品，不消耗化学试剂，不污染环境等优点，因此该技术受到越来越多人的青睐。黄酮化合物中 A 和 B 环分别对应的 $6620 \sim 6880 cm^{-1}$（$1453 \sim 1510nm$）和 $5840 \sim 6090 cm^{-1}$（$1642 \sim 1712nm$）的近红外光吸收如图 11-5，以此可以有效地无损检测银杏叶中的黄酮含量及分布情况。如银杏叶中总黄酮含量随着叶片绿色、黄绿色、黄色变化而呈现出递增趋势，且总黄酮含量高的区域主要位于叶片的边缘，总黄酮含量低的区域主要位于叶柄附近。

3. HPLC 法

HPLC 是测定银杏叶及制剂中黄酮类化合物的最为常用的有效方法，也是中欧美等国药典推荐的方法，多采用反相 C_{18} 柱，梯度洗脱，紫外检测。美国药典中利用乙醇-盐酸-水（25：4：10）混合溶剂提取银杏黄酮，流动相是甲醇-水磷酸（100：100：1），流速 1.5mL/min，检测波长为 370nm，要求银杏叶黄酮苷的含量不低于 0.5%，粗提取和制剂中黄酮苷的含量不低于 22% ~27%。欧洲药典中则利用 60% 的丙酮回流提取后用盐酸水解，流动相是甲醇和 0.3g/L 磷酸（pH 2.0），流速 1.0mL/min，检测波长为 360nm 下，采用梯度洗脱的方式检测银杏黄酮的含量。我国的药典中要求用索氏提取器以氯仿初提获得粗提取物，再次用甲醇-25% 盐酸（4：1）提取粗提取物制备样品，流动相是甲醇-0.4% 磷酸（50：50），检测波长为 360nm，样品中银杏黄酮苷的含量不低于 0.4%。这三种标准方法的测定结果均准确可靠，但因采用醇酸混合溶剂一步法提取和水解，美国药典中样品前处理方法相对简单。

此外，多位学者也应用 HPLC-UV 方法研究了银杏黄酮组成情况。采用该法可以同时测定银杏叶提取物中 11 种黄酮苷类成分的含量，其条件是色谱柱为 Agilent ZORBAXE clipse Plus C18（50 mm×4.6 mm，1.8μm），流动相 A 为乙腈，流动相 B 为 0.4% 磷酸，梯度洗脱，检测波长为 360nm，流速为 0.6 mL/min。近年来，随着 HPLC 与其他色谱联用技术的成熟和推广，更为灵敏的 HPLC-MS、NMR 也被用于银杏黄酮的定性定量分析。如利用 UHPLC－QQQ-MS/MS（超高效-三重四级杆质谱）可以在 16 min 内从银杏叶中定性鉴别 24 种化合物。同时，结合 NMR 可以确定黄酮苷元的类型。

4. 薄层扫描法

主要利用苷元与苷的极性不同，采用高效硅胶薄层板二次展开法，扫描测定 5 种黄酮成分。将精制样品液点样于薄层板上，薄层板在层析缸内用展开剂 I：石油醚（bp 60～90℃）-乙醚-甲酸-醋酸乙酯（60：30：6：4）的上层饱和 5min，分离槲皮素、山柰素和异鼠李素，当样品都分离得较好时，取出薄层板，挥干溶剂，扫描测定槲皮素、山柰素和异鼠李素的含量。以展开剂 II：氯仿-甲醇-水（6：4：2）的下层-乙酸（15：1）对同一薄层板进行展开分离槲皮苷、异鼠李苷，挥干溶剂，扫描测定槲皮苷、异鼠李苷的含量。而用硅胶 G 薄层板点样精制样品，以氯仿-苯-无水乙醇-冰乙酸-水（5.5：2：1：0.5：1）4～10℃放置的下层溶液为展开剂，上行展开后，晾干，薄层扫描法可测定异鼠李素、山柰素和槲皮素三种黄酮。

5. 库仑滴定法

该法是利用黄酮中酚羟基可与溴发生取代反应的原理对黄酮化合物进行定量。已报道此法测定银杏叶中总黄酮含量的条件为：银杏叶经乙醇回流提取，聚酰胺柱分离纯化，以 2mol/L HCl-1mol/L KBr-EtOH（3：3：2）混合液为电解液，死停法确定滴定终点，以芦丁为对照品，计算出银杏黄酮的含量。此法与紫外分光光度法比较，结果无明显差异。

6. 毛细管电泳法

毛细管电泳-电极法测定银杏黄酮的方法，采用+30kV 工作电压，70cm 长、2.5μm 内径的熔融石英毛细管柱，在毛细管的出口处装有一个直径为 300μm 碳盘工作电极，含有三电极（碳盘工作电极、铂辅助电极、饱和汞参比电极）的单元与 BASLC-4C 电流测定仪相连，通过记录图形完成电色层分析，在最佳条件下分离并鉴定了表儿茶素、儿茶素、芦丁、芹菜素、木犀草素、槲皮黄酮 6 种银杏叶黄酮类化合物。这种方法具有快速、高效、高灵敏度、相对简单等优点。

三、 银杏黄酮提取分离

银杏黄酮类物质中，黄酮苷元大多为结晶体状，而苷大多为无定性的粉末状。因具有游离的羟基和酚羟基，银杏黄酮类物质呈现弱酸性，一般易溶于极性较大的有机溶剂和碱性溶液，其中苷元不溶于水，但易溶于有机溶剂；苷元结合有糖基，水溶性则相对较大，可溶于热水和甲醇、乙醇、丙酮、乙酸乙酯等有机溶剂中，难溶于极性较小的有机溶剂中。由于银杏提取物中银杏黄酮苷和银杏内酯是主要的药效成分，而银杏酸在临床使用中容易引发不良过敏反应，因此在提取银杏叶黄酮时，要综合考虑各类物质的溶解度和稳定性等性质，应尽可能提取银杏黄酮苷类和银杏内酯类成分，减少甚至去除银杏酸，同时尽可能提高银杏叶提取物的水溶性。

不同的提取方法及工艺条件对银杏叶提取物的成分种类及含量都有重要影响，如我国食品药品监督管理局 2015 年发现，部分企业为降低成本，提高出率，缩短基础工艺流程时间，获取非法利益，擅自将银杏叶提取物生产工艺由稀乙醇提取改为 3% 盐酸提取，导致银杏叶中黄酮苷等主要活性成分分解，降低药品疗效，该事件即为"银杏叶事件"。因此，在实际工业化生产中，应当遵循相关法规文件和标准操作文件，保证银杏叶提取物的质量和安全。

目前，提取银杏叶黄酮类化合物的主要方法有溶剂提取法、超临界流体（SFE）萃取法和外场辅助提取法等，常见的提取工艺流程大致为：样品处理→浸提→吸附纯化→萃取→粗产品→精制产品。

（一）溶剂提取法

溶剂提取法是目前应用最为广泛的银杏黄酮提取方法，常用溶剂有丙酮、乙醇、乙醇-水混合溶剂等。银杏叶干燥粉碎后经溶剂浸提，减压蒸馏获得银杏叶粗提物。粗提物中杂质含量较高，通常呈棕黑色。其中黄酮类含量为 $70 \sim 100 \text{g/kg}$，萜内酯为 $6 \sim 10 \text{g/kg}$。在此基础上利用液-液萃取法、沉淀法和吸附-洗脱法等方法进一步精制，从而得到精提物。

1. 水提取

大孔树脂吸附法用数倍量沸水分一定次数浸提银杏叶，得到浸提液，经过滤分离杂质得滤液，然后用吸附树脂吸附可得到黄酮苷，其水提取树脂分离法的一般工艺过程如图 11-6。在 90℃水溶液回流浸提银杏叶 2 次，4h/次，经沉淀、过滤、浓缩后，用树脂精制，冷冻干燥后，制得总黄酮苷含量高的提取物，产品得率为银杏叶干重的 1.2%～1.5%。水提取成本低，没有任何环境污染，产品安全性高，但水溶性杂质含量高且不易去除，给进一步分离纯化带来许多困难，提取率偏低。

银杏叶 → 沸水浸提 → 提取液 → 过滤 → 滤液 → 吸附树脂 → 乙醇洗脱 → 回收乙醇 → 浓缩 → 干燥 → 银杏黄酮

图 11-6　银杏黄酮水提树脂吸附法工艺流程

2. 有机溶剂浸提法

不同的有机溶剂提取对黄酮产率的影响各不相同。以甲醇为溶剂，黄酮得率为 17.96mg/g；以 60%丙酮为溶剂，黄酮得率为 18.11mg/g；以 $(NH_4)_2SO_4$ 为溶剂，黄酮得率为 6.03mg/g；以 70%乙醇为溶剂，银杏叶总黄酮提取率可达 8.76mg/g。研究发现丙酮提取效果最好，但丙酮成本较高；60%～70%乙醇成本低，提取液黄酮苷含量较高，是较为有效和经济的提取溶剂，在实践生产中应用较多。有机溶剂浸提法的一般工艺过程如图 11-7 所示。

银杏叶 → 有机溶剂回流 → 提取液 → 过滤 → 滤液 → 蒸馏 → 粗提物 → 有机溶剂萃取 → 过滤 → 蒸馏 → 提取物

图 11-7　有机溶剂法的一般工艺过程

在初步提取得到粗提物后，一般利用沉淀法、吸附法、液-液萃取等多种方法进一步精制。用于银杏黄酮精制的沉淀试剂有饱和醋酸铅和铵盐。吸附法在银杏黄酮精制过程中应用最多，常用的吸附材料为大孔树脂和硅藻土；采用活性炭脱色，也可有效降低银杏酸。

（二）超临界流体（SFE）萃取

超临界流体法提取银杏叶中黄酮的基本工艺为：萃取压力 35MPa，萃取温度 50℃，萃取时间 1.5h，夹带剂浓度 90%。因为超临界萃取的设备较大、操作困难等问题，难以用于大规模工业化生产。Yang 等先用 70%乙醇回流提取制备银杏叶黄酮粗提物，进一步利用 SFE 精制，条件为 300MPa、60℃、5%乙醇为夹带剂，最终精提物中黄酮和内酯的含量分别为 35.9%和 7.3%。

（三）超声波辅助提取

在超声功率 500W、(35±5)℃条件下，液固比 15.5∶1（体积质量比），乙醇浓度 63%，超声 35min，静止萃取 6min，超声提取 2 次，用紫外分光光度计法测定的银杏黄酮得率为 7.11mg/g。徐春明等的研究结果表明，在液料比 25∶1（体积质量比），乙醇体积分数 70%，微波功率 300W，微波时间 60s，银杏叶总黄酮的提取得率为 2.698g/100g。

（四）高速逆流色谱提取

应用制备型高速逆流色谱在正己烷-乙酸乙酯-甲醇-水（4∶6∶5∶5，体积比）溶剂体系下，从 200mg 银杏提取物中分离纯化得到槲皮素（22mg）、山奈素（15mg）、异鼠李素（4mg）3 种主要苷元。

（五）超滤法

利用聚聚醚砜膜（MWCO，10000 Da）可以将银杏叶黄酮粗提取中的黄酮含量从 240g/kg 富集提高至 680g/kg。

四、 银杏黄酮的工业化生产

由于我国 GBE 工业化生产产品质量与国际公认的总黄酮>240g/kg，萜内酯>60g/kg 的质量指标尚有一定差距，贵州大学张迪清等人对以往 GBE 工业化生产工艺进行调研，结合国内外文献报道的提取工艺，经过实验室小试、中试和工业化生产的设计与实施改进，成功地设计出适合我国国内 GBE 年产 2t 以上工业化生产的工艺，其 GBE 产品质量可达到：黄酮苷≥250g/kg，萜内酯含量≥60g/kg，银杏酸含量<5mg/kg。其提取工艺流程如图 11-8 所示。

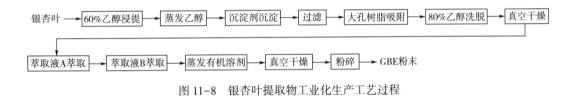

图 11-8　银杏叶提取物工业化生产工艺过程

（一）原料的选择与设备

银杏叶 1000kg，质量要求：银杏黄酮苷≥8.0g/kg，银杏萜内酯含量≥3.0g/kg。提取设备包括 3000L 动态多功能提取罐和化工医药标准设备、1000L、300L 外环蒸发器，真空灭菌干燥箱、纯化分离器、100L 萃取器和一些常见的化工设备。

（二）提取步骤

1. 提取用试剂

60% 乙醇、80% 乙醇、萃取 A 液（氯仿∶乙醇=85∶15）、萃取 B 液（氯仿∶乙醇=50∶50）。

保护剂：500g 草酸，500g 维生素 C，500g 茶儿茶素，5 L 冰乙酸配成 50 L 水溶液。

2. 纯化树脂处理

取 800kg DA201 树脂，加净化水浸泡 48h，过 60 目筛网，去除小于 60 目的颗粒。用净化水反复清洗干净后，加入 2mol/L NaOH 1000L，浸泡 4h，用净化水洗至近中性；加入 2mol/L HCl 1000L，再浸泡 8h，用净化水洗至近中性；加入 80% 的乙醇 1000L，浸泡 10h 后，回收乙醇，用净化水反复清洗至无乙醇气味，装柱。

3. 树脂水处理

取 250kg 732 阳离子交换树脂，加净化水浸泡 48h，过 60 目筛网，去除小于 60 目的颗粒。用净化水反复清洗干净后，加入 2mol/L NaOH 250L，浸泡 4h，用净化水洗至近中性；加入

2mol/L HCl 250L，浸泡 8h，用净化水洗至近中性；装柱，用 10% 的氯化钠溶液 250L 过柱，用过滤水洗至无氯离子为止（用 1% 硝酸银检验）。

4. 浸提

在提取罐内加入 2000 L 60% 乙醇溶液，开始搅拌，加入银杏叶粉 200 kg，蒸汽加热至 70℃，保温并继续搅拌 2 h，停止搅拌，物料经过滤后，进入蒸发器内。向提取罐内加入 1500 L 60% 乙醇溶液并加以搅拌，用蒸汽加热至 70℃，保温并继续搅拌 1.5 h。停止搅拌，物料经过滤后，真空回收乙醇时，温度控制在 60~70℃，真空度控制在 0.2~0.4 MPa。至回收的乙醇在 20% 以下为止（此时物料中乙醇浓度在 5% 以下）。停止加热，慢慢加大真空度至 0.007 MPa，使物料降温至 60 ℃以下。

5. 过柱纯化

降温后的物料经过滤进入沉淀罐内，加入 2 倍的水，静置沉淀 24h。取上清液过 DA201 纯化柱。银杏黄酮和萜内酯吸在纯化柱上，流量为 500 L/h，弃去流出液，用 1% 硫酸亚铁做饱和性试验，柱饱和时流出液显深蓝色反应，应立即停止上物料，改用净化水过柱清洗，当流出液较清亮时。改用 80% 乙醇将柱上的银杏萜内酯和黄酮洗脱下来，贮存在 1000 L 的缓冲贮罐内。

6. 干燥

将洗脱下来的物料放入真空浓缩罐内，浓缩，温度控制在 60~80 ℃，真空度控制在 0.03~0.06 MPa，物料浓度为 30%~40% 时停止浓缩，趁热将浓缩物料放入真空干燥箱内，干燥，粉碎并过 80 目网筛，即得 GBE 粗提物。

7. 萃取纯化

取 GBE 粗提物放入萃取器内，加入萃取 A 液 200L，搅拌 1h，用真空抽滤器过滤，取残渣加入萃取 A 液 200L，重复萃取 1 次，从滤液中回收有机溶剂。取残渣加入萃取 B 液 200L，搅拌 1h，用真空抽滤器过滤，残渣加入萃取 B 液 200L。重复萃取 1 次，合并滤液。

8. 干燥

将滤液放入真空浓缩罐内，浓缩，温度应控制在 50~70℃，真空度控制在 0.01~0.06MPa，当物料浓度为 30%~40% 时停止浓缩，趁热将浓缩物料放入真空干燥箱内，干燥，粉碎并过 80 目网筛，即得 GBE 提取物。

（三）注意事项

用 DA201 树脂纯化时，上样量要控制好，在柱饱和后继续上样易丢失白果内酯和银杏内酯 C。此外，生产过程中，加入保护剂很重要，否则内酯、黄酮都会有一定的损失。

五、 银杏黄酮的应用

（一）银杏叶提取物在医药方面的应用

如前所述，银杏叶提取物及其制剂中主效成分是黄酮类化合物和银杏内酯，前者可清除氧自由基，后者可选择性拮抗血小板活化因子（PAF）的有害作用，临床多用于心脑血管、神经系统疾病的治疗等。随着对其研究的深入，临床用途不断拓展，在治疗高血压、肾病以及肝纤维化等方面也取得了较好效果，这使其在植物提取药物界处于领先地位。自上世纪 70 年代开始，国内外已研发了多种药物制剂，剂型包括片剂、胶囊、口服液、滴剂、针剂等多种类型。我国已注册在案的银杏类药品种类在 142 种以上，其中以银杏叶片剂为主。多年来，国内银杏制剂一直是很畅销的中成药品种（如康恩贝的天宝宁、双鹤的舒血宁、三九的 999 银杏片、傅山制药的络欣通等产品），主要应用于心血管疾病的治疗。

银杏叶提取物制剂在国外也有着广泛的市场。德国 Schwabe 制药公司是全世界最早开发银杏叶提取物的公司，制定了第一个银杏叶提取物标准：含黄酮苷≥240g/kg，萜内酯≥60g/kg，有害杂质白果酸提取物≤2mg/kg。先后生产"梯波宁"（Tebonin）和"强力梯波宁"（Tebonin forte）两代的银杏叶制剂，用于脑功能障碍、智力功能衰退和失眠症及其伴随的症状，如眩晕、耳鸣、头痛、记忆力减退等。德国 Sobernheim 制药公司生产出含有银杏提取物的复方制剂 Hevert，有滴剂和注射剂两种，分别适应不同的病状。法国 Beaufor-Ipsen 公司的银杏提取物制剂达纳康（Tanakan），用于抗缺血性脑损伤。

（二）银杏叶提取物在保健品和化妆品等领域的应用

基于银杏黄酮和内酯的多种生理活性和银杏悠久的食药用历史，近年来，银杏叶及其提取物在保健品和化妆品领域也大显身手，市场上涌现了一系列产品。我国就有 168 家企业使用银杏叶提取物生产保健食品，品类涵盖了银杏叶茶、银杏乳、银杏叶精、银杏叶酒等。获 CFAD 批准的银杏保健食品多达 167 种，进口的有 7 种。在美国、日本和韩国等国家，市场上大部分银杏制品是作为膳食补充剂、保健食品而登记销售的。

此外，银杏叶及其提取物还可用于护发、生发、护肤、减肥等化妆品中。已出现的银杏化妆品系列有面膜、护发素、生发膏、护肤霜及减肥剂等产品。银杏叶提取物能促进体表毛细血管的血液循环，并具有超氧化歧化酶活性，能有效地清除皮肤表面存在的过氧化物和自由基，延缓皮肤衰老过程，故银杏叶提取物添加到护肤化妆品中，能使皮肤滋润、富有光泽，且减少黑色素的形成。

本章小结

紫杉醇及其衍生合成产物多烯紫杉醇和卡巴他赛是一线抗癌药物，具有独特的作用机制和巨大的市场需求，本章第一节在简述其结构、应用和制备的基础上，重点介绍了紫杉醇的分离纯化技术及进展。

银杏黄酮是银杏叶提取物的主要药效成分之一，主要用于心血管疾病的治疗，是国内外广泛认可的、最为成功的植物药（属中药）案例之一。本章第二节简要介绍了银杏黄酮的种类和化学组成、相应的检测定量方法和提取分离纯化技术，以及银杏黄酮在药品和保健品等方面的研究进展和应用。

思考题

1. 根据紫杉醇和银杏黄酮的化学组成及其结构特点，简述紫杉醇、银杏黄酮提取分离关键控制点。

2. 根据你所知道的天然产物，试分析评价其开发利用情况。

参考文献

1. 元英进主编. 抗癌新药紫杉醇和多烯紫杉醇. 北京：化学工业出版社，2002

2. 吴毓林，何子乐等编著．天然产物全合成荟萃——萜类．北京：科学出版社，2010

3. 孙汉董，黎胜红．二萜化学．北京：化学工业出版社，2011

4. 史清文，林强，王于方，葛喜珍编著．红豆杉属植物的化学研究：紫杉烷类化合物的研究．北京：化学工业出版社，2012

5. Wani, M. C. and S. B. Horwitz, Nature as a remarkable chemist: a personal story of the discovery and development of Taxol. Anti-Cancer Drugs, 2014. 25（5）：482-487

6. Rischer, H., et al., Plant Cells as Pharmaceutical Factories. Current Pharmaceutical Design, 2013. 19（31）：5640-5660

7. Wang, Y.-F., et al., Natural Taxanes：developments since 1828. Chemical Reviews, 2011. 111（12）：7652-7709

8. Ajikumar PK1, Xiao WH, Tyo KE, et al. Isoprenoid pathway optimization for Taxol precursor overproduction in Escherichia coli. Science. 2010, 330（6000）：70-74

9. Zhou, X., et al., A review: recent advances and future prospects of taxol-producing endophytic fungi. Applied Microbiology and Biotechnology, 2010. 86（6）：1707-1717

10. Tabata, H., Paclitaxel production by plant-cell-culture technology. Advances in biochemical engineering/biotechnology, 2004. 87：1-23

11. Kolewe ME1, Gaurav V, Roberts SC. Pharmaceutically active natural product synthesis and supply via plant cell culture technology. Mol Pharm. 2008, 5（2）：243-256

12. Cragg, G. M., Paclitaxel（Taxol）：a success story with valuable lessons for natural product drug discovery and development. Medicinal research reviews, 1998. 18（5）：315-331

13. 王昌伟，彭少麟，李鸣光等．红豆杉中紫杉醇及其衍生物含量影响因子研究进展．生态学报，2006，05：1583-1590

14. 王玉震，仝川，柯春婷．红豆杉植株紫杉醇含量研究进展（综述）．亚热带植物科学，2008，4：59-63

15. 张洁，徐小平，刘静等．我国不同种类红豆杉不同部位紫杉醇的含量分布研究．药物分析杂志，2008，1：16-19

16. 康冀川，靳瑞，文庭池等．内生真菌产紫杉醇研究的回顾与展望．菌物学报，2011，2：168-179

17. 史清文．天然药物化学史话：紫杉醇．中草药，2011，10：1878-1884

18. 董杨，施建蓉，RichardSalvi 等．抗癌药紫杉醇的神经毒性和耳毒性．中华耳科学杂志，2011，3：318-322

19. 李杰，王春梅．紫杉醇组合生物合成的研究进展．生物工程学报，2014，3：355-367

20. 唐培，王锋鹏．近年来紫杉醇的合成研究进展．有机化学，2013，3：458-468

21. 赵广河，张培正．紫杉醇提取纯化技术研究进展．食品与发酵工业，2008，5：138-142

22. 曹福亮．中国银杏志．北京：中国林业出版社，2007

23. 顾学裘主编．银杏药学研究与临床开发．北京：中国医药科技出版社，2004

24. 张迪清，何熙范著．银杏叶资源化学研究．北京：中国轻工业出版社，2000

25. Liu, X.-G., et al., Advancement in the chemical analysis and quality control of flavonoid in *Ginkgo biloba*. J. Pharm. Biomed. Anal., 2015, 113：212-225

26. Wohlmuth, H., et al., Adulteration of *Ginkgo biloba* products and a simple method to improve its detection. Phytomedicine, 2014. 21（6）：912-918

27. Zhu, M., Y. Yun, and W. Xiang, Purification of *Ginkgo biloba* flavonoids by UF membrane technology.

Desalin. Water Treat. , 2013. 51（19-21）：3847-3853

28. Lu，S. , et al. , Isolation and purification of Ginkgo flavonoids by high-speed counter-current chromatography. Adv. Mater. Res. （Durnten-Zurich, Switz. ）, 2013. 781-784（Advances in Chemical Engineering Ⅲ）：741-745

29. Singh，M. , et al. , Phyto-pharmacological potential of *Ginkgo biloba*：a review. J. Pharm. Res. , 2012. 5（10）：5028-5030

30. van Beek，T. A. and Montoro, Chemical analysis and quality control of *Ginkgo biloba* leaves, extracts, and phytopharmaceuticals. J. Chromatogr. A, 2009. 1216（11）：2002-2032

31. Singh，B. , et al. , Biology and chemistry of *Ginkgo biloba*. Fitoterapia, 2008. 79（6）：401-418

32. 上官小东，娄广信. 钼酸钠-分光光度法测定银杏黄酮的含量. 宝鸡文理学院学报（自然科学版），2004，2：113-115

33. 张静，张晓鸣，佟建明等. 金属络合法纯化银杏黄酮的研究. 天然产物研究与开发，2010，5：751-754

34. 海洪，王新雯，金文英等. 响应面法优化超声波提取银杏叶黄酮的工艺研究. 辽宁中医杂志，2010，8：1559-1562

35. 赵琦君，莫润宏，陈如祥等. CO$_2$超临界流体法提取银杏叶黄酮工艺的研究. 江西林业科技，2009，3：27-28

36. 徐春明，王英英，李婷，庞高阳等. 银杏叶总黄酮的微波提取及生物利用度研究. 林产化学与工业，2014，4：131-136